U0243456

本质安全催化工程

王延吉　李志会　王淑芳　编著

化学工业出版社

·北京·

《本质安全催化工程》在化工本质安全原理的基础上，结合国内外科研成果，基于化学工程理论给出了从源头上解决化工催化反应过程安全问题的七种方法，并结合具体实例进行了论述。全书共分为八章，分别为绪论、多步反应一步化安全过程、纳微尺度反应集成安全过程、替代危险反应物安全过程、膜催化组合反应安全过程、氢/氧载体组合反应安全过程、危险物安全化及转化过程、温和条件安全反应过程。

《本质安全催化工程》可供化工、安全、材料、环境领域的科研人员、工程技术人员、研究生等参考。

图书在版编目（CIP）数据

本质安全催化工程/王延吉，李志会，王淑芳编著．北京：化学工业出版社，2018.6

ISBN 978-7-122-31918-0

Ⅰ．①本…　Ⅱ．①王…②李…③王…　Ⅲ．①催化-化学反应工程-本质安全-研究　Ⅳ．①TQ032

中国版本图书馆CIP数据核字（2018）第074127号

责任编辑：徐雅妮　　文字编辑：任睿婷
责任校对：边　涛　　装帧设计：关　飞

出版发行：化学工业出版社（北京市东城区青年湖南街13号　邮政编码100011）
印　　装：河北鹏润印刷有限公司
787mm×1092mm　1/16　印张24　字数626千字　2018年11月北京第1版第1次印刷

购书咨询：010-64518888　　售后服务：010-64518899
网　　址：http：//www.cip.com.cn
凡购买本书，如有缺损质量问题，本社销售中心负责调换。

定　　价：128.00元

序

在王延吉教授及同事的专著《本质安全催化工程》完稿之际，我有幸应作者之约，为这本专著写序。

最初接到王延吉教授的电话，我颇感惶恐，因为我虽多年从事催化反应工程方面的研究，但对本质安全导向的化工过程研究知之甚少，因而恐怕难以写好这一序言。于是我请作者能给予我一些时间，先作为一个读者，学习这本专著，然后再决定能否落笔作序。

承作者同意，我有机会先期拜读了这本专著的原稿。此序就作为是通读全书后的点滴体会吧。

化工生产不但是一种刚性需求，而且随着社会的发展，化工生产正经历着升级换代，新的产品和新的工艺也不断涌现。但是化工生产却也因为其自身的特殊性，带来了生产安全性和环境安全性等方面的问题。

化工生产往往存在高温高压、易燃易爆、有毒有害等安全隐患，当前主要是采取有效的防护措施和实行严格的安全管理等方法来解决，但并没有从根本上消除这些隐患。化工本质安全是指从源头上减少或消除化工生产过程存在的安全隐患，以避免或减少相关的防护措施，也是一种实现化工类生产安全性的重要理念。

本书作者在国内外文献的基础上，从化学反应工程的角度，归纳总结出从源头上解决化工催化反应过程安全问题的多步反应一步化、纳微尺度反应集成、替代危险反应物、膜催化组合反应、氢/氧载体组合反应、危险物安全化及转化、温和条件反应等七种方法。并结合重要化学品的生产实例和案例，论述了传统工艺存在的安全问题以及本质安全的合成路线和技术等。

目前，国内论述化工本质安全的专著还很少见，多散见于化工安全书籍的章节中，本书的出版在一定程度上弥补了这方面的不足。书中总结的通过不经由危险中间体的直接化合成反应、基于多功能催化剂的危险中间体及时转化的纳微尺度多反应集成以及氢（氧）载体直接参与反应等化工技术实现本质安全的方法当属今后化工本质安全发展的方向之一。本书主要内容由近年来国内外学者和作者团队的相关研究成果构成，系统地反映了本质安全催化工程领域的研究与发展动态。书中所给出的实现催化反应过程本质安全的方法以化学工程理论为基础，这将有助于化工专业技术人员建立本质安全的理念，设计、研究、开发化工本质安全的工艺与技术。

在通读本书后，我个人的感受是，作者提供了一本介绍化工生产有关的本质安全催化工程的专著，内容详实，案例丰富，宜于广大化工类工程技术人员研读参考，也可用作化工类师生的教学参考书。

2018 年 6 月于上海

前 言

化学工业自出现以来，为人类创造了巨大财富。但是，往往涉及易燃、易爆、有毒、有害等非安全化学品的生产、储存、运输和使用，且有些反应在高温、高压等危险条件下进行，故而存在巨大的安全隐患。从化学工业追求目标的角度，可将其发展历程分为三个阶段：第一阶段为早期的单一技术经济指标，第二阶段为现今的以技术经济和环境友好为重点的双重指标，第三阶段则应是今后的以技术经济、环境友好及过程安全等多重并重的发展目标。开发化工过程的安全工艺和技术当是化学工业的重要发展方向。

针对化工过程安全问题，以往的方法主要是以防护为主，包括预防设施、控制设施及减少与消除危害的设施。这些防护设施并没有从根本上解决化工过程存在的安全问题。1977年，英国化学工程师 Kletz 最早提出化工工艺和设备本质安全的概念。本质安全就是从源头上减少或消除风险，包括危害物质的最小化、高危物质的替代化、剧烈反应的温和化以及过程工艺的简单化。催化反应过程是化学工业的核心，本质安全的催化反应工艺和技术对于从源头上解决化学工业存在的安全问题具有重要的科学意义和应用价值。

本书在本质安全概念、原理的基础上，结合国内外科研成果，基于化学工程理论给出了从源头上解决化工催化反应过程安全问题的七种方法：①去除非安全中间反应物合成和使用的多步反应一步化催化反应过程；②纳微尺度多功能催化活性相上非安全中间反应物及时完全转化的集成催化反应过程；③替代非安全反应物的新催化反应过程；④避免易爆炸反应物均相混合并在微反应相及时完全转化的膜组合催化反应过程；⑤化学储氢（氧）载体安全反应物可控释放氢（氧）及其及时完全转化的组合催化反应过程；⑥在使用时易于分解为原非安全物质或原位分解转化的相对安全中间物参与的催化反应过程；⑦通过高效催化剂设计、外场促进和过程强化，实现条件温和的催化反应过程。

本书对多种安全催化反应过程进行了论述，包括：合成苯胺、苯酚以及碳酸二甲酯等一步化安全催化反应过程；环己酮、氨和双氧水直接合成环己酮肟，环己酮和羟胺盐直接合成己内酰胺，合成气直接制取低碳烯烃，合成气直接制二甲醚以及甲醇选择氧化直接合成二甲氧基甲烷等的纳微尺度集成催化反应过程；碳酸二甲酯替代光气、硫酸二甲酯、氯甲烷，二氧化碳替代一氧化碳以及固体酸、离子液体替代无机液体酸催化剂的安全催化反应体系；氢气和氧气参与的透氢膜组合反应体系，氧气参与的混合导体透氧膜组合反应体系；化学储氢载体可控释放及其完全转化的安全组合催化反应系统，固体化学储氧载体及其在安全催化反应中的应用以及以二氧化碳为氧源的选择氧化合成重要化学品安全反应体系；非安全活泼物质安全化处理——封闭型异氰酸酯，甲苯二异氰酸酯（TDI）的相对安全中间反应物质——甲苯二氨基甲酸酯直接催化合成以及氯化氢、氨的相对安全中间物质——氯化铵及其原位转化催化过程；温和条件下合成氨、合成甲醇及外场促进和过程强化实例。

本书由王延吉、李志会、王淑芳编著，主要内容源自于编著者及其团队在本质安全催化工程领域多年来的研究成果和国内外同行近年来的相关研究工作。本书第1～4章由王延吉编写，第5、6章由李志会编写，第7、8章由王淑芳编写。在成书过程中，赵新强、王桂荣、王桂赟、张东升、高丽雅、安华良、丁晓墅、赵茜、李芳、薛伟、张艳华、贾爱忠、程庆彦、邬长城、谭朝阳、金长青等老师，以及徐元媛、王彤、任小亮、闫亚辉、王停停、马雪晴、王晓曼等研究生做了大量工作，付出了辛勤的汗水，在此向他们表示衷心感谢。

衷心感谢中国工程院院士袁渭康教授为本书作序。

感谢国家自然科学基金的资助（21236001）。

我们力图使该书达到高质量，对读者有所裨益，但由于水平有限，书中难免存在疏漏，恳请读者批评指正。

王延吉　李志会　王淑芳

2018年7月于成语典故之都——邯郸

目录

第1章　绪论　/ 1

第2章　多步反应一步化安全过程　/ 14

第3章 纳微尺度反应集成安全过程 / 70

第4章 替代危险反应物安全过程 / 134

第5章 膜催化组合反应安全过程 / 223

第6章 氢/氧载体组合反应安全过程 / 247

第7章 危险物安全化及转化过程 / 302

第8章 温和条件安全反应过程 / 323

第1章 绪 论

化学工业的出现在为人类创造巨大财富的同时，也对人类的生存环境造成了很大破坏。因此，在20世纪90年代诞生了绿色化学，旨在从源头上解决化学工业产生的环境污染问题，并已取得明显成效。与此同时，在化学工业中，往往生产、储存、运输和使用易燃、易爆及有毒、有害等非安全化学品，且有些反应在高温、高压等危险条件下进行，故而存在巨大的安全隐患。因此，化工生产安全问题更加引起人们的重视。

从化学工业追求目标的角度，可将其发展历程分为三个阶段：第一阶段为早期的单一技术经济指标，第二阶段为现今的以技术经济和环境友好为重点的双重指标，第三阶段则应是今后的以技术经济、环境友好及过程安全等多重并重的发展目标。开发化工过程的安全工艺和技术当是化学工业的重要发展方向。在我国工业和信息化部发布的《石化和化学工业发展规划（2016—2020）》中，高度重视石化和化工行业的安全、绿色发展问题，既有发展规划，也有环保规划、安全规划。在主要任务中，提出了要强化危险化学品安全管理。加快淘汰高风险产品及工艺，提高危险工艺的自动化控制水平和企业安全管理水平。实施危险化学品本质安全水平提升工程，以及提高资源、能源利用效率。

目前，化工安全生产坚持“安全第一、预防为主”的原则。针对化工过程安全问题，主要是以预防为主，具体措施见图1.1。这些预防设施并没有从根本上解决存在的安全问题。并且，由于安全防护设施的引入，还使工艺流程变得复杂、生产和控制设备增加、生产成本

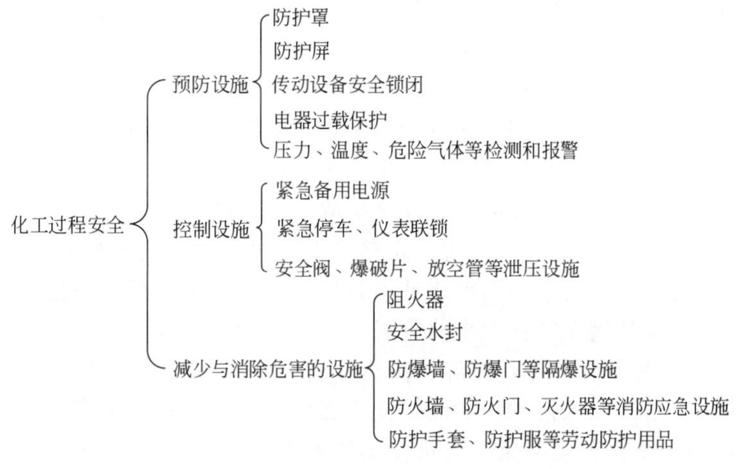

图1.1 化工过程安全问题预防措施

加大。反应过程是化学工业的核心，本质安全的反应工艺和技术对于从源头上解决化学工业存在的安全问题具有更加重要的科学意义和应用价值。

1.1 化工生产特点与危险性

随着科学技术的发展，化学工业由最初只生产纯碱、硫酸等少数几种无机产品和主要从植物中提取茜素制成染料等有机产品，逐步发展为一个多行业、多品种的生产部门，出现了一大批综合利用资源和规模大型化的化工企业。这些企业就其生产过程来说，同其他工业企业有许多共性，但就生产工艺技术、对资源的综合利用和生产过程的严格比例性、连续性等方面来看，又有它自己的特点，如表1.1所示。

表1.1 化工企业特点及危险性分析

特点	危险性
多样性、复杂性和综合性	技术、管理复杂，容易导致安全事故
综合利用原料	化学物质的种类和数量显著增加，具有易燃性、反应性及毒性的化学物质出现的概率增大
严格的比例性和连续性	任何一个环节发生故障，都可能发生安全事故
耗能高	高温、高压是潜在的安全事故隐患
易燃、易爆、易中毒，高温、高压，腐蚀性强	不安全因素很多，容易发生事故
生产装置的连续化和大型化	增加了物料外泄的危险性
技术密集	新物质合成、新工艺和新技术的使用，必然带来新的安全隐患和危险性

① 具有多样性、复杂性和综合性。化工产品种类繁多，每一种产品的生产不仅需要一种至几种特定的技术，而且原料来源多种多样，工艺流程也各不相同。就是生产同一种化工产品，也有多种原料来源和多种工艺流程。由于化工生产技术的多样性和复杂性，任何一个大型化工企业的生产过程要能正常进行，都需要有多种技术的综合运用。这势必增加技术和管理的复杂程度，也容易导致安全事故发生。

② 具有综合利用原料的特性。化学工业在大量生产一种产品的同时，往往会生产出许多联产品和副产品，而这些联产品和副产品大部分又是化学工业的重要原料，可以再加工和深加工。因此，化工部门是最能开辟原料来源、综合利用物质资源的一个部门。这势必造成化学物质的种类和数量显著增加，具有易燃性、反应性及毒性的化学物质出现的概率增大。

③ 生产过程要求有严格的比例性和连续性。一般化工产品的生产，对各种物料都有一定的比例要求，在生产过程中，上下工序之间，各车间、各工段之间，往往需要有严格的比例。否则，不仅会影响产量，造成浪费，甚至可能中断生产。化工生产主要是装置性生产，从原材料到产品加工的各环节，都是通过管道输送，采取自动控制进行调节，形成一个首尾连贯、各环节紧密衔接的生产系统。这样的生产装置，客观上要求生产长周期运转，连续进行。任何一个环节发生故障，都可能发生安全事故，使生产过程中断。

④ 具有耗能高的特性。煤炭、石油、天然气既是化工生产的燃料动力，又是重要的原料。有些化工产品的生产，需要在高温或低温条件下进行，无论高温还是低温都需要消耗大量能源。而高温、高压是潜在的安全事故隐患。

⑤ 具有易燃、易爆、易中毒，高温、高压，腐蚀性强等特点。工艺过程多变，因此不安全因素很多，不严格按照工艺规程和岗位操作法生产，就容易发生事故。

⑥ 生产装置的连续化和大型化。大量化学物质都处于工艺过程中，增加了物料外泄的危险性。要想充分发挥现代化工生产的优越性，保证高效、经济地生产，就必须高度重视安

全，确保装置长期、连续地安全运转。

⑦ 属于技术密集型行业。随着新物质合成、新工艺和新技术的使用，必然带来新的安全隐患和危险性，因此安全技术的开发要随着化学工业的发展同步进行。

如上所述，化工生产过程涉及化学品种类很多，且绝大部分是易燃、易爆、有毒、有腐蚀性的危险化学品，同时生产条件十分苛刻，大部分反应均在高温、高压下进行，这就使化工生产存在巨大的潜在危险性。随着科学技术的发展，化工生产装置的大型化以及高度的自动化、连续化已成为化工生产发展的趋势，这使得化工生产一旦发生事故，后果极其严重。因此，化工过程安全问题及事故的应急救援在化工生产中占据着非常重要的位置。

1.2 本质安全概念提出

传统的安全管理方法和技术手段通过在危险源与人、物和环境之间的保护层来控制危险。保护层包括对人员的监督、控制系统、警报和保护装置以及应急系统等。传统过程安全方法和手段主要依靠附加安全系统，对于化工安全生产起到了很好的效果，但也存在一定的局限性。如，建立和维护保护层的费用很高（包括最初的设备投入、安全培训费用及维修保护费用等），失效的保护层可能成为危险源，危险依然存在，保护层只是抑制了危险，可能通过某种人们尚未认识的诱因就会引发事故，增加了事故发生的突然性[1]。

随着化学工业的高速发展和生产规模的不断扩大，工艺和生产设备不断大型化、复杂化和集成化，安全事故的发生频率和破坏程度随之不断增加。化工生产重大安全事故频发证实了传统的过程安全模式已无法承载现代化工对安全的要求[2]。例如，1984 年印度 Bhopal 市郊农药厂发生异氰酸甲酯重大泄漏事故，导致 2500 余人直接中毒死亡，20 多万人受伤（大多数人双目失明致残），67 万人受到残留毒气的影响，而作为中间产物的异氰酸甲酯完全可以通过改变反应路径消除。事实表明仅依靠传统安全方法无法从本质上解决化工安全问题[3]。这些事故也促使人们开发新的安全方法，科学家们逐渐形成了在源头消灭危险的研究思路，提出了本质安全的理念。

针对化工过程安全，1977 年，英国化工安全专家 Kletz 教授首次提出了化工过程本质安全（Inherent Safety）的概念[4]，本质安全就是从源头上减少或消除风险。其含义为“预防化学工业中重大事故频发的最有效手段，不是依靠更多更可靠的附加安全措施，而是从根源上消除或减少系统内可能引起事故的危险，来取代这些安全防护装置”。他还认为，物质和过程的存在，必然具有其不可分割的本质属性。比如某物质有剧毒性，某过程是高温高压等，它们是形成过程危害的根源，只有通过消除或最小化具有固有危害性质的物质或过程条件，才能从本质上消除过程的危害特征，实现过程的本质安全。严格地讲，不存在绝对的本质安全过程，当某过程相比于其他可选过程，消除或最小化了危害特征，就认为前者是本质安全更佳的过程。

本质安全与传统安全理念的区别[3]：

① 本质安全的宗旨是根除过程的危害特征，从而消除事故发生的可能性。传统安全方法以控制危害为目标，仅能降低事故发生的概率或弱化事故的影响，并不能避免其发生。

② 本质安全根据物质和过程的固有属性消除或最小化危害。传统安全方法通过添加安全保护设施控制已存在的危害。

③ 本质安全注重在过程早期从源头上消除危害，同时要求在整个过程生命周期从本质上考虑过程安全。传统安全方法通常在过程中后期对危害进行分析、评价，提出改良措施。

1.3 本质安全定义及原理

1.3.1 本质安全定义

“本质安全”在英文中有三种比较接近的词组：“Inherent safety”“Intrinsic safety”“Essential safety”，通常采用“Inherent safety”词组。

在中文中，各个行业所提出的本质安全范畴各不相同。交通、电力、石油化工和煤炭等行业都给出了具有代表性的本质安全定义[5]。

在交通体系中，本质安全化理论认为：由于受生活环境、作业环境和社会环境的影响，人的自由度增大，可靠性比机械差，因此要实现交通安全，必须有某种“即使存在人为失误的情况下也能确保人身财产安全”的机制和物质条件，使之达到本质的安全化。

在电力行业中，对本质安全是这样界定的：本质安全可以分解为两大目标，即“零工时损失，零责任事故，零安全违章”长远目标与“人、设备、环境和谐统一”终极目标。

在石油化工行业中，对本质安全最具有代表性的定义是：“通过追求人、机、环境的和谐统一，实现系统无缺陷、管理无漏洞、设备无故障”。实现本质安全型企业，要求员工素质、劳动组织、装置设备、工艺技术、标准规范、监督管理、原材料供应等企业经营管理的各个方面和每一个环节都要为安全生产提供保障[6]。

在煤炭行业中所说的本质安全是指安全管理理念的变化，即“煤矿发生事故是偶然的，不发生事故是必然的”，这就是本质安全。

美国化工过程安全中心对本质安全的定义[7]是：“本质安全就是营造一种安全的环境，在这种环境下的生产过程中，伴随的物料及生产操作存在的安全隐患都已经被减少或消除，并且这种减少或消除是永久性的”。

实际上，本质安全概念源于20世纪50年代世界宇航技术的发展，这一概念被广泛接受是和人类科学技术的进步以及对安全文化的认识密切相连的，是人类在生产、生活实践的发展过程中，对事故由被动接受到积极事先去除隐患，以实现从源头杜绝事故和人类自身安全保护需要，是在安全认识上取得的一大进步。狭义的概念指的是通过设计手段使生产过程和产品性能本身具有防止危险发生的功能，即使在误操作的情况下，也不会发生事故。广义的角度来说就是通过各种措施（包括教育、设计、优化环境等）从源头上堵住事故发生的可能，即利用科学技术手段使人们生产活动全过程实现安全无危害化，即使出现人为失误或环境恶化也能有效阻止事故发生，使人的安全健康状态得到有效保障。

《化工企业安全卫生设计规范》（HG 20571—2014）将生产过程的本质安全化定义为：采用无毒或低毒原料代替有毒或剧毒原料，采用无危害或危害性比较小的符合卫生要求的新工艺、新技术、新设备。此外还包括从原料入库到成品包装出厂整个生产过程中应具有比较高的连续化、自动化和机械化，为提高装置安全可靠性而设计的监测、报警、联锁、安全保护装置，为降低生产过程危险性而采取的各种安全卫生措施和迅速扑救事故装置。

《职业安全卫生术语》（GB/T 15236—2008）本质安全定义：通过设计等手段使生产设备或生产系统本身具有安全性，即使在误操作或发生故障的情况下也不会造成事故。

本质安全是从根源上预先考虑工艺、设备可能潜在的危险，从而在设计过程中予以避免，即通过工艺、设备本身的设计消除或减少系统中的危险。

本质安全技术是从源头上消减生产过程中的危险。通过改进设计，消减工艺、过程、设备中存在的危险物质或危险操作的数量，使用安全材料代替危险材料等综合措施，避免生产、服务和产品使用中的危险和事故发生。本质安全的实现取决于生产所用材料的基本特性、工艺、操作条件及与工艺技术本身有密切联系的其他相关特性。

化工本质安全定义：类似绿色化学“利用化学原理从源头上减少和消除工业生产对环境的污染”的定义，作者将化工本质安全定义为“利用化学原理和化学工程理论从源头上减少和消除化学工业中生产、储存、输送、使用等环节存在的安全隐患。其理想在于：化工生产不存在易燃、易爆、有毒、有害、高温、高压等物质或过程”。

1.3.2 本质安全原理及应用简介

本质安全原理是本质安全设计的依据，是保证过程朝本质安全方向发展的一般性原则。最早由Kletz教授提出，后被引入到本质安全设计中，具体实施的基本原理包括[8~12]：危害物质的最小化（Minimize）、高危物质的替代化（Substitute）、剧烈反应的温和化（Moderate）以及过程工艺的简单化（Simplify）。后来，其范围又扩大到包含提高可靠性/提高失误（错误）容忍度、限制影响等方面，详见表1.2[12]。

表1.2 本质安全原理

原理	定义
最小化	减少危险物质量
替代	使用安全材料
缓和	在安全环境下运行设备，如常温、常压和液态
简化	避免多产物或多单元操作，避免密集管道或调节装置
限制影响	改变装置设计和操作来减少影响，如调节装置
容错	装置和工艺可以承受破坏，反应器可以承受未预料到的副反应
避免多米诺效应	有充足的间隔布局，可靠的关停设施和开放结构
避免组装错误	对于设计阀或管道系统，避免人为失误
明确设备状况	避免复杂设备和信息过载
容易控制	减少操作步骤

“最小化”指减少危险物质的使用数量，或减少危险物质在工艺过程中的使用次数。系统中危险物质数量或能量越少，发生事故的可能性以及事故可能造成的危害程度就越小。“替代”指使用安全的物质或相对安全的物质来替代原危险物质，使用相对安全的生产工艺来替代原生产工艺。“缓和”指采用危险物质的最小危害形态或最小危险的工艺条件，即在作业时，采用更加安全的作业条件（例如常温、常压和液态），或者能减小危险材料或能量释放影响，或者用更加安全的方式存储、运输危险物质。“简化”指通过设计，简化操作，从而减少人为失误的机会[7]。简单的工艺、设备和系统往往具有更高的本质安全性，因为简单的工艺、设备所包含的部件较少，可以减少失误。“限制影响”指通过改进设计与操作，限制或减小事故可能造成的破坏程度，使过程释放的物质或能量所产生的影响最小化。“容错”指使工艺、设备具有容错功能，保证设备能够经受扰动，反应过程能承受非正常反应。过程能够在一定程度上容忍操作失误、错误安装和设备失效。

本质安全原理的应用包括以下几方面[3]：在化工过程整个生命周期的不同阶段，本质安全原理应用的机会和程度是不同的，相关研究主要集中于过程的早期阶段，研究对象可分为物质和过程两类，前者主要包括反应原料和路径的选择、溶剂的选择、物质储存和输送的方式等，后者主要包括反应器的强化、反应器的选择、操作方式的选择、过程条件的改良等。

(1) 最小化原理

最小化原理的重要应用之一是反应器的选择，反应器的大小和处理物料的量成为重要的考虑因素，人们根据各类反应器自身的特点，应用最小化原理进行分析，提出了各类反应器的本质安全潜力。一般认为，CSTR（Continuous Stirred Tank Reactor，连续搅拌槽反应器）比 BSTR（Batch Stirred Tank Reactor，间歇搅拌槽反应器）本质安全性更好，因为对一定的生产任务，前者具有更小的反应器体积，物料混合更充分，减少了副产物的生成，且浓度、温度等参数均一，易于控制并降低了过程失效的概率。PFR（Plug Flow Reactor，活塞流或平推流反应器）具有最小的反应器体积，且设计简单，设备连接少，对放热反应的换热效率高，但沿管长压降较高，不利于控制。环流反应器在很多场合可代替 BSTR，因为更高的传质效率使环流反应器体积大为降低。如果仅从反应器体积和物料的量值考虑反应器的安全性，按优劣依次为 PFR、环流反应器、CSTR、BSTR。但是，应在深刻理解反应机理的基础上应用最小化原理，综合考虑和权衡各安全因素，确定最优的反应器。最小化原理还应用于减少设备数量，将若干单元操作合并在一个设备中进行，从而使过程的设备数量最小化。储存和输送的物料应满足最小化原理，根据生产的需要确定危害性原料或中间产物最小的储存量，因为储存设备和输送管线是发生泄漏的重要危险源，所以必须确认其最小量值，尤其对于具有危害性的中间产物或副产物，应采取措施尽量避免对它们的储存和运输。如，在萘甲胺生产过程中，通过改变反应路径可消除危害性原料 2-萘酚和异氰酸甲酯的使用，即其用量达到最小值零。焦巍等[13]提出了考虑安全的反应路径综合策略，并将其应用于萘甲胺反应路径综合实例，得到了安全性优良的化学反应路径，即 2-萘酚和异氰酸甲酯不作为原料，如表 1.3 所示。根据筛选结果，建立从原料到产品的原子平衡方程，编程求解得到可行的化学反应路径计量式组合（见表 1.4），其中路径 13 为考虑安全的最优解，与其他仅考虑环境因素的最优解吻合。

表 1.3 考虑安全的萘甲胺生产原料筛选

原料	毒性	易燃性	爆炸性	化学活性	筛选结果
萘	4	0	0.25	—	
1-氯萘	5.96	0	0	—	
2-萘酚	6.96	0	0	—	删除
氯化氢	4.56	0	0	—	
氯气	5	0	0	—	
1-氯甲烷	3	0	0.6	4	
甲醇	2.89	3.5	1.74	—	
甲胺	4.56	0	0.79	3	
光气	6	0	0	2	
异氰酸甲酯	6.89	3.67	1.028	3	删除
甲基甲酰胺	3	2.97	1	—	

表 1.4 可行化学反应路径的化学计量式

反应路径	原料												
	O_2	H_2	HCl	甲基甲酰胺	H_2O	甲胺	光气	Cl_2	萘	1-氯萘	1-氯甲烷	甲醇	萘甲胺
1	0	1	1	−1	−1	0	0	0	0	−1	0	0	1
2	0	2	0	−1	−1	0	0	0	−1	0	0	0	1
3	−0.5	0	2	0	0	−1	−1	0	−1	0	0	0	1
4	−0.5	0	1	0	0	−1	−1	1	0	−1	0	0	1
5	−0.5	1	0	0	0	−1	−1	1	−1	0	0	0	1
6	−0.5	0	2	−1	0	0	0	−1	−1	0	0	0	1
7	−0.5	0	1	−1	0	0	0	0	0	−1	0	0	1

续表

反应路径	原料												
	O_2	H_2	HCl	甲基甲酰胺	H_2O	甲胺	光气	Cl_2	萘	1-氯萘	1-氯甲烷	甲醇	萘甲胺
8	0	1	0	−1	0	0	0	0	0	−1	1	−1	1
9	−0.5	1	0	−1	0	0	0	0	−1	0	0	0	1
10	−0.5	0	0	−1	0	0	0	1	1	−2	0	0	1
11	−0.5	1	−1	−1	0	0	0	1	0	−1	0	0	1
12	−0.5	0	0	−1	1	0	0	0	0	−1	1	−1	1
13①	−1	0	0	−1	1	0	0	0	−1	0	0	0	1

① 最优解。

再如，将丙烯腈流程的副产物氢氰酸直接作为其他生产单元的原料，可消除对氢氰酸的储存，即储存量最小值为零。丙烯氨氧化合成丙烯腈主副反应如下式所示。该过程副产大量氢氰酸。直接利用该氢氰酸与丙酮液缩合制备丙酮氰醇，从而避免了氢氰酸的储存[14,15]。

$$CH_2{=}CH-CH_3 + NH_3 + 3/2O_2 \longrightarrow CH_2{=}CH-CN + 3H_2O$$

$$CH_2{=}CH-CH_3 + 3NH_3 + 3O_2 \longrightarrow 3HCN + 6H_2O$$

$$CH_3-\overset{\overset{\large O}{\|}}{C}-CH_3 + HCN \longrightarrow CH_3-\overset{\overset{\large OH}{|}}{\underset{\underset{\large CH_3}{|}}{C}}-CN$$

（2）替代原理

主要应用于对反应物和溶剂的替代。通过采用新原料，改变反应路线，开发新型过程和技术，实现对危害反应物（或反应路径）的替代。如，通过环境影响最小化的反应路径综合，提出了若干生产萘甲胺的可替代方案，可消除中间产物异氰酸甲酯[13]。再如，氨氧化过程生产丙烯腈，以氨和丙烯代替乙炔和氰化氢作原料，消除危害性原料氰化氢[14]，见图 1.2。

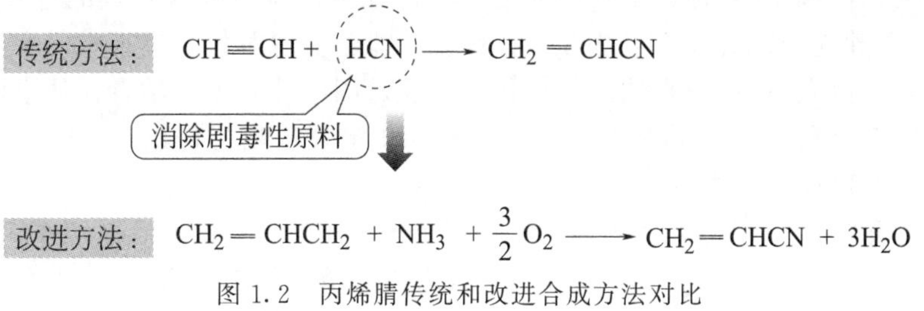

传统方法：$CH{\equiv}CH + HCN \longrightarrow CH_2{=}CHCN$

消除剧毒性原料

改进方法：$CH_2{=}CHCH_2 + NH_3 + \frac{3}{2}O_2 \longrightarrow CH_2{=}CHCN + 3H_2O$

图 1.2 丙烯腈传统和改进合成方法对比

此外，新型过程和技术的开发促进了替代原理的应用，如超临界过程、多米诺反应（是一种有效提高合成效率的方法，是将多个反应条件相似的反应结合起来一次性完成，将上一个反应得到的新官能团用于下一个反应，或是将上一个反应生成的活性中间体在合适的条件下直接进行下一步反应而跨越了取出中间产物这一环节。这样，在一次反应中形成多个化学键，从而有可能将简单的原料经过很短的步骤转化成很复杂的分子）、酶催化过程等。易燃性溶剂在高于闪点或沸点下操作是火灾危害的主要原因之一，所以用水或低危害有机溶剂代替高挥发性有机溶剂是替代原理的另一重要应用。美国环境保护局开发了专家系统辅助纺织工业中溶剂的选择，阐述了用低危害物质代替苯，取代易燃性溶剂，以次氯酸钠代替氯气净化水等替代过程。

（3）缓和原理

通过物理和化学两种方式来实现，前者包括稀释、制冷等，后者是通过化学方法改良苛刻的过程条件。沸点较低的物质常储存于压力系统中，通过用高沸点溶剂进行稀释能够降低系统压力，发生泄漏时可有效降低泄漏速率，如果过程允许可在稀释状态下储存和操作危害性物质，常见的该类物质如氨水代替液氨、盐酸代替氯化氢、稀释的硫酸代替发烟硫酸等。稀释系统还可应用于缓和反应速率，限制最高反应温度等方面，但增加稀释系统会提高过程的复杂性，所以需要权衡对过程安全性的利弊。制冷具有类似于稀释的优点，危害性物质如氯，通常在低于其常压沸点下储存，可以减小物质蒸气压，有效降低泄漏时物质的气化速率，减少或消除液体气溶胶的形成，从而提高过程的本质安全性。关于低温储存的研究表明，制冷储存的安全性优于高压储存。改善苛刻的反应条件是缓和原理另一个重要应用。如采用新型催化剂实现了在低压下甲醇氧化生产醛；聚烯烃技术的改进使过程压力有效降低；采用高沸点溶剂可以降低过程压力，同时降低过程失控时的最大压力等。

(4) 简化原理

反应器设计的强化能够减少复杂的安全装置，如反应器设计压力大于反应失效时的最大压力，则不需要超压安全联锁装置，同时有效减小泄放系统的尺寸，从而使过程设备简化，前提是充分理解失效条件下的反应机理、热力学和动力学特性并进行评价。如，将 1 个进行复杂反应的间歇反应器分解成 3 个较小的反应器完成，可以减小单个反应器的复杂性，减少物料流股间的交互作用，但分解后反应器数量增加，且中间产物的属性及输送也会增大过程的复杂性。与最小化实例相比，恰为相反的过程，可见，各原理在应用时会出现矛盾，所以应根据反应实际情形，对不同实现过程进行综合评价，以确定安全性最优过程。

各原理在应用时存在一定交叉，原理之间可能相互抵触，如反应精馏满足最小化原理，但不符合简化原理，只能通过深入理解反应及失效时的特性，综合评价过程的本质安全性。

1.4 本质安全指数评价法

本质安全设计的研究主要集中在前期的流程设计中，但是绝对安全的过程是不存在的，所以，人们需要建立合适的评价方法和指标体系，能够实现对化工过程本质安全化程度的评估，把对安全、健康、环境的影响进行量化。目前，国内外有很多学者在从事该领域的研究工作，并取得了大量成果，其中比较有代表性的方法包括：PIIS、ISI、INSET、EHS、i-Safe、FBISI 和 I2SI 等[2,16,17]。

PIIS 评价法：Edwards 等[18]在 1993 年提出了本质安全原型指标法 PIIS（Prototype Index for Inherent Safety)，是世界上第一个针对本质安全开发的指数型评价方法。该方法将本质安全指标分为两类：一类是化学物质指数，包括易燃性、爆炸性和毒性；另一类是工艺过程指数，包括存储量、温度、压力和产率等。其中，每一个指数可以分为 10 个子区间，每一个子区间可以在数值上进行评分，通过计算每条路线过程分和化学分之和得到该路线的总分值。在 PIIS 方法中，分值最高的路线被认为是最不安全的路线。PIIS 法的目的是在概念设计阶段选择本质安全性较高的流程，对在过程设计早期获取本质安全信息是具有实际意义的。并且，该方法能在过程详细设计数据未知的情况下使用，其实用性是比较广泛的。该方法的缺点是没有综合考虑过程的环境、健康、安全危害，指标相对比较简单。

ISI 评价法：本质安全指标法 ISI（Inherent Safety Index）由 Heikkilä 等[19]在 1996 年提出。该方法在保持 PIIS 基本结构不变的基础上，扩大了指标选取范围。其中化学类本质安全指标包括主反应热、潜在的副反应热、易燃性、爆炸性、毒性、腐蚀性和化学品的相互作用。过程本质安全指标包括存储量、温度、压力、工艺设备安全和过程结构安全。总的本质安全指标是化学类和过程类指标之和。ISI 的计算是基于最坏的情况，与 PIIS 一样，较低的指数值代表了相对本质安全的过程。ISI 方法也是适用于概念设计阶段的指标型方法，相比于 PIIS 方法，ISI 增加了反应危害和过程、结构危害的本质安全考虑，从而对过程的把握更加全面。其中，设备子指标是通过事故统计和布局数据进行确定的，过程结构安全是以系统工程的观点，结合以往设计案例数据，采用遗传算法进行确定的。该方法的缺点是指标权重和等级划分比较主观，所得结果之间具有差异性，并且不具有可比性。

INSET[20] 工具箱：是由欧盟资助，针对本质安全化技术在欧洲的应用，推出的复合型（30 余种）方法，是将安全、健康和环境三方面综合在一起的工具系统。INSET 工具箱测量化工过程本质安全指数的工具依赖于它的一些性能指标，这些指标涉及一些相对简单的计算，能够快速评估很多过程。INSET 工具箱推荐了一种多属性决策分析技术，用来评估各种过程选项的总体固有安全性。它可以作为一种固有的安全度量工具有两个原因。首先，它代表了一些公司和组织的共识；其次，它旨在一套工具箱内同时考虑安全、健康和环境因素，与 CCPS（Center for Chemical Process Safety，美国化工过程安全中心）/CWRT（Center for Waste Reduction Technologies，美国废物减量技术中心）的建议一致。

EHS 评价法：环境、健康、安全指标法 EHS（Index Based Environment，Health and Safety）由 Koller 等[21] 在 2000 年提出。主要是针对精细化工和间歇反应。该方法集成了安全、健康和环境三方面的评估，具有多种不同的算法，即使部分信息缺失，仍能实现部分计算功能。

i-Safe 评价法：2002 年，Palaniappan 等[22,23] 在 PIIS 和 ISI 的基础上，针对两者指标区间水平不明显的问题，开发了 i-Safe 指标方法。该方法进一步扩充了原来的指标范围，增加了 5 个补充指标，分别为危险化学指数（HCI）、危险反应指数（HRI）、总体化学指数（TCI）、糟糕化学指数（WCI）和糟糕反应指数（WRI）。在 PIIS、ISI 指标分数相近时，可以应用补充指标对其进行评价。

FBISI 评价法：Gentile 等[24,25] 于 2003 年开发了基于模糊理论的本质安全指标法 FBISI（Fuzzy Based Inherent Safety Index），该方法针对指标分析中得分的不灵敏性，运用模糊逻辑和概率理论，将指标分数的子区间设置为连续性，从而在一定程度上降低了指标分析中存在的主观性和不确定性。该方法的创新性主要体现在两个方面。首先，它将指标分析的区间边界模糊化了，从而更符合实际。其次，运用 if-then 规则能够系统地将定量数据与定性信息结合，使指标分析具有逻辑性。该方法的缺点为区间内函数形状和参数的选择不合理会导致结果的偏离，而且区间划分不合理会导致函数复杂化而不易分析。

I2SI 评价法：集成的本质安全指标法 I2SI（Integrated Inherent Safety Index）是由 Khan 等[26,27] 于 2004 年提出的。该方法综合了两种主要危险性评价指数 HI（Hazard Index）和 ISPI（Inherent Safety Potential Index），前者用于计算考虑安全控制措施后的潜在风险破坏程度，后者考虑过程中的本质安全性原则的适用性。根据 HI 和 ISPI 的结果，利用如下公式 I2SI=ISPI/HI 得到 I2SI 值。ISPI 和 HI 的数值范围均在 1～200，该范围给了足够的灵活性来定量 I2SI 指数。显而易见，I2SI 值大于 1 是本质安全应用的积极响应（本质上更安全的选择），I2SI 值越大，本质安全影响越明显。I2SI 集成了本质安全基本原理，将本质安全的应用程度转化成指标形式来评价过程的本质安全性，能够直观地显示本质安全原理的应用对过程的影响。同时，它还考虑了控制系统指标。该指标适用于过程的整个生命周期，有很好的通用性。

除上述方法外，道化学火灾爆炸指数评价法和蒙德法（Dow F & E Index and Mond Index）也可用于过程的本质安全性评价[28]。该方法是开发较早的用于评价过程安全性的定量方法，目前广泛应用于化工过程安全评价领域。该方法能较好地覆盖化工厂中已存在的风险和危害，但分析时需要过程的详细信息，如工厂平面布置图、工艺流程图、过程类型、操作条件、设备及损失保护等。在过程设计的早期阶段许多信息仍未知，因此，这两类方法只能粗略地应用于概念设计阶段的本质安全评价。

Gupta 等[29]于 2003 年提出了一个基于 PIIS 的图像式本质安全化评价方法，该方法可用于区分同一终端产品的两个或多个过程。主要步骤包括：考虑影响安全性的每一个重要参数以及对于最终产品所考虑的所有工艺路线，这些参数可能的取值范围；计算每个流程路径中的每一步并进行比较；用一个总的本质安全设计指标隐含不同参数对过程的影响。该方法的主要优点是将经济、监管、污染控制、工人健康以及工作舒适度等方面全部考虑在内，而且会引导设计者和决策者考虑过程特定变化，从而减少过程的不安全性。

Shan 等[30]于 2003 年在 EHS 方法的基础上，提出了一种分层评价方法。该方法揭示了安全性、健康性和环境性在不同层次的非理想程度。包括所涉及化学物质的性质（物质层面）；物质间可能的相互作用（反应层面）；在所涉及的各种设备中物质和操作条件相结合所产生的可能情况（装备层面）；按照法律法规，安全运行过程所需的安全性和终止技术（安全技术层面），该方法尤其适用于早期过程设计阶段。

Srinivasan 等[31]于 2008 年提出了本质优良性指示法 IBI（Inherent Benign-ness Indicator）。该方法应用主元分析法（PCA），分析影响危害的各种因素，从而揭示本质最良性的路径，克服指标型方法中主观划分范围、主观设置权重、影响覆盖面有限等不足。

Shariff 等[32]于 2012 年提出了一种流程指标法 PSI（Process Stream Index）。从爆炸的角度来评估过程初始设计阶段的本质安全水平。根据爆炸的可能性对流程进行优先排序，使设计工程师可以很容易地识别出需要改进的关键流程，从而避免或减少爆炸危险。

Gangadharan 等[33]于 2013 年提出了一种适用于早期过程设计阶段的综合本质安全指标法 CISI（Comprehensive Inherent Safety Index）。该方法根据化学、工艺和关联分将设备安全评分分配给流程中的各个单元。化学分考虑过程单元中每种物质的质量加权分和化学反应分；每个单元的化学混合物的反应分分别计算；由于高度相互关联单元的存在会增加危害，因此引入关联分的概念。该方法可以直观地显示每个单元所造成的危险，是一种可以更清楚地了解过程真实安全状况行之有效的方法。CISI 的结果可以用于根本原因分析，从而找出最不安全的设备。

不同的安全指标评价方法，其适用阶段、评价范围、特点等是不同的。各本质安全指标评价方法的比较，如表 1.5 所示[2]。可见，现有的本质安全指标评价方法主要用于概念设计阶段的过程路径选择，为过程路径决策提供依据。主要涵盖物质、反应、过程、结构危害评价，基本均采用指标评分的方式。

根据表 1.5 的比较，本质安全指标评价方法向着全面性、综合性、精确性等方向发展，积累了优良的改进思路和经验，但距离实现本质的安全、健康和环境（Safety, Health and Environment，SHE）目标尚具有很大的改进空间。未来本质安全评价指标技术的趋势可能有以下几个方面：①综合的本质安全、健康、环境指标；②克服指标区间划分和权重设置的主观性；③强化指标分析的逻辑性；④本质安全指标与过程设计方法、工具的紧密集成。

本质安全评价指标方法在过程本质安全设计中占有重要地位，是定量衡量过程设计本质安全水平的重要手段。因此，进一步研究并开发综合性强、适应性广、准确性高、实效性好的本质安全指标方法具有重要的理论意义和实际价值。

表 1.5　本质安全评价方法的比较

序号	方法名称	英文名称	主要适用阶段	评价范围	特点
1	道化学火灾爆炸指数评价法和蒙德法	Dow F & E Index and Mond Index	部分地用于概念设计阶段,完整地用于详细设计及以后阶段	物质危害	开发较早的指标型方法,针对火灾爆炸危害效果较好
2	本质安全原型指标法	Prototype Index for Inherent Safety,PIIS	概念设计阶段	物质、过程危害	简单易行,数据需求量少
3	本质安全指标法	Inherent Safety Index,ISI	概念设计阶段	物质、反应、过程、结构危害	较综合地考虑了各类危害,但划分指标分数的主观性较大
4	基于模糊理论的本质安全指标法	Fuzzy Based Inherent Safety Index,FBISI	概念设计阶段	物质、反应、过程、结构危害	指标取值区间连续化,降低了取值的主观性和不确定性,if-then 规则使指标间更具逻辑性
5	集成的本质安全指标法	Integrated Inherent Safety Index,I2SI	整个生命周期	物质危害、控制系统、本质安全应用程度	引入对本质安全原理应用程度的评价,且考虑了控制系统的影响
6	环境、健康、安全指标法	Index Based Environment,Health and Safety,EHS	概念设计阶段	安全、环境、健康危害	综合考虑安全、环境、健康危害,但比较简练
7	i-Safe 评价法	i-Safe	概念设计阶段	物质、反应、过程、结构危害	通过补偿指标可以区分本质安全分数相近的不同过程
8	图示指标法	Graphical Method	概念设计阶段	物质、过程危害	对不同路径各步骤,分别比较各指标,然后再进行指标加和计算
9	本质优良性指示法	Inherent Benign-ness Indicator,IBI	概念设计阶段	物质、反应、过程、结构危害	引入主元分析法,克服指标区间及权重设置的主观性

1.5　本质安全催化工程方法

本质安全原理最早由英国化学工程师 Kletz 教授提出，后被引入到本质安全设计中，具体实施的基本原理包括：危害物质的最小化、高危物质的替代化、剧烈反应的温和化以及过程工艺的简单化。后来，其范围又扩大到包含提高可靠性/提高失误（错误）容忍度、限制影响等方面。

如表 1.2 所示，本质安全原理注重安全理念、实现目标和指导意义，没有从化学工程理论上具体回答如何实现化工过程的本质安全问题。

作者在本质安全概念、原理的基础上，基于化学工程理论，通过对文献资料的归纳总结，给出了从源头上解决化工催化反应过程安全问题的七种方法：

① 去除非安全中间反应物合成和使用的多步反应一步化催化反应过程。

② 纳微尺度多功能催化活性相上非安全中间反应物及时完全转化的集成催化反应过程。

③ 替代非安全反应物的新催化反应过程。

④ 避免易爆炸反应物均相混合并在微反应相及时完全转化的膜组合催化反应过程。

⑤ 化学储氢（氧）载体安全反应物可控释放及其及时完全转化的组合催化反应过程。

⑥ 使用时易于分解为原非安全物质或原位分解转化的相对安全中间物参与的催化反应过程。

⑦ 通过高效催化剂设计、外场促进和过程强化，实现条件温和的催化反应过程。

参 考 文 献

[1] 陈思凝．化工本质安全化理念及评价方法发展［C］//.2010（沈阳）国际安全科学与技术学术研讨会论文集，2010，165-168.

[2] 焦巍，李忠杰，夏力等．化工过程本质安全评价指标的研究进展［J］．计算机与应用化学，2009，26（8）：1084-1088.

[3] 葛春涛．化工过程本质安全原理及应用的研究进展［J］．化工技术与开发，2014，43（10）：26-30.

[4] Kletz T A. What you don't have，can't leak［J］．Chemistry and Industry，1978，10（6）：287-292.

[5] 许正权，宋学锋，吴志刚．本质安全管理理论基础：本质安全的诠释［J］．煤矿安全，2007，9：75-78.

[6] 许正权，宋学锋，李敏莉．本质安全化管理思想及实证研究框架［J］．中国安全科学学报，2006，16（12）：79-85.

[7] 黄剑锋．石油化工企业本质安全系统研究［J］．价值工程，2011，32：26-27.

[8] Kletz T A. Inherently safer design—its scope and future［J］．Process Safety and Environmental Protection，2003，81（6）：401-405.

[9] Overton T，King G M. Inherently safer technology：An evolutionary approach［J］．Process Safety Progress，2006，25（2）：116-119.

[10] Amyotte P R，Goraya A U，Hendershot D C，et al. Incorporation of inherent safety principles in process safety management［J］．Process Safety Progress，2007，26（4）：333-346.

[11] 吴宗之．基于本质安全的工业事故风险管理方法研究［J］．中国工程科学，2007，9（5）：46-49.

[12] 吴宗之，樊晓华，杨玉胜．论本质安全与清洁生产和绿色化学的关系［J］．安全与环境学报，2008，8（4）：135-138.

[13] 焦巍，刘迁，项曙光．考虑安全的反应路径综合［J］．计算机与应用化学，2010，27（8）：1033-1036.

[14] 张沛存．丙烯氨氧化合成丙烯腈的反应机理及其应用［J］．齐鲁石油化工，2009，37（1）：21-25.

[15] 初宇红，贾宝鑫，陶世红．优选丙酮氰醇装置催化剂［J］．河北化工，2010，33（5）：28-29.

[16] 张帆，徐伟，石宁．化工过程本质安全化技术研究进展［J］．安全、健康和环境，2015，15（1）：1-4.

[17] Ahmad S I，Hashim H，Hassim M H. Numerical descriptive inherent safety technique（NuDIST）for inherent safety assessment in petrochemical industry［J］．Process Safety and Environmental Protection，2014，92：379-389.

[18] Edwards D W，Lawrence D. Assessing the inherent safety of chemical process routes：Is there a relation between plant costs and inherent safety?［J］．Chemical Engineering Research & Design，1993，71（Part B）：252-258.

[19] Heikkilä A M，Hurme M，Järveläinen M. Safety considerations in process synthesis［J］．Computers and Chemical Engineering，1996，20：S115-S120.

[20] Khan F I，Amyotte P R. How to make inherent safety practice a reality［J］．The Canadian Journal of Chemical Engineering，2003，81：2-16.

[21] Koller G，Fischer U，Hungerbühler K. Assessing safety，health and environmental impact early during process development［J］．Industrial & Engineering Chemistry Research，2000，3（39）：960-972.

[22] Palaniappan C，Srinivasan R，Tan R. Expert system for the design of inherently safer processes. 1. Route selection stage［J］．Industrial & Engineering Chemistry Research，2002，a（41）：6698-6710.

[23] Palaniappan C. Expert system for design of inherently safer chemical processes［D］．Singapore：National University of Singapore，2002.

[24] Gentile M，Rogers W J，Mannan M S. Development of a fuzzy logic-based inherent safety index［J］．Process Safety and Environmental Protection，2003，81（6）：444-456.

[25] Gentile M，Rogers W J，Mannan M S. Development of an inherent safety index based on fuzzy logic［J］．AIChE Journal，2003，49（4）：959-968.

［26］ Khan F I，Amyotte P R. Integrated inherent safety index（I2SI）：A tool for inherent safety evaluation ［J］．Process Safety Progress，2004，23（2）：136-148.
［27］ Khan F I，Amyotte P R. I2SI：A comprehensive quantitative tool for inherent safety and cost evaluation［J］．Journal of Loss Prevention in the Process Industries，2005，18：310-326.
［28］ Gupta J P. Application of Dow's fire and explosion index hazard classfication guide to process plants in the developing countries［J］．Journal of Loss Prevention in the Process Industries，1997，10：7-15.
［29］ Gupta J P，Edwards D W. A simple graphical method for measurement of inherent safety［J］．Journal of Hazardous Materials，2003，104（1）：15-30.
［30］ Shan S，Fischer U，Hungerbuhler K. A hierarchical approach for the evaluation of chemical process aspects from the perspective of inherent safety［J］．Process Safety and Environmental Protection，2003，81（6）：430-443.
［31］ Srinivasan R，Nhan N T. A statistical approach for evaluating inherent benign-ness of chemical process routes in early design stages［J］．Process Safety and Environment Protection，2008，86（3）：163-174.
［32］ Shariff A M，Leong C T，Zaini D. Using process stream index（PSI）to assess inherent safety level during preliminary design stage［J］．Safety Science，2012，50：1098-1103.
［33］ Gangadharan P，Singh R，Cheng F Q，et al. Novel methodology for inherent safety assessment in the process design stage［J］．Industrial & Engineering Chemistry Research，2013，52：5921-5933.

第2章 多步反应一步化安全过程

在化工生产中，从初始原料到获得终端产品要经过多步工艺过程才能实现。在此工艺中往往存在非安全中间反应物既作为产物被合成又作为反应物被使用的过程。这势必涉及危险化学品的生产、储存、输送和使用等环节，且各环节均存在安全隐患。通过“简单化”反应工艺的开发，不需经过非安全中间反应物，直接得到所需要的产物。这样，不仅可以解决安全问题，实现本质安全，而且还可以减少分离和反应单元，减少工艺系统的复杂性，进而节约设备、提高生产效率、减少能源和资源消耗。

方法1：去除非安全中间反应物合成和使用的多步反应一步化催化反应过程。

如图2.1所示，以合成苯胺为例。图中A、B、C为反应物；Haza为非安全中间反应物；P为目标产物；D_{ir}为一步化反应过程中的反应物。在图上半部分的传统工艺中，由非安全中间反应物的合成反应（A+B ⟶ Haza）和非安全中间反应物的使用反应（Haza+C ⟶ P）构成，且工艺复杂。图下半部分的一步化反应（A+D_{ir} ⟶ P）完全去除了非安全中间反应物生产、储存、输送、使用等工段，且工艺简单。

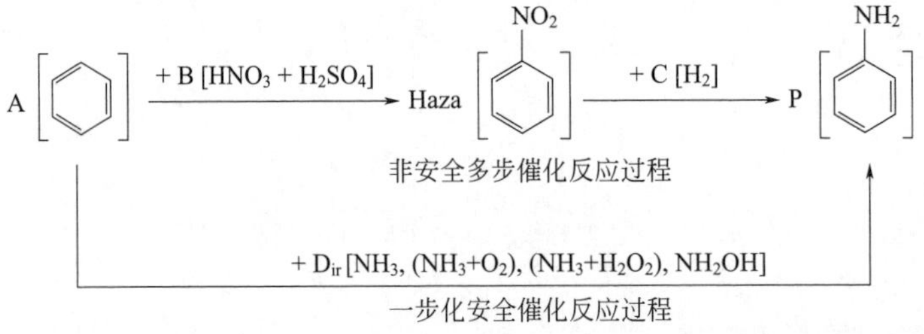

A [苯] $\xrightarrow{+B\,[HNO_3+H_2SO_4]}$ Haza [NO_2-苯] $\xrightarrow{+C\,[H_2]}$ P [NH_2-苯]

非安全多步催化反应过程

$+D_{ir}\,[NH_3, (NH_3+O_2), (NH_3+H_2O_2), NH_2OH]$

一步化安全催化反应过程

图2.1 去除非安全中间反应物合成和使用的多步反应一步化合成苯胺反应过程

一步化反应过程中反应物D_{ir}的选择是关键问题。首先应是相对安全的物质，具有安全性；其次要满足热力学可行性和原子经济性，尽量设计原子利用率接近100%的反应，且反应自由焓变小于0。具体过程包括：①基于目标产物的元素组成，选择一步化反应过程的可能反应物；②基于反应前后元素原子守恒，给出可能的化学反应及化学计量系数矩阵；③基于热力学和原子经济性，确定热力学可行且原子利用率高的反应。

国家安监总局列出了18种重点监管的危险化工工艺，包括：光气及光气化工艺；电解工艺（氯碱）；氯化工艺；合成氨工艺；裂解（裂化）工艺；氟化工艺；加氢工艺；重氮化工艺；氧化工艺；过氧化工艺；胺基化工艺；磺化工艺；聚合工艺；烷基化工艺；新型煤化工工艺；电石生产工艺；偶氮化工艺；硝化工艺。

本章基于**方法 1**，就合成苯胺、苯酚、碳酸二甲酯、正丁胺、环己基苯基甲酮及甲苯二异氰酸酯一步化安全催化反应过程进行了论述。

2.1 苯胺一步化安全合成

苯胺是一种重要的有机化工原料，是合成许多精细化学品的重要中间体。由其制得的化工产品和中间体有 300 多种。在医药、农药、炸药、染料、树脂、香料和橡胶硫化促进剂等行业中具有广泛的应用，尤其是作为聚氨酯产品——二苯甲烷二异氰酸酯（MDI）的主要原料，需求量巨大。此外，苯胺还可以用作溶剂和其他化工原料。

2.1.1 苯胺传统生产工艺

苯胺的工业生产始于 1857 年，最初采用硝基苯铁粉还原法；20 世纪 50 年代后逐渐被先进的硝基苯催化加氢法所取代；1962 年成功开发出苯酚氨化法，并于 1970 年实现工业化生产。苯胺的生产工艺路线主要有硝基苯催化加氢法、苯酚氨化法和硝基苯铁粉还原法，分别占苯胺总生产能力的 85%、10%和 5%[1]。

目前，工业上以苯为初始原料的苯胺生产，主要通过经由硝基苯中间反应物的两步反应进行：苯的硝化和硝基苯的加氢过程。首先苯与混酸在硝化釜内进行硝化反应，反应产物经分离、中和以及水洗后得到硝基苯粗品，粗硝基苯进一步精制得精硝基苯。精硝基苯与氢气同时进入苯胺单元，经气化混合，在催化剂作用下加氢还原，获得粗苯胺，粗苯胺经精制、废水处理后生产出不同级别的苯胺产品。反应式如下所示。

$$C_6H_6 + HNO_3 \longrightarrow C_6H_5{-}NO_2 + H_2O$$

$$C_6H_5{-}NO_2 + 3H_2 \longrightarrow C_6H_5{-}NH_2 + 2H_2O$$

2.1.1.1 苯硝化制硝基苯单元

苯硝化是向苯环上引入硝基（$-NO_2$）生产硝基苯的工艺，早期采用混酸间歇硝化法。20 世纪 60 年代后，逐渐开发了釜式串联、环式串联、管式和泵式循环的连续硝化工艺和带压绝热硝化工艺。

目前，硝基苯生产主要采用硝化法[2,3]。一般有两种工艺，一种是传统的等温硝化法，另一种是绝热硝化法。绝热硝化法在国内还没有应用到大规模生产中，国内采用的硝化技术以等温硝化法为主。等温硝化工艺要保持反应器温度，造成硝化反应所放出热量的浪费，反应生成的水还必须使用另外一套系统来处理。原料硝酸只能使用浓硝酸，运行成本高。绝热硝化用硝化反应的催化剂——硫酸作为循环载体，不仅能控制反应温度，而且可以利用反应热把反应生成的水和稀硝酸带入的水全部蒸发掉，达到浓缩硫酸的目的；同时，可使用质量分数为 60%～68%的硝酸为原料，减少了硝酸浓缩工耗及运行费用，降低了生产成本。

绝热硝化法具有以下特点：由于取消冷却装置，减少了水的消耗；利用反应热在真空闪蒸器中进行废酸的浓缩，取消了传统硝化法的废酸浓缩过程，与传统硝化法相比，既节省了 90%左右的能源，又减少了很多昂贵的设备投资；硝化反应是在封闭系统和压力下进行的，可以避免苯的挥发；苯经汽提、冷凝、分层后回收循环使用，减少了苯的损失，分出的水用于硝化的水洗，节省了水资源；废气中的氮氧化物和微量苯均经处理后排放，污染物排放较少，有利于环境保护和降低原料的消耗定额；硝化时采用过量苯和高含水量的混酸，既避免了副反应的发生，又提高了产品质量和收率，降低了成本。

苯绝热硝化反应制备硝基苯工艺流程如图 2.2 所示[4]。循环硫酸用泵从硫酸泵罐中抽出，同加入的硝酸混合成含有 3%～7.5%硝酸、58.5%～66.5%硫酸和 28%～37%水的混合酸液。混合酸被打入装有静态混合元件的管道中，此时，经预热的原料苯也被加入到管道中，但两者还未混合。当两股反应物流流经混合元件时，在混合元件的切割作用下，两股物流被成方次地切割成无数的小物流，甚至是小液滴。在此过程中，两种物流在接触面上进行反应，生成硝化物，产生大量反应热。这部分反应热使物料温度迅速升高，可使物料温度由 90℃升到 135℃，从而加快了反应的进行，允许使用比常规系统稀的废酸进行生产。当混合充分后，反应热能被物料迅速均匀稀释降温。所以在管外设置苯原料的预热套管，可以达到一举两得的目的：既可移除大量反应热，从而有效的降低局部过热现象，减少二硝基物的生成；又可以预热原料。反应管道的大小和数量可由工厂的生产能力来决定。

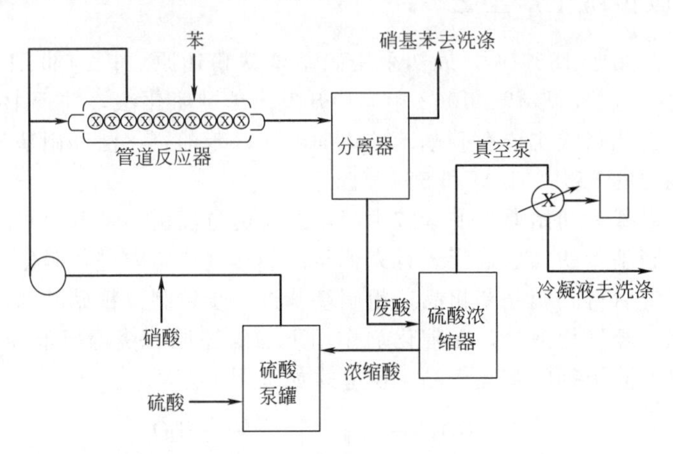

图 2.2　苯绝热硝化反应制备硝基苯工艺流程图

2.1.1.2　硝基苯加氢制苯胺单元

硝基苯催化加氢法包括固定床气相催化加氢、流化床气相催化加氢以及硝基苯液相催化加氢三种工艺。

(1) 硝基苯气相催化加氢工艺

固定床气相催化加氢工艺是在 1～3MPa 和 200～300℃条件下，硝基苯和氢发生反应，苯胺的选择性大于 99%。具有运转费用低、投资少、技术成熟和产品质量好等优点。不足之处是易发生局部过热而引起副反应和催化剂失活。国外大多数苯胺生产厂采用此工艺进行生产，我国只有烟台万华聚氨酯集团有限公司采用该法。

国内的苯胺生产大多采用流化床气相催化加氢法[5]。以 3.5 万吨/年苯胺生产装置为例，工艺流程如图 2.3 所示。苯胺生产中的原料氢与系统中的循环氢混合，经氢压机增压至 0.2MPa 后，与来自流化床顶的高温混合气在热交换器中进行热交换，被预热到约 180℃进入硝基苯蒸发器，硝基苯经预热在蒸发器中汽化，与过量的氢气混合并加热到约 180～200℃，进入加氢反应器，与催化剂接触。硝基苯被还原生成苯胺和水并放出大量热，利用加氢反应器中的余热将锅炉中的软水汽化（产生蒸汽带走反应热）来控制反应温度在 250～270℃。反应后的混合气与催化剂分离，进热交换器与混合氢进行热交换，用水冷却，粗苯胺及水被冷凝，与过量的氢分离，过量氢循环使用，粗苯胺与饱和苯胺水进入连续分离器分离，粗苯胺进入脱水塔脱水，然后进精馏塔精馏得到成品苯胺。含少量苯胺的水进共沸塔回收苯胺，废水去污水车间进行二级生化处理。该法较好地改善了传热状况，避免局部过热，减少副反应的生成，延长了催化剂的使用寿命。不足之处是操作较复杂，催化剂磨损大，装

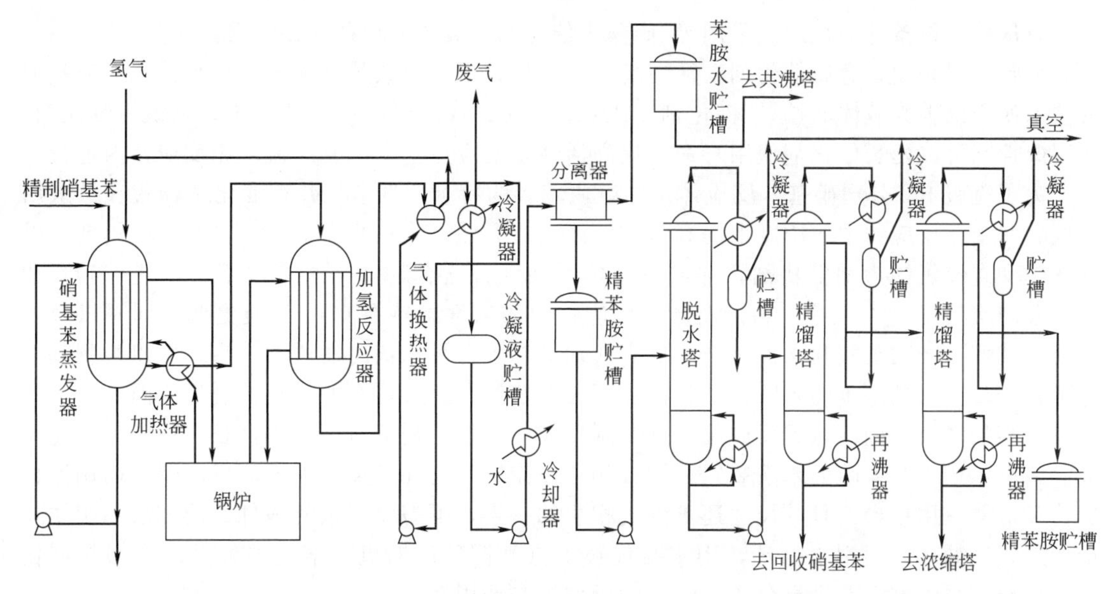

图 2.3　流化床气相催化加氢制苯胺工艺流程图

置建设、操作和维修费用较高。我国绝大多数苯胺生产厂家均采用流化床气相催化加氢。硝基苯气相催化加氢生产苯胺的催化剂主要有铜负载在二氧化硅上的 Cu/SiO_2。

(2) 硝基苯液相催化加氢工艺

硝基苯液相催化加氢[6]，工业生产装置通常采用高活性贵金属悬浮催化剂，一般使用淤浆和流化床反应器，液相加氢反应器的生产能力往往大于同体积气相加氢反应器。液相加氢于 80～250℃下加压进行，硝基苯单程转化率通常为 98%～99%，苯胺用减压精馏进行精制。硝基苯液相加氢制苯胺工艺流程如图 2.4 所示[7]。

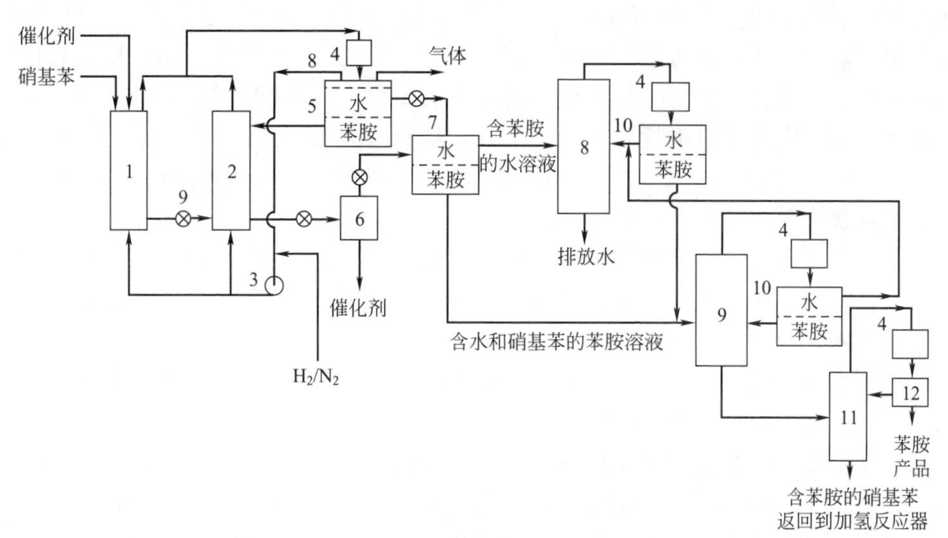

图 2.4　ICI 公司硝基苯液相催化加氢制苯胺工艺流程图

1,2—加氢反应器；3—气体循环泵；4—冷凝器；5—初始分离器；6—压滤器；7—第二分离器；8—水蒸馏器；9—苯胺蒸馏器；10—分离器；11—苯胺精馏塔；12—回流器

ICI 公司于 20 世纪 60 年代开发了液相连续催化加氢工艺。以苯胺为溶剂，加氢温度接近溶剂沸点，压力小于 100kPa，反应热部分或全部由产物蒸发吸收，大量苯胺回流入反应

器，以保持操作条件的稳定。采用镍/硅藻土催化剂，载体的粒径为200目。

杜邦公司采用贵金属催化剂，活性高，寿命长，不会导致苯环加氢。杜邦公司的液相加氢技术使用以碳为载体的铂/钯催化剂：Pd(4.5%)-Pt(0.54%)-Fe(5%)/C，以铁为改性剂。使用改性剂可以延长催化剂使用寿命，提高活性，反应在一个活塞式流动床反应器内进行。

为了克服ICI公司硝基苯反应体系中杂质较多的特点，日本三井东亚化学株式会社采用降低硝基苯在反应物中的浓度来提高苯胺的纯度的方法，采用贵金属Pd、Pt/C催化剂，以碳酸钠和碳酸氢钠为助催化剂，并向反应体系加入锌化合物，无水情况下，150～250℃和0.3～0.7MPa下进行反应。将硝基苯在反应物中的浓度维持在0.01%或更低，同时以蒸气形式连续蒸出产物苯胺和水。该技术更有效地抑制了含氢化核的物质的产生，可以得到基本上不含未反应的硝基苯的苯胺，而且添加了大量溶剂，通过溶剂的潜热控制反应温度。

液相加氢工艺的优点是反应温度低，副反应少，催化剂负荷高，寿命长，设备生产能力大。一个年产十几万吨的苯胺装置，用气相法，需要几套外形尺寸庞大的反应器，而用液相法，反应器只用单台，且其尺寸还不到气相法的一半，不需要复杂的内件。液相法不用循环量大的氢气循环，而用水循环，用水泵代替了氢气循环压缩机。不足之处是反应物与催化剂、反应物与溶剂必须进行分离，设备的操作维修费用较高。

2.1.1.3 硝基苯加氢制苯胺催化剂

硝基苯加氢制苯胺催化剂可分为铜系催化剂、镍系催化剂及贵金属催化剂等类型。

(1) 铜系催化剂

铜系催化剂原料易得、制备简单、成本低、选择性好，但抗毒性差，微量硫化物极易使催化剂中毒。Cu/SiO_2系列催化剂主要包括$Cu\text{-}Cr/SiO_2$和$Cu\text{-}Cr\text{-}Mo/SiO_2$催化剂。$Cu\text{-}Cr/SiO_2$催化剂中，铬助剂可以提高催化剂性能，但稳定性较差；$Cu\text{-}Cr\text{-}Mo/SiO_2$催化剂中铜含量在12%～18%，催化剂性能及设备生产能力均有很大提高，生产成本有所下降，$Cu\text{-}Cr\text{-}Mo/SiO_2$催化剂的活性与CuO有关[8]。

张全信等[9]研究了制备方法、组分含量和反应工艺条件对（Cu）CeO_2复合氧化物催化剂上硝基苯加氢制苯胺反应性能的影响。硝基苯的转化率和苯胺选择性在（Cu）CeO_2中Cu质量分数为9%的结构阈值附近达到近100%，且具有良好的稳定性。优化的反应条件为190℃，氢气压力0.5MPa，$H_2/C_6H_5NO_2$物质的量比大于4，硝基苯进料空速小于$6h^{-1}$。

(2) 镍系催化剂

镍系催化剂主要用于硝基苯液相加氢制备苯胺反应过程，包括Raney Ni催化剂、负载型Ni/SiO_2催化剂、改进型纳米镍和非晶态合金镍催化剂等，该类催化剂成本低，选择性好，但抗毒性差，微量有机硫化物极易使催化剂中毒。

黄旋燕等[10]针对非晶态Ni-B催化剂具有优异的催化加氢性能，且稳定性差限制了其推广应用的特点，通过浸渍-化学还原法制备了负载型非晶态合金催化剂$Ni\text{-}B/K_2Ti_6O_{13}$，考察其催化硝基苯加氢的性能。在非晶态Ni-B催化剂中加入适量的$K_2Ti_6O_{13}$，提高了非晶态Ni-B催化剂的活性和稳定性。在反应温度为100℃、氢气分压为2.0MPa的条件下反应120min，硝基苯的转化率和苯胺的选择性分别可达99.5%和98.0%，并且催化剂循环使用6次后转化率和选择性分别为98.0%和93.0%。

李贵贤等[11]采用浸渍沉淀法制备Ni/HY催化剂，并将其应用于硝基化合物液相加氢合成苯胺类化合物反应中。Ni/HY催化剂具有较高的催化活性，在温和的反应条件下，反应0.5h后，硝基化合物的转化率和苯胺类化合物的选择性均高达99.0%以上。该催化剂能储存于150℃以下的空气气氛中，活性组分分散度高，且具有良好的磁分离性能。

王明辉等[12]考察了 Ni-B/SiO_2非晶态催化剂在高压液相硝基苯加氢制苯胺反应中的催化活性和选择性。该催化剂不仅具有很高的催化活性，而且对苯胺的选择性较高，优于 Raney Ni 以及其他 Ni 系催化剂。晶化导致催化剂失活，载体的存在不仅能提高催化剂的分散度，而且能对非晶态结构起稳定化作用。将催化剂保存在乙醇中可保持其活性不变。

冯世宏等[13]在超声波作用下，采用单分子层剥离-重堆技术，正丁基锂柱插 MoS_2夹层，合成了前驱体 Li_xMoS_2和 Ni/Al-MoS_2复合材料。将该复合材料作为催化剂，用于硝基苯液相加氢制苯胺反应。采用 $n(Ni)/n(Al)=0.5$ 的 Ni/Al-MoS_2催化剂，在反应温度为 383K、H_2分压为 2.0MPa、空速为 $3h^{-1}$ 的反应条件下，硝基苯的转化率为 99.1%，苯胺的收率为 98.8%。

刘红等[14]以 $NiSO_4 \cdot 6H_2O$、NaOH 和 H_2为原料，采用低温固相法制备了分布均匀、平均粒径为 20～35nm 的纳米镍粉。其催化硝基苯液相加氢制苯胺的活性是 Raney Ni 的 9 倍左右。

(3) 贵金属催化剂

贵金属催化剂主要包括 Pt、Pd 和 Rh 等。该类催化剂具有催化活性高和寿命长等优点，但生产成本较高。负载贵金属的载体有氧化铝、活性炭和高分子等。采用贵金属催化剂时，硝基苯催化加氢多数情况下是液相催化加氢。

刘蒲等[15]以 SiO_2为载体，三聚氰胺与甲醛的缩聚物为高分子配体，制备出一类新的 SiO_2负载含氮杂环的高分子配体配位钯催化剂，并考察了其对硝基苯的催化加氢活性。在复合载体中，较佳的氮含量为 1.49%；在氮气保护下，用乙醇还原时制备的催化剂具有较高的催化活性。在 0.3g（0.00523mmol Pd/0.1g 催化剂）催化剂作用下，1mL 硝基苯在乙醇溶剂中于 313K 的反应温度、0.1MPa 压力下加氢 2h，可使硝基苯的转化率达 98%，而产物仅有苯胺。

朗宇琪等[16]采用微乳法合成了 γ-Al_2O_3/SiO_2/Fe_3O_4磁性复合颗粒为载体负载的纳米钯催化剂。通过调控反应条件，可在平均粒径为 200nm 左右的磁性载体上负载 10nm 左右均匀分散的 Pd 纳米颗粒，整个催化剂呈现超顺磁性；在催化剂磁含量为 8%、Pd 负载量为 1%、反应时间为 40min、反应温度为 50℃、反应压力为 0.5MPa 的条件下，硝基苯的转化率可以达到 100%，催化剂重复使用 10 次时仍可保持很高的催化活性，并可在外磁场作用下快速分离与回收。

卓良明等[17]以胶原纤维（CF）接枝表棓儿茶素棓酸酯（EGCG）为载体，制备了新型非均相钯（Pd）纳米催化剂（CFEGCG-Pd）。EGCG 作为“桥分子”不仅对 Pd 纳米颗粒具有锚定作用，而且能控制 Pd 纳米颗粒的大小及分布。该催化剂具有规整的纤维结构，在胶原纤维的外表面形成了高分散的平均粒径在 3.8nm 的 Pd 纳米颗粒。将该催化剂用于硝基苯液相催化加氢反应，在 308K 和 1.0MPa 氢压下，硝基苯转化速率（TOF）达到 $34.13mol \cdot mol^{-1} \cdot min^{-1}$，苯胺选择性为 100%，催化剂重复使用 3 次时催化活性基本不变。

Li 等[18]基于介孔碳材料具有规整的孔道结构、表面疏水性、化学惰性、大的比表面积和大的孔体积等特点，采用浸渍法将氯铂酸负载到介孔碳材料 CMK-3 载体上，经过甲酸钠还原制得质量分数为 5%的 Pt/CMK-3 催化剂。铂纳米粒子分散得比较均匀，平均粒子大小约为 2.5nm。将 Pt/CMK-3 催化剂用于硝基苯及其衍生物的液相加氢反应中。选用水和乙醇体积比 9∶1 的混合溶液为溶剂，在 298K 和 4MPa 氢压条件下，50mg 催化剂可以将 21mmol 硝基苯在 10min 内转化 98.4%，产物苯胺的选择性高于 99%；活性明显高于商品化 Pt/C 催化剂（相同条件下转化率为 88.7%）。

2.1.2 传统苯胺生产过程危险性分析

苯胺生产危险性因素较多，因此应将安全隐患在生产工艺选择、设计、建设和管理中进行消除，其中硝基苯合成单元相比硝基苯还原单元危险性更大，而还原单元需要大量易燃易爆的氢气，因此硝基苯合成单元要与硝基苯还原单元有一定安全距离。另外硝化生产装置和相关设备应设置在牢固的防爆建筑物内，而且在周围要有一定应急处理设备和措施，保证发生事故后能够在一定区域内进行处理，而不会导致其他设备或者装置产生连锁事故，同时保证事故发生后不产生严重的环境污染。

氢气是易燃易爆的气体，苯胺生产企业主要是将氢气放置在氢气柜中进行储存，由于氢气柜的主要作用是缓冲，减少波动，稳定各生产系统。气柜浮盘的浮动高低应采用 DCS 系统监测并设有上下限报警。另外氢气压缩机系统是苯胺生产的心脏，一旦出现故障直接危及安全和正常生产，因此在使用过程中要严格控制。

2005 年 11 月 13 日，吉林石化苯胺装置发生爆炸，使新投产的 7 万吨装置完全报废，另一套 6.6 万吨的老装置也受到波及而停产。由此引发的松花江水域重大污染事件引起了国内外极大关注。吉林石化事故是因硝基苯装置中硝化精馏单元发生爆炸引起的。国内苯胺厂发生的安全事故，主要是硝基苯生产单元引发的。据了解，我国硝基苯生产大多采用相对落后的釜式硝化工艺，该工艺要求使用过量硝酸，但又极易产生系列硝基苯酚盐类，需要通过碱液洗涤除去，若酚盐类进入蒸馏塔的量过多，控制不好，塔内过于干燥和温度过高，极易引发爆炸。吉化爆炸，就是停车时，因疏忽大意，未及时关闭蒸汽阀门，进料温度过高所致。

2006 年 5 月 29 日，兰化 7 万吨/年苯胺装置废酸浓缩单元废酸罐爆炸引发火灾。是继吉林石化“11·13”苯胺装置硝化单元发生爆炸后，时隔半年国内苯胺生产装置再次发生的爆炸。

2.1.2.1 传统合成苯胺生产工艺中危险物质

(1) 苯

常温下为一种高度易燃，有香味的无色液体；有高的毒性，为 IARC 第一类致癌物。闪点（闭杯）－11.1℃；自燃点 562.2℃；爆炸极限 1.2%～8.0%（体积分数）。

属第 3.1 类危险化学品（低闪点液体）；极易燃，其蒸气与空气混合形成爆炸性混合物，遇明火、高热能引起燃烧爆炸；对中枢神经系统有急性中毒作用，对造血组织及神经系统有慢性中毒作用；空气中的最高容许浓度为 $40mg \cdot L^{-1}$。

储运注意事项：库房通风低温干燥；与氧化剂分开存放；灌装时流速不超过 3m/s。

可燃危险特性：遇热、明火、强氧化剂燃烧。

(2) 硝基苯

常温下为淡黄色透明油状液体；闪点 87.8℃（闭杯）；爆炸极限的下限为 1.8%(93.3℃)；自燃点 482℃；蒸气相对密度 4.25。

危险性：有毒，大量吸入蒸气或经皮肤吸收都会引起中毒，在车间空气中的最高容许质量浓度为 $5mg/m^3$；遇火种、高热能引起燃烧爆炸；与硝酸反应强烈。

储运注意事项：储存于通风阴凉的仓间内，远离火种、热源，避免日光曝晒。应与氧化剂、硝酸分开堆放。搬运时轻装轻卸，防止破漏引起中毒。

(3) 氢气

无色无臭气体；极易燃烧，燃烧时发出青色火焰，并发生爆鸣，燃烧温度可达 2000℃，氢氧混合燃烧火焰温度可达 2100～2500℃。与氟、氯等能发生猛烈的化学反应。

自燃点400℃；爆炸极限4.1%～74.2%（体积分数）；最易传爆质量分数24%；产生最大爆炸压力时的质量分数32.3%；最大爆炸压力0.74MPa；最小引燃能量0.019mJ。

危险性：与空气混合能成为爆炸性混合物，遇火星、高热能引起燃烧。在室内使用或储存氢气，当有漏气时，氢气上升滞留屋顶，不易自然排出，遇到火星时会引起爆炸。

储运注意事项：氢气应用耐高压的钢瓶盛装，储存于阴凉通风的仓间内，仓温不宜超过30℃，远离火种、热源，切忌阳光直射。应与氧气、压缩空气、氧化剂、氟、氯等分仓存放，严禁混储混运。

(4) 苯胺

无色或淡黄色油状液体；呈弱碱性，具有特殊臭味；露置于空气中将逐渐变为深棕色。

闪点70℃（闭杯）；自燃点615℃；爆炸极限的下限为1.3%（体积分数）；燃烧热值3389.8kJ/mol。

危险性：具有很高的毒性，易经皮肤吸收以及经呼吸道吸入而中毒，出现头晕、乏力、嘴唇发黑、指甲发黑、甚至呕吐等症状。饮酒后更容易引起中毒，事先服用牛奶则有解毒作用。苯胺可燃，遇明火、强氧化剂、高温有火灾危险。

储运注意事项：储存于阴凉通风的库房内，远离火种、热源。应与氧化剂及食用原料隔离堆放。

(5) 浓硫酸

纯品为无色、无臭、透明的油状液体，呈强酸性。化学性质很活泼，几乎能与所有金属及其氧化物、氢氧化物反应生成硫酸盐，还能和其他无机酸的盐类作用。

浓硫酸指质量分数大于或等于70%的硫酸溶液。浓硫酸在浓度高时具有强氧化性，这是它与普通硫酸的区别之一。同时它还具有脱水性，强氧化性，强腐蚀性，难挥发性，酸性，吸水性等。硫酸与硝酸，盐酸，氢碘酸，氢溴酸，高氯酸并称为六大无机化学强酸。

属8.1类危险化学品（酸性腐蚀品）。一级无机酸性腐蚀物品，对呼吸道黏膜有刺激和烧灼作用，能损害肺脏。溅到皮肤上引起严重的烧伤。硫酸气溶胶比二氧化硫有更明显的毒性作用。空气中硫酸雾的最高容许浓度为$1mg \cdot m^{-3}$。

(6) 浓硝酸

淡黄色或红褐色液体，纯HNO_3是无色有刺激性气味的液体。

属8.1类危险化学品（酸性腐蚀品）。一级无机酸性腐蚀物品，对皮肤黏膜有强腐蚀作用，吸入硝酸气雾能引起呼吸道刺激症状，吸入过多可引起肺水肿，皮肤和眼睛接触可造成强烈化学灼伤。硝酸火灾危险性极大，氧化力强，与还原剂反应时可引起火灾和爆炸。空气中最高允许浓度为$5mg \cdot m^{-3}$。

不稳定性：浓硝酸在光照下会分解出二氧化氮而呈黄色。所以常将浓硝酸盛放在棕色试剂瓶中，且放置于阴暗处。

(7) 氢氧化钠

纯品为无色透明晶体，熔点318.4℃，沸点1390℃。与金属铝和锌、非金属硼和硅等反应放出氢气。

属第8.2类危险化学品（碱性腐蚀品）。一级无机碱性腐蚀物品。具有极强腐蚀性，其溶液或粉尘溅到皮肤上，尤其是溅到黏膜，可产生软痂，并能深入深层组织。灼伤后留有瘢痕。溅入眼内，不仅损伤角膜，而且可使眼睛深部组织受伤。空气中烧碱粉尘最高容许浓度为$0.5mg \cdot m^{-3}$。

2.1.2.2 苯硝化制硝基苯单元危险性分析

使用和生产危险化学品。苯硝化单元的硝基苯生产过程中使用、生产和储存大量易燃、易爆、腐蚀、有毒、有害化学危险品。如硝基苯、苯、浓硫酸、浓硝酸、氢氧化钠等。

苯硝化是强放热反应。易发生火灾和爆炸事故。反应放出的热量为134.0kJ・mol^{-1}。因此及时有效地移热，是硝化工序生产的重要安全防范措施。由于硝化生产中反应热量大、温度不易控制、放热集中、控制不当，易引起火灾爆炸、中毒等事故，造成重大的人员伤亡和财产损失。

硝化反应易产生副反应而爆炸，如下式所示。芳香族的硝化反应常常会发生硝基酚等氧化副反应，而硝基酚及其盐性质极其不稳定，在蒸馏中特别容易发生爆炸，吉化公司还有以前发生在南京、扬州、天津的硝化单元事故，多是由此而引起的[19]。

主反应：

$$C_6H_6 + HNO_3 \xrightarrow[50\sim60^\circ C]{H_2SO_4} C_6H_5NO_2 + H_2O$$

副反应：

$$C_6H_6 + HNO_3 \xrightarrow{H_2SO_4} C_6H_5OH + HNO_2$$
$$C_6H_5NO_2 + HNO_3 \xrightarrow{H_2SO_4} C_6H_4(NO_2)_2 + H_2O$$
$$C_6H_5OH + nHNO_3 \xrightarrow{H_2SO_4} HOC_6H_{5-n}(NO_2)_n + nH_2O \qquad (n=1\sim3)$$

酸性硝基苯的中和反应需要使用氢氧化钠，存在腐蚀等危险，盐渣对环境产生污染，如下式所示。

$$HNO_3 + NaOH \longrightarrow NaNO_3 + H_2O$$
$$H_2SO_4 + 2NaOH \longrightarrow Na_2SO_4 + 2H_2O$$
$$HOC_6H_{5-n}(NO_2)_n + NaOH \longrightarrow NaOC_6H_{5-n}(NO_2)_n + H_2O \qquad (n=1\sim3)$$

2.1.2.3 硝基苯加氢制苯胺单元危险性分析

使用和生产危险化学品。硝基苯加氢制苯胺生产过程中使用、生产和储存大量易燃、易爆、有毒、有害化学危险品。如硝基苯、氢气、苯胺等。

流化床气相催化加氢法。由于工艺本身存在的危险和设备故障、缺陷或操作失误等诸多因素的影响，在苯胺生产过程中存在发生火灾、爆炸的危险性[20]。

高于物料闪点下作业的特殊操作工艺。硝基苯预热、汽化、流化床内反应温度都高于其闪点（87.8℃），脱水塔、精馏塔控制温度均高于苯胺闪点（70℃）。

流化床超温很容易接近氢气的自燃点（400℃）。

流化床内催化剂结块引起热量积聚，引起局部超温引发事故。

余热汽包超压导致流化床内床层超温。

硝基苯中有爆炸危险性的微量硝基苯酚在汽化器内富集。

流化床顶部尾气（含氢≥90%）放空时，受雷击或明火引起着火。

流化床开车投料时，硝基苯投料过大、过快，引起流化床内飞温。这是苯胺生产过程中流化床爆炸事故的主要原因之一。

流化床内催化剂跑损或循环气带液，积存在氢压机内，引起压缩机事故并引发连锁反应。苯胺脱水、精馏都在负压、高于苯胺闪点等特殊工艺条件下操作，如设备密封不佳，大量吸入空气引起燃烧爆炸事故。

生产过程中静电、明火、摩擦、撞击引起火灾、爆炸事故。

2.1.3 一步化合成苯胺安全催化反应过程

以苯为初始原料的传统苯胺生产工艺由两个单元组成：一是苯硝化制硝基苯，二是硝基苯加氢制苯胺。该工艺必须经过非安全中间反应物——硝基苯来实现苯胺生产；工艺复杂、路线长，且使用和生产易燃易爆的硝基苯、氢气，以及强腐蚀性的浓硝酸、浓硫酸、氢氧化钠等；所涉及的硝化工艺、加氢工艺均属于国家安监总局列出 18 种重点监管的危险化工工艺。

为了从源头上彻底消除以苯为初始原料生产苯胺工艺存在的安全隐患问题，根据“去除非安全中间反应物合成和使用的多步反应一步化催化反应过程”方法，通过“简单化”反应工艺的开发，不需经过非安全中间反应物，直接得到所需要的产物。不仅可以解决安全问题，而且还可以减少分离和反应单元。即以苯为原料，不经过硝化和氢化反应，一步直接得到苯胺。这样，可以去除非安全中间反应物——硝基苯的合成和加氢使用过程，解决硝基苯、H_2、HNO_3、H_2SO_4、NaOH 等带来的安全问题，如图 2.5 所示。

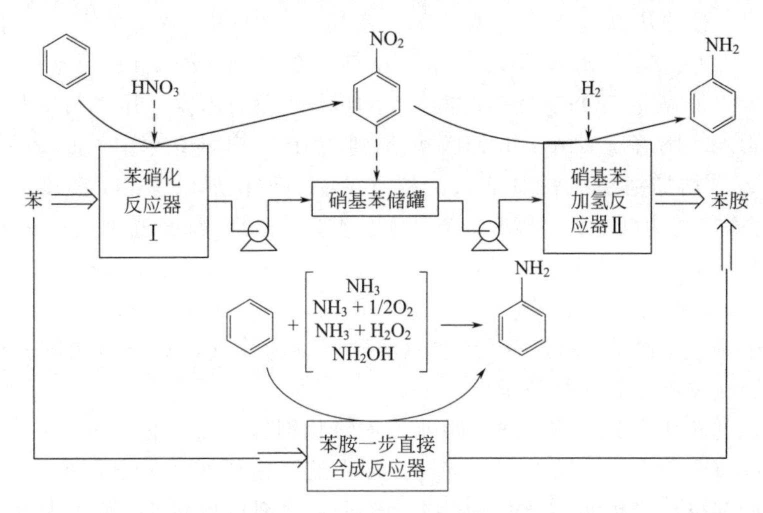

图 2.5 苯胺传统两步生产工艺一步化的安全催化合成过程示意图

上述一步化反应工艺与以苯为原料的经硝化和氢化合成苯胺的工艺相比，一方面简化了工艺流程，另一方面，采用的氨基化剂 NH_3、NH_2OH 和氧化剂 O_2、H_2O_2，与硝基苯、混酸及氢气相比而言，是相对安全的反应物。

目前，一步直接合成苯胺的方法主要有四种：一是苯与 NH_3 直接合成；二是由苯、NH_3 和 O_2 直接合成；三是由苯、NH_3 和 H_2O_2 直接合成；四是由苯与羟胺反应直接合成。反应式如下所示，为便于对比，也列出了传统的苯胺两步合成法反应式。

$$C_6H_6 + HNO_3 \xrightarrow{H_2SO_4} C_6H_5{-}NO_2 \xrightarrow{H_2/催化剂} C_6H_5{-}NH_2 \quad (1)$$

$$C_6H_6 + NH_3 \longrightarrow C_6H_5{-}NH_2 + H_2 \quad (2)$$

$$C_6H_6 + NH_3 + 1/2O_2 \longrightarrow C_6H_5{-}NH_2 + H_2O \quad (3)$$

$$C_6H_6 + NH_3 + H_2O_2 \longrightarrow C_6H_5{-}NH_2 + 2H_2O \quad (4)$$

$$C_6H_6 + NH_2OH \longrightarrow C_6H_5{-}NH_2 + H_2O \quad (5)$$

表 2.1 列出了一步直接合成苯胺反应的自由焓变和原子利用率。可以看出，反应 (3)、

反应（4）和反应（5）的自由焓变均小于零，在热力学上是可以自发进行的反应。其中，反应（4）和反应（5）的自由焓变远小于零，反应进行的推动力大，说明以氨水为氨基化剂，双氧水为氧化剂的路线以及以羟胺为氨基化剂一步合成苯胺的路线容易进行，前者的推动力大，后者的原子利用率较高。

表 2.1　一步直接合成苯胺反应自由焓变和原子利用率

反应	自由焓变(298K)/(kJ/mol)	原子利用率/%	文献
(2)	40.8	98.0	[21]
(3)	−7.80	84.0	[22]
(4)	−294	72.0	[23]
(5)	−52.3	84.0	[24]

2.1.3.1　苯和 NH_3 为原料一步直接合成苯胺

苯与 NH_3 反应过程通常是在高温、高压下进行。早在 1917 年，Wibaut 等就提出了以苯为原料，Ni/Fe 为催化剂，氨气为氨化剂，常压、500～600℃条件下一步合成苯胺的反应。Becker 等[22]以 0.5% Pd/NaX 沸石为催化剂，在 PFR 或 CSTR 反应器中，于 C_6H_6/NH_3 比为 1∶55，500℃，TOS（接触时间）为 4h 条件下，考察了压力对苯与氨直接合成苯胺反应性能的影响，随着压力由 0.14MPa 增加到 3MPa，苯转化率由 1.90%下降到 0.98%，苯胺选择性由 24%增加到 99%；对于 0.5%Ru/Al_2O_3 催化剂，考察了温度对苯胺收率的影响，在 C_6H_6/NH_3 比为 1∶55、5MPa 条件下，400～550℃温度范围内，苯胺收率最大为 1.21%；在 C_6H_6/NH_3 比为 1∶55、5MPa 条件下，考察了 0.5%Ru、Rh、Pd、Pt/Al_2O_3 催化剂的反应性能，其苯胺收率最高不超过 1.40%（Rh/Al_2O_3：500℃、6.5h，苯胺选择性 99%）。

该反应原子利用率高达 98%，而且唯一的副产物为氢气，对环境无害。但受热力学平衡限制，苯的转化率和苯胺的收率很低。

要想提高苯的转化率和苯胺收率，则要加入氧化剂，移去产物中的 H_2，从而打破原有平衡，使反应向有利于生成苯胺的方向移动。加入的氧化剂可以是分子氧，也可以是还原性金属氧化物中的晶格氧（也叫催化反应物）。这些氧化剂可以将 H_2 转化为水，从而打破热力学平衡，提高苯胺产率。

2.1.3.2　苯、氨和氧化剂为原料一步直接合成苯胺

（1）苯与 NH_3、O_2 反应过程

加入氧化剂旨在打破热力学平衡，提高苯胺产率。Becker 等[22]分别在间歇反应器和连续流反应器中考察了苯、NH_3 和 O_2 一步合成苯胺的反应。在间歇反应器中，当以 2%Pd/Al_2O_3 为催化剂，苯∶NH_3∶O_2＝1∶55∶(1～5)，250℃、26MPa 反应时，苯转化率为 1.1%，苯胺选择性仅为 9%；当催化剂为 36%Ni/Al_2O_3 和 46%Ni/Al_2O_3，温度为 400℃，压力分别为 0.1MPa 和 5MPa 时，苯转化率分别为 1.5%和 1.6%，苯胺选择性分别为 87%和 80%；而当催化剂为 CuO/ZnO，温度为 400℃，压力为 5MPa 时，苯转化率和苯胺选择性分别为 1.5%和 87%。可见，氧的加入并没有得到较高的苯胺收率，但氧的加入可以使反应温度从 450℃降低至 400℃。以 O_2 为氧化剂的苯直接氨基化反应，虽然能够打破原反应平衡，但是苯的转化率仍然很低，此外，反应体系对温度和压力的要求也比较高，限制了其应用。

（2）苯与 NH_3 和晶格氧反应过程

以晶格氧为氧化剂的苯直接氨基化反应研究较多，其中最成功的是 Dupont 公司开发的 Ni/ZrO_2 催化反应物，如下式所示。在该体系中，NiO 将 H_2 转化为 H_2O 的同时被还原为金

属 Ni 而失去活性，然后该催化反应物通过分子氧或者含氧的空气而实现再生。以 Ni/ZrO_2 为催化反应物，在 623K、30～40MPa 下反应时，苯胺收率可高达 13.6%[25~27]。

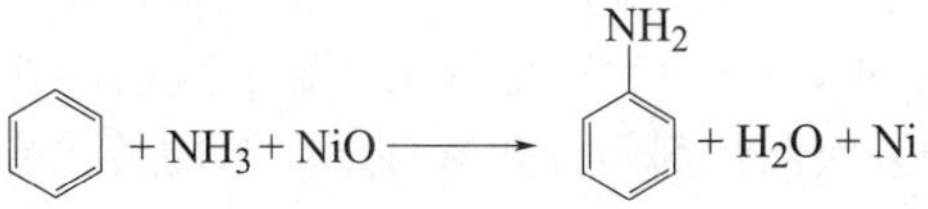

$$C_6H_6 + NH_3 + NiO \longrightarrow C_6H_5NH_2 + H_2O + Ni$$

Hagemeyer 等[28]和 Desrosiers 等[29]采用组合化学法实现了苯和碳酸铵一步氨基化合成苯胺的反应（见图 2.6）。新型催化反应物由一种贵金属和一种还原性金属氧化物组成。NiO 是最佳的催化剂活性组分，Zr_2O 和 K_xTiO_2 是最合适的载体。贵金属 Rh 的添加可以增强催化反应物的还原性，而 Mn 的添加则可以稳定 NiO，并增加其再生性能。催化反应物 $Rh/Ni\text{-}Mn/K\text{-}TiO_2$ 的活性最好，在 300℃、30MPa 反应 2h 时，苯转化率和苯胺选择性分别为 10% 和 95% 以上。由图 2.7 可以看出，Dupont 公司开发的 Ni/NiO 催化反应物中，活性 Ni 中心是通过 H_2 的预还原过程得到的（$NiO + H_2 \longrightarrow Ni/NiO$），其中 Ni/NiO 的比例对催化活性至关重要。而在该组合反应中，贵金属活性中心则是通过 NH_3 原位还原过程得到的。所有的 Ni 都是以氧化物形式存在，并且可以用于 H_2 去除过程。

$$(NH_4)_2CO_3 \xrightarrow{\triangle} 2NH_3 + H_2O + CO_2 \quad (1)$$

$$NH_3 + C_6H_3 + [O] \xrightarrow{\text{催化剂}} \text{苯胺} + H_2O \quad (2)$$

苯60μL，$(NH_4)_2CO_3$ 10mg，催化剂5mg

图 2.6　苯和碳酸铵组合合成苯胺过程

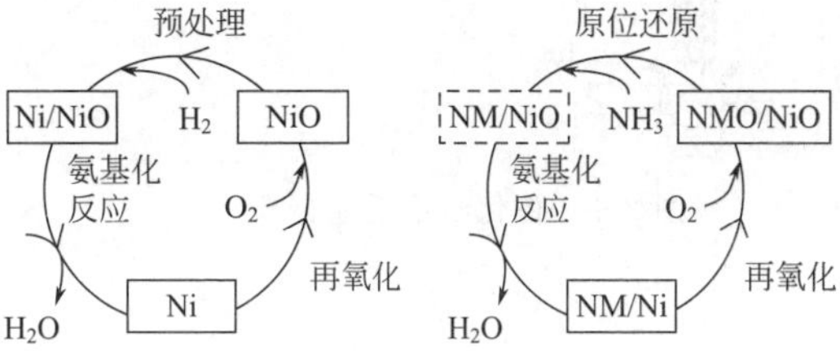

预处理
Ni/NiO　H_2　NiO
氨基化反应　O_2
H_2O　Ni　再氧化
(a) 三步循环

原位还原
NM/NiO　NH_3　NMO/NiO
氨基化反应　O_2
H_2O　NM/Ni　再氧化
(b) 两步循环

图 2.7　催化反应物生成过程对比

Hoffmann 等[30]以 Dupont 公司开发的 NiO/ZrO_2 为催化反应物，考察了苯氧化氨基化反应机理。反应温度是影响苯胺选择性的主要因素，在 590K 时，只有苯胺生成。超过此温度后，由于苯分解成 Cl 碎片，从而生成了以甲苯为中间体的苯甲腈副产物，如下式所示。

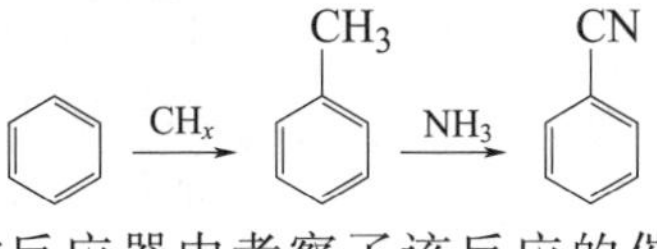

$$C_6H_6 \xrightarrow{CH_x} C_6H_5CH_3 \xrightarrow{NH_3} C_6H_5CN$$

Hoffmann 等[31]又在半间歇反应器中考察了该反应的催化活性位，并提出了苯氧化氨基化合成苯胺以及催化反应物再生的机理图，如图 2.8 所示。其中催化反应物还原以及 Ni 在氧气中再生是分步独立进行的。

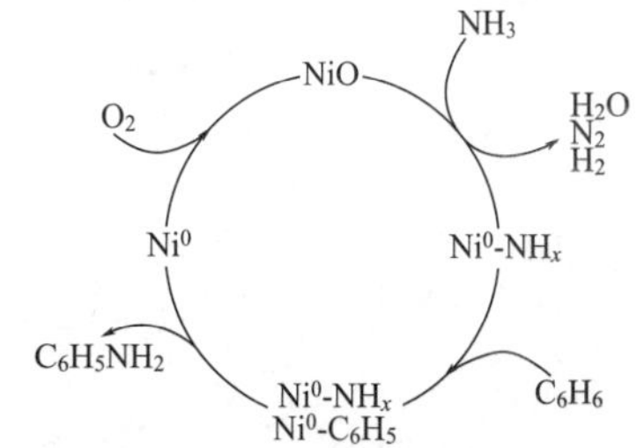

图 2.8　苯氧化氨基化合成苯胺催化循环过程

可见，无论以分子氧还是晶格氧为氧化剂的苯和氨气一步氨基化合成苯胺的反应，均需要较高的温度（100～1000℃）和较高压力（1～1000MPa），而且苯的转化率和苯胺收率都较低，从而制约了其工业化进程。

2.1.3.3　苯和 NH_3、H_2O_2 为原料一步直接合成苯胺

陈彤和夏云生等[32,33]提出了以苯为原料，氨水为氨基化剂，双氧水为氧化剂，温和条件下一步合成苯胺的反应，并对此进行了系统研究。陈彤

等[34]设计制备了 Ni-Zr-Ce/Al_2O_3催化剂，发现 Zr、Ni 的协同作用有效提高了催化剂的活性，当加入苯 25mL，H_2O_2（30%）20mL，NH_3 100mL，催化剂 2g，50℃反应 2h 时，最多可以得到 3.48mg 苯胺。Guo 等[35]制备 Cu-TS-1 催化剂，优化条件下，苯胺收率和选择性分别为 1%和 88%。2007 年，Hu 等[36]在催化蒸馏反应器中实现了苯和氨水、双氧水一步合成苯胺，以 V-Ni/Al_2O_3为催化剂，优化条件下，苯的转化率为 0.15%，优于传统釜式反应器中的 0.08%，反应装置如图 2.9 所示。

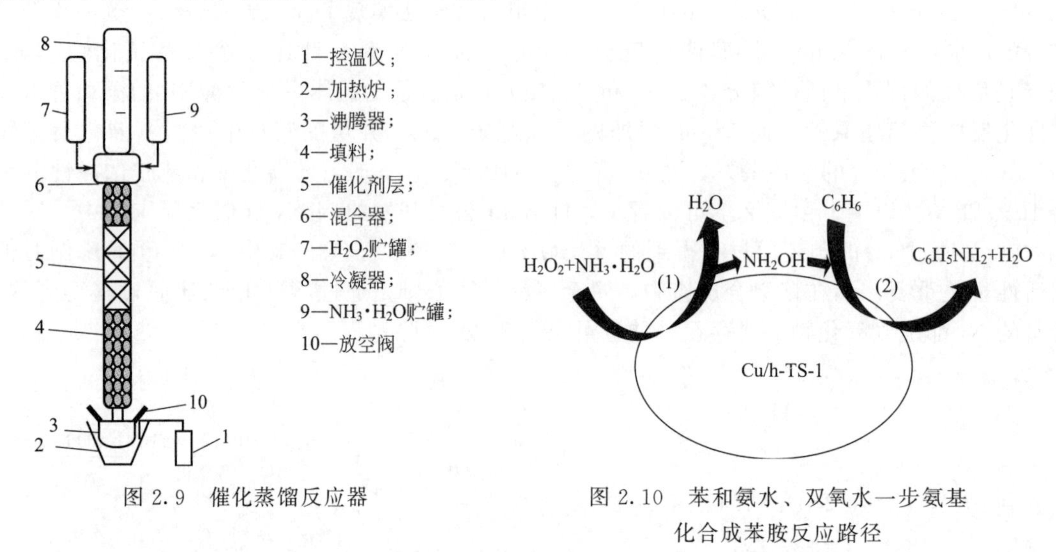

图 2.9　催化蒸馏反应器

图 2.10　苯和氨水、双氧水一步氨基化合成苯胺反应路径

Yu 等[37]发现 Cu/SiO_2催化剂能够很好地催化苯、双氧水和氨水一步氨基化合成苯胺的反应，60℃时苯胺的收率和选择性分别为 5.4%和 74.0%。接下来，他们[38]将催化蒸馏技术和活性较好的 Cu 催化剂结合，采用催化蒸馏反应器，以 2.5%（质量分数）Cu/h-TS-1 为催化剂在 60℃反应，苯胺收率和选择性分别提高至 12.4%和 84.8%。在此基础上，提出了苯和氨水、双氧水一步氨基化合成苯胺的反应路径（见图 2.10）：首先，在 h-TS-1 或 Cu/h-TS-1 存在下，氨水和双氧水反应生成羟胺；然后，苯和羟胺一步氨基化合成苯胺。可见，羟胺是该反应的中间体。Nan 等[39]在反应条件下将 K 引入 Cu/TS-1，形成 Si—O—K 物种，该物种弱化了催化剂的 B 酸强度，同时强化了催化剂的 L 酸强度，可以将苯胺选择性提高至 99.5%。此外，K 对 Ti 活性中心没有毒化作用，而且不影响催化剂的比表面积 S_{BET}和孔容 V_P，因此，制备的催化剂有很好的稳定性。

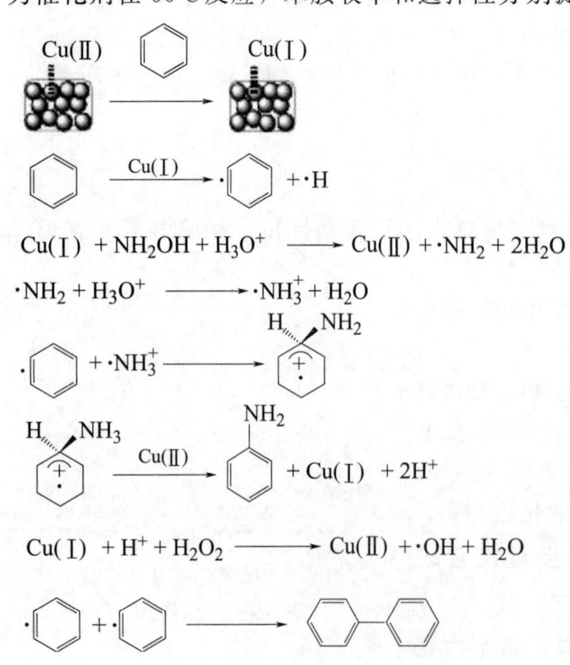

图 2.11　苯氧化氨基化合成苯胺反应机理

Acharyya 等[40]考察了 Cu(Ⅱ)/$CuCr_2O_4$催化苯、氨水和双氧水一步氨基化合成苯胺的反应，当苯用量为 1g，10mL70%的 AcOH-MeCN 作溶剂，催化

剂用量 0.1g，苯：H_2O_2：NH_3＝1：3：2，80℃反应 6h 时，苯转化率和苯胺选择性最大分别为 18%和 96%。该催化剂有很好的稳定性，能够循环使用 5 次以上而没有明显的活性变化。在实验的基础上，他们提出了苯一步合成苯胺反应的自由基反应机理，如图 2.11 所示。酸性条件下，Cu(Ⅱ) 与苯作用生成 Cu(Ⅰ)；Cu(Ⅰ) 还原 NH_2OH 生成质子化的氨基自由基（$\cdot NH_3^+$）；$\cdot NH_3^+$ 自由基进攻苯环生成不稳定氨基环己烯中间体；该中间体被 Cu(Ⅱ) 氧化生成苯胺；Cu(Ⅰ)与体系中未反应的双氧水作用实现 Cu(Ⅱ) 再生。

2.1.3.4 苯和羟胺盐为原料一步直接合成苯胺

Kuznetsova 等[41]提出了水-乙酸或水-乙酸-硫酸介质中过渡金属化合物催化苯和硫酸羟胺一步氨基化合成苯胺的反应。在均相反应中，当以 0.2mmol $NaVO_3$ 为催化剂，苯和硫酸羟胺均为 10mmol，15mL H_2O-CH_3COOH（体积比＝1：9）为溶剂，90℃反应 5h 时，苯胺的收率最大为 27%。而在多相反应中，当以 0.4g 1%Pd/15%Mo/SiO_2 为催化剂，15mL CH_3COOH-H_2SO_4（体积比＝2：1）为溶剂，相同条件下反应时，苯胺的收率高达 56%。在实验的基础上提出了苯和羟胺一步合成苯胺反应的自由基机理，如图 2.12 所示：在酸性条件下，低价金属还原 NH_2OH 生成质子化的氨基自由基（$\cdot NH_3^+$）；$\cdot NH_3^+$ 进攻苯环生成氨基环己烯中间体；该中间体被高价金属氧化生成苯胺。

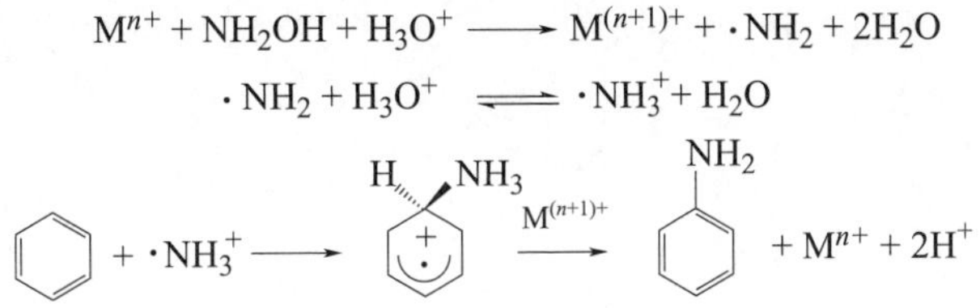

$$M^{n+} + NH_2OH + H_3O^+ \longrightarrow M^{(n+1)+} + \cdot NH_2 + 2H_2O$$

$$\cdot NH_2 + H_3O^+ \rightleftharpoons \cdot NH_3^+ + H_2O$$

图 2.12 苯和羟胺一步合成苯胺反应机理

Zhu 等[42]考察了温和条件下乙酸-水介质中 $NaVO_3$ 催化苯和盐酸羟胺直接氨基化合成苯胺反应。当 n(苯)：$n(NH_2OH)$＝1：1，$V(HOAc)$：$V(H_2O)$＝4：1，80℃反应 4h 时，苯胺收率最大为 64%。Zhu 等提出了苯和羟胺一步氨基化合成苯胺的自由基反应历程，如图 2.13 所示。

Parida 等[43]考察了乙酸-水介质中 Mn-MCM-41 催化苯和羟胺直接氨基化合成苯胺的反应。当以 Mn-MCM-41（20）为催化剂，7.5mL 乙酸（体积分数为 70%）为溶剂，苯和盐酸羟胺物质的量比为 1：1，70℃反应 2h 时，苯转化率最大为 68.5%，苯胺选择性为 100%。接下来他们[44,45]对催化剂进行了改进，制备了 Cu-amine-MCM-41（Si/Cu＝10～40）和Mn(Ⅱ)-dampy-MCM-41 催化剂，优化条件下，苯转化率增加至 74.6%，苯胺选择性仍为 100%。Mn(Ⅱ)-dampy-MCM-41 具有很好的稳定性，循环使用 4 次后苯转化率仍可达 70.2%。

杨春华等[46]考察了 V-MCM-41（60）催化苯和羟胺一步合成苯胺反应的活性。当苯用量为 11.25mmol，羟胺与苯物质的量比为 1：1，催化剂 0.05g，7.5mL70%乙酸作溶剂，70℃反应 2h 时，苯的转化率最大为 68.6%，苯胺收率为 67.8%。

2.1.3.5 苯和离子液体型羟胺盐为原料一步直接合成苯胺

作者课题组[47,48]对芳烃与羟胺直接反应过程进行了研究，发现在钒系催化剂中加入铜物种时，可明显提高芳香胺类产物收率。

以 0.25g 钼酸铵作催化剂，考察了苯和硫酸羟胺一步合成苯胺的反应。当苯用量为 20mmol，硫酸羟胺为 10mmol，15mLH_2O-HAc-H_2SO_4（体积比为 4：10：1）作溶剂，

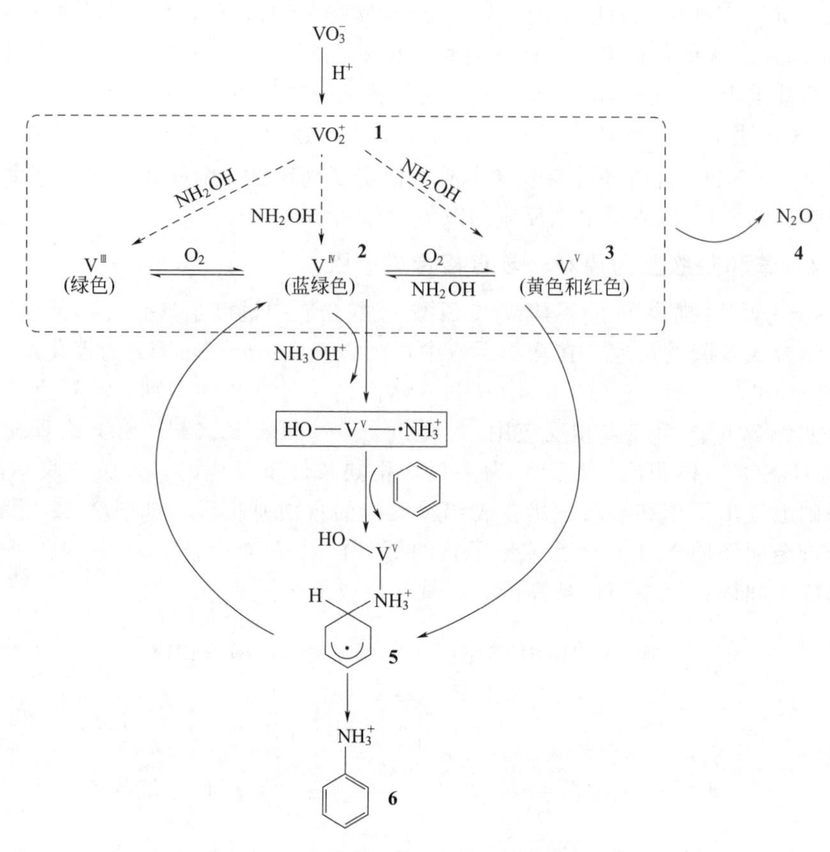

图 2.13　苯和羟胺一步合成苯胺反应历程

70℃反应 4h 时，苯转化率和苯胺选择性分别为 51.0%和 45.0%。

上述反应中以硫酸为溶剂组分，腐蚀设备，污染环境。因此，课题组以酸性离子液体取代硫酸作溶剂，详细考察了苯与硫酸羟胺一步氨基化合成苯胺的反应。当苯用量为 5.63mmol，苯和硫酸羟胺物质的量比为 1∶1，6mL $[HSO_3\text{-}b\text{-}N(CH_3)_3]\cdot HSO_4$ 和 4mL HAc 为溶剂，$(NH_4)_6Mo_7O_{24}$ 0.15mmol，80℃反应 4h 时，苯胺收率和选择性分别为 62.0%和 100%，如表 2.2 所示。

表 2.2　操作条件对苯和硫酸羟胺一步合成苯胺反应性能的影响

苯 /mmol	HAS[①] /mmol	IL[②] /mL	HAc /mL	钼酸铵 /mmol	温度 /℃	时间 /h	$Y_{Aniline}$ /%	$S_{Aniline}$ /%
5.63	2.81	0	10	0.1	80	4	0	0
5.63	2.81	2	8	0.1	80	4	30.3	76.7
5.63	2.81	4	6	0.1	80	4	51.5	79.8
5.63	2.81	6	4	0.1	80	4	50.8	100
5.63	2.81	8	2	0.1	80	4	43.2	54.9
5.63	2.81	10	0	0.1	80	4	12.8	100
5.63	5.63	6	4	0.1	80	4	59.0	83.2
5.63	11.3	6	4	0.1	80	4	61.7	81.7
5.63	5.63	6	4	0.1	80	2	44.0	88.5
5.63	5.63	6	4	0.1	80	3	51.1	79.4
5.63	5.63	6	4	0.1	90	4	61.0	69.7
5.63	5.63	6	4	0.1	70	4	52.1	83.8

续表

苯/mmol	HAS①/mmol	IL②/mL	HAc/mL	钼酸铵/mmol	温度/℃	时间/h	$Y_{Aniline}$/%	$S_{Aniline}$/%
5.63	5.63	6	4	0.1	60	4	26.1	91.7
5.63	5.63	6	4	0.1	50	4	9.30	79.6
5.63	5.63	6	4	0	80	4	1.30	100
5.63	5.63	6	4	0.05	80	4	53.9	84.0
5.63	5.63	6	4	0.15	80	4	62.0	100
5.63	5.63	6	4	0.2	80	4	50.5	78.4

① HAS：$(NH_2OH)_2 \cdot H_2SO_4$。
② IL：$[HSO_3\text{-}b\text{-}N(CH_3)_3] \cdot HSO_4$。

由表2.2可见，苯和硫酸羟胺一步合成苯胺可以得到很高的苯转化率和苯胺选择性，然而，由于硫酸羟胺分子中结合有硫酸，当苯和硫酸羟胺反应后，其中的硫酸会析出，从而带来设备腐蚀、环境不友好和无机酸难以回收等问题。为了解决无机酸羟胺盐使用过程中带来的环境问题，作者课题组[49~51]考虑以绿色酸性离子液体取代无机酸来稳定羟胺，设计并合成了一系列新型、环境友好的离子液体型羟胺盐，如图2.14所示。包括：1-磺丁基-3-甲基咪唑硫酸氢盐离子液体型羟胺盐 $(NH_2OH)_2 \cdot [HSO_3\text{-}b\text{-}mim] \cdot HSO_4$、$N,N,N$-三甲基-$N$-磺丁基硫酸氢铵盐离子液体型羟胺盐 $(NH_2OH)_2 \cdot [HSO_3\text{-}b\text{-}N(CH_3)_3] \cdot HSO_4$、1-磺丁基吡啶硫酸氢盐离子液体型羟胺盐 $(NH_2OH)_2 \cdot [HSO_3\text{-}b\text{-}Py] \cdot HSO_4$ 和 N-甲基咪唑硫酸氢盐离子液体型羟胺盐 $(NH_2OH)_2 \cdot [H\text{-}mim] \cdot HSO_4$。同时将其取代无机酸羟胺盐用于苯一步氨基化合成苯胺的反应，如表2.3所示。

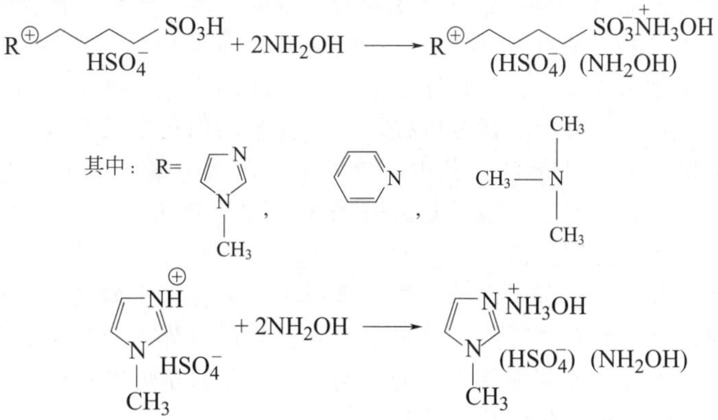

图2.14 离子液体型羟胺盐的合成

表2.3 不同羟胺盐对一步合成苯胺反应性能的影响

羟胺盐	V(IL①)∶V(HAc)	$(NH_4)_6Mo_7O_{24}$/mmol	$Y_{Aniline}$/%	$S_{Aniline}$/%
$(NH_2OH)_2 \cdot H_2SO_4$	3∶2	0.15	62.0	100
$(NH_2OH)_2 \cdot [H\text{-}mim] \cdot HSO_4$	3∶2	0.15	4.00	41.3
$NH_2OH \cdot HCl$	3∶2	0.15	13.2	28.1
$(NH_2OH)_2 \cdot [HSO_3\text{-}b\text{-}Py] \cdot HSO_4$	3∶2	0.15	27.1	83.7
$(NH_2OH)_2 \cdot [HSO_3\text{-}b\text{-}N(CH_3)_3] \cdot HSO_4$	3∶2	0.15	27.9	86.3
$(NH_2OH)_2 \cdot [HSO_3\text{-}b\text{-}mim] \cdot HSO_4$	3∶2	0.15	32.4	83.7
$(NH_2OH)_2 \cdot [HSO_3\text{-}b\text{-}mim] \cdot HSO_4$	1∶2	0.1	58.6	78.1
$(NH_2OH)_2 \cdot [HSO_3\text{-}b\text{-}mim] \cdot HSO_4$	1∶2②	0.1	49.5	88.1
$(NH_2OH)_2 \cdot [HSO_3\text{-}b\text{-}mim] \cdot HSO_4$	1∶2③	0.1	58.3	100

① $[HSO_3\text{-}b\text{-}N(CH_3)_3] \cdot HSO_4$。
② $[HSO_3\text{-}b\text{-}Py] \cdot HSO_4$。
③ $[HSO_3\text{-}b\text{-}mim] \cdot HSO_4$。
注：反应条件为苯5.63mmol，n(苯)∶$n(NH_2OH)$=1∶2，溶剂为10mL IL-HAc，80℃，4h。

在优化反应条件下，对比考察了新合成的四种离子液体型羟胺盐与苯催化合成苯胺的反应性能，结果如表2.3所示。可以看出，与 $(NH_2OH)_2 \cdot H_2SO_4$ 相比，其他几种羟胺盐的反应性能相对较弱，苯胺收率从低到高的顺序为：$(NH_2OH)_2 \cdot [\text{H-mim}] \cdot HSO_4 < NH_2OH \cdot HCl < (NH_2OH)_2 \cdot [HSO_3\text{-}b\text{-Py}] \cdot HSO_4 < (NH_2OH)_2 \cdot [HSO_3\text{-}b\text{-}N(CH_3)_3] \cdot HSO_4 < (NH_2OH)_2 \cdot [HSO_3\text{-}b\text{-mim}] \cdot HSO_4 < (NH_2OH)_2 \cdot H_2SO_4$。这个结果除了与几种羟胺盐自身反应性能有关外，还与反应条件有关，苯胺的生成与溶剂酸度有很大关系。以 $(NH_2OH)_2 \cdot [HSO_3\text{-}b\text{-mim}] \cdot HSO_4$ 为氨基化试剂，通过调整溶剂配比以及离子液体种类，得到了苯和 $(NH_2OH)_2 \cdot [HSO_3\text{-}b\text{-mim}] \cdot HSO_4$ 直接催化合成苯胺的较适宜条件，即以 $[HSO_3\text{-}b\text{-mim}] \cdot HSO_4$ 和冰醋酸为反应溶剂，两者体积比为1∶2时，苯胺的收率和选择性最好，分别为58.3%和100%，与硫酸羟胺反应性能接近。而且，与硫酸羟胺相比，离子液体型羟胺盐使用过程中不会产生无机强酸，不腐蚀设备，环境友好。

综上所述，苯与羟胺反应直接合成法可在较温和的条件下获得高产率的苯胺，应当引起足够重视。

2.2 苯酚一步化安全合成

2.2.1 苯酚传统生产工艺

苯酚是重要的有机化工原料，用它可制取酚醛树脂、己内酰胺、双酚A、水杨酸、苦味酸、五氯酚、己二酸等化工产品及中间体，在化工原料、合成纤维、塑料、合成橡胶、医药、农药、香料、染料、涂料和炼油等工业中有着重要用途。此外，苯酚还可用作溶剂、实验试剂和消毒剂，苯酚的水溶液可以使植物细胞内染色体上蛋白质与DNA分离，便于对DNA进行染色。

工业上苯酚除了从煤和石油的馏分中提取外，其余均用化学法合成。苯酚的传统生产工艺主要有异丙苯法和甲苯-苯甲酸法。其中，异丙苯法产量最高。甲苯-苯甲酸法是早期的一种以甲苯为原料生产苯酚的方法，最早是由美国陶氏化学公司开发成功的，于1962年实现工业化生产。该法具有工艺过程简单、对原料要求低、反应产率和选择性均较高且不联产丙酮等优点，根据市场需求，还可生产苯甲酸和苯甲醛。但在苯甲酸脱羧过程中产生一些焦油状物，易生成焦油，导致原料消耗和产品成本较高。目前世界上只有少数几个厂家采用该法进行生产，生产能力约占世界苯酚总生产能力的4%。该法分两步进行：首先甲苯氧化生成苯甲酸，然后苯甲酸进一步氧化转化成苯酚。

异丙苯法是当今世界上生产苯酚最主要的方法，其生产能力约占世界苯酚生产总能力90%以上。异丙苯法包括3步反应，见下式。第一步是丙烯和苯进行烷基化反应得到异丙苯；第二步是用空气或氧气将异丙苯氧化生成过氧化氢异丙苯；第三步是将过氧化氢异丙苯分解，生成苯酚和丙酮。与甲苯-苯甲酸法相比具有产品纯度高、原料和能源消耗较低等优点。

$$CH_3CH{=}CH_2 + C_6H_6 \longrightarrow C_6H_5CH(CH_3)_2$$

$$C_6H_5CH(CH_3)_2 + O_2(\text{或空气}) \longrightarrow C_6H_5C(CH_3)_2OOH$$

$$C_6H_5C(CH_3)_2OOH \longrightarrow C_6H_5OH + CH_3COCH_3$$

(1) 苯与丙烯合成异丙苯工艺及固体酸催化剂

苯与丙烯烷基化生产异丙苯有两种方法[52]：一是液相烷基化法，以 H_2SO_4 或 $AlCl_3$ 为催化剂于 35～40℃反应，或以 HF 为催化剂于 50～70℃反应，用不超过 0.7MPa 的低丙烯压力。二是气相烷基化法，以 H_3PO_4/SiO_2 为催化剂，BF_3 为助催化剂，在 200～300℃，2～4MPa 进行；同时，通入水蒸气，目的之一是通过水吸收热量来控制放热反应；二是磷酸能通过形成水合物更好地附着于载体上。

现有工业生产方法中，无论是液相法还是气相法均使用具有很强腐蚀性的酸性催化剂组分，给设备材质带来了腐蚀产生的安全隐患。为了解决这个问题，并提高异丙苯收率，人们进行了用于苯丙烯烷基化反应的固体酸催化剂的开发研究。

分子筛工业催化剂[53]：从 1992 年 Dow 化学公司首次采用分子筛催化剂进行烷基转移反应以来，分子筛催化合成异丙苯工艺取得长足进展。

UOP 工艺：UOP 公司于 20 世纪 80 年代开始研究合成异丙苯的新型催化剂，于 20 世纪 90 年代初期成功开发了 Q-MAX 工艺技术，采用 MgAPSO-31 沸石催化剂。该催化剂孔体积大小适中，具有特殊的三维孔结构，再生性能良好，使用周期为 18 个月，寿命超过 5 年，可同时用于烷基化和烷基转移反应。

典型的工艺流程包括烷基化反应器、脱丙烷塔、烷基转移反应器、苯塔、异丙苯塔和二异丙苯塔。烷基化采用固定床反应器，催化剂分层装填，新鲜苯和循环苯混合加入反应器，丙烯分段注入，完全转化。产品质量分数可达 99.7%，收率接近化学计量值。丙烯原料纯度可以是炼厂丙烯级（摩尔分数 65%～80%）、化学级和聚合级。催化剂对进料杂质（如水、硫、二氧杂环乙烷和胂等）不敏感。

Mobil/Badger 工艺：1994 年，该工艺在美国德克萨斯州 Pasadena 的异丙苯装置中首次使用。典型工艺由一台固定床烷基化反应器，一台固定床烷基转移反应器和一套包括脱丙烷塔、苯塔、异丙苯塔和二异丙苯塔的分离系统构成。新鲜苯和循环苯以及液相丙烯在烷基化反应器中混合反应，丙烯完全转化，多异丙苯和苯混合送入烷基转移反应器反应，微量杂质由脱丙烷塔脱除。此工艺采用 Mobil 公司开发的 MCM-22 催化剂。该催化剂具有很高的单烷基化选择性，丙烯齐聚等副反应很少，生产的异丙苯产品纯度达 99.7%，收率达 99.7%。催化剂再生周期 2 年，总寿命达 5 年。该工艺对设备无腐蚀，对环境无污染，操作费用少，适合于传统工艺的改造和新建装置。

Mobil Oil 公司又公开了一种含 MCM-56 的催化剂，由 65%（质量分数）MCM-56 和 35%的氧化铝组成。烷基化在三段等温固定床反应器中进行，操作压力 2MPa 左右，苯与丙烯物质的量比为 3，丙烯质量空速 2.5～3.0h^{-1}，反应温度 50～150℃。与 MCM-22 相比，反应温度可降低 45℃。

除上述催化剂外，高性能脱铝丝光沸石催化剂，改性 β 沸石催化剂，Y 型沸石催化剂等均已在苯烷基化制异丙苯装置上实现了工业应用。

合成异丙苯的工艺包括固定床反应工艺、催化蒸馏反应工艺、悬浮催化蒸馏工艺。

酸性离子液体催化剂：何绍群等[54]以氯化正丁基吡啶-三氯化铝（bpc-$AlCl_3$）离子液体为催化剂，对苯与丙烯烷基化反应进行了研究。酸性离子液体具有较高催化活性与选择性，并且离子液体的活性与其酸度密切相关，酸度越大，离子液体的催化活性越好。在 50℃、常压、反应时间 1h、苯与丙烯物质的量比为 10、$AlCl_3$ 与 bpc 物质的量比为 2.0 时，丙烯转化率为 100%，异丙苯选择性为 97.6%。离子液体可以循环使用，重复使用 4 次后，丙烯转化率和异丙苯选择性均无明显变化。

杂多酸催化剂：杜泽学等[55]考察了负载杂多酸的催化剂对苯与丙烯烷基化反应的催化

性能，发现磷钨酸和硅胶是较好的活性组分和载体。负载量在20%～30%（质量分数）、活化温度为200～300℃时，催化剂表现出较为理想的活性和选择性；反应温度低于70℃或丙烯分压高于0.3MPa时，活性受控于催化反应速率；反应温度高于90℃或丙烯分压低于0.3MPa时，活性受控于丙烯在苯中的溶解速率。

(2) 异丙苯液相催化氧化制过氧化氢异丙苯及催化体系

在温度为90～130℃，常压至1.0MPa下，通入空气，异丙苯连续自氧化得到含量为15%～20%（质量分数）的过氧化氢异丙苯（CHP）。后步工序浓缩CHP，过剩的异丙苯循环到氧化工序。氧化工序应尽量改善CHP选择性和减少循环异丙苯的量，即改善CHP最终含量。采用的催化剂如下[56]。

碱金属或碱土金属催化剂：Na_2CO_3、NaOH、MgO、CaO、SrO、NaOH-NaCl、La^{3+}-K^+、Li^+、K^+等。此类催化体系的优点是能够适当地缩短反应诱导期，加快反应速度，保持CHP的高稳定性。但该法需在较高温度下进行，并需要复杂的尾气和废液处理，同时催化剂的分离和循环使用困难。

过渡金属氧化物催化剂：Co_3O_4、MnO_2、Cu_2O、NiO、Fe_2O_3、Cr_2O_3、CuO、ZnO，以及复合金属氧化物Fe-O/ZrO_2、Fe-O/TiO_2、Fe-O/Al_2O_3等对异丙苯氧化反应具有催化作用，他们具有链引发和加速反应的作用。从选择性和活性看，CuO为较优的催化剂。具有片状结构的纳米氧化铜具有更优异的催化性能。此类催化剂的显著优点是无须加溶剂、活性高、催化剂易分离和循环使用。但是大多数的过渡金属氧化物对异丙苯氧化反应的目标产物CHP都具有不同程度的分解作用，反应总有副产物生成，CHP的选择性低。

过渡金属有机络合物催化剂：主要为金属酞菁类催化剂，如酞菁铜、酞菁钴、酞菁铁等。高分子席夫碱-过渡金属锰（钴）螯合物类，以及金属卟啉类。该类催化剂毒性较大，回收困难，对CHP有分解作用。

金属及合金催化剂：金属银在90℃时能够强烈催化异丙苯氧化生成CHP，银催化的异丙苯氧化反应具有典型的自由基链式反应特征，它不仅能够显著缩短反应诱导期，而且能够显著增大稳态时的氧化速率，其增幅正比于银催化剂表面积。采用Ag-Au（5%）合金可进一步提高氧化速率。在中等温度条件下（100～110℃），金属铜在初始阶段能够催化异丙苯氧化反应，并具有防止CHP分解的能力。随着反应的进行，尤其是反应温度较高时铜催化剂易被腐蚀，而形成的Cu^{2+}或Cu^+溶入反应介质中后易促进CHP的激烈分解，因此采用物理化学手段对铜催化剂表面进行钝化处理，增强其抗腐蚀能力可显著改善铜催化剂性能。

负载型催化剂：负载型催化剂体系的载体有各种聚合物、氧化物、活性炭等，活性组分主要为过渡金属化合物，如负载型$Cu(OAc)_2$，Cu-HMS等。这类催化剂对异丙苯氧化反应的活性较高，反应温度较低，但是反应副产物多，选择性低，催化剂容易失活。

在离子交换树脂Chelex100、聚乙烯吡啶、SiO_2载体上负载$Cu(OAc)_2$，在80℃、常压反应条件下各自的异丙苯催化氧化性能为：Chelex100载体所构成的催化剂效果最佳，异丙苯转化率为5.36%，CHP选择性99.4%。聚合物载体的作用在于其骨架能够阻止金属中心的配位环境发生改变，因而减少了目标产物CHP的分解反应。

以氧化物或活性炭为载体的负载型催化剂，NiO/Al_2O_3、NiO/C、$NiMoO_4$/Al_2O_3等负载型催化剂只有在加入少量有机过氧化氢引发剂的情况下才能起催化作用。负载型NiO催化剂活性远大于非负载的NiO，这与NiO负载后比表面增大有关。

Cu、Ag、Au、Pt、Ni等金属负载于SiO_2后对异丙苯的催化氧化性能：在90℃时只有Ag/SiO_2催化剂具有活性，这与采用纯金属催化剂得到的结果是一致的。

(3) 过氧化氢异丙苯分解制苯酚和丙酮

目前，CHP分解反应主要采用浓硫酸作为催化剂，该催化剂具有酸耗少、反应速度快、产品收率高等优点，但是反应剧烈、容易爆炸、副产物多、选择性仅为80%左右，而且设备腐蚀严重。因此，开发固体酸催化剂，改进现有硫酸催化工艺流程对提高反应选择性和安全性具有重要意义。

应用于CHP分解反应的催化剂主要有：蒙脱黏土与第Ⅳ族氧化物催化剂、Friedel-Crafts型催化剂、硅酸盐、金属氧化物、磺酸树脂、沸石等。

用磺酸树脂作催化剂存在着溶胀、破碎、易于流失、堵塞设备管线、不能再生等缺点，因此限制了工业化的进程。沸石催化剂具有很多优点，如有很宽的可调变的酸中心和酸强度、比表面积大、结构稳定性好、活性高、无腐蚀、无污染等。

沸石催化剂：周津凯等[57]考察了几种沸石催化剂对于过氧化氢异丙苯分解反应的活性及寿命。改性β沸石活性较高，Y系列沸石和HZSM-5催化剂的活性较差。HZSM-5活性较差的原因是由于孔道太小限制了反应物分子的进入，改性β沸石具有较高活性是因为酸强度在−8.2～−5.6的酸量较多。改性β沸石的单程寿命较长，其单程寿命与较强B酸量的关系曲线呈火山形，说明有最佳较强B酸量存在。积炭是催化剂失活的主要原因。经再生后催化剂的活性和单程寿命基本稳定。

磺酸树脂催化剂：黄大刚等[58]对不同类型磺酸树脂催化剂进行比较，筛选出活性较高的磺酸树脂CT-175用于CHP分解工艺。他们[59]针对树脂催化过氧化氢异丙苯分解反应的特点，设计了新型气-液-固三相循环流化床反应器。该反应器接近全混流反应器，解决了工程放大存在的树脂破碎与传质和传热的矛盾。适宜的反应温度为70～80℃，此时进料(过氧化氢异丙苯∶丙酮约为1∶3)，产物的选择性不低于硫酸催化工艺。进料过氧化氢异丙苯空速为$30h^{-1}$时，产品中过氧化氢异丙苯的质量分数<0.1%。催化剂的失活是其吸附原料中的Na^+所致，催化剂的寿命与原料中的Na^+含量成反比。

催化精馏法[60]：催化精馏具有选择性高、转化率不受反应平衡限制、温度易于控制、能耗低、投资少等优点。采用催化精馏分解CHP制苯酚，不仅可以采用不经提浓的CHP进料，还可充分利用CHP分解过程中释放出来的大量反应热。采用固体酸催化精馏分解CHP制苯酚的新生产工艺，催化反应与精馏分离两个过程同时进行，互相促进。将可避免现有工艺中能耗大、三废多、反应选择性差、设备投资大以及由于需将CHP浓缩而导致的安全生产隐患等诸多问题。

综上分析，异丙苯法生产苯酚也存在着许多不可避免的缺点：合成路线长、工艺步骤多、苯酚收率比较低（即使每步产率高达95%，而3步总产率也仅为86%左右)；存在易发生爆炸的中间产物（异丙苯的氧化产物）等安全隐患；产生与苯酚等量的丙酮副产物是其致命的弱点，严重受到丙酮市场需求的制约。

2.2.2 传统苯酚生产过程危险性分析

苯酚生产工艺流程长，涉及的危险性因素较多。苯的烷基化反应、异丙苯的氧化反应及过氧化氢异丙苯分解反应等均属于典型的危险化学反应。采用的原料及生产使用的中间反应物和最终产品，如苯、丙烯、异丙苯、过氧化氢异丙苯、苯酚、丙酮等大都属于易燃、易爆、有毒的危险化学品。

2.2.2.1 传统苯为初始原料合成苯酚生产工艺中危险物质

(1) 丙烯

无色、有烃类气味的气体；燃烧热值1927.26kJ/mol；闪点−108℃；引燃温度460℃；

爆炸极限2.4%～10.3%。

存储方法：储存于阴凉、通风的易燃气体专用库房。远离火种、热源。库温不宜超过30℃。应与氧化剂、酸类分开存放，切忌混储。采用防爆型照明、通风设施。禁止使用易产生火花的机械设备和工具。储区应备有泄漏应急处理设备。

安全信息：极易燃。该物质对环境有危害，对鱼类和水体要给予特别注意。还应特别注意对地表水、土壤、大气和饮用水的污染。

(2) 异丙苯

无色有特殊芳香气味的液体；闪点43.9℃（闭口）；爆炸极限0.88%～6.5%。

可用于有机合成，或者作为溶剂。但由于燃点较低，比较容易爆炸。

危险特性：属第3.3类高闪点易燃液体。对金属无腐蚀性，可用铁、软钢、铜或铝制容器储存，但在阀门和垫圈中要避免使用橡胶制品。属低毒类。能刺激皮肤和黏膜，有较强的麻醉作用。能引起结膜炎、皮肤炎，并对脾脏和肝脏有害。由于排泄缓慢，可产生积累作用。

(3) 过氧化氢异丙苯

白色结晶体；分解温度75℃；活性氧含量10.51%；活化能132.56kJ/mol；闪点61℃。

可燃，有毒。该品易燃，具有强氧化性。遇热、明火或与酸、碱接触剧烈反应会造成燃烧爆炸。与还原剂、促进剂、有机物、可燃物等接触会发生剧烈反应，有燃烧爆炸的危险。

(4) 苯酚

白色结晶，有特殊气味；闪点79.5℃；燃烧热值3050.6kJ/mol；爆炸极限1.7%～8.6%（体积分数）；引燃温度715℃。

毒性：有特殊的气味，有强腐蚀性。有毒。可吸收空气中水分并液化。有特殊臭味，极稀的溶液有甜味。腐蚀性极强。化学反应能力强。

(5) 丙酮

无色透明液体，有特殊的辛辣气味；易燃、易挥发，化学性质较活泼。

危险性：易燃、有毒。

健康危害：急性中毒主要表现为对中枢神经系统的麻醉作用，出现乏力、恶心、头痛、头晕、易激动等症状。重者发生呕吐、气急、痉挛，甚至昏迷。对眼、鼻、喉有刺激性。口服后，先有口唇、咽喉烧灼感，后出现口干、呕吐、昏迷、酸中毒和酮症。

慢性影响：长期接触该品出现眩晕、灼烧感、咽炎、支气管炎、乏力、易激动等症状。皮肤长期反复接触可致皮炎。

燃爆危险：该品极度易燃，有刺激性。

2.2.2.2 苯与丙烯烷基化制异丙苯单元危险性分析

使用和生产危险化学品。苯烷基化制异丙苯生产过程中使用、生产和储存大量易燃、易爆、有毒、有害危险化学品，如苯、丙烯、异丙苯等。

采用强腐蚀性无机酸为催化剂。合成异丙苯的传统方法是三氯化铝法和固体磷酸法，存在工艺流程复杂、设备腐蚀及严重环境污染问题。苯的烷基化是用无水$AlCl_3$作为催化剂，$AlCl_3$和芳烃生成络合物，络合物遇水马上分解并产生大量的热，会造成烷基化设备爆炸。

苯与丙烯烷基化是一个强放热反应过程。工业上为实现稳定操作，不得不采取较高压力（如3MPa）操作以保证物料全程液化和大量苯循环操作以保证操作温度的稳定，造成大量的动力消耗和后续分离负荷的加重。

2.2.2.3 异丙苯氧化制过氧化氢异丙苯单元危险性分析

使用和生产危险化学品。异丙苯氧化制过氧化氢异丙苯生产过程中使用、生产和储存大量易燃、易爆、有毒、有害化学危险品。如异丙苯、CHP及苯乙酮、二甲基苯甲醇、α-甲基苯乙烯、多异丙苯过氧化物等副产品。

CHP是危险化学品。CHP不易挥发且在正常条件下是稳定的。但是，在有酸存在和高温情况下，CHP能迅速分解，并且该分解是一种自动催化过程。CHP在130℃以上分解剧烈会造成爆炸，在130℃以下分解虽较缓慢，但分解产生的热量也会造成液体温度升高，加剧分解而引起爆炸。

CHP是生产苯酚和丙酮的重要中间体，在化工中应用非常广泛。由于CHP结构中含有不安定的过氧基和过氧化氢基，所以在生产、运输、储存或处置等过程中CHP极易分解，放出大量的热量，若无法及时移除，则可能造成灾难性的后果。美国国家防火协会（National Fire Protection Association，NFPA）将CHP划定为易燃物和三级火灾危害物质。联合国危险物运输专家委员会《关于危险货物运输的建议书》将CHP列为第5.2项危险货物——有机过氧化物。

生产CHP是分子氧参加的强放热氧化反应。由于氧气分子较难活化，须采用较高反应温度，因而易导致副反应发生和CHP的激烈分解，操作不慎可能引起爆炸。氧化反应需要加热，但反应过程又是放热反应，特别是催化气相反应，一般都是在250～600℃的高温下进行，这些反应热如不及时移去，将会使温度迅速升高甚至发生爆炸。

氧化反应的物料配比接近于爆炸极限，倘若配比失调，温度控制不当，极易爆炸起火。被氧化的物质大部分是易燃、易爆物质。异丙苯是易燃液体，其蒸气易与空气形成爆炸性混合物。用空气作氧化剂时，氧化尾气中被惰性气体带走的异丙苯较多，为防止污染大气，必须用一个吸收塔来回收，增加了设备投资。用富氧空气可提高反应速度，但必须考虑安全问题。

某些金属，例如铜、锌和钴等，能促使CHP分解而爆炸。因此，凡是处理CHP的设备，都应避免采用这些金属材料。

存储大量危化品。反应装置的氧化器内有大量易燃、易爆液态异丙苯和CHP。

高温、高压引发的爆炸问题。由于存在焦油生成量较大、副产物种类多、反应速率慢和诱导期长，以及采用较高反应温度及非中性反应条件，易造成CHP激烈分解甚至引起爆炸等。

2.2.2.4 过氧化氢异丙苯分解制苯酚单元危险性分析

使用和生产危险化学品。CHP分解制苯酚和丙酮生产过程中使用、生产和储存大量易燃、易爆、有毒、有害化学危险品。如CHP、苯酚、丙酮及副产品等。

浓硫酸作为催化剂存在爆炸、腐蚀和污染等问题。目前，过氧化氢异丙苯分解反应主要采用浓硫酸作为催化剂，该催化剂具有酸耗少、反应速度快、产品收率高等优点，但是反应剧烈、容易爆炸、副产物多、选择性仅为80%左右，而且设备腐蚀严重。另外，硫酸中和产生的盐在后续的精馏系统中会积累，容易堵塞精馏塔板影响正常生产。

CHP分解反应是强放热反应。分解反应在沸腾的丙酮和苯酚混合液中进行。这个反应是一种很强的放热反应。分解反应器内未反应的CHP剧烈地分解可能导致分解反应器的损坏。用浓硫酸分解浓氧化液（CHP）时放出热量很大，如散热有问题使分解液温度上升，会发生爆炸事故。

在分解时发生的副反应有：二甲基苯甲醇脱水后生成α-甲基苯乙烯；α-甲基苯乙烯同苯酚缩合后生成对枯基苯酚。

储存、运输和使用条件严格。在储存、运输和使用CHP的过程中，应尽量避免水和酸性物质与CHP接触，尤其应注意避免与强酸性物质接触，在控制好CHP储运环境温度的同时，还应注意对湿度的控制。

2.2.3 一步化合成苯酚安全催化反应过程

以苯为初始原料的传统苯酚生产工艺由3个单元组成：一是苯的丙烯烷基化制异丙苯，二是异丙苯氧化制CHP，三是CHP分解制苯酚和丙酮。该工艺必须经过非安全中间反应物——CHP来实现苯酚生产；工艺复杂、路线长，且生产和使用易燃易爆的异丙苯、CHP，以及使用强腐蚀性的浓硫酸、三氯化铝、氟化氢等无机酸；所涉及的烷基化工艺、分子氧氧化工艺、过氧化有机物分解工艺均属于危险化工工艺。

为了从源头上彻底消除以苯为初始原料生产苯酚工艺存在的安全隐患问题，根据“去除非安全中间反应物合成和使用的多步反应一步化催化反应过程”方法，通过“简单化”反应工艺的开发，不需经过非安全中间反应物，直接得到所需要的产物。不仅可以解决安全问题，而且还可以减少分离和反应单元。即以苯为原料，不经过苯的丙烯烷基化反应、异丙苯氧化反应和CHP分解反应，直接得到苯酚。这样，可以去除非安全中间反应物——CHP的氧化法合成过程和其分解反应过程，解决CHP等带来的安全问题。如图2.15所示。

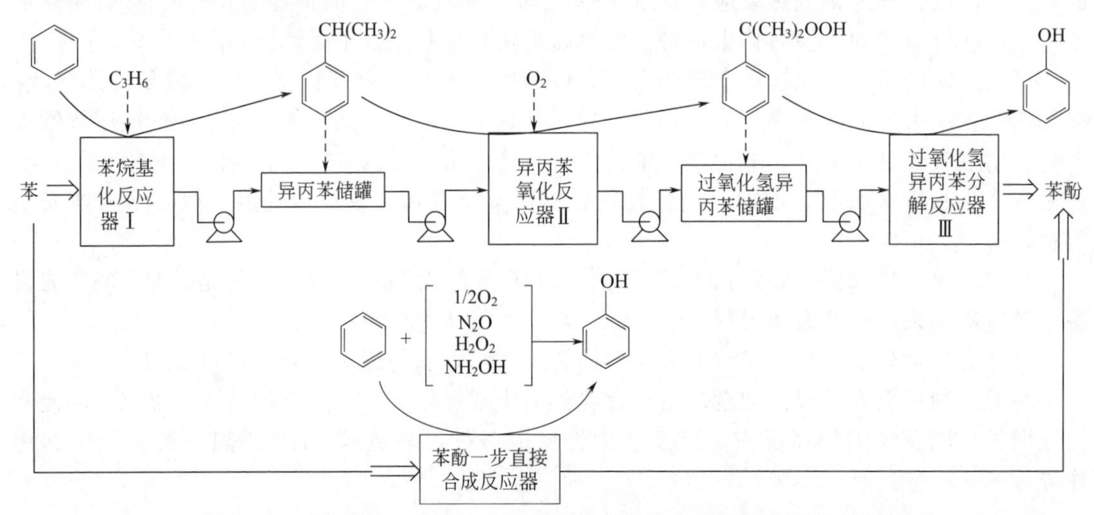

图2.15 苯酚传统三步法生产工艺一步化的安全催化合成过程示意图

上述直接化反应工艺与以苯为原料，经丙烯烷基化、异丙苯分子氧氧化、CHP分解合成苯酚工艺相比，一方面简化了工艺流程，另一方面，采用的氧化剂N_2O、H_2O_2、NH_2OH，与CHP、氧气、丙烯对比而言，是相对安全反应物。

根据所用的氧化剂，可将苯为初始原料直接催化合成苯酚安全工艺归纳为O_2氧化法、N_2O氧化法、H_2O_2氧化法、羟胺氧化法等，如下式所示。为便于对比，还列出了苯酚传统的三步法合成工艺反应式。

$$C_6H_6 + H_2C{=}CH{-}CH_3 \xrightarrow[200℃]{AlCl_3} C_6H_5{-}CH(CH_3)_2 \xrightarrow[80\sim130℃]{O_2} C_6H_5{-}C(CH_3)_2{-}OOH \xrightarrow[60\sim100℃]{H^+} C_6H_5{-}OH$$

$$\text{C}_6\text{H}_6 + 0.5\text{O}_2 \longrightarrow \text{C}_6\text{H}_5\text{OH} \qquad \text{C}_6\text{H}_6 + \text{H}_2\text{O}_2 \longrightarrow \text{C}_6\text{H}_5\text{OH} + \text{H}_2\text{O}$$

$$\text{C}_6\text{H}_6 + \text{N}_2\text{O} \longrightarrow \text{C}_6\text{H}_5\text{OH} + \text{N}_2 \qquad \text{C}_6\text{H}_6 + \text{NH}_2\text{OH} \longrightarrow \text{C}_6\text{H}_5\text{OH} + \text{NH}_3$$

表 2.4 列出了苯为初始原料直接催化合成苯酚反应的自由焓变和原子利用率。由文献[61~64]得到各物质的标准自由焓，经计算得到上述苯酚一步合成反应的自由焓变 $\Delta G^{\ominus}_{298K}$。

表 2.4　一步直接合成苯酚反应的自由焓变和原子利用率

氧化剂	自由焓变(298K)/(kJ/mol)	原子利用率/%	文献
O_2	−162	100	计算
N_2O	−267	77.0	[61]
H_2O_2	−270	83.9	计算
NH_2OH	−42.9	84.7	[24]

由表 2.4 可以看出，苯为初始原料直接催化合成苯酚反应的 $\Delta G^{\ominus}_{298K}$ 均<0，说明无论以上述哪种物质为氧化剂，该反应均可自发进行，但以 N_2O 和 H_2O_2 为氧化剂时，$\Delta G^{\ominus}_{298K}$ 值远远小于零，自发进行的程度很高。而且，以 H_2O_2 为氧化剂时，原子利用率也较高。

2.2.3.1　N_2O 为氧化剂的苯直接氧化制苯酚

以 N_2O 作氧化剂合成苯酚的主反应及副反应见下式。其完成氧化反应后产生的副产物 N_2 对环境友好。

主反应：$\text{C}_6\text{H}_6 + \text{N}_2\text{O} \longrightarrow \text{C}_6\text{H}_5\text{OH} + \text{N}_2$

副反应：$\text{C}_6\text{H}_6 + 15\text{N}_2\text{O} \longrightarrow 6\text{CO}_2 + 3\text{H}_2\text{O} + 15\text{N}_2$

1983 年，Iwamoto 等[65]将 N_2O 作为氧化剂用于苯一步氧化合成苯酚的反应。当以 3.3%（质量分数）的 V_2O_5/SiO_2 为催化剂，反应温度为 823K，总气体流量为 $60cm^3/min$，苯、N_2O 和 H_2O 分压分别为 8.2、16.9 和 30.7kPa 时，苯转化率和苯酚选择性分别为 10.7%和 71.5%。他们认为 O^- 是该反应的活性物种，可能的反应过程如图 2.16 所示。N_2O 与催化剂作用形成活性物种 O^-，苯和 O^- 反应形成苯基自由基和 OH^-，接下来两者作用形成目标产物苯酚。当然，也不排除 O^- 直接加入到苯环中形成双自由基中间体，然后该中间体转化为产物苯酚的可能性。

1988 年，日本的 Suzuki、法国的 Gubelmann 和俄罗斯的 Panov 等研究团队同时发现，ZSM-5 分子筛是苯与 N_2O 氧化制苯酚反应最有效的催化剂[66]，该反应可在温度（300～400℃）比较低的条件下进行，苯酚的选择性接近 100%。Reitzmann 等[67]详细考察了 ZSM-5 催化苯和 N_2O 一步合成苯酚反应的动力学，在此基础上提出了该反应的反应机制（见图 2.17）：苯和 N_2O 吸附到分子筛上，同时 N_2O 在分子筛活性位上形成活性氧物种 Z_1-O，释放出 N_2；吸附的苯和化学吸附氧物种反应生成目标产物苯酚，这是该反应网络的主反应

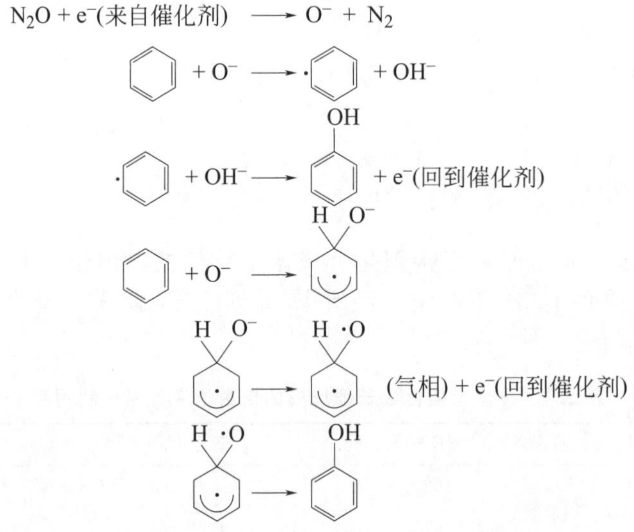

$N_2O + e^-$(来自催化剂) $\longrightarrow O^- + N_2$

$+ O^- \longrightarrow \cdot$ $+ OH^-$

$\cdot$ $+ OH^- \longrightarrow$ (OH) $+ e^-$(回到催化剂)

$+ O^- \longrightarrow$ (H O^-)

(H O^-) $\longrightarrow$ (H $\cdot$O) (气相) $+ e^-$(回到催化剂)

(H $\cdot$O) $\longrightarrow$ (OH)

图 2.16　V_2O_5/SiO_2 催化苯和 N_2O 一步合成苯酚反应路径

(MR)；由于苯酚的强吸附性和弱扩散性，生成的苯酚会发生非催化副反应（SP1），得到低聚产物 $C_xH_yO_z$；接下来 $C_xH_yO_z$ 被活性氧物种氧化生成深度氧化产物 CO_2（SN）；生成的苯酚也可以直接和活性氧物种进一步发生羟基化反应生成邻苯二酚和蒽醌等副产物（SP2）。

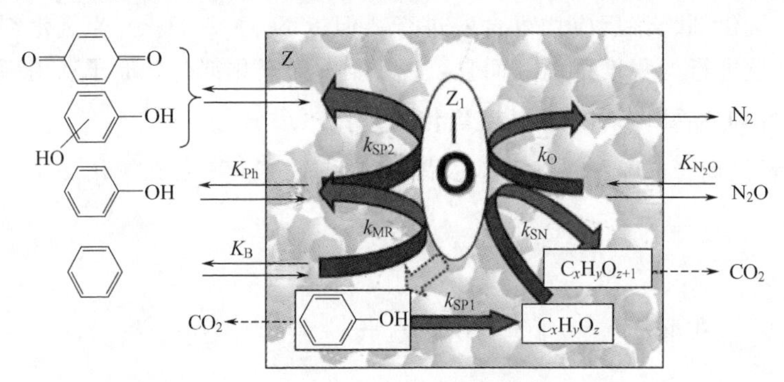

图 2.17　苯和 N_2O 一步合成苯酚反应网络

Panov 等[68]发现 Fe 的引入能够显著增加 ZSM-5 分子筛的催化活性。他们考察了不同 Fe 含量（质量分数为 0.004%～0.72%）改性的 ZSM-5（$SiO_2/Al_2O_3=100$）分子筛的催化性能，当反应温度为 350℃时，苯转化率和苯酚选择性分别为 27%和 98%。进一步的研究表明[69,70]，在 ZSM-5 分子筛内孔道形成的 α-Fe 为催化活性中心。苯羟基化反应分两步进行，首先 N_2O 吸附在 α-Fe 活性位表面并分解产生表面活性吸附氧 α-O，接下来 α-O 氧化苯形成苯酚，如下式所示。

$$(Fe^{II})_\alpha + N_2O \longrightarrow (Fe^{III}—O^-)_\alpha + N_2$$
$$C_6H_6 + (Fe^{III}—O^-)_\alpha \longrightarrow C_6H_5OH + (Fe^{II})_\alpha$$

Fe-ZSM-5 分子筛是苯和 N_2O 一步羟基化合成苯酚反应最有效的催化剂，然而该催化剂容易结焦失活。Xin 等[71]合成了一种层状 Fe/ZSM-5 沸石，并将其用于苯和 N_2O 一步合成苯酚的反应。与传统 Fe-ZSM-5 分子筛相比，该催化剂稳定性大幅提高，24h 后的转换频数比传统催化剂高 4 倍左右。Li 等[72]通过加入硅烷偶联剂——环氧丙基三乙氧基硅烷制备了层状 Fe/ZSM-5 分子筛，并考察了其催化苯和 N_2O 一步合成苯酚反应的活性。合成的分子筛为微球结构，其中 Fe/ZSM-5 分子筛中加入的硅烷有利于传质，因此，与传统 Fe/ZSM-5 分子筛相比，该层状 Fe/ZSM-5 分子筛催化性能较高，苯转化率可以达到 20% 以上。Navarro 等[73]制备了一系列 Fe-Al 磷酸盐催化剂并考察了其催化苯和 N_2O 一步合成苯酚的反应性能。Fe 含量对催化活性有重要影响，Fe 含量低的磷酸盐催化活性较好，而催化剂制备过程中的热处理温度对催化活性影响不大。Fe/Al=0.02（Fe 的质量分数为 1%）、450℃焙烧得到的催化剂活性最好，此时苯酚收率最高为 22%。

Häfele 等[74]将 H-Ga-ZSM-5 用于 N_2O 作氧化剂的苯气相羟基化反应中，在较宽的温度范围（300～450℃）内，主要产物为苯酚，最大收率为 22%，苯醌是主要副产物；高于 400℃时，有少量完全氧化产物；增大苯的压力，可促进苯酚的脱附，阻止进一步羟基化反应和聚合反应的发生，从而增加苯酚的选择性；增加 N_2O 压力，苯转化率增大，苯酚选择性略有下降，所以增加苯和 N_2O 的压力有利于苯酚生成。H-Ga-ZSM-5 催化剂对 N_2O 作氧化剂的苯直接氧化制苯酚反应有催化活性（没有 Fe 存在），在分子筛中引入 Ga 同样可以形成具有活性的特别结构的催化剂。

N_2O 作氧化剂的苯气相羟基化反应为苯部分氧化制苯酚开辟了一条新的途径，在收率和选择性上都具有一些优势。但是，N_2O 不易得到，专门制取成本很高。所以，只有当N_2O作为其他反应的副产物时才能显示出其独特的优势。N_2O 作氧化剂的体系，苯酚的选择性可达 97%～98%，甚至可达 100%，然而催化剂稳定性较差，容易结焦失活。

2.2.3.2 H_2O_2为氧化剂的苯直接氧化制苯酚

以 H_2O_2为氧化剂，苯直接液相氧化制苯酚是人们期望取代异丙苯法生产苯酚的另一路线。用 H_2O_2作为氧化剂，其唯一的副产物是 H_2O，原子经济性高，对环境没有污染，是一种环境友好的清洁氧化剂，反应式如下所示。

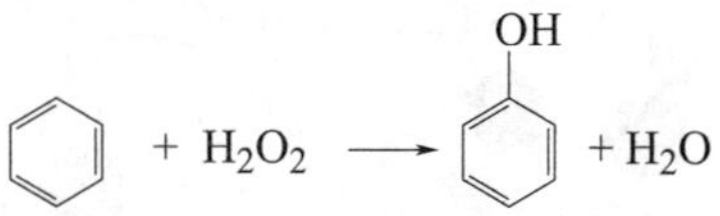

$$C_6H_6 + H_2O_2 \longrightarrow C_6H_5OH + H_2O$$

以 H_2O_2为氧化剂进行苯直接氧化合成苯酚，一直是众多研究者关注的焦点之一，研究主要问题和目标是寻求高效的氧化催化剂。H_2O_2氧化苯直接合成苯酚可使用的催化体系非常广泛，主要包括：Fe 基催化剂、分子筛催化剂、金属氧化物催化剂和杂多酸催化剂。

Fe 基催化剂。如 Fe/MgO[75]、Fe/MWCNTs[76]、Fe-CN/TS-1[77]、磷酸铁[78]、$Fe_2L_2(\mu_2\text{-}Cl)_2Cl_2$[79]和 [FeFe]-氢化酶模拟化合物[80]等都能很好地催化苯和 H_2O_2一步羟基化合成苯酚的反应，苯酚收率最高为 36%。Makgwanea 等[81]考察了 CuFe 氧化物的催化性能，优化条件下，苯转化率和苯酚选择性最高分别为 44%和 91%。该催化剂具有磁性，反应结束后很容易回收，是一种环境友好的多相催化剂。他们认为该羟基化反应为自由基反应，自由基产生过程如图 2.18 所示。

$$Fe^{2+} + H_2O_2 \longrightarrow Fe^{3+} + \cdot HO + OH^-$$
$$Fe^{3+} + H_2O_2 \longrightarrow Fe^{2+} + \cdot HOO + H^+$$
$$Fe^{2+} + \cdot HO \longrightarrow Fe^{3+} + OH^-$$
$$Cu^+ + H_2O_2 \longrightarrow Cu^{2+} + \cdot HO + OH^-$$
$$Cu^{2+} + H_2O_2 \longrightarrow Cu^+ + \cdot HOO + H^+$$
$$Cu^+ + \cdot HO \longrightarrow Cu^{2+} + OH^-$$

图 2.18 CuFe 氧化物催化剂上羟基自由基产生过程

Al-Sabagh 等[82]制备了铁氧体 Fe 和 Zn，并将其用于温和条件下 H_2O_2氧化苯一步合成苯酚的反应，铁氧体 Fe 催化活性更好。当铁氧体 Fe 用量为 0.1g，苯 0.9mL，苯和双氧水物质的量比为 1∶1，60℃反应 300min 时，苯酚收率和选择性分别为 49.3%和 100%。该催化剂有很好的稳定性，可以循环使用 5 次而没有明显的活性变化（见图 2.19）。

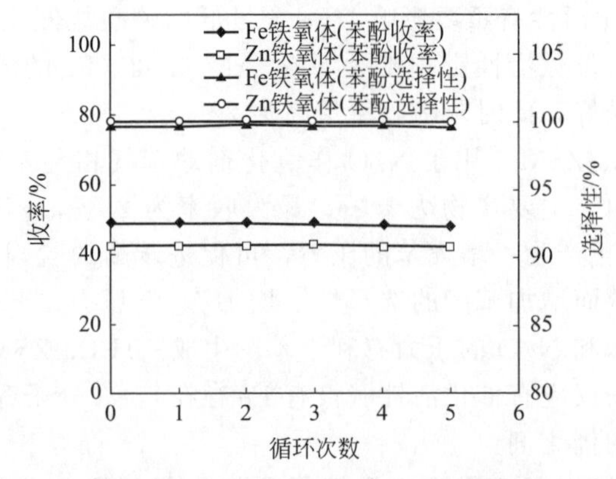

图 2.19　铁氧体催化剂循环使用情况

在实验和量化计算基础上，他们提出了苯和双氧水一步合成苯酚反应的机理（见图 2.20）。

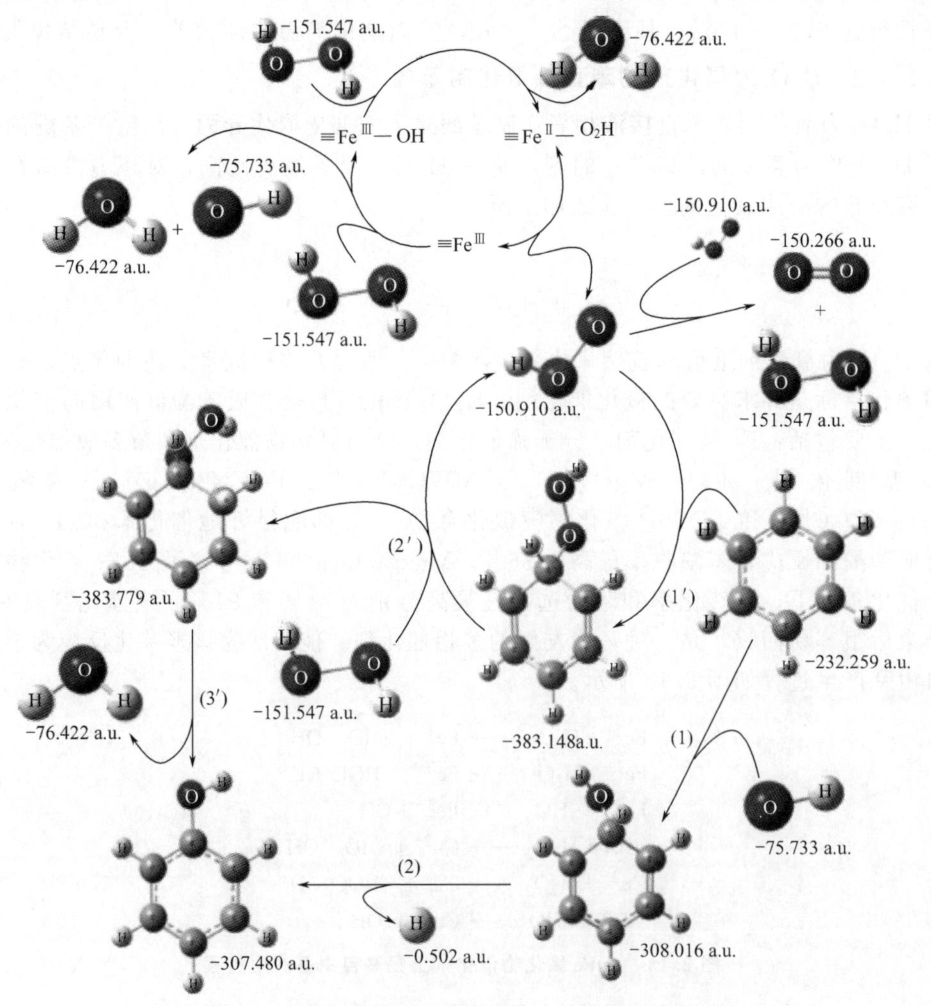

图 2.20　苯和双氧水一步羟基化合成苯酚反应机理

H_2O_2和铁氧体 Fe 表面作用形成 $Fe^{Ⅲ}$-OH；该物质发生电子转移反应，同时失去 1 分子水得到 $Fe^{Ⅱ}$-·O_2H；$Fe^{Ⅱ}$-·O_2H 解离生成 $Fe^{Ⅱ}$ 和过氧羟基自由基（·O_2H）；$Fe^{Ⅱ}$ 和 H_2O_2作用生成 $Fe^{Ⅲ}$-OH 和·OH。体系中存在两种自由基，因而苯和自由基反应生成苯酚有两条可能的路径。第一条：苯和·OH 反应生成苯基羟基中间体（1），然后该中间体失去 H 得到苯酚。第二条：苯和·O_2H 作用形成苯-OOH 中间体（1′），该中间体和双氧水反应（2′）并失去 1 分子水（3′）形成最终产物苯酚。量化计算结果表明，苯和羟基自由基反应相对于苯和过氧羟基自由基的反应而言更有优势。

分子筛载体催化剂。如 VO_x/SBA-16[83]、CuO/SBA-15[84]、Cu_x-V-HMS[85]、Co-SBA-16[86]、V-MimSalm-PmoV[87]和 V-MCN-S[88]等都能催化苯和 H_2O_2一步合成苯酚的反应，苯酚收率在 13.8%～38.2%之间。其中非晶态介孔 $ZnAlPO_4$[89]表现出最好的催化性能，优化条件下，苯转化率和苯酚选择性分别为 99%和 85%，是迄今为止催化活性最好的分子筛催化剂。Jourshabani 等[90]考察了 Fe/SBA-16 催化反应性能。并提出了该反应的自由基反应机理（见图 2.21）：双氧水化学吸附在催化剂表面，并活化形成双自由基的 Fe-过氧化合物；该化合物从苯分子中捕获一个 H 原子，从而形成苯基自由基和羟基自由基；两者反应生成产物苯酚。

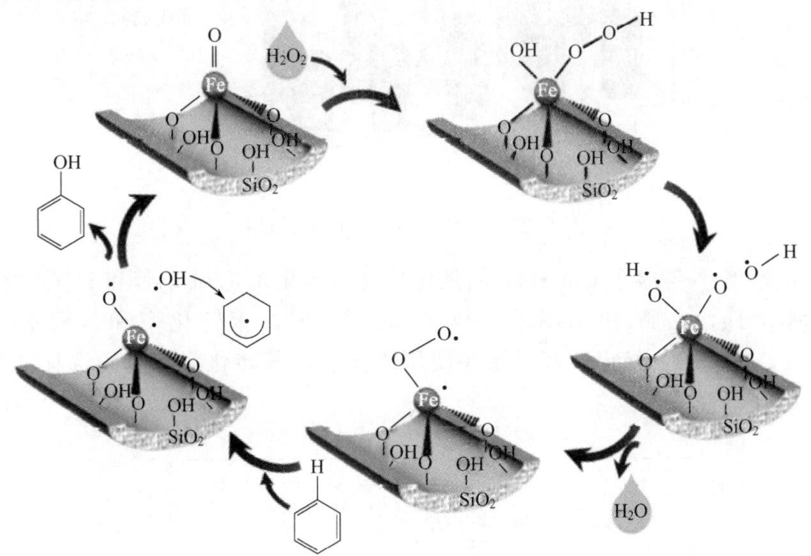

图 2.21　Fe/SBA-16 催化苯和 H_2O_2一步合成苯酚反应机理

Aratani 等[91]考察了 $[(tpa)Mn^{Ⅱ}]^{2+}$@Al-MCM-41 催化苯和双氧水一步羟基化合成苯酚的反应，并提出了相应的反应路径（见图 2.22）：$[(tpa)Mn^{Ⅱ}]^{2+}$与 H_2O_2作用

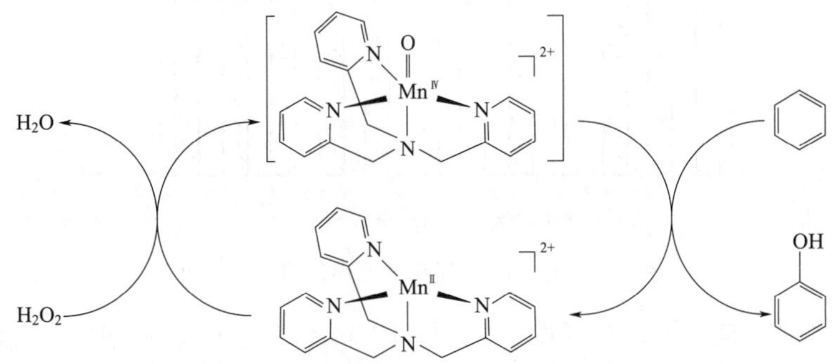

图 2.22　苯和 H_2O_2一步合成苯酚反应路径

形成 $[(tpa)Mn^{IV}]^{2+}$；$[(tpa)Mn^{IV}]^{2+}$ 氧化苯生成苯酚。其中第二步为该反应的控制步骤。

金属氧化物催化剂。如，$Cu_{0.10}Ce_{0.90}O_{2-\delta}$[92]、$V_2O_5/SnO_2$[93]、V/GO[94]、V-C[95] 和 Cu_xO_y@C[96] 等都能很好地催化苯羟基化直接合成苯酚的反应，苯酚收率在 22.7%～43%。Borah 等[97]以 $VOPO_4 \cdot 2H_2O$ 和氧化石墨烯（GO）为原料，合成了一种多相催化剂 VPO@GO。当苯：钒＝400：1（物质的量比），苯：H_2O_2＝1：3（物质的量比），乙腈为溶剂，60℃反应 8h 时，苯转化率和苯酚选择性分别为 32.8%和 100%。该催化剂有很好的稳定性，循环使用 5 次后苯转化率仍高达 31.9%，没有明显的活性变化，如图 2.23 所示。

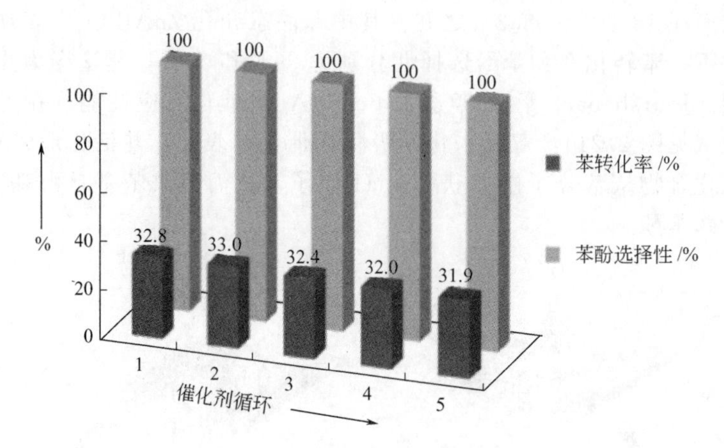

图 2.23 VPO@GO 循环使用过程

Acharyya 等[98,99]考察了 $CuCr_2O_4$ 的催化性能。当用苯 1.0g，苯和 H_2O_2 物质的量比为 1：5，催化剂 0.1g，乙腈 10mL，在 80℃反应 12h 时，苯转化率和苯酚选择性分别为 72.5%和 94%。$CuCr_2O_4$ 稳定性好，循环使用五次后，苯转化率和苯酚选择性仍达 68.8%和 92.5%，如图 2.24 所示。

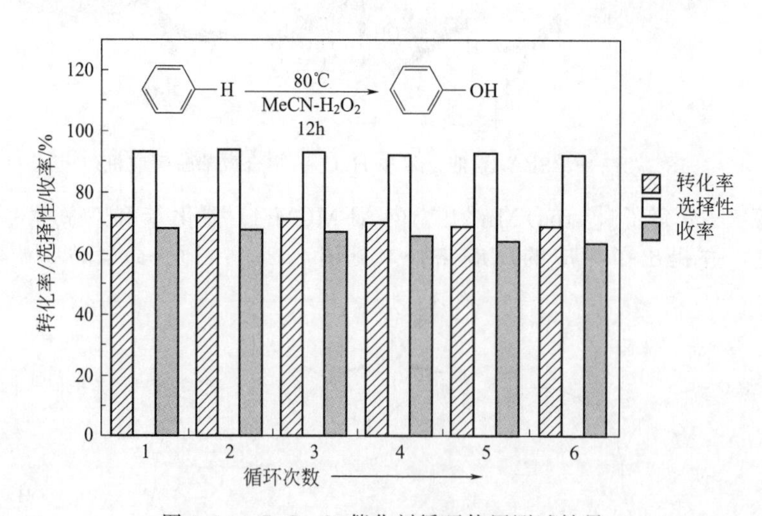

图 2.24 $CuCr_2O_4$ 催化剂循环使用测试结果

杂多酸催化剂。如磷钼钒杂多酸[100]、$H_6PMo_9V_3O_{40} \cdot 13H_2O$[101]、HPMoV/$NH_2$-SBA-15[102]、$[Mo_2V_2O_9(bpy)_6][PMo_{11}VO_{40}]$[103]、$H_4PMo_{11}VO_{40}$[104] 和 $PMoV_2$@

SiO_2[105]等都是苯羟基化反应常用的催化剂。其中杂多酸离子液体［MIMmPEG］PMoV[106]表现出优异的催化性能。当用苯10mmol，质量分数为30%的H_2O_2 2.5mL，催化剂0.2g，在60℃反应5h时，苯酚收率为65%。反应结束后，该催化剂可从反应体系中自行沉淀分离，并且循环使用五次后苯酚收率仍可达61%。图2.25为杂多酸离子液体［MIMmPEG］PMoV的制备过程。

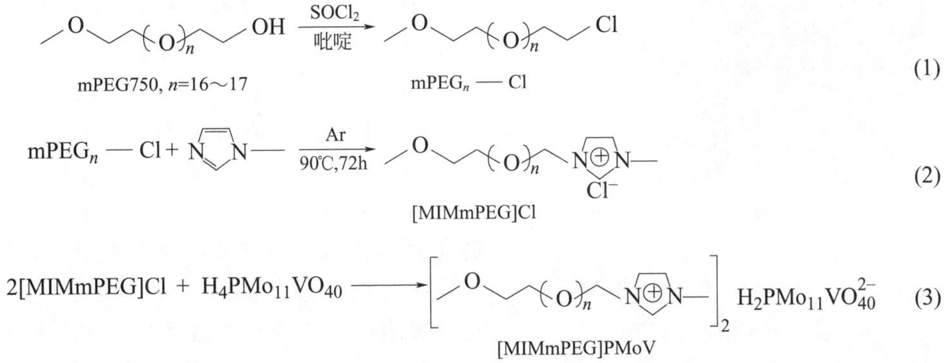

mPEG750, n=16～17 —($SOCl_2$, 吡啶)→ $mPEG_n$—Cl (1)

$mPEG_n$—Cl + N-甲基咪唑 —(Ar, 90℃,72h)→ [MIMmPEG]Cl (2)

2[MIMmPEG]Cl + $H_4PMo_{11}VO_{40}$ ⟶ [MIMmPEG]PMoV $H_2PMo_{11}VO_{40}^{2-}$ (3)

图2.25　杂多酸离子液体［MIMmPEG］PMoV的制备

以H_2O_2为氧化剂氧化苯直接制苯酚路线是清洁、环保的合成过程，无论从原料来源和催化剂种类，还是从应用潜力和前景来看，都是很好的合成路线，虽然在特定的催化体系取得了相应的进展和接近工业规模开发的潜在结果，但是仍然还没有一个确定的可操作催化体系实现中试、乃至商业化生产。最大的问题是该合成路线的经济成本问题，没有达到与异丙苯法路线可比的地步。

2.2.3.3　分子氧为氧化剂的苯直接氧化制苯酚

分子氧氧化法是以纯氧或空气中的氧作为氧化剂进行苯直接氧化合成苯酚的方法，其最突出的优点是氧化剂O_2的来源充足，可就地取用、价格低廉，也无环境污染，是一条最受人们青睐的环境友好和可持续发展生产路线，其关键是选取活化O_2的高效催化剂。

(1) 单独使用O_2

Chen等[107]将制备的VO_x/SBA-15催化剂用于苯和O_2一步合成苯酚的反应。当用苯0.2mL，催化剂0.1g，以10mL乙酸作溶剂，O_2分压为1.0MPa，在140℃反应15h时，苯转化率为4.6%，苯酚选择性为61%。Okemoto等[108]将Cu/Ti/HZSM-5用于该反应，在低氧分压（2.5kPa）下，苯酚收率和选择性分别为4.3%和88%。Long等[109]考察了$[(C_3CNpy)_2Pd(OAc)_2]_2HPMoV_2$催化性能，该催化剂中同时含有$PMoV_2$和$Pd(OAc)_2$，催化性能较好。当催化剂用量为0.1g，2mL HOAc和4mL H_2O作溶剂，O_2分压为2.0MPa，120℃反应4h时，苯酚收率为9.8%。Bao等[110]将V/NH_2-SBA-15用于该反应，当O_2分压为0.1MPa，在60℃反应18h时，苯酚收率高达13.3%。

Luo等[111]合成了具有介孔纳米结构、中等强度酸位和低价态钒物种的VOC_2O_4-N-5，并将其用于合成苯酚反应。当用苯0.011mol，催化剂0.10g，乙酸10mL，O_2分压为1.0MPa，在150℃反应10h时，苯转化率和苯酚选择性分别为4.2%和96.3%。通过在线

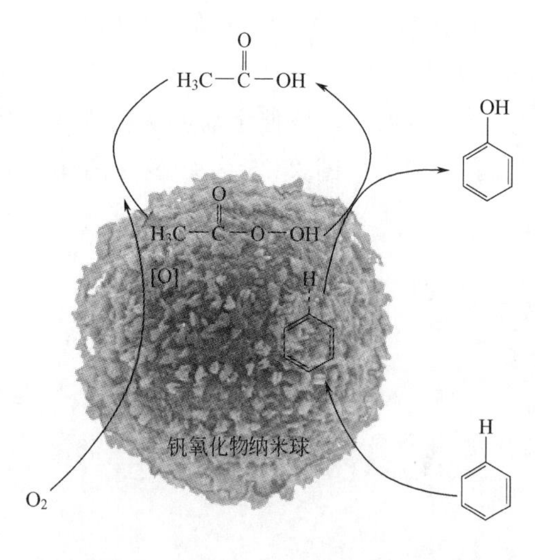

图 2.26　VOC_2O_4-N-5 催化苯和 O_2 一步合成苯酚反应机理

红外研究，提出了该反应的机理，如图 2.26 所示：低价态钒物种活化分子氧产生活性氧物种 [$\cdot O_2^-$]，同时自身被氧化为 5 价钒物种；[$\cdot O_2^-$]发生歧化反应，乙酸被氧化为过氧乙酸，同时 5 价钒物种被还原为低价钒物种；过氧乙酸将苯氧化为苯酚，同时自身转化为乙酸。

Cai 等[112] 制备了 $[DiBimCN]_2HPMoV_2$@NC 催化剂。当苯用量为 4mL，25mL 乙酸（体积分数为 60%）为溶剂，0.6g LiOAc，O_2 分压为 2.2MPa，140℃反应 17h 时，苯酚收率最高为 14.3%。在实验结果的基础上，提出了该反应可能的反应路径，如图 2.27 所示：苯化学吸附在 NC 表面并被活化；$PMoV_2$ 中的晶格氧与 V^{5+}（V-O-V 结构）进攻过渡状态的苯并选择性的生成苯酚；相应地，$PMoV_2$ 被还原为 V^{4+} 还原状态，然后被 O_2 氧化为 $PMoV_2$，从而完成催化剂循环。此反应中，O_2 通过 V^{5+}/V^{4+} 离子对转化而被活化。

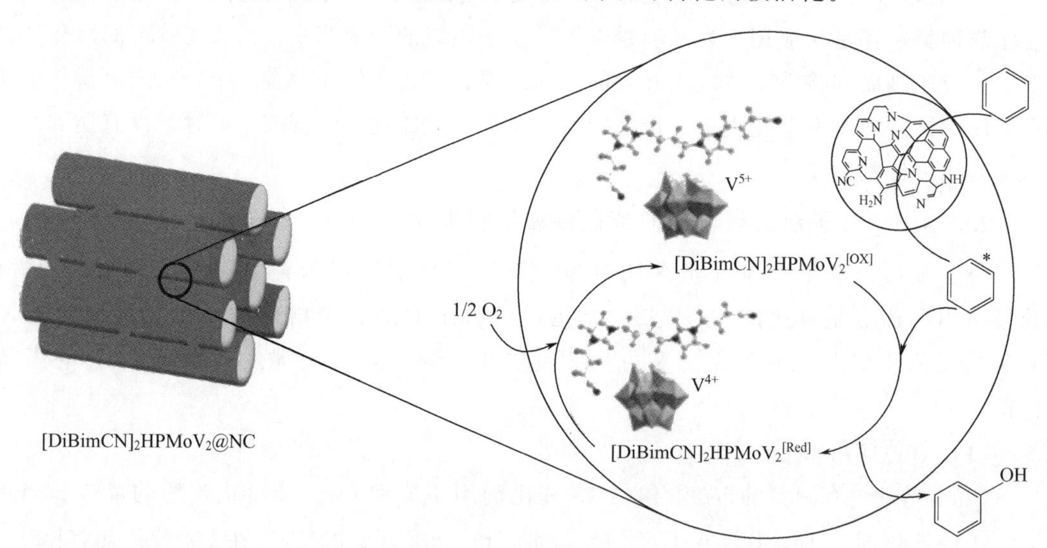

图 2.27　$[DiBimCN]_2HPMoV_2$@NC 催化苯和 O_2 一步合成苯酚反应机理

(2) O_2-还原剂体系

单独以 O_2 为氧化剂将苯羟基化生成苯酚时，苯转化率较低。目前普遍的做法是向反应体系中加入适当的还原剂，组成 O_2-还原剂体系来合成苯酚。

还原剂 H_2。是苯和 O_2 一步合成苯酚反应中最常用的气体还原剂，以苯-O_2-H_2 为原料直接合成苯酚的报道很多[113,114]。Wang 等[115] 制备了双毛细管 Pd 膜反应器，当温度为 473K，H_2/O_2 为 4 时，苯转化率和苯酚收率分别为 19.6%和 18.1%。

Niwa 等[116] 在壳-管式反应器中实现了苯一步羟基化合成苯酚的反应。将苯和 O_2 的混合物通入涂有钯薄层的多孔氧化铝管中，而 H_2 则通入反应器壳层。H_2 在钯薄层的表面解离并渗透到管中与 O_2 反应生成活性氧物种，该物种进一步氧化苯生成苯酚。优化反应条件下，苯转化率为 13.3%，苯酚选择性为 85.3%。

Wang 等[117]将 TS 分子筛嵌入到 Pd 膜反应器中制备了 Pd-TS 膜反应器，并将其用于苯和 O_2 一步氧化合成苯酚的反应。他们提供了两种进料模式，模式 1：苯和 O_2 在 Pd 膜侧进料，H_2 在载体表面的 TS 层进料；模式 2：苯和 O_2 在 TS 层进料，H_2 在 Pd 膜侧进料。两种进料方式对反应结果有很大影响，当采用模式 2 时，优化条件下，苯转化率和苯酚收率最高分别为 7.2%和 7.1%。

还原剂抗坏血酸。是另一种广泛应用于苯一步氧化合成苯酚反应的还原剂，其中 Cu[118,119]和 V 化合物[120~122]是该反应的重要催化剂。Gu 等[123]发现，在抗坏血酸存在下，VO_x/CuSBA-15 催化剂在优化反应条件下，苯酚收率为 27.0%，苯酚选择性接近 100%。Bao 等[124]合成了 V/NH_2-SBA-15，当用苯 2g，催化剂 0.5g，抗坏血酸 2.5g，以 40mL 乙酸和 10mL H_2O 作溶剂，O_2 分压为 0.1MPa，在 60℃反应 18h 时，苯酚收率为 13.3%。由于 V 和 NH_2 之间存在相互作用，导致 V 物种键合在 V/NH_2-SBA-15 表面，不易流失，因而其稳定性优于 V/SBA-15。

Miyahara 等[125]考察了温和条件下 CuO-Al_2O_3 催化苯-O_2-抗坏血酸一步羟基化合成苯酚的反应，并提出了与芬顿反应类似的反应机理，如图 2.28 所示：(1) Cu(Ⅱ) 被抗坏血酸还原为 Cu(Ⅰ)；(2) 在 H^+ 存在下，Cu(Ⅰ) 与 O_2 生成 H_2O_2；(3) 在 Cu(Ⅰ) 存在下，H_2O_2 分解得到活性物种羟基自由基（·OH)；(4) ·OH 进攻苯环，生成羟基苯基自由基中间体；(5) 在 Cu(Ⅱ) 作用下，羟基苯基自由基中间体转化为目标产物苯酚。其中，O_2 和抗坏血酸的存在有利于促进 H_2O_2 分解生成·OH 的过程。

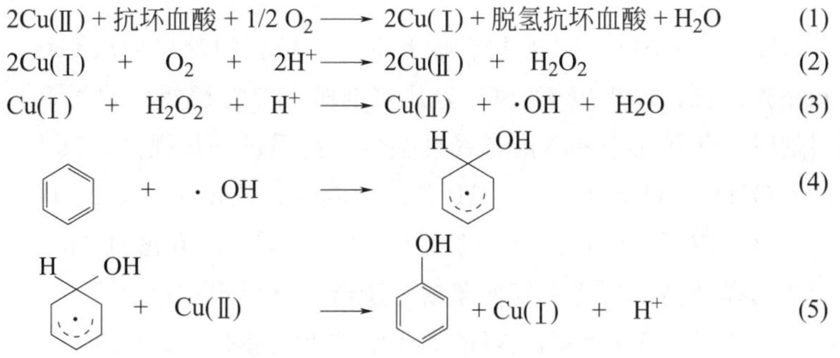

$$2Cu(II) + 抗坏血酸 + 1/2\ O_2 \longrightarrow 2Cu(I) + 脱氢抗坏血酸 + H_2O \quad (1)$$

$$2Cu(I) + O_2 + 2H^+ \longrightarrow 2Cu(II) + H_2O_2 \quad (2)$$

$$Cu(I) + H_2O_2 + H^+ \longrightarrow Cu(II) + \cdot OH + H2O \quad (3)$$

苯 + ·OH ⟶ 羟基苯基自由基 (4)

羟基苯基自由基 + Cu(Ⅱ) ⟶ 苯酚 + Cu(Ⅰ) + H^+ (5)

图 2.28 CuO-Al_2O_3 催化苯和 O_2 一步合成苯酚反应机理

还原剂 CO。除 H_2 和抗坏血酸外，CO 也可用作还原剂。Sakamoto 等[126]以 HPMoV 和少量 5%Pd/C 为催化剂，H_2O 和 HAc 为溶剂，空气和 CO 为氧化剂和还原剂，实现了苯一步羟基化合成苯酚的反应。在 150℃反应 2h 时，HPMoV 的 TON 高达 1300，如图 2.29 所示。CO 的作用是还原 HPMoV 生成活性 V^{4+} 物种。在实验结果的基础上，提出了该反应可能的反应机理，如图 2.30 所示：CO 还原 HPMoV 中的 V^{5+} 生成 V^{4+}，V^{4+} 与 O_2 作用生成活性氧物种 V^{5+}-O_2^*，该活性氧物种接下来与苯作用生成苯酚，同时释放出 HMoV，完成催化剂循环。

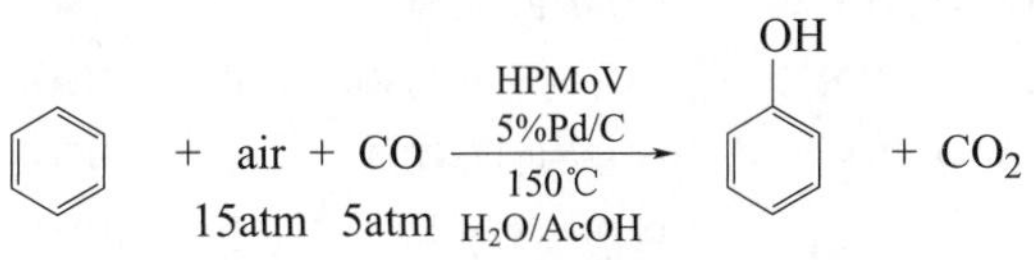

苯 + air (15atm) + CO (5atm) —HPMoV, 5%Pd/C, 150℃, H_2O/AcOH→ 苯酚 + CO_2

图 2.29 苯、O_2 和 CO 一步合成苯酚反应式

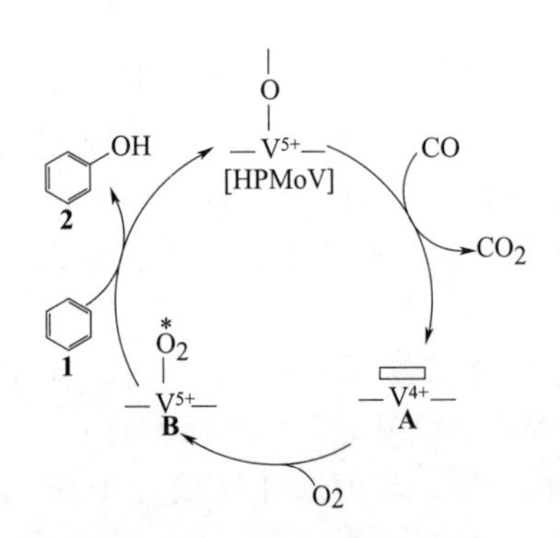

图 2.30　苯、O_2和 CO 一步合成苯酚反应机理

还原剂 NH_3。也是一种常用的气体还原剂。Liptáková 等[127]以羟基磷灰石为催化剂，空气和 NH_3 为氧化剂和还原剂实现了苯一步羟基化合成苯酚的反应，苯转化率和苯酚选择性分别为 3%和 97%。反应机理为羟基磷灰石氧化 NH_3 生成 N_2O，然后苯和 N_2O 反应生成苯酚。接下来，他们[128,129]又考察了 Ca-Cu 改性的羟基磷灰石催化剂，优化条件下，苯酚收率增加至 4.2%。

2.2.3.4　羟胺盐为氧化剂，苯直接氧化制苯酚

作者课题组[130]提出了苯和羟胺盐一步羟基化合成苯酚的反应路线。当用苯 20mmol，硫酸羟胺 10mmol，$(NH_4)_6Mo_7O_{24}\cdot 4H_2O$ 0.25g，15mLH_2O-HAc-H_2SO_4（体积比为 4∶10∶1）为溶剂，在 70℃反应 4h 时，苯转化率和苯酚选择性分别为 51%和 55%。

由于上述反应以 H_2SO_4 为共溶剂，环境不友好，因此，作者课题组[131]又对该反应进行了改进，以绿色离子液体［HSO_3-*b*-mim］［CF_3SO_3］取代硫酸作为共溶剂，当用苯 20mmol，硫酸羟胺 2g，$(NH_4)_6Mo_7O_{24}\cdot 4H_2O$ 0.32g，H_2O∶HAc∶［HSO_3-*b*-mim］［CF_3SO_3］＝6∶8∶8（质量比）为溶剂，在 70℃反应 4h 时，苯转化率和苯酚选择性分别为 5.7%和 12.7%。

苯和 $(NH_2OH)_2\cdot H_2SO_4$ 一步直接合成苯酚是一条新的苯酚合成路线，然而尚有许多问题亟待改进和完善。首先，当以 H_2SO_4 为共溶剂时，存在严重的腐蚀和污染问题，而以离子液体为共溶剂时，苯转化率和苯酚选择性很低，尚需进一步提高；其次，该反应所用羟基化试剂为 $(NH_2OH)_2\cdot H_2SO_4$，当 NH_2OH 反应后释放出 H_2SO_4，同样会引起腐蚀和污染问题；最后，该反应所用催化剂 $(NH_4)_6Mo_7O_{24}\cdot 4H_2O$ 和溶剂 H_2SO_4 很难回收。因而，开发一条产物选择性高、环境友好的苯酚一步合成路线很有必要。

作者课题组曾合成了一系列环境友好的离子液体型羟胺盐，并成功将其用于苯一步氨基化合成苯胺过程。受此启发，作者将合成的离子液体型羟胺盐取代 $(NH_2OH)_2\cdot H_2SO_4$ 用作羟基化试剂，同时以酸性离子液体（11 种，见图 2.31）取代 H_2SO_4 用作共溶剂，在 ILs-Mo-Cu催化系统中，开发了一条苯一步羟基化合成苯酚的绿色反应路线[132]（见图 2.32）。

CH_3—$N^+(CH_3)_2$—$(CH_2)_4$—SO_3H　X^-　　Py$^+$—$(CH_2)_4$—SO_3H　X^-　　CH_3—mim$^+$—$(CH_2)_4$—SO_3H　X^-

$X^-=HSO_4^-$	[HSO_3-*b*-$N(CH_3)_3$]·HSO_4	[HSO_3-*b*-Py]·HSO_4	[HSO_3-*b*-mim]·HSO_4
$X^-=CF_3SO_3^-$	[HSO_3-*b*-$N(CH_3)_3$]·$CF_3SO_3^-$	[HSO_3-*b*-Py]·CF_3SO_3	[HSO_3-*b*-mim]·CF_3SO_3
X^-=*p*-TSA^-	[HSO_3-*b*-$N(CH_3)_3$]·*p*-TSA	[HSO_3-*b*-Py]·*p*-TSA	[HSO_3-*b*-mim]·*p*-TSA
X^-=Cl		[HSO_3-*b*-Py]·Cl	[HSO_3-*b*-mim]·Cl

图 2.31　HSO_3 功能化离子液体的结构

首先，以 $(NH_2OH)_2$ · $[HSO_3$-b-mim] · HSO_4为羟基化试剂，探索了苯直接催化合成苯酚反应的适宜条件。Cl^-能够提高苯酚的选择性，铜离子能够增加苯酚的收率，当以$CuCl_2$为助剂时，苯酚收率和选择性都大幅提高。当用苯 5.63mmol，n(苯)：n{$(NH_2OH)_2$ · $[HSO_3$-b-mim] · HSO_4}=1：1，$(NH_4)_6Mo_7O_{24}$ 和 $CuCl_2$ 均为 0.1mmol，以 6mLHAc + 1.5mL$[HSO_3$-b-$N(CH_3)_3]$ · HSO_4作溶剂，在80℃反应 4h 时，苯酚的收率和选择性分别为11.3%和 100%。

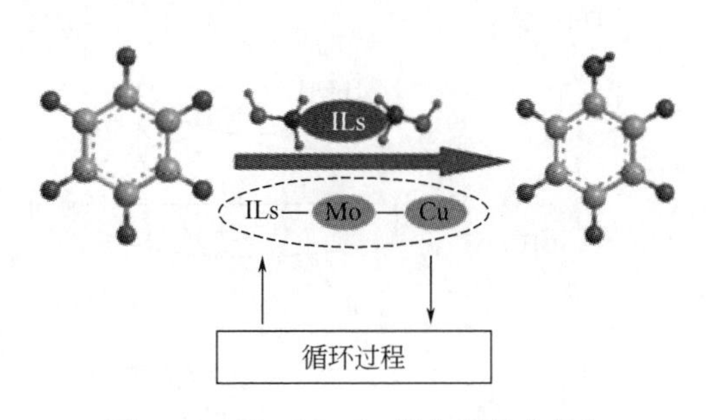

图 2.32 ILs-Mo-Cu 催化系统中苯和 $(NH_2OH)_2$ · ILs 直接羟基化合成苯酚

为了考察其他羟胺盐对该反应是否有效，选用其他三种自制的离子液体型羟胺盐和无机酸羟胺盐代替 $(NH_2OH)_2$ · $[HSO_3$-b-mim] · HSO_4进行苯的羟基化反应，结果如表 2.5 所示。可以看出，当不加入羟胺盐时，没有苯酚生成，说明羟胺盐是该反应必需的羟基化试剂。所有的羟胺盐都可以使苯一步羟基化生成苯酚，相同条件下，不同羟胺盐反应性能如下：$(NH_2OH)_2$·[H-mim] · HSO_4 < $(NH_2OH)_2$·$[HSO_3$-b-Py]·HSO_4 < $(NH_2OH)_2$·$[HSO_3$-b-$N(CH_3)_3]$·HSO_4 ≈ $(NH_2OH)_2$ · $[HSO_3$-b-mim]·HSO_4 < NH_2OH · HCl < $(NH_2OH)_2$·H_2SO_4。可见，在自制的离子液体型羟胺盐当中，$(NH_2OH)_2$ · $[HSO_3$-b-$N(CH_3)_3]$ · HSO_4和$(NH_2OH)_2$ · $[HSO_3$-b-mim] · HSO_4反应性能相当，苯酚的收率最高分别为 11.2%和 11.3%，苯酚选择性均为 100%。考虑到三甲胺水溶液价格低廉，来源广泛，因而 $[HSO_3$-b-$N(CH_3)_3]$ · HSO_4作为 NH_2OH 稳定剂用于制备离子液体型羟胺盐更具价格优势。此外，反应中所用溶剂为 $[HSO_3$-b-$N(CH_3)_3]$ · HSO_4，以 $(NH_2OH)_2$ · $[HSO_3$-b-$N(CH_3)_3]$ · HSO_4为羟基化试剂时，反应结束后释放的 $[HSO_3$-b-$N(CH_3)_3]$ · HSO_4可以作为溶剂，有利于离子液体的回收、循环。因而，选用 $(NH_2OH)_2$·$[HSO_3$-b-$N(CH_3)_3]$·HSO_4作为苯羟基化合成苯酚的羟基化试剂。

表 2.5 不同羟胺盐对苯酚合成反应性能的影响

羟胺盐	Y_{phenol}/%	S_{phenol}/%	羟胺盐	Y_{phenol}/%	S_{phenol}/%
无	0	0	$(NH_2OH)_2$ · $[HSO_3$-b-mim] · HSO_4	11.3	100
$(NH_2OH)_2$ · [H-mim] · HSO_4	7.9	100	NH_2OH · HCl	12.5	100
$(NH_2OH)_2$ · $[HSO_3$-b-Py] · HSO_4	9.1	92.7	$(NH_2OH)_2$ · H_2SO_4	15.9	74.0
$(NH_2OH)_2$ · $[HSO_3$-b-$N(CH_3)_3]$ · HSO_4	11.2	100			

注：反应条件为 5.63mmol 苯，n(苯)：$n(NH_2OH)$=1：2，$(NH_4)_6Mo_7O_{24}$ 0.1mmol，$CuCl_2$ 0.1mmol，溶剂为 6mL HAc+1.5mL$[HSO_3$-b-$N(CH_3)_3]$ · HSO_4，80℃，4h。

作者课题组在前面研究的基础上，根据文献和实验结果，提出了苯和羟胺盐直接催化合成苯酚可能的反应机理（见图 2.33）。首先，Mo(Ⅵ) 被 NH_2OH 还原至 Mo(Ⅴ)，同时释放出 N_2O (1)。接着，在苯-羟胺系统中，由于低价态 Mo(Ⅴ) 的强还原性，NH_3OH^+中的 N—O 键发生还原性断裂生成活性物种羟基自由基（·OH）(2)。生成的·OH 进攻苯环，生成羟基苯基自由基中间体 (3)，该中间体接下来被 Mo(Ⅵ) 氧化生成最终产物苯酚，同时实现 Mo(Ⅴ) 再生，完成催化剂循环。$CuCl_2$的作用主要是与 NH_3OH^+形成配

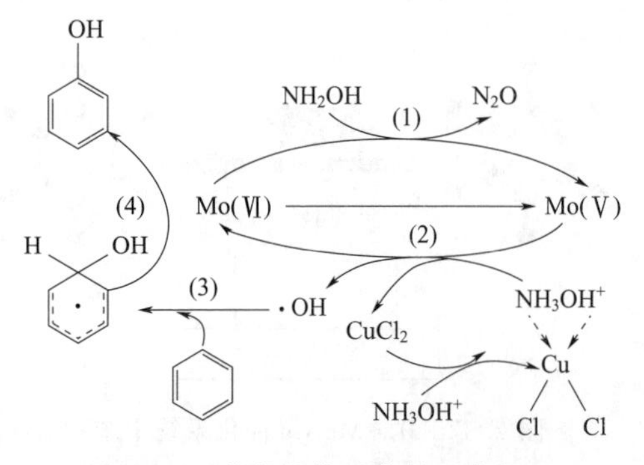

图 2.33　苯羟基化可能的反应机理

位化合物 $CuCl_2 \cdot NH_3OH^+$，增加 NH_3OH^+ 的亲电性，有利于 NH_3OH^+ 得到电子形成·OH。

在最优条件下进行苯和 $(NH_2OH)_2 \cdot [HSO_3\text{-}b\text{-}N(CH_3)_3] \cdot HSO_4$ 催化合成苯酚的反应，苯酚选择性为 100%，没有副产物生成。接下来考察了在此条件下，IL-Mo-Cu 催化体系的循环使用情况，结果如表 2.6 所示。可以看出，当 IL-Mo-Cu 催化体系循环使用 3 次时，苯酚收率和选择性并没有明显的降低，说明该催化体系有一定的稳定性，可以循环使用。

表 2.6　IL-Mo-Cu 催化体系的循环

循环次数	Y_{phenol}/%	S_{phenol}/%
1	11.2	100
2	10.8	100
3	10.1	100

注：反应条件为 5.63mmol 苯，n(苯)：$n\{(NH_2OH)_2 \cdot [HSO_3\text{-}b\text{-}N(CH_3)_3] \cdot HSO_4\}=1:1$，$(NH_4)_6Mo_7O_{24}$ 0.1mmol，$CuCl_2$ 0.1mmol，溶剂为 6mL HAc+1.5mL$[HSO_3\text{-}b\text{-}N(CH_3)_3] \cdot HSO_4$，80℃，4h。

综上分析，以 N_2O 为氧化剂时苯酚收率较低，而且 Fe-ZSM-5 分子筛催化剂容易结焦失活。H_2O_2 是苯羟基化反应最常用的氧化剂，以 H_2O_2 为氧化剂，金属氧化物或杂多酸为催化剂时，苯酚收率可达 65%～85%，有很好的工业化前景，然而 H_2O_2 价格较高且不易存储。单独以 O_2 为氧化剂时苯酚收率较低，而加入还原剂如 H_2、抗坏血酸、CO 和 NH_3 等，不仅增加了体系的复杂性和危险性，而且苯酚收率也并未大幅提高。与 N_2O、O_2 和 H_2O_2 相比，羟胺盐是一种较弱的氧化剂。以羟胺盐为羟基化试剂合成苯酚时，苯酚收率还有待进一步提高。然而，该反应为苯酚合成提供了一个新的尝试，而且苯酚收率有很大的提升空间，应引起人们的重视。

2.3　DMC 一步化安全合成

碳酸二甲酯（DMC）是一种用途广泛的基本有机合成原料，被誉为有机合成的“新基块”。由于其分子中含有甲基、甲氧基、羰基和羰甲基，具有很好的反应活性，可取代剧毒光气和硫酸二甲酯，构建绿色化学反应过程。1992 年它在欧洲通过了非毒性化学品的注册登记，被称为绿色化学品。化工生产向无毒化和精细化发展，为碳酸二甲酯及其衍生物开发了许多新用途，一个以碳酸二甲酯为核心，包含其众多衍生物的新型化学群体正在形成。

2.3.1　气相两步法碳酸二甲酯传统生产工艺

传统的碳酸二甲酯合成工艺为气相两步法，反应过程包括[133]：由甲醇、NO 和氧气制备亚硝酸甲酯，然后亚硝酸甲酯与 CO 反应得到碳酸二甲酯和 NO，NO 循环到亚硝酸甲酯合成单元。化学反应如下式所示。

$$2CH_3OH + 2NO + 1/2O_2 \longrightarrow 2CH_3ONO + H_2O \quad (1)$$

$$CO + 2CH_3ONO \longrightarrow (CH_3O)_2CO + 2NO \quad (2)$$

在DMC合成单元（2），以Pd为主催化剂合成DMC；在再生单元（1），氮化物被再生为亚硝酸甲酯，并返回合成单元。在含有亚硝酸甲酯的循环气中，混合一氧化碳后，送入合成单元，在110～130℃、0.2～0.5MPa条件下进行反应。含DMC的出气进入分离单元，进行分离。液相送去精制，得到高纯度DMC产品。含未反应CO和NO的气相出气，补充O_2和NO后，送去再生单元，与甲醇进行反应，再生得到亚硝酸甲酯，含有亚硝酸甲酯的再生排出气循环送入合成反应单元。

甲醇气相氧化羰基化两步法合成DMC的关键仍是高效催化剂的开发，国内外进行了许多研究，并且还在进一步改进催化剂。采用的催化剂大多为双金属氯化物催化剂，如，Pd-Cu-Cl/AC等。

该工艺的反应机理：认为催化生成碳酸二甲酯的活性物种为Pd^{2+}，由于Cl^-离子存在，亚硝酸甲酯将Pd^0氧化成Pd^{2+}，如下式所示。

$$PdCl_x + CH_3ONO + CO \longrightarrow PdCl_x + (COOCH_3) + NO$$
$$PdCl_x(COOCH_3) + CH_3ONO \longrightarrow PdCl_x + (CH_3O)_2CO + NO$$

2.3.2 传统碳酸二甲酯生产过程危险性分析

该工艺方法虽然可以克服液相法存在的催化剂与产物分离、腐蚀设备、循环利用难及失活等问题，但是也存在反应工艺较复杂，副产物草酸二甲酯易堵塞管路，反应物易发生爆炸等缺点。因此，从安全和环保的角度考虑，该工艺方法的发展也受到一定限制。

2.3.2.1 气相两步法生产碳酸二甲酯工艺的危险物质

(1) 甲醇

无色有酒精气味易挥发的液体。

甲醇对人体有强烈毒性，因为甲醇在人体新陈代谢中会氧化生成比甲醇毒性更强的甲醛和甲酸（蚁酸），因此饮用含有甲醇的酒可引致失明、肝病、甚至死亡。误饮4mL以上就会出现中毒症状，超过10mL即可因对视觉神经的永久破坏而导致失明，30mL能导致死亡。

易燃，其蒸气与空气可形成爆炸性混合物。遇明火、高热能引起燃烧爆炸。与氧化剂接触发生化学反应或引起燃烧。在火场中，受热的容器有爆炸危险。能在较低处扩散到相当远的地方，遇明火会引着回燃。燃烧分解为有毒的一氧化碳及二氧化碳。

(2) 一氧化碳

空气混合爆炸极限为12.5%～74%。

一氧化碳进入人体之后会和血液中的血红蛋白结合，产生碳氧血红蛋白，进而使血红蛋白不能与氧气结合，从而引起机体组织出现缺氧，导致人体窒息死亡，因此一氧化碳具有毒性。一氧化碳是无色、无臭、无味的气体，故易于忽略而致中毒。

安全性：光照爆炸分解。

(3) 氧气

无色无味气体；1L水中溶解约30mL氧气；液氧为天蓝色液体，固氧为蓝色晶体。常温下不是很活泼，但在高温下则很活跃，能与多种元素直接化合。

过度吸氧负作用：人如果在大于0.05MPa的纯氧环境中，对所有的细胞都有毒害作用，吸入时间过长，就可能发生“氧中毒”。人如果在0.1MPa的纯氧环境中24h，就会发生肺炎，最终导致呼吸衰竭、窒息而死。人在0.2MPa高压纯氧环境中，最多可停留1.5～2h，超过了会引起脑中毒，生命节奏紊乱，精神错乱，记忆丧失。如加入0.3MPa甚至更高的氧，人会在数分钟内发生脑细胞变性坏死，抽搐昏迷，导致死亡。此外，过量吸氧还会促进生命衰老。

(4) 一氧化氮

有毒气体；由于一氧化氮带有自由基，这使它的化学性质非常活泼。当它与氧气反应后，可形成具有腐蚀性的气体二氧化氮（NO_2）。

危险特性：具有强氧化性。与易燃物、有机物接触易着火燃烧，遇到氢气发生爆炸性化合。接触空气会散发出棕色有酸性氧化性的棕黄色雾。一氧化氮较不活泼，但在空气中易被氧化成二氧化氮，而后者有强烈腐蚀性和毒性。

环境危害：对环境有危害，对水体、土壤和大气可造成污染。

燃爆危险：该品助燃，有毒，具刺激性。

(5) 亚硝酸甲酯

无色气体；易水解释放出亚硝酸。用于有机合成中血管舒张剂等药物及炸药的制备。

危险特性：与空气混合能形成爆炸性混合物。遇热源和明火有燃烧爆炸的危险。受热或光照易发生分解，分解时有爆炸危险。与联氨、卤化铵、铵盐、硫氰酸盐、铁氰化物、可燃物和氧化剂接触受热爆炸。

有害燃烧产物：一氧化碳、二氧化碳、氮氧化物。

亚硝酸甲酯在常温常压下是易燃易爆、无色无味、有毒、比空气重的气体。亚硝酸甲酯在工艺操作过程中因温度、压力和浓度的变化易发生气相燃爆。常温常压下亚硝酸甲酯的爆炸极限为4.7%～100%。

亚硝酸甲酯是一种极易分解的物质，不但会发生热分解，在催化剂存在的情况下还会发生催化分解。热分解产物是甲醇、甲醛和NO，催化分解产物是甲酸甲酯、甲醇、NO和水。亚硝酸甲酯分解会产生大量的分解热，导致温度和压力的快速升高，造成反应失控。

2.3.2.2 气相两步法生产碳酸二甲酯工艺危险性分析

① 气相两步法DMC生产过程中使用、生产和储存大量易燃、易爆、腐蚀、有毒、有害危险化学品，如甲醇、一氧化碳CO、一氧化氮NO、亚硝酸甲酯等。

② 副产物草酸二甲酯易堵塞管路，发生生产安全事故。

③ 中间反应物亚硝酸甲酯易发生爆炸。

④ 气相反应物一氧化氮、一氧化碳具有毒性、易燃烧爆炸。

⑤ 一氧化氮需要循环，工艺复杂，必然会带来安全问题。

⑥ 再生单元属于氧化反应，存在爆炸隐患。

甲醇气相两步法存在工艺流程长，反应器多，硝基化合物与反应物的混合组分易发生爆炸，以及使用有毒的NO等问题。

2.3.3 一步化合成碳酸二甲酯安全催化反应过程

2.3.3.1 甲醇气相氧化羰基化一步直接合成碳酸二甲酯

以甲醇为初始原料的两步法DMC生产工艺由2个单元组成：一是甲醇与NO、O_2反应生成亚硝酸甲酯，二是亚硝酸甲酯与CO反应制DMC。该工艺必须经过非安全中间反应物——亚硝酸甲酯来实现DMC生产。工艺复杂、路线长，且使用和生产亚硝酸甲酯，所涉及的氧化工艺属于危险化工工艺。

为了从源头上彻底消除以甲醇为初始原料生产DMC工艺存在的安全隐患问题，根据“去除非安全中间反应物合成和使用的多步反应一步化催化反应过程”方法，通过“简单化”反应工艺的开发，不需经过非安全中间反应物，直接得到所需要的产物。不仅可以解决安全问题，而且还可以减少分离和反应单元。即以甲醇为原料，不经过非安全中间反应物——亚硝酸甲酯合成和使用反应，直接得到DMC。这样，可以去除非安全反应物亚硝酸甲酯的合成和使用过程，解决其带来的安全问题。两步法DMC合成反应过程与DMC一步化直接合成过程的对比，如图2.34所示。

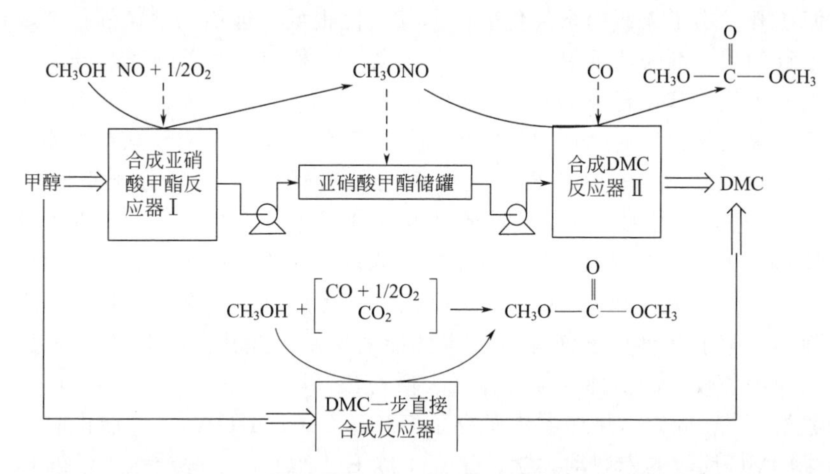

图2.34　碳酸二甲酯两步法合成工艺一步化安全催化合成过程示意图

甲醇为初始原料一步直接合成DMC包括：甲醇气相氧化羰基化一步直接合成DMC、甲醇与二氧化碳反应直接合成DMC等，如下式所示。CO_2法不使用氧气，完全解决了有分子氧存在，产生的有机物混合物系爆炸等安全问题。但是，由于热力学限制，其DMC收率与氧化羰基化法还有很大差距。

$$CH_3OH \xrightarrow{NO+1/2O_2} CH_3ONO \xrightarrow{CO} CH_3O-\overset{\overset{\displaystyle O}{\|}}{C}-OCH_3$$

$$2CH_3OH + CO + 1/2O_2 \longrightarrow CH_3O-\overset{\overset{\displaystyle O}{\|}}{C}-OCH_3 + H_2O$$

$$2CH_3OH + CO_2 \longrightarrow CH_3O-\overset{\overset{\displaystyle O}{\|}}{C}-OCH_3 + H_2O$$

国内外学者对甲醇气相氧化羰基化一步直接合成DMC反应的催化剂进行了研究，包括Wacker型负载催化剂和无氯铜基催化剂。并在催化剂制备、活性评价和机理等方面取得了一定的进展，但目前催化剂反应机理仍有待明确，且未解决催化剂失活问题。

美国Dow化学公司[134]于1988年首次开发了气相法制备DMC工艺，制备了一系列活性炭为载体的铜系催化剂，催化剂失活机理是催化剂表面铜离子周围环境发生变化，尤其氯离子含量流失了80%，用含10% HCl的氮气处理失活的$CuCl_2$/AC催化剂，可实现再生。

Itoh等[135]发现催化剂中氯离子的流失为可逆失活，对反应50h失活的$CuCl_2$/NaOH/AC催化剂经5%的HCl/N_2混合气再生后，活性恢复至新鲜催化剂水平，且失活速率远远小于新鲜催化剂。

作者课题组[136]发现加入碱金属的Wacker型催化剂的活性和选择性都明显提高。加入金属醋酸盐助剂可以抑制Cl^-的流失，但反应十几个小时后，催化剂活性仍大幅下降。进一步研究发现采用$PdCl_2$-$CuCl_2$-KOAc/AC催化剂时，以5%补氯剂的甲醇溶液为原料，催化剂活性和稳定性显著提高，在反应的150h内，催化剂活性稳定在700～750g·L^{-1}·h^{-1}。原料中添加的补氯剂虽能提高催化剂稳定性，但在产品后续分离工艺中消耗更多能源。

作者课题组致力于将氯离子保留在催化剂体系中，在反应过程中不流失或降低流失速率，故在 Wacker 催化剂的基础上进行了一系列研究。开发出了负载液膜催化剂、硅胶包覆催化剂、氧化铝复合多相催化剂等[137,138]。或对催化剂载体进行处理及更换材料等[139~141]，但均未彻底解决氯离子流失问题。

研究者们还开发出了无氯铜系催化剂，但其活性很低，远不如含氯催化剂，且也存在因积炭烧结而导致的催化剂失活现象[142,143]。Ren 等[144]利用密度泛函理论研究了 Cu^0/AC 催化剂上甲醇气相氧化羰基化合成 DMC 的反应机理和 Cu^0 与活性炭之间的作用机制。Cu^0较容易吸附在活性炭表面，反应途径包括甲氧基与一氧化碳反应生成碳酸单甲酯，随后与甲醇反应生成 DMC。Zheng 等[145]利用密度泛函理论方法研究了 CuY 分子筛催化剂催化合成 DMC 过程中 Cu^+附近物种对催化剂活性的影响。分子筛超笼中的 Cu^+可以提升与 CO 的吸附能，并延长 $Cu—OCH_3$的键长，使其在 CO 插入反应中更加稳定，且表现出更好的催化活性。Schneider 等[146]开发了以 CuBr 溶于多种离子液体后浸渍于聚合物基球形活性炭上的负载液膜催化剂。考察了多种离子液体对反应性能的影响，当离子液体为三辛基甲基溴化铵时，催化剂表现出了较好的活性，但也存在失活现象。

作者课题组[147]在固定床反应器中研究了 $PdCl_2$-$CuCl_2$-KOAc/AC 催化剂上甲醇气相氧化羰基化合成 DMC 反应的宏观动力学，建立了以 CO、O_2、甲醇分压表示的幂函数动力学模型，统计检验表明所得模型具有较高的可信度。依据动力学模型，建立了用于该反应过程的固定床反应器二维拟均相模型，借助 Matlab 软件，模拟分析了空速、原料组成、进口温度、操作压力和管外介质温度等因素对反应过程的影响。操作压力和空速对反应器的热点温度影响显著，而甲醇的转化率和 DMC 对 CO 的选择性受原料组成影响较大。优化确定了在 $PdCl_2$-$CuCl_2$-KOAc/AC 催化剂上甲醇气相氧化羰基化合成 DMC 适宜的条件为：进料组成 $CH_3OH/CO/O_2$的体积比为 0.20∶0.27∶0.53，空速 7500h^{-1}，进口温度 160℃，操作压力 0.30MPa。在该条件下，床层的热点温度为 214.96℃，甲醇转化率 51.6%，DMC 对 CO 的选择性为 65.9%。

2.3.3.2 甲醇与二氧化碳一步直接合成碳酸二甲酯

甲醇氧化羰基化一步直接合成 DMC 工艺具有工艺路线简单、使用廉价原料、DMC 空时收率高等特点，但催化剂的寿命还未达到工业化的要求。同时，该工艺属于氧化反应工艺，存在氧化反应爆炸的安全隐患。为了避免使用氧气的反应和以剧毒 CO 为原料，充分利用温室气体 CO_2，人们提出了利用甲醇与 CO_2直接反应合成 DMC 的路线。但该反应在热力学上是不利的，目标产物收率还很低。尽管如此，该工艺在安全性、环保性、简单性等方面具有突出优势，吸引了学术界和工业界众多研究者从事其工艺核心技术催化剂的开发工作。

多种均相和非均相催化剂被用于 CO_2与甲醇直接合成 DMC 的反应体系，其中，均相催化剂包括有机金属烷氧基化合物[148]、醋酸盐类[149]等，但存在产品分离困难等问题；非均相催化剂包括负载型催化剂[150]、杂多酸催化剂[151]、金属氧化物催化剂[152]等。在氧化物催化剂中，CeO_2催化剂表现出较高的活性[153~155]。

周婧洁等[156]以硝酸铈和尿素为原料，在表面活性剂十六烷基三甲基溴化铵的作用下，采用水热合成法成功制备了新型花束状 CeO_2催化剂，表征了催化剂的物理化学性质与其活性间的构效关系，并将其用于催化 CO_2与甲醇直接合成 DMC。发现花束状 CeO_2催化剂中存在一些晶格缺陷并具有较多的（110）晶面及较多的酸性位和碱性位，它们有利于 DMC 的生成。在 CO_2初始压力为 5MPa、反应温度为 140℃、反应时间为 3h 的条件下，DMC 收率为 4.8mmol/g。

邢世才等[157]以硅胶、氧化镁、椰壳活性炭和活性氧化铝为载体、KOH 为活性组分制得一系列新型负载型固体碱催化剂。考察了超临界 CO_2和 CH_3OH 直接合成 DMC 反应的催化性能。以比表面积最大的椰壳活性炭为载体的 KOH 负载型催化剂的催化活性最高。负载的 KOH 经高温焙烧后分解为 K_2O，提高了催化剂活化 CO_2的能力，DMC 的产率为 8.5%。

作者课题组[158]首先对环氧氯丙烷和环氧丙烷分别为原料合成 DMC 反应体系进行了热力学分析和对比，计算了不同反应温度和压力下的 DMC 平衡收率。环氧氯丙烷作为原料较环氧丙烷在热力学上具有明显优势，在 3.0MPa、460K 时，其平衡收率分别为 90.4%和 18.2%。在此基础上，考察了碱金属化合物、负载型碱金属催化剂、季铵盐及其复合催化剂等对环氧氯丙烷与甲醇和二氧化碳直接合成 DMC 的催化反应性能。钠金属化合物为催化剂时的 DMC 收率高于钾金属化合物。负载型催化剂 Na_2CO_3（$NaHCO_3$）/γ-Al_2O_3的催化活性较均相催化剂明显提高，DMC 的收率达到 21.0%左右。发现四丁基溴化铵与碳酸氢钠混合物作为催化剂可显著提高 DMC 收率，达到 25.2%。

作者课题组[159]围绕 DMC 的高效、绿色、安全、节能合成目标，构建了联合生产 DMC、甲缩醛和二甲醚反应体系及节能工艺。借助 Aspen Plus 软件对独立反应及复杂体系进行了热力学分析。升高反应压力或降低温度可明显提高 DMC 的平衡组成；与甲缩醛和二甲醚合成工艺相耦合后，可大幅提升甲醇平衡转化率，由 0.5%～5.9%提高到 91.7%～96.3%。根据热力学计算结果和动力学因素，提出顺序生产 DMC、甲缩醛和二甲醚的串联催化反应器工艺。甲缩醛和二甲醚的分离采用简单精馏方式，DMC 和水共沸物的分离采用变压精馏，3 种产品的质量浓度均可达到 99%以上。可有效解决单独生产 DMC 和甲缩醛生产中原料循环量大、能耗高和易爆炸等缺陷。

崔艳宏等[160]采用等体积浸渍法制备了 Al_2O_3负载 Cu 催化剂，用于低温氢等离子体法研究 CO_2和甲醇在石英管反应器中的催化反应性能。Cu/Al_2O_3均匀分散 Cu 的晶体表面可以解离吸附 CO_2，将电子传递到 CO_2分子中，生成了活化态 CO_2^- 物种。CO_2和甲醇在 Cu/Al_2O_3表面上反应的产物有二甲醚、乙醛、丙酮、甲醇、乙醇、1,1-二甲氧基乙醇、DMC、乙酸等物质，其生成 DMC 的转化率达 9.2%。

Liu 等[161]报道了低压下碱金属碳酸盐催化环氧化物、CO_2和甲醇一步合成 DMC 方法，系统考察了反应条件对一步合成 DMC 的影响规律。在最优反应条件下，初始压力 0.5MPa，反应温度 120℃，碳酸钠 7.5%（摩尔分数），以环氧乙烷为起始剂的 DMC 收率达到 63.5%。提出了碱金属碳酸盐催化一步法合成 DMC 的可能反应机理。

2.4 正丁胺一步化安全合成

有机脂肪胺及其衍生物是一类重要的化工原料，广泛应用于医药、农药、日用化学品及石油化工等领域且需求量大，因此，国内外对脂肪胺合成的研究一直非常活跃。

正丁胺是重要的精细化学品中间体。正丁胺是杀菌剂苯菌灵的中间体，也是正丁基异氰酸酯的原料，用于生产磺酰脲类除草剂。作为医药中间体，用于抗糖尿病药物的生产；作为农药中间体，用于氨基甲酸酯类除草剂、杀虫剂的生产；作为助剂中间体，用于制取裂化汽油的防胶剂、添加剂、汽油抗氧剂、橡胶阻聚剂、硅氧烷弹性体硫化剂、肥皂乳化剂。正丁胺也是彩色相片的显影剂。美国大陆石油公司用正丁胺作脱蜡的选择性溶剂及原油破乳的表面张力抑制剂。

2.4.1 正丁胺传统生产工艺

用丁醇为原料，经与氯化氢反应生成氯丁烷，将含氨的乙醇、氨水和氯丁烷压入高压釜搅拌升温至85～95℃，压力为539～637kPa，保持6h，冷却，反应完毕，将反应液加热回收氨气，然后加入盐酸至pH＝3～4，再回收乙醇，于此粗液中加入碱液至pH＝11～12，分出上层液，经蒸馏收集95℃以下馏分为正丁胺产品。正丁胺的生产路线分两步进行：首先正丁醇与盐酸反应合成氯丁烷，然后氯丁烷再与氨反应得到正丁胺。反应方程式如下所示。

$$C_4H_9OH + HCl \longrightarrow C_4H_9Cl + H_2O$$
$$C_4H_9Cl + NH_3 \longrightarrow CH_3(CH_2)_3NH_2 + HCl$$

2.4.2 传统正丁胺生产过程危险性分析

2.4.2.1 传统正丁胺生产工艺中的危险物质

(1) 正丁醇

无色透明液体，具有特殊气味。

易燃液体，远离食品、饮料和动物饲料保存。不慎与眼睛接触后，请立即用大量清水冲洗并征求医生意见。若不慎吞食，立即求医并出示其容器或标签。刺激呼吸系统和皮肤，对眼睛有严重伤害，蒸气可能引起困倦和眩晕。

与乙醇、乙醚及其他多种有机溶剂混溶，蒸气与空气形成爆炸性混合物，爆炸极限为1.45％～11.25％（体积分数）。公共场所空气中容许浓度为150mg/m^3。

(2) 盐酸

有刺激性气味和强腐蚀性。盐酸绝不能与氯酸钾反应制备氯气，因为会形成易爆的二氧化氯，也不能得到纯净的氯气。

健康危害：接触其蒸气或烟雾，可引起急性中毒，出现眼结膜炎，鼻及口腔黏膜有烧灼感，鼻出血、齿龈出血，气管炎等。误服可引起消化道灼伤、溃疡形成，有可能引起胃穿孔、腹膜炎等。眼和皮肤接触可致灼伤。

环境危害：对环境有危害，对水体和土壤可造成污染。

燃爆危险：该品不燃。具强腐蚀性、强刺激性，可致人体灼伤。

危险特性：能与一些活性金属粉末发生反应，放出氢气。遇氰化物能产生剧毒的氰化氢气体。与碱发生中和反应，并放出大量的热。具有较强的腐蚀性。

(3) 氯丁烷

无色透明液体，有类似醚的气味。

危险特性：易燃，其蒸气与空气可形成爆炸性混合物。遇明火、高热能引起燃烧爆炸。受高热分解产生有毒的腐蚀性烟气。与氧化剂能发生强烈反应。其蒸气比空气重，能在较低处扩散到相当远的地方，遇明火会引着回燃。

燃烧（分解）产物：一氧化碳、二氧化碳、氯化氢。

(4) 氨水

有毒的水溶液，氨水对人体的眼、鼻和皮肤都有一定的刺激性和腐蚀性。能引起灼伤，对水生生物有极高毒性。

由氨气通入水中制得。有毒，对眼、鼻、皮肤有刺激性和腐蚀性，能使人窒息，空气中最高容许浓度30mg/m^3。主要用作化肥。与酸中和反应产生热。有燃烧爆炸危险。

氨水有一定的腐蚀作用，碳化氨水的腐蚀性更加严重。对铜的腐蚀比较强，钢铁比较差，对水泥腐蚀不大。对木材也有一定腐蚀作用。属于危险化学品。

(5) 正丁胺

危险标记：7（易燃液体）；高度易燃；与皮肤接触有害；引起严重灼伤；吸入、皮肤接触及吞食有害。

危险特性：其蒸气与空气形成爆炸性混合物，遇明火、高热能引起燃烧爆炸。与氧化剂能发生强烈反应。其蒸气比空气重，能在较低处扩散到相当远的地方，遇火源引着回燃。若遇高热，容器内压增大，有开裂和爆炸的危险。有腐蚀性。

燃烧（分解）产物：一氧化碳、二氧化碳、氧化氮。

2.4.2.2 传统正丁胺生产工艺危险性分析

使用和生产危险化学品。在传统的正丁胺生产过程中使用、生产和储存大量易燃、易爆、有毒、有害化学危险品，如盐酸、氨水、氯丁烷等。

后处理存在腐蚀和污染问题。使用大量的碱来中和反应中生成的非安全化学品 HCl，产生大量的无机盐，给分离带来不便，且污染严重。

2.4.3 一步化合成正丁胺安全催化反应过程

以正丁醇为初始原料的传统正丁胺生产工艺由 2 个单元组成：一是正丁醇与氯化氢反应制氯丁烷，二是氯丁烷与氨反应制正丁胺。该工艺必须经过非安全中间反应物——氯丁烷来实现正丁胺生产，且氯化氢在反应过程中既作为反应物又作为副产物；原子利用率低，仅为 80%；工艺复杂、路线长，且使用和生产易燃易爆的氯丁烷以及强腐蚀性的氨水、盐酸等强腐蚀性无机酸；所涉及的氯化工艺、胺化工艺均属于危险化工工艺。

为了从源头上彻底消除以正丁醇为初始原料生产正丁胺工艺存在的安全隐患问题，根据“去除非安全中间反应物合成和使用的多步反应一步化催化反应过程”方法，通过“简单化”反应工艺的开发，不需经过非安全中间反应物，直接得到所需要的产物。不仅可以解决安全问题，而且还可以减少分离和反应单元。即以正丁醇为原料，不经过正丁醇的氯化反应、氯丁烷的胺化反应，直接得到正丁胺。这样，可以去除非安全中间反应物——氯丁烷的合成和使用过程，解决其带来的安全问题。两步法正丁胺合成反应过程，以及正丁胺一步化直接合成过程的对比，如图 2.35 所示。

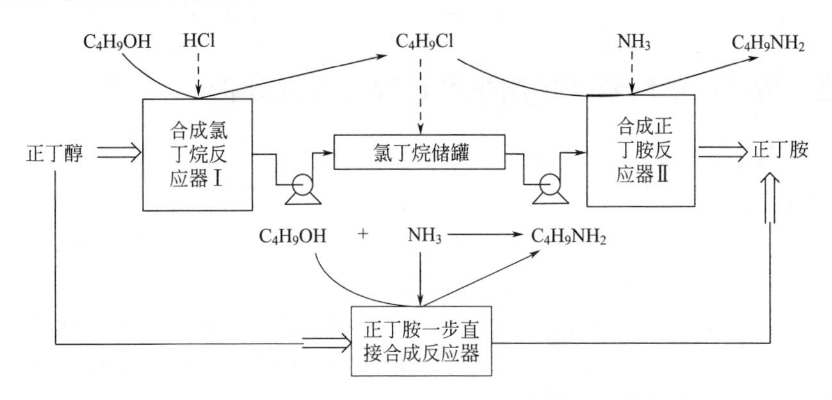

图 2.35 正丁胺两步法合成工艺一步化安全催化合成过程示意图

正丁醇为初始原料一步直接合成正丁胺反应过程如下式所示。相对于传统两步合成法不再使用强腐蚀性的非安全化学品氯化氢作为原料。

$$C_4H_9OH \xrightarrow{HCl} C_4H_9Cl \xrightarrow{NH_3} C_4H_9NH_2$$
$$C_4H_9OH + NH_3 = C_4H_9NH_2 + H_2O$$

陈宜良等[162]采用沉淀-沉积法制备了 CuO＋NiO/HZSM-5 催化剂，使正丁醇与氨在常压下一步直接合成正丁胺。在反应温度为 200℃时，正丁醇转化率为 93.9%，正丁胺选择性为 96.6%。为低碳脂肪胺的生产提供了一条有特色的合成路线。

白国义等[163]研究了正丁醇催化胺化合成正丁胺的反应，通过检测副产物正丁酰胺，证明并完善了醇催化胺化的脱氢/加氢机理；确立并优化了以 Ni/Cu/Cr/Fe/Zn 为催化活性组分的催化体系。在此催化体系的作用下，当反应温度为 250℃，氨醇物质的量比为 6∶1，氢压为 1.5MPa 时，正丁醇的转化率接近 100%，正丁胺的选择性达 77%以上。

孟玮等[164]在氢气及加氢催化剂的存在下，以氨水为胺化剂，对正丁醇催化胺化制备正丁胺的反应进行了研究，探讨了氨醇比、氨水浓度、温度、时间、氢压以及催化剂用量对反应的影响。正丁醇单程转化率达 47.5%，正丁胺单程产率为 46.2%。

2.5 CPK 一步化安全合成

环己基苯基甲酮（Cyclohexyl Phenyl Ketone，CPK）室温下呈白色粉末结晶。它可用于合成光固化剂 1-羟基环己基苯基甲酮（光引发剂-184）和镇痉药环己基苯基甲醇，还可用作皮革处理剂。

2.5.1 环己基苯基甲酮传统生产工艺

环己基苯基甲酮的合成，目前国内外主要采用傅-克酰基化法，该方法以环己基甲酸为起始原料，与 PCl_3、$SOCl_2$ 反应生成环己基酰氯，然后环己基酰氯与苯在无水 $AlCl_3$ 催化下发生傅-克酰基化反应生成环己基苯基甲酮，如下式所示。

$$3\,C_6H_{11}COOH + PCl_3 \longrightarrow 3\,C_6H_{11}COCl + H_3PO_3$$

$$C_6H_{11}COCl + C_6H_6 \longrightarrow C_6H_{11}COC_6H_5 + HCl$$

2.5.2 传统环己基苯基甲酮生产过程危险性分析

2.5.2.1 传统环己基苯基甲酮生产工艺危险物质

(1) 三氯化磷

无色澄清液体。露于空气中能吸湿水解成亚磷酸和氯化氢，发生白烟而变质。与氧作用生成三氯氧磷，与氯作用生成五氯化磷，与有机物接触会着火。

健康危害：三氯化磷气体有毒，有刺激性和强腐蚀性。遇水发生激烈反应，可引起爆炸。吸入三氯化磷气体后能使结膜发炎，喉痛及眼睛组织破坏，对肺和黏膜都有刺激作用。该品腐蚀性强，与皮肤接触容易灼伤。

环境危害：对环境有危害，对水体可造成污染。

燃爆危险：可燃，燃烧产生有毒氮氧化物和氯化物烟雾；遇水或酸即发热乃至爆炸。

(2) 氯化亚砜

无色或浅黄色或微红色发烟液体，有窒息的刺激性气味。

健康危害：吸入、口服或经皮吸收后对身体有害。对眼睛、黏膜、皮肤和上呼吸道有强烈的刺激作用，可引起灼伤。吸入后，可能引起咽喉、支气管痉挛、炎症和水肿而致死。中毒表现为有烧灼感、咳嗽、头晕、喉炎、气短、头痛、恶心和呕吐等症状出现。

燃爆危险：该品不燃，具强腐蚀性、强刺激性，可致人体灼伤。

(3) 环己基甲酰氯

液体。具有腐蚀性。对环境可能有危害，对水体应给予特别注意。

(4) 三氯化铝

白色颗粒或粉末，有强盐酸气味，工业品呈淡黄色。

极易吸收水分并部分水解放出氯化氢而形成酸雾。易溶于水并强烈水解，放出有毒的腐蚀性气体氯化氢或氢氯酸。溶液显酸性，具有腐蚀性。

氯化铝容易潮解，由于水合会放热，遇水可能会爆炸。

2.5.2.2 传统环己基苯基甲酮生产工艺危险性分析

使用和生产危险化学品。如苯、三氯化铝、环己基甲酰氯、三氯化磷、氯化亚砜等。

后处理存在污染问题。使用大量的碱来中和反应中生成的非安全化学品 HCl，产生大量的无机盐，给分离带来不便，且污染严重。

合成工艺路线长。操作复杂、反应条件苛刻、间歇操作效率低、三废多，且有毒害等。

毒气排放。在整个反应过程中，放出有毒气体 SO_2 和 HCl，严重污染环境。

腐蚀性。环己基酰氯及催化剂三氯化铝具有腐蚀性，对设备要求高。

2.5.3 一步化合成环己基苯基甲酮安全催化反应过程

以环己基甲酸为初始原料的传统环己基苯基甲酮生产工艺由 2 个单元组成：一是环己基甲酸与 PCl_3、$SOCl_2$ 反应生成环己基酰氯，二是环己基酰氯与苯反应制环己基苯基甲酮。该工艺必须经过非安全中间反应物——环己基酰氯来实现环己基苯基甲酮生产，且产生无机酸副产物；原子利用率低，仅为 74.7%；工艺复杂、路线长，且使用和生产易燃易爆的苯以及强腐蚀性的三氯化磷、氯化亚砜、三氯化铝、环己基甲酰氯、盐酸等强腐蚀性酸；所涉及的氯化工艺属于危险化工工艺。

为了从源头上彻底消除以环己基甲酸为初始原料生产环己基苯基甲酮工艺存在的安全隐患问题，根据“去除非安全中间反应物合成和使用的多步反应一步化催化反应过程”方法，通过“简单化”反应工艺的开发，不需经过非安全中间反应物，直接得到所需要的产物。不

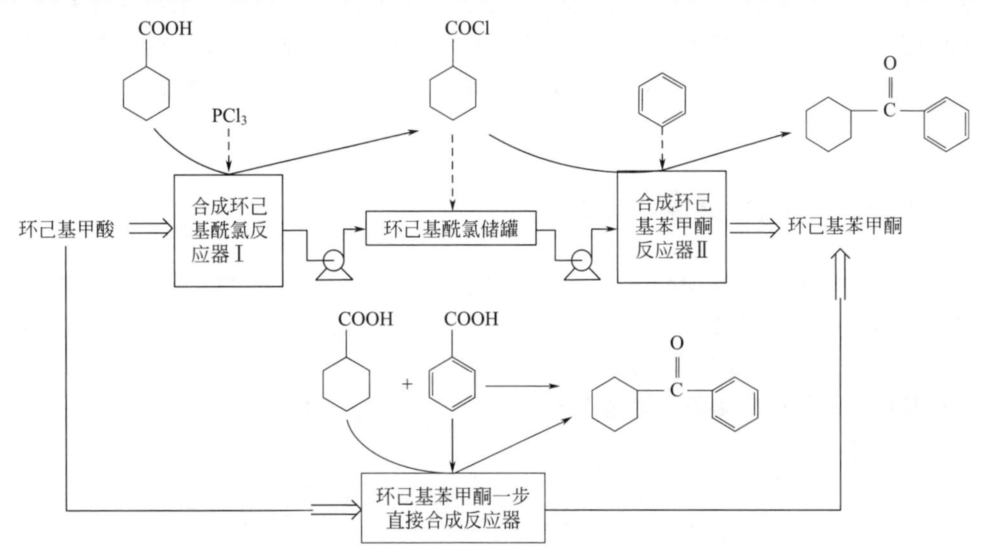

图 2.36 环己基苯基甲酮两步法合成工艺一步化安全催化合成过程示意图

仅可以解决安全问题，而且还可以减少分离和反应单元。即以环己基甲酸为原料，不经过非安全中间反应物——环己基酰氯合成和使用反应，直接得到环己基苯基甲酮。这样，可以去除非安全反应物环己基酰氯的合成和使用过程，解决其带来的安全问题。两步法环己基苯基甲酮合成反应过程，以及其一步化直接安全合成过程的对比，如图 2.36 所示。

一步化安全合成工艺：由环己基甲酸与苯甲酸进行“酸酸脱羧”反应合成环己基苯基甲酮，该反应在固定床反应器中一步完成，不但绿色、安全，而且成本低、效率高，经济效益显著。这条路线更重要的优势还在于，环己基甲酸由苯甲酸加氢还原制得，所以，可将苯甲酸部分加氢还原为环己基甲酸的混合粗产物，不经分离直接作为合成环己基苯基甲酮的原料，这样同时大大降低苯甲酸加氢成本和环己基苯基甲酮的生产成本。

下式为一步化直接合成环己基苯基甲酮反应式。去除了三氯化磷、氯化亚砜等环境不友好原料的使用以及环己基甲酰氯的合成和使用。仅以环己基甲酸或苯甲酸为原料。

$$C_6H_{11}COOH \xrightarrow{PCl_3} C_6H_{11}COCl \xrightarrow{C_6H_6} C_6H_{11}COC_6H_5$$

$$C_6H_{11}COOH + C_6H_5COOH \longrightarrow C_6H_{11}COC_6H_5 + CO_2 + H_2O$$

崇明本等[165]在固定床反应器中，以环己基甲酸和苯甲酸为原料，稀土复合氧化物为催化剂，气固相一步反应合成了环己基苯基甲酮，该催化剂由多种晶相组成，适宜的反应条件为：反应温度 440℃，环己基甲酸、苯甲酸与水的物质的量比 1.1∶1∶5，液体空速 $1.5h^{-1}$，此条件下可使得环己基甲酸转化率达 90.1%，环己基苯基甲酮选择性为 69.6%。

罗邵伟等[166]提出了一种以 MnO 为催化剂合成环己基苯基甲酮的新方法。以苯甲酸、环己基甲酸为原料，分别以 MnO_2、$MnCO_3$、MnO 为催化剂合成环己基苯基甲酮。确定 MnO 为催化剂后，对反应条件进行了优化，在反应温度 345℃，反应时间 4h，苯甲酸和环己基甲酸的物质的量比为 2∶1，反应原料酸与 MnO 的物质的量比为 2∶1 条件下，环己基苯基甲酮收率可达 56.4%。

王恒秀等[167]研究了稀土催化剂不同焙烧温度对催化环己基甲酸、苯甲酸合成环己基苯基甲酮性能的影响。在较低焙烧温度下制备得到的催化剂，其活性、选择性和稳定性相对较好。其聚集程度较低，颗粒较小，表面具有较弱的 B/L 酸性位，反应过程中表面结焦/积炭较少。

2.6 TDI 一步化安全合成

光气法生产甲苯二异氰酸酯（TDI）：目前世界各国工业生产 TDI 主要是采用光气法。以二硝基甲苯为原料，通过加氢反应得到二氨基甲苯；一氧化碳与氯气反应得到光气；二氨基甲苯与光气反应得到 TDI，反应式如下所示。

二硝基甲苯加氢反应制备二氨基甲苯：

$$CH_3C_6H_3(NO_2)_2 + 6H_2 \longrightarrow CH_3C_6H_3(NH_2)_2 + 4H_2O$$

一氧化碳与氯气反应制备光气：

$$CO + Cl_2 \longrightarrow COCl_2$$

二氨基甲苯光气化反应制备 TDI：

$$CH_3C_6H_3(NH_2)_2 + 2COCl_2 \longrightarrow CH_3C_6H_3(NCO)_2 + 4HCl$$

可见，以二硝基甲苯、一氧化碳为原料，光气法制备 TDI 需要三步反应才能完成，并且要生产和使用非安全中间反应物——光气和二氨基甲苯。

该工艺属于最危险化工工艺之一，也是典型的危险化工过程。主要体现在：生产和使用剧毒光气；光气生产采用有毒的氯气和 CO 为原料；二硝基甲苯和氢气均为易燃易爆化学品；硝基化合物加氢过程属于危险操作过程；副产物盐酸具有很强腐蚀性；光气存储和输送存在很大的安全隐患。

为了从源头上彻底消除该工艺存在的安全隐患问题，根据本章提出的“去除非安全中间反应物合成和使用的多步反应一步化催化反应过程”方法，通过“简单化”反应工艺的开发，不需经过非安全中间反应物，直接得到所需要的产物。不仅可以解决安全问题，而且还可以减少分离和反应单元。即以二硝基甲苯和一氧化碳为原料，不经过非安全中间反应物——光气和二氨基甲苯合成和使用反应，直接得到 TDI。这样，可以去除非安全反应物的合成和使用过程，解决其带来的安全问题。图 2.37 为光气多步法生产 TDI 与非光气一步法合成 TDI 工艺路线的对比示意图。

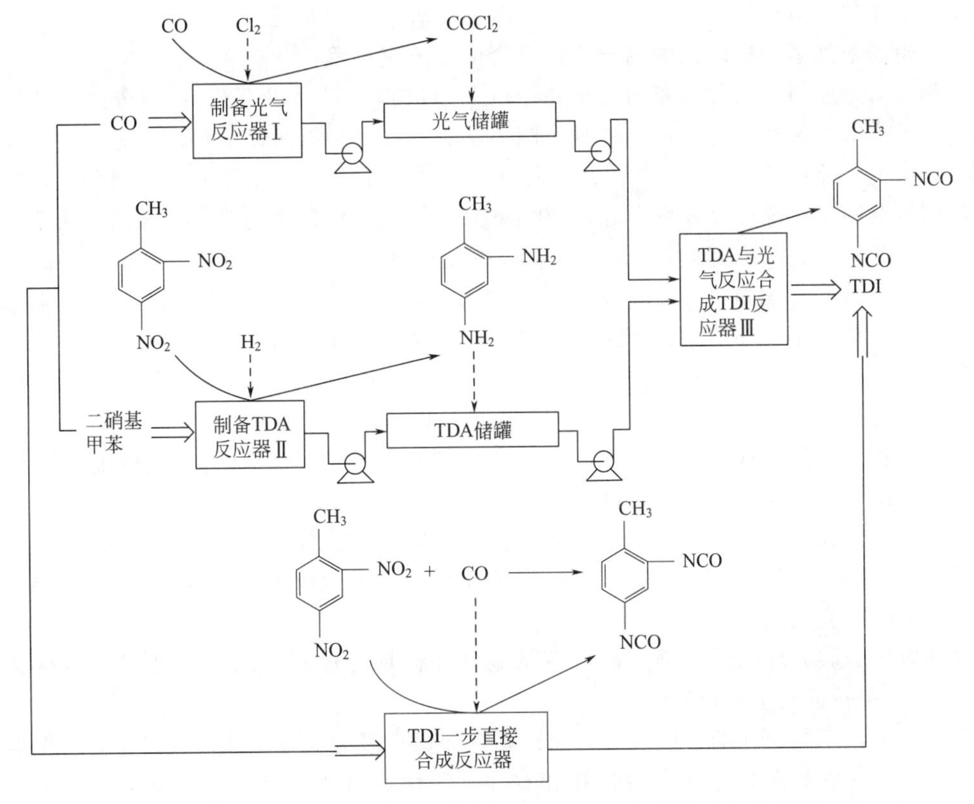

图 2.37 TDI 多步法合成工艺一步化安全催化合成过程示意图

以二硝基甲苯与CO为原料在催化剂存在下一步合成TDI路线：

$$\text{2,4-二硝基甲苯}(CH_3, NO_2, NO_2) + 6CO \longrightarrow \text{TDI}(CH_3, NCO, NCO) + 4CO_2$$

目前，该方法反应条件苛刻，须在高压条件下（7.0～30.0MPa）进行，反应用催化剂为Rh或Pd等贵金属。目前开发的催化剂活性和选择性都不高，且产物不稳定，同时CO的有效利用率低，有2/3的CO转化为CO_2排放掉。尽管如此，该路线不需要光气，解决了光气带来的安全问题。将原来的三步反应简化为一步反应，不仅降低了出现安全问题的概率，同时减少了设备，降低了成本，提高了生产效率。从这个角度看，该一步法具有很强的吸引力。随着新型催化剂的开发，有可能使反应条件变得缓和，催化剂的稳定性和成本得到有效解决。该反应路线值得关注和重视，通过在原子或分子尺度上设计制备高效催化剂，或外场促进及过程强化，有望使该反应路线具有工业化前景。

2.7 一步化安全反应思考

综上所述，苯胺、苯酚、DMC、TDI、正丁胺及环己基苯基甲酮等的合成均是已经实现了“去除非安全中间反应物合成和使用的多步反应一步化催化反应过程”的本质安全催化工程，是经过实验证明具有可行性的。

在这里，作者根据此方法考虑建立硝基苯加氢合成环己酮肟、苯与羟胺合成对氨基苯酚一步化安全催化反应过程和工艺，留给感兴趣的读者思考和验证。

(1) 硝基苯加氢合成环己酮肟一步化安全催化反应过程

以苯为初始原料合成环己酮肟通常要经过下列过程（旭化成工艺）：苯选择性加氢制环己烯，环己烯水合制环己醇，环己醇脱氢制环己酮，环己酮氨肟化制环己酮肟，共计4步反应组成。该工艺路线长，设备复杂，安全隐患多。产物收率低：由于苯加氢制环己烯选择性差，目前报道的环己烯最高收率不超过80%[168]，环己烯水合受到热力学限制，收率不超过15%[169]，这样以苯为基础计算的环己酮肟收率就很低了；苯加氢制环己烯单元的副产物环己烷的量大；需要外加氢气、水、双氧水、氨等原料，原子利用率低；使用和产生苯、氢气、环己烯、环己醇、环己酮、环己烷、双氧水、氨水等危险化学品。

为了解决上述问题，即实现生产工艺简单化、原子利用率高、过程本质安全，需要开发新的合成环己酮肟工艺路线。在这里，作者提出了以苯为初始原料，选择合成环己酮肟反应原料的五要素：元素构成一致、分子构型相似、基团结构接近、原料初级价廉、原料收率高。具体对比情况如表2.7所示，可以看出，相对于环己胺、环己酮、硝基环己烷及硝基环己烯，硝基苯为原料最为符合五要素，符合度为88%，其次为硝基环己烷，符合度为80%，最低的为环己酮，仅为56%。但是，环己酮为原料是当今工业化生产环己酮肟的主要方法。这和其技术成熟有关系。

分别以环己胺、环己酮、硝基环己烷及硝基环己烯为原料，制备环己酮肟均有文献报道[170～174]，实验证明是可行的。

表2.7中，不同原料的分值按五分制计算，即最高级为5分，最低级为0分。根据符合度给出分值，尽管具有一定的主观性和随意性，但作为对比具有一定的可信度。在元素组成、分子构型、基团结构三方面以产品环己酮肟为对比标准，环己酮肟的各因素均为5分。

表 2.7　不同原料制备环己酮肟五要素对比

原料	元素	分子构型	基团结构	原料制备①	原料收率①/%	符合度②/%
环己酮肟	CHNO	环己环═NOH	═NOH	—	—	
硝基苯	5 (CHNO)	3 苯环—NO_2	4 —NO_2	5 一步	5 苯硝化 100	88
环己胺	4 (CHN)	4 环己环—NH_2	4 —NH_2	2 三步	4 硝化加氢 100	72
环己酮	4 (CHO)	4 环己环═O	3 ═O	2 三步	1 11.9[168,169,175]	56
硝基环己烷	5 (CHNO)	4 环己环—NO_2	4 —NO_2	3 两步	4 加氢硝化 100	80
硝基环己烯	5 (CHNO)	4 环己烯环—NO_2	4 —NO_2	3 两步	2 52.6[168,176]	72

① 基于苯为初始原料。

② 符合度＝五要素分数之和/五要素满分 25。

原料制备步骤和原料收率均是以苯初始原料为基础得到的。硝基苯为原料仅需苯一步硝化反应且收率为 100%；环己胺为原料需要苯硝化、硝基苯加氢制苯胺、苯胺加氢制环己胺三步反应且理论收率可达 100%；环己酮为原料需要苯选择加氢、环己烯水合制环己醇、环己醇脱氢制环己酮三步反应且理论收率很低；硝基环己烷为原料需要苯加氢制环己烷、环己烷硝化制硝基环己烷两步反应且理论收率可达到 100%；硝基环己烯为原料需要苯加氢制环己烯、环己烯硝化制硝基环己烯两步反应且理论收率较低。

硝基苯加氢合成环己酮肟一步化安全催化反应过程的反应式如下所示：

$$C_6H_5NO_2 + 4H_2 \longrightarrow C_6H_{10}{=}NOH + H_2O$$

上述反应的吉布斯自由能为－321kJ/mol，原子利用率为 86.3%。可见，该反应在热力学上是可行的，且原子利用率高。

该环己酮肟合成路线尚未见文献报道，没有经过实验证实。为了实现上述催化反应过程，应注重研究新型催化剂和溶剂的设计与制备。包括苯环加氢催化剂，—NO_2基团加氢催化剂；苯环、硝基处于不同相态界面的形成，以及对硝基苯、硝基环己烷溶解度差异大的溶剂设计。

(2) 苯与羟胺合成对氨基苯酚一步化安全催化反应过程

以苯为初始原料合成对氨基苯酚（PAP）的传统工艺通常要经过下列过程：苯硝化制硝基苯，硝基苯加氢制 PAP，共计两步反应组成。该工艺中苯硝化单元、加氢单元存在很多安全隐患，工艺较复杂。

作者基于生产工艺简单化、原子利用率高、过程本质安全的理念，根据上面提出的选择原料的五要素，考虑建立以苯与羟胺为原料一步直接合成 PAP 的催化反应过程。这是因为对氨基苯酚结构中具有苯环、羟基（—OH）、氨基（—NH_2），而羟胺分子中既具有氨基又具有羟基，并且可作为苯羟基化合成苯酚或氨基化合成苯胺的反应物。这样，去除了非安全中间反应物——硝基苯的合成、储存和使用，以及硝基苯加氢等危险反应过程，可实现 PAP 生产过程的本质安全。

该 PAP 合成路线尚未见文献报道，没有经过实验证实。但是，苯与羟胺反应合成苯胺、苯与羟胺反应合成苯酚已有报道[21,130]。

实现上述催化反应过程的关键在于新型多功能催化剂设计与制备，催化剂应具有苯环羟基化反应活性中心和氨基化反应活性中心。

参考文献

[1] 李速延，周晓奇．苯胺生产技术研究进展［J］．工业催化，2006，14（12）：7-10.
[2] 路安华．苯胺生产技术进展［J］．煤化工，2005，3：19-20.
[3] 周莲凤．苯胺生产技术及国内苯胺装置概况［J］．合成技术及应用，2015，30（3）：31-33.
[4] 梁兴雨，吴剑华．新硝基苯绝热硝化工艺研究及其实现［J］．辽宁化工，2003，32（2）：80-83.
[5] 陶刚，崔克清．苯胺生产过程的危险分析与安全对策［J］．现代化工，2001，21（5）：43-46.
[6] 周莲凤，徐宏，杨根山．硝基苯催化加氢制苯胺的技术概况［J］．化学工业与工程技术，2007，28（2）：39-41.
[7] 张超林．硝基苯液相催化加氢制苯胺技术进展［J］．现代化工，2007，27（12）：11-14.
[8] 方向明，李凤仪，夏克坚等．硝基苯气相加氢催化剂 Cu/SiO_2 的改性研究［J］．应用化学，1997，14（2）：57-59.
[9] 张全信，刘希尧，陈皓等．(Cu)CeO_2 复合氧化物对硝基苯加氢反应的催化性能［J］．应用化学，2002，19（11）：1049-1053.
[10] 黄旋燕，刘自力，何家武等．硝基苯在负载型非晶态合金催化剂 Ni-B/$K_2Ti_6O_{13}$ 上加氢合成苯胺［J］．精细化工，2015，32（4）：403-407.
[11] 李贵贤，任斌，季东等．高活性 Ni/HY 催化剂加氢催化合成苯胺类化合物的研究［J］．分子催化，2012，26（2）：116-120.
[12] 王明辉，李和兴．Ni-B/SiO_2 非晶态催化剂应用于硝基苯液相加氢制苯胺［J］．催化学报，2001，22（3）：287-290.
[13] 冯世宏，刘自力，贾太轩．Ni/Al-MoS_2 应用于硝基苯液相催化加氢制苯胺［J］．石油学报（石油加工），2008，24（4）：394-398.
[14] 刘红，秦霞．纳米镍粉上硝基苯加氢制苯胺反应性能研究［J］．化学反应工程与工艺，2012，28（1）：87-91.
[15] 刘蒲，朱卫卫，田欣哲．SiO_2 负载高分子钯配合物催化剂的制备及其加氢性能研究［J］．化学世界，2003，11：563-565.
[16] 郎宇琪，邢建民，张菊花等．磁性氧化铝负载 Pd 催化剂对硝基苯加氢催化活性的研究［J］．化学通报，2009，(7)：631-636.
[17] 卓良明，吴昊，廖学品等．胶原纤维接枝多酚负载纳米钯的制备及其对硝基苯加氢的催化特性［J］．化学研究与应用，2009，21（11）：1553-1558.
[18] Li J R, Li X H, Ding Y, et al. Pt nanoparticles entrapped in ordered mesoporous carbons: An efficient catalyst for the liquid-phase hydrogenation of nitrobenzene and its derivatives [J]. Chinese Journal of Catalysis, 2015, 36 (11): 1995-2003.
[19] 姜新亮．苯硝化生产硝基苯过程的安全性探讨［J］．化工文摘，2008，5：51-54.
[20] 周进．苯胺装置工艺安全因素分析与控制［J］．山东化工，2016，45（8）：137-138.
[21] 杨春华，陈刚，张龙．苯一步氧化胺化合成苯胺的研究进展［J］．精细石油化工，2009，26（4）：72-76.
[22] Becker J, Hölderich W F. Amination of benzene in the presence of ammonia using a group Ⅷ metal supported on a carrier as catalyst [J]. Catalysis Letters, 1998, 54 (3): 125-128.
[23] 陈刚，陈凯，杨春华．苯胺一步合成反应体系的热力学分析［J］．精细石油化工，2013，30（1）：5-7.
[24] 李佳．苯与羟胺盐一步催化合成苯胺和苯酚反应工艺研究［D］．天津：河北工业大学，2011.
[25] Squire E N. Synthesis of aromatic amines by reaction of aromatic compounds with ammonia [P]. US 3919155. 1975-11-11.
[26] Del Pesco T W. Synthesis of aromatic amines by reaction of aromatic compounds with ammonia [P]. US 4001260. 1977-01-04.
[27] Del Pesco T W. Synthesis of aromatic amines by reaction of aromatic compounds with ammonia [P]. US 4031106. 1977-06-21.
[28] Hagemeyer A, Borade R, Desrosiers P, et al. Application of combinatorial catalysis for the direct amination of benzene to aniline [J]. Applied Catalysis A: General, 2002, 227 (1-2): 43-61.
[29] Desrosiers P, Guan S H, Hagemeyer A, et al. Application of combinatorial catalysis for the direct amination of benzene to aniline [J]. Catalysis Today, 2003, 81: 319-328.

[30] Hoffmann N, Muhler M. On the mechanism of the oxidation amination of benzene with ammonia over NiO/ZrO_2 as cataloreactant [J]. Catalysis Letters, 2005, 103 (1-2): 155-159.
[31] Hoffmann N, Loffler E, Breuer N A, et al. On the nature of the active site for the oxidative amination of benzene to aniline over NiO/ZrO_2 as cataloreactant [J]. ChemSusChem, 2008, 1: 393-396.
[32] 陈彤，祝良芳，胡常伟. Zr-Ni/Al_2O_3催化剂上苯由H_2O_2氧化直接氨基化制苯胺 [J]. 分子催化，2005, 19 (4): 275-278.
[33] 夏云生，祝良芳，李桂英等. 镍-钒催化剂作用下由苯直接氧化胺化合成苯胺 [J]. 物理化学学报，2005, 21 (12): 1337-1342.
[34] 陈彤，付真金，祝良芳等. Ni-Zr-Ce/Al_2O_3催化剂上H_2O_2作氧化剂使苯氧化胺化合成苯胺研究 [J]. 化学学报，2003, 61 (11): 1701-1703.
[35] Guo B, Zhang Q, Li G Y, et al. Aromatic C—N bond formation via simultaneous activation of C—H and N—H bonds: direct oxyamination of benzene to aniline [J]. Green Chemistry, 2012, 14: 1880-1883.
[36] Hu C W, Zhu L F, Xia Y S. Direct amination of benzene to aniline by aqueous ammonia and hydrogen peroxide over V-Ni/Al_2O_3 catalyst with catalytic distillation [J]. Industrial & Engineering Chemistry Research, 2007, 46: 3443-3445.
[37] Yu T H, Yanf R G, Xia S, et al. Direct amination of benzene to aniline with H_2O_2 and $NH_3 \cdot H_2O$ over Cu/SiO_2 catalyst [J]. Catalysis Science & Technology, 2014, 4: 3159-3167.
[38] Yu T H, Zhang Q, Xia S, et al. Direct amination of benzene to aniline by reactive distillation method over copper doped hierarchical TS-1 catalyst [J]. Catalysis Science & Technology, 2014, 4: 639-647.
[39] Nan M, Luo Y C, Li G Y, et al. Improvement of the selectivity to aniline in benzene amination over Cu/TS-1 by potassium [J]. RSC Advances, 2017, 7: 21974-21981.
[40] Acharyya S S, Ghosh S, Bal R. Direct catalytic oxyamination of benzene to aniline over Cu(Ⅱ) nanoclusters supported on $CuCr_2O_4$ spinel nanoparticles via simultaneous activation of C—H and N—H bonds [J]. Chemical Communications, 2014, 50: 13311-13314.
[41] Kuznetsova N I, Kuznetsova L I, Detusheva L G, et al. Amination of benzene and toluene with hydroxylamine in the presence of transition metal redox catalysts [J]. Journal of Molecular Catalysis A: Chemical, 2000, 161 (1-2): 1-9.
[42] Zhu L F, Guo B, Tang D Y, et al. Sodium metavanadate catalyzed one-step amination of benzene to aniline with hydroxylamine [J]. Journal of Catalysis, 2007, 245 (2): 446-455.
[43] Parida K M, Dash S S, Soumya S. Structural properties and catalytic activity of Mn-MCM-41 mesoporous molecular sieves for single-step amination of benzene to aniline [J]. Applied Catalysis A: General, 2008, 351 (1): 59-67.
[44] Parida K M, Rath D, Dash S S. Synthesis, characterization and catalytic activity of copper incorporated and immobilized mesoporous MCM-41 in the single step amination of benzene [J]. Journal of Molecular Catalysis A: Chemical, 2010, 318 (1-2): 85-93.
[45] Singha S, Parida K M. A reusable Mn(Ⅱ)-dampy-MCM-41 system for single step amination of benzene to aniline using hydroxylamine [J]. Catalysis Science & Technology, 2011, 1 (8): 1496-1505.
[46] 杨春华，陈刚，张龙. 基于V-MCM-41介孔材料催化苯直接胺化合成苯胺的研究 [J]. 东北电力大学学报，2014, 34 (6): 16-20.
[47] Gao L Y, Zhang D S, Wang Y J, et al. Direct amination of toluene to toluidine with hydroxylamine over $CuO-V_2O_5/Al_2O_3$ catalysts [J]. Reaction Kinetics, Mechanisms and Catalysis, 2011, 102 (2): 377-391.
[48] Zhang D S, Gao L Y, Xue W, et al. One-pot synthesis of phenols by hydroxylation of aromatics with hydroxylamine [J]. Chemisty letters, 2012, 41 (37): 369-371.
[49] Li Z H, Yang Q S, Qi X D, et al. A novel hydroxylamine ionic liquid salt resulting from the stabilization of NH_2OH by a SO_3H functionalized ionic liquid [J]. Chemical Communications, 2015, 51: 1930-1932.
[50] Li Z H, Yang Q S, Gao L Y, et al. Reactivity of hydroxylamine ionic liquid salts in the direct synthesis of caprolactam from cyclohexanone under mild conditions [J]. RSC Advances, 2016, 6:

83619-83625.
[51] Li Z H, Qi X D, Gao L Y, et al. Application of hydroxylamine ionic liquid salts in hydroxylation of benzene to phenol with ammonium molybdate-copper chloride-ionic liquid system [J]. Chemistry Letters, 2017, 46 (3): 289-292.
[52] (德) Weissermel K, Arpe H J. 工业有机化学 [M]. 周游，刘荣勋，等译. 北京：化学工业出版社，1998：265-267.
[53] 张佩君. 合成异丙苯生产现状及技术进展 [J]. 石化技术，2005，12 (2)：62-68.
[54] 何绍群，赵锁奇，孙学文等. 离子液体催化的苯与丙烯烷基化反应 [J]. 石油炼制与化工，2006，37 (3)：14-18.
[55] 杜泽学，凌云，闵恩泽. 负载杂多酸催化苯与丙烯合成异丙苯Ⅱ. 负载杂多酸对苯与丙烯烷基化反应的催化作用 [J]. 石油化工，2003，32 (1)：1-4.
[56] 郭建维，王乐夫，纪红兵等. 异丙苯催化氧化的研究进展 [J]. 化学反应工程与工艺，2001，17 (1)：73-78.
[57] 周津凯，杜迎春，陈曙. 沸石催化剂上过氧化氢异丙苯分解反应的研究 [J]. 石油炼制与化工，1999，30 (6)：48-51.
[58] 黄大刚，于士如，韩明汉等. 过氧化氢异丙苯分解绿色工艺Ⅰ. 催化剂性能 [J]. 过程工程学报，2001，1 (2)：197-201.
[59] 韩明汉，黄大刚，陆阳等. 三相循环床中树脂催化过氧化氢异丙苯分解Ⅰ. 工艺条件研究 [J]. 石油化工，2001，30 (6)：433-436.
[60] 刘庆林，肖剑，郑港西. 催化精馏分解过氧化氢异丙苯制苯酚模拟计算 [J]. 化学工程，2007，35 (5)：5-8.
[61] 米冠杰. Fe-ZSM-5 分子筛上 N_2O 氧化苯制苯酚反应过程研究 [D]. 北京：北京化工大学，2010.
[62] 马沛生. 化工物性数据简明手册 [M]. 北京：化学工业出版社，2013.
[63] 华彤文，陈景祖等. 普通化学原理 [M]. 第 3 版. 北京：北京大学出版社，2005：99-101.
[64] 天津大学物理化学教研室. 物理化学（上册） [M]. 第 4 版. 北京：高等教育出版社，2001：311-314.
[65] Iwamoto M, Hlrata J I, Matsukaml K, et al. Catalytic oxidation by oxide radical ions. 1. One-step hydroxylation of benzene to phenol over group 5 and 6 oxides supported on silica gel [J]. The Journal of Physical Chemistry, 1983, 87 (6): 903-905.
[66] Panov G I. Advances in oxidation catalysis: oxidation of benzene to phenol by nutrous oxide [J]. Cattech, 2000, 4 (1): 18-32.
[67] Reitzmann A, Klemm E, Emig G. Kinetics of the hydroxylation of benzene with N_2O on modified ZSM-5 zeolites [J]. Chemical Engineering Journal, 2002, 90: 149-164.
[68] Panov G I, Sheveleva G A, Kharitonov A S, et al. Oxidation of benzene to phenol by nitrous oxide over Fe-ZSM-5 zeolites [J]. Applied Catalysis A: General, 1992, 82 (1): 31-36.
[69] Pirutko L V, Chernyavsky V S, Starokon E V, et al. The role of α-sites in N_2O decomposition over FeZSM-5. Comparison with the oxidation of benzene to phenol [J]. Applied Catalysis B: Environmental, 2009, 91: 174-179.
[70] 闫肃，万荫松，李国轲等. 苯羟基化合成苯酚的研究进展 [J]. 化学世界，2014，5：301-306.
[71] Xin H C, Koekkoek A, Yang Q H, et al. A hierarchical Fe/ZSM-5 zeolite with superior catalytic performance for benzene hydroxylation to phenol [J]. Chemical Communication, 2009: 7590-7592.
[72] Li L L, Meng Q L, Wen J J, et al. Improved performance of hierarchical Fe-ZSM-5 in the direct oxidation of benzene to phenol by N_2O [J]. Microporous and Mesoporous Materials, 2016, 227: 252-257.
[73] Navarro R, Lopez-Pedrajas S, Luna D, et al. Direct hydroxylation of benzene to phenol by nitrous oxide on amorphous aluminium-iron binary phosphates [J]. Applied Catalysis A: General, 2014, 474: 272-279.
[74] Häfele M, Reitzmann A, Roppelt D, et al. Hydroxylation of benzene with nitrous oxide on H-Ga-ZSM5 zeolite [J]. Applied Catalysis A: General, 1997, 150 (1): 153-164.
[75] Renuka N K. A green approach for phenol synthesis over Fe^{3+}/MgO catalysts using hydrogen peroxide [J]. Journal of Molecular Catalysis A: Chemical, 2010, 316 (1-2): 126-130.
[76] Song S Q, Yang H X, Rao R C, et al. High catalytic activity and selectivity for hydroxylation of benzene to phenol over multi-walled carbon nanotubes supported Fe_3O_4 catalyst [J]. Applied Catalysis

A: General, 2010, 375: 265-271.

[77] Ye X J, Cui Y J, Qiu X Q, et al. Selective oxidation of benzene to phenol by Fe-CN/TS-1 catalysts under visible light irradiation [J]. Applied Catalysis B: Environmental, 2014, 152-153: 383-389.

[78] Baykan D, Oztas N A. Synthesis of iron orthophosphate catalysts by solution and solution combustion methods for the hydroxylation of benzene to phenol [J]. Materials Research Bulletin, 2015, 64: 294-300.

[79] Gu E X, Zhong W, Ma H X, et al. A dinuclear iron(Ⅱ) complex bearing multidentate pyridinyl ligand: Synthesis, characterization and its catalysis on the hydroxylation of aromatic compounds [J]. Inorganica Chimica Acta, 2016, 444: 159-165.

[80] Zhang X, Zhang T Y, Li B, et al. Direct synthesis of phenol by novel [FeFe]-hydrogenase model complexes as catalysts of benzene hydroxylation with H_2O_2 [J]. RSC Advances, 2017, 7: 2934-2942.

[81] Makgwanea P R, Raya S S. Hydroxylation of benzene to phenol over magnetic recyclable nanostructured CuFe mixed-oxide catalyst [J]. Journal of Molecular Catalysis A: Chemical, 2015, 398: 149-157.

[82] Al-Sabagh A M, Yehia F Z, Eshaq Gh, et al. Eclectic hydroxylation of benzene to phenol using ferrites of Fe and Zn as durable and magnetically retrievable catalysts [J]. ACS Sustainable Chemistry & Engineering, 2017, 5 (6): 4811-4819.

[83] Zhu Y J, Dong Y L, Zhao L N, et al. Preparation and characterization of mesoporous VO_x/SBA-16 and their application for the direct catalytic hydroxylation of benzene to phenol [J]. Journal of Molecular Catalysis A: Chemical, 2010, 315: 205-212.

[84] Zhang X W, Huang N, Wang G, et al. Synthesis of highly loaded and well dispersed CuO/SBA-15 via an ultrasonic post-grafting method and its application as a catalyst for the direct hydroxylation of benzene to phenol [J]. Microporous and Mesoporous Materials, 2013, 177: 47-53.

[85] Hu L Y, Yue B, Chen X Y, et al. Direct hydroxylation of benzene to phenol on Cu-V bimetal modified HMS catalysts [J]. Catalysis Communications, 2014, 43 (2): 179-183.

[86] Dong Y L, Zhan X L, Niu X Y, et al. Facile synthesis of Co-SBA-16 mesoporous molecular sieves with EISA method and their applications for hydroxylation of benzene [J]. Microporous and Mesoporous Materials, 2014, 185: 97-106.

[87] Leng Y, Liu J, Jiang P P, et al. Organometallic-polyoxometalate hybrid based on V-Schiff base and phosphovanadomolybdate as a highly effective heterogenous catalyst for hydroxylation of benzene [J]. Chemical Engineering Journal, 2014, 239: 1-7.

[88] Hu L Y, Wang C, Yue B, et al. Vanadium-containing mesoporous carbon and mesoporous carbon nanoparticles as catalysts for benzene hydroxylation reaction [J]. Materials Today Communications, 2017, 11: 61-67.

[89] Sreenivasulu P, Nandan D, Kumar M, et al. Synthesis and catalytic applications of hierarchical mesoporous $AlPO_4/ZnAlPO_4$ for direct hydroxylation of benzene to phenol using hydrogen peroxide [J]. Journal of Materials Chemistry A, 2013, 1: 3268-3271.

[90] Jourshabani M, Badiei A, Shariatinia Z, et al. Fe-supported SBA-16 type cagelike mesoporous silica with enhanced catalytic activity for direct hydroxylation of benzene to phenol [J]. Industrial & Engineering Chemistry Research, 2016, 55: 3900-3908.

[91] Aratani Y, Yamada Y, Fukuzumi S. Selective hydroxylation of benzene derivatives and alkanes with hydrogen peroxide catalysed by a manganese complex incorporated into mesoporous silica-alumina [J]. Chemical Communication, 2015, 51: 4662-4665.

[92] Mistri R, Rahaman M, Llorca J, et al. Liquid phase selective oxidation of benzene over nanostructured$Cu_xCe_{1-x}O_{2-\delta}$ ($0.03 \leqslant x \leqslant 0.15$) [J]. Journal of Molecular Catalysis A: Chemical, 2014, 390: 187-197.

[93] Makgwane P R, Ray S S. Development of a high-performance nanostructured V_2O_5/SnO_2 catalyst for efficient benzene hydroxylation [J]. Applied Catalysis A: General, 2015, 492: 10-22.

[94] Wang C, Hu L Y, Hu Y C, et al. Direct hydroxylation of benzene to phenol over metal oxide supported graphene oxide catalysts [J]. Catalysis Communications, 2015, 68: 1-5.

[95] Hu L Y, Wang C, Ye L, et al. Direct hydroxylation of benzene to phenol using H_2O_2 as an oxidant over vanadium-containing mesoporous carbon catalysts [J]. Applied Catalysis A: General, 2015,

504: 440-447.
[96] Ma Y M, Ren X Y, Wang W T, et al. Hydroxylation of benzene to phenol on Cu_xO_y@C with hydrogen peroxide [J]. Reaction Kinetics Mechanisms and Catalysis, 2016, 117: 693-704.
[97] Borah P, Datta A, Nguyena K T, et al. $VOPO_4 \cdot 2H_2O$ encapsulated in graphene oxide as a heterogeneous catalyst for selective hydroxylation of benzene to phenol [J]. Green Chemistry, 2016, 18: 397-401.
[98] Acharyya S S, Ghosh S, Siddiqui N, et al. Cetyl alcohol mediated synthesis of $CuCr_2O_4$ spinel nanoparticles: a green catalyst for selective oxidation of aromatic C—H bonds with hydrogen peroxide [J]. RSC Advances, 2015, 5: 4838-4843.
[99] Acharyya S S, Ghosh S, Adak S, et al. Facile synthesis of $CuCr_2O_4$ spinel nanoparticles: a recyclable heterogeneous catalyst for the one pot hydroxylation of benzene [J]. Catalysis Science & Technology, 2014, 4 (12): 4232-4241.
[100] 张进，唐英，罗茜等. 钼钒磷杂多酸的合成及催化性能研究 [J]. 无机化学学报，2004, 20 (8): 935-940.
[101] Zhang J, Tang Y, Li G Y, et al. Room temperature direct oxidation of benzene to phenol using hydrogen peroxide in the presence of vanadium-substituted heteropolymolybdates [J]. Applied Catalysis A: General, 2005, 278: 251-261.
[102] Kharat A N, Moosavikia S, Jahromi B T, et al. Liquid phase hydroxylation of benzene to phenol over vanadium substituted Keggin anion supported on amine functionalized SBA-15 [J]. Journal of Molecular Catalysis A: Chemical, 2011, 348: 14-19.
[103] Yang H, Wu Q, Li J, et al. Direct synthesis of phenol from benzene catalyzed by multi-V-POMs complex [J]. Applied Catalysis A: General, 2013, 457: 21-25.
[104] Jing L, Zhang F M, Zhong Y J, et al. Hydroxylation of benzene to phenol by H_2O_2 over an inorganic-organic dual modified heteropolyacid [J]. Chinese Journal of Chemical Engineering, 2014, 22: 1220-1225.
[105] Li Y, Wang Z, Chen R Z, et al. The hydroxylation of benzene to phenol over heteropolyacid encapsulated in silica [J]. Catalysis Communications, 2014, 55: 34-37.
[106] Yuan C Y, Gao X H, Pan Z S, et al. Molybdovanadophosphoric anion ionic liquid as a reusable catalyst for solvent-free benzene oxidation to phenol by H_2O_2 [J]. Catalysis Communications, 2015, 58: 215-218.
[107] Chen X, Zhao W G, Wang F, et al. Preparation and characterization of vanadium(Ⅳ) oxide supported on SBA-15 and its catalytic performance in benzene hydroxylation to phenol using molecular oxygen [J]. Journal of Natural Gas Chemistry, 2012, 21: 481-487.
[108] Okemoto A, Tsukano Y H, Utsunomiya A, et al. Selective catalytic oxidation of benzene over Cu/Ti/HZSM-5 under low oxygen pressure for one step synthesis of phenol [J]. Journal of Molecular Catalysis A: Chemical, 2016, 411: 372-376.
[109] Long Z Y, Liu Y Q, Zhao P P, et al. Aerobic oxidation of benzene to phenol over polyoxometalate-paired Pd Ⅱ-coordinated hybrid: Reductant-free heterogeneous catalysis [J]. Catalysis Communications, 2015, 59: 1-4.
[110] Bao Y H, Jiang H, Xing W H, et al. Liquid phase hydroxylation of benzene to phenol over vanadyl acetylacetonate supported on amine functionalized SBA-15 [J]. Reaction Kinetics Mechanisms and Catalysis, 2015, 116: 535-547.
[111] Luo G H, Lv X C, Wang X W, et al. Direct hydroxylation of benzene to phenol with molecular oxygen over vanadium oxide nanospheres and study of its mechanism [J]. RSC Advances, 2015, 5: 94164-94170.
[112] Cai X C, Wang Q, Liu Y Q, et al. Hybrid of polyoxometalate-based ionic salt and N-doped carbon toward reductant-free aerobic hydroxylation of benzene to phenol [J]. ACS Sustainable Chemistry & Engineering, 2016, 4: 4986-4996.
[113] Kubacka A, Wang Z L, Sulikowski B, et al. Hydroxylation/oxidation of benzene over Cu-ZSM-5 systems: Optimization of the one-step route to phenol [J]. Journal of Catalysis, 2007, 250: 184-189.
[114] Shu S L, Huang Y, Hu X J, et al. On the membrane reactor concept for one-step hydroxylation of benzene to phenol with oxygen and hydrogen [J]. The Journal of Physical Chemistry C, 2009, 113:

19618-19622.
[115] Wang X B, Tan X Y, Meng B, et al. One-step hydroxylation of benzene to phenol via a Pd capillary membrane microreactor [J]. Catalysis Science & Technology, 2013, 3: 2380-2391.
[116] Niwa S I, Eswaramoorthy M, Nair J, et al. A one-step conversion of benzene to phenol with a palladium membrane [J]. Science, 2002, 295 (5552): 105-107.
[117] Wang X B, Meng B, Tan X Y, et al. Direct hydroxylation of benzene to phenol using palladium-titanium silicalite zeolite bifunctional membrane reactors [J]. Industrial & Engineering Chemistry Research, 2014, 53: 5636-5645.
[118] Kanzaki H, Kitamura T, Hamadab R, et al. Activities for phenol formation using Cu catalysts supported on Al_2O_3 in the liquid-phase oxidation of benzene in aqueous solvent with high acetic acid concentration [J]. Journal of Molecular Catalysis A: Chemical, 2004, 208: 203-211.
[119] Liu Y Y, Murata K, Inaba M. Liquid-phase oxidation of benzene to phenol by molecular oxygen over transition metal substituted polyoxometalate compounds [J]. Catalysis Communications, 2005, 6: 679-683.
[120] Masumoto Y K, Hamada R, Yokota K. Liquid-phase oxidation of benzene to phenol by vanadium catalysts in aqueous solvent with high acetic acid concentration [J]. Journal of Molecular Catalysis A: Chemical, 2002, 184: 215-222.
[121] Wang W T, Ding G D, Jiang T, et al. Facile one-pot synthesis of V_xO_y@C catalysts using sucrose for the direct hydroxylation of benzene to phenol [J]. Green Chemistry, 2013, 15: 1150-1154.
[122] Ge W L, Long Z Y, Cai X C, et al. A new polyoxometalate-based Mo/V coordinated crystalline hybrid and its catalytic activity in aerobic hydroxylation of benzene [J]. RSC Advances, 2014, 4: 45816-45822.
[123] Gu Y Y, Zhao X H, Zhang G R, et al. Selective hydroxylation of benzene using dioxygen activated by vanadium-copper oxide catalysts supported on SBA-15 [J]. Applied Catalysis A: General, 2007, 328 (2): 150-155.
[124] Bao Y H, Jiang H, Xing W H, et al. Liquid phase hydroxylation of benzene to phenol over vanadyl acetylacetonate supported on amine functionalized SBA-15 [J]. Reaction Kinetics, Mechanisms and Catalysis, 2015, 116 (2): 535-547.
[125] Miyahara T, Kanzaki H, Hamada R, et al. Liquid-phase oxidation of benzene to phenol by CuO-Al_2O_3 catalysts prepared by co-precipitation method [J]. Journal of Molecular Catalysis A: Chemical, 2001, 176: 141-150.
[126] Sakamoto T, Takagaki T, Sakakura A, et al. Hydroxylation of benzene to phenol under air and carbon monoxide catalyzed by molybdovanadophosphates [J]. Journal of Molecular Catalysis A: Chemical, 2008, 288 (1): 19-22.
[127] Liptáková B, Hronec M, Cvengrošová Z, et al. Direct synthesis of phenol from benzene over hydroxyapatite catalysts [J]. Catalysis Today, 2000, 61: 143-148.
[128] Liptáková B, Báhidský M, Hronec M. Preparation of phenol from benzene by one-step reaction [J]. Applied Catalysis A: General, 2004, 263 (1): 33-38.
[129] Horváth B, Sustek M, Skriniarová J, et al. Gas phase hydroxylation of benzene with air-ammonia mixture over copper-based phosphate catalysts [J]. Applied Catalysis A: General, 2014, 481: 71-78.
[130] Zhang D S, Gao L Y, Xue W, et al. One-pot synthesis of phenols by hydroxylation of aromatics with hydroxylamine [J]. Chemistry letters, 2012, 41: 369-371.
[131] Gao L Y, Tan X J, Xue W, et al. An eco-friendly catalytic route for one-pot synthesis of phenols from aromatics and hydroxylamine [J]. Advanced Materials Research, 2013, 781-784: 163-168.
[132] Li Z H, Qi X D, Gao L Y, et al. Application of hydroxylamine ionic liquid salts in hydroxylation of benzene to phenol with ammonium molybdate-copper chloride-ionic liquid system [J]. Chemistry Letters, 2017, 46 (3): 289-292.
[133] 王延吉，赵新强．绿色催化过程与工艺 [M]．第 2 版．北京：化学工业出版社，2015：52-54.
[134] Curnutt G L. Catalytic vapor phase process for producing dihydrocarbyl carbonates [P]. US 5004827. 1991-04-02.
[135] Itoh H, Watanabe Y, Mori K, et al. Synthesis of dimethyl carbonate by vapor phase oxidative car-

bonylation of methanol [J]. Green Chemistry, 2003, 5 (5): 558-562.
[136] 王淑芳. 气相直接合成碳酸二甲酯 $PdCl_2$-$CuCl_2$-KOAc/AC 催化剂的研究 [D]. 天津: 河北工业大学, 2002.
[137] 岳川, 丁晓墅, 匡洞庭等. 硅胶包覆型催化剂在气相法合成碳酸二甲酯中的性能 [J]. 化学反应工程与工艺, 2010, 26 (5): 430-433.
[138] Ding X S, Dong X M, Kuang D T, et al. Highly efficient catalyst $PdCl_2$-$CuCl_2$-KOAc/AC@Al_2O_3 for gas-phase oxidative carbonylation of methanol to dimethyl carbonate: preparation and reaction mechanism [J]. Chemical Engineering Journal, 2014, 240: 221-227.
[139] Merza G, László B, Oszkó A, et al. The direct synthesis of dimethyl carbonate by the oxicarbonylation of methanol over Cu supported on carbon nanotube [J]. Journal of Molecular Catalysis A: Chemical, 2014, 393: 117-124.
[140] Yang P, Cao Y, Dai W L, et al. Effect of chemical treatment of activated carbon as a support for promoted dimethyl carbonate synthesis by vapor phase oxidative carbonylation of methanol over wacker-type catalysts [J]. Applied Catalysis A: General, 2003, 243 (2): 323-331.
[141] 李忠, 文春梅, 郑华艳等. 载体表面性质对 Cu_2O/AC 催化剂结构和活性的影响 [J]. 高等学校化学学报, 2010, 31 (1): 145-152.
[142] King S T. Reaction mechanism of oxidative carbonylation of methanol to dimethyl carbonate in Cu-Y zeolite [J]. Journal of Catalysis, 1996, 161 (2): 530-538.
[143] 李忠, 文春梅, 王瑞玉等. 醋酸铜热解制备无氯 Cu_2O/AC 催化剂及其催化氧化羰基化 [J]. 高等学校化学学报, 2009, 30 (10): 2024-2031.
[144] Ren J, Wang W, Wang D L, et al. A theoretical investigation on the mechanism of dimethyl carbonate formation on Cu/AC catalyst [J]. Applied Catalysis A: General, 2014, 472: 47-52.
[145] Zheng H Y, Qi J, Zhang R G, et al. Effect of environment around the active center Cu^+ species on the catalytic activity of CuY zeolites in dimethyl carbonate synthesis: A theoretical study [J]. Fuel Processing Technology, 2014, 128: 310-318.
[146] Schneider M J, Haumann M, Sticker M, et al. Gas-phase oxycarbonylation of methanol for the synthesis of dimethyl carbonate using copper-based supported ionic liquid phase (SILP) catalysts [J]. Journal of Catalysis, 2014, 309: 71-78.
[147] 闫亚辉, 丁晓墅, 王淑芳等. 合成碳酸二甲酯宏观动力学及反应器数值模拟 [J]. 化学反应工程与工艺, 2016, 32 (3): 252-260.
[148] Ballivet-Tkatchenko D, Jerphagnon T, Ligabue R, et al. The role of distannoxanes in the synthesis of dimethyl carbonate from carbon dioxide [J]. Applied Catalysis A: General, 2003, 255 (1): 93- 99.
[149] Zhao T S, Han Y Z, Sun Y H. Novel reaction route for dimethyl carbonate synthesis from CO_2 and methanol [J]. Fuel Process Technology, 2000, 62 (2-3): 187-194.
[150] Aresta M, Dibenedetto A, Nocito F, et al. Comparison of the behaviour of supported homogeneous catalysts in the synthesis of dimethyl carbonate from methanol and carbon dioxide: polystyrene-grafted Tin-metallorganic species versus silesquioxanes linked Nb-methoxo species [J]. Inorganica Chimica Acta, 2008, 361 (11): 3215-3220.
[151] Allaoui L A, Aouissi A. Effect of the bronsted acidity on the behavior of CO_2 methanol reaction [J]. Journal of Molecular Catalysis A: Chemical, 2006, 259 (1/2): 281-285.
[152] Tomishige K, Sakaihori T, Ikeda Y, et al. A novel method of direct synthesis of dimethyl carbonate from methanol and carbon dioxide catalyzed by zirconia [J]. Catalysis Letters, 1999, 58 (4): 225-229.
[153] Lee H J, Park S, Song I K, et al. Direct synthesis of dimethyl carbonate from methanol and carbon dioxide over $Ga_2O_3/Ce_{0.6}Zr_{0.4}O_2$ catalysts: effect of acidity and basicity of the catalysts [J]. Catalysis Letters, 2011, 141 (4): 531-537.
[154] La K W, Jung J C, Kim H, et al. Effect of scid-base properties of $H_3PW_{12}O_{40}/Ce_xTi_{1-x}O_2$ catalysts on the direct synthesis of dimethyl carbonate from methanol and carbon dioxide: A TPD study of $H_3PW_{12}O_{40}/Ce_xTi_{1-x}O_2$ catalysts [J]. Journal of Molecular Catalysis A: Chemical, 2007, 269 (1/2): 41-45.
[155] Tomishige K, Furusawa Y, Ikeda Y, et al. CeO_2-ZrO_2 solid solution catalyst for selective synthesis of dimethyl carbonate from methanol and carbon dioxide [J]. Catalysis Letters, 2001, 76 (1/2):

71-74.
[156] 周婧洁，王胜平，赵玉军等．花束状 CeO_2 的制备及其催化 CO_2 与甲醇直接合成碳酸二甲酯 [J]．石油化工，2015，44 (9)：1038-1042.
[157] 邢世才，郑岚，王玉琪等．KOH/C 催化超临界 CO_2 与 CH_3OH 直接合成碳酸二甲酯的研究 [J]．高校化学工程学报，2015，29 (5)：1120-1126.
[158] 丁晓墅，董香茉，刘浩等．环氧氯丙烷、甲醇和二氧化碳一步直接催化合成碳酸二甲酯的研究 [J]．高校化学工程学报，2015，29 (1)：164-169.
[159] 丁晓墅，李乃华，王淑芳等．甲醇为原料联合制备碳酸二甲酯、甲缩醛和二甲醚反应体系热力学计算及节能分析 [J]．化工学报，2015，66 (7)：2377-2386.
[160] 崔艳宏，王超，王安杰等．二氧化碳和甲醇氢等离子体催化反应合成碳酸二甲酯 [J]．天然气化工 (C1 化学与化工)，2016，41 (3)：48-51.
[161] Liu C，Zhang S K，Cai B Y，et al. Low pressure one-pot synthesis of dimethyl carbonate catalyzed by an alkali carbonate [J]．Chinese Journal of Catalysis，2015，36 (7)：1136-1141.
[162] 陈宜良，刘洛娜，郭士岭等．正丁醇在 CuO，NiO/HZSM-5 催化剂上一步合成正丁胺 [J]．精细化工，2005，22 (12)：941-943.
[163] 白国义，孙春玲，李阳．正丁醇催化胺化合成正丁胺反应的研究 [J]．化学推进剂与高分子材料，2002，(2)：31-33.
[164] 孟玮，许正双，陈立功等．正丁醇的催化胺化反应的研究 [J]．化学工业与工程，1998，15 (4)：44-48.
[165] 崇明本，张千，王恒秀等．稀土复合氧化物催化一步合成环己基苯基甲酮 [J]．化工生产与技术，2012，19 (5)：40-42.
[166] 罗邵伟，吴剑，罗和安．一步法合成环己基苯基甲酮 [J]．湘潭大学自然科学学报，2006，28 (3)：95-97.
[167] 王恒秀，崇明本，张千等．一步合成环己基苯基甲酮用稀土催化剂 [J]．化工生产与技术，2013，20 (3)：8-10.
[168] 刘杰．钌基催化剂活性位结构调控及其对苯选择性加氢的性能 [D]．北京：北京化工大学，2016.
[169] 吴慧．HZSM-5 分子筛催化环己烯水合反应过程研究 [D]．湖南：湘潭大学，2016.
[170] 高美香，罗东，毛丽秋等．Al_2O_3-SiO_2 催化环己胺氧化制备环己酮肟 [J]．应用化学，2013，30 (1)：28-31.
[171] 曾湘，邓全丽，袁霞等．杂多酸（盐）催化环己酮氨肟化反应 [J]．石油学报（石油加工），2010，26 (5)：779-784.
[172] Corma A，Serna P. Chemoselective hydrogenation of nitro compounds with supported gold catalysts [J]．Science，2006，313 (21)：332-334.
[173] Rakottyay K，Kaszonyi A. Oxidation of cyclohexylamine over modified alumina by molecular oxygen [J]．Applied Catalysis A：General，2009，367：32-38.
[174] 毛丽秋，吕兴，李光洪等．Pd/C 催化硝基环己烷氢化制备环己酮肟 [J]．化工进展，2009，28 (6)：1024-1031.
[175] 周治峰．环己醇脱氢制环己酮催化剂的研究进展 [J]．辽宁化工，2014，43 (9)：1187-1189.
[176] 徐海云，冯翠兰．1-硝基环己烯的合成方法改进 [J]．化学试剂，2011，33 (10)：951-954.

第3章 纳微尺度反应集成安全过程

如第2章所述，在化工生产中，存在非安全中间反应物作为产物的合成和作为反应物的使用过程。通过“简单化”反应工艺开发，不需经过非安全中间反应物，直接得到所需要的产物。这样，可以解决安全问题，实现本质安全。但是，并不是所有存在非安全中间反应物的工艺均可通过上述“简单化”工艺来实现本质安全。

实际上，非安全中间反应物的危害性来源于其宏观大量累积，包括生产、储存、输送和使用等环节。如果将这些环节集中在纳微尺度上，使非安全中间反应物只是在微观上存在，宏观上不累积，则也可实现本质安全，且还可以减少分离和反应单元，减小工艺系统的复杂性，进而节约设备、提高生产效率、减少能源和资源消耗。

针对中间物为非安全反应物的多步连串复合反应体系，基于非安全中间反应物“微观存在-宏观不累积”和合成反应过程“微观集成-宏观直接”的原则，将涉及非安全反应物的宏观多反应过程，集成在纳微尺度上进行。即建立非安全中间反应物合成与进一步将其转化的纳微尺度集成反应体系，使非安全反应物及时完全转化为所需要的反应物，以解决非安全反应物在合成、分离、储运及使用等环节存在的安全问题。实现这一目标的关键为纳微尺度集成反应体系的建立。

方法2：纳微尺度多功能催化活性相上非安全中间反应物及时完全转化的集成催化反应过程。

在多功能催化体系中，通过多反应集成，使生成的非安全反应物及时转化为所需要的产物，并在反应体系中不累积。

如图3.1所示，图中的A_1、A_2、A为反应物，P为目标产物，Haza为非安全中间反应物；$r_Ⅰ$和$r_Ⅱ$分别为非安全中间反应物合成和使用的反应速率。图中上半部分是传统生产工艺，主要由两个反应器（Ⅰ、Ⅱ）和非安全中间反应物储罐构成，涉及非安全中间反应物的生产、储存、使用，工艺复杂。下半部分是纳/微尺度上非安全反应物及时完全转化的集成反应体系，将宏观尺度反应器（Ⅰ、Ⅱ）缩小为纳/微尺度的催化活性相（Ⅰ、Ⅱ）；将非安全中

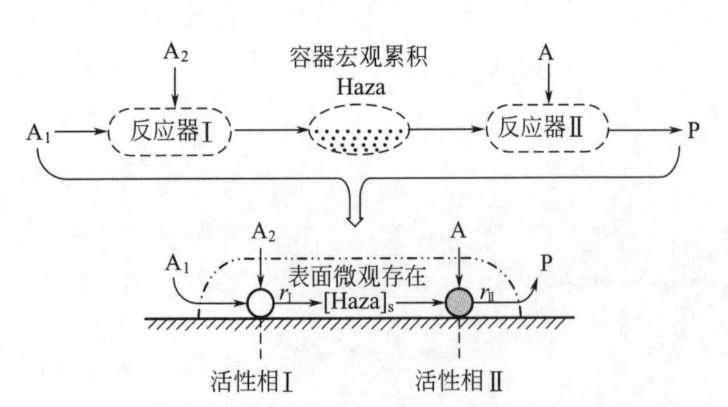

图3.1 纳微尺度上非安全反应物及时完全转化的集成反应体系

间反应物储罐缩小为表面微观相，无宏观累积存在产生的安全问题。

非安全的中间反应物（Haza）及时完全转化而在体系中不累积，应使其体系中的浓度最大值 max $\{C_{Haza}\}$ 趋近于零，由此可推导出非安全反应物及时完全转化的条件：非安全中间反应物转化反应的速率常数要远远大于其生成反应的速率常数，即 $k(\mathrm{II}) \gg k(\mathrm{I})$。或者，非安全中间反应物转化反应中的反应物 A 的浓度要远远大于其（Haza）生成反应的反应物 A1 与 A2 浓度之积，即 $C_A \gg C_{A1}C_{A2}$。

双活性中心纳米尺度催化剂设计：对于处于同一表面的活性中心（Ⅰ）、（Ⅱ），两类活性中心应在纳米尺度上紧密接触，避免非安全中间反应物向催化剂表面外的反应体系中扩散，其在（Ⅱ）上的脱附活化能大于（Ⅰ）上的，也要大于产物 P 在（Ⅱ）上的脱附活化能。即：$E_{d,Haza}(\mathrm{II}) > E_{d,Haza}(\mathrm{I})$，$E_{d,Haza}(\mathrm{II}) > E_{d,P}(\mathrm{II})$。

微米尺度核-壳结构催化剂设计：以非安全中间反应物的生成反应催化剂（Ⅰ）为核，转化反应催化剂（Ⅱ）为壳，组建催化剂颗粒微反应器，使非安全中间反应物在壳层扩散过程中全部转化而不扩散到催化剂颗粒外的反应体系中。以颗粒外表面非安全中间反应物的浓度等于零（$C_{s,Haza}=0$）为目标函数，优化确定壳层厚度。

本章基于**方法 2**，就环己酮、氨和双氧水直接合成环己酮肟，环己酮和羟胺盐直接合成己内酰胺，合成气直接制低碳烯烃，合成气直接制二甲醚，甲醇选择氧化直接合成二甲氧基甲烷，CO_2加氢直接制化学品等纳微尺度集成催化反应过程，以及甲苯二胺、CO、氯气直接合成 TDI 的纳微尺度集成催化反应过程进行了论述。上述集成反应过程对应的非安全中间反应物分别为羟胺、环己酮肟、甲醇、甲醇、甲醛、一氧化碳，以及光气等。

3.1 羟胺盐非安全中间反应物

羟胺（NH_2OH）及其盐用途广泛，其中 $NH_2OH \cdot HNO_3$主要用于军工和核工业，如用作液体火箭推进剂中的氧化剂；放射性元素的提取；核原料的处理以及核废料的再生等，具有使用安全、污染小和腐蚀性低等优点[1]。$NH_2OH \cdot HClO_4$是一种高能氧化剂，具有能量高、密度高、氧含量高和易溶于水的优点，以其为氧化剂的 HAP/OTTO-Ⅱ型推进剂已应用于英国“矛鱼”和美国 MK48-ADCAP 型鱼雷，使其战术性能得到明显提高[2]。与 $NH_2OH \cdot HNO_3$ 和 $NH_2OH \cdot HClO_4$ 主要用于军工领域不同，$(NH_2OH)_2 \cdot H_2SO_4$ 和 $NH_2OH \cdot HCl$ 在民用领域有着广泛应用。其传统应用领域包括[3]：合成己内酰胺；合成丁酮肟；制备羟胺—O—磺酸；合成异噁草酮除草剂；合成芳香族腈类化合物；合成紫苏葶甜味剂；制备医药中间体以及用作电子行业中电路板的浸蚀剂等。近年来，NH_2OH 及其盐还广泛应用于各种清洁、安全化工生产过程，包括与环己酮反应一步合成己内酰胺，与芳香烃一步羟基化合成芳香酚以及与芳香烃一步氨基化合成芳香胺等。

作者课题组[4]从纳米尺度、微米尺度、宏观尺度对集成反应系统进行了论述。通过反应集成，将多步反应直接化，可显著提高资源利用率、节约能源和减少排放。

3.1.1 羟胺盐危险性

羟胺是一种无色、无嗅、易潮解的白色大片状或针状结晶体。分子式 NH_2OH；相对分子质量 33.03；密度 1.078g/cm^3（25℃）；熔点 33℃；沸点 70℃（1.33kPa）[5]。NH_2OH 极易溶于水、甲醇，在其他醇中的溶解度随醇分子量的增加而减少，在氯仿、苯、乙醚等非极性溶剂中的溶解度很小[6]。

NH_2OH 可以看作是 NH_3分子内的一个 H 原子被 OH 取代的衍生物。在 NH_2OH 分子中，氧原子电负性较强，而氮原子电负性稍弱，导致氮原子上的电子云密度较在 NH_3 中低，因而其碱性比 NH_3 弱[5]。NH_2OH 分子中 N 原子为 -1 价，处于中间价态，既可以得到电子，显示氧化性，又可以失去电子，显示还原性。

NH_2OH 分子这种自身的氧化还原特性导致了 NH_2OH 单体的极度不稳定性。常温下，纯 NH_2OH 晶体在碰撞或摇动情况下可快速分解，生成氨、水、氮气及氮氧化物等[7,8]，加热时甚至会发生剧烈的爆炸反应。多价金属离子如 Cu^{2+}、Fe^{3+}、Fe^{2+} 等即使痕量也会对 NH_2OH 的稳定性产生显著影响[9,10]，而且溶液的 pH 值、温度、浓度等因素也对 NH_2OH 稳定性有重要影响[11]，NH_2OH 单体的这种不稳定性增加了其生产、运输和使用过程中的风险性。

历史上，由于 NH_2OH 的不稳定性曾导致严重的爆炸事故。如在 1999 年 2 月美国 NH_2OH 蒸馏装置爆炸[12]，2000 年 7 月日本生产 NH_2OH 的蒸馏塔爆炸[13]，造成了大量的人员伤亡和财产损失。考虑到 NH_2OH 具有弱碱性，可与酸形成羟胺盐，因此，NH_2OH 常常以无机酸盐的形式存在，主要有硫酸羟胺、盐酸羟胺、硝酸羟胺和高氯酸羟胺等[14]。

硫酸羟胺是一种无色单斜结晶。分子式为 $(NH_2OH)_2 \cdot H_2SO_4$；相对分子质量 163.14；相对密度 1.90；熔点 177℃（分解）。硫酸羟胺易溶于水，不溶于乙醇、甲醇、乙醚等，易潮解、易分解。

盐酸羟胺为无色单斜结晶。分子式为 $NH_2OH \cdot HCl$；分子量 69.5；相对密度 1.67；熔点 152℃（分解）。盐酸羟胺易溶于水，溶于乙醇、甲醇、甘油，不溶于乙醚，易潮解，不稳定。

硝酸羟胺为白色针状结晶。熔点 48℃（分解）；相对密度 1.76。易溶于水、甲醇、乙醇、丙酮，不溶于乙醚、氯烃。易潮解，易分解，但其水溶液比较稳定。

磷酸羟胺为白色针状结晶。熔点 148℃（分解）。加热放出游离 NH_2OH。溶于水，溶解度比其他羟胺盐小，而且也不潮解。

高氯酸羟胺为白色针状结晶。熔点 75℃；相对密度 1.74。可溶于水、醇、酮，在 120℃开始分解，撞击感度 15%。

硝酸羟胺[15]是羟胺的硝酸盐，它由还原组分 NH_3OH 和氧化组分 NO_3 共同组成。低浓度硝酸羟胺溶液可以作为还原剂用于放射性元素的提取、核原料的处理以及核废料的再生。高浓度硝酸羟胺溶液（质量分数为 73%～87%）可以作为氧化剂用于炮弹的发射、火箭的推进、导弹的姿态调控以及微型卫星的轨道调整。硝酸羟胺基推进剂密度大、比冲高、无毒，其优越的性能引起了人们的强烈兴趣。然而，在推进剂的制备和生产过程中，涉及硝酸羟胺的储存问题，如果储存不当，往往会酿成严重的事故。比如，从 20 世纪 70 年代到 90 年代，萨凡那河厂和汉福特厂发生过多起由硝酸羟胺存放不当引起的爆炸事故。

硝酸羟胺的热分解非常剧烈，热分解焓变的平均值为 3.87kJ/g，反应失控的严重度是“灾难性”的。硝酸羟胺的自加速分解温度为 370.1K，临界爆炸温度为 $T_{be0}=388.7K$，$T_{bp0}=397.5K$，为保证硝酸羟胺的安全稳定存储，需控制储存温度在 370.1K 以下。

3.1.2 直接合成环己酮肟的纳微尺度集成催化反应过程

环己酮肟是生产 ε-己内酰胺的关键中间体。在 ε-己内酰胺生产方法中环己酮肟为中间产物的方法在世界各地占统治地位，目前全世界 95%以上的 ε-己内酰胺是用此法生产的。ε-己内酰胺的主要工业用途是制造尼龙 6。

3.1.2.1 传统环己酮肟生产工艺

传统的环己酮肟工业生产采用羟胺法，主要有 3 种工艺：一是瑞士 Inventa 公司开发的拉西法（HSO 法）；二是德国 BASF 公司和瑞士 Inventa 公司开发的一氧化氮还原法（NO 法）；三是荷兰 DSM 公司开发的磷酸羟胺法（HPO 法）。这 3 种方法的共同点是均通过羟胺盐肟化，中间步骤多、工艺复杂，使用腐蚀和污染严重的原料，三废排放量大，对环境的污染严重。

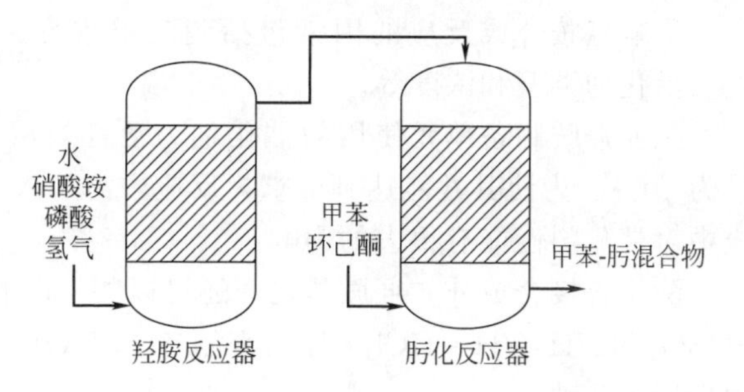

图 3.2 羟胺制备和肟化工艺流程简图

环己酮-羟胺法是目前生产环己酮肟的主要方法，其生产过程由两个反应单元构成：一是合成羟胺盐反应单元，二是羟胺盐与环己酮反应合成环己酮肟单元。羟胺的制备和肟化反应过程复杂，反应的影响因素很多。存在很多的安全隐患。其工艺流程简图如图 3.2 所示[16]。

(1) 羟胺盐合成反应单元

羟胺盐制备方法有几十种，其中工业化的生产路线主要为拉西（Rashing）法、催化还原法、硝基烷烃水解法和电解还原法[3,14]。

拉西法是生产羟胺盐最古老的方法，也是最早工业化的方法。该工艺不使用催化剂，不存在催化剂污染和失活问题，但二氧化硫消耗量大，副产大量硫酸铵。

催化还原法包括硝酸根离子还原法和 NO 还原法，是目前发展较快、研究较多的工艺。该工艺生产的羟胺盐纯度较高，但贵金属催化剂价格昂贵、制备过程复杂且易失活，增加了其生产成本。

硝基烷烃水解法工艺简单，条件温和，然而原料来源受地域限制且生产成本较高，限制了其应用。

电解还原法近年来取得了较大进展，是目前普遍用来制备高纯度 $NH_2OH \cdot HNO_3$ 的工艺。在电解槽中，以金属铂网作阳极，汞作阴极，阴阳两极间用阳离子交换膜隔开，而且隔膜只允许传导电流的 H^+ 通过。阴阳极室电解液均为 HNO_3 水溶液。HNO_3 在阴极得到电子被还原生成 NH_2OH，继而与游离 HNO_3 结合生成 $NH_2OH \cdot HNO_3$，电解所得产品为含稀 HNO_3 的 $NH_2OH \cdot HNO_3$ 水溶液。采用汞作阴极，对环境及羟胺产品纯度有一定风险。

硫酸羟胺的制备：先用 SO_2 在约 5℃的温度下将亚硝酸铵还原成羟胺二磺酸盐，然后在 100℃下水解得到硫酸羟胺：

$$NH_4NO_2 + NH_3 + 2SO_2 + H_2O \longrightarrow HON(SO_3NH_4)_2$$

$$2HON(SO_3NH_4)_2 + 4H_2O \longrightarrow (NH_2OH)_2 \cdot H_2SO_4 + 2(NH_4)_2SO_4 + H_2SO_4$$

磷酸羟胺的制备：HPO 法（即磷酸羟胺法）生产环己酮肟的关键工艺是磷酸羟胺的制备，其主要原理是采用在双金属 Pd-Pt/C 或单金属 Pt/C 催化剂下，硝酸盐加氢催化还原法制备。反应器为气-液-固三相鼓泡反应体系。优点是不副产硫酸铵，大大减少环己酮肟生产中硫酸铵副产量，是目前世界工业化制备环己酮肟的先进工艺。

由于是气-液-固三相催化反应，硝酸盐加氢还原生成羟胺的反应除受到催化剂表面本征反应速率影响之外，还受到气液、液固之间的传质速率影响。主要的反应式如下所示。

$$NH_4NO_3 + 2H_3PO_4 + 3H_2 \xrightarrow{\text{Pt-Pd/C}} (NH_3OH)H_2PO_4 + (NH_4)H_2PO_4 + 2H_2O$$

$$NO_3^- + 2H^+ + 3H_2 \longrightarrow NH_3OH^+ + 2H_2O$$

$$NO_3^- + 2H^+ + 4H_2 \longrightarrow NH_4^+ + 3H_2O$$

$$NH_3OH^+ + H_2 \longrightarrow NH_4^+ + H_2O$$

影响羟胺合成反应的因素包括硝酸根浓度、pH 值、磷酸根浓度、氢分压、催化剂浓度、活化剂类型和浓度等。

工业羟胺制备单元使用的催化剂为活性炭载双金属 Pt-Pd/C 催化剂，其中活性金属含量为 10%。为使其性能达到要求，反应中需加入一定量的助催化剂，如 GeO_2 在羟胺合成反应中对催化剂性能有很大的影响。

除了直接合成外，羟胺盐之间还可以相互转化，通常是利用廉价易得的 $(NH_2OH)_2 \cdot H_2SO_4$ 和 $NH_2OH \cdot HCl$ 为原料来制备 $NH_2OH \cdot HNO_3$ 和 $NH_2OH \cdot HClO_4$ 等，转化方法包括以下几种。

复分解法：复分解法主要以 $Ba(NO_3)_2$ 和 $(NH_2OH)_2 \cdot H_2SO_4$ 或 $AgNO_3$ 和 $NH_2OH \cdot HCl$ 为原料，通过复分解反应来制备 $NH_2OH \cdot HNO_3$ 水溶液。陆明等[17]考察了反应条件对硝酸钡和硫酸羟胺复分解反应制备硝酸羟胺水溶液的影响，当两者物料比为 1∶1，反应时间 30min，反应温度和蒸馏温度均为 60℃时，$NH_2OH \cdot HNO_3$ 产率可达 90%。彭清涛等[18]也以硫酸羟胺和硝酸钡为原料，通过复分解反应制备了质量分数约 10% 的 $NH_2OH \cdot HNO_3$ 水溶液，再通过减压蒸馏，使其质量分数达到 80% 以上。复分解法工艺简单，可一步得到 $NH_2OH \cdot HNO_3$，然而由于使用价格昂贵的硝酸钡，导致生产成本较高，而且存在细小沉淀难以过滤的问题。

离子交换法：离子交换法指以强酸型阳离子交换树脂作为离子交换剂，$(NH_2OH)_2 \cdot H_2SO_4$ 或 $NH_2OH \cdot HCl$ 溶液流经阳离子交换柱后，羟胺阳离子与树脂发生交换作用，被吸附在阳离子交换柱上，随后用硝酸溶液或高氯酸溶液将羟胺阳离子洗脱，得到 $NH_2OH \cdot HNO_3$ 或 $NH_2OH \cdot HClO_4$ 溶液。常志华等[19]采用凝胶型强酸型阳离子交换树脂合成了 $NH_2OH \cdot HClO_4$，树脂的最佳交联度为 7%，最佳粒度为 0.45～0.56mm 时，$NH_2OH \cdot HClO_4$ 的收率可达 99.5%。张蒙蒙等[20]以 $(NH_2OH)_2 \cdot H_2SO_4$ 和高氯酸为原料，阳离子交换树脂为交换剂，$NH_2OH \cdot HClO_4$ 收率可达 96.0%。离子交换工艺发展成熟，操作简便，但得到的羟胺产品浓度较低，而且会引入少量游离酸。

(2) 环己酮肟合成单元

在 85℃下，环己酮和羟胺盐（通常是硫酸盐）肟化生成环己酮肟：

$$2\,C_6H_{10}{=}O + (NH_2OH)_2 \cdot H_2SO_4 \rightleftharpoons 2\,C_6H_{10}{=}NOH + 2H_2O + H_2SO_4 \qquad \Delta H = -42\text{kJ/mol}$$

由于羟胺和大量硫酸的引入，使得该反应工艺有着严重的环境污染问题，并且由于大量低值硫酸铵的生成，使得整体生产效益受到影响。

采用以苯为原料的羟胺-环己酮（HPO）法（也称磷酸羟胺法）制备环己酮肟，它由磷酸羟胺和环己酮在肟化反应器中反应生成。纯羟胺是一种不稳定的化合物，加热会分解，因此由溶于磷酸缓冲溶液中的羟胺和环己酮在脉冲填料塔中逆流接触，生成环己酮肟，在肟化塔内发生如下反应：

$$NH_3OH^+ + C_6H_{10}O \longrightarrow C_6H_{10}NOH + H_2O + H^+ \quad +Q$$

因为环己酮在含有磷酸羟胺的无机工艺液中的溶解度很高，肟化反应生成的环己酮肟的凝固点也很高（88℃），因此肟化反应以甲苯作溶剂，将环己酮溶于甲苯中，以获得较高的转化率。

在磷酸羟胺（HPO）法生产环己酮肟的工艺中携带磷酸羟胺的无机工艺液（磷酸缓冲溶液）是循环使用的，无机工艺液与氢气在附载于活性炭上的铂、钯（即 Pt/Pd/C）催化剂作用下进行气-液-固三相催化反应，生成磷酸羟胺，然后进入肟化系统，磷酸羟胺与环己酮反应生成环己酮肟。肟化后的无机工艺液经甲苯萃取，水解其中的环己酮肟，再进入汽提塔汽提其中残留的有机物，进行无机工艺液的净化。净化后的无机工艺液部分进入氧化氮吸收塔，吸收来自氨氧化的氧化氮，补充羟胺制备所需的硝酸，分解羟胺制备副产和肟化中和过程中加入的铵离子，然后与另一路净化后的无机工艺液混合，作为羟胺反应器制备磷酸羟胺的原料液，实现无机工艺液的循环使用[21]。其中，溶于磷酸缓冲溶液中的羟胺和环己酮在脉冲填料塔中逆流接触生成环己酮肟的工艺流程如图 3.3 所示[22]。

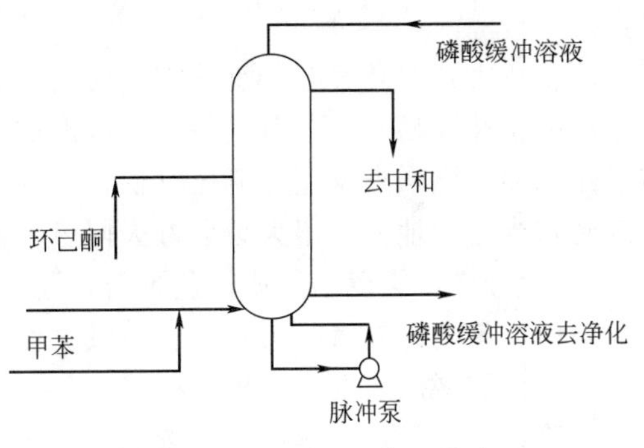

图 3.3　环己酮肟生产工艺流程

3.1.2.2　传统环己酮肟生产工艺危险性分析

传统环己酮肟生产方法，中间步骤多、工艺复杂、三废问题严重，从而使合成环己酮肟装置具有高复杂性及高危险性[23]。

(1) 传统环己酮肟生产工艺中的危险性物质

硫酸羟胺法涉及亚硝酸铵、氨、二氧化硫、羟胺二磺酸盐、硫酸羟胺、环己酮、环己酮肟、硫酸、硫酸铵等；磷酸羟胺法涉及氨水、磷酸、硝酸、氢气、磷酸羟胺、环己酮、甲苯、环己酮肟等。大都属于易燃、易爆、强腐蚀性及有毒的有机和无机物质。

1）二氧化硫：无色气体，有强烈刺激性气味，是大气主要污染物之一。火山爆发时会喷出该气体，在许多工业过程中也会产生二氧化硫。由于煤和石油通常都含有硫化合物，因此燃烧时会生成二氧化硫。当二氧化硫溶于水中，会形成亚硫酸（酸雨的主要成分）。若在催化剂（如二氧化氮）存在下，SO_2 进一步氧化，便会生成硫酸（H_2SO_4），碰到皮肤会腐蚀。

易被湿润的黏膜表面吸收生成亚硫酸、硫酸。对眼及呼吸道黏膜有强烈的刺激作用。大量吸入可引起肺水肿、喉水肿、声带痉挛而致窒息；轻度中毒时，发生流泪、畏光、咳嗽、咽喉灼痛等。严重中毒可在数小时内发生肺水肿；极高浓度吸入可引起反射性声门痉挛而致窒息。皮肤或眼接触发生炎症或灼伤；长期低浓度接触，可有头痛、头昏、乏力等全身症状以及慢性鼻炎、咽喉炎、支气管炎、嗅觉及味觉减退等。

2）环己酮：无色透明液体。易燃，遇高热、明火有引起燃烧的危险。与氧化剂接触，猛烈反应。爆炸上限 9.4%（体积分数），爆炸下限 1.1%（体积分数）；引燃温度 420℃。

健康危害：该品具有麻醉和刺激作用。急性中毒主要表现有眼、鼻、喉黏膜刺激症状和头晕、胸闷、全身无力等症状。重者可出现休克、昏迷、四肢抽搐、肺水肿，最后因呼吸衰竭而死亡。脱离接触后能较快恢复正常。液体对皮肤有刺激性。眼接触有可能造成角膜损害。长期反复接触可致皮炎。

燃爆危险：该品易燃，具刺激性。

3）甲苯：无色透明液体，有类似苯的芳香气味；燃烧热值 3905.0kJ/mol；闪点 4℃；爆炸极限 1.2%～7.0%（体积分数）；引燃温度 535℃。

健康危害：对皮肤、黏膜有刺激性，对中枢神经系统有麻醉作用；急性中毒，短时间内吸入较高浓度该品可出现眼及上呼吸道明显的刺激症状、眼结膜及咽部充血、头晕、头痛、恶心、呕吐、胸闷、四肢无力、步态蹒跚、意识模糊。重症者可有躁动、抽搐、昏迷；慢性中毒，长期接触可发生神经衰弱综合征，肝肿大，女工月经异常等。皮肤干燥、皲裂、皮炎。

环境危害：对环境有严重危害，对空气、水环境及水源可造成污染。

危险特性：易燃，其蒸气与空气可形成爆炸性混合物，遇明火、高热能引起燃烧爆炸。与氧化剂能发生强烈反应。流速过快，容易产生和积聚静电。其蒸气比空气重，能在较低处扩散到相当远的地方，遇火源会着火回燃。有害燃烧产物为一氧化碳。

4）硫酸铵：无色结晶或白色颗粒，无气味，280℃以上分解。加热到513℃以上完全分解成氨气、氮气、二氧化硫及水。与碱类作用则放出氨气。与氯化钡溶液反应生成硫酸钡沉淀。也可以使蛋白质发生盐析。

危险特性：受热分解产生有毒的烟气。有害燃烧产物为氮氧化物、硫化物。

5）磷酸：磷酸无强氧化性，无强腐蚀性，属于中强酸，属低毒类，有刺激性。

(2) 羟胺合成单元危险性分析

硫酸羟胺属易爆炸危险化学品。高温下能发生爆炸性分解。在储存运输过程中，要防止因温度变化而引发硫酸羟胺的自分解放热爆炸事故。

产生大量低值硫酸铵。存在对环境的危害和堆放引起的污染问题。

硫酸等物质的腐蚀问题。工艺过程使用强腐蚀性无机酸盐，存在管道、储罐、反应器等设备腐蚀引起的安全问题。

生产、储存、使用危险物质。磷酸羟胺合成工艺涉及易燃易爆的氢气。HPO工艺避免了在羟胺制备和环己酮肟化过程中产生硫酸铵，但存在工序长、设备多、流程复杂、需贵金属、副产有毒物质 NO_x、操作精度要求较高等不足。氢气加入和循环需要氢气压缩机及空压机，增加了设备投入和能耗，更重要的是系统的危险性增加。

(3) 环己酮肟合成单元危险性分析

环己酮肟具有火灾爆炸性，有毒。沸点204℃，闪点93℃，自燃点265℃，爆炸下限1.91%；其蒸气能与空气形成爆炸性混合物，遇明火、高热有发生燃烧爆炸危险，能与转位脂发生剧烈的放热反应。

环己酮肟易凝固堵塞设备管道。环己酮肟熔点80℃，凝固点68～69℃，温度低于80℃时，极易生成白色或淡红色的可燃固体结晶或熔融状黏稠液体，堵塞设备管道，造成停车。

生产、储存、使用危险物质。硫酸羟胺属易爆炸危险化学品。

3.1.2.3 环己酮、NH_3和H_2O_2直接合成环己酮肟的纳微尺度集成催化反应过程

(1) 纳微尺度上合成羟胺和合成环己酮肟集成反应体系的构建

合成环己酮肟工艺由合成羟胺和环己酮肟化两个单元构成，工艺流程复杂，且需要单独制备羟胺，羟胺要经过生产、储存、输送及使用等步骤。由于羟胺单体极不稳定，常温下纯羟胺晶体在碰撞或摇动情况下即发生快速分解，在较高温度下会爆炸，属于非安全化学品。因此，通常制成比较稳定的硫酸盐或盐酸盐，但这势必产生环境不友好问题。

在纳微尺度上，建立由合成羟胺及其进一步与环己酮合成环己酮肟反应组成的集成体系，使生成的非安全反应物羟胺及时完全转化为环己酮肟。由于集成反应在纳微尺度催化活性相上进行，不会产生羟胺的宏观累积，不需要储存和输送，进而解决了羟胺带来的安全问题及为提高其稳定性所产生的环境问题。并且，去除了原工艺中羟胺的分离和纯化、输送、储存单元。

通过在纳微尺度上构筑集成反应，将原来的两段工艺简化为一段直接合成工艺，工艺流程简单化，反应器由两个简化为一个，不需要设置羟胺储罐。具体过程如图3.4所示。将在两个宏观反应器中进行的反应集成在一个纳微尺度的多功能催化剂颗粒中完成。使非安全中

间反应物——羟胺微观存在，宏观不累积，不产生安全问题。

环己酮氨肟化法：$NH_3 + H_2O_2 \longrightarrow NH_2OH + H_2O$

拉西法：$2NH_4NO_2 + 2NH_3 + 4SO_2 + 6H_2O \longrightarrow (NH_2OH)_2 \cdot H_2SO_4 + 2(NH_4)_2SO_4 + H_2SO_4$

磷酸羟胺法：$NH_4NO_3 + 2H_3PO_4 + 3H_2 \longrightarrow (NH_3OH)H_2PO_4 + (NH_4)H_2PO_4 + 2H_2O$

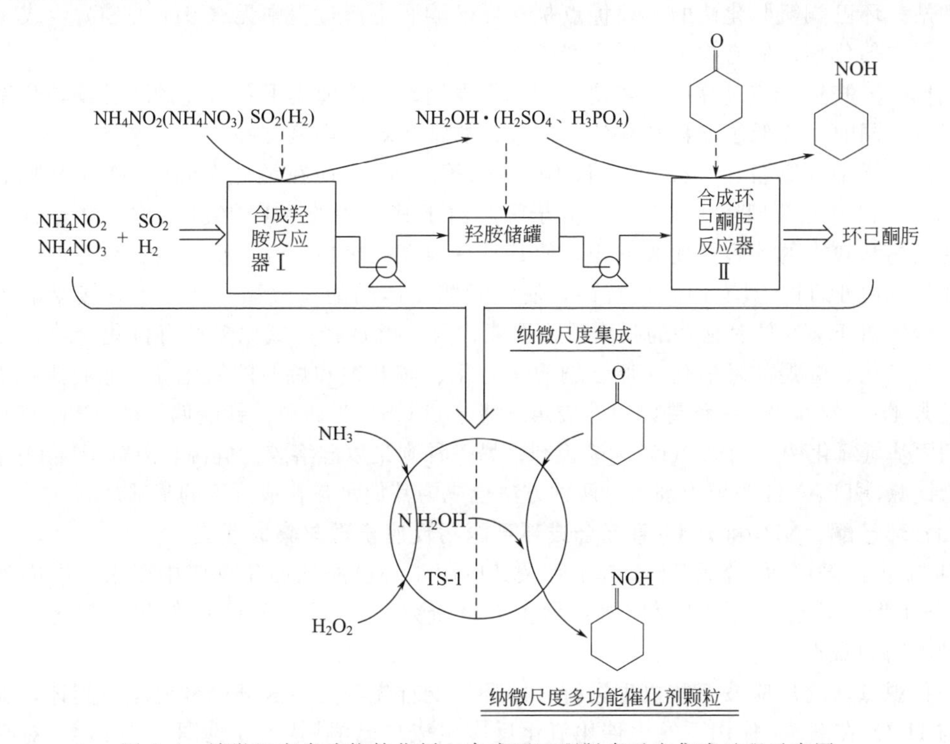

图 3.4　纳微尺度多功能催化剂上合成环己酮肟多反应集成过程示意图

(2) 环己酮、NH_3和H_2O_2直接合成环己酮肟工艺

环己酮肟是生产己内酰胺的关键中间体，典型的环己酮肟工业装置拉西法（HSO）工艺、一氧化氮还原法（NO）工艺、磷酸羟胺法（HPO）工艺都需要经羟胺生成步骤，然后再与环己酮反应生成环己酮肟。这些工艺流程复杂，反应条件苛刻，投资和生产成本高，三废排放量大，尤其涉及SO_2和NO等对环境有害物质的排放，其生产属于环境不友好和不安全过程。

环己酮肟生产工艺：1967 年，德国的 Toa Gosei 公司[24]首次提出了环己酮和NH_3、H_2O_2直接肟化生成环己酮肟的方法，其最初采用磷钨酸作为催化剂。

1987 年，Enichem 公司[25]提出了液相环己酮氨肟化过程：在钛硅分子筛（TS-1）存在下，以叔丁醇为溶剂，用环己酮、氨、双氧水一步直接合成环己酮肟，不需要羟胺制备工序，简化了流程。与传统工艺相比，氨肟化工艺投资和生产成本降低，而且反应条件温和，选择性高，水是唯一副产物，三废排放相对较少，是一种环境友好的工艺。目前已有日本住友公司、中国石化的巴陵石化公司、石家庄化纤公司、巴陵恒逸公司、山东海力公司、江苏海力公司、山东东巨公司、湖北三宁公司、山东鲁西公司等多套环己酮氨肟化法工业装置在运行。

该法的主要特点是制备羟胺和羟胺与环己酮反应生成环己酮肟在同一反应器内完成。环己酮肟的生产由反应、溶剂回收、甲苯萃取、甲苯-肟精馏等工序构成：环己酮与氨气、H_2O_2、溶剂叔丁醇经计量、充分混合后送入反应釜，在 TS-1 作用下生成的羟胺再与环己酮反应生成环己酮肟。反应产物经膜过滤器过滤与催化剂分离，催化剂浓液返回反应釜循环使用，反应清液送入溶剂回收工序经蒸馏分离叔丁醇后，肟水溶液送萃取工序，回收的溶剂返回反应系统。肟水溶液在萃取工序经甲苯萃取除去杂质，甲苯-肟送甲苯-肟精馏工序，精馏得到的甲苯返回萃取工序，产品环己酮肟转位工序，萃取工序的废水经汽提处理后排至污水处理站。环己酮氨肟化法的主要优点是在环己酮肟生产过程中无（NH_4）$_2SO_4$生成，也不需贵金属作催化剂，能有效地降低生产成本。

相比于羟胺法，该过程可以实现在产生很少副产物的前提下获得高的环己酮转化率和产物选择性，同时，降低了能耗和氢耗，该过程非常高效和环境友好。

钛硅分子筛的制备：1983 年，Taramasso 等[26]成功地在纯硅 ZSM-5 沸石骨架中引入 Ti^{4+}而开发出一种新型氧化硅杂原子分子筛，由于其独特的 MFI 拓扑结构、规整有序的三维孔道结构和较大的孔容及比表面积，使其具有很高的热稳定性、抗敏性、良好的催化活性和选择性。由于 Ti^{4+}具有四配位特性，使钛氧四面体的能量较高，从而具有接受电子对的潜能，因而对 H_2O_2具有独特的吸附活化性能，且能够选择性氧化多种有机化合物，如苯和苯酚的羟基化、烯烃的环氧化、环己酮的氨肟化、胺及饱和烷烃的氧化等。他们探讨了两种制备经典 TS-1 的方法。一种是以正硅酸四乙酯（TEOS）为硅源，钛酸四乙酯（TEOT）为钛源，四丙基氢氧化铵（TPAOH）为模板剂；另一种则是以硅溶胶为硅源，溶解于H_2O_2中的钛酸酯为钛源，TPAOH 为模板剂。这两种方法也成为其他水热合成方法的基础。

(3) 环己酮、NH_3和 H_2O_2直接合成环己酮肟反应机理与集成反应

自 20 世纪 80 年代合成 TS-1 分子筛及其应用于环己酮氨肟化反应中以来，国内外研究者对 TS-1 催化环己酮氨肟化反应机理做了大量研究。一般对于 TS-1 催化氨肟化反应机理有两种不同的观点[27]。

一种观点认为反应按亚胺机理进行，即环己酮首先与氨生成环己酮亚胺中间体，亚胺进一步与 H_2O_2在 TS-1 作用下发生催化氧化反应生成环己酮肟[28]［见图 3.5(1)］。对吸附了环己酮和氨气的 TS-1 催化剂进行红外光谱表征，结果证明了亚胺中间体的生成。然而，进一步研究表明，在实际液相氨肟化反应过程中所生成的亚胺中间体不稳定，这在实验上否定了生成亚胺中间体的反应机理[29]。

第二种观点认为反应按羟胺机理进行，认为钛硅分子筛催化剂与双氧水相互作用形成钛的过氧化物，然后氨在 TS-1 催化剂作用下被过氧化钛氧化为羟胺，羟胺在 TS-1 活性位点上解吸，通过 TS-1 的微孔道扩散至液相中，进一步经非催化作用与环己酮反应生成环己酮肟[30]［见图 3.5(2)］。

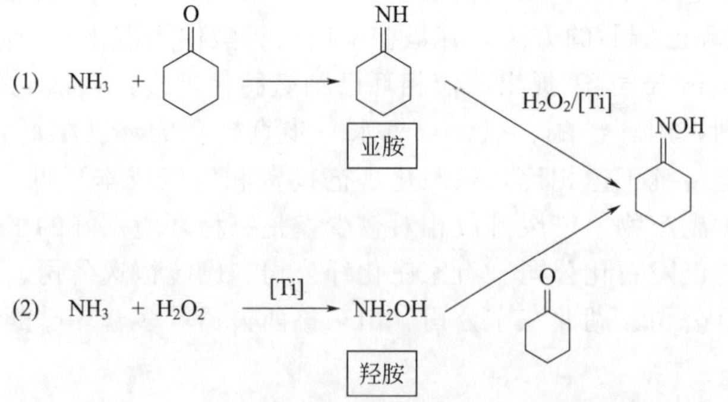

(1) NH_3 + 环己酮 → 亚胺 —H_2O_2/[Ti]→ NOH（环己酮肟）

(2) NH_3 + H_2O_2 —[Ti]→ NH_2OH（羟胺）→（+ 环己酮）环己酮肟

图 3.5　TS-1 催化环己酮氨肟化反应的两种不同机理

机理研究表明，直接合成环己酮肟的氨肟化反应过程是在纳微尺度上由氨与双氧水合成羟胺、羟胺与环己酮合成环己酮肟两个反应集成来实现的。

Tatsumi等[31]研究了2,5-二甲基环己酮在TS-1上的氨肟化，结果表明分子尺寸大于TS-1孔道尺寸的2,5-二甲基环己酮可发生氨肟化反应，此实验进一步证明环己酮与羟胺不是在TS-1微孔孔道内发生反应。2006年，Song等[32]以Ti-MWW为催化剂，研究了环己酮氨肟化反应机理：在相同的氨肟化反应条件下，首先把Ti-MWW催化剂放置于氨水与双氧水的混合溶液中（但不含环己酮）一段时间，然后把固体催化剂过滤，在滤液中加入适量环己酮，结果发现有环己酮肟生成，这间接证明了滤液中存在羟胺，也佐证了环己酮氨肟化按羟胺机理［见图3.5(2)路线］进行。

张向京等[33]利用原位漫反射红外光谱法对环己酮氨肟化体系的研究表明，生成肟的过程首先是氨水与环己酮吸附在表面—Si—OH上生成环己酮亚胺，然后再与钛的过氧化物生成肟。亚胺机理可以很好地解释一些高沸点有机副产物的形成原因，但亚胺机理并不排除羟胺机理的可能性。顾耀明等[34]认为主反应符合羟胺机理，副反应符合亚胺机理。

(4) 环己酮、NH_3和H_2O_2直接合成环己酮肟用催化剂

钛硅分子筛TS-1使环己酮、双氧水和氨为原料直接合成环己酮肟实现了工业化。但是，仍然面临如下需要解决的问题[35]：TS-1催化剂的生产成本高，需要使用价格昂贵的模板剂四丙基氢氧化铵及有机硅源——正硅酸乙酯；必须使用挥发性的有机溶剂叔丁醇和水的共溶剂才能获得高的活性；无论是原粉还是喷雾成型的微球催化剂均采用固体催化剂和反应物料分离相对困难的淤浆床工艺。

提高TS-1催化剂稳定性。针对TS-1催化剂，进一步提高其反应活性及稳定性一直是研究者关注的焦点。影响氨肟化反应TS-1催化剂稳定性的因素，主要为以下三方面：即副产物积炭堵孔降低催化剂活性中心可接近性，碱性体系溶硅导致催化剂骨架结构的破坏，以及催化剂活性中心钛的脱除。为了延长催化剂使用寿命，需对催化剂及催化体系进行改进。王磊等[36]通过将杂原子B引入TS-1对其进行改性。B-TS-1明显延长了环己酮氨肟化反应运行寿命。H_2O_2是控制TS-1/H_2O_2氨肟化体系副反应发生的关键，并且有机副产物是导致催化剂堵孔失活的重要原因。提出B-TS-1能有效控制体系H_2O_2残留，从而进一步抑制副反应发生与积炭生成以延长催化剂寿命。结合Al-TS-1的催化特性，发现同时引入适量B、Al的B/Al-TS-1具有进一步提高环己酮氨肟化反应稳定性的作用。

催化剂成型与寿命。吴静等[35]采用挤条成型的方法，通过添加造孔剂、黏结剂和水，制备了3种典型钛硅分子筛（Ti-MOR，Ti-MWW和TS-1）的成型催化剂，并研究了以H_2O_2为氧化剂，成型催化剂催化环己酮液相氨氧化反应的固定床工艺过程。首先考察了钛硅分子筛粉末在环己酮氨氧化间歇反应中的催化活性，发现3种钛硅分子筛的催化性能是Ti-MOR＞TS-1＞Ti-MWW。其后在固定床连续反应器上，比较了这3种成型钛硅催化剂的催化性能，Ti-MOR比TS-1和Ti-MWW表现得更为优异，这与间歇反应结果一致。另外，他们还系统地考察了影响成型Ti-MOR分子筛催化该反应活性和肟选择性的因素。在优化反应条件下成型Ti-MOR催化剂表现出非常出色的催化性能，环己酮转化率和环己酮肟选择性分别高于95%和99%。成型Ti-MOR催化剂在固定床连续反应的寿命评价实验中，可以实现连续运行360h，环己酮的转化率保持在95%，肟的选择性高于99%，H_2O_2残留量为3%。积炭和部分活性位Ti的流失是造成催化剂失活的主要原因，失活的Ti-MOR通过在空气中823K焙烧可以有效再生，再生催化剂的催化性能约为新鲜催化剂的80%，但对环己酮肟的选择性仍维持在99%以上。

新结构钛硅分子筛。TS-1的成功促使人们继续去开发新的钛硅催化剂，以期获得更好的催化性能并克服其不足。

Ti-MOR[29,37,38]：以 $TiCl_4$蒸气处理深度脱铝的丝光沸石（MOR），采用气固相同晶置换可得到含钛丝光沸石（Ti-MOR）（制备流程见图 3.6）。Ti-MOR 属于大孔径分子筛，具有一个一维的十二元环孔道和一个八元环孔道，其结构长程有序，热稳定性优异。

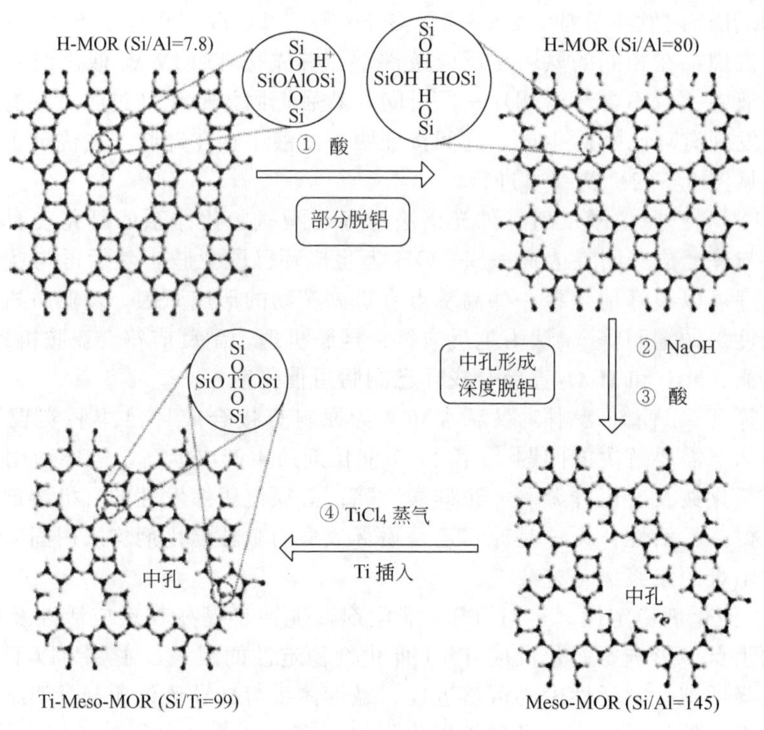

图 3.6　Ti-MOR 制备流程

Ti-MWW[39~41]结构钛硅分子筛：可通过后处理法、水热法和干胶法制备，具有独特的孔道结构，由两种独立的十元氧环孔道组成，其中一种孔道还有 0.7nm×0.7nm×1.8nm 的十二元氧环超笼。另外，在分子筛表面还存在着 12 元氧环的杯状空穴（见图 3.7）。

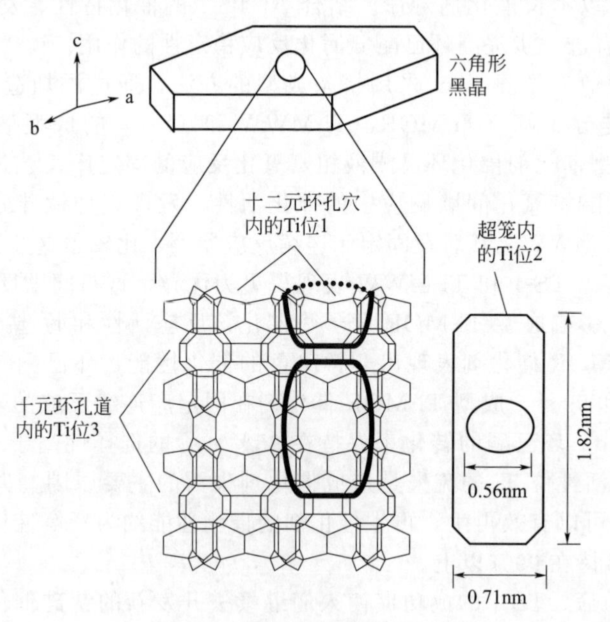

图 3.7　MWW 结构钛硅分子筛

Ti-MWW同时具备十元环和十二元环的结构特点，在一些催化反应中，不但可以为较大分子过渡态类反应供给空间，而且可以有效防止异化的反应物和产物，对目标产物具备高效的择形性。

Ti-Beta[42～44]：具有三维十二元氧环孔道结构，对于体积较小的分子，Ti-Beta 的活性低于 TS-1，但对于较大体积的分子（如环己烯），其活性要高于 TS-1，这可能是空间位阻效应的影响。但是，其多晶结构使 Ti-Beta 含有大量的晶格缺陷位和丰富的亲水性羟基，在实际催化过程中存在钛活性中心流失、钛配位状态容易改变以及重复使用性和稳定性差的问题。

TS-2[45,46]：采用水热合成法制备，具有与 TS-1 相同的结构单元和相近的三维孔道结构，特别是在催化部分氧化反应方面的表现与 TS-1 十分相近，且主要合成原料之一的四丁基氢氧化胺（TBAOH）相对易得，应用前景广阔。

其中，具有特殊孔道结构的 Ti-MWW 在烯烃环氧化以及酮类氨氧化反应中表现出比 TS-1 更优异的反应活性和产物选择性[47～50]。Ti-MWW 在环己酮氨氧化的间歇反应中可以实现高达 99%的酮转化率和 99%以上的肟选择性。同时，在催化环己酮氨氧化的连续反应中 Ti-MWW 显示出比 TS-1 更长的使用寿命[51,52]。具有十二元环和八元环一维孔道结构的 Ti-MOR 分子筛是催化芳烃羟基化反应和酮的氨氧化反应的有效催化剂[29]。更深入的研究表明，Ti-MOR 是催化环己酮氨氧化连续反应的优异催化剂[37,38]。相比 TS-1 和 Ti-MWW，Ti-MOR 的制备不需要有机模板剂，可用硅溶胶等无机硅源代替有机硅源，不仅降低了成本而且减小了对环境的污染。

新型催化剂体系。由于 TS-1 分子筛催化剂存在生产成本高、催化活性下降快和回收困难等问题，限制了液相环己酮氨肟化技术的推广。因此，开发新型催化剂体系以替代现有 TS-1 分子筛成为关注热点。

1982 年，磷酸铝分子筛（AlPO-n）的出现推进了分子筛材料的组成与结构多样化发展。AlPO-n 的骨架原子可以部分被 Si、Mg、V、Cr、Mn、Fe 和 Co 等元素取代，从而赋予其不同的催化性能。

2001 年，Raja 等[53]首次以 $Co^{Ⅲ}$ AlPO-36、$Co^{Ⅲ}$ AlPO-18 和（$Me^{Ⅱ}$，$Me^{Ⅲ}$）AlPO-36（Me=Co，Mn，Mg）催化环己酮氨肟化，环己酮肟选择性最高达 90.4%。

2005 年，Raja 等[54]又报道了一系列过渡金属掺杂的磷酸硅铝分子筛 MeAlPSO-5（Me=$Co^{Ⅲ}$，$Mn^{Ⅲ}$，$Fe^{Ⅲ}$）无溶剂条件下催化环己酮氨肟化，发现金属离子为 $Mn^{Ⅲ}$ 时，环己酮肟选择性最高约为 86.6%。

冯国强等[55]以氢氧化铝、正磷酸和钛酸四异丙酯为原料，*N*-甲基二环己基胺为模板剂，采用水热晶化法合成一系列具有不同 Ti 含量的 TAPO-5 分子筛。TAPO-5 分子筛为微孔-介孔材料，其中，Ti 以骨架、非骨架和锐钛矿相 3 种形式存在。随着 Ti 含量增加，3 种形式的 Ti 含量均增加，伴随着 TAPO-5 分子筛的结晶度、比表面积和孔容降低；随着 Ti 含量增加，环己酮转化率和环己酮肟选择性逐渐提高，当 Ti 质量分数为 13.8%时，环己酮转化率和环己酮肟选择性分别为 92.5%和 95.4%，优于目前过渡金属掺杂磷酸铝分子筛催化环己酮氨肟化的最佳结果。

TS-1 的催化活性随着其颗粒尺寸减小而增加，这使得 TS-1 与反应体系的分离非常困难，制约了 TS-1 的工业化应用。中石化石油化工科学研究院依靠陶瓷膜微滤技术过滤 TS-1，但要求过滤压力较大，造成 TS-1 颗粒与陶瓷膜管内壁摩擦现象严重，由于长期的摩擦，TS-1 磨损流失现象不可忽视。将磁性颗粒引入 TS-1 中合成磁载 TS-1 是一种可以解决分离困难的方法之一[56]。王东琴[57]和 Liu 等[58]分别将铁酸镍和四氧化三铁引入到 TS-1 的制备过程中，成功合成出具有核壳结构的磁载 TS-1，环己酮氨肟化反应结果显示合成的磁载 TS-1 具有良好的催化活性和磁分离能力。这可能是由于铁元素与 TS-1 之间的相互作用增加了钛活性中心的亲电性，使得具有双键的物质更容易接近活性中心，同时 H_2O_2 可以更有效地参与反应[59]。磁载 TS-1 的成功合成为 TS-1 的回收再利用提供了新方法。

3.2 环己酮肟非安全中间反应物

3.2.1 环己酮肟危险性

环己酮肟储存危险性[60]：环己酮肟储存过程中要求伴热，还要防止与氧接触氧化引起着火爆炸，因此，伴热系统、氮气系统及物料系统故障时，会造成低温、超压、超储跑料，易发生火灾爆炸和设备管道堵塞。

设备设施危险性：呼吸阀、氮封阀、电机、泵等设备设施选型不当、存在缺陷或未及时检修、仪表液位失真等，易发生堵管或泄漏，电机转动部位润滑不当发热易引起火灾爆炸。

环境危险性：在设备内外空间悬浮环己酮肟粉尘，在氮封控制失效情况下，空气易进入槽内引起火灾、爆炸。氮气压力过大时，内部环己酮肟喷出槽外，易渗入到保温层内，在长期伴热情况下，极易发生自燃着火。

3.2.2 直接合成己内酰胺的纳微尺度集成催化反应过程

己内酰胺是一种典型的有机化工原料，是合成尼龙 6 纤维和尼龙 6 工程塑料的单体，主要用于生产工程塑料以及纤维，在电子电器与汽车和工业机械方面应用较为广泛。另外，己内酰胺还应用于药品生产。

3.2.2.1 传统己内酰胺生产工艺

传统己内酰胺生产工艺由两个单元构成，一是环己酮肟的制备工艺，二是环己酮肟的重排工艺。工艺流程长、设备复杂，带来了更多的安全隐患，如图 3.8 所示。

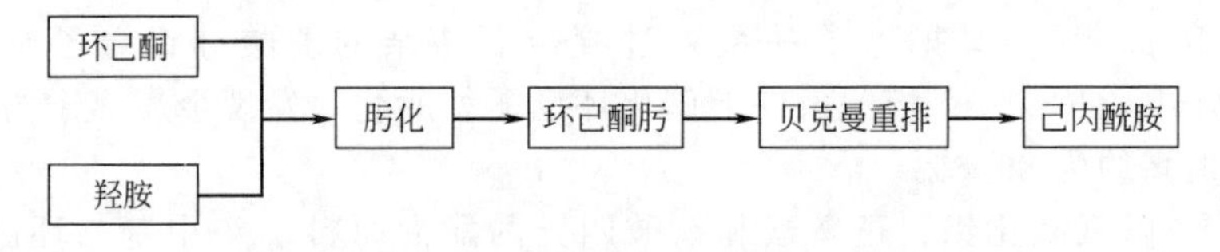

图 3.8 传统己内酰胺生产工艺流程简图

环己酮肟是生产己内酰胺的重要原料，其制备方法这里不再赘述，详见 3.1 节。催化环己酮肟贝克曼（Beckmann）重排反应是生产己内酰胺的关键工艺过程之一。工业上生产己内酰胺的传统方法是用浓硫酸或发烟硫酸与环己酮肟在液相发生贝克曼重排反应后，再用氨中和反应体系中的硫酸，生成己内酰胺和大量副产物硫酸铵等。该法的优点是反应条件温和（反应温度为 80～120℃），环己酮肟的转化率高，己内酰胺的选择性高达 99.5%；缺点是在生产过程中产生大量低值硫酸铵，对设备和管线材质要求高，反应放出的大量热量移出困难等。

(1) 环己酮肟重排反应原理

环己酮肟在含 SO_3 的发烟硫酸存在下，发生贝克曼分子重排反应，形成己内酰胺硫酸溶液，并放出大量的热。主反应式如下[61]所示。

$$\text{环己酮肟}(=NOH) \xrightarrow[H_2SO_4]{SO_3} \text{己内酰胺}(NH, =O) + 188kJ$$

重排反应分两步进行：

第一步，环己酮肟在发烟硫酸催化条件下反应生成环己酮肟磺酸酯：

$$\text{环己酮肟}(=NOH) \xrightarrow[H_2SO_4]{SO_3} \text{环己酮肟磺酸酯}(=NOSO_3H)$$

第二步，环己酮肟磺酸酯在发烟硫酸作用下发生贝克曼重排反应，生成己内酰胺：

$$\text{环己酮肟磺酸酯}(=NOSO_3H) \longrightarrow \text{己内酰胺}(NH, =O) + SO_3$$

(2) 液相重排反应催化剂

针对贝克曼重排反应使用发烟硫酸和副产大量低值硫酸铵等环境不友好和原子利用率低以及设备腐蚀严重等问题，研究人员对重排反应进行了大量研究。主要是利用分子筛或固体酸、离子液体来代替发烟硫酸进行催化液相重排反应。

H-USY 分子筛（$SiO_2/Al_2O_3=7$）催化环己酮肟液相重排反应[62]，以苯甲腈为溶剂，130℃反应 5h，环己酮肟的转化率达 83.6%，己内酰胺的选择性为 93.4%。大孔氢型耐高温磺酸树脂 Amberlyst-70 催化环己酮肟液相重排[63]，在反应温度为 130℃，$m_{COX}/m_{A70}=1.13$，反应时间为 6h 时，环己酮肟的转化率为 99.4%，己内酰胺的选择性为 90.2%。H-Beta 沸石（$SiO_2/Al_2O_3=11$）催化环己酮肟液相重排[64]过程表明，N 质子化的肟和极性溶剂之间可以形成很强的五元环化合物，这种活性溶剂参与作用可极大降低 1,2-H-迁移步骤的活化能。离子液体 $bmiPF_6$ 和 Eaton 试剂体系催化环己酮肟液相重排[65]，在 75℃、反应 21h 后，己内酰胺收率为 99%。离子液体 $BPyBF_4$ 与 PCl_5 催化体系中催化环己酮肟重排[66,67]，环己酮肟转化率和己内酰胺选择性均接近 100%。

固载离子液体[68]，将 1-甲基咪唑与氯丙基三乙氧基硅烷合成离子液体后，使 1-甲基-3-丙基咪唑离子通过 C—Si 键固载于 MCM-48 上，形成表面离子液体，其作为环己酮肟重排催化剂 PCl_5 的载体，使重排反应有很好的活性。

对甲苯磺酰氯作催化剂，乙腈为溶剂，催化环己酮肟液相贝克曼重排制备己内酰胺。在反应温度 60℃，反应时间 2.5h，环己酮肟转化率达 98.4%，己内酰胺选择性达 93.6%。该法反应条件温和，操作简单，溶剂乙腈可重复使用[69]。

作者课题组[70]研究了酸性离子液体和 $ZnCl_2$ 组成的催化体系。在乙腈介质中，可以高效地实现环己酮肟液相 Beckmann 重排制己内酰胺的反应。反应过程中生成的唯一副产物环己酮，可以通过氨氧化反应生成原料环己酮肟。反应条件为离子液体［HSO_3-b-$N(CH_3)_3$］HSO_4，催化剂 $ZnCl_2$，反应温度 80℃，反应时间 4h，环己酮肟转化率达 100%，己内酰胺收率为 93.9%。利用在线反应红外光谱仪（React IR IC-10）研究了该催化体系下环己酮肟重排反应机理。

以甲苯和三氟乙酸为混合溶剂，三聚氯氰（CNC）作催化剂[71]，实现了温和条件下由环己酮肟液相贝克曼重排制备己内酰胺的反应。反应条件为环己酮肟 1.0%（摩尔分数），反应温度 80℃，三聚氯氰 1.0%（摩尔分数），反应时间 2.5h，甲苯∶三氟乙酸为 4∶5（体积比），混合溶剂 8mL，环己酮肟的转化率达 98.6%，己内酰胺的选择性达 93.8%，主要副产物为环己酮。该法具有对环境无害，反应条件温和，催化剂廉价易得，溶剂可重复使用等优点。

作者课题组[72]研究了超声波辐射条件下，P_2O_5 催化剂的性能。考察了其在环己酮肟（COX）液相贝克曼重排合成己内酰胺反应中的催化性能。优化条件下，COX 转化率为

99.1%，己内酰胺的选择性为99.4%。COX液相贝克曼重排反应机理：在超声波辐射存在下，DMF的羰基和CHO中处于C═N—OH邻位的亚甲基形成氢键，P_2O_5中P和O原子分别与DMF中的N、羰基碳上的H形成配位键和氢键，共同作用形成一种五元环结构使得DMF吸附在P_2O_5上；CHO吸附在P_2O_5上通过P_2O_5中的氧和磷分别和CHO中N^+OH_2、NOH的氢和氧形成氢键和P—OH；氢质子从氮原子转移到氧原子上，同时脱除一分子的H_2O；与羰基形成氢键的亚甲基电子云密度增大，有利于亲核进攻氮正离子，形成碳正离子；H_2O进攻碳正离子、失去质子、异构化形成己内酰胺。

(3) 气相重排反应催化剂

气相重排是先将环己酮肟气化，在催化剂存在下进行重排反应生成己内酰胺。该方法以固体酸为催化剂，避免了硫酸铵的生成，降低了设备的腐蚀和环境的污染。但是，该工艺反应温度高、目标产物收率低、固体酸催化剂容易积炭导致失活。被广泛研究的催化剂主要有氧化物和分子筛，其中全硅分子筛效果显著。

氧化物催化剂。在探索环己酮肟气相贝克曼重排催化剂初期，研究最多的催化剂是单组分氧化物，如Al_2O_3、SiO_2和B_2O_3等，但是这些单组分氧化物催化剂的活性和选择性都比较低。故后期研究多组分氧化物催化体系，所得产物收率明显高于单组分氧化物催化体系，其中，将B_2O_3负载于Al_2O_3等氧化物载体上的催化剂效果显著。

B_2O_3改性ZrO_2多组分氧化物催化剂[73~75]。采用常压连续流动固定床反应装置，反应条件为催化剂用量1.0g，环己酮肟重时空速（WHSV）$0.32h^{-1}$，溶剂苯，载气氮气，反应温度300℃，此时得到环己酮肟的转化率为97.8%，产物CPL选择性为96.9%。

B_2O_3/钛-铝复合氧化物催化剂[76]。在反应温度300℃，环己酮肟WHSV$0.33h^{-1}$，溶剂苯，常压反应，此催化剂在反应初期的转化率达100%，反应10h后转化率达90%以上，CPL的选择性保持在85%左右，表现出非常高的活性、选择性和稳定性。但是，此催化剂的合成步骤比较复杂，为催化剂的工业制备带来一定的难度。

分子筛催化剂[77]。在贝克曼重排制备己内酰胺的催化剂中，主要有NaHY分子筛、Y型分子筛、介孔分子筛（MCM-41）、钛硅分子筛（TS-1）、全硅分子筛（S-1）、高硅ZSM-5等。其中具有双十元环交叉孔道（MFI）结构的TS-1和S-1表现出较好的催化性能，在适宜的反应条件下，能得到较高的转化率和选择性。

TS-1分子筛。TS-1催化环己酮肟重排反应，具有很高的催化活性和选择性[78]。TS-1在反应温度350℃，环己酮肟的WHSV为$3.5h^{-1}$的条件下，反应40h过程中环己酮肟的转化率始终在100%，100h后转化率仍有90%，产物的选择性一直为91%。原因为Ti的引入取代了分子筛骨架中能导致催化剂活性和选择性降低的Al^{3+}，从而改善了催化剂的稳定性，提高了其活性和选择性。也有研究认为这种作用可能是由于Ti的引入增加了催化剂表面的弱酸位[79]。

Lin等[80]针对实际生产中TS-1再生性差、活性和选择性不稳定等问题，将水热合成法与重排改性相结合，制备出了具有独特空心结构的TS-1分子筛。在催化氧化过程中具有活性高、稳定性好以及分子筛的制备重复性得到大幅度提高等优点。这种分子筛在中国石化催化剂分公司建成生产装置并已投入生产。

丁克鸿等[81]将MFI结构的（H-ZSM-5）沸石分子筛、白炭黑和四丙基氢氧化铵溶液混合烘干，置于含有部分水的高压反应釜密封，在一定温度下进行硅化2h，得到一种具有MFI结构的高硅亚微米级分子筛MSI。在反应温度为360～380℃，环己酮肟WHSV为1～$2h^{-1}$时，环己酮肟转化率高于99.5%，CPL选择性达95%，催化剂的稳定性较好。

S-1全硅分子筛。具有MFI结构的S-1分子筛在气相贝克曼重排中表现出了比较好的催化性能。利用水热合成法制备了无定形硅和具有 MFI 结构的 S-1 分子筛，在反应温度 300℃，环己酮肟的 WHSV 为 0.33h^{-1}条件下，S-1 分子筛晶体硅比无定形硅的催化效果好，认为催化剂表面上载有的硅羟基所形成的硅羟基窝是最主要的活性中心。硅羟基窝中相邻的两个羟基，一个与环己酮肟的碱性氧原子相互作用，另一个与环上的氮原子及与之相邻的碳原子相互作用[82,83]。

空心球结构催化剂[84]。以碳微球作为硬模板、纳米 Silicalite-1 分子筛作为壳层，采用水热法合成了 Silicalite-1 空心球材料。该空心材料具有较高的结晶度、发达的多级孔道结构和丰富的表面羟基。与传统方法制备的 Silicalite-1 分子筛催化剂相比，Silicalite-1 空心材料在环己酮肟 Beckmann 气相重排反应中表现出优异的催化性能，使环己酮肟的转化率达 99%、己内酰胺的选择性达 94%，同时催化剂保持极佳的稳定性。Silicalite-1 空心材料中具有的大量巢式硅羟基和末端硅羟基是 Beckmann 重排反应的主要活性位，且可通过简单焙烧再生实现羟基活性位的完全恢复。

3.2.2.2 传统己内酰胺重排单元危险性分析

对于利用发烟硫酸存在条件下对环己酮肟进行液相重排生成己内酰胺的生产工艺来说，生产装置布置密集，工艺流程长，易燃、易爆、有毒、腐蚀性物料多，并多在高温、高压等苛刻条件下进行，装置的控制条件和技术要求严格，使其生产过程事故具有突发性、灾害性的特点[85]。

重排反应属于强放热反应。工业上己内酰胺的液相重排是环己酮肟在一定浓度发烟硫酸存在条件下进行分子内重排生成己内酰胺的反应，该反应是一个快速、强放热反应。将反应热及时导出是重要工艺过程，否则会导致温度急速升高引发事故。

反应物料具有危害性。环己酮肟有害，应避免食入和吸入，误吸应赶紧脱离现场至空气新鲜处。避免接触眼睛，皮肤和衣物，衣物接触后要将其脱下，清洗后方可重新使用。

发烟硫酸为酸性腐蚀品、高毒，对皮肤、黏膜等组织有强烈的刺激和腐蚀作用。其蒸气可引起结膜炎、结膜水肿、角膜混浊以致失明。皮肤灼伤轻者出现红斑，重者形成溃疡。溅入眼内可造成灼伤，甚至角膜穿孔以至失明。如果发烟硫酸不慎泄漏，泄漏污染区人员应迅速撤离至安全区，并立即隔离 150m，严格限制出入，尽可能切断泄漏源。应急处理人员应戴自给正压式呼吸器，穿防酸工作服，不要直接接触泄漏物。小量泄漏时应在地面洒上苏打灰，然后用大量水冲洗，用洗水稀释后放入废水系统。如果大量泄漏，应构筑围堤或挖坑收容，在专家指导下清除。

己内酰胺属于低毒类物质，经常接触时会出现头痛、头晕、乏力、记忆力减退、睡眠障碍等神经衰弱症状。己内酰胺单体有很强的吸湿性，且易溶于皮脂，故可被皮肤吸收，导致皮肤光滑干燥，角质层增厚，皮肤皲裂等，有时可发生全身性皮炎，工作场所最高容许浓度为 10mg/m^3。当皮肤不慎接触时应脱去污染的衣物，用大量流动清水冲洗；眼睛不慎接触应提起眼睑，用流动清水或生理盐水冲洗，就医；误吸入应赶紧脱离现场至空气新鲜处，呼吸困难时应输氧，就医；误食应饮足量温水，催吐，就医。

己内酰胺装置重排工序危险因素。环己酮肟与发烟硫酸的反应非常强烈，如果操作不慎，就可能导致设备泄漏，温度急剧上升等危险状况，轻者己内酰胺硫酸酯溶液从体系中排空管线冲出，严重时会发生爆炸。

物料对设备的危害。发烟硫酸对设备和管道具有强腐蚀性，容易导致静态混合器的腐蚀，循环泵、重排换热器中的物料的泄漏。因此静态混合器、循环泵和重排换热器与循环液接触的材质要选用耐酸的不锈钢，泵的密封性也要好，防止重排液己内酰胺硫酸酯的泄漏。

重排换热器泄漏的危害。重排换热器泄漏可导致循环冷却水进入到重排反应液中，会导致反应温度下降，如果在分析原因时把这种现象误认为是环已酮肟加料不足引起的温度下降，从而继续加大环已酮肟的进料量，则会导致反应温度急剧上升，有可能导致冲料，爆炸。

重排换热器冷却能力不足的危害。重排换热器冷却能力不足会导致重排过程中放出的大量热量不能被循环水带出，从而会导致重排反应温度的升高，可能造成反应速度过快，重排液发生暴沸等危险。

发烟硫酸、环已酮肟进料控制不当的危害。因为发烟硫酸在环已酮肟重排反应中不仅仅是反应的催化剂，而且还可以使反应重排液的黏度降低，提高传热效率，带走一部分反应热，起到稀释、传热、吸水的作用。当酸肟比值低时，物料的黏度会有所增加，反应的传质传热也会降低，可能会导致反应液局部过热，造成副产物的增多，还有可能使重排液产生暴沸。在向重排反应器加入环已酮肟的阀门处极易因温度低而导致环已酮肟的凝固，当用蒸汽在阀门加热使之熔化时，极易导致环已酮肟的气化，从而使环已酮肟大量进入重排反应器，使得重排反应器温度迅速上升，有可能引起爆炸。

3.2.2.3 环已酮和羟胺盐直接合成已内酰胺集成催化反应过程

(1) 纳微尺度上合成环已酮肟及其重排集成反应体系的构建

合成已内酰胺工艺由合成环已酮肟和环已酮肟重排两个单元构成，工艺流程复杂，且需要单独制备环已酮肟，环已酮肟要经过生产、储存、输送及使用等步骤。且环已酮肟的储存具有很高的危险性。

在纳微尺度上，建立由合成环已酮肟及其进一步重排制备已内酰胺反应组成的集成体系，使生成的非安全反应物——环已酮肟及时完全转化为已内酰胺。由于集成反应在纳微尺度催化活性相上进行，不会产生环已酮肟的宏观累积，不需要储存和输送，进而解决了环已酮肟带来的安全问题。并且，去除了原工艺中环已酮肟的分离和纯化、输送、储存单元。

通过在纳微尺度上构筑集成反应，将原来的两段工艺简化为一段直接合成工艺，工艺流程简单化，反应器由两个简化为一个，不需要设置环已酮肟储罐。具体过程如图 3.9 所示。

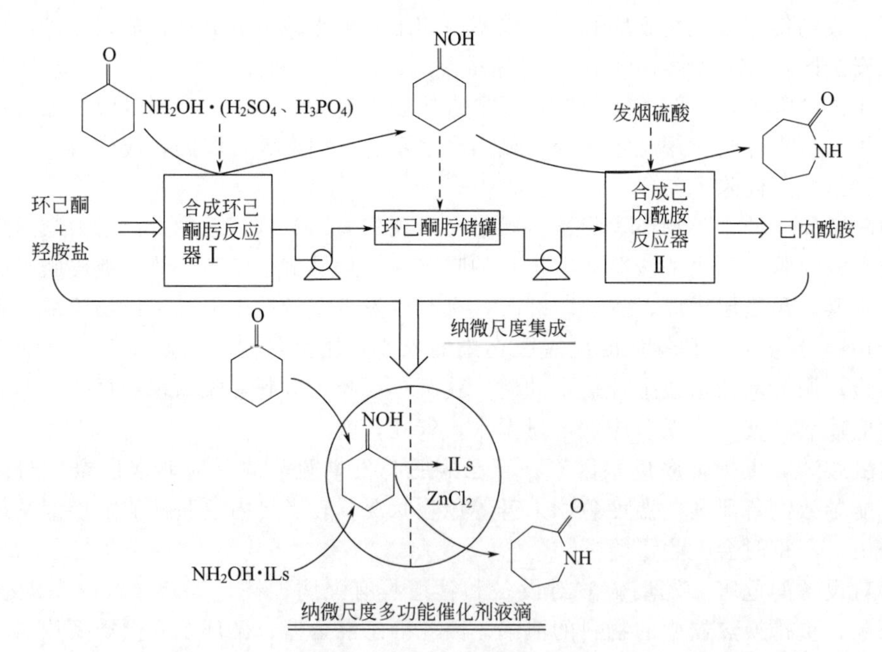

图 3.9 纳微尺度多功能催化剂上合成已内酰胺反应集成过程示意图

(2) 环己酮和羟胺盐为原料直接合成己内酰胺工艺

工业上己内酰胺（CPL）主要是通过环己酮（CYC)-NH_2OH 法制备，存在工艺路线复杂、副产大量低价值硫酸铵、腐蚀设备、污染环境等问题。近年来，研究者对 CPL 生产工艺进行了大量改进，主要集中在缩短工艺路线、简化流程、减少副产物硫酸铵产量、降低环境污染上，其中以 CYC 为原料一步合成 CPL 的工艺最为引人注目。

Chandrasekhar 等[86]研究了无溶剂条件下以 CYC 和盐酸羟胺为原料，无水草酸为促进剂，无溶剂条件下直接合成 CPL 的反应。在 N_2保护下，将 1mmol CYC、1.3mmol 盐酸羟胺和 2.5mmol 无水草酸混合加热，并保持 80℃反应 12h，CPL 收率为 60%。

Mahajan 等[87]考察了无溶剂条件下 $FeCl_3 \cdot 6H_2O$ 催化 CYC 和盐酸羟胺直接合成 CPL 的反应。当盐酸羟胺和 CYC 物质的量比为 1.5，$FeCl_3 \cdot 6H_2O$ 用量为 CYC 的 10%，130℃反应 70min 时，CPL 收率为 72%。

Sharghi 等[88]以 CYC 和盐酸羟胺为原料，ZnO 为催化剂，无溶剂条件下直接合成 CPL。当用环己酮 1mmol，盐酸羟胺 3.3mmol，ZnO 2mmol，在 150℃反应 1h 时，CPL 收率为 85%。

Rancan 等[89]以 CYC 和盐酸羟胺为原料，乙腈为溶剂，考察了 CYC 自催化氨基化直接合成 CPL 的反应。当用 CYC 10mmol、盐酸羟胺 30mmol、乙腈 10mmol，在 100℃反应 3h 时，CYC 转化率达 90%，而目标产物 CPL 的选择性为 72%。

Aricò 等[90]以 CYC 和盐酸羟胺为原料，三氟乙酸为催化剂和溶剂，考察了 CYC 氨肟化和 COX 贝克曼重排的集成反应。当用 CYC 2mmol，CYC：$NH_2OH \cdot HCl$：CF_3COOH=1：3：15，70℃反应 16h 时，CYC 转化率为 99%，CPL 选择性为 84%。

Zhang 等[91]考察了三氟乙酸催化的 CYC 和羟胺直接合成 CPL 的反应，当 CYC 浓度为 0.32mol/L，羟胺水溶液浓度为 0.35mol/L，三氟乙酸为催化剂，乙腈为添加剂，且乙腈在三氟乙酸中的含量为 5%（质量分数），70℃反应 4h 时，CYC 转化率为 100%，CPL 选择性大于 99%。

表 3.1 列出了 CYC 与羟胺直接合成 CPL 反应的研究情况。可以看出，以羟胺盐为原料时，CPL 收率较高。无溶剂条件下反应时，不使用有机溶剂，环境友好，然而反应温度较高。而在溶剂存在下，利用溶剂的显热或汽化潜热移出反应热，可以使重排反应在较低温度下进行，而且可以得到较高的 CPL 收率，有很好的工业化前景。

表 3.1 羟胺与环己酮（CYC）直接合成己内酰胺（CPL）

原料	催化剂	反应条件	溶剂	Y_{CPL}(%)	文献
$NH_2OH \cdot HCl$	$(CO_2H)_2$	80℃/12h	无	60	[86]
$NH_2OH \cdot HCl$	$FeCl_3 \cdot 6H_2O$	130℃/70min	无	72	[87]
$NH_2OH \cdot HCl$	ZnO	150℃/1h	无	85	[88]
$NH_2OH \cdot HCl$	无	100℃/3h	CH_3CN	63.8	[89]
$NH_2OH \cdot HCl$	CF_3COOH	70℃/16h	CF_3COOH	83.2	[90]
NH_2OH	CF_3COOH	70℃/4h	CH_3CN	99	[91]

(3) 环己酮和离子液体型羟胺盐为原料直接合成己内酰胺工艺

作者课题组[92,93]用 1-磺丁基-3-甲基咪唑硫酸氢盐离子液体型羟胺盐｛$(NH_2OH)_2 \cdot$ [HSO_3-*b*-mim]·HSO_4｝取代无机酸羟胺盐用于 CPL 直接合成过程。考察无溶剂条件下

$(NH_2OH)_2\cdot[HSO_3\text{-}b\text{-mim}]\cdot HSO_4$与CYC直接合成CPL的反应性能。该过程可在一个反应器中实现两步反应集成，缩短工艺路线，简化反应流程，且不副产硫酸铵，环境友好，有很好的发展前景。

$(NH_2OH)_2\cdot[HSO_3\text{-}b\text{-mim}]\cdot HSO_4$与CYC无溶剂条件下直接合成CPL的反应，实际上是CYC与NH_2OH生成COX和COX贝克曼重排生成CPL两步反应集成。作为一个多步反应，集成反应的结果取决于肟化和贝克曼重排两步反应的反应性能。首先考察了不同催化剂对该集成反应性能的影响，结果如表3.2所示。可以看出，当不加入催化剂时，CYC转化率为58.9%，产物主要为CYC与NH_2OH作用生成的中间产物COX，CPL的量很少，说明没有催化剂时不利于COX贝克曼重排生成CPL的反应。当加入锌盐催化剂后，无论哪种形式的锌盐都可以使CYC的转化率达到或接近100%，说明锌盐可以促进CYC与NH_2OH反应，且CYC转化率与锌盐种类关系不大。而CPL的选择性受催化剂影响较大，当以ZnO为催化剂时，产物主要为COX，CPL的量微乎其微，说明ZnO可以促进肟化反应，但对贝克曼重排基本没有活性。当以$Zn(OAc)_2$、$ZnSO_4\cdot 7H_2O$或$ZnCl_2$为催化剂时，CPL的选择性逐渐增大，说明这三种锌盐催化剂有利于COX贝克曼重排生成CPL的反应，尤以$ZnCl_2$的效果最好，CYC转化率和CPL选择性分别为98.6%和76.1%。说明$ZnCl_2$是较好的贝克曼重排催化剂，能够与$(NH_2OH)_2\cdot[HSO_3\text{-}b\text{-mim}]\cdot HSO_4$释放的离子液体$[HSO_3\text{-}b\text{-mim}]\cdot HSO_4$协同催化，将COX重排为产物CPL。

表3.2 催化剂对直接合成CPL反应性能的影响

锌盐	$X_{CYC}/\%$	$S_{CPL}/\%$	$S_{COX}/\%$
—	58.9	10.6	70.2
ZnO	99.9	2.50	97.5
$Zn(OAc)_2$	96.0	31.2	23.9
$ZnSO_4\cdot 7H_2O$	100	46.6	23.8
$ZnCl_2$	98.6	76.1	11.9

注：反应条件为CYC 1mmol，$n(CYC):n\{(NH_2OH)_2\cdot[HSO_3\text{-}b\text{-mim}]\cdot HSO_4\}:n(催化剂)=1:2:2$，150℃，1.5h。

通过单因素实验，得到CYC和$(NH_2OH)_2\cdot[HSO_3\text{-}b\text{-mim}]\cdot HSO_4$直接合成CPL反应的适宜条件，即CYC 1mmol、$n(CYC):n\{(NH_2OH)_2\cdot[HSO_3\text{-}b\text{-mim}]\cdot HSO_4\}:n(ZnCl_2)=1:2:2$、无溶剂、150℃反应2h时，CYC转化率和CPL选择性最高，两者分别为100%和91.0%。这说明，$(NH_2OH)_2\cdot[HSO_3\text{-}b\text{-mim}]\cdot HSO_4$确实能够取代无机酸羟胺盐用于CPL直接合成。

$(NH_2OH)_2\cdot[HSO_3\text{-}b\text{-mim}]\cdot HSO_4$与无机酸羟胺为原料的反应性能对比：以绿色酸性离子液体$[HSO_3\text{-}b\text{-mim}]\cdot HSO_4$取代无机酸来稳定$NH_2OH$，设计、合成了环境友好离子液体型羟胺盐$(NH_2OH)_2\cdot[HSO_3\text{-}b\text{-mim}]\cdot HSO_4$，并将其用于无溶剂条件下CPL直接合成过程，得到了较高CYC转化率和CPL选择性。那么，与无机酸羟胺盐相比，$(NH_2OH)_2\cdot[HSO_3\text{-}b\text{-mim}]\cdot HSO_4$在直接合成CPL反应中有没有优势呢？接下来，在上述适宜反应条件下，对比考察了盐酸羟胺、硫酸羟胺和$(NH_2OH)_2\cdot[HSO_3\text{-}b\text{-mim}]\cdot HSO_4$直接合成CPL反应性能，结果如图3.10所示。可以看出，无论以哪种羟胺盐为原料，CYC转化率相差不大，均为100%左右，进一步说明CYC与NH_2OH生成COX的反应较易进行，不受酸种类的影响。以不同的羟胺盐为原料时，CPL选择性有所差别。以盐酸羟胺为原料时，CPL选择性较低，只有56.1%。而以硫酸羟胺或$(NH_2OH)_2\cdot[HSO_3\text{-}b\text{-mim}]\cdot HSO_4$为原料时，CPL选择性相差不大，两者分别为89.8%和91.0%。

为了进一步探究导致盐酸羟胺，硫酸羟胺和 $(NH_2OH)_2$ • [HSO_3-*b*-mim] • HSO_4 之间反应性能差别的原因，通过 DFT/M062X/6-31++G 的量化计算方法考察了三者之间的结构差异，各结构的几何参数及特征见表 3.3。由表可知，三种羟胺盐中 N 与酸中氢离子的距离，按大小排序为 $(NH_2OH)_2$ • [HSO_3-*b*-mim] • HSO_4 (N1′-H1-4, 1.0710) < NH_2OH • HCl (1.1570) < $(NH_2OH)_2$ • HSO_4[1.1708(12)] < $(NH_2OH)_2$ • [HSO_3-*b*-mim] • HSO_4 (N2′-H2-4, 1.4290)。其中，前三者酸中氢与 NH_2OH 上的 N 形成价键，而 $(NH_2OH)_2$ • [HSO_3-*b*-mim] • HSO_4 中的 N2′上的孤对电子与邻近酸性氢（O—H）并没有成键，只是与 H—O 的反键轨道之间作用而产生了较大的稳定化能 495.77kJ/mol（118.44kcal/mol）。它的 Mayer 键级也明显低于其他成键的 N—H 键，三种羟胺盐的相互作用能基本相当。

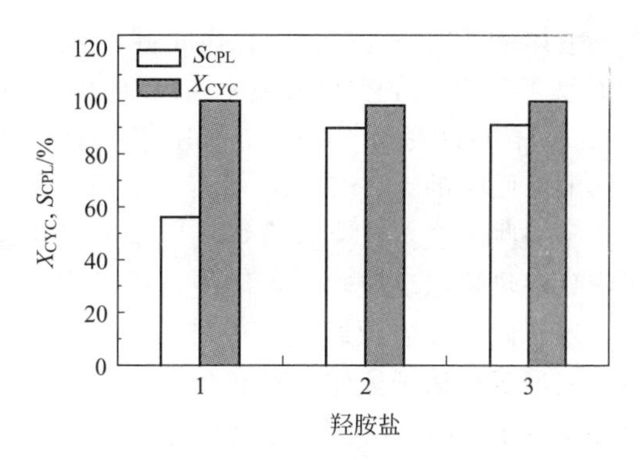

图 3.10 羟胺盐种类对一步合成 CPL 反应性能的影响

1—NH_2OH • HCl；2—$(NH_2OH)_2$ • HSO_4；3—$(NH_2OH)_2$ • [HSO_3-*b*-mim] • HSO_4

注：反应条件为 CYC 1mmol，*n*(CYC) : *n*(NH_2OH) : *n*($ZnCl_2$) = 1 : 4 : 2，150℃，2h。

表 3.3 DFT/M062X/6-31++G 水平下优化结构羟胺盐的部分几何参数及特性（gas，1atm，298K）

项目	盐酸羟胺	硫酸羟胺	$(NH_2OH)_2$ • [HSO_3-*b*-mim] • HSO_4
羟胺盐中 NH_2OH 上 N 与酸中 H 之间的距离/Å	1.1570	1.1712/1.1708	1.0710/1.4290
稳定化能 *E*/(kcal/mol)	成键	成键 成键	成键 118.44[LP(N2′)→BD*(H—O)]
羟胺盐中酸和 NH_2OH 之间的 Mayer 键级	0.322	0.394 0.395	0.555 0.308
三种羟胺盐的相互作用能 Δ*E*/(kcal/mol)	−138.35	−135.80	−141.60 −149.92
羟胺盐中 NH_2OH 上 N 与酸中 H 之间的 NBO 电荷	N −0.485 H 0.383	N −0.577　N −0.577 H 0.483　H 0.483	N1′ −0.560　H1−4 0.493 N2′ −0.620　H2−4 0.497

硫酸羟胺的两个羟胺阳离子相互对称，作用能大小相等，而 $(NH_2OH)_2$ • [HSO_3-*b*-mim] • HSO_4 中两个羟胺所处环境有所差别，所以作用能相差 34.83kJ/mol（8.32kcal/mol），它的两个羟胺阳离子作用能略大于盐酸羟胺和硫酸羟胺，说明离子液体可以很好的稳定羟胺。

从一定程度上讲，越低的作用能，越易于羟胺中性分子从相应的盐中分解出来。$(NH_2OH)_2$ • [HSO_3-*b*-mim] • HSO_4（由于含有 N2′）的羟胺分子最容易分解，而且 N2′具有最多的 NBO 负电荷（−0.620），表明此 N 原子容易与 CYC 上的碳发生亲核取代反应。同时它的 H 原子含有最强的正电荷（0.497），也易于促进贝克曼重排反应。因此，在与 CYC 直接合成 CPL 反应中，$(NH_2OH)_2$ • [HSO_3-*b*-mim] • HSO_4 的反应性能优于其他两种无机酸羟胺盐。

如上所述，设计并合成了 $(NH_2OH)_2$ • [HSO_3-*b*-mim] • HSO_4，并将其用于无溶剂条件下 CPL 的直接合成过程，取得了满意的 CYC 转化率和 CPL 选择性。然而，上述反应仍有许多待改进和完善之处。酸性离子液体兼具离子液体、固体酸和液体酸的优势，而且种类成千上万。那么，除了价格很贵的 [HSO_3-*b*-mim] • HSO_4 外，其他价格相对较低的酸性离子液体能否用来稳定 NH_2OH 呢？此外，在 $(NH_2OH)_2 \cdot [HSO_3\text{-}b\text{-mim}] \cdot HSO_4$ 与 CYC 无溶剂条件下直接合成 CPL 反应中，当反应结束后，结合在 $(NH_2OH)_2 \cdot [HSO_3\text{-}b\text{-mim}] \cdot HSO_4$ 中的 $[HSO_3\text{-}b\text{-mim}] \cdot HSO_4$ 可以回收。然而，由于较高反应温度（150℃）的影响，回收的 $[HSO_3\text{-}b\text{-mim}] \cdot HSO_4$ 黏度增大，颜色加深，与新鲜离子液体相比，性状发生了一些改变。贝克曼重排反应是一个快速强放热反应，在溶剂存在下，利用溶剂的显热或汽化潜热移出反应热，可以使重排反应在较低温度下进行。

鉴于此，作者课题组[92,94]以几种价格相对较低的酸性离子液体来稳定 NH_2OH，扩展制备三种新型离子液体型羟胺盐［表示为 $(NH_2OH)_2 \cdot ILs$］，并将其用于以 CYC 为原料、温和条件下 CPL 直接合成过程（见图 3.11）。同时探索 ILs 的回收方法，研究温和反应条件下回收的 ILs 性状能否有所改善。

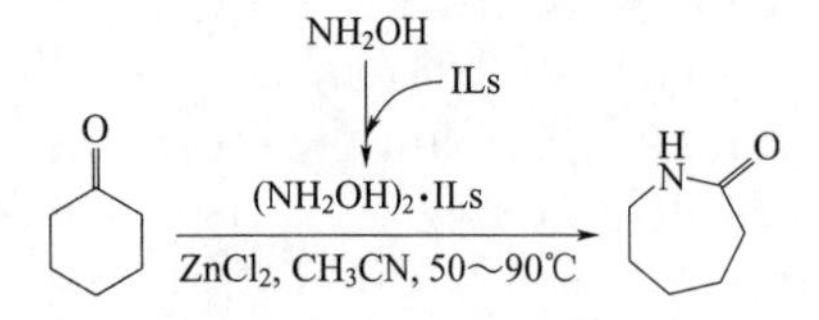

图 3.11　温和条件下 $(NH_2OH)_2 \cdot ILs$ 与 CYC 直接合成 CPL

温和条件下 $(NH_2OH)_2 \cdot [HSO_3\text{-}b\text{-mim}] \cdot HSO_4$ 与环己酮直接合成 CPL：表 3.4 为溶剂对直接合成 CPL 反应性能的影响。由表可以看出，溶剂对 CPL 合成反应性能有较大影响。当以甲苯和 N,N-二甲基甲酰胺为溶剂时，产物主要为 COX，CPL 的选择性很低；而以乙腈为溶剂时，CPL 选择性大幅提高，为 96.3%。如前所述，$(NH_2OH)_2 \cdot [HSO_3\text{-}b\text{-mim}] \cdot HSO_4$ 与 CYC 直接合成 CPL 的反应实际上是 CYC 与 NH_2OH 生成 COX 和 COX 贝克曼重排生成 CPL 两步反应集成。作为一个多步反应，集成反应的结果取决于肟化和贝克曼重排两步反应。对于肟化反应而言，NH_2OH 中的电子对亲核进攻 CYC 上的 C═O，从而生成 COX，自由 NH_2OH 是发生亲核反应生成 COX 的必要条件[95]，因而离子液体型羟胺盐分解生成 NH_2OH 对第一步反应至关重要。而非质子极性溶剂，如乙腈和 N,N-二甲基甲酰胺，由于氮原子上的孤对电子可以和羟胺盐中的氢原子形成氢键，从而可以促进羟胺盐分解生成 NH_2OH[96,97]。因而，当以乙腈和 N,N-二甲基甲酰胺为溶剂时，CYC 转化率较大。

表 3.4　溶剂对直接合成 CPL 反应性能的影响

溶剂	X_{CYC}/%	S_{CPL}/%	S_{COX}/%
甲苯	27.3	35.5	63.5
N,N-二甲基甲酰胺①	79.2	19.0	81.0
乙腈	82.5	96.3	3.10

① 均相，其他均为多相。

注：反应条件为 CYC 5mmol，$n(CYC) : n\{(NH_2OH)_2 \cdot [HSO_3\text{-}b\text{-mim}] \cdot HSO_4\} : n(ZnCl_2) = 2 : 1 : 3$，溶剂为 10mL，80℃，4h。

一般来说，贝克曼重排反应是在酸性条件下进行。H^+ 首先进攻 COX，形成 N 质子化的 COX，接下来质子从 N 迁移到 O 形成 O 质子化的肟，该步骤称为 1,2-H-迁移，活化能较大，是贝克曼重排反应的速率决定步骤[98]。当极性溶剂存在时，N 质子化的肟和溶剂分子之间可以形成很强的五元环化合物，这种活性溶剂参与作用可极大地稳定该过渡状态，并且降低该步骤的活化能，从而促进 O 质子化肟的形成[64,99]。乙腈和 N,N-二甲基甲酰胺均为极性溶剂，然而 N,N-二甲基甲酰胺具有弱碱性，限制了贝克曼重排反应的进行[100]。因而，乙腈是该反应的最佳溶剂。综合肟化和贝克曼重排两步反应，可以看出，乙腈是 CYC 一步合成 CPL 反应的最佳溶剂。

锌盐催化剂对一步合成己内酰胺反应性能的影响：以乙腈为溶剂，考察了不同锌盐催化剂对直接合成 CPL 反应性能的影响，结果如表 3.5 所示。可以看出，当以 $Zn(OAc)_2$、

$ZnSO_4 \cdot 7H_2O$ 或 ZnO 为催化剂时，CYC 只发生肟化反应生成 COX，CPL 选择性很低；而以 $ZnCl_2$ 为催化剂时，$ZnCl_2$ 与 $(NH_2OH)_2 \cdot [HSO_3\text{-}b\text{-mim}] \cdot HSO_4$ 释放出的酸性 $[HSO_3\text{-}b\text{-mim}] \cdot HSO_4$ 组成复合催化体系，能够高效催化 COX 贝克曼重排反应，提高了 CPL 的选择性。与其他锌盐相比，$ZnCl_2$ 是较好的直接合成 CPL 反应的催化剂。

表 3.5　锌盐催化剂对直接合成 CPL 反应性能的影响

锌盐	$X_{CYC}/\%$	$S_{CPL}/\%$	$S_{COX}/\%$
$ZnCl_2$	82.5	96.3	3.10
$Zn(OAc)_2$	83.7	2.20	66.9
$ZnSO_4 \cdot 7H_2O$	75.2	3.20	88.6
ZnO	89.6	10.0	89.6

注：反应条件为 CYC 5mmol，$n(CYC) : n\{(NH_2OH)_2 \cdot [HSO_3\text{-}b\text{-mim}] \cdot HSO_4\} : n$(锌盐)$=2:1:3$，乙腈 10mL，80℃，4h。

通过条件优化实验，得到 CYC 和 $(NH_2OH)_2 \cdot [HSO_3\text{-}b\text{-mim}] \cdot HSO_4$ 温和条件下直接合成 CPL 反应的适宜条件，即 CYC 5mmol，$n(CYC) : n\{(NH_2OH)_2 \cdot [HSO_3\text{-}b\text{-mim}] \cdot HSO_4\} : n(ZnCl_2)=2:1:3$，10mL 乙腈为溶剂，80℃反应 4h 时，CYC 转化率和 CPL 选择性最高，两者分别为 82.5%和 96.3%。在无溶剂条件下 CYC 与 $(NH_2OH)_2 \cdot [HSO_3\text{-}b\text{-mim}] \cdot HSO_4$ 一步合成 CPL 反应中，CYC 转化率和 CPL 选择性最高分别为 100%和 91.0%。可见，加入溶剂乙腈后，反应温度由 150℃降低至 80℃，CYC 转化率虽然有所下降，但产物 CPL 的选择性增加至 96.3%，减少了后续分离负担。

不同离子液体型羟胺盐反应性能对比：相同条件下对比考察了不同离子液体型羟胺盐对直接合成 CPL 反应性能的影响，结果如表 3.6 所示。可以看出，当以 $(NH_2OH)_2 \cdot [HSO_3\text{-}b\text{-mim}] \cdot HSO_4$ 或 $(NH_2OH)_2 \cdot [HSO_3\text{-}b\text{-Py}] \cdot HSO_4$ 为原料时，CYC 转化率较低；而以 $(NH_2OH)_2 \cdot [H\text{-mim}] \cdot HSO_4$ 或 $(NH_2OH)_2 \cdot [HSO_3\text{-}b\text{-}N(CH_3)_3] \cdot HSO_4$ 为原料时，CYC 转化率大幅提高，接近 100%，此时 CPL 选择性也高达 92%，副产物只有 COX。可见，$(NH_2OH)_2 \cdot [H\text{-mim}] \cdot HSO_4$ 和 $(NH_2OH)_2 \cdot [HSO_3\text{-}b\text{-}N(CH_3)_3] \cdot HSO_4$ 反应性能相当，都能够很好的用于温和条件下 CPL 直接合成过程。从成本方面考虑，三甲胺来源广泛，价格低廉，因此，$[HSO_3\text{-}b\text{-}N(CH_3)_3] \cdot HSO_4$ 在 NH_2OH 稳定以及 CPL 合成方面更胜一筹，不失为一种较好的 NH_2OH 稳定剂。

表 3.6　不同离子液体型羟胺盐对一步合成 CPL 反应性能的影响

羟胺盐	$X_{CYC}/\%$	$S_{CPL}/\%$	$S_{COX}/\%$
$(NH_2OH)_2 \cdot [HSO_3\text{-}b\text{-mim}] \cdot HSO_4$	82.5	96.3	3.10
$(NH_2OH)_2 \cdot [HSO_3\text{-}b\text{-Py}] \cdot HSO_4$	86.2	83.4	16.6
$(NH_2OH)_2 \cdot [HSO_3\text{-}b\text{-}N(CH_3)_3] \cdot HSO_4$	99.1	92.0	8.00
$(NH_2OH)_2 \cdot [H\text{-mim}] \cdot HSO_4$	99.7	92.1	7.90

注：反应条件为 CYC 5mmol，$n(CYC) : n(NH_2OH) : n(ZnCl_2)=2:2:3$，乙腈 10mL，80℃，4h。

$(NH_2OH)_2 \cdot [HSO_3\text{-}b\text{-}N(CH_3)_3] \cdot HSO_4$ 与无机酸羟胺盐反应性能对比：为了与传统无机酸羟胺盐比较，作者课题组[92,94]在相同条件下对比考察了离子液体型羟胺与 $(NH_2OH)_2 \cdot H_2SO_4$ 和 $NH_2OH \cdot HCl$ 在直接合成 CPL 反应中的性能，结果如表 3.7 所示。可以看出，无论以哪种羟胺盐为原料，CPL 选择性相差不大，在 91.2%和 92.0%之间。但 CYC 转化率有所不同，分别为 $NH_2OH \cdot HCl < (NH_2OH)_2 \cdot H_2SO_4 < (NH_2OH)_2 \cdot [HSO_3\text{-}b\text{-}N(CH_3)_3] \cdot HSO_4$。以 $NH_2OH \cdot HCl$ 为原料时，反应呈均相，CYC 转化率和 CPL 选择性最低，说明 $NH_2OH \cdot HCl$ 释放出的盐酸可以与 $ZnCl_2$ 一起催化 COX 的重排反

应，但效果相对较差，而且均相反应不利于催化剂的回收；以 $(NH_2OH)_2 \cdot H_2SO_4$ 为原料时，CYC 转化率和 CPL 选择性都很高，分别为 96.6% 和 91.8%，说明在该反应条件下，CYC 和 $(NH_2OH)_2 \cdot H_2SO_4$ 可以直接高效合成 CPL；而以 $(NH_2OH)_2 \cdot [HSO_3\text{-}b\text{-}N(CH_3)_3] \cdot HSO_4$ 为原料时，CYC 转化率和 CPL 选择性最高，分别为 99.1% 和 92.0%，说明 $[HSO_3\text{-}b\text{-}N(CH_3)_3] \cdot HSO_4$ 不仅能够很好的稳定 NH_2OH，而且还能与 $ZnCl_2$ 协同催化 COX 贝克曼重排反应，活性与硫酸相当。可见，$(NH_2OH)_2 \cdot [HSO_3\text{-}b\text{-}N(CH_3)_3] \cdot HSO_4$ 不仅可以达到与 $(NH_2OH)_2 \cdot H_2SO_4$、$NH_2OH \cdot HCl$ 等无机酸羟胺盐相当的反应性能，而且反应过程中不释放无机强酸，不产生设备腐蚀和环境污染问题，不副产硫酸铵，体现了绿色化学和可持续发展的宗旨。

表 3.7 $(NH_2OH)_2 \cdot [HSO_3\text{-}b\text{-}N(CH_3)_3] \cdot HSO_4$ 与无机酸羟胺盐反应性能对比

羟胺盐	X_{CYC}/%	S_{CPL}/%	S_{COX}/%
$NH_2OH \cdot HCl$①	93.2	91.2	8.80
$(NH_2OH)_2 \cdot H_2SO_4$	96.6	91.8	8.20
$(NH_2OH)_2 \cdot [HSO_3\text{-}b\text{-}N(CH_3)_3] \cdot HSO_4$	99.1	92.0	8.00

① 均相。

注：反应条件为 CYC 5mmol，$n(CYC) : n(NH_2OH) : n(ZnCl_2) = 2 : 2 : 3$，乙腈 10mL，80℃，4h。

3.3 甲醇非安全中间反应物

甲醇在世界化工产品中占有极其重要的地位，是大吨位的化工产品之一。甲醇作为基本化工原料，广泛用于生产甲醛、甲基叔丁基醚（MTBE）、醋酸、甲酸甲酯、氯甲烷、甲胺、硫酸二甲酯、甲基丙烯酸甲酯、碳酸二甲酯、二甲氧基甲烷、乙醇和二甲醚等有机化工产品。在世界基础有机化工原料中，消费量仅次于乙烯、丙烯和苯。近年来，世界各国都在竞相开发甲醇消费的新途径、新领域，开始形成从甲醇出发，生产基本有机原料产品、能源产品及精细化工产品的甲醇化工。甲醇也是一种优质燃料，在进行深加工后可作为一种新型清洁燃料。此外，甲醇还是医药、农药的重要原料之一。

3.3.1 甲醇危险性

甲醇储存事故：甲醇生产过程中，其储量增加而带来的潜在危险性越来越大，易发生泄漏性火灾爆炸。2006 年江西省吉安市某药业公司一个有数十罐甲醇的生产车间突发大火，火焰高达 15m，甲醇储罐发生爆炸。2009 年天津某药业公司的 4 号甲醇罐连续发生 3 次爆炸。这些事故虽未造成重大人员伤亡，但社会影响较大，部分贵重设备在火灾爆炸中受到严重破坏[101]。

甲醇运输事故：2014 年 3 月 1 日，位于山西省晋城市泽州县的晋济高速公路山西晋城段岩后隧道内，两辆运输甲醇的铰接车追尾相撞，前车甲醇泄漏起火燃烧，隧道内滞留的另外 2 辆危险化学品运输车和 31 辆煤炭运输车等车辆被引燃引爆，造成 40 人死亡、12 人受伤和 42 辆车烧毁。

2005 年 1 月，陕西榆林某化工厂甲醇库在充装甲醇车辆时发生甲醇溢罐，溢出的甲醇流到公司南马路后因遭遇明火发生燃烧，造成火灾事故，烧毁车辆和相关设施。

2006 年 4 月，宁波镇海某化工区在甲醇装车过程中，因静电未导除，槽罐车进料口可燃气体遇火花突然发生燃烧，幸好操作人员及时用灭火器扑灭，才未使事故进一步扩大。

甲醇是一种无色、透明、易燃，且具有高度挥发性的中等毒性液体。其蒸气与空气混合

(爆炸极限为6%～36.5%)遇明火、高热会引起燃烧爆炸。其蒸气比空气重，能从较低处扩散到相当远的地方。在储运过程中甲醇中的一部分蒸气不可避免地会排入大气，造成甲醇损耗和大气环境污染。

由于甲醇的物理化学性质及储存条件和周围环境等因素的影响，甲醇存在着挥发性、流动（扩散）性、高度易燃性、蒸气易爆性、热膨胀性和聚积静电荷性等诸多火灾和爆炸危险有害因素，且甲醇合成和精制条件为高温、高压，中间产品合成气及产品甲醇多为易燃、可燃物，易发生中毒、火灾和爆炸等事故。

甲醇储存、运输危险性有以下几种：

易挥发性：甲醇在常态下为液体，饱和蒸气压12.80kPa（96mmHg），沸点63.5℃。其蒸气压与温度关系密切，随着温度的升高，蒸气压也会升高，挥发性也越强。挥发出来的甲醇与空气形成的混合物就会在储罐周围形成高浓度的混合气体危险区域。

易燃易爆性：根据《建筑设计防火规范》（GB 50016—2014）对于可燃液体火灾危险性的划定，甲醇属甲类可燃液体，如果甲醇蒸气与空气混合形成可燃性混合物，会与空气中的氧进行剧烈的氧化还原反应，导致火灾的发生。而且甲醇的最小引燃能量很小，如机械火星、烟囱飞火、电器火花和汽车排气管火星等的温度及能量都远远超过了其最小引燃能量，极易受周围各种因素的影响发生起火燃烧、爆炸事故。

流动、扩散性：甲醇的黏度为0.5945mPa·s（20℃）。黏度会随温度升高而降低，具有较强的流动性。甲醇的密度比空气密度大，可能会随风飘散或沿着地面向外扩散，积聚在水沟、下水道等地势低洼地带。因此，甲醇如果泄漏、溢出，将会迅速蔓延扩散，尤其是当储罐发生泄漏、破裂情况，突遇上明火、达到最小引燃能量等，就会不可避免地发生火灾。

热膨胀性：甲醇具有很强的热膨胀性。当环境温度升高，储罐体系受热时，甲醇的体积就会不断地增大。如果是密闭容器，并且甲醇储罐内物料过满，那么体积就会增大到超过容器的承受能力，储罐发生泄漏、破裂。另外，如果储罐区发生火灾，火灾现场附近的储罐就会受到高温地热辐射作用，如不及时冷却，也会因膨胀而破裂，造成甲醇的泄漏，增大火灾的危险性。

健康与污染的危险性：甲醇对人的伤害主要是通过人的器官如呼吸道和皮肤等。据资料显示，人体在服用10mg或稍低于此值的甲醇就会引起双目失明，如果单次服用大于10mL还会引起严重的中毒事件甚至死亡。在环境中吸收一定浓度的甲醇就极易引起慢性中毒。如果甲醇浓度达到300～500mg/m^{3}就会导致视力减退，严重的话可以导致神经衰弱。因此我国在不同的生产领域对甲醇的浓度是有限制的。甲醇对人健康的伤害可以通过污染水源以及水体生物，甲醇可以使水中的COD值增加，DO值减少，对水质的影响非常大。

生产过程中存在的主要的职业病危害因素有一氧化碳、甲醇、煤焦油沥青挥发物、苯、噪声等。

反应失控型火灾爆炸：在甲醇生产过程中，由于天然气、氢气、甲醇等原料、辅料的固有危险性，而且该生产反应又是比较危险的放热反应，使得反应器成为整个装置中火灾爆炸危险性较大的设备。

燃烧爆炸的危险性：甲醇在自然温度484℃即发生自燃现象，而其闪点为12℃。甲醇在自然状态下极容易与周围的空气混合，在有火星的情况下产生燃烧并释放大量的热量。同样甲醇的爆炸极限范围为6%～36.5%，是一种危险性极强的易燃易爆气体。

化学反应的爆炸性：甲醇易与很多物质发生化学反应，例如金属、酸性和碱性物质等。除此之外，甲醇也会和一定的氧化剂发生化学反应。因此在储存化学物质上应考虑到甲醇的这一特点，避免甲醇轻易与不相容的化学物质堆放在一起。

3.3.2 直接制低碳烯烃的纳微尺度集成催化反应过程

乙烯、丙烯等低碳烯烃是化学工业中重要的基础有机化工原料。其目前生产仍以烃类蒸气裂解的石油化工路线为主，随着石油资源的日益匮乏，利用煤炭及天然气资源转化制合成气，再由合成气制取低碳烯烃成为替代传统烯烃生产的新路线。目前合成气制低碳烯烃主要有合成气经甲醇或二甲醚间接制取低碳烯烃（MTO/MTP）的间接法合成和合成气经费托合成（F-T）直接制低碳烯烃的直接法合成两条路线，间接法合成工艺相对成熟，已经工业化；直接法合成技术因具有流程短、能耗低等优势和良好的工业化前景而备受关注。合成气直接制低碳烯烃常用的 F-T 合成催化剂活性金属为 Fe、Co、Ru、Rh 等，其中活性 Fe 催化剂廉价易得、性能稳定、烯烃选择性高，但由于 F-T 合成的烃产物分布受 Anderson-Schultz-Flory 规律的限制，很难进一步提高低碳烯烃选择性，开发不同于 F-T 合成的反应路线可能会为合成气直接制低碳烯烃研究提供一个新思路。

如果能减少反应步骤，将合成气直接高选择性合成低碳烯烃，将体现出流程更短、能耗更低的优势，有较强的竞争力，未来发展前景更为良好。

3.3.2.1 传统甲醇制低碳烃生产工艺

随着我国聚烯烃等化工行业的快速发展，供需矛盾日益突出。通过煤或天然气经甲醇制乙烯、丙烯等低碳烯烃（MTO）新工艺是最有希望代替传统石油路线制取烯烃的技术，受到广泛关注。随着神华包头 180 万吨/年、中国石化中原乙烯 60 万吨/年等 MTO 装置的建成，国内掀起了 MTO 热潮。MTO 技术的关键在于开发高烯烃选择性的催化剂。

已经工业化的甲醇制低碳烃生产工艺过程由两个单元构成：一是合成甲醇，二是甲醇在沸石催化剂作用下制低碳烃。甲醇制备和转化为低碳烃反应过程复杂，反应的影响因素很多。存在很多的安全隐患。其工艺流程简图如图 3.12 所示：

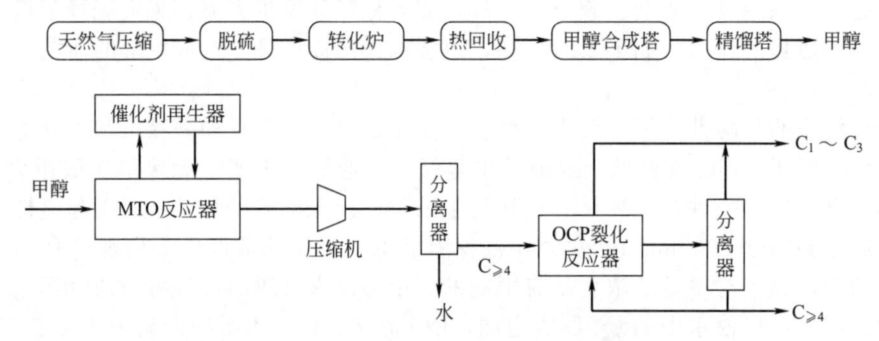

图 3.12 传统甲醇制低碳烃生产工艺流程简图

(1) 合成气制甲醇单元

甲醇高温气相合成工艺：以天然气为原料，采用干法脱硫、在一定压力下一段蒸汽转化造气、离心式压缩机压缩、串级合成甲醇、三塔精馏制取精甲醇的工艺。

1966 年年以前，国外的甲醇合成工厂几乎都使用锌铬催化剂，基本上沿用了 1923 年德国开发的 30MPa 的高压工艺流程。在我国，1954 年开始建立甲醇工业，也使用锌铬催化剂，但锌铬催化剂的活性温度较高（320～400℃），为了获取较高的转化率，必须在高压下操作。从 20 世纪 50 年代开始，很多国家着手进行低温低压甲醇催化剂的研究工作。

1966 年以后，英国 ICI 公司和西德的 Lurgi 公司先后提出了使用铜基催化剂，操作压力为 5～10MPa。1966 年年末 ICI 公司在英国的低压（5MPa）甲醇合成装置正式投入工业生产，使低压法最先问世。以后许多国家又提出了中压法，如 ICI 公司采用 10MPa 下操作，日本气体化学公司使用了 15MPa 操作的流程，丹麦 Topsoe 公司提出了操作压力为 3.8～18MPa 的流程。目前总的趋势是由高压向低、中压发展。低压、中压流程所用的催化剂都是含铜的催化剂。国外现有的工业合成甲醇的方法已达到相当高的水平，但仍存在着 3 大缺点有待克服和突破：由于受到反应温度下热力学平衡的限制，单程转化率低，在合成塔出口产物中甲醇浓度极少能超过 7%，因此不得不使用多次循环，这就大大增加了合成气制造工序的投资和合成气成本；ICI 等方法要求原料气中必须含有 5%的 CO_2，从而产生了有害的杂质水，为了使甲醇产品符合燃料及下游化工产品的要求，不得不进行能耗很高的甲醇-水分离；ICI 等传统方法的合成气净化成本很高[102]。

甲醇工业生产有三种气相工艺，即高、中、低压法工艺：

高压法：高压法（19.6～29.4MPa，300～400℃）是生产甲醇最早使用的一种方法，这种方法使用锌-铬氧化物作为催化剂。由于高压法反应温度较高，因此生成的甲醇中杂质的含量也较高。

低压法：低压法（5.0～8.0MPa，240～270℃）是在 20 世纪 60 年代之后才广泛的发展起来，其主要采用活性较高的铜系催化剂，能够减少副反应发生，不仅降低了能耗，同时也使甲醇的质量得到了很大的改善。另外，低压法所使用的工艺设备在制造方面也较高压法容易的多，降低了投资成本，因此低压法有着比高压法更加优越的特性。但是低压法却只适合于小规模的甲醇生产，随着甲醇工业化生产的规模不断加大，工艺管路和设备也必将向着更加庞大的趋势发展，这就促使了中压法的产生。

中压法：中压法（10.0～27.0MPa，235～315℃）使用新型铜基催化剂（Cu-Zn-Al），这种催化剂具有较高的活性，中压法也是 20 世纪 70 年代甲醇生产工艺中常用的一种方法，它有着与低压法相似的生产工艺，但是却采用了具有高活性的催化剂，这使得合成的压力显著降低，也使得压缩系统得到了简化，使甲醇的生产成本减少[103]。

甲醇低温液相合成工艺：工业化用固定床从合成气合成甲醇，由于该反应是一个强放热反应，催化床不同位置的温度很难控制，容易飞温，对稳定操作不利，严重时造成催化剂失活。一般采用富氢合成气循环带走热量，这样不仅使单程转化率降低，而且加大了分离设备的负荷、增加能耗。相对固定床气固反应，浆态床反应器是气-液-固三相反应，有良好导热性，及时移走热量；料液完全返混，无梯度差；在线更换催化剂等优点。使得催化剂在优化条件下稳定操作、产品收率提高、设备利用率提高和劳动负荷降低。催化剂浓度可调，具有较大的弹性操作空间。目前，开发出具有低温（90～180℃）、高活性、高选择性、无过热问题的催化剂体系，使生产过程在大于 90%的高单程转化率和高选择性状态下操作，这就是低温液相合成甲醇。

低温、低压液相合成甲醇催化剂[102]。自 1986 年以来，美国、荷兰、意大利、日本和中国的一些公司和研究机构先后成功地研制出低温、低压的合成甲醇催化剂，这些催化剂体系一般是由过渡金属的阳离子盐和碱金属（或碱土金属）的醇盐及溶剂（或稀释剂，如甲酸甲酯等）组成。它们在很低的反应温度（如在 70～150℃）和低的反应压力（如 3～5MPa）条件下显现出很好的反应活性，并且对于甲醇的选择性也很高。催化剂包括镍系、铜基、钴系、钌系及铼系等。如 $Ni(CO)_4$、$CuCl/CH_3ONa$、Cu/MgO、$[HCo(CO)_3]^{2-}$、$Ru_3(CO)_{12}$、Re_2O_7等。

合成甲醇反应机理：关于甲醇合成的直接碳源，多数研究者认为 CO 和 CO_2共同作为直接碳源；但也有人认同单独的 CO 或 CO_2是直接碳源。不同的观点都根据各自的实验现象得以佐证。在甲醇合成反应的中间物种研究中，利用原位红外、动力学计算以及分子模拟等手段发现，中间物种主要有甲酸盐、碳酸盐、甲酰基以及甲氧基等。而活性中心类型归纳起来

有 Cu^0、Cu^+、Cu^0-Cu^+ 以及 ZrO_2 等。但截至目前对以上问题的研究还没有达成共识[104]。有关反应机理的研究，主要集中在甲醇合成反应的直接碳源、反应的中间物种、反应的控速步骤以及 CO_2(CO) 在反应中的作用等问题。

一氧化碳和二氧化碳作为直接碳源：在 CO 和 CO_2 加氢合成甲醇反应机理研究中，人们普遍认为甲酰基（HCO）和甲酸基（HCOO）是反应过程的重要中间物种，CO 吸附活化后直接生成甲酰基，而 CO_2 吸附活化后生成甲酸基，并且 CO 和 CO_2 可以通过表面氧或甲酸基等物种相互转化。也有不同的观点认为 CO 吸附活化后与表面羟基结合生成甲酸盐，而 CO_2 则与表面氧结合生成碳酸根离子。

一氧化碳作为直接碳源：CO 加氢合成甲醇的机理，可分为以下两种观点。一种观点认为，CO 首先在活性位上吸附活化，然后与吸附态的氢原子发生分步加氢反应，最终生成甲醇；而原料气中的 CO_2 仅为补充碳源。这种机理不能解释原料中少量 CO_2 的存在能够明显促进甲醇合成反应的现象。第二种观点认为，活化态的 CO 在加氢过程中同时与羟基、表面氧等物种发生反应，生成甲酸盐、甲氧基以及碳酸盐等中间物种，中间物种再通过脱氧及水解等反应生成甲醇。

二氧化碳作为直接碳源：持此观点的人认为，原料气中的 CO 需首先经过水煤气变换反应转换为 CO_2 和 H_2，然后生成的 CO_2 再与 H_2 反应生成甲醇。在此过程中，表面氧起到关键作用。表面氧不但是水煤气变换反应的中间物种，而且可以抑制 CO_2 的解离吸附。

活性中心：目前，对于甲醇合成过程中所使用的铜基催化剂的活性中心主要有 4 种观点，Cu^0 活性中心、Cu^+ 活性中心、Cu^0-Cu^+ 或 $Cu^{\delta+}$（$0<\delta<1$）活性中心、ZrO_2 活性中心。

(2) 甲醇制烯烃（MTO）单元

甲醇制烯烃是指以煤为原料合成甲醇，再由甲醇制取乙烯、丙烯等烯烃的技术。该技术包括煤气化、合成气净化、甲醇合成及甲醇制烯烃 4 项核心技术。甲醇制烯烃技术按照目标产物的不同，分为 MTO（甲醇制烯烃）工艺和 MTP（甲醇制丙烯）工艺。MTO 工艺即由合成气首先制备甲醇，再由甲醇脱水生成二甲醚，二甲醚与甲醇混合物继续脱水生成以乙烯、丙烯为主的低碳烯烃产物。MTP 工艺即以甲醇为原料，主要生产丙烯的技术。主反应如下式所示。

$$2CH_3OH \longrightarrow CH_3OCH_3 + H_2O$$

$$\text{MTO: } nCH_3OCH_3 \longrightarrow 2C_nH_{2n} + nH_2O \quad (n=2\sim4)$$

$$\text{MTP: } 3CH_3OCH_3 \longrightarrow 2C_3H_6 + 3H_2O$$

甲醇制低碳烯烃技术[105]：20 世纪 70 年代，美国 Mobil 公司在研究 MTG（甲醇制汽油）的过程中，开发了 MTO-MOGD（烯烃转化制汽油和馏分油）的组合工艺。该 MTO 工艺采用流化床反应器，以 H-ZSM-5 分子筛作催化剂，反应温度为 490℃，再生温度为 685℃，乙烯收率达 60%，烯烃总收率达 80%。

2004 年，Exxon-Mobil 公司建成了 1 套 MTO 中试试验装置。该装置采用流化床反应器，以 SAPO-34 分子筛作催化剂，乙烯质量回收率达 60%，乙烯和丙烯选择性达到 80%，乙烯与丙烯质量比约为 1。该装置 NO_x 和 CO_2 排放量较同规模石脑油裂解制轻烯烃工艺减少约 50%。

1996 年，中科院大连化物所开发了 SDTO（合成气经由二甲醚制低碳烯烃）新工艺。2006 年，在内蒙古包头建设神华煤制烯烃工业示范装置，这是世界首套 DMTO 百万吨级的示范工程，总体工程包括年产 180 万吨甲醇、60 万吨烯烃、30 万吨聚乙烯、30 万吨聚丙烯等。核心技术采用具有我国自主知识产权的 DMTO 技术。该示范装置在 2011 年投入商业化运行。

2006年，中国石化上海石油化工研究院开发出基于SAPO-34分子筛的SMTO-1催化剂。采用流化床试验装置，甲醇转化率接近100%，乙烯和丙烯选择性大于80%。示范装置于2007年投产，甲醇转化率大于99.5%，乙烯和丙烯选择性大于81%，乙烯、丙烯和丁烯选择性大于91%。中国石化中原石油化工有限责任公司采用SMTO技术建成20万吨/年的甲醇制烯烃装置，并于2011年投产。

甲醇制低碳烯烃催化剂：目前甲醇制丙烯反应的催化剂主要以微孔分子筛为主，最典型的为ZSM-5和SAPO-34分子筛，其微孔结构对目标产物低碳烯烃的扩散阻力较大，易导致低碳烯烃进一步反应生成积炭。整个反应过程中原料甲醇的利用率较差，催化剂易失活，目标产物乙烯/丙烯选择性低，导致后续分离步骤的成本和能耗增大。现阶段甲醇制丙烯反应催化剂的研究重点集中在对催化剂的改性上。

ZSM-5分子筛由于具有合适的孔道结构和表面酸性，在MTO反应时表现出较好的催化性能。但在孔道交叉处的孔径较大、酸性较强，易使低碳烯烃发生氢转移和芳构化等二次反应，降低低碳烯烃选择性和稳定性。

SAPO-34分子筛骨架由PO_4、SiO_4和AlO_4四面体组成，酸强度介于$AlPO_4$和ZSM-5之间，其八元环孔径范围为0.38～0.43nm，对C_5及以上的烃类形成较大的扩散阻力，因而在MTO反应中表现出很高的活性和较高的低碳烯烃选择性，被认可为MTO专用催化剂。

为调节ZSM-5分子筛的孔道尺寸和表面酸性，提高低碳烯烃选择性和稳定性，研究者利用金属离子、非金属改性ZSM-5。如利用P、B、Zn、Fe、Sc、Ti、Ag、Ba、Re、Mn、Nd、Ca等改性分子筛[106]。

赵飞等[107]以低廉的铜氨络合物（Cu-TEPA）为模板剂，通过原位水热合成法制备了Cu-SSZ-13。在MTO反应中，硝酸铜制备的Cu-SSZ-13的氢转移反应剧烈，在抑制副反应发生上，Cu-SSZ-13/$CuSO_4$要优于Cu-SSZ-13/$Cu(NO_3)_2$。锰改性的Cu-SSZ-13明显提高了抗积炭失活能力，在反应温度440℃、质量空速（WHSV）$5h^{-1}$条件下，催化寿命从未改性的30min延长到了65min。

魏飞等[108]控制合成过程中的原料配比，制备了一系列不同硅铝比的SAPO-34分子筛。对合成的SAPO-34分子筛上的总酸量、酸强度和酸中心的分布进行了表征，发现成对的酸性位点随硅铝比的增大而增加。在固定床反应器中，系统地研究了SAPO-34分子筛的硅铝比对MTO反应性能的影响。由于成对的酸性中心是氢转移、低聚和成环的主要活性中心，能够增加副产物丙烷选择性及焦炭的生成速率，降低SAPO-34催化剂的烯烃选择性和催化剂的寿命。催化剂可用一级反应失活方程描述，失活与硅铝比的3次方呈正比。发现硅铝比较高的SAPO-34分子筛笼内萘及其同系物乃至蒽、菲等稠环芳烃产物的生成速度较快，堵塞产物扩散的通道，导致催化剂的快速失活。

孙翠娟等[109]将预处理的ZSM-5分子筛加入到SAPO-34分子筛的合成混合物中，合成了ZSM-5/SAPO-34双微孔复合分子筛。并评价了其对甲醇制烯烃（MTO）反应的催化性能。甲醇转化率可以长时间维持近100%水平，其催化稳定性远远高于SAPO-34分子筛。与ZSM-5分子筛和相应的机械混合样品相比，具有更高的乙烯、丙烯选择性。

纳米晶粒的ZSM-5分子筛在提高催化剂利用率、减小深度反应、提高选择性以及降低结焦失活等方面均表现出优越的性能[110]。Prinz等[111]发现ZSM-5分子筛粒径越小，MTO反应的烯烃选择性越高，其原因是分子筛晶内扩散的影响，甲醇转化的终产物为芳香烃和烷烃，烯烃是这一连串反应的中间产物，如果不能及时从分子筛孔道中脱附，烯烃将进一步反应。分子筛粒径越大，扩散孔道越长，则连串反应发生程度就越深。

Li 等[112]通过改变模板剂类型，采用水热合成法制备出了类雪花状、椭圆柱状和夹心糖状三种不同形貌的 ZSM-5 分子筛。采用浸渍法制备了 Ca/ZSM-5 催化剂，以甲醇制烯烃（MTO）为探针反应，着重研究了 ZSM-5 分子筛形貌和晶体结构特性对其酸性和催化性能的影响。类雪花状分子筛的（101）晶面比例明显多于其他两种分子筛，而椭圆柱状分子筛则暴露更多的（020）晶面。在类雪花状分子筛的交叉晶面中存在大量扭曲、错位和不对称结构。类雪花状 ZSM-5 分子筛的酸量明显高于其他两种分子筛，在 SiO_2/Al_2O_3 比相近的情况下，类雪花状 ZSM-5 分子筛晶体骨架结构的错位、扭曲和不对称性造成了该分子筛中酸量增加。类雪花状分子筛不利于比 NH_3 分子大的吡啶分子的扩散，进而影响了吡啶分子在酸性位上的吸附。经 Ca 改性后，三个催化剂的总酸量均有下降，尤其是类雪花状分子筛酸量下降较为明显，表明其中 Ca 离子更容易扩散到分子筛孔道内，与更多的酸性位作用，而夹心糖状分子筛表面具有更多的 Z 字形孔道，不利于 Ca 离子扩散到分子筛孔道内，因而酸量下降较少。

刘蓉等[113]以常用的介孔分子筛 MCM-41 和 SBA-15 为硅源，采用水热法制备了具有多级孔结构的 SAPO 分子筛，并在固定床反应器上考察了其催化甲醇制烯烃的性能。多级孔结构的引入有助于提高 SAPO 分子筛催化剂的甲醇转化率和丙烯选择性，效果最佳的催化剂反应 30min 时，甲醇转化率仍高达 80%，比传统 SAPO 分子筛催化剂高 50 个百分点。丙烯选择性为 53%，比传统 SAPO 分子筛催化剂高 17 个百分点。多级孔结构的 SAPO 分子筛催化剂具有良好的可再生性，再生后催化剂的活性与新鲜催化剂相当。

ZSM-5 分子筛催化甲醇制低碳烯烃反应机理[110]：甲醇制烯烃的反应机理可以分为 3 个步骤。步骤 1 是甲醇到二甲醚的反应，一般认为是甲醇在分子筛表面质子化形成甲氧基，另一甲醇分子亲核攻击，生成二甲醚；步骤 2 是从 C—O 键形成 C—C 键，虽然目前“碳池”机理逐渐被接受，但是如何从 C—O 键形成第一个 C—C 键到目前为止尚不清楚；步骤 3 是典型的碳正离子机理，包括链增长、裂解以及氢转移反应。

Sun 等[114]于接近 MTP 工业反应温度（723K）条件下，考察在硅铝质量比为 90 和晶粒尺寸为 500nm 的 HZSM-5 分子筛上甲醇制烯烃反应机理。ZSM-5 分子筛催化甲醇转化反应时，存在两条反应路径，一条是芳香烃路径，另一条是烯烃路径。芳香烃路径中甲苯是最低活性物种，该反应产生的乙烯和丙烯具有相同的碳基选择性；烯烃路径按照烯烃甲基化/裂解循环进行反应，以丙烯作为最低活性物种，该反应路径有利于 C_{3+} 烯烃。

他们认为，分子筛孔道中烯烃和芳香烃物种共存，反应过程中存在烯烃路线和芳香烃路线之间的竞争。在接近工业条件下，反应初始，芳香烃路线引发了甲醇转化反应，形成的烯烃迅速与芳香烃物种发生竞争，烯烃路线迅速主导了甲醇转化反应。反应为自催化反应，在分子筛孔道中流动的烯烃和芳烃产物为竞争性的共催化剂。广义的“碳池”机理应该将分子筛孔道中包含的烃类，而不仅仅只是表面碳物种作为工作的碳池物种。

烃池机理[115]（见图 3.13）：由 Dahl 等[116~118]提出的烃池机理得到了广泛的认可。根据烃池机理的假设，限域在分子筛孔道内的有机物质，也就是烃池组分，作为共催化剂与无机骨架相互作用，通过与甲醇发生连续的甲基化和烯烃消除反应最终生成了产物烯烃。进一步的研究发现，聚甲基苯是最为重要的活性烃池物种[119~121]。

在此基础上，人们进一步提出了甲醇生成低碳烯烃的芳烃池机理和烯烃池机理[122,123]。其中，芳烃池机理是以多甲基芳烃为活性中心，主要通过芳环烷基化反应（甲基化）和烷基消去反应生成低碳烯烃。而烯烃池机理则是以长链烯烃为活性中心，主要通过烯烃烷基化反应（多次甲基化）和裂解反应生成低碳烯烃。上述芳烃池机理和烯

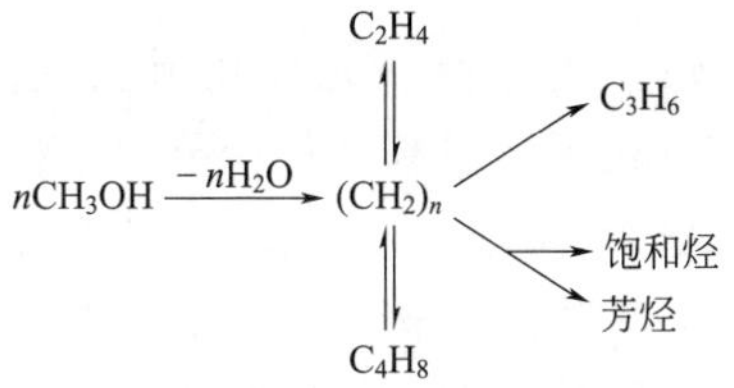

图 3.13　烃池机理示意图

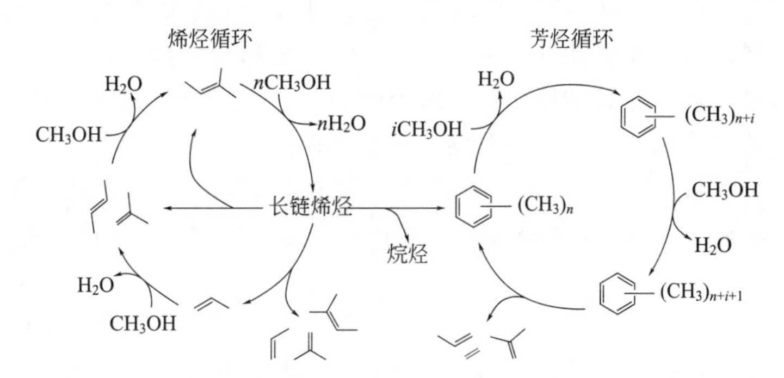

图 3.14　甲醇生成低碳烯烃的双循环反应机理

烃池机理都是酸催化的正碳离子机理，两者可以并存（双催化循环，如图 3.14 所示），也可以独立存在[115]。

王森等[124]认为通过研究分子筛骨架结构以及酸性对其 MTO 催化性能的影响，可以更好地认识 MTO 反应机理、优化和改变分子筛结构和催化性能、进一步提高其催化活性和目标产物的选择性。

分子筛骨架拓扑结构和酸性质对于其 MTO 催化活性和反应路径具有重要的影响。不同分子筛骨架拓扑结构差别很大，这就导致了其孔道内生成的活性烃池物种的差异。对于中孔 ZSM-5 分子筛，低聚甲苯的活性要明显高于高聚甲苯，而对于大孔分子筛如 Beta 以及具有超笼的 SAPO-34，高聚甲苯具有更高的催化活性。骨架结构的迥异也进一步导致了 MTO 反应路径的不同，双循环机理也就是芳烃循环和烯烃循环同时控制着 ZSM-5 的产物分布；对于大孔分子筛，由于高聚甲苯较易生成并具有较高的活性，使得芳烃循环成为主要的催化路线；对于一维中孔的 ZSM-22，由于过渡态择型性的严重限制，使得芳烃组分很难生成，因而烯烃路线控制着产物分布。同时，不同的骨架结构产生的静电稳定和空间限制作用差异很大，也会对催化动力学产生重要的影响。

分子筛酸性对于 MTO 过程同样起到重要的作用。酸性的影响可以分为酸量、酸强度和酸位分布。较高的酸量可以加速催化反应，有利于初始烃池物质的构建，但是过多的酸位点也会加剧积炭的形成从而降低其催化寿命。通过控制酸强度可以有效地改变催化反应历程。较高的酸强度有利于芳烃的生成，从而促进了芳烃循环；相反，较低酸强度则更有利于烯烃循环的建立。同时，反应能垒与酸强度直接相关，不同的催化反应对于酸强度的敏感度也不一样，因此，可以通过改变酸强度调节 MTO 的选择性。

酸位点在分子筛中的分布对其 MTO 催化性能也有显著的影响。外表面酸位点对于大分子反应以及初始 MTO 烃池物质的构建具有明显的作用，但是过高的外表面酸位点会导致积炭的快速生成。硅铝比不同会导致铝在骨架内分布的差异，通过控制合成方法，比如改变硅源、铝源以及模板剂则可以选择性地调节铝在孔道内具体的分布位置，而不同位点的铝会产生不同的骨架择型性，进而显著影响催化活性和产物分布。

H-SAPO-34 是目前 MTO 中表现优异性能的分子筛催化剂之一，其双烯（乙烯＋丙烯）的选择性在 80％以上，已经实现了工业化应用。为了提升 MTO 反应的选择性，以及调控乙烯丙烯的选择性之比，非常有必要从反应机理出发来优化设计新的催化剂。然而，由于 MTO 催化反应产物复杂多样，对 MTO 反应机理的认识还存在很大的争议。目前基本能够接受的是 MTO 催化反应沿着烃池机理进行。在此反应机理中，无机分子筛和有机烃池活性中心形成共催化剂，甲醇进攻有机活性中心生成烷基链，此烷基链断裂得到烯烃产物。目前提出的烃池活性中心主要包括多甲基苯和烯烃自身，它们分别沿着各自的循环反应网络（芳烃循环和烯烃循环）生成烯烃产物。有文献指出在 H-ZSM-5 分子筛中芳烃循环主要生成乙烯，而烯烃循环主要生成丙烯等产物。

H-SAPO-18 是一类结构上与 H-SAPO-34 相类似的分子筛，其笼由八元环孔道互联。实验研究指出，H-SAPO-18 也具有优异的 MTO 催化性能。Wang 等[125]利用包含范德华相互作用校正的交换相关泛函（BEEF-vdW），系统研究了 H-SAPO-18 分子筛中的芳烃循环反应机理。首先确认了反应条件下 H-SAPO-18 中最稳定的多甲基苯的结构。1,2,4,5-四甲基苯的吸附能最强，而六甲基苯是主要存在的多甲基苯组分。多甲基苯在分子筛孔道内的稳定性主要由两个相反的作用共同影响：范德华相互作用引起的吸引，以及分子筛孔道结构引起的排斥。在芳烃循环路线中，乙基侧链的增长是反应的关键基元步。吉布斯自由能分析指出芳烃循环路线中，在反应温度 673K 下，H-SAPO-18 中的六甲基苯并不比五甲基苯、四甲基苯的活性高，这与 H-SAPO-34 分子筛中的结果相一致。H-SAPO-18 中的四甲基苯、五甲基苯和六甲基苯的总吉布斯自由能垒分别是 208kJ/mol、215kJ/mol 和 239kJ/mol。六甲基苯循环路线所表现出的高反应能垒的一个原因，是分子筛几何限域效应引起的熵增加。

3.3.2.2 甲醇制低碳烃工业生产过程危险性分析

(1) 合成甲醇单元危险性分析[126]

爆炸危险性大。天然气、甲醇、氢气等在一定的温度下，与空气混合达到一定比例时，遇到明火即发生爆炸。成品储罐在火焰或高温的作用下，甲醇蒸气压力急剧增加，当超过容器所能承受的极限压力时，储罐就会发生爆炸。

气体毒性大。生产过程中的很多物料对人体都有毒害作用。如脱硫过程中的硫化氢、转化气中的一氧化碳、甲醇储罐周围的甲醇蒸气、镍触媒生成有毒的羰基镍、循环水装置中使用液氯，它们能使人中毒，若中毒严重可导致死亡。

一氧化碳、甲醇气体有毒，火灾发生后，随着成品储罐破裂、泄漏、气体向外扩散，若不及时控制其毒气扩散面积，将危及周边居民的健康和生命安全。

甲醇罐区为储存场所重大危险源；甲醇转化炉、甲醇合成塔、压缩机、精馏塔区为甲醇生产装置区重大危险源；装车栈桥为甲醇罐装装置区重大危险源。

高温操作带来的危险性。甲醇生产中操作温度高是引起工艺中可燃物料着火爆炸的一个重要因素。高温的表面易引起与之接触的可燃物着火；高温下的转化气、合成气（主要成分为氢气、一氧化碳），一旦混入空气并达到爆炸极限时，极易在设备和管道内发生爆炸；一段炉、二段炉内的操作温度已超过氢气、一氧化碳的自燃点，转化气一旦泄漏即能引起燃烧爆炸；高温也能使可燃气体的爆炸极限扩大，由于爆炸极限的加宽，也可使其危险性增加。

高压运行带来的危险性。操作压力高可使可燃气体爆炸极限加宽，尤其对爆炸上限影响较大；处于高压下的可燃气体一旦泄漏，高压气体体积迅速膨胀，与空气形成爆炸性混合气体，又因流速较大，与喷口处摩擦产生静电火花导致着火爆炸。高压下能加剧氢气、氮气等对钢材造成的氢蚀及渗氮作用，使设备机械强度降低，导致物质爆炸。

脱硫单元：在生产运行中，如设备发生泄漏，泄漏的天然气等易燃介质可能发生着火、爆炸。介质中含有硫化物，具备一定的条件，其对设备（管道）可产生腐蚀。如设备腐蚀减薄，引起泄漏，极易引发火灾事故。

转化单元：转化炉入口介质为天然气等介质和蒸汽。出口气体中含有 CH_4、H_2、CO、CO_2等气体，出口气体温度达到 800℃以上。设备发生泄漏，气体外泄，可引发火灾、中毒事故。生产运行中，入炉汽碳比过低，可造成转化催化剂结炭；入炉天然气中硫含量高，可造成转化催化剂中毒。催化剂结炭、中毒后，炉管外壁温度会超高，生产中应严格控制。生产中如发生误操作也可造成炉管超温。炉管严重超温，可造成炉管损坏，并可引发恶性火灾、爆炸事故。

压缩单元：压缩工艺气体介质中含有 CH_4、H_2、CO、CO_2，压缩机出口合成气压力 13.2MPa，由于压力高，往往发生设备泄漏，极易引发着火、爆炸或中毒事故。压缩透平机组功率大（13663kW）、转速高（10463r/min），结构复杂，调节、控制操作要求也高。如设备存在缺陷、操作不当或维修不当，都易发生故障或造成事故。对发生喘振、烧瓦、振动大、转子损坏等故障，若处理不及时，易造成轴密封损坏，进而可能发生高压合成气（循环气）大量外泄。泄漏的高压气体由于流速高，可导致发生着火、爆炸。压缩透平机组使用的润滑油及控制油贮存量较大，油压也高。运行中，如发生油品泄漏，渗漏到高温管线上，也可造成火灾。

合成单元：甲醇合成塔设计压力 17MPa，设计温度 350℃，循环气中含有 CH_4、H_2、CO、CO_2和甲醇。由于操作压力高、温度高，合成气、循环气及甲醇泄漏到作业环境中，都可能引发火灾、爆炸、中毒事故。生产运行中，要严格控制合成塔催化剂床层的温度，防止发生超温、超压及催化剂中毒事故。催化剂超温不但降低了催化剂寿命和活性，严重时可烧毁催化剂，并损坏设备。停工期间，催化剂床层底充入氮气并保持正压，防止空气入内，造成催化剂氧化、烧毁。

高压设备外壳如严重超温、设备容易发生氢脆，可造成焊缝开裂或设备损坏，造成重大的设备事故，还可发生着火、爆炸。生产运行中，应严格控制甲醇分离器液位。如液位超低，高压循环气可能窜入低压粗甲醇闪蒸罐，造成低压系统超压。若安全设施失灵，将导致发生设备爆炸事故，造成重大损失。

精馏及贮存单元：精馏及贮存单元中主要工艺物料为甲醇。甲醇是易燃、易爆、有毒物质。由于单元中甲醇存量大，一旦发生甲醇泄漏事故，处理不当，可造成重大火灾、爆炸或中毒事故。正常生产中，如甲醇泵密封发生泄漏，应及时启用备用泵，检修泄漏泵，防止泄漏加大，还要控制粗甲醇中的酸值，操作中按规定加入氢氧化钠溶液，防止有机酸腐蚀设备，避免因设备损坏而产生泄漏。停工期间，设备内如存有甲醇，又进入空气，可形成爆炸性气体，遇明火、电火花、静电火花等，即可发生爆炸。在甲醇生产厂中，甲醇贮槽动火作业时，如置换不合格，往往可导致爆炸事故的发生。

(2) 甲醇制烯烃单元危险性分析[127]

甲醇制烯烃装置主要包括反应-再生系统（含进料系统、反应器、再生器、主风系统），急冷水洗污水汽提系统（含急冷塔、水洗塔、污水汽提塔），热量回收系统（含再生器内外取热器、CO 焚烧炉、余热锅炉）。由于甲醇制烯烃化工生产中含有多种易燃易爆、剧毒气体，危险性较大。

危险有害物质。根据《危险化学品名录》（2015 版）甲醇制烯烃化工生产装置中使用的主要原材料、产品、副产品等中的甲烷、乙烷、乙烯、丙烷、丙烯、二甲醚、甲醇、氢气、一氧化碳、氢氧化钠等均属于危险化学品。

危险有害因素。火灾、爆炸危险性：甲醇制烯烃生产的产品含有易燃易爆气体，而且反应和再生的温度较高，属火灾危险性装置甲类，主要易燃易爆物料的理化性质见表 3.8，在化工生产中主要危险因素是火灾、爆炸危险。

表 3.8 甲醇制烯烃装置主要易燃易爆物料理化性质

物质名称	引燃温度/℃	闪点/℃	爆炸极限(体积分数)/%		爆炸危险类别	级别
			上限	下限		
氢气	500	气态	4.0	75.0	T1	ⅡC
一氧化碳	610	气态	12.5	74.0	T1	ⅡA
甲烷	537	气态	5.0	15.0	T1	ⅡA
乙烷	472	气态	3.0	12.5	T1	ⅡA
乙烯	425	气态	2.7	36.0	T2	ⅡB
丙烷	432	气态	2.0	11.0	T1	ⅡA
丙烯	455	气态	2.0	11.0	T2	ⅡA
二甲醚	350	气态	3.4	27.0	T3	ⅡB
甲醇	385	11	6	36.0	T2	ⅡA

爆炸性气体混合物不需要用明火即能引燃的最低温度称为引燃温度。引燃温度越低的物质越容易引燃。爆炸性气体混合物按引燃温度的高低，分为 T1、T2、T3、T4、T5、T6 六组，其中：T1 的引燃温度最高，$T>450$℃；T2：300℃$<T\leqslant$450℃；T3：200℃$<T\leqslant$300℃。

爆炸性气体混合物按最大试验安全间隙的大小，分为ⅡA、ⅡB、ⅡC 三级。ⅡA 安全间隙最大，危险性最小；ⅡC 安全间隙最小，危险性最大。

中毒性危害：生产过程中使用和产生的甲醇、一氧化碳、乙烯、丙烯等均为有毒物质，泄漏时可引起急、慢性职业中毒的发生。一氧化碳、甲醇、粉尘，人类接触容许浓度及危害物质类别见表 3.9。

表 3.9 一氧化碳、甲醇、粉尘人类接触容许浓度及危害物质类别

物质名称	时间加权平均容许浓度/(mg/m³)	短时间接触容许浓度/(mg/m³)	危害物质类别
CO	20	30	高度危害
甲醇	25	50	轻度危害
粉尘	—	8	粉尘危害

腐蚀性危害。MTO 反应产物中会含有极少量的二氧化碳、醋酸等酸性物质，这些酸性物质对管线和设备会造成腐蚀，需注入少量的氢氧化钠进行中和，而氢氧化钠具有腐蚀性，在注入时可能会造成化学灼伤。

窒息危险性。在使用惰性气体吹扫置换作业时，进入密闭空间作业，如惰性气体置换不完全或吹扫不净，都可能发生窒息死亡事故；在氮气排放环境中或密闭通风不畅的环境中，存在发生窒息的风险。

噪声危害。在生产过程中会产生噪声危害的因素有主风机、运行机泵、气体放空口等。噪声对听觉系统具有特异性作用，轻则可导致暂时性听力下降，重则病理永久性听力损伤。长期接触可能会使人产生心情烦躁不安和头痛、头晕、耳鸣、心悸与睡眠障碍等神经衰弱综合征。

此外，生产运行中还存在射线、粉尘、高温烫伤、低温冻伤等危险有害因素。煤气化装置、甲醇装置、MTO 装置、聚乙烯装置、聚丙烯装置、硫回收装置和储运系统的烯烃球罐区、甲醇浮顶罐区的火灾危险性属甲类，锅炉装置火灾危险性属丁类，煤仓间火灾危险性属乙类，汽轮机、变压器、配电室火灾危险性属丙类。

依据《国家安全监管总局关于公布第二批重点监管危险化工工艺目录和调整首批重点监管危险化工工艺中部分典型工艺的通知》[安监总管三（2013）3号]的规定，生产过程属于第二批重点监管的危险化工工艺有新型煤化工工艺：煤制甲醇、甲醇制烯烃工艺。

3.3.2.3 合成气直接制低碳烯烃的纳微尺度集成催化反应过程

(1) 纳微尺度上合成甲醇（或含氧化合物）及其转化为低碳烯烃集成反应体系的构建

合成气制低碳烯烃工艺由合成甲醇和甲醇转化为低碳烯烃两个单元构成，工艺流程复杂，且需要单独制备甲醇，甲醇要经过生产、储存、输送及使用等步骤。由于甲醇易燃易爆、有毒，属于非安全化学品。

在纳微尺度上，建立由合成甲醇（含氧化合物）及其进一步转化为低碳烯烃反应组成的集成体系，使生成的非安全反应物——甲醇及时完全转化为低碳烯烃。由于集成反应在纳微尺度催化活性相上进行，不会产生甲醇的宏观累积，不需要储存和输送，进而解决了甲醇带来的安全问题。并且，去除了原工艺中甲醇的制备、分离和纯化、输送、储存单元。

通过在纳微尺度上设计制备双功能催化剂，进而构筑集成反应，将原来的两段工艺简化为一段直接合成工艺，工艺流程简单化，反应器由两个简化为一个，不需要设置甲醇储罐。具体过程如图3.15所示。

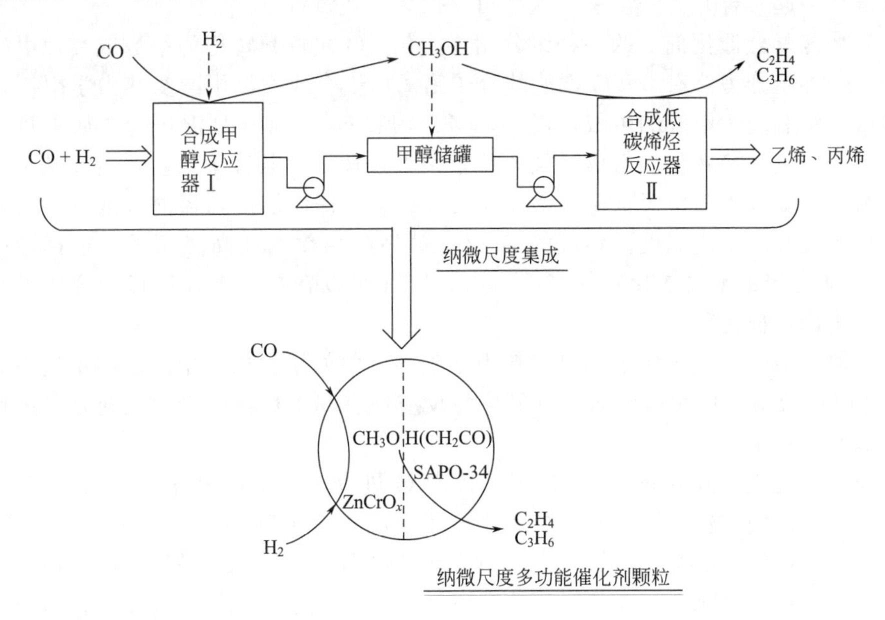

图3.15 纳微尺度多功能催化剂上合成甲醇及其制低碳烯烃反应集成过程示意图

(2) 合成气直接制低碳烯烃工艺

目前工业上由合成气制低碳烯烃常用的方法是两步法（Methanol To Olefins，MTO），即首先用合成气在铜系催化剂作用下制备甲醇，然后在分子筛催化剂作用下将甲醇转化为低碳烯烃。把高温甲醇合成催化剂和MTO催化剂偶联，可实现从合成气直接制烯烃。

合成气直接催化转化制低碳烯烃的转化方式主要是经由双功能催化转化路线以及经由费托反应直接制取低碳烯烃路线（Fischer-Tropsch to Olefins，FTO）。合成气经双功能催化转化路线制烯烃涉及双功能复合催化剂，该类催化剂中的一种组分用于活化CO并将其转化为甲醇或类似甲醇的中间产物，而另一种组分为具有MTO性能的分子筛。与双功能路线相比，FTO路线一般采用单一活性相。目前，煤制低碳烯烃的路线如图3.16所示[128]。

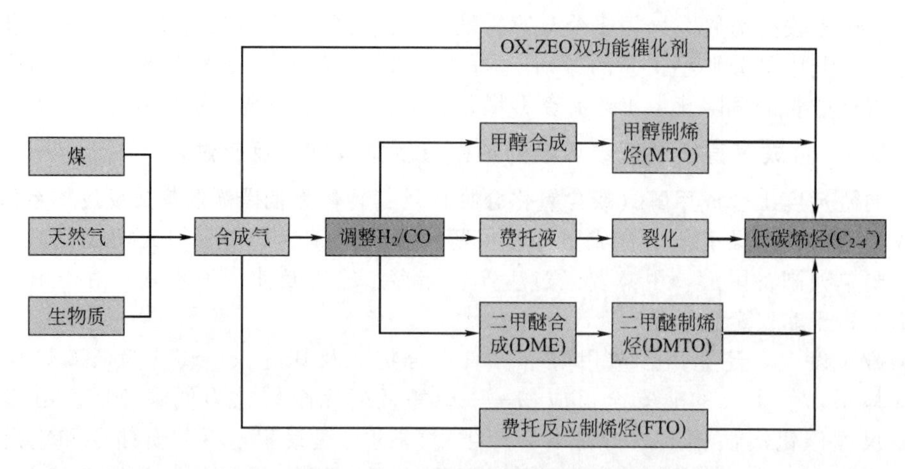

图 3.16　合成气转化制备低碳烯烃路径示意图

双功能催化剂上纳微尺度集成反应体系：尽管 MTO 过程具有较高的低碳烯烃选择性及转化率，但需先将合成气转化为甲醇，再经由分子筛催化得到低碳烯烃，两步法工业化成本较高，经济效益较低。科学家们一直致力于制备含两种组元的双功能催化剂，试图将上述两个步骤耦合在一起，合并为一步法，这样可以简化工业过程。

该类双功能复合催化剂中的一种组分用于活化 CO 并将其转化为甲醇或类似甲醇的中间产物，而另一种组分为具有 MTO 性能的分子筛。由于合成气制甲醇受热力学限制，较低温度和较高压力将有利于甲醇的生成，但是，MTO 反应则通常在高温进行。如果将这两个反应耦合进行合成气直接转化制低碳烯烃，鉴于两者最佳反应条件不重合，需要从催化体系的选择以及组分调配入手。由于低温下 MTO 反应几乎无任何活性，目前，该类双功能复合催化剂一般采用较高的反应温度。传统的 Cu-Zn-Al 甲醇催化剂在高温下甲醇选择性极低，而 Zn 与其他过渡金属的复合氧化物如 ZnZr 以及 ZnCr 可以在高温下高选择性合成甲醇，故经常被考虑作为耦合催化剂。

尽管高温下甲醇合成催化剂明显受热力学限制，但如果生成的甲醇能够迅速在分子筛孔道内发生 MTO 反应，则可拉动合成气制甲醇反应往有利于目标产物生成的方向进行，进而实现较高的 CO 转化率。

OX-ZEO 催化剂：Jiao 等[129]提出了 OX-ZEO 过程，即采用氧化物-分子筛物理混合催化剂，OX（复合氧化物）用来活化 CO 分子并形成相应中间体，这些中间体可以在 ZEO（分子筛）的酸性位上形成相应的烯烃。制备的 $ZnCrO_x$/MSAPO 催化剂在 400℃、2.5×10^6Pa 和 H_2/CO（体积比）=1.5 的反应条件下，CO 转化率可达 17%，低碳烯烃选择性则高达 80%（见图 3.17）。这不仅打破了传统费托过程低碳烃的选择性理论极限 58%，也高于改进的费托路径的最好结果 61%。该双功能催化剂是由部分还原的金属氧化物（$ZnCrO_x$）和介孔分子筛（Meso-SAPO-34）组成。CO 和 H_2 由具有大量氧缺陷的 $ZnCrO_x$ 金属复合氧化物活化，形成 CH_2 物种，随后与 CO 结合生产乙烯酮中间体（CH_2CO）。该中间体经气相扩散至分子筛孔道中，经酸性位作用，转化为低碳烯烃（见图 3.18）。通过详细的质谱表征，证实了 $ZnCrO_x$ 氧化物气相产物中确实存在着乙烯酮中间体。而且单独采用乙烯酮中间体进料，出口气体中可以检测到烃类物质，说明乙烯酮中间体可以通过分子筛催化生成低碳烃类。与传统 MTO 过程相比，该双功能催化剂具有较高的寿命，经过 650h 反应后催化剂无明显失活。

ZnZr-SAPO-34 催化剂：Cheng 等[130]报道了一种由合成气直接制备低碳烯烃的 ZnZr

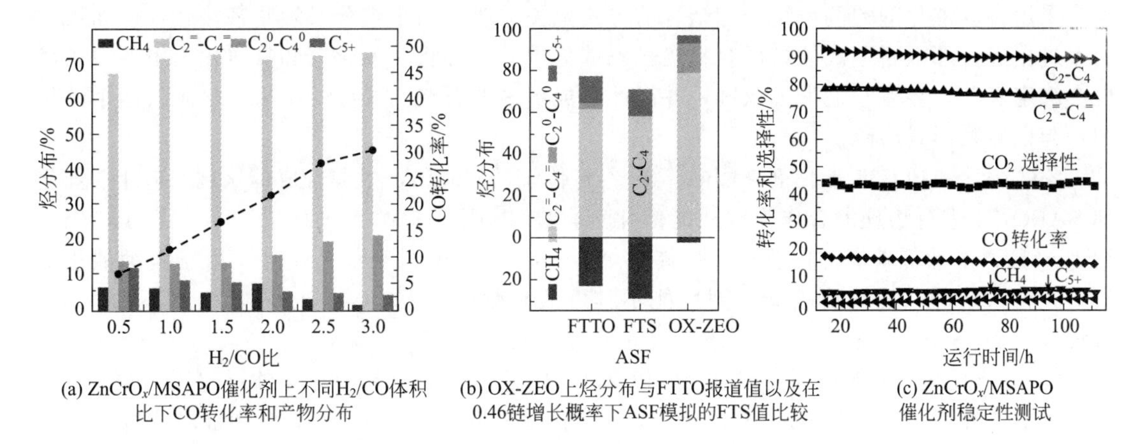

(a) $ZnCrO_x$/MSAPO催化剂上不同H_2/CO体积比下CO转化率和产物分布 (b) OX-ZEO上烃分布与FTTO报道值以及在0.46链增长概率下ASF模拟的FTS值比较 (c) $ZnCrO_x$/MSAPO催化剂稳定性测试

图 3.17 OX-ZEO 双功能催化剂的催化性能

二元纳米氧化物与 SAPO-34 分子筛物理混合的双功能催化剂，在 400℃下，低碳烯烃选择性可以达到 74%，CO 转化率为 11%，具体见图 3.19。ZrO_2表面的氧空位可以活化 CO，在 H_2存在下可以通过甲酸盐形成表面甲氧基物种，但是 ZrO_2对 H_2的解离能力较弱，所以需要加入 ZnO 增强对 H_2的解离，而分子筛用来进行 C—C 键耦合形成 C_{2-4}的烯烃。通过调节 Zn 含量来改变高温甲醇催化剂的反应温度，使之与分子筛 MTO 反应温度相适应，然后通过两种催化剂的物理混合达到合成气直接制备低碳烯烃的目的。由图 3.19 还可知，弱酸性位以及氧化物与分子筛之间合适的距离有利于低碳烯烃的产生。

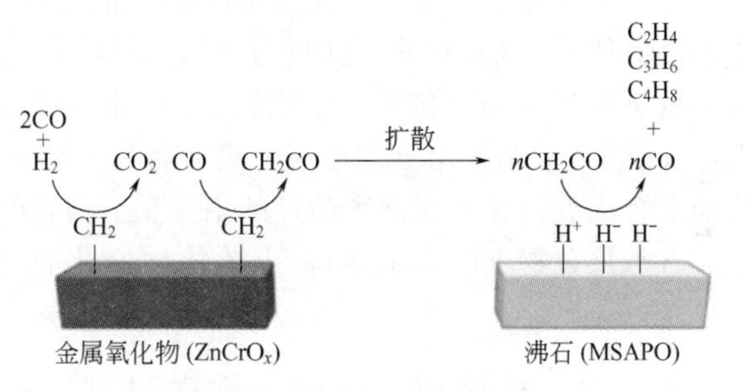

图 3.18 OX-ZEO 双功能催化剂的反应过程示意图

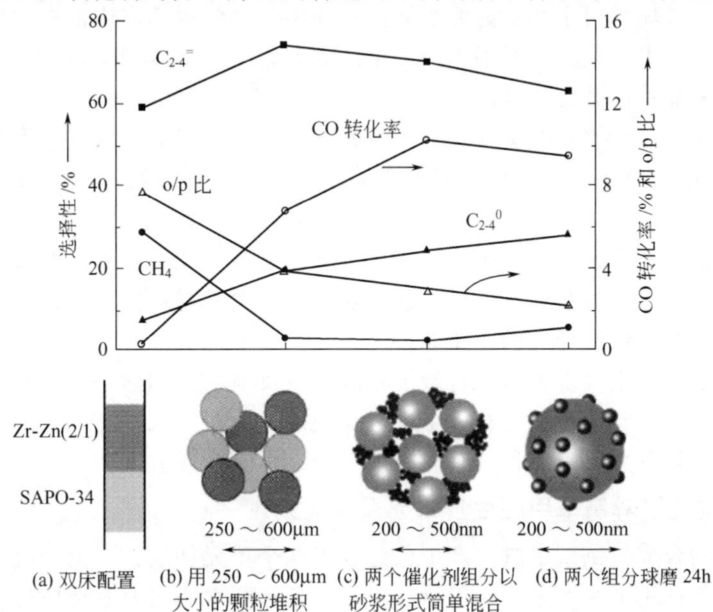

(a) 双床配置 (b) 用 250 ～ 600μm 大小的颗粒堆积 (c) 两个催化剂组分以砂浆形式简单混合 (d) 两个组分球磨 24h

图 3.19 结合方式对双组分催化剂 Zr-Zn（Zr/Zn＝2：1）和 SAPO-34（24h）催化性能的影响

注：o/p 指的是 C_2-C_4烯烃/烷烃。

采用将双催化剂的两个组分相结合的方式至关重要。两个组分必须紧密接触，但如果它们太过接近，那么新形成的烯烃容易接触到催化中心，会将一氧化碳和氢转化为甲醇。烯烃也会绑定氢气，导致它们失去双键，并因此形成更多的石蜡。最好的结果来自于将两个催化剂一起以砂浆形式磨碎。

CuZnAl-SAPO-34 催化剂：Chen 等[131]将传统的CuZnAl甲醇合成催化剂与MTO催化剂SAPO-34进行物理混合作为双功能催化剂，在400℃、3.0×10^6Pa压力下，CO转化率约为60%，虽然低碳烃类占总烃类选择性可达96.5%，但几乎都是烷烃。由于两种催化剂反应条件的差别，其双功能催化剂性能不佳，低碳烯烃选择性及CO转化率均不如MTO过程。

Cr-Zn-SAPO-34 催化剂：Li 等[132]以ZnCr高温甲醇催化剂为核，外层包覆SAPO-34，低碳烃类选择性可以达到66.9%，但其CO转化率较低，仅为3.2%，且生成较多烷烃。

Cu-Fe/γ-Al_2O_3催化剂：方传艳等[133]采用浸渍法制备了γ-Al_2O_3负载的Cu-Fe基催化剂，研究了其催化合成气直接制低碳烯烃的反应行为。合成气直接制低碳烯烃Cu-Fe基催化剂的活性组分Cu和Fe之间存在明显的协同效应，Cu-Fe基催化剂表现出优异的合成气直接制低碳烯烃反应性能；Cu基催化剂中引入少量Fe组分明显提高了活性组分Cu的分散度，促进了Cu活性组分的还原，进而有利于催化剂反应性能的改进。初步推断Cu-Fe基催化剂上合成气转化生成低碳烯烃的主要反应历程为：CO首先在Cu-Fe活性组分上加氢转化生成含氧化合物（醇、醚等），生成的含氧化合物在γ-Al_2O_3载体上进一步脱水生成低碳烯烃。

3.3.3 直接制二甲醚的纳微尺度集成催化反应过程

二甲醚是一种无色、无毒、环境友好的化合物。二甲醚作为一种新兴的基本化工原料，具有良好的易压缩、冷凝、汽化特性，使得二甲醚在制药、燃料、农药等化学工业中有许多独特的用途。如高纯度的二甲醚可代替氟利昂用作气溶胶喷射剂和制冷剂，减少对大气环境的污染和臭氧层的破坏。由于其良好的水溶性、油溶性，使得其应用范围大大优于丙烷、丁烷等石油化学品。二甲醚代替甲醇用作甲醛生产的新原料，可以明显降低甲醛生产成本，在大型甲醛装置中更显示出其优越性。

二甲醚作为新型清洁燃料在替代柴油和液化气方面的发展前景被普遍看好。二甲醚的热值约为64686kJ/m^3，由于自身含氧，因此能够充分燃烧，不析炭，无残液，是一种理想的清洁燃料，被誉为21世纪最有发展前途的新型清洁能源。作为民用燃料气其储运、燃烧安全性，预混气热值和理论燃烧温度等性能指标均优于石油液化气，可作为城市管道煤气的调峰气、液化气掺混气。作为柴油发动机的理想燃料，与甲醇燃料汽车相比，不存在汽车冷启动问题。它还是未来制低碳烯烃的主要原料之一。

合成气直接合成二甲醚工艺由于打破了甲醇合成反应的热力学平衡限制，提高了CO的单程转化率。甲醇合成与脱水反应在一个反应器完成，缩短了二甲醚制备的工艺流程。被认为具有较强的综合竞争力，是一种具有发展前景的二甲醚合成方法。

3.3.3.1 传统甲醇制二甲醚生产工艺及催化剂

已经工业化的合成气制二甲醚生产工艺过程由两个单元构成：一是合成气制甲醇，二是甲醇在酸性催化剂作用下脱水生产二甲醚。甲醇制备和脱水为二甲醚反应过程复杂，影响因素很多。存在很多的安全隐患。其工艺流程图如图3.20所示。

甲醇制二甲醚主要工艺流程：原料甲醇经碱液中和，甲醇预热器预热后进入汽化塔汽

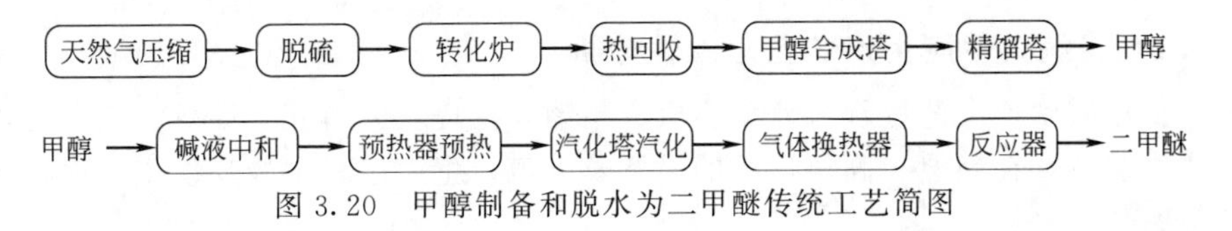

图 3.20 甲醇制备和脱水为二甲醚传统工艺简图

化。经气体换热器换热后进入反应器反应生成二甲醚。从反应器出来的反应气体经气体换热器与原料甲醇蒸气换热后，经粗甲醚冷凝器冷凝冷却后进入粗甲醚贮罐进行气液分离。液相为粗甲醚，气相为 H_2、CO、CH_4、CO_2 等不凝性气体和饱和的甲醇、二甲醚蒸气。从粗甲醚贮罐出来的不凝性气体经气体冷却器冷却后进入洗涤塔，用洗涤液吸收其中的二甲醚、甲醇后，吸收尾气经减压后送火炬系统。

甲醇制二甲醚催化剂：甲醇气相脱水所用固体酸催化剂主要为三氧化二铝、改性三氧化二铝、分子筛、磷酸铝、杂多酸、大孔阳离子交换树脂等。

早期的液相法所采用的催化剂为硫酸或混合酸，其生产工艺为硫酸法生产硫酸二甲酯的前半段生产工艺。由于对设备腐蚀大、产品纯度不高，且硫酸二甲酯的剧毒性会造成环境污染，此工艺已经基本淘汰。

甲醇气相催化脱水法是目前国内外使用最多的二甲醚工业生产方法，反应压力为 0.5～1.8MPa，反应温度为 230～400℃，采用的催化剂为 ZSM 分子筛、磷酸铝或 γ-Al_2O_3。生成二甲醚的反应式为：

$$2CH_3OH \longrightarrow CH_3OCH_3 + H_2O$$

主要副反应：

$$CH_3OH \longrightarrow CO + 2H_2 \qquad 2CH_3OH \longrightarrow C_2H_4 + 2H_2O$$

$$CH_3OCH_3 \longrightarrow CH_4 + H_2 + CO \qquad CH_3OCH_3 \longrightarrow C_2H_4 + H_2O$$

$$CO + H_2O \longrightarrow CO_2 + H_2 \qquad C_2H_4 + H_2 \longrightarrow C_2H_6$$

不同厂家采用的工艺也略有不同，主要区别在原料要求以及反应器结构形式上。原料可采用精甲醇或粗甲醇，从而使原料成本有所不同；反应器可采用绝热式固定床、换热式固定床、多段冷激式固定床和等温管式固定床等形式。

工业上甲醇气相脱水制二甲醚工艺多采用以氧化铝为催化剂的绝热固定床反应器，这类反应器结构简单，操作方便，在 DME 生产装置中广为应用。随着 DME 工业的大型化发展，绝热固定床反应器存在的缺点，如催化床层下部温度高、催化剂易失活、甲醇进料预热必须设置外部换热器以及反应热未充分利用等问题日益突出。

常俊石等[134]研究了耐温阳离子交换树脂、γ-氧化铝、分子筛等固体酸催化剂对甲醇气相脱水制二甲醚反应的催化性能。达到相同的甲醇转化率，催化反应温度顺序为：γ-氧化铝＞树脂＞分子筛。以耐温阳离子交换树脂为催化剂，甲醇转化率低于 70%，当反应温度高于 190℃时树脂很快失活；以 γ-氧化铝为催化剂，在 280～380℃之间，甲醇转化率高于 80%，当温度为 365℃时寿命大于 500h；以分子筛为催化剂，200～280℃之间，甲醇转化率高于 85%，分子筛易积炭失活。

氧化铝作为甲醇气相脱水催化剂在工业上得到了广泛应用，氧化铝的原料拟薄水铝石的制备条件以及催化剂制备过程中焙烧温度对氧化铝的甲醇脱水制二甲醚的催化活性有明显的影响。杨玉旺等[135]研究表明在拟薄水铝石的中和制备过程中，一般可以控制中和 pH 值在 8.0±0.2、中和温度为 50～60℃，在催化剂制备过程中焙烧温度可以控制在 550～600℃，最优的甲醇脱水催化剂制备条件。甲醇脱水的活性与氧化铝的酸性密切相关。在氧化铝上添加了 SiO_2、SO_4^{2-}、PO_4^{2-} 等对其进行改性，改性后提高了催化剂的甲醇脱水性能。

3.3.3.2 传统二甲醚生产工艺危险性分析

甲醇制二甲醚生产工艺过程可分为合成、精馏和汽提三大单元。甲醇、二甲醚均为危险化学品，生产装置存在高温、高压运行的设备及管道。生产过程中极易发生着火、爆炸、人员中毒等危害[136]。

物料的火灾、爆炸危险性。二甲醚生产的主要原料是甲醇，产品为精二甲醚。二甲醚的燃点很低，在发生泄漏时极易引起火灾爆炸事故。甲醇也属于甲类火灾危险性物质，危险程度也很高。

二甲醚危险性。自燃温度235℃；在空气中的爆炸极限为3%～17%；闪点－41℃；极易发生燃烧爆炸事故，属于甲类火灾危险性物质。危害特性：吸入后可引起麻醉、窒息感。对皮肤有刺激性。危险特性：易燃气体。与空气混合能形成爆炸性混合物。接触热、火星、火焰或氧化剂易燃烧爆炸。接触空气或在光照条件下可生成具有潜在爆炸危险性的过氧化物。气体比空气重，能在较低处扩散到相当远的地方，遇明火会引着回燃。若遇高热，容器内压增大，有开裂和爆炸的危险。

主要设备危险和有害因素。反应器：是二甲醚生产过程中核心设备，内装催化剂。设备材质为16MnR。工作压力为0.7～0.9MPa，工作温度为350～380℃。气相甲醇在催化剂的作用下发生分子间脱水反应生成气相二甲醚。反应物与生成物均为甲类火灾危险性物质，根据《石油化工企业设计防火规范》(GB 50160—2008) 规定，该反应器属于甲类火灾危险性设备。当进料量过大或急冷量不够时易发生反应器飞温现象，除了会对催化剂造成烧结外，温度严重升高时，反应器会发生变形破裂事故，物料外泄进而造成火灾、爆炸事故。甲醇汽化塔：甲醇汽化塔内工作介质全部为甲醇，工作压力为0.8～1.0MPa，工作温度为125～135℃。甲醇为甲类火灾危险性物质，该设备属于甲类火灾危险性设备。精馏塔：精馏塔塔顶部为纯二甲醚，中下部为粗二甲醚。精馏塔塔顶压力为0.8～1.0MPa，塔釜温为140～155℃，二甲醚属甲类火灾危险性物质，该设备属于甲类火灾危险性设备。洗涤塔：洗涤液作用是吸收二甲醚、甲醇，塔内主要介质是二甲醚，塔顶压力为0.6～0.8MPa，温度为30～50℃，该设备也属于甲类火灾危险性设备。

3.3.3.3 合成气直接制二甲醚的纳微尺度集成催化反应过程

(1) 纳微尺度上合成甲醇及其脱水为二甲醚集成反应体系的构建

合成气制二甲醚工艺由合成甲醇和甲醇脱水为二甲醚两个单元构成，工艺流程复杂，且需要单独制备甲醇，甲醇要经过生产、储存、输送及使用等步骤。由于甲醇易燃易爆、有毒，属于非安全化学品。

在纳微尺度上，建立由合成甲醇及其进一步脱水为二甲醚反应组成的集成体系，使生成的非安全反应物甲醇及时完全转化为二甲醚。由于集成反应在纳微尺度催化活性相上进行，不会产生甲醇的宏观累积，不需要储存和输送，进而解决了甲醇带来的安全问题。并且，去除了原工艺中甲醇的制备、分离和纯化、输送、储存单元。

通过在纳微尺度上设计制备双功能（合成甲醇、甲醇脱水为二甲醚）催化剂，进而构筑集成反应，将原来的两段工艺简化为一段直接合成工艺，工艺流程简单化，反应器由两个简化为一个，不需要设置甲醇储罐。具体过程如图3.21所示。

(2) 合成气直接制二甲醚工艺及催化剂

合成气直接制二甲醚工艺将合成气制甲醇和甲醇脱水反应合并在一个反应器中进行，该工艺具有流程短、投资少、耗能低、单程转化率高等优点。合成气直接制二甲醚的催化剂由甲醇合成催化剂和甲醇脱水催化剂组成。甲醇合成常用$Cu/Zn/Al_2O_3$催化剂，甲醇脱水常

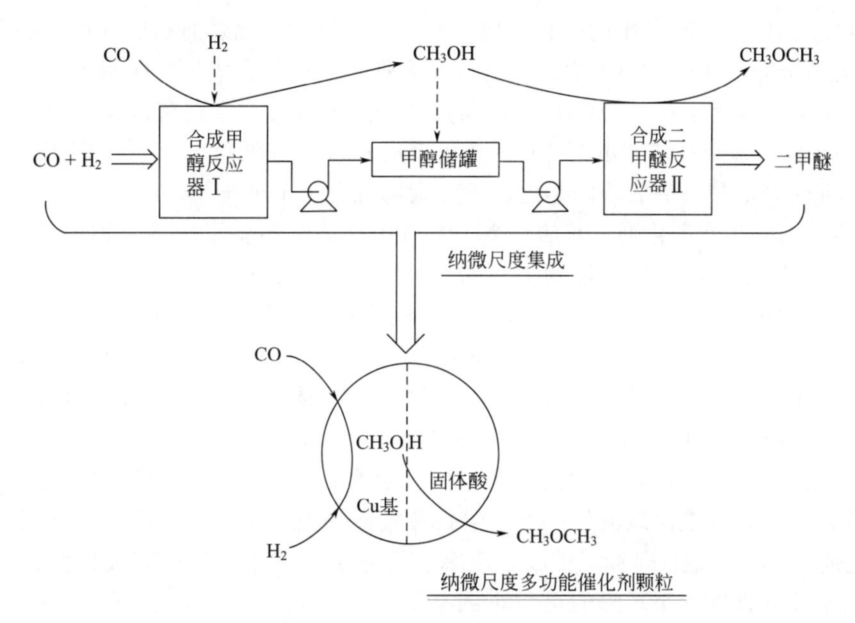

图 3.21　纳微尺度多功能催化剂上合成甲醇及二甲醚反应集成过程示意图

用 γ-Al_2O_3 或 ZSM-5 催化剂。传统复合型双功能催化剂是将甲醇合成和脱水两种活性组分的催化剂通过化学方法制备或混合而成。

合成气直接制二甲醚与传统两步法相比有多方面优点。在直接法工艺中，浆态床因其结构简单、反应器内部热量分布均匀、催化剂易于在线更换、能耗低等优点而最具应用前景。传统的浆态床二甲醚合成工艺中，催化剂的失活是阻碍其发展的一大难题。

合成气直接制取二甲醚工艺由于打破了甲醇合成反应的热力学平衡限制，提高了 CO 的单程转化率，甲醇合成与脱水反应在一个反应器完成，缩短了二甲醚制备的工艺流程等优点，而被认为具有较强的综合竞争力，是一种具有发展前景的二甲醚合成方法。

$Cu/Zn/Al_2O_3$-γ-Al_2O_3 双功能催化剂：王运风等[137]采用挤条法成型双功能催化剂，选择 $Cu/Zn/Al_2O_3$ 为甲醇合成催化剂，γ-Al_2O_3（甲醇脱水催化剂）的前驱体拟薄水铝石为黏结剂，硝酸为胶溶剂，柠檬酸和田菁粉为复合助挤剂。通过实验确定最佳助剂用量以及适当的水粉比，并在催化剂颗粒强度仪上测试催化剂强度，在反应评价装置上进行评价。在 250℃、3MPa、2500mL/(g・h）的条件下，CO 转化率为 79.8%，二甲醚的选择性为 49.1%，甲醇的选择性为 15.2%。

$CuO/ZnO/ZrO_2$-HZSM-5 双功能催化剂：Sun 等[138]通过共沉淀浸渍法制备了一系列具有不同 ZrO_2 含量的 $CuO/ZnO/ZrO_2$/HZSM-5 的复合催化剂。ZrO_2 引入到 CuO 的晶体结构中引起催化剂表面在还原过程中形成 Cu^+，这是催化剂具有较高 CO 转化率和 DME 选择性的关键。复合催化剂 $CuO/ZnO/ZrO_2$/HZSM-5 两种活性组分均匀分散，并且保持紧密的接触，形成“协同效应”。

Cu-Mn-Zn-Y 双功能催化剂：Fei 等[139]通过共沉淀浸渍法制备了 Cu-Mn-Zn/Y 的复合催化剂，并研究了 Cu 含量对合成气制二甲醚反应性能的影响。在 2.0MPa、250℃、$1500h^{-1}$ 的反应条件下，当 Cu/(Cu＋Mn＋Zn）的比大于 0.6 时，CO 转化率和 DME 选择性分别达到 78%和 67%。

CuO/γ-Al_2O_3 双功能催化剂：陈月仙等[140]以三嵌段共聚物 F_{127} 为模板剂，以异丙醇铝、硝酸铜为原料，采用溶剂挥发自组装法制备具有介孔结构的 CuO/γ-Al_2O_3 复合催化剂。

催化剂 $CuO/\gamma\text{-}Al_2O_3$ 具有有序的介孔结构，并且具有较大的比表面积以及均一的介孔结构，Cu 元素均匀地分布在 $\gamma\text{-}Al_2O_3$ 的表面。将该复合催化剂用于合成气直接制备二甲醚的反应，在空速 $1500h^{-1}$、温度 320℃、压力 5MPa 的条件下，CO 转化率最高达到 68.8%、DME 选择性达到 59.0%。连续反应 50h 后，CO 转化率从 68.8%降低至 59.5%，DME 选择性基本保持不变，催化剂部分失活的原因是由于铜元素部分发生了聚集。

$Pd/\gamma\text{-}Al_2O_3$ 双功能催化剂：褚睿智等[141]采用浸渍法制备了一系列不同助剂下的负载型 $Pd/\gamma\text{-}Al_2O_3$ 催化剂，考察了助剂类型对 $Pd/\gamma\text{-}Al_2O_3$ 催化剂一步法合成二甲醚（STD）反应稳定性的影响规律。助剂成分对 $Pd/\gamma\text{-}Al_2O_3$ 催化的 STD 反应稳定性影响显著。相比 $Pd/\gamma\text{-}Al_2O_3$ 催化剂，添加 CeO_2 可以提高 Pd 在 $\gamma\text{-}Al_2O_3$ 表面的分散度，但会覆盖表面的部分酸性位，一定程度上提高了催化剂的活性和稳定性，但仍存在 Pd 烧结和积炭现象；添加复合助剂 $CeO_2\text{-}ZrO_2$ 后形成的 Ce-O-Zr 固熔晶面能显著促进 Pd 均匀分散，提高催化剂的抗积炭能力和抗烧结能力，催化剂的活性和稳定性更高；经 SO_4^{2-} 改性后 $Pd/\gamma\text{-}Al_2O_3$ 催化剂会因为表面积炭加剧和表面硫流失严重，中强酸酸性位减少而快速失活。$CeO_2\text{-}ZrO_2\text{-}Pd/\gamma\text{-}Al_2O_3$ 催化剂 20h 的稳定性试验后 CO 转化率仍保持 59%以上，二甲醚选择性为 65%以上，烧炭再生后催化活性恢复至新鲜催化剂的 91.8%。

核壳结构的 $CuO\text{-}ZnO\text{-}Al_2O_3$@ Al_2O_3 双功能催化剂：王文丽等[142]以生物质（葡萄糖、蔗糖、淀粉）为模板剂，通过水热合成法制备具有核壳结构的 $CuO\text{-}ZnO\text{-}Al_2O_3$@$Al_2O_3$ 复合催化剂，该催化剂以甲醇合成催化剂 $CuO\text{-}ZnO\text{-}Al_2O_3$ 为核，甲醇脱水催化剂 Al_2O_3 为壳。SEM-EDS 对催化剂核壳结构的表征发现，通过改变水热合成温度和合成时间可以调变催化剂中 Al_2O_3 壳层的厚度。将该复合催化剂用于合成气直接制备二甲醚的反应，在空速 1500mL/(h・g 催化剂)、温度 260℃、压力 5.0MPa 的条件下，CO 转化率和二甲醚选择性分别达到 35.2%和 61.1%。

$CuO\text{-}ZnO\text{-}Al_2O_3$-(B，P，S) 改性 $\gamma\text{-}Al_2O_3$ 双功能催化剂：毛东森等[143]采用浸渍法制备了经硼、磷和硫的含氧酸根阴离子改性的 $\gamma\text{-}Al_2O_3$，以其为甲醇脱水活性组分，与铜基甲醇合成活性组分 $CuO\text{-}ZnO\text{-}Al_2O_3$ 组成双功能催化剂，并在连续流动加压固定床反应器上考察了催化剂对合成气直接制二甲醚反应的催化性能。SO_4^{2-} 改性可以显著提高 $\gamma\text{-}Al_2O_3$ 的甲醇脱水活性，从而提高产物中二甲醚的选择性和一氧化碳的转化率。当 SO_4^{2-} 含量为 10%，焙烧温度为 550℃时，二甲醚的选择性及一氧化碳的转化率最高。

3.4 甲醛非安全中间反应物

甲醛亦称蚁醛，是最简单的醛类，通常情况下是一种可燃、无色及有刺激性的气体。易溶于水、醇和醚。35%～40%的甲醛水溶液称为福尔马林。甲醛是一种重要的有机原料，主要用于塑料工业（如制酚醛树脂、脲醛塑料——电玉）、合成纤维（如合成聚乙烯醇缩甲醛——维尼纶）、皮革工业、医药、染料等。是制造炸药、染料、医药的原料，还可作杀菌剂和消毒剂。

3.4.1 甲醛危险性

属于危险气体：甲醛的蒸气与空气混合易形成爆炸性气体，遇明火、高热能引起燃烧爆炸，爆炸极限为 7%～73%（体积分数），桶装甲醛若遇高热，容器内压增大，有开裂和爆炸的危险。甲醛的禁忌物是强氧化剂、强酸、强碱。甲醛燃烧后分解为一氧化碳、二氧化碳。

具有存储和运输危险性：甲醛储罐区的危险性主要体现在其火灾、爆炸和毒性三方面上。甲醛不仅有毒，而且蒸发后形成的气态甲醛与空气混合形成爆炸性气体，因此，其泄漏后的危险性非常大。2005年8月25日永州市东安县附近207国道2714km东安县路段界牌岭处一台装有9t甲醛的槽车发生翻车事故，导致大量甲醛泄漏，最终造成8人中毒。2007年9月14日广西壮族自治区南宁市西乡塘区西津村的南宁华妙建材有限责任公司的化工厂内一立式储罐突然倒塌，造成储罐内的甲醛液体泄漏，散发出浓烈刺鼻的气体，严重污染了周边1km内的空气，严重威胁着周边群众的生命安全，造成7人中毒。

对人体健康有危害：甲醛为毒性较高的物质，在我国有毒化学品优先控制名单上甲醛高居第二位。甲醛已经被世界卫生组织确定为致癌和致畸形物质，是公认的变态反应源，也是潜在的强致突变物之一。

急性职业性甲醛中毒多见于生产甲醛过程，在制造合成树脂（酚醛树脂、脲醛树脂等）、醇酸、塑料、皮革、人造纤维、制药、染料、照相胶片和其他化学物质，以及作为除臭剂、消毒剂、防腐剂、蛋白硬化剂、熏蒸剂等生产使用过程中，甲醛发生外溢，吸入其气体或接触其溶液，可引起急性中毒。

甲醛也是居室装饰后室内主要污染物之一，主要来自建筑材料、装饰品及生活用品等，如黏合剂、隔热材料、化妆品、消毒剂、防腐剂等。

甲醛对黏膜、上呼吸道、眼睛和皮肤有强烈刺激性，接触其蒸气，可引起结膜炎、角膜炎、鼻炎、支气管炎，重者发生喉痉挛、声门水肿和肺炎等，并使免疫功能异常，引起肝、肺和中枢神经受损，也可损伤细胞内遗传物质。对皮肤有原发性刺激和致敏作用，浓溶液可引起皮肤凝固性坏死。

急性甲醛中毒有如下表现，打喷嚏、咳嗽、视物模糊、头晕、头痛、乏力、口腔黏膜糜烂、上腹部疼痛、呕吐等。随着病情加重，还会出现声音嘶哑、胸痛、呼吸困难等，严重时会出现喉头水肿及窒息、肺水肿、昏迷、休克。皮肤直接接触甲醛可引起接触性皮炎。口服中毒者表现为胃肠道黏膜损伤、出血、穿孔，还可出现脑水肿，代谢性酸中毒等。

慢性影响，长期低浓度接触甲醛蒸气，可出现头痛、头晕、乏力、两侧不对称感觉障碍和排汗过盛以及视力障碍。甲醛能抑制汗腺分泌，长期接触可致皮肤干燥、皱裂。

2006年国际癌症中心（IARC法国，里昂）已发布甲醛为人类肯定的致癌化学物质。

3.4.2 甲醇氧化直接制二甲氧基甲烷的纳微尺度集成催化反应过程

3.4.2.1 传统二甲氧基甲烷生产工艺

二甲氧基甲烷（Dimethoxymethane，DMM），也称甲缩醛（Methylal），具有优良的理化性能，即良好的溶解性、与水相溶性、无毒性，广泛用作化工中间体、溶剂。同时由于其含氧量高，分子结构中不含有C—C键，可用作运输燃料以及燃料添加剂，还可作燃料电池的移动氢能源。根据美国毒理学信息规划（National Toxicology Program）的分类，二甲氧基甲烷的应用领域主要集中在：化工中间体、溶剂、燃料及燃料添加剂。工业上，二甲氧基甲烷作为合成浓缩甲醛的原料。传统的甲醇氧化法制甲醛，得到的甲醛溶液含量不大于55%，采用甲缩醛氧化生产甲醛，可得到75%的甲醛溶液。在此基础上，可以进一步催化聚合、干燥制备低聚合度多聚甲醛和固体甲醛；在共聚甲醛树脂合成中，二甲氧基甲烷可用作树脂相对分子质量的调节剂，也可用作聚合物的终止剂。添加适量的二甲氧基甲烷，可避免树脂合成中聚合物（二氧戊环）的生成，增加聚合物的交联度，提高产品的热稳定性，同时，防止聚合釜管道的堵塞。由于二甲氧基甲烷具有优良的溶解性能且无毒，因此可替代苯、甲苯、二甲苯等有毒溶剂广泛应用于杀虫剂、彩带、电子设备清洁剂等配方中；同时二甲氧基甲烷具有挥发快、水溶性的优点，可作为空气清新剂、皮革上光剂以及水性涂料中的溶剂使用。此外，二甲氧基甲烷还可用作可再生锂电池的电解质溶液。为改善柴油的燃烧性能、减轻对空气的污染，国内外学者都在研究应用含氧化合物作为柴油添加剂，二甲氧基甲烷由于含氧量高（42.1%），在工业上最有希望得到应用。二甲氧基甲烷除了直接用作液体燃料外，还可用作甲醇燃料电池的液体有机燃料添加剂[144]。

传统二甲氧基甲烷生产工艺由两个单元组成：第一是甲醇氧化制甲醛，第二是甲醛与甲醇缩合制二甲氧基甲烷。工艺流程复杂，设备多，需要储存甲醛等。

(1) 甲醇氧化制甲醛工艺

以甲醇为原料生产甲醛的方法，为了避开爆炸极限，按其所用催化剂和生产工艺的不同，可分为两种不同的工艺路线。一是在过量甲醇（甲醇蒸气浓度控制在爆炸上限，37%以上）条件下，甲醇气、蒸汽和水气混合物在金属型催化剂上进行脱氢氧化反应，通常采用浮石银或电解银催化剂，故称为银法，亦称甲醇过量法；二是在过量空气（甲醇蒸气浓度控制在爆炸下限，7%以下）条件下，甲醇气直接与空气混合在金属氧化物型催化剂上进行氧化反应，催化剂以 Fe_2O_3-MoO_3 系最为常见，故称“铁钼法”，亦称“空气过量法”。铁钼法和银法甲醛工艺流程见图 3.22 和图 3.23[145]。

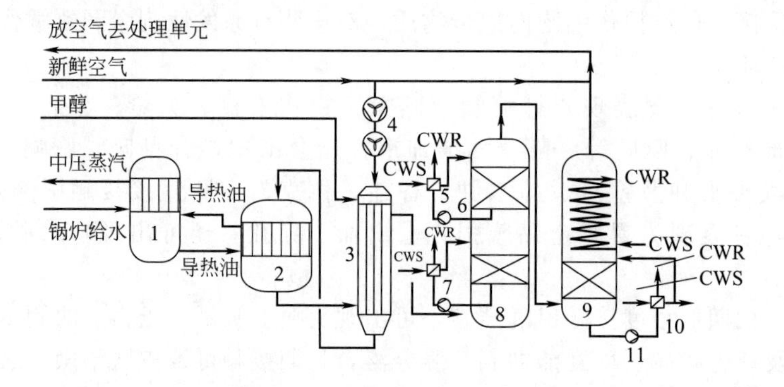

图 3.22 铁钼法甲醛工艺流程

1—废热锅炉；2—反应器；3—甲醇蒸发器；4—循环风机；5—冷却器；6—循环泵；7—冷却器循环泵；8—吸收塔Ⅰ；9—吸收塔Ⅱ；10—冷却器；11—产品泵

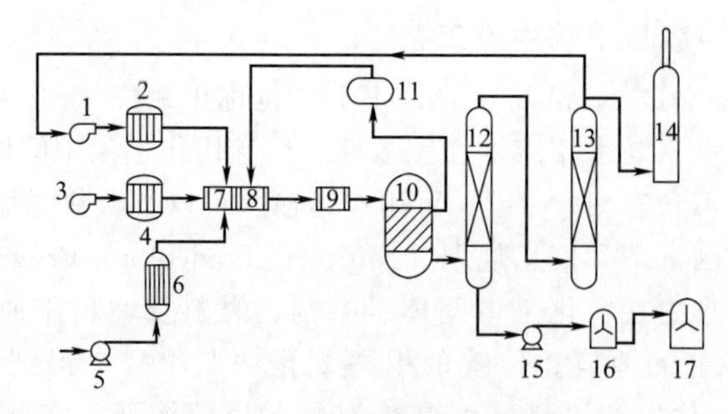

图 3.23 银法甲醛工艺流程

1—尾气风机；2—尾气加热器；3—空气风机；4—空气预热器；5—甲醇泵；6—再沸器；7—混合器；8—过热器；9—阻火过滤器；10—反应器；11—汽包；12—一级吸收塔；13—二级吸收塔；14—焚烧装置；15—循环泵；16—配置槽；17—成品槽

银法所需温度较高，通常为600℃以上。高温不仅带来催化剂容易失活的问题，也使得产品甲醛更容易分解，导致单程收率不高。相对于银法而言，铁钼法甲醇氧化制甲醛工艺具有较低的反应温度、较长的催化剂寿命和较高的甲醛收率。然而，目前我国只掌握了银法甲醇制甲醛技术，铁钼法甲醇制甲醛工艺技术及催化剂完全依赖进口。铁钼催化剂的制备方法是将钼酸盐（如钼酸铵、钼酸钠）和铁盐（如硝酸铁、氯化铁）的水溶液进行共沉淀，沉淀再经过滤、干燥、煅烧得催化剂。铁钼催化剂催化性能中存在的最主要问题是高温下钼容易流失而导致催化剂失活，因此制备在低温下具有高活性的催化剂是铁钼法的关键。

铁钼法甲醇氧化制甲醛工艺：原料甲醇由泵送至蒸发器顶部，喷淋进入蒸发器，流量控制恒定。新鲜空气经过滤与来自吸收塔顶部的循环尾气混合，分离出夹带的液沫，然后经风机加压后从底部进入蒸发器。通过调节循环尾气的流量使混合气体中氧气浓度得以控制。在蒸发器内，气体与气化后的甲醇混合并加热，然后进入反应器，发生如下化学反应：

主反应： $CH_3OH + 1/2O_2 \longrightarrow CH_2O + H_2O + Q \qquad \Delta H = -156kJ/mol$

副反应： $CH_3OH + O_2 \longrightarrow CO + 2H_2O$

$2CH_3OH \longrightarrow CH_3OCH_3 + H_2O$

$CH_3OH + O_2 \longrightarrow HCOOH + H_2O$

反应器为列管式固定床反应器，列管内装填铁钼催化剂。混合气体在催化剂作用下进行化学反应，并释放出热量，使气流温度逐步升高至最佳反应温度（又称热点温度）。在该温度下，转化率和选择性最好。然后气流温度开始下降，并离开反应器。反应热由列管间的导热油移走，用以副产蒸汽。出反应器的高温气体在甲醇蒸发器中冷却后进入吸收塔。甲醛在此塔中被水吸收，制得一定浓度的甲醛水溶液，并从塔底将甲醛水溶液经泵送至产品贮槽。甲醛吸收是放热过程，通过甲醛吸收塔循环泵将大流量的甲醛溶液进行塔外循环，在冷却器中移走热量。出吸收塔顶部的尾气，大部分循环至风机，其余用作燃料气。

铁钼 Mo/Fe 催化剂：张帅等[146]利用共沉淀法在不同搅拌速度下制备了相同Mo/Fe原子比的甲醇氧化制甲醛催化剂。搅拌速度增大，催化剂比表面积增大，催化活性增强，甲醛收率由600r/min时的73.8%增加到10000r/min时的95.7%（280℃）。此外，催化剂由片状的 MoO_3 和颗粒状的 $Fe_2(MoO_4)_3$ 两部分组成，游离的片状 MoO_3 无明显催化活性，只有与 $Fe_2(MoO_4)_3$ 结合时才具有催化活性；李速延等[147]采用共沉淀法制备了不同 Mo 与 Fe 原子比的甲醇氧化制甲醛催化剂。Mo 与 Fe 原子比为2.2～2.8时，催化剂具有较好的活性，400～450℃焙烧的催化剂具有良好的比表面积、适宜的孔容和孔径，形成了较为稳定的 MoO_3 和 $Fe_2(MoO_4)_3$ 晶相，使催化剂具有更高的活性和选择性。在反应温度265～315℃，空速8500～13000h^{-1}时，甲醇转化率＞98%，甲醛收率＞93%，500h长周期反应，催化剂表现出良好的活性和稳定性。

(2) 甲醇与甲醛缩合制二甲氧基甲烷工艺

合成二甲氧基甲烷的众多工艺中，甲醛和甲醇反应生成二甲氧基甲烷的工艺较为常用，因为该方法原料易得，操作方便，反应快，条件温和易控制，虽为放热反应，但是放出的热量比较小，放出的热量对反应的平衡转化率影响不大。工艺流程如图3.24所示。

生产二甲氧基甲烷的工艺主要有两种，液相缩合法和反应精馏法。其反应式如下：

$$HCHO + 2CH_3OH \longrightarrow CH_2(OCH_3)_2 + H_2O$$

液相缩合法是一种常用的工业方法。采用无机酸（如硫酸、盐酸）、路易斯酸（如三氯

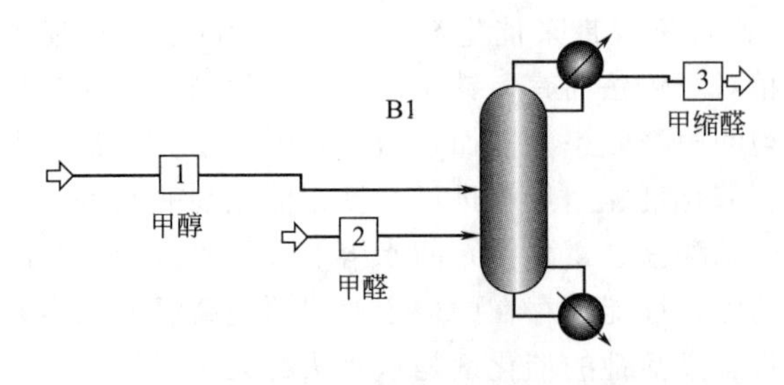

图 3.24　甲醇与甲醛反应制备二甲氧基甲烷工艺流程简图

化铝、三氯化铁等）以及杂多酸（如硅钨酸、磷钨酸）作为催化剂，甲醇和甲醛水溶液在列管反应器中发生缩醛反应。生产每吨二甲氧基甲烷产品分别消耗37%甲醛水溶液约1.3t、工业级甲醇原料1.1t。该法操作简单，反应条件温和，但是生产中要产生大量的含甲醛的酸性有机废水，难以处理，污染环境，因此该法已经逐步被淘汰。

王淑娟[148]在间歇反应方式下考察了采用HZSM-5（Si/Al=38）为催化剂，以甲醇和甲醛为原料，综合经济及分离等因素，得出催化剂用量为6.5%，温度为55℃时，n(甲醇)∶n(甲醛)=1∶2.5，反应90min，甲醛的转化率为45%，二甲氧基甲烷的选择性为99%。

除此之外，采用的催化剂还有，Cs^+部分取代杂多酸、酸性离子液体、杂多酸及对甲苯磺酸催化剂等。

反应精馏法已在工业化生产中得到大规模应用，是国内外生产二甲氧基甲烷的主流工艺。与液相缩合法中采用液体酸性催化剂不同，反应精馏法采用固体酸催化剂（如强酸型阳离子交换树脂、H-ZSM-5分子筛、高硅铝比的硅酸铝-LZ40分子筛、γ型沸石分子筛等），生产工艺与液相缩合法相似。该工艺与液相缩合法相比，含甲醛的酸性有机废水被低浓度的甲醛废水所取代，废水量少。但低浓度工业甲醛废水不能直接排放，仍需后续处理，处理成本高。在工业上，二甲氧基甲烷生产工艺常与甲醇催化生产甲醛工艺耦合，一方面，甲醛是二甲氧基甲烷生产的原料；另一方面，二甲氧基甲烷生产工艺中产生的低浓度甲醛废水可用作气体甲醛的二级吸收工艺用水。

日本旭化成公司最早使合成二甲氧基甲烷工业化，为半连续反应过程，反应器位于精馏塔外部，其工艺中甲醛转化率较低（<50%），并且能耗较高。二甲氧基甲烷合成反应为可逆反应，因此更适宜采用反应精馏技术。

反应精馏法制二甲氧基甲烷：反应精馏法是集反应与分离为一体的一种特殊精馏技术，该工艺技术将反应过程与分离设备的工程特性有机结合在一起，既能利用精馏的分离作用提高反应的平衡转化率，抑制副反应的发生，又能利用放热反应的热效应降低精馏的能耗，强化传质。因此是典型的工程与工艺结合的工艺。

Zhang等[149]采用酸性阳离子交换树脂作为催化剂，通过催化精馏法合成二甲氧基甲烷。最佳条件为：回流比为5，n(甲醇)∶n(甲醛)=2.5，催化剂的质量为0.51kg，甲醛的质量分数为35.3%，得到甲醛的转化率为99.6%，纯度为92.1%。

李柏春等[150]以强酸型阳离子交换树脂为催化剂，甲醇、稀甲醛为原料在间歇反应釜中合成二甲氧基甲烷（二甲氧基甲烷），并建立了宏观动力学方程。

3.4.2.2　传统二甲氧基甲烷生产工艺危险性分析

(1) 甲醇氧化制甲醛单元危险性

物料泄漏危险性。甲醇与甲醛都属于具有典型毒性的物质，当这些液体或气体暴露在空气中时，就算数量很低，也往往会造成严重的污染，对人体造成严重的伤害。在甲醛的生产过程中，涉及的设备与管线非常多，如贮存罐、输送泵与压力容器等，如果维护不当非常容易出现泄漏的问题，一旦发生泄漏，采取措施不当的话，就有可能会发生安全事故。这些易燃的物质遇到明火将会发生严重的火灾甚至爆炸的事故。

副反应危险性。甲醛生产中有90%以上的甲醇参加氧化反应，其余部分发生燃烧反应及甲醛的深度氧化等副反应，生成CO、CO_2、H_2O、CH_4和H_2等，都是放热反应（这些物质具有一定的可燃性，存在火灾的潜在危险）增加了反应过程的总热量，有可能产生飞温，当温度达到甲醇或甲醛的自燃点时，就可能发生燃烧爆炸。

在爆炸极限边缘操作。甲醛生产主要采用以甲醇和空气为原料的甲醇催化氧化法，该生产工艺是在甲醇-空气-水三元混合气体的爆炸极限区（6%～40%）边缘进行的强放热化学反应，生产过程中需要严格控制氧醇比，确保氧化反应在甲醇-空气-水三元混合气体的爆炸极限之外进行，稍有不慎就会导致氧化反应在甲醇-空气-水三元混合气体的爆炸范围内进行，在高温下就会发生燃烧爆炸事故。

氧化反应温度高，放热量大。甲醇气与空气混合进入氧化器进行催化氧化反应的总热效应属于强放热反应，氧化器径向和轴向都存在温差。催化剂的载体往往是导热欠佳的物质，如果催化剂的导热性能良好，且气体流速又较快，则径向温差较小。一般沿轴向温度分布都有一个最高温度，称为热点，热点温度过高，使反应选择性降低，催化剂作用变慢，甚至使反应失去稳定性或产生飞温。生产甲醛的氧化器属于固定床反应器，床层温度分布受到传热速率的限制，可能产生较大温差，甚至引起飞温，引发火灾爆炸事故。

甲醇、甲醛与氧气的混合物存在爆炸危险。氧化器进出口的混合气具有爆炸性，甲醇、甲醛的蒸气都能与空气形成爆炸性混合物，但温度对爆炸极限影响较大，不同温度的爆炸极限可根据25℃的爆炸极限进行修正。过热器到氧化器的入口，存在甲醇和空气两种成分，属爆炸性混合物；氧化器出口存在甲醇、甲醛、H_2、CO、CH_4和O_2六种成分，也属爆炸性混合物。因此，无论在氧化器的进口或出口，只要遇火源，就会立即发生燃烧、爆炸事故。吸收操作是在吸收塔中将反应气中的绝大部分甲醛用水吸收下来，未被吸收的尾气送至尾气锅炉进行燃烧处理。在该操作过程中所涉及的气体属爆炸性混合物，如果设备发生泄漏，可能引起燃烧、爆炸事故。

(2) 甲醇与甲醛缩合制二甲氧基甲烷单元危险性

二甲氧基甲烷生产过程中所用原料、辅助材料、中间产品与产品多为易燃易爆物品。生产过程危险性高，稍有不慎，就可能发生火灾、爆炸事故，给企业与社会带来巨大损失。甲醇闪点为11℃，二甲氧基甲烷闪点为－17℃，二者为甲类易燃液体，甲醛闪点为50℃，为乙类腐蚀性物品。

发生火灾、爆炸可能性有：甲醇、甲醛、二甲氧基甲烷等在贮存过程中遇高温、火源等，使容器内压增大，造成容器破裂或爆炸，有可能发生火灾、爆炸事故；在贮存过程中因贮存容器或管线腐蚀，连接处不密封发生泄漏后遇点火源有可能发生火灾、爆炸事故；在装卸车时产生的蒸气或因受高温或外部火灾的影响，溢出大量蒸气，遇点火源发生爆炸；生产废液排放到下水道中，遇火源可能发生回燃引起火灾、爆炸事故；自然灾害如地震可能造成房屋倒塌、设备损坏，大量甲醇、甲醛、二甲氧基甲烷泄漏，遇着火源发生燃烧爆炸。

使用液体酸催化剂时，存在腐蚀和环境污染问题。常用的酸催化剂有H_2SO_4、$AlCl_3$以及酸性阳离子交换树脂等，对设备具有腐蚀性，而且两步法能耗高、工艺也较复杂。

3.4.2.3 甲醇选择氧化直接合成二甲氧基甲烷的纳微尺度集成催化反应过程

(1) 纳微尺度上合成甲醛及其与甲醇缩合为二甲氧基甲烷集成反应体系的构建

甲醇为原料合成二甲氧基甲烷工艺由甲醇氧化合成甲醛和甲醛与甲醇缩合为二甲氧基甲烷两个单元构成。该路线虽然工艺条件比较成熟，但是能耗较高，设备投资比较大，同时污染也比较严重，工艺流程复杂，且需要单独制备甲醛——非安全中间反应物，甲醛要经过生产、储存、输送及使用等步骤。甲醛易燃易爆、有毒，属于非安全化学品。

在纳微尺度上，建立由合成甲醛及其进一步与甲醇缩合为二甲基氧基甲烷反应组成的集成体系，使生成的非安全中间反应物甲醛及时完全转化为二甲氧基甲烷。由于集成反应在纳微尺度催化活性相上进行，不会产生甲醛的宏观累积，不需要储存和输送，进而解决了甲醛带来的安全问题。并且，去除了原工艺中甲醛的制备、分离和纯化、输送、储存单元。

通过在纳微尺度上设计制备双功能（合成甲醛、甲醛与甲醇缩合为DMM）催化剂，进而构筑集成反应，将原来的两段工艺简化为一段直接合成工艺，工艺流程简单化，反应器由两个简化为一个，不需要设置甲醛储罐。具体过程如图3.25所示。

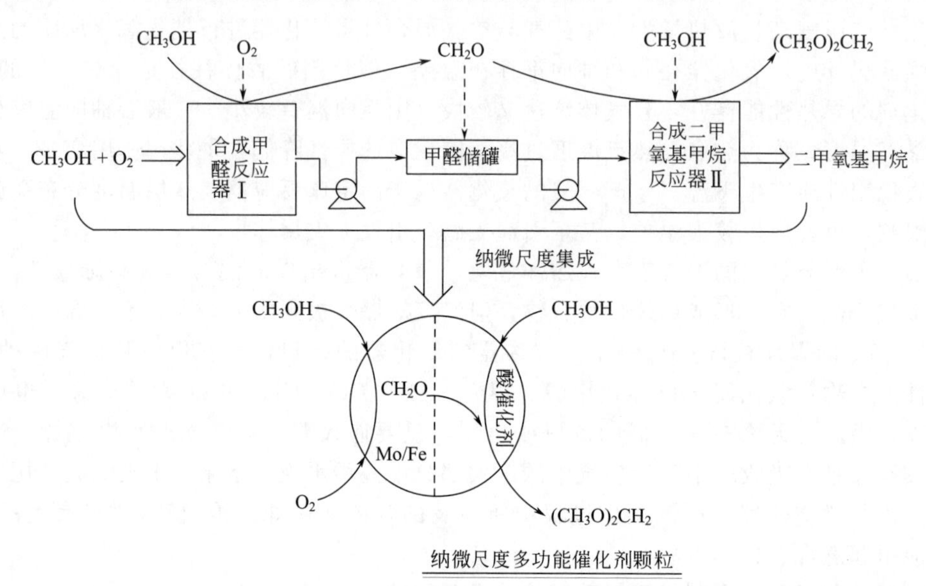

图3.25　纳微尺度多功能催化剂上甲醇氧化制甲醛及醇醛缩合制DMM反应集成过程示意图

(2) 甲醇氧化直接制二甲氧基甲烷工艺及催化剂

甲醇氧化直接制取二甲氧基甲烷工艺将甲醇氧化制甲醛反应及甲醇与甲醛缩合制DMM反应耦合在一个反应器中进行，利用甲醇和O_2反应直接得到DMM，这在经济和环境上都是有利的，该法工艺具有流程短、投资少、耗能低、单程转化率高等优点。反应式如下所示。

制甲醛：$$CH_3OH + 1/2O_2 \longrightarrow CH_2O + H_2O$$

醛醇缩合：$$CH_2O + 2CH_3OH \longrightarrow (CH_3O)_2CH_2 + H_2O$$

总反应：$$3CH_3OH + 1/2O_2 \longrightarrow (CH_3O)_2CH_2 + 2H_2O$$

甲醇氧气直接反应得到DMM，这需要两种活性中心的参与。氧化-还原中心催化甲醇氧化生成甲醛，酸性中心催化甲醇和甲醛缩合生成DMM。这就要求催化剂酸性中心和氧化还原中心必须匹配。

20世纪90年代，科研工作者开始探索甲醇氧化一步法直接合成二甲氧基甲烷的可行性，该工艺采用具有酸性位和氧化还原位的双功能催化剂，将两步法合成步骤进行有效的耦合，直接获得二甲氧基甲烷。

钒钛V_2O_5（氧化还原中心）-TiO_2（酸性中心）双功能催化剂：氧化钛纳米管负载氧化钒V_2O_5/TNT催化剂。Cai等[151]研究了酸性助剂对TiO_2纳米管（TNT）负载V_2O_5催化剂（V_2O_5/TNT）性能的影响，发现经硫酸、磷酸或磷钨酸处理后，TNT 的结构稳定，但表面酸性和氧化-还原性发生了变化，从而改变了甲醇选择氧化为二甲氧基甲烷的催化性能。V_2O_5/TNT 催化剂经硫酸修饰和 673K 焙烧，其二甲氧基甲烷选择性显著提高，且维持了较高的甲醇转化率。高温焙烧促进了硫酸根与钒物种之间的强相互作用，从而提高了催化剂的表面酸性而没有降低钒的氧化-还原性。磷酸和磷钨酸修饰虽然也提高了 V_2O_5/TNT 催化剂的表面酸性，但降低了其中钒氧化物的氧化-还原能力，反而降低了催化剂的活性。

盐酸、硫酸、铈改性的钒钛催化剂。李君华等[152]对负载催化剂进行盐酸改性制得了 HC-V/TiO_2催化剂，并将其应用于甲醇选择性氧化制二甲氧基甲烷（DMM）。V_2O_5负载量为 10%的催化剂 10V/TiO_2上，钒氧物种具有良好的分散性。对 10V/TiO_2进行不同量的盐酸改性制备了 HC-10V/TiO_2催化剂。适量的盐酸改性能有效改善催化剂的酸性，但对钒氧物种的分散性和还原性没有影响，改性后催化剂的反应活性和稳定性也得到很大提高，甲醇转化率和 DMM 选择性明显增加。Cl^-负载量为 4%的催化剂在反应温度为 160℃时，甲醇的转化率为 77.6%，DMM 的选择性高达 78.3%。他们还进行了硫酸改性[153]，适量硫酸改性能显著提高催化剂的甲醇转化率和 DMM 选择性。以 SO_4^{2-} 和 V_2O_5负载量均为 10%（质量分数）的 HS-V_2O_5/TiO_2为催化剂时，在甲醇与 O_2的摩尔比为 2、液态空速为 $1200h^{-1}$、常压、反应温度为 150℃的条件下，甲醇转化率为 70.52%、DMM 选择性高达 91.92%，明显高于未改性的 V_2O_5/TiO_2催化剂。他们还对载体进行了掺杂铈元素改性[154]，Ce 掺杂改性后，改变了 TiO_2载体与钒氧物种间的作用力，Ce 掺杂量越大，钒氧物种的还原温度逐渐向高温移动，使得催化剂的氧化还原能力减弱。Ce 改性的 TiO_2负载 V_2O_5，Ce 的改性量对催化剂的酸性质几乎没有影响，但是催化剂的酸性却随着 V_2O_5负载量的增大而逐渐减弱。当 Ce 和 Ti 的物质的量比为 0.01，V_2O_5的负载量为 10%，所得催化剂 10V/1Ce-TiO_2具有较为适宜的氧化还原性和酸性，在反应温度为 160℃时，甲醇的转化率为 39.6%，DMM 的选择性高达 99.9%。

纳米钒钛硫催化剂：郭荷芹等[155]用快速燃烧法制备了纳米钒钛硫催化剂并采用固定床反应器考察了甲醇氧化一步制 DMM 的性能。硫的改性有效抑制了甲酸甲酯（MF）的生成，显著提高了 DMM 选择性，这与硫对催化剂表面酸性修饰有关。硫以硫酸根形式存在，硫物种的存在没有改变钒氧化物的赋存形式及其氧化还原性能，但显著增加了催化剂表面酸性中心。反应前后催化剂硫酸根含量及催化剂表面酸性均无明显变化，催化剂具有良好的稳定性。甲醇转化率为 50%时，DMM 的选择性达到 85%。

V_2O_5/TiO_2-Al_2O_3催化剂：王拓等[156]介绍了一种在温和反应条件下，甲醇通过选择性氧化一步法制备 DMM 的过程。认为实现一步高效合成 DMM 的关键，是确保催化剂表面氧化还原位中心和酸性位中心的平衡。过多的氧化还原位中心会使反应生成过多的甲酸甲酯和碳氧化物等副产物，而过多的酸性位则会导致生成过多的二甲醚。基于 V_2O_5优异的氧化还原能力以及 TiO_2-Al_2O_3载体的多种催化性质，开发了一种 TiO_2-Al_2O_3二元氧化物负载 V_2O_5的 V_2O_5/TiO_2-Al_2O_3催化剂，来实现甲醇选择性氧化一步制 DMM。二元 TiO_2-Al_2O_3氧化物载体采用了 5 种制备方法，包括机械混合、球磨、沉淀、共同沉淀、溶胶凝胶法，以便考察氧化物载体对催化性能的影响。随后通过载体与 V_2O_5的等体积浸渍制备出 V_2O_5/TiO_2-Al_2O_3催化剂。溶胶凝胶法制得的 V_2O_5/TiO_2-Al_2O_3催化剂具有最高的催化性能，在 393K 下表现出 48.9%的甲醇转化率和 89.9%的 DMM 选择性，优于 V_2O_5/TiO_2和 V_2O_5/Al_2O_3。球磨法制备的 V_2O_5/TiO_2-Al_2O_3催化剂也表现出 43%的甲醇转化率和 90.7%的 DMM 选择性，性能仅次于溶胶凝胶法制备的催化剂。

V_2O_5/TiO_2-Al_2O_3优良的性能是由于催化活性组分与二元载体之间有效的相互作用。

V_2O_5/TiO_2-Al_2O_3中V组分的化学态发生了改变，生成了更多的+4价V(Ⅳ)物种，产生了更多的氧空位，进而促进了V_2O_5活性组分与二元载体氧化物之间的电子转移。这种增强的电子转移能力提高了催化剂的氧化还原性能，从而提高了甲醇的转化率。另外，Ti离子可嵌入Al_2O_3晶格来削弱Al—O—Al键，从而生成含量适宜的弱酸性位，进而提高DMM的选择性。因此，V_2O_5/TiO_2-Al_2O_3催化剂中V物种的化学态以及TiO_2-Al_2O_3二元载体的协同作用，促使催化剂达到了氧化还原位点和酸性位点的平衡，实现了甲醇向DMM的高转化率、高选择性一步法转化。

V_2O_5/CeO_2催化剂：郭荷芹等[157]采用溶胶-凝胶法制备了甲醇氧化直接制DMM的V_2O_5/CeO_2催化剂，考察了V_2O_5含量对钒氧化物的存在状态、催化剂表面酸性、氧化-还原性及其催化甲醇氧化反应性能的影响。V_2O_5含量为15%时钒氧化物呈单层分散，小于15%时以孤立或聚合态存在，大于20%时出现V_2O_5晶体，达到30%时出现$CeVO_4$。当V_2O_5含量为15%时，较高的钒氧化物分散度使催化剂具有较强的氧化还原能力和较多的酸性中心，从而使催化剂具有较高的活性和DMM选择性。

除钒钛催化剂外，其他类型钒基催化剂也被用于甲醇氧化直接制备DMM[158]。如VO_x/Al_2O_3、VO_x/ZrO_2和VO_x/MgO催化剂，在VO_x/Al_2O_3催化剂较强的酸性位上，产物中DMM、甲醛、甲酸的选择性几乎相等，在VO_x/ZrO_2催化剂较弱的酸性位上有利于甲醛生成，在碱性载体VO_x/MgO上有利于甲酸盐生成；V_2O_5/TiO_2-ZrO_2相比于V_2O_5/TiO_2、V_2O_5-ZrO_2两种复合氧化物载体而言有着更高的DMM选择性（93.3%）和甲醇转化率（51.1%）。复合物中V_2O_5含量影响复合氧化物催化剂的表面酸性和氧化还原性，含量在5%～10%的复合氧化物的催化活性较好；V_2O_5/NbP催化剂，V_2O_5负载量低于15%时，可以很好地分散于载体上，并削弱了催化剂表面酸性强度，从而增加了弱酸位的比例。由于NbP占据表面酸性，同时也削弱了V_2O_5的氧化还原能力。由于适宜的酸性与氧化还原性的匹配，甲醇在V_2O_5/NbP催化作用下，反应的主要产物为DMM；钛硅分子筛（TS-1）为载体的VO_x催化剂，磷酸根改性的VO_x/TS-1-PO_4^{3-}催化剂对于甲醇氧化反应和酸性缩合反应同时的促进作用使得VO_x/TS-1-PO_4^{3-}催化剂具有良好的反应活性和选择性，获得了较高的DMM收率；介孔Al-P-V-O催化剂在甲醇选择氧化合成DMM的反应中表现出良好的催化活性，甲醇的转化率可达到55%，DMM的选择性也在80%以上。

ReO_x基双功能催化剂：曹虎等[159]利用负载型ReO_x/ZrO_2催化剂进行甲醇选择性氧化直接合成二甲氧基甲烷。催化剂上铼负载量对甲醇转化率影响较大，在负载量为1.64%时转化率达到最大值25.1%；负载于ZrO_2上的ReO_x具有双功能催化性质，它既可作为氧化中心氧化甲醇，在还原后又可作为酸中心催化醇醛缩合。他们[160]还以ReO_x/CuO为催化剂，少量的Mn（2%）作为结构型助剂加入催化剂，通过改善催化剂表面分散度以及酸碱性，可以提高甲醇的转化率以及DMM的选择性。在非临氧条件下，催化剂表面的晶格氧可以参与反应，将甲醇氧化并最终得到DMM。

钌基/酸性载体双功能催化剂：刘海超等[161]考察了RuO_2/Al_2O_3催化剂制备过程中Ru前体、制备方法、焙烧温度以及Ru负载量等因素对催化甲醇选择氧化合成二甲氧基甲烷性能的影响。在Al_2O_3载体表面，载Ru物种以RuO_2形式存在，其中以$Ru(NO)(NO_3)_3$为Ru前体，采用沉积-沉淀法制备并经500℃焙烧得到的RuO_2/Al_2O_3催化剂具有较好的催化反应活性和二甲氧基甲烷选择性。随着Ru负载量的增加，RuO_2在Al_2O_3表面上逐渐由纳米棒状向不规则块状结构转变，其中纳米棒状RuO_2具有较高的还原性以及催化甲醇选择氧化活性。在约20%的甲醇转化率下，二甲氧基甲烷选择性达到约80%。进一步提高氧化中

心 RuO_2的分散度和载体酸性，可望获得更高的二甲氧基甲烷收率。

杂多酸型双功能催化剂：杂多酸具有较强的氧化还原性和酸性，Liu 等[162]研究发现，$H_{3+n}PV_nMo_{12-n}O_{40}$能够催化甲醇氧化合成 DMM，且经 SiO_2负载后效果更好，同时发现利用 V 改性后的杂多酸催化剂具有较高的 DMM 选择性。负载在 SiO_2上的 $H_5PV_2Mo_{10}O_{40}$主要产物是 DMM，负载在 ZrO_2和 TiO_2上的主要产物是甲酸甲酯，负载在 Al_2O_3上的主要产物是 DME，从而进一步证实了适宜的酸性载体有助于 DMM 的生成。

3.5 CO 非安全中间反应物

3.5.1 CO_2加氢直接制化学品的纳微尺度集成催化反应过程

近年来利用风能、太阳能等可再生能源发电取得了迅速发展，但产生的电能因具有间歇性和波动性、并网结构薄弱、消纳能力低等问题而难以有效利用。利用可再生能源发电来电解水制氢可以有效利用被废弃的资源，是最为理想的选择之一。

CO_2作为一种廉价、丰富的 C_1 资源，可与电解水制得的氢气发生高效转化生成有用化学品，如甲醇、甲烷、甲酸、低碳烃、碳酸酯类等，不但能够缓解因 CO_2排放带来的环境压力，为可再生能源制氢提供更为安全的发展途径，同时还将为整个社会带来巨大的经济效益。然而，将 CO_2转化为化学品，当前主要面临催化反应活性差及目标产物收率低等问题。主要原因在于 CO_2分子中的碳原子为其最高氧化价态，具有热力学稳定性及动力学惰性，其标准自由焓为－393.38kJ/mol，难以活化。CO_2活化是有效利用 CO_2的前提和技术关键。

纳微尺度上 CO_2加氢制 CO 及其进一步转化为化学品集成反应体系的构建：

按 CO_2加氢制化学品的机理，首先是 CO_2加氢制 CO，然后 CO 进一步加氢制得相应的化学品。实现该过程有两种方法：一是由 CO_2加氢制 CO，常规的 CO 加氢制化学品两个单元构成，工艺流程复杂，且需要单独制备 CO，CO 要经过生产、储存、输送及使用等步骤。由于 CO 易燃易爆、有毒，属于非安全化学品。

在纳微尺度上，建立由 CO_2制 CO 反应及其进一步加氢制化学品反应组成的集成体系，使生成的非安全反应物——CO 及时完全转化为化学品。由于集成反应在纳微尺度催化活性相上进行，不会产生 CO 的宏观累积，不需要储存和输送，进而解决了 CO 带来的安全问题。并且，去除了原工艺中 CO 的制备、分离和纯化、输送、储存单元，简化了工艺流程。

通过在纳微尺度上设计制备双功能催化剂，进而构筑集成反应，将原来的两段工艺简化为一段直接合成工艺，工艺流程简单化，反应器由两个简化为一个，不需要设置 CO 储柜。具体过程如图 3.26 所示。

3.5.2 CO_2加氢制 CO——逆水煤气变换反应路线及催化剂

通过逆水煤气变换（RWGS）反应对 CO_2进行活化，不但可以获得高的 CO_2转化效率，而且可以将 CO_2作为丰富的碳资源转化为更有利用价值的 CO。同时，RWGS 反应也为经非化石资源路线制合成气提供了可能，成为未来构建绿色煤化工体系、减少 CO_2排放的基础。在航天航空领域中，RWGS 反应也是火星探测计划中的一项关键技术，利用火星上存在的大量 CO_2与太阳能电解水产生的 H_2通过 RWGS 反应产生 CO，CO 可进一步通过 F-T 合成等反应生成醇类、液体燃料等，能够增加火星探测器的有效载荷。RWGS 反应被认为是实

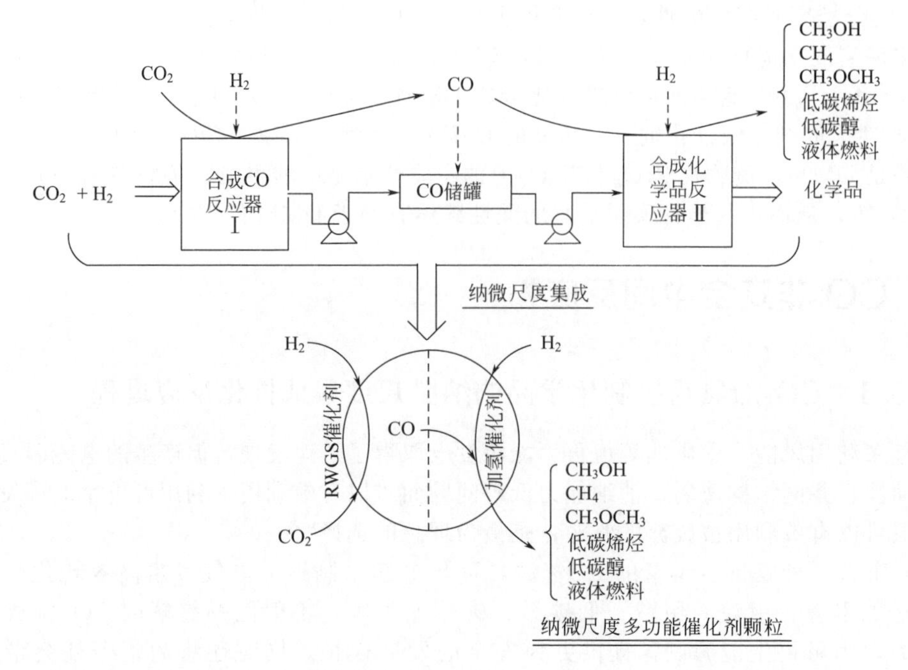

图 3.26 纳微尺度多功能催化剂上 CO_2加氢制 CO 及其进一步加氢制化学品反应

现 CO_2资源化利用过程中最为重要的反应之一。

在很多反应过程中也都涉及或者耦合了 RWGS 反应。例如，大部分研究学者认为 CO_2直接加氢制烯烃经历了 CO_2通过 RWGS 反应转化为 CO 和 CO 加氢经 F-T 合成生成烯烃两步反应过程。在 CO_2加氢制甲醇反应过程中，CO_2加氢首先通过 RWGS 反应生成 CO，然后 CO 再与 H_2反应获得甲醇。因此，无论是在 CO_2加氢直接制取烯烃、CO_2加氢甲烷化，还是在 CO_2加氢制甲醇的过程中，RWGS 反应都是不可缺少的一个步骤[163~165]。

RWGS 反应还可与某些水解和脱氢反应进行耦合。例如，环氧乙烷的水解与 RWGS 反应可在较低温度条件下通过耦合获得乙二醇；在较高温度条件下，通过将 RWGS 反应与乙苯脱氢制苯乙烯或低碳烷烃脱氢制烯烃反应进行耦合。耦合反应可以打破分步反应时所受的热力学平衡限制，从而提高反应物（如丙烷和 CO_2）的转化效率[166~168]。

荷兰研究人员开发出将 CO_2高效转化为 CO 的新催化剂[169]。CO_2是非常稳定的分子，难以激活。阿姆斯特丹大学可持续化学研究领域工作的科学家一直在通过开发一种新的催化剂来解决这一激活问题，该催化剂可以在相对温和的条件下在工业规模上将 CO_2转化为 CO。这有助于可持续地利用温室气体，将 CO_2转化为有用的资源。该催化剂对 CO 的选择性高于任何报道的催化剂。正在商业化过程中的该催化剂制备简便，成本低廉。它在温和的条件——环境压力和低温下工作。实验证实催化剂活性稳定。这使其成为工业应用的候选者。

麻省理工学院化学家[170]开发出一种新型催化剂材料，可将 CO_2转化成 CO，这是将 CO_2转化为其他燃料的关键初始步骤。新成果为从主要温室气体 CO_2中制取液体燃料提供了思路。目前将 CO 转化为各种液体燃料和其他产物的方法已经存在，但让 CO_2持续转化为单一终产物是个难题，而新系统提供了可供选择的一系列具体转化途径。研究团队开发了一种多孔银电极材料可调谐催化剂，其结构为六角形蜂窝状，通过调整材料孔隙尺寸可制成多种催化剂变体，然后根据需求生成含 CO 浓度为 5%～85%的反应产物，且制取效率提高了 3 倍。调整孔径可以调节催化剂的选择性和活性，但不会改变表面活性位点的化学性质。

(1) 热力学分析[171]

CO_2的化学性质稳定，直接断裂 C ═O 键需要克服较高的反应能垒。因此，需要在催化剂的参与下进行 RWGS 反应。在常压条件下，CO_2加氢逆水煤气变换的反应方程式为：

$$CO_2 + H_2 \longrightarrow CO + H_2O \qquad \Delta H^{\ominus}_{298.15K}=41.25kJ/mol$$

RWGS 反应是吸热反应，升高反应温度有利于平衡向正向移动。但是，高温条件下进行催化反应面临能耗大且催化剂易失活的问题，而且还会发生 CO_2 甲烷化的竞争反应：

$$CO_2 + 4H_2 \longrightarrow CH_4 + 2H_2O \qquad \Delta H^{\ominus}_{298.15K}=-165kJ/mol$$

甲烷具有较强的化学惰性，不利于进一步转化利用，同时甲烷的存在也会增加产物分离的难度。因此，为限制产物中甲烷的生成，需要开发高选择性的 RWGS 反应催化剂，选择适当的反应条件，使 CO_2经 RWGS 反应转化成反应活性更高的 CO，进而有助于 CO_2向其他高附加值产品（如甲醇、液体燃料等）转化。

(2) RWGS 反应机理

氧化-还原机理：催化剂中的活性物种在 CO_2和 H_2气氛中被连续氧化和还原，使催化反应能够持续进行。在 Cu/ZnO 催化剂上，CO_2可将活性组分 Cu^0 氧化为 Cu^+，同时生成产物 CO；H_2将 Cu^+ 还原为 Cu^0 同时生成 H_2O。在反应过程中，Cu^0 被 CO_2氧化的反应为速率控制步骤。反应历程为：

$$CO_2(g) + 2Cu^0(s) \longrightarrow CO(g) + Cu_2O(s)$$

$$H_2(g) + Cu_2O(s) \longrightarrow H_2O(g) + 2Cu^0(s)$$

具体的表面氧化-还原反应机制可分解为以下各基元步骤（S 表示活性位点）：

$$CO_2(g) + 2S \longrightarrow CO\cdot S + O\cdot S$$

$$CO\cdot S \longrightarrow CO(g) + S$$

$$H_2(g) + 2S \longrightarrow 2H\cdot S$$

$$2H\cdot S + O\cdot S \longrightarrow H_2O\cdot S + 2S$$

$$H_2O\cdot S \longrightarrow H_2O(g) + S$$

吸附中间物种分解机理：吸附中间物种分解机理是指 CO_2和 H_2在催化剂上首先经过活化形成中间物种，然后再分解为 CO 和 H_2O。吸附中间物种的形成（主要为甲酸盐、碳酸盐、羰基 3 种）被认为是进一步生成 CO 的关键步骤。但是，对于生成 CO 过程的主要中间物并没有一致的结论。

(3) RWGS 催化剂

RWGS 反应机理表明，高性能 RWGS 反应催化剂应具有适宜的加氢活性以及对 C ═O 双键的解离能力。例如在负载型金属催化剂上，H_2在分散的金属中心上发生解离后，H 原子溢流至邻近的载体，与吸附的 CO_2发生加氢反应，使 CO_2得以活化，这两种活性中心的协同作用使反应得以进行。催化剂的加氢或对 C ═O 的解离能力不足会导致反应活性降低；反之，能力太强则会导致产物进一步还原成甲醇或甲烷，影响目标产物 CO 的选择性。目前，研究较多的 RWGS 催化剂可分为负载型金属催化剂、复合氧化物催化剂和过渡金属碳化物催化剂。表 3.10 较详细地列出了不同类型的催化剂用于 RWGS 反应时，催化剂的反应活性、选择性及相应的反应条件[172]。

负载型金属催化剂——贵金属催化剂：目前，用于研究 RWGS 反应的贵金属活性组分主要有 Pt、Pd、Rh、Ru、Au 等，其中 Pt 系催化剂由于具有非常适宜的加氢能力，在 RWGS 反应中表现出最好的催化性能。

表 3.10 用于 RWGS 反应的催化剂及其在不同反应条件下的催化反应性能

催化剂	H_2/CO_2 比	反应温度/℃	反应压力/MPa	CO_2 转化率/%	CO 选择性/%
NiO/CeO_2	1∶1	700	0.1	约 40	约 100
Cu/Al_2O_3	1∶9	500	N/A	约 60	—
Co/MCF-17	3∶1	200～300	0.55	约 5	约 90
Pt-Co/MCF-17	3∶1	200～300	0.55	约 5	约 99
Cu/SiO_2	1∶1	600	0.1	5.3	—
$Cu/K/SiO_2$	1∶1	600	0.1	12.8	—
Cu-Ni/γ-Al_2O_3	1∶1	600	0.1	28.7	79.7
Cu-Fe/SiO_2	1∶1	600	0.1	15	—
Li/RhY	3∶1	250	3	13.1	86.6
Rh/SiO_2	3∶1	200	5	0.52	88.1
Rh/TiO_2	1∶1	270	2	7.9	14.5
Fe/TiO_2	1∶1	270	2	2.7	73.0
Rh-Fe/TiO_2	1∶1	270	2	9.2	28.4
Fe-Mn/γ-Al_2O_3	1∶1	600	1	约 45	约 100
Mo/γ-Al_2O_3	1∶1	600	1	34.2	97
Pd/Al_2O_3	1∶1	260	0.1	—	78
$Pd/CeO_2/Al_2O_3$	1∶1	260	0.1	—	87
$Pd/La_2O_3/Al_2O_3$	1∶1	260	0.1	—	70
CeO_2-Ga_2O_3	1∶1	500	0.1	11.0	—
Pt/TiO_2	1.4∶1	400	N/A	约 30	—
Pt/Al_2O_3	1.4∶1	400	N/A	约 20	—
$PtCo/CeO_2$	3∶1	300	0.1	3.3	71.0
Co/CeO_2	3∶1	300	0.1	3.8	39.4
PtCo/γ-Al_2O_3	3∶1	300	0.1	5.1	89.4
Co/γ-Al_2O_3	3∶1	300	0.1	3.8	67.0
Mo_2C	3∶1	300	0.1	8.7	93.9
Mo_2C	5∶1	250	2	17	34
Cu-Mo_2C	5∶1	250	2	13	40
Ni-Mo_2C	5∶1	250	2	21	29
Co-Mo_2C	5∶1	250	2	23	24

载体的氧化-还原性能直接影响 RWGS 催化剂的反应活性。载体的氧化还原能力越强，越容易对负电荷的氧发生吸附，而在 CO_2 的加氢还原过程中，在金属与载体的界面处形成的表面含氧酸根物种可以作为生成 CO 的主要中间物种。例如，较小的 TiO_2 粒径增大了其可还原能力，从而有利于形成更多 Pt 与 TiO_2 的界面活性位。要求载体具有还原能力，如 La_2O_3，可还原性载体起着 CO_2 活化作用，而金属颗粒起着解离氢气的作用。

贵金属还可以作为第二金属组分添加到负载型金属催化剂中，在 CO_2 加氢反应中实现双功能作用。超高分散的负载型金属催化剂有利于抑制 RWGS 反应中甲烷化副反应的发生。活性金属尺寸的降低更有利于目标产物 CO 的生成。

Matsubu 等[173]将 Rh/TiO_2 催化剂用于 CO_2 加氢反应。他们认为 CO_2 加氢反应有诱导催化剂中的 Rh 纳米颗粒解离成单原子 Rh 的作用。单原子 Rh 和纳米颗粒 Rh 分别是生成 CO 和 CH_4 的活性中心。

Carrasquillo-Flores 等[174]通过沉积沉淀法制备了 Au/SiO_2 催化剂和 Au-Mo/SiO_2 催化剂，通过对催化剂进行 RWGS 反应催化评价测试并结合多种原位表征技术，确认了 RWGS 反应的活性位：Au 物种以 Au^0 和 $Au^{\delta+}$ 两种形式存在于催化剂中，Au 与 Mo 之间形成的界面（$Au^{\delta+}$）比纳米粒子 Au（Au^0）有更好的催化反应活性；焙烧过程可以使 Au 纳米颗粒的表面变粗糙，从而增加低配位的 Au 活性中心数量，有利于提高 RWGS 催化活性。

负载型金属催化剂——非贵金属催化剂：虽然贵金属催化剂在 RWGS 反应中有很好的催化活性，但因含量稀少、价格昂贵而使其使用受到限制。因此非贵金属催化剂体系的开发更符合工业应用的需求。用于 RWGS 反应研究的非贵金属催化剂主要有 Cu、Ni、Mo 等。

非贵金属催化剂应用于 RWGS 反应主要存在高温稳定性差、易烧结失活等缺点。通过掺杂助剂可以对催化剂表面进行修饰，从而达到抑制催化剂高温失活的作用。

Cu-Fe/SiO_2 表现出较好的抗烧结性能。

Cu-ZnO/Al_2O_3 催化剂用于 RWGS 反应时，掺入 Al_2O_3 可以有效抑制焙烧过程中 Cu 和 Zn 颗粒的聚集而造成催化剂比表面积降低。

Cu/SiO_2 催化剂中掺入一定量的 K 电子性助剂，增加了催化剂中的碱性位数量，有利于促进催化剂对 CO_2 的吸附。同时，Cu 与 K 在催化剂表面形成的活性界面还为甲酸中间物种的分解提供了新的活性位点，从而有效地提高了催化剂的催化反应活性。

Fe-Mo/Al_2O_3 催化剂在反应过程中会形成 Fe—O—Mo 键，由于 Mo 对电子的强烈吸引而导致 Fe 周围电子云密度减少，从而有利于提高催化活性和 CO 选择性。

Ni-Mo/Al_2O_3 催化剂中形成的 $NiMoO_4$ 新相改变了催化剂表面的电子状态，由于 Mo 对电子的吸引使 Ni 处于电子缺陷状态，从而提高催化剂稳定性和对 RWGS 反应的活性。

Ni/CeO_2 催化剂中的 Ni 在 CeO_2 载体上有 3 种存在形式：位于 CeO_2 晶格中的 Ni 离子、高度分散的 NiO 和体相 NiO。当 Ni 离子进入 CeO_2 晶格中，会导致 CeO_2 的晶格价键不平衡而造成在 CeO_2 载体中产生大量的氧空缺。其中催化剂表面粒径较小的 Ni 粒子及其附近的氧空缺是生成 CO 的活性位，而体相 NiO 是生成 CH_4 的活性位。

金属氧化物催化剂：ZnO 催化剂已被应用于 RWGS 反应中。然而，由于 ZnO 催化剂在 RWGS 的高温反应过程中易被反应物还原而造成活性位缺失。因此，研究者们更加关注如何改善 ZnO 催化剂在 RWGS 反应中的高温稳定性。

ZnO/Al_2O_3 催化剂用于 RWGS 反应中，在 600℃ 反应条件下，ZnO 被还原成 Zn 是催化剂发生失活的主要原因。通过增大 Zn/Al 比来增大 ZnO 颗粒的粒径，使 ZnO 在 RWGS 反应过程中不容易被还原为 Zn，从而有利于提升 ZnO/Al_2O_3 催化剂的稳定性。由于 RWGS 的反应温度较高，在催化剂的制备或高温反应过程中形成稳定的尖晶石相 $ZnAl_2O_4$，可以抑制活性颗粒进一步长大和比表面积降低，提高催化剂对 RWGS 反应的催化活性和高温稳定性。CO_2 转化率接近热力学平衡转化率。

钙钛矿因含有较多的氧空缺和较好的氧化还原性，被认为是具有良好应用前景的 RWGS 反应催化剂。如，采用固相合成方法制备的 $BaCe_xZr_{0.8-x}Y_{0.16}Zn_{0.04}O_3$（$BCZYZ_x$）、$BaZr_{0.8}Y_{0.2}O_3$（BZY）、$BaZr_{0.8}Y_{0.16}Zn_{0.04}O_3$（BZYZ）的 $BZYZ_x$ 型钙钛矿。这几种类型的钙钛矿催化剂对于 CO_2 加氢反应都具有良好的高温稳定性。在 BZYZ 型钙钛矿催化剂上，CO_2 转化率和 CO 选择性分别达到 37.5% 和 97%，显示出良好的催化性能。

Daza 等[175]制备了一系列不同组成的 $La_{1-x}Sr_xCo_{3-\delta}$（$x=0$，0.25，0.5，0.75，1）钙钛矿氧化物催化剂，可以利用其良好的载氧性质来实现对 H_2 和 CO_2 进行连续的氧化还原循环，形成 CO_2 加氢化学链反应。在不同还原温度下制备了 $La_{0.75}Sr_{0.25}Co_{3-\delta}$ 钙钛矿催化剂。钙钛矿在 500℃ 的 H_2 气氛下进行还原时，因催化剂中形成大量粒径较小的 Co 颗粒活性位点而与 CO_2 反应生成大量的 CO。化学链 RWGS 反应相对于传统的 RWGS 催化反应具有优势：①打破了 RWGS 反应热力学平衡限制；②无需后续分离 H_2O 和 CO；③无副产物 CH_4 的生成。

过渡金属碳化物催化剂：过渡金属碳化物在催化加氢、催化重整方面与贵金属催化剂具有类似的性质。通过碳与过渡金属进行杂化能够调变过渡金属的电子价态，提高其催化活性。

Porosoff 等[176]采用廉价的 Mo_2C 催化剂用于 RWGS 反应，对 Mo_2C 催化剂与 CeO_2 负载的 Pt 系双金属催化剂的 CO_2 加氢活性及 CO 的选择性进行了比较。Mo_2C 对 CO_2 加氢具有很好的催化活性和 CO 产物选择性，RWGS 反应性能优于相同反应条件下 CeO_2 负载的 Pt 系双金属催化剂。此外，在 Mo_2C 催化剂中掺入 Co，由于 Co 的掺入具有重整 CH_4 的反应活性，因此提高了 Mo_2C-Co 催化剂对 CO 催化选择性。

Porosoff 等[177]对 Mo_2C 催化剂上的 RWGS 反应机理也进行了探讨。CO_2 分子以一种弯曲的构型吸附在 Mo_2C 催化剂上，CO_2 分子中的一个 C═O 双键被打开，形成吸附态的 CO_{ads} 和 O_{ads}，CO_{ads} 可以脱附生成气相 CO 产物，而吸附 O 的 Mo_2C-O 物种与 H_2 发生反应，完成催化循环过程。

3.5.3 CO_2加氢直接制化学品的纳微尺度集成催化反应实例

由于 CO_2 通过逆水煤气变换反应可以制 CO，因此从理论上讲，只要是 CO 作为原料能合成的化学品，CO_2 也完全可行。并且，还可以从源头上解决 CO 存在的易燃、易爆、有毒等安全问题。要实现以 CO_2 为原料直接合成化学品的关键在于 CO_2 加氢制 CO 反应（逆水煤气变换反应 RWGS）和 CO 进一步加氢反应构成的纳微尺度集成反应体系的建立以及多功能催化剂设计与制备。

我们可以在纳微尺度上构建下列集成反应体系，关键在于多功能催化剂设计与制备及逆水煤气变换反应与 CO 加氢合成反应条件的匹配性。由于逆水煤气变换反应的温度高，而 CO 加氢合成反应通常在不太高温度下进行，因此两者反应温度的匹配性值得进一步研究。

(1) CO_2 加氢制甲醇集成反应

RWGS 反应： $CO_2 + H_2 \longrightarrow CO + H_2O$

制甲醇反应： $CO + 2H_2 \longrightarrow CH_3OH$

总反应： $CO_2 + 3H_2 \longrightarrow CH_3OH + H_2O$

(2) CO_2 加氢制甲烷集成反应

RWGS 反应： $CO_2 + H_2 \longrightarrow CO + H_2O$

制甲烷反应： $CO + 3H_2 \longrightarrow CH_4 + H_2O$

总反应： $CO_2 + 4H_2 \longrightarrow CH_4 + 2H_2O$

(3) CO_2 加氢制低碳烯烃集成反应

RWGS 反应： $CO_2 + H_2 \longrightarrow CO + H_2O$

制低碳烯烃反应： $nCO + 2nH_2 \longrightarrow C_nH_{2n} + nH_2O$

总反应： $nCO + 3nH_2 \longrightarrow C_nH_{2n} + 2nH_2O$

(4) CO_2 加氢制二甲醚集成反应

RWGS 反应： $CO_2 + H_2 \longrightarrow CO + H_2O$

制二甲醚反应： $2CO + 4H_2 \longrightarrow CH_3OCH_3 + H_2O$

总反应： $2CO_2 + 6H_2 \longrightarrow CH_3OCH_3 + 3H_2O$

(5) CO_2 加氢制低碳醇集成反应

RWGS 反应： $CO_2 + H_2 \longrightarrow CO + H_2O$

制低碳醇反应： $nCO + 2nH_2 \longrightarrow C_nH_{2n+1}OH + (n-1)H_2O$

总反应：　$nCO_2 + 3nH_2 \longrightarrow C_nH_{2n+1}OH + (2n-1)H_2O$

(6) CO_2 加氢合成液体燃料（F-T）集成反应

RWGS 反应：　$CO_2 + H_2 \longrightarrow CO + H_2O$

FT 合成反应：　$(2n+1)H_2 + nCO \longrightarrow C_nH_{2n+2} + nH_2O$

总反应：　$(3n+1)H_2 + nCO_2 \longrightarrow C_nH_{2n+2} + 2nH_2O$

3.6 光气非安全中间反应物思考

TDI 是生产聚氨酯的重要原料。目前，工业上主要采用光气化法生产工艺：首先，由一氧化碳和氯气在高温下经活性炭催化合成光气；然后，光气再进一步与甲苯二胺反应得到 TDI。光气属于剧毒化学品，在生产、纯化、储存、输送及使用等单元存在重大安全隐患。但该工艺在 TDI 收率、生产成本及技术成熟度等方面具有较大优势，所以如能解决光气带来的安全问题，将具有重要价值。

为此，作者提出将 CO 和 Cl_2 合成光气反应与光气和甲苯二胺合成 TDI 反应进行纳米尺度集成，使生成的光气在纳米尺度上及时转化，而不在反应体系中累积。由于合成 TDI 集成反应在纳米尺度催化活性相上进行，光气不需要储存和输送，不仅解决了光气带来的安全问题，而且去除了原工艺中光气的分离和纯化单元，简化了生产工艺，如图 3.27 所示。

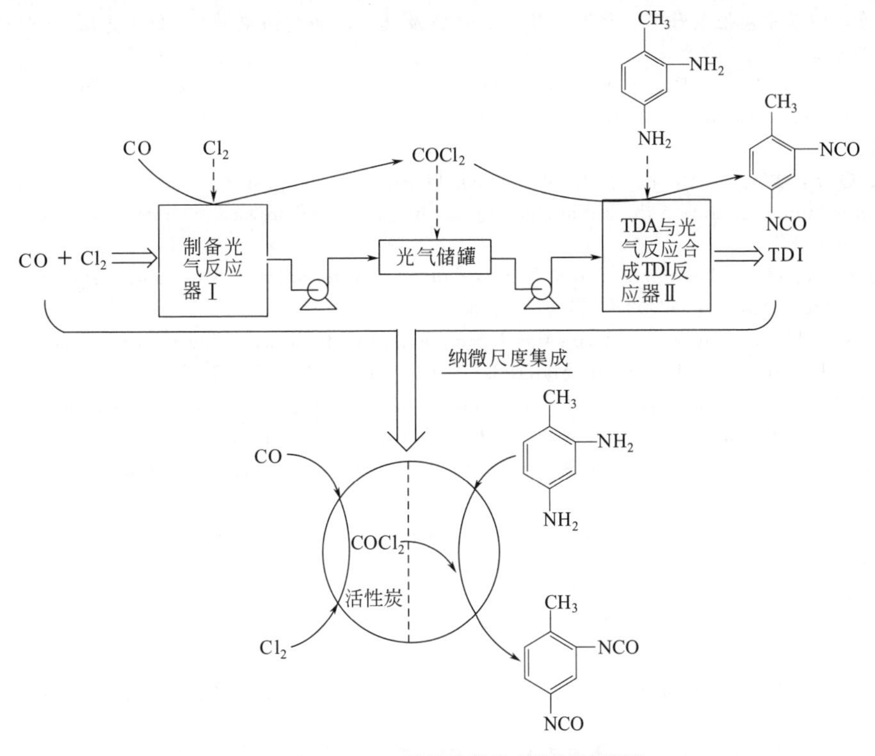

图 3.27　纳微尺度多功能催化剂上合成光气及其与甲苯二胺制备 TDI 反应集成过程示意图

目前，工业上用一氧化碳和氯气在高温下经活性炭催化合成光气。其主要工序为氯气干燥、光气合成、光气精制。现在甲苯二胺与光气的 *N*-酰化反应多在溶剂中进行，即采用液相光气化法，很难与光气合成集成到一个催化剂上。由于德国拜耳公司已开发出甲苯二胺的气相光气化法，这使得光气生产与甲苯二胺的光气化过程集成变为可能。可以考虑将活性炭进行改性，使其在保持原有催化活性的前提下，增大对甲苯二胺的吸附能力和对 N-酰化反应的催化活性，使得吸附在催化剂上的甲苯二胺与在催化剂上生成的光气瞬间转化为 TDI，这样则可以避免光气带来的危险性。

合成光气： $CO + Cl_2 \longrightarrow COCl_2$

合成 TDI： $C_6H_3(CH_3)(NH_2)_2 + 2COCl_2 \longrightarrow C_6H_3(CH_3)(NCO)_2 + 4HCl$

参 考 文 献

[1] Wei C Y，Rogers W J，Mannan M S. Thermal decomposition hazard evaluation of hydroxylamine nitrate [J]. Journal of Hazardous Materials，2006，130 (1-2)：163-168.

[2] 张蒙蒙，姬月萍，刘亚静等．HAP合成中交换树脂与羟胺离子交换的影响因素 [J]. 化学推进剂与高分子材料，2014，12 (1)：52-56.

[3] 陈林．酮肟水解制备羟胺盐工艺 [D]．湖南：湘潭大学，2009.

[4] 王延吉，胡洁，薛伟等．催化反应过程绿色集成系统 [J]. 化工学报，2007，58 (11)：2689-2695.

[5] 张蒙蒙，姬月萍，刘卫孝等．羟胺稳定化研究进展 [J]. 化学推进剂与高分子材料，2013，11 (2)：12-17，32.

[6] 高丽雅，檀学军，张东升等．羟胺（盐）的合成及其应用研究进展 [J]. 化工进展，2012，31 (9)：2043-2048.

[7] Cisneros L O，Wu X，Rogers W J，et al. Decomposition products of 50 mass% hydroxylamine / water under runaway reaction conditions [J]. Process Safety and Environmental Protection，2003，81 (2)：121-123.

[8] Wang Q S，Wei C Y，Pérez L M，et al. Thermal decomposition pathways of hydroxylamine：theoretical investigation on the initial steps [J]. The journal of physical chemistry A，2010，114 (2)：9262-9269.

[9] Iwata Y，Koseki H. Decomposition of hydroxylamine / water solution with added iron ion [J]. Journal of Hazardous Materials，2003，104 (1-3)：39-49.

[10] Kumasaki M. Calorimetric study on the decomposition of hydroxylamine in the presence of transition metals [J]. Journal of Hazardous Materials，2004，115 (1-3)：57-62.

[11] Wei C Y，Saraf S R，Rogers W J，et al. Thermal runaway reaction hazards and mechanisms of hydroxylamine with acid/base contaminants [J]. Thermochimica Acta，2004，421 (1-2)：1-9.

[12] Reisch M. Chemical plant blast kills five near Allen town [J]. Chemical & Engineering News，1999，77 (9)：11.

[13] Tremblay J. Industrial safety explosion at Japanese fluorine chemistry plant kills four workers [J]. Chemical & Engineering News，2010，88 (2)：9.

[14] 程永钢．羟胺及其盐 [J]. 火炸药，1992，2：52-58.

[15] 刘建国，安振涛，张倩等．硝酸羟胺的热稳定性评估及热分解机理研究 [J]. 材料导报 B：研究篇，2017，31 (2)：145-152.

[16] 李勇，吴慧雄．羟胺制备-肟化工艺的动态模拟 [J]. 北京化工大学学报：自然科学版，2013，40 (6)：1-3.

[17] 陆明，白淑芳，魏运洋．复分解法制备硝酸羟胺的工艺研究 [J]. 华东工学院学报，1993，3：93-96.

[18] 彭清涛，黄小光，胡文祥等．硝酸羟胺水溶液的制备及其含量分析 [J]. 上海航天，2003，2：52-55.

[19] 常志华，张香文，米镇涛．离子交换法合成推进剂用高氯酸羟胺的研究 [J]. 推进技术，1999，20 (4)：105-108.

[20] 张蒙蒙，姬月萍，潘永飞等．高氯酸羟胺的合成及表征 [J]. 火炸药学报，2013，36 (4)：46-49.

[21] 季锦林．磷酸羟胺法生产己内酰胺工艺中羟胺分解问题的研究 [J]. 化学工业与工程技术，2004，25 (5)：14-16.

[22] 徐先荣，崔丽杰，张家元．羟胺-环己酮法肟化反应效率的影响因素及改进措施 [J]. 现代化工，2004，24 (2)：53-55.

[23] 郭凡，於孝春，袁东明．基于DOW指数法的己内酰胺生产工艺安全分析 [J]. 化工机械，2014，41 (6)：722-732.

[24] Eizo Y，Takeo K，Takashi M，et al. Verfahren zur herstellung von cyclohexanonoxime [P]. DE 1245371. 1967-07-27.

[25] Roffia P，Padovan M，Leofanti G，et al. Catalytic process for the manufacture of oximes [P]. US 4794198. 1988-12-27.

[26] Taramasso M，Perego G，Notari B. Preparation of porous crystalline synthetic material comprised of silicon and titanium oxides [P]. US 4410501. 1983-10-18.

[27] Tozzola G，Mantegazza M A，Ranghino G，et al. On the structure of the active site of Ti-Silicalite in reactions with hydrogen peroxide：A vibrational and computational study [J]. Journal of Catalysis，1998，179 (1)：64-71.

[28] 王巧焕，瞿丽文，江蕾等．TS-1催化环己酮氨肟化反应的研究进展 [J]. 广东化工，2017，44 (4)：55-57.

[29] Wu P，Komatsu T，Yashima T. Ammoximation of ketones over titanium mordenite [J]. Journal of Catalysis，1997，168 (2)：400-411.

[30] Padovan M，Mantegazza M，Roffia P. Ammoximation of cyclohexanone on titanium silicalite：Investigation of the reaction mechanism [J]. Journal of the Chinese Institute of Chemical Engineers，2008，39 (5)：413-418.

[31] Tatsumi T，Jappar N. Ammoximation of cyclohexanone on TS-1 and amorphous SiO_2-TiO_2 [J]. Journal of Catalysis，1996，161 (2)：570-576.

[32] Song F，Liu Y，Wu H，et al. A novel titanosilicate with MWW structure：Highly effective liquid-phase ammoximation of cyclohexanone [J]. Journal of Catalysis，2006，237 (2)：359-367.

[33] 张向京，马瑞平，乔永志等．钛硅分子筛TS-1上液相氨氧化制环己酮氨肟机理的原位红外研究 [J]. 河北科技大学学报，2011，32 (6)：605-610.

[34] 顾耀明，刘春平，程立泉等．HTS-1钛硅分子筛催化环己酮氨肟化工业试验 [J]. 化工进展，2010，29 (1)：187-191.

[35] 吴静，杨玉林，丁姜宏等．钛硅分子筛固定床催化环己酮肟的绿色合成 [J]. 科学通报，2015，60 (16)：1538-1545.

[36] 王磊，尹寒梅，王健豪等．B-TS-1分子筛的合成及其催化氧化性能 [J]. 物理化学学报，2016，32 (10)：2574-2580.

[37] Xu H，Zhang Y T，Wu H H，et al. Postsynthesis of mesoporous MOR-type titanosilicate and its unique catalytic properties in liquid-phase oxidations [J]. Journal of Catalysis，2011，281：263-272.

[38] Ding J H，Xu L，Xu H，et al. Highly efficient synthesis of methyl ethyl ketone oxime through ammoximation over Ti-MOR catalyst [J]. Chinese Journal of Catalysis，2013，34 (1)：243-250.

[39] Wu P，Tatsumi T，Komatsu T，et al. Hydrothermal synthesis of a novel titanosilicate with MWW topology [J]. Chemistry Letters，2000，29：774-775.

[40] Wu P，Tatsumi T，Komatsu T，et al. A novel titanosilicate with MWW structure：Ⅱ. Catalytic properties in the selective oxidation of alkenes [J]. Journal of Catalysis，2001，202：245-255.

[41] 宋辉，何祯辉，杨红健．Ti-MWW分子筛的合成改性及其催化反应研究进展 [J]. 精细石油化工，2016，33 (5)：34-40.

[42] Le Bars J，Dakka J，Sheldon R A. Ammoximation of cyclohexanone and hydroxyaromatic ketones over titanium molecular sieves [J]. Applied Catalysis A：General，1996，136：69-80.

[43] Corma A，Camblor M A，Esteve P，et al. Activity of Ti-Beta catalyst for the selective oxidation of alkenes and alkanes [J]. Journal of Catalysis，1994，145 (1)：151-158.

[44] 谢伟，刘月明，汪玲玲等．具有MWW结构钛硅分子筛的研究进展 [J]. 催化学报，2010，31 (5)：502-513.

[45] Reddy J S，Sivasanker S，Ratnasamy P. Ammoximation of cyclohexanone over a titanium silicate molecular sieve，TS-2 [J]. Journal of Molecular Catalysis，1991，69 (3)：383-392.

[46] 李明丰，于桂燕，王祥生．钛硅沸石 TS-2 的合成及表征 [J]. 石油化工，1998，27 (2)：110-115.
[47] Wu P，Tatsumi T. Unique trans-selectivity of Ti-MWW in epoxidation of cis/trans-alkenes with hydrogen peroxide [J]. Journal of Physical Chemistry B，2002，106 (4)：748-753.
[48] Wu P，Liu Y M，He M Y，et al. A novel titanosilicate with MWW structure：Catalytic properties in selective epoxidation of diallyl ether with hydrogen peroxide [J]. Journal of Catalysis，2004，228 (1)：183-191.
[49] Wu P，Nuntasri D，Liu Y M，et al. Selective liquid-phase oxidation of cyclopentene over MWW type titanosilicate [J]. Catalysis Today，2006，117 (1-3)：199-205.
[50] Wang L L，Liu Y M，Xie W，et al. Highly efficient and selective production of epichlorohydrin through epoxidation of allyl chloride with hydrogen peroxide over Ti-MWW catalysts [J]. Journal of Catalysis，2007，246 (1)：205-213.
[51] Song F，Liu Y M，Wu H H，et al. A novel titanosilicate with MWW structure：Highly effective liquid-phase ammoximation of cyclohexanone [J]. Journal of Catalysis，2006，237 (2)：359-367.
[52] Zhao S，Xie W，Yang J X，et al. An investigation into cyclohexanone ammoximation over Ti-MWW in a continuous slurry reactor [J]. Applied Catalysis A：General，2011，394 (1-2)：1-8.
[53] Raja R，Sankar G，Tomas G M. Bifunctional molecular sieve catalysts for the benign ammoximation of cyclohexanone：one-step，solvent-free production of oxime and ε-caprolactam with a mixture of air and ammonia [J]. Journal of the American Chemical Society，2001，123 (33)：8153-8153.
[54] Tomas J M，Raja R. Design of a "green" one-step catalytic production of ε-caprolactam (precursor of nylon-6) [J]. Proceedings of the National Academy of Sciences of the United States of America，2005，102 (39)：13732-13736.
[55] 冯国强，高鹏飞，王永福等．不同钛含量 TAPO-5 分子筛的制备及催化环己酮氨肟化 [J]. 工业催化，2017，25 (3)：25-30.
[56] 刘桐，万辉，管国锋．钛硅分子筛 TS-1 的制备工艺研究进展 [J]. 化工与医药工程，2016，37 (1)：1-3.
[57] 王东琴，李裕，柳全栓等．磁载钛硅分子筛的制备与表征 [J]. 高等学校化学学报，2012，33 (12)：2722-2726.
[58] Liu T，Wang L，Wan H，et al. A magnetically recyclable TS-1 for ammoximation of cyclohexanone [J]. Catalysis Communications，2014，49：20-23.
[59] Wu M，Chou L J，Song H L. Effect of metals on titanium silicalite TS-1 for butadiene epoxidation [J]. Chinese Journal of Catalysis，2013，34 (4)：789-797.
[60] 彭友德，王小平，方金华等．环己酮肟槽风险控制技术 [J]. 安全、健康和环境，2007，7 (6)：35-38.
[61] 徐伟，姜杰，孟庭宇等．环己酮肟液相重排工艺危险性分析 [J]. 安全、健康和环境，2011，11 (1)：26-28.
[62] Ngamcharussrivichai C，Wu P，Tatsumi T. Catalytically active and selective centers for production of ε-caprolactam through liquid phase Beckmann rearrangement over H-USY catalyst [J]. Applied Catalysis A：General，2005，288 (1-2)：158-168.
[63] 刘贤响，毛丽秋，徐琼等．磺酸树脂 Amberlyst 70 催化环己酮肟液相重排制己内酰胺 [J]. 精细石油化工，2011，28 (4)：1-3.
[64] Chung Y M，Rhee H K. Solvent effects in the liquid-phase Beckmann rearrangement of oxime over H-Beta catalyst Ⅱ：adsorption and FT-IR studies [J]. Journal of Molecular Catalysis A：Chemical，2001，175 (1-2)：249-257.
[65] Ren R X，Zueva L D，Ou W. Formation of ε-caprolactam via catalytic Beckmann rearrangement using P_2O_5 in ionic liquids [J]. Tetrahedron Letters，2001，42 (48)：8441-8443.
[66] Zicmanis A，Katkevica S，Mekss P. Lewis acid-catalyzed Beckmann rearrangement of ketoximes in ionic liquids [J]. Catalysis Communications，2009，10：614-619.
[67] Peng J J，Deng Y Q. Catalytic Beckmann rearrangement of ketoximes in ionic liquids [J]. Tetrahedron Letters，2001，42：403-405.
[68] 王洪林，张文媛．在负载离子液体的 MCM-48 上的环己酮肟重排 [J]. 云南大学学报：自然科学版，2008，30 (2)：180-186.
[69] 张风雷，章亚东．温和催化液相重排制备 ε-己内酰胺 [J]. 精细化工，2013，30 (9)：1073-1076.

[70] 赵江琨，王荷芳，王延吉等．酸性离子液体-$ZnCl_2$ 催化环己酮肟液相 Beckmann 重排反应 [J]. 高校化学工程学报，2011，25 (5)：838-843.
[71] 贾金锋，隗小山，廖有贵等．三聚氯氰催化液相重排合成 ε-己内酰胺 [J]. 化工技术与开发，2017，46 (5)：25-28.
[72] 程庆彦，朱响林，王延吉等．超声波辐射 P_2O_5 催化环己酮肟液相贝克曼重排合成己内酰胺 [J]. 高校化学工程学报，2017，31 (1)：58-65.
[73] 程时标，徐柏庆，王大庆等．环己酮肟在改性氧化锆催化剂上的 Beckmann 重排反应Ⅰ．改性氧化锆的催化行为 [J]. 催化学报，1996，17 (4)：281-285.
[74] 程时标，徐柏庆，王大庆等．环己酮肟在改性氧化锆催化剂上的 Beckmann 重排反应Ⅱ．影响重排反应的若干因素 [J]. 催化学报，1996，17 (4)：330-332.
[75] 程时标，徐柏庆，蒋山等．环己酮肟在改性氧化锆催化剂上的 Beckmann 重排反应Ⅲ. B_2O_3 对 ZrO_2 的改性效应 [J]. 催化学报，1996，17 (6)：512-516.
[76] 毛东森，陈庆龄，卢冠忠等．用于己内酰胺合成的固体酸催化剂 [P]．CN 1565720A. 2005-01-19.
[77] 周云，卢建国，朱明乔．环己酮肟贝克曼重排制己内酰胺绿色催化研究进展 [J]. 合成纤维工业，2015，38 (2)：51-56.
[78] Thangaraj A，Sivasanker S，Ratnasamy P. Catalytic properties of titanium silicalites：Ⅳ. Vapor phase Beckmann rearrangement of cyclohexanone oxime [J]. Journal of Catalysis，1992，137 (1)：252-256.
[79] 尹双凤，张法智，徐柏庆．钛硅分子筛催化气相环己酮肟贝克曼重排反应 [J]. 催化学报，2002，23 (4)：321-323.
[80] Lin M，Shu X T，Wang X Q，et al. Titanium-silicalite molecular sieve and the method for its preparation [P]．US 6475465. 2002-11- 05.
[81] 史雪芳，丁克鸿．环己酮肟气相重排制备己内酰胺工艺 [J]. 化工进展，2013，32 (3)：584-587.
[82] Heitmann G P，Dahlhoff G，Holderich W F，et al. Catalytically active sites for the Beckmann rearrangement of cyclohexanone oxime to ε-caprolactam [J]. Journal of Catalysis，1999，186 (1)：12-19.
[83] Flego C，Dalloro L. Beckmann rearrangement of cyclohexanone oxime over silicalite-1：an FTIR spectroscopic study [J]. Microporous and Mesoporous Materials，2003，60 (1-3)：263-271.
[84] 金亚美，董梅，王国富等．Silicalite-1 空心球材料制备及其在 Beckmann 重排反应中催化应用研究 [J]. 燃料化学学报，2016，44 (8)：1001-1009.
[85] 李识寒，任文杰，杜卫民等．己内酰胺装置重排工序危险性分析与控制 [J]. 广东化工，2013，40 (23)：139-140.
[86] Chandrasekhar S，Gopalaiah K. Ketones to amides via a formal Beckmann rearrangement in 'one pot'：a solvent-free reaction promoted by anhydrous oxalic acid. Possible analogy with the Schmidt reaction [J]. Tetrahedron Letters，2003，44 (40)：7437-7439.
[87] Mahajan S，Sharma B，Kapoor K K. A solvent-free one step conversion of ketones to amides via Beckmann rearrangement catalysed by $FeCl_3 \cdot 6H_2O$ in presence of hydroxylamine hydrochloride [J]. Tetrahedron Letters，2015，56 (14)：1915-1918.
[88] Sharghi H，Hosseini M. Solvent-free and one-step Beckmann rearrangement of ketones and aldehydes by Zinc oxide [J]. Synthesis，2002，8：1057-1060.
[89] Rancan E，Aricò F，Quartarone G，et al. Self-catalyzed direct amidation of ketones：A sustainable procedure for acetaminophen synthesis [J]. Catalysis Communications，2014，54 (54)：11-16.
[90] Aricò F，Quartarone G，Rancana E，et al. One-pot oximation-Beckmann rearrangement of ketones and aldehydes to amides of industrial interest：Acetanilide，caprolactam and acetaminophen [J]. Catalysis Communications，2014，49 (5)：47-51.
[91] Zhang J S，Lu Y C，Wang K，et al. Novel one-step synthesis process from cyclohexanone to caprolactam in trifluoroacetic acid [J]. Industrial & Engineering Chemistry Research，2013，52 (19)：6377-6381.
[92] 李志会．环境友好离子液体型羟胺盐的设计、制备及其在清洁合成反应中的应用 [D]．天津：河北工业大学，2017.
[93] Li Z H，Yang Q S，Qi X D，et al. A novel hydroxylamine ionic liquid salt resulting from the stabilization of NH_2OH by a SO_3H functionalized ionic liquid [J]. Chemical Communications，2015，51：

1930-1932.
[94] Li Z H, Yang Q S, Gao L Y, et al. Reactivity of hydroxylamine ionic liquid salts in the direct synthesis of caprolactam from cyclohexanone under mild conditions [J]. RSC Advances, 2016, 6: 83619-83625.
[95] Lorenzo D, Romero A, Santos A. A simplified overall kinetic model for cyclohexanone oximation by hydroxylamine salt [J]. Industrial & Engineering Chemistry Research, 2016, 55 (23): 6586-6593.
[96] 王健，张旭斌，王富民等．有机胺法分解氯化铵的工艺 [J]. 化工进展，2016，35 (5)：1309-1313.
[97] Matsumoto M, Tanimura M, Akimoto T, et al. Solvent-promoted chemiluminescent decomposition of a bicyclic dioxetane bearing a 4-(benzothiazol-2-yl)-3-hydroxyphenyl moiety [J]. Tetrahedron Letters, 2008, 49 (26): 4170-4173.
[98] Nguyen M T, Raspoet G, Vanquickenborne G L. Important role of the Beckmann rearrangement in the gas phase chemistry of protonated formaldehyde oximes and their [CH_4NO]$^+$ isomers [J]. Journal of the Chemical Society Perkin Transactions 2, 1995, 26 (9): 1791-1795.
[99] You K Y, Mao L Q, Yin D L, et al. Beckmann rearrangement of cyclohexanone oxime to ε-caprolactam catalyzed by sulfonic acid resin in DMSO [J]. Catalysis Communications, 2008, 9 (6): 1521-1526.
[100] Zhang X, Mao D, Leng Y, et al. Heterogeneous Beckmann rearrangements catalyzed by a sulfonated imidazolium salt of phosphotungstate [J]. Catalysis Letters, 2013, 143 (2): 193-199.
[101] 尹彩虹，孙金华．天然气制甲醇关键过程火灾爆炸危险性分析 [J]. 安全与环境学报，2012，12 (5)：169-173.
[102] 储伟，吴玉塘，罗仕忠等．低温甲醇液相合成催化剂及工艺的研究进展 [J]. 化学进展，2001，13 (2)：128-133.
[103] 罗乐，聂容春，徐初阳等．国内外甲醇合成工艺评述 [J]. 安徽化工，2010，增刊 1：72-75.
[104] 白绍芬，刘欣梅，阎子峰．甲醇合成催化反应机理及活性中心研究进展 [J]. 化工进展，2011，30 (7)：1466-1472.
[105] 李志庆，赵红娟，王宝杰等．煤基甲醇制烯烃技术进展及产业化进程 [J]. 石化技术与应用，2015，33 (2)：180-183.
[106] 潘红艳，刘秀娟，易芸等．Ag 改性 ZSM-5 分子筛催化甲醇制烯烃的研究 [J]. 天然气化工 (C1 化学与化工)，2015，40 (6)：7-12.
[107] 赵飞，李渊，张岩等．Cu-SSZ-13 的合成与金属改性及催化 MTO 性能 [J]. 精细化工，2017，34 (2)：179-183.
[108] 崔宇，王垚，魏飞．SAPO-34 分子筛硅铝比对甲醇制烯烃反应性能及积炭组成的影响 [J]. 化工学报，2015，66 (8)：2982-2989.
[109] 孙翠娟，李玉平，王艳悦等．ZSM-5/SAPO-34 复合分子筛的合成及甲醇制烯烃催化性能 [J]. 天然气化工 (C1 化学与化工)，2015，40 (2)：1-9.
[110] 冯琦瑶，邢爱华，张新锋等．ZSM-5 分子筛在甲醇转化制烯烃领域应用的研究进展 [J]. 工业催化，2016，24 (1)：15-23.
[111] Prinz D, Riekert L. Formation of ethene and propene from methanol on zeolite ZSM-5: I. investigation of rate and selectivity in a batch reactor [J]. Applied Catalysis, 1988, 37: 139-153.
[112] Li J, Liu S Y, Zhang H K, et al. Synthesis and characterization of an unusual snowflake-shaped ZSM-5 zeolite with high catalytic performance in the methanol to olefin reaction [J]. Chinese Journal of Catalysis, 2016, 37 (2): 308-315.
[113] 刘蓉，王晓龙，肖天存等．多级孔结构 SAPO 分子筛的制备及其催化甲醇制烯烃的性能 [J]. 石油化工，2016，45 (12)：1434-1440.
[114] Sun X Y, Mueller S, Liu Y, et al. On reaction pathways in the conversion of methanol to hydrocarbons on HZSM-5 [J]. Journal of Catalysis, 2014, 317: 185-197.
[115] 钱震，赵文平，耿玉侠等．甲醇制烃反应机理研究进展 [J]. 分子催化，2015，29 (6)：593-600.
[116] Dahl I M, Kolboe S. On the reaction mechanism for propene formation in the MTO reaction over SAPO-34 [J]. Catalysis Letters, 1993, 20: 329-336.
[117] Dahl I M, Kolboe S. On the reaction mechanism for hydrocarbon formation from methanol over SAPO-34: 1. Isotopic labeling studies of the co-reaction of ethene and methanol [J]. Journal of Catalysis, 1994, 149 (2): 458-463.

[118] Dahl I M, Kolboe S. On the reaction mechanism for hydrocarbon formation from methanol over SAPO-34: 2. Isotopic labeling studies of the co-reaction of propene and methanol [J]. Journal of Catalysis, 1996, 161 (1): 304-309.

[119] Song W G, Haw J F, Nicholas J B, et al. Methylbenzenes are the organic reaction centers for methanol-to-olefin catalysis on HSAPO-34 [J]. Journal of the American Chemical Society, 2000, 122 (43): 10726-10727.

[120] Arstad B, Nicholas J B, Haw J F. Theoretical study of the methylbenzene side-chain hydrocarbon pool mechanism in methanol to olefin catalysis [J]. Journal of the American Chemical Society, 2004, 126 (9): 2991-3001.

[121] Mikkelsen Ø, Rønning P O, Kolboe S. Use of isotopic labeling for mechanistic studies of the methanol-to-hydrocarbons reaction. Methylation of toluene with methanol over H-ZSM-5, H-mordenite and H-beta [J]. Microporous and Mesoporous Materials, 2000, 40 (1-3): 95-113.

[122] Olsbye U, Svelle S, Bjørgen M, et al. Conversion of methanol to hydrocarbons: How zeolite cavity and pore size controls product selectivity [J]. Angewandte Chemie International Edition, 2012, 51 (24): 5810-5831.

[123] Teketel S, Erichsen M W, Bleken F L, et al. Shape selectivity in zeolite catalysis. The methanol to hydrocarbons (MTH) reaction [J]. Catalysis, 2014, 26: 179-217.

[124] 王森，陈艳艳，卫智虹等．分子筛骨架结构和酸性对其甲醇制烯烃（MTO）催化性能影响研究进展 [J]. 燃料化学学报，2015，43（10）：1202-1213.

[125] Wang C M, Wang Y D, Liu H X, et al. Aromatic-based hydrocarbon pool mechanism for methanol-to-olefins conversion in H-SAPO-18: A van der Waals density functional study [J]. Chinese Journal of Catalysis, 2015, 36 (9): 1573-1579.

[126] 赵力英．工业甲醇生产装置主要危险危害因素分析探讨 [J]. 内蒙古石油化工，2009，21：50.

[127] 张华，宁英辉．甲醇制烯烃危险有害因素分析及预防措施 [J]. 广州化工，2016，44（9）：224-226.

[128] 于飞，李正甲，安芸蕾等．合成气催化转化直接制备低碳烯烃研究进展 [J]. 燃料化学学报，2016，44（7）：801-813.

[129] Jiao F, Li J J, Pan X L, et al. Selective conversion of syngas to light olefins [J]. Science, 2016, 351 (6227): 1065-1068.

[130] Cheng K, Gu B, Liu X L, et al. Direct and highly selective conversion of synthesis gas to lower olefins: Design of a bifunctional catalyst combining methanol synthesis and carbon-carbon coupling [J]. Angewandte Chemie International Edition, 2016, 55 (15): 4725-4728.

[131] Chen Y P, Xu Y M, Cheng D G, et al. C_2-C_4 hydrocarbons synthesis from syngas over CuO-ZnO-Al_2O_3/SAPO-34 bifunctional catalyst [J]. Journal of chemical technology and biotechnology, 2015, 90 (3): 415-422.

[132] Li J J, Pan X L, Bao X L. Direct conversion of syngas into hydrocarbons over a core-shell Cr-Zn@SiO_2@SAPO-34 catalyst [J]. Chinese Journal of Catalysis, 2015, 36 (7): 1131-1135.

[133] 方传艳，位健，王锐等．Cu-Fe 基催化剂上合成气直接制取低碳烯烃的研究 [J]. 分子催化，2015，29（1）：27-33.

[134] 李晨佳，常俊石，史立杰等．甲醇气相脱水合成二甲醚用固体酸催化剂的研究 [J]. 精细石油化工，2010，27（6）：14-18.

[135] 杨玉旺，戴清，刘敬利．甲醇气相脱水制二甲醚的催化剂 [J]. 化工进展，2013，32（4）：816-819.

[136] 汤建锋．二甲醚生产过程中危险、有害因素分析及防范措施 [J]. 广州化工，2013，41（7）：234-236.

[137] 王运风，刘宏伟，张海涛等．挤条成型合成气一步法制二甲醚双功能催化剂的研究 [J]. 天然气化工（C1 化学与化工），2016，41（6）：1-6.

[138] Sun K P, Lu W W, Qiu F Y, et al. Direct synthesis of DME over bifunctional catalyst: surface properties and catalytic performance [J]. Applied Catalysis A: General, 2003, 252 (2): 243-249.

[139] Fei J H, Tang X J, Huo Z Y, et al. Effect of copper content on Cu-Mn-Zn/zeolite-Y catalysts for the synthesis of dimethyl ether from syngas [J]. Catalysis Communications, 2006, 7 (11): 827-831.

[140] 陈月仙，王琰，马静红等．介孔 CuO/γ-Al_2O_3 催化剂的制备及其在合成气制二甲醚反应中的应用

[J]. 燃料化学学报，2015，43（1）：65-73.
[141] 褚睿智，徐婷婷，孟献梁等．助剂对 Pd/γ-Al_2O_3 催化剂一步法合成二甲醚反应稳定性的影响 [J]. 化工进展，2016，35（8）：2474-2479.
[142] 王文丽，王琰，陈月仙等．合成气一步法制备二甲醚核壳结构催化剂的制备及其反应性能 [J]. 燃料化学学报，2013，41（8）：1003-1009.
[143] 毛东森，杨为民，张斌等．氧化铝的改性及其在合成气直接制二甲醚反应中的应用 [J]. 催化学报，2006，27（6）：515-521.
[144] 刘震宇，张中宇，葛常艳等．甲缩醛的合成、精制及其应用 [J]. 化工时刊，2014，28（1）：27-31.
[145] 许永成，肖敦峰，刘广智．甲醇氧化制甲醛工艺技术探讨 [J]. 化肥设计，2012，50（3）：24-26.
[146] 张帅，张一科，呼日勒朝克图等．甲醇氧化制甲醛铁钼催化剂表面结构与活性 [J]. 化工学报，2016，67（9）：3678-3683.
[147] 李速延，封建利，高超等．甲醇氧化制甲醛铁钼催化剂研究 [J]. 工业催化，2012，20（8）：35-39.
[148] 王淑娟．HZSM-5 催化甲缩醛反应的研究 [J]. 辽宁大学学报，2003，30（2）：157-158.
[149] Zhang X M，Zhang S F，Jian C G. Synthesis of methylal by catalytic distillation [J]. Chemical Engineering Research and Design，2011，89：573-580.
[150] 李柏春，巢飞，徐敬瑞．甲缩醛催化精馏过程宏观动力学研究 [J]. 化学工程，2012，40（6）：64-67.
[151] Cai J X，Fu Y C，Sun Q，et al. Effect of acidic promoters on the titania-nanotubes supported V_2O_5 catalysts for the selective oxidation of methanol to dimethoxymethane [J]. Chinese Journal of Catalysis，2013，34（11）：2110-2117.
[152] 李君华，张丹．盐酸改性 V_2O_5/TiO_2 及其催化甲醇选择性氧化的研究 [J]. 功能材料，2015，46（20）：20012-20019.
[153] 钱建华，董清华，李君华．硫酸改性 V_2O_5/TiO_2 催化剂上甲醇选择性氧化制二甲氧基甲烷 [J]. 石油化工，2015，44（10）：1199-1203.
[154] 钱建华，董清华，李君华等．五氧化二钒/铈改性二氧化钛催化甲醇高选择性氧化制备二甲氧基甲烷 [J]. 应用化学，2016，33（11）：1295-1302.
[155] 郭荷芹，李德宝，姜东等．纳米钒钛硫催化剂催化甲醇氧化一步合成二甲氧基甲烷 [J]. 天然气化工，2010，35（2）：1-5.
[156] 王拓，孟亚利，曾亮等．基于 V_2O_5/TiO_2-Al_2O_3 催化剂的甲醇选择性氧化制备二甲氧基甲烷 [J]. 科学通报，2015，60（33）：3272.
[157] 郭荷芹，李德宝，陈从标等．V_2O_5/CeO_2 催化剂上甲醇氧化一步法合成二甲氧基甲烷 [J]. 催化学报，2012，33（5）：813-818.
[158] 魏焕梅，李臻．甲缩醛合成反应及其动力学研究进展 [J]. 化工进展，2014，33（2）：272-283.
[159] 曹虎，郑岩，马珺等．ReO_x/ZrO_2 催化甲醇一步合成二甲氧基甲烷的研究 [J]. 燃料化学学报，2007，35（3）：334-338.
[160] 李欢，李军平，肖福魁等．Mn/Re/C 体系催化剂催化甲醇一步合成二甲氧基甲烷的研究 [J]. 燃料化学学报，2009，37（5）：613-617.
[161] 陈文龙，刘海超．RuO_2/Al_2O_3 催化甲醇选择氧化合成甲缩醛 [J]. 化学反应工程与工艺，2013，29（5）：462-469.
[162] Liu H C，Iglesia E. Selective one-step synthesis of dimethoxymethane via methanol or dimethyl ether oxidation on $H_{3+n}V_nMo_{12-n}PO_{40}$ Keggin structures [J]. Journal of Physical Chemistry B，2003，107（39）：10840-10847.
[163] Choi P H，Jun K W，Lee S J，et al. Hydrogenation of carbon dioxide over alumina supported Fe-K catalysts [J]. Catalysis Letters，1996，40（1-2）：115-118.
[164] Centi G，Perathone S. Opportunities and prospects in the chemical recycling of carbon dioxide to fuels [J]. Catalysis Today，2009，148（3-4）：191-205.
[165] Wang X，Shi H，Kwak J H，et al. Mechanism of CO_2 hydrogenation on Pd/Al_2O_3 catalysts：kinetics and transient drifts-ms studies [J]. ACS Catalysis，2015，5（11）：6337-6349.
[166] Sun A L，Qin Z F，Chen S W，et al. Role of carbon dioxide in the ethylbenzene dehydrogenation coupled with reverse water-gas shift [J]. Journal of Molecular Catalysis A：Chemical，2004，210（1-

2)：189-195.

[167] Tóth A，Halasi G，Solymosi F. Reactions of ethane with CO_2 over supported Au [J]. Journal of Catalysis，2015，330 (65)：1-5.

[168] Grubert G，Kondratenko E，Kolf S，et al. Fundamental insights into the oxidative dehydrogenation of ethane to ethylene over catalytic materials discovered by an evolutionary approach [J]. Catalysis Today，2003，81：337-345.

[169] 王熙庭．荷兰研究人员开发出将二氧化碳高效转化为一氧化碳的新催化剂 [J]. 天然气化工（C1化学与化工)，2017，42 (2)：3.

[170] 新型催化剂材料将二氧化碳转化成一氧化碳 [J]. 气体净化，2016，16 (6)：58.

[171] 徐海成，戈亮．二氧化碳加氢逆水汽变换反应的研究进展 [J]. 化工进展，2016，35 (10)：3180-3189.

[172] Porosoff M D，Yan B H，Chen J G. Catalytic reduction of CO_2 by H_2 for synthesis of CO，methanol and hydrocarbons：challenges and opportunities [J]. Energy & Environmental Science，2016，9 (1)：62-73.

[173] Matsubu J C，Yang V N，Christopher P. Isolated metal active site concentration and stability control catalytic CO_2 reduction selectivity [J]. Journal of the American Chemical Society，2015，137 (8)：3076-3083.

[174] Carrasquillo-Flores R，RO I，Kumbhalkar M D，et al. Reverse water-gas shift on interfacial sites formed by deposition of oxidized molybdenum moieties onto gold nanoparticles [J]. Journal of the American Chemical Society，2015，137 (32)：10317-10325.

[175] Daza Y A，Kent R A，Yung M M，et al. Carbon dioxide conversion by reverse water gas shift chemical looping on perovskite-type oxides [J]. Industrial & Engineering Chemistry Research，2014，53 (14)：5828-5837.

[176] Porosoff M D，Yang X F，Boscoboinik J A，et al. Molybdenum carbide as alternative catalysts to precious metals for highly selective reduction of CO_2 to CO [J]. Angewandte Chemie：International Edition，2014，53 (26)：6705-6709.

[177] Porosoff M D，Kattel S，Li W H，et al. Identifying trends and descriptors for selective CO_2 conversion to CO over transition metal carbides [J]. Chemical Communications，2015，51 (32)：6988-6991.

第4章 替代危险反应物安全过程

在化工生产过程中，不可避免地生产、储存、运输、使用危险物质，尤其是易燃易爆、有毒有害的化学品。这将给化工生产带来很大的安全隐患。如何从源头上解决此安全问题，采用安全反应物替代非安全反应物是实现本质安全的重要方法之一。

化工生产中使用的非安全物质分布在各个环节和过程，包括：原料、产品、副产品、中间反应物、催化剂、助剂、溶剂，以及反应和单元操作过程等。尤其是与人们日常生活密切相关的产品，有的危害性存在于其整个使用周期甚至废弃后，给人们的生命和生活带来巨大危害。如，制作家具所用的材料、涂料、塑料、塑胶制品、装修材料等在使用周期内和废弃后的危害性必须引起人们充分重视。在化工行业从事科学研究、技术开发、生产制备、管理流通的工作者应担当起对使用者安全负责的责任，在环境友好、不计较经济效益的前提下，积极开发无毒无害的安全化工产品和生产安全工艺过程。

方法3：替代非安全反应物的新催化反应过程。

针对以非安全化学品为原料的化工生产过程，采用安全反应物替代非安全反应物。在对非安全化学品的结构、组成基团及性质分析的基础上，选择或设计安全化学品，并开发新的催化剂和相应的反应过程，以此获得所需要的目标产物。

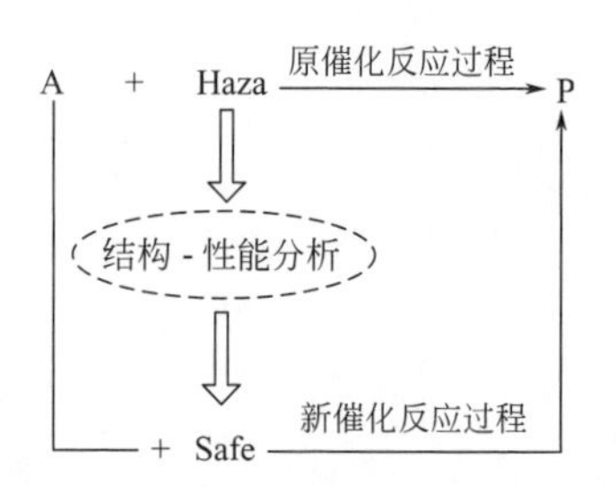

图4.1 采用安全反应物替代非安全反应物催化反应过程

如图4.1所示，图中的A为反应物，P为目标产物，Haza为非安全反应物，Safe为安全反应物。图中上半部分是传统生产工艺，使用非安全反应物。下半部分是采用安全反应物替代的安全工艺。目标产物的结构和反应机理是选择安全反应物的依据。

本章基于**方法3**，就DMC替代光气制备异氰酸酯，DMC替代硫酸二甲酯、氯甲烷，二氧化碳替代一氧化碳，以及固体酸、离子液体替代无机液体酸催化剂的安全催化反应体系等进行了论述。

4.1 碳酸二甲酯替代光气

以绿色化学品——DMC替代非安全化学品——光气合成异氰酸酯。DMC因其微毒无污染性而被称为“绿色化学品”，其作为一种重要化学中间体，含有羰基、甲基、甲氧基及甲氧羰基等基团，在替代光气、硫酸二甲酯等剧毒化学品方面具有明显优势，已成为当前非光气法合成异氰酸酯的研究热点。采用DMC合成异氰酸酯主要分两步：首先是在DMC与氨基化合物之间发生甲氧基羰基化反应生成氨基甲酸酯；然后再由氨基甲酸酯进行热分解或催化分解得到异氰酸酯。

4.1.1 光气性质、用途及危害性

光气，又称碳酰氯，剧毒，微溶于水，较易溶于苯、甲苯等。由一氧化碳和氯气的混合物通过活性炭制得。光气常温下为无色气体，有腐草味，化学性质不稳定，遇水迅速水解，生成氯化氢。是氯塑料高温热解产物之一。用作有机合成、农药、药物、染料及其他化工制品的中间体。脂肪族氯烃类（如氯仿、三氯乙烯等）燃烧时可产生光气。环境中的光气主要来自染料、农药、制药等生产工艺。光气是剧烈窒息性毒气，高浓度吸入可致肺水肿。毒性比氯气约大10倍，但在体内无蓄积作用。

光气是一种毒害作用巨大的化学战剂，用于制造毒气弹。光气毒剂最早在第一次世界大战中使用。自从伊普尔毒气战后，战争双方的决策者、指挥者开始热衷化学战。战争促进了化学武器的发展，第一次世界大战中出现了多种毒剂，除了氯气外，又出现了光气，是残害生灵的战场毒魔；光气由一氧化碳与氯气在日光下合成，为无色气体，它能伤害人体呼吸器官，严重时导致人体死亡。1915年12月19日，德军发射装填光气的火箭弹，英军阵地上有1000多人中毒，100多人死亡；在第一次世界大战中，光气这种毒剂得到广泛应用，交战双方都使用了光气这种毒剂，使用量达到10万吨之多；第二次世界大战时，日军大量使用光气，并将其称为“特种烟”。

2004年6月15日，福建某研究机构在研制一种新产品时，发生光气等有毒化学物泄漏事故。当固体光气与吡啶溶液反应时，由于该反应为放热反应，反应壶与储料罐间产生系统压差，致使反应壶内物料反冲至储料罐内，使罐内固体光气在碱性条件下分解产生大量光气，含有光气的混合气体顶开储料罐上部的橡皮塞外泄。此次事故共有561人受毒物泄漏污染影响，1人中毒死亡。

光气的广泛使用使光气泄漏事故时有发生，例如：1994年韩国某异氰酸酯工厂因塔底316L不锈钢管线腐蚀，造成光气泄漏，致使1人死亡；1997年3月，国内某TDI生产厂由于原料和操作上的问题，使光气中氢气超标，静电火花最终使光气储槽发生爆炸，大量光气泄漏进入控制室，导致7人死亡。

据统计，1964～2001年间国内发生各类光气安全事故共181起。其中，最主要的是中毒事故，共死亡28人。

国内外主要MDI和TDI生产企业时有光气事故发生，调查结果表明：1995～2002年国内MDI和TDI生产企业发生光气事故12起，1995～1999年全世界MDI和TDI生产企业发生光气事故42起，2000年33起，2001年44起，2002年55起。

光气是一种重要的有机中间体，在农药、医药、工程塑料、聚氨酯材料以及军事上都有许多用途。在农药生产中，用于合成氨基甲酸酯类杀虫剂西维因、速灭威、叶蝉散等许多品种，还用于生产杀菌剂多菌灵及多种除草剂。

以光气为原料生产的异氰酸酯类产品，例如TDI，MDI，PAPI（多亚甲基多苯基多异氰酸酯）是聚氨酯硬泡、软泡、弹性体、人造革的重要原料。有些品种的异氰酸酯大量用于聚氨酯涂料，也有的特殊品种用于黏结剂。

用光气生产的氯代甲酸酯类是农药、医药、聚合引发剂等有机合成的中间体。用光气直接法或酯交换法生产工程塑料聚碳酸酯时，都需要光气作原料。

毒性及对健康的危害：光气是典型的暂时性毒剂。吸入中毒的半致命剂量LD_{50}为

3200mg·min/m³，半失能剂量为1600mg·min/m³。吸入后，经几小时的潜伏期出现症状，表现为呼吸困难、胸部压痛、血压下降，严重时昏迷以至死亡。防毒面具可有效地防护，通常不需消毒。抗毒药有乌洛托品等。出现肺水肿症状者禁止人工呼吸。

侵入途径：吸入、经皮肤吸收。健康危害：主要损害呼吸道，导致化学性支气管炎、肺炎、肺水肿。

急性中毒：轻度中毒，患者有流泪、畏光、咽部不适、咳嗽、胸闷等症状；中度中毒，除上述症状加重外，患者出现轻度呼吸困难、轻度紫绀；重度中毒，出现肺水肿或成人呼吸窘迫综合征，患者剧烈咳嗽、咯大量泡沫痰、呼吸窘迫、明显紫绀。肺水肿发生前有一段时间的症状缓解期（一般1～4h）。可并发纵隔及皮下气肿。

4.1.2 合成甲苯二异氰酸酯

TDI是重要的有机化工中间体，是聚氨酯工业的重要原料之一。由聚氨酯制成的泡沫材料、弹性体、氨纶、合成革、黏合剂、涂料等产品广泛应用于石油、化工、轻工、纺织、建材、电子、汽车及造纸等领域。TDI有2,4-TDI和2,6-TDI两种异构体，商品多为两种异构体的混合物，可以组成三个TDI品种，即TDI-65/35（TDI65)、TDI-80/20（TDI80）和TDI-100。随着作为六大最具前景的合成材料之一的聚氨酯迅猛发展，TDI的生产规模也在不断扩大。

全球TDI产业主要集中在北美、西欧和亚洲。全球生产TDI的国家有近20个，生产工厂近40个，其中，五大生产商Dow、Bayer、BASF、Lyondell、三井化学的TDI生产能力占世界TDI总生产能力的80%以上。

中国从20世纪60年代开始，先后在大连、太原、重庆、常州建立了小规模TDI生产装置。目前，在我国主要有甘肃白银银光化学工业公司、烟台巨力公司、沧州大化集团、蓝星化工有限责任公司、上海联恒异氰酸酯有限公司等生产TDI的企业。

4.1.2.1 TDI传统光气法生产工艺

迄今为止，世界90%以上的有机异氰酸酯产品，包括MDI、TDI、HDI等大吨位、骨干型产品，仍采用光气法生产。光气法存在共知的高毒性和高腐蚀性，但技术成熟、经济合理，在未来一段时间内仍将是主流生产方法。

目前，工业上采用的光气法生产技术，按工艺条件可分为气相光气化工艺和液相光气化工艺，后者又可分为成盐光气化法和直接光气化法工艺。液相直接光气化工艺按反应条件可分为冷热光气化法、一步高温光气化法、低压光气化法和高压光气化法；按所采用的溶剂可分为高沸点溶剂法和低沸点溶剂法；按工艺流程可分为釜式连续工艺、塔式连续工艺和循环(Loop）连续工艺。

气相光气化工艺是一些可汽化的胺类化合物在200～600℃的高温下进行气相反应一步制得异氰酸酯的方法。可汽化的脂肪族、芳香族胺、二胺和多胺均可采用该方法，特别是反应活性高的脂肪族胺类化合物。该方法具有反应收率高、反应设备投资小、生产效率大、安全可靠等优点。Bayer与Rhodia采用气相光气化工艺生产HDI、IPDI，其产量已占世界脂肪族二异氰酸酯总产量的一半以上。气相光气化工艺已成为脂肪族二异氰酸酯的主流生产技术，将是低沸点、高反应活性胺类化合物光气化制异氰酸酯工艺技术的发展方向。最近Bayer宣布成功开发出了TDI气相光气化生产工艺，并将在上海新的TDI生产装置上采用气相光气化生产工艺，预计将节能1/3以上。

液相直接光气化工艺特别适用于沸点高、不易汽化、反应活性低的胺类化合物的光气化反应制异氰酸酯，是 MDI、TDI 等大吨位异氰酸酯产品生产所广泛采用的方法。主要有液相光气化釜式连续工艺、喷射塔式连续工艺及循环（Loop）连续工艺。但就技术发展趋势看，采用液相低沸点溶剂、射流混合技术与塔式反应器相结合的连续工艺将成为 MDI、TDI 等芳香族异氰酸酯生产的主流技术，是异氰酸酯行业今后技术开发方向的重点[1]。

光气化法生产 TDI 主要包括 5 个工序：

(1) 一氧化碳和氯气反应生成光气

该步反应常用的催化剂是椰壳炭和煤基炭。原料一氧化碳和氯气都要求精制，尤其要脱除水分、氢和烃，因为水与氯气反应生成氯化氢和次氯酸，水还会引起光气分解，生成氯化氢，氯化氢和次氯酸会造成设备的严重腐蚀，影响生产正常运转，甚至会造成氯气和光气的外漏。目前，光气合成装置常常不设置缓冲设备，而是直接根据下游生产的需要连续合成光气。

(2) 甲苯与硝酸反应生成二硝基甲苯（DNT）

目前，国内外工业生产的 TDI 以 TDI80 为主，此外还有 TDI65。2 种异构体的比例主要取决于甲苯硝化的工艺过程，因此，工业生产的 TDI 通常是从甲苯硝化开始的，其合成方法有两种，二步硝化法和一步硝化法。二步硝化法采用的是 25%～30%硝酸和 55%～58%硫酸形成的混酸，在 35～45℃下与甲苯进行硝化，得到一硝基甲苯混合物。其中，对硝基甲苯含量为 35%～40%，邻硝基甲苯含量为 55%～60%，间硝基甲苯含量为 2%～5%。分离 3 种混合物，分别得到较纯的硝基甲苯。然后，用 60%硝酸和 30%硫酸所组成的混酸，在 60～65℃下硝化邻硝基甲苯，得到 65∶35 的 2,4-DNT 和 2,6-DNT 的混合物。若硝化对位硝基苯，得到 100%2,4-DNT。一步硝化法采用的是 64.0%硫酸、27.2%硝酸、8.8%水组成的混酸，在 60～65℃下与甲苯一次硝化得到二硝基甲苯混合物，得到 80∶20 的 2,4-DNT 和 2,6-DNT 的混合物。二步硝化法在一步硝化时，会产生少量的间硝基苯，二步硝化时 80%生成了 2,3-DNT 和 3,4-DNT，在加氢时，还原为 2,3-二氨基甲苯和 3,4-二氨基甲苯，含量约为二氨基甲苯异构体混合物的 4%，它们在光气化过程中生成苯并咪唑啉酮，会降低 TDI 产率，并影响聚氨酯泡沫体的质量。因此，在进行光气化工序前，应将其分离出去。

(3) DNT 与氢气反应生成 TDA 和水

该工序的任务是在一定的温度和压力及金属料浆的存在下，DNT 被氢还原成 TDA。反应混合料依次除去催化剂和邻二氨基甲苯（OTD）及其他杂质，得到 TDI 生产需要的 2,4-TDA 和 2,6-TDA 的混合物。该工序加氢还原的工艺条件有 2 种，一种是以骨架镍为催化剂，甲醇做溶剂，氢压为 3.03MPa，加氢反应温度为 100℃；另一种用 Pt、Pd/C 或 Pd/Al_2O_3 为催化剂，醇或水作溶剂，压力为 0.98～1.96MPa，温度为 100℃。

(4) 处理过的干燥 TDA 与光气反应生成 TDI

TDA 与光气反应制 TDI，世界各大公司的方法不同，但实质上都是采用液相光气化，主要是使用的溶剂和反应压力的区分。另外，TDA 与光气直接一步反应的产率较低，一般工业生产都是采用冷光气化和热光气化两步连续法，即，使 TDA 与光气在惰性溶剂存在的条件下，在冷反应器中进行冷光气化反应，生成氨基甲酰氯和氨基盐酸盐，随后，将反应生成的混合物引入到热反应器中，氨基甲酰氯分解转化为 TDI，氨基盐酸盐分解成氯化氢和胺。产物与其他物质一起精馏，分离 TDI、惰性溶剂和反应生成的残渣，最后得到纯 TDI，溶剂返回流程循环使用。

(5) TDI 的提纯

反应生成的氯化氢和过量的光气进入氯化氢精馏塔分离，TDI、惰性溶剂和反应生成的残渣，通过溶剂分离和TDI精馏，最后得到纯的产品TDI，溶剂返回流程循环使用。在反应过程中，TDA循环使用和光气反应。脱除溶剂后的粗TDI进入精制塔直接蒸馏提纯，制得成品TDI。

具体反应以及合成路线如图4.2所示。在工业生产中一般选用喷射式反应器，因其能将溶解在溶剂中的TDA与液态光气迅速混合，减少副反应的发生，减少残渣的产生量，且安全性好。在溶剂的选择上，使用轻溶剂消耗少，价格低，可以降低TDI的生产成本。尽量在低压下操作，高压操作存在着潜在的安全隐患，采用低压则安全、稳定、可靠。此合成方法中的危害因素是，光气合成及光气化反应单元如发生泄漏，易造成有毒物质外逸，导致人员中毒和环境污染等事故发生。缺点是对装置的腐蚀性大、工艺复杂。但是，此法各项技术比较成熟，适合于工业化生产。目前，各国仍采用此合成方法进行大规模工业化生产[2,3]。

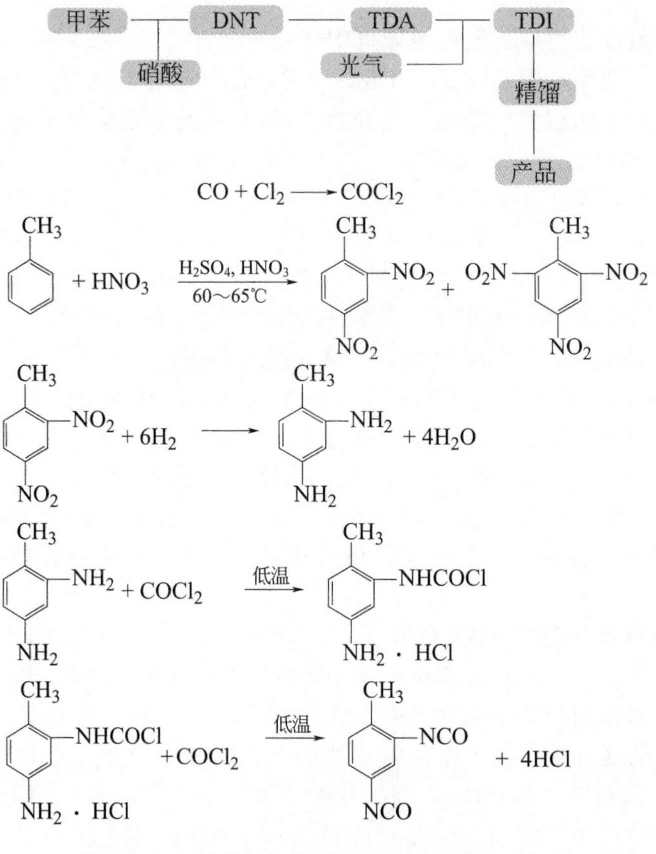

甲苦 — DNT — TDA — TDI — 精馏 — 产品

硝酸　光气

$$CO + Cl_2 \longrightarrow COCl_2$$

$$C_6H_5CH_3 + HNO_3 \xrightarrow[60\sim65℃]{H_2SO_4,\ HNO_3} CH_3C_6H_3(NO_2)_2 + O_2N\text{-}C_6H_2(CH_3)\text{-}(NO_2)_2$$

$$CH_3C_6H_3(NO_2)_2 + 6H_2 \longrightarrow CH_3C_6H_3(NH_2)_2 + 4H_2O$$

$$CH_3C_6H_3(NH_2)_2 + COCl_2 \xrightarrow{低温} CH_3C_6H_3(NHCOCl)(NH_2 \cdot HCl)$$

$$CH_3C_6H_3(NHCOCl)(NH_2 \cdot HCl) + COCl_2 \xrightarrow{低温} CH_3C_6H_3(NCO)_2 + 4HCl$$

图4.2　光气法生产TDI工艺流程简图及反应式

4.1.2.2　TDI传统光气法生产工艺危险性分析

光气生产工艺特点及危险性。工业上一般都以氯气和一氧化碳为原料，用活性炭作催化剂在光气发生器中生产光气，是连续的生产过程，一氧化碳过量以保证氯气反应完全。反应在填料列管式固定床反应器中进行。光气发生器内的主要物料为CO和Cl_2，以及生成物光气。CO、Cl_2和光气为有毒物质，其中光气的毒性为Cl_2的十倍，合成时产生的热量需及时移出，若反应热不能及时移走，造成容器压力上升发生泄漏。此外，CO为可燃气体，Cl_2为助燃气体，若与空气混合达到爆炸极限，遇明火等点火源，将会导致燃烧、爆炸。另外，光气生成原料中的当量氢若超过4%，H_2和Cl_2将发生激烈化学反应，温度急剧升高，有可能导致光气发生器破损，造成光气、CO 和 Cl_2 泄漏，遇明火等点火源会发生燃烧、爆炸事故，以及人员中毒事故；而且 CO 或 Cl_2 中的水含量超过限值，则因 HCl 或 Cl^- 存在而产生腐蚀，并且一氧化碳中的水同时与催化剂反应，导致催化剂失活。

光气化反应单元危险大。目前，光气化工艺分气相和液相两种工艺：液相光气工艺即将光气发生器生产的气相光气经过中间缓冲罐冷却至液相，然后作为光气化装置原料继续使用；气相光气化工艺指光气一旦生成，便立即与脂肪族胺进行化学反应，不存在光气储存，即"零储存"光气工艺。从反应物料分析，光气化反应原料、中间产品及产品中，不仅有易燃且具有毒性的异氰酸酯类、有机溶剂、胺类等物质，还有剧毒的光气、有腐蚀性的氢氧化钠、氯化氢，一旦发生泄漏，可造成燃烧和人员中毒事故。

液相光气工艺中存在光气储存危险。液相光气工艺由于经冷凝至液相后储存于地下储槽，再送入光气化反应器反应。因此，光气的管线数量和长度以及光气滞留量和设备台数要多于气相光气工艺，事故隐患和发生事故的概率要比气相光气工艺高。

光气化法缺点是使用剧毒光气，且反应过程中产生氯化氢。具有极大的危险性，对设备腐蚀严重。

存在火灾危险性。TDI 生产主要由气体净化、光气合成、TDA 合成、TDI 合成、光气回收和处理、尾气破坏、公用工程等单元构成。该工程工艺过程复杂，工艺控制点多，部分装置的反应器、贮槽等具有压力、温度较高的特点，生产过程中的原料、辅助原料、产品等具有一定程度的易燃易爆性，存在着因设备腐蚀或密封件破裂而发生泄漏及着火、爆炸的潜在危险性。

压缩和变换单元：该单元把造气车间送来的水煤气经压缩、加氢反应后，再把变换气体送入变压吸附单元处理。危险物料为水煤气，属甲类易燃气体。泄漏气体，遇明火或高热有发生火灾、爆炸的危险。

变压吸附单元：把压缩和变换单元送入的变换气体经本单元处理后，达到分离、提纯一氧化碳和氢气的目的，其关键设备是吸附器。该单元的主要生产介质为经变换的水煤气、一氧化碳、氢气，均为易燃气体，泄漏在空气中与空气混合易形成爆炸性混合物，遇火源、高温有燃烧爆炸的危险。

一氧化碳压缩单元：把变压吸附单元送来的一氧化碳经二级压缩，脱除甲苯和少量氯化氢后，送入光气合成装置，其主要设备是一氧化碳压缩机。单元内的危险物质为一氧化碳、甲苯、氯化氢。一氧化碳为易燃气体，甲苯为易燃液体，泄漏易引起火灾、爆炸。

光气合成单元：该单元是把气体净化装置送来的一氧化碳气体与氯气，在催化剂的作用下，反应生成光气。反应产物进入串接的光气保护反应器，保证产物中无游离的氯气。生成的光气经光气冷凝器和光气冷却器冷却至－10℃，收集于光气储槽中，送至 TDI 合成单元。该单元核心设备是光气反应器，重要设备有光气储罐、光气反应器冷却水泵、光气反应尾气吸收塔等，单元内的主要介质为一氧化碳、氯气、光气、甲苯。一氧化碳气体是一种易燃易爆气体，与空气混合能形成爆炸性混合物，遇明火、高热能引起燃烧爆炸。合成反应产生的热量由闭路循环的冷却水系统除去，循环冷却系统一旦发生故障，反应温度、压力必将升高，就有发生爆炸的危险。另外，氯气和 CO 含水分过高可导致设备及管道腐蚀。

光气回收和处理单元：该单元主要易燃物是甲苯，主要设备有甲苯吸收塔、甲苯解吸塔、甲苯精制塔、循环甲苯储槽等。甲苯闪点 4℃，爆炸极限 1.2%～7.0%，甲苯蒸气与空气可形成爆炸性混合物，遇明火、高热能引起燃烧爆炸。

TDA 合成单元：DNT 用隔膜泵送至氢化反应器，H_2 经压缩、缓冲进入氢化反应器，催化剂配置好后用高压氮气压入氢化反应器，乙醇经油泵送至氢化反应器。该装置采用二硝基甲苯液相催化加氢生产 TDA。二硝基甲苯加氢反应是放热反应，反应条件控制是安全生产的关键，反应条件控制不当可能引起反应系统爆炸事故，特别是反应热不能及时排出时。反应器生产中，二硝基甲苯具有爆炸性，应保证反应器中“二硝基甲苯-水-TDA”以均相状态存在，防止二硝基甲苯分离。同时严格控制反应温度低于二硝基甲苯分解温度。该单元生产中涉及氢气、乙醇等易燃易爆物质，外泄至环境中极易引起火灾、爆炸事故。

TDI 合成单元：TDA 和 DEIP（间苯二甲酸二乙酯）在喷射混合器中混合，再经静态混合器混合后，进入光气化反应喷嘴，与循环光气储槽送来的过量液态光气接触，进行第一步光气化反应，自光气化反应喷嘴出来的反应产物进入光气化反应塔进一步反应。而后分离出 HCl 气体和部分光气。

该单元先将 TDA 与 DEIP 混合，再与光气合成单元送来的液态光气反应生成 TDI 产品。生产过程中的主要危险和有害物有 TDA、DEIP、TDI、光气、甲苯、氯化氢气体、盐酸。主要设备有光气化反应喷嘴、光气化反应塔、TDI 精馏塔、液环真空泵、TDI 产品中间罐等。光气化装置是集多种有毒物质于一体的核心装置，还是设备和管道泄漏点的密集处，该单元设备、工艺流程复杂，控制难度大，且氯化氢气体、盐酸的腐蚀性大，若光气含水分过高导致设备及管道腐蚀，材质选择不当，机械设备密封不严，监测控制系统失控，操作失误，维修不及时，供电供水系统事故等，易造成设备、管道、阀门等的可燃物泄漏，发生燃烧、爆炸事故。

4.1.2.3 碳酸二甲酯替代光气制备 TDI 本质安全过程构建

目前，国内外均采用光气化法生产 TDI。以甲苯为初始原料，要经过甲苯硝化制二硝基甲苯、二硝基甲苯加氢制 TDA、TDA 光气化得到 TDI 三段工艺，存在下列安全问题：

① 甲苯硝化合成二硝基甲苯反应在硫酸和硝酸组成的混酸中进行，二硝基甲苯属于易爆炸化合物，混酸带来设备腐蚀及环境污染问题。

② 二硝基甲苯加氢制 TDA 反应在氢气存在下进行，氢气属于易燃易爆物质，氢气的使用和循环以及二硝基甲苯的存在均会产生爆炸和燃烧等安全问题。

③ TDA 光气化制 TDI 反应的原料光气属于剧毒物质，在生产、储存、输送和使用等环节均存在严重的安全隐患，且副产的盐酸腐蚀设备和污染环境。异氰酸酯产品中含有水解氯，影响其应用性能。

合成 TDI 本质安全反应过程的构建：

基于从“源头”上解决化工过程安全问题的理念和方法，构建合成 TDI 安全反应过程。该过程以甲苯为初始原料，如图 4.3 所示。

① 二氨基甲苯直接合成过程：建立由双氧水和氨合成羟胺，羟胺进一步与甲苯一步化合成 TDA 反应体系。该过程去除了甲苯硝基化和二硝基甲苯加氢等非安全反应，直接合成 TDA。

② TDA 和 DMC 合成甲苯二氨基甲酸甲酯（TDC）过程，实现联合制备有机物和无机纳米材料的新催化反应过程。以绿色化学品——DMC 替代剧毒光气，在合成 TDC 的同时，制备其进一步分解反应用催化剂纳米 ZnO。

③ TDC 分解反应制 TDI 过程，在温和条件下实现 TDC 分解反应过程。通过高效催化剂的研制，降低分解反应温度。

该安全合成工艺与光气法工艺相比，整体工艺环境友好且去除了原有工艺存在的安全隐患，具有如下优势：①以绿色化学品 DMC 代替剧毒光气；②不需制备和使用易爆炸的二硝基甲苯，以甲苯为原料直接合成 TDA；③不副产低值、腐蚀设备及影响产品质量（含氯离

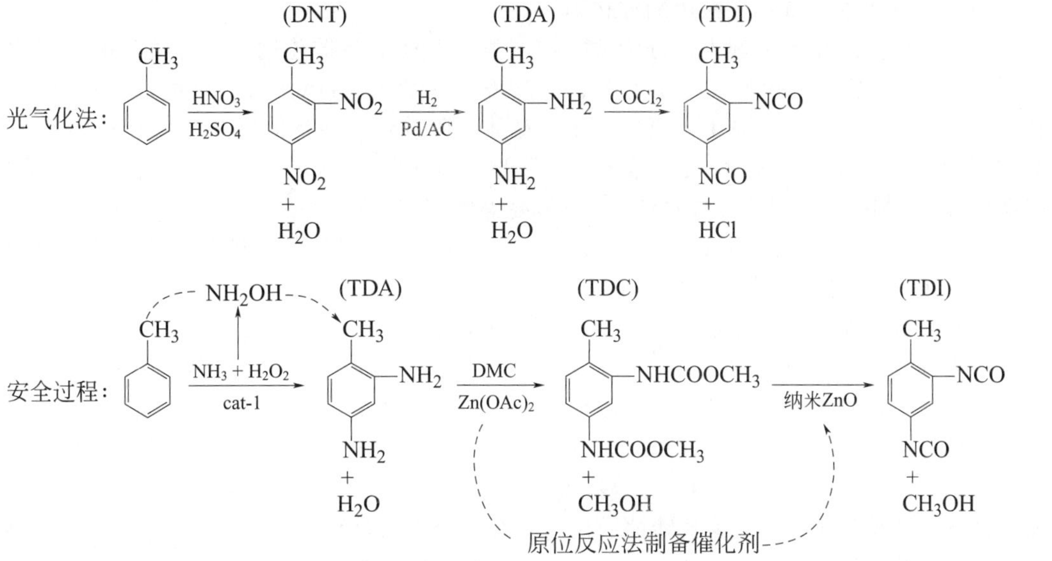

光气化法：CH_3–C$_6$H$_5$ $\xrightarrow[H_2SO_4]{HNO_3}$ (DNT) $CH_3C_6H_3(NO_2)_2$ + H_2O $\xrightarrow[Pd/AC]{H_2}$ (TDA) $CH_3C_6H_3(NH_2)_2$ + H_2O $\xrightarrow{COCl_2}$ (TDI) $CH_3C_6H_3(NCO)_2$ + HCl

安全过程：CH_3–C$_6$H$_5$ $\xrightarrow[cat\text{-}1]{NH_3 + H_2O_2}$ (TDA) $CH_3C_6H_3(NH_2)_2$ + H_2O $\xrightarrow[Zn(OAc)_2]{DMC}$ (TDC) $CH_3C_6H_3(NHCOOCH_3)_2$ + CH_3OH $\xrightarrow{纳米ZnO}$ (TDI) $CH_3C_6H_3(NCO)_2$ + CH_3OH

NH_2OH

原位反应法制备催化剂

图 4.3　合成 TDI 绿色安全反应过程

子）的盐酸。

4.1.2.4　碳酸二甲酯替代光气制备 TDI 安全工艺

光气化法生产 TDI，存在工艺过程较复杂、能耗高、有毒气（光气）泄漏的危险，副产氯化氢腐蚀设备且污染环境，设备投资及生产成本高，而且产品中残余氯难以去除，以及影响产品的应用等问题。因此，人们正在开发非光气合成路线。DMC 作为“绿色化学品”替代光气，已成为当前非光气法合成异氰酸酯的研究热点。采用 DMC 代替光气合成 TDI 工艺的反应原理如下式所示。

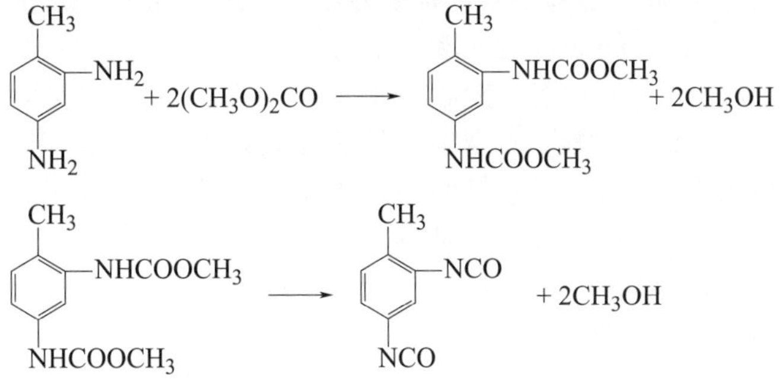

$$CH_3C_6H_3(NH_2)_2 + 2(CH_3O)_2CO \longrightarrow CH_3C_6H_3(NHCOOCH_3)_2 + 2CH_3OH$$

$$CH_3C_6H_3(NHCOOCH_3)_2 \longrightarrow CH_3C_6H_3(NCO)_2 + 2CH_3OH$$

第一步是 TDA 与 DMC 在催化剂作用下反应合成甲苯二氨基甲酸甲酯（TDC），第二步为 TDC 分解得到 TDI。该反应可在温和反应条件下进行，且为液相反应（无气相反应物）。副产物只有甲醇，甲醇又是合成 DMC 的原料，与 DMC 工艺相结合，可以形成闭路循环，实现废物的零排放，符合循环经济生产的要求，该工艺路线是目前非光气路线合成 TDI 研究的新热点。关键是开发高效催化剂促进甲苯二氨基甲酸甲酯合成反应。

(1) 合成甲苯二氨基甲酸甲酯反应过程的热力学分析

作者课题组[4]对 DMC 和 TDA 反应体系的热力学性质进行了分析。计算表明，该反应为吸热反应，升高温度有利于反应的进行；当反应温度低于 120℃时，反应的 $\Delta G^{\ominus}>0$，继续升高温度，$\Delta G^{\ominus}<0$，此时反应可以自发进行；反应平衡常数 K_P 随着温度的升高而增大，当反应温度高于 140℃时，可以获得较大的平衡转化率和平衡产率。

(2) 合成甲苯二氨基甲酸甲酯催化剂

该反应体系所用催化剂大体分为两类：一类是 Lewis 酸催化剂，另一类是碱性催化剂。作者课题组[5,6]较系统地研究了甲醇钠、乙酸锌催化剂上 TDA 与 DMC 的反应性能。在液相乙酸锌催化剂研究的基础上，考察了不同载体对固载化乙酸锌催化剂活性的影响。并认为 TDA 与 DMC 催化合成 TDC 反应是分步进行的，即首先 TDA 与 DMC 反应生成甲苯单氨基甲酸甲酯（TMC），TMC 再与 DMC 反应最终得到 TDC。

Bata 等[7]用含有结晶水的醋酸锌和醋酸锌分别作催化剂时，得到 TDC 收率分别为 92% 和 96%，说明催化剂中的结晶水对生成 TDC 不利。

(3) 合成甲苯二氨基甲酸甲酯反应机理与动力学

作者课题组[8]应用红外光谱技术研究了乙酸锌催化 TDA 与 DMC 合成甲苯二氨基甲酸甲酯的反应机理。认为该反应是 $Zn(OAc)_2$ 与 DMC 形成的配合物和 TDA 发生甲氧基羰基化反应的过程。$Zn(OAc)_2$ 能起催化作用，是因为 $Zn(OAc)_2$ 与 DMC 形成配位配合物后，由于 Zn^{2+} 的吸电子能力使 DMC 的羰基氧带了更多的负电，从而使 DMC 羰基碳上的正电荷明显加强。这使得 DMC 的羰基碳被活化，更容易吸引 TDA 上的氨基，与其发生甲氧基羰基化反应生成 TDC。

以乙酸锌为催化剂，对该反应体系的动力学进行了研究。反应过程视为等容过程。由于反应系统中 DMC 过量，则可将其浓度看成常量，建立了反应动力学模型。

(4) 合成甲苯二氨基甲酸甲酯的动态操作工艺

作者课题组[9]基于合成 TDC 反应体系的热力学、反应机理和动力学等研究的结果。提出了 TDC 合成的“动态变温操作反应新工艺”，显著地提高了 TDC 的选择性和收率。采用三段变温操作，当反应温度为 145℃～165℃～145℃时，TDC 产率最高。催化剂用量为 TDA∶$Zn(OAc)_2$＝1∶0.2（质量比），TDA∶DMC＝1∶30（物质的量比），温度及时间分配为 145℃～165℃～145℃，2～4～1h。在上述优化条件 TDC 收率可达 99.2%。

(5) 乙酸锌催化合成 TDC 过程中原位转化为催化 TDC 分解到 TDI 的纳米氧化锌新工艺

用 DMC 替代光气合成 TDI 属于绿色和安全的反应工艺。该工艺包括两步反应：第一步是 TDA 与 DMC 反应合成 TDC，第二步是 TDC 分解为 TDI 反应。均相乙酸锌催化剂对于第一步反应表现出优异的催化性能，但反应后转化为氧化锌。为此，作者课题组[10]提出将此纳米氧化锌进一步用于催化该工艺第二步的分解反应。实现催化合成 TDC 反应联产纳米氧化锌且用于其催化分解 TDC 反应这一新催化反应过程，如图 4.4 所示。在 n(TDA)∶n(DMC)＝1∶30、m(TDA)∶$m[Zn(OAc)_2]$＝1∶0.16、160℃、反应 7h，TDC 收率达 98.9%，同时联产纳米氧化锌收率为 90.1%。经 XRD 表征、透射电镜与电子衍射分析以及 BET 表征表明，联产的氧化锌属于纳米级，为六方晶系的纤锌矿结构，比表面积可达 $60m^2 \cdot g^{-1}$。该氧化锌是 TDC 分解反应的高效催化剂，在催化剂浓度为 3.2×10^{-3} g/mL、240℃、7.33kPa、反应 1.5h，TDI 收率达 87.5%，TMI 收率为 12.4%。碳酸酯法合成的

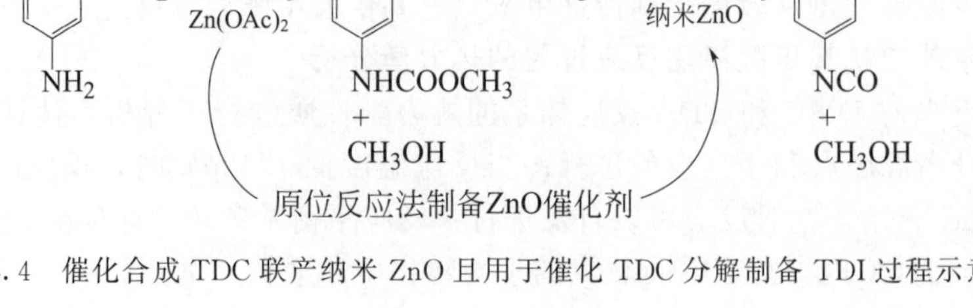

CH_3 / NH_2 / NH_2 —DMC, $Zn(OAc)_2$→ CH_3 / $NHCOOCH_3$ / $NHCOOCH_3$ + CH_3OH —纳米ZnO→ CH_3 / NCO / NCO + CH_3OH

原位反应法制备ZnO催化剂

图 4.4 催化合成 TDC 联产纳米 ZnO 且用于催化 TDC 分解制备 TDI 过程示意图

TDC与联产的氧化锌可以不经分离直接进行TDC分解反应，据此可以省略TDC与ZnO的分离步骤，节省操作成本。

(6) TDC分解为TDI催化反应过程

在以DMC和TDA为原料合成TDI反应中，第二步TDC分解反应属于可逆吸热反应过程。

对TDC分解制备TDI过程的研究，多是关于催化剂选择方面[11~13]。由于TDI含有化学性质活泼的—NCO基团，易发生副反应，给氨基甲酸酯热解生成异氰酸酯反应带来了巨大的困难和挑战[14]。TDC气相分解反应温度较高[15]，容易造成高温副反应；相对而言，液相反应温度要低得多，并且为有效抑制副反应，需选择适宜催化剂以提高反应速率、缩短反应时间。文献[16~18]表明，芳香基氨基甲酸酯催化分解制备相应异氰酸酯的催化剂主要有金属单质及其氧化物、金属有机盐等。作者课题组[17,18]以氧化锌为催化剂，于260℃分解TDC制备TDI，得到异氰酸酯的总收率为80.6%。

4.1.3 合成二苯基甲烷二异氰酸酯

聚氨酯与人类的生活息息相关，而MDI是合成聚氨酯的重要原料之一。随着聚氨酯制品品种和数量的不断发展，导致对MDI的需求量也越来越大。MDI的化学名称为二苯基甲烷二异氰酸酯（Diphenyl-methane-diisocyanate），根据分子聚合度的不同，MDI可分为聚合级、混合级（二聚物和三聚物混合料）和纯单体3个级别。目前，市售产品主要以纯MDI和聚合MDI为主。纯MDI是含4,4′-MDI 99%以上的MDI，主要用于生产合成革、氨纶和制鞋等；聚合MDI是含有4,4′-二苯基甲烷二异氰酸酯和多苯基甲烷多异氰酸酯的混合物，主要用于生产硬泡等，多用于冰箱冰柜、建筑等行业。此外，MDI也可用于弹性体、黏结剂、密封剂、涂料和塑料以及反应注射成型制品（汽车仪表板、方向盘）等。目前，甚至将MDI视为化工领域的万能材料。

我国是继德国、美国和日本之后世界上第四个拥有MDI制造技术的国家。山东烟台万华聚氨酯有限公司是目前我国唯一一家MDI生产厂家。由于国内巨大的市场需求，自2006年，世界大型MDI生产企业开始涉足我国MDI产业，纷纷在我国建厂。如，2006年6月，由巴斯夫、亨斯迈、上海华谊（集团）公司、上海氯碱化工股份有限公司、中国石化上海高桥石油化工公司联合投资建设的上海联恒异氰酸酯有限公司24.0万吨/年MDI装置建成投产。2009年，拜耳在上海漕泾的35.0万吨/年MDI装置建成投产，2014年通过去瓶颈将生产能力扩增到50.0万吨/年。截止到2015年6月，我国MDI的总生产能力达到261.0万吨/年，是目前世界上最大的MDI生产国家。其中烟台万华聚氨酯有限公司的生产能力达到180.0万吨/年，约占国内总生产能力的68.97%[19]。

4.1.3.1 MDI传统光气法生产工艺

MDI的合成方法有光气法和非光气法两种，到目前为止，世界上绝大多数的MDI都是采用技术较为成熟的光气化生产方法。由于工艺复杂，光气毒性大，装置投资大，过程控制困难，因此世界仅有少数几家公司拥有并掌握MDI生产技术，生产呈现高度集中的态势。

光气化技术即苯胺和甲醛在盐酸存在的前提下，对其进行加热，使其发生缩合反应。其次，对产生的反应物先后进行碱中和处理和蒸馏，获取二苯基甲烷二胺，然后对获取的化学物质进行溶剂溶解和光气化反应，形成多苯基多异氰酸酯等化学成分，最后对所获取的化学成分进行蒸馏处理，制成所需要的MDI。但需要注意的是在此项生产技术进行的过程中所需要的光气具有较强烈的毒性，在生产中生成的氯化氢具有较强的腐蚀性，使生产过程中的设备和相关人员的安全性受到威胁，所以此项技术的掌握难度较大，截至目前也仅有我国和部分如巴斯夫等跨国大型企业拥有此项技术。

光气化法生产 MDI 的反应原理如下式所示。

$$C_6H_5NH_2 \xrightarrow{(缩合，HCHO)} H_2N{-}C_6H_4{-}CH_2{-}[C_6H_3(NH_2){-}CH_2]_n{-}C_6H_4{-}NH_2$$

$$\xrightarrow{(光气化，COCl_2)} OCN{-}C_6H_4{-}CH_2{-}[C_6H_3(NCO){-}CH_2]_n{-}C_6H_4{-}NCO$$

$$(n=0,1,2,\cdots)$$

MDI 装置主要包括一氧化碳造气和 MDI 生产两个部分[20]。一氧化碳造气单元：一氧化碳的生产工艺是氧气与焦炭反应生成一氧化碳、二氧化碳，二氧化碳再与上层的焦炭层还原生成一氧化碳。其工艺流程如图 4.5 所示。

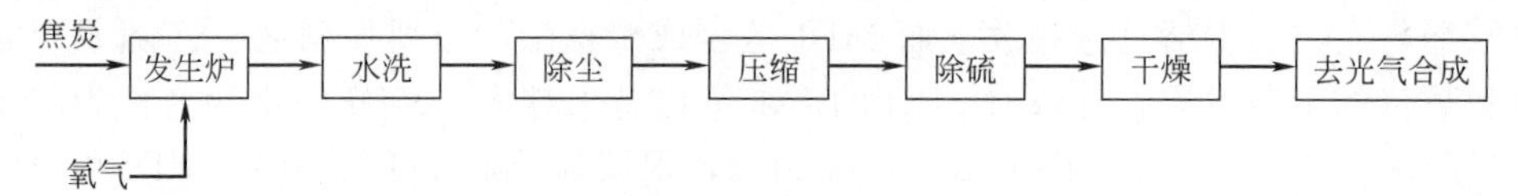

图 4.5　一氧化碳造气单元工艺流程简图

MDI 生产单元：MDI 生产装置包括硝基苯合成、苯胺合成、多亚甲基多苯基多胺（简称多胺，DAM）合成、MDI 合成、MDI 分离精制、光气合成、光气尾气分解 7 个工序。其工艺流程如图 4.6 所示。

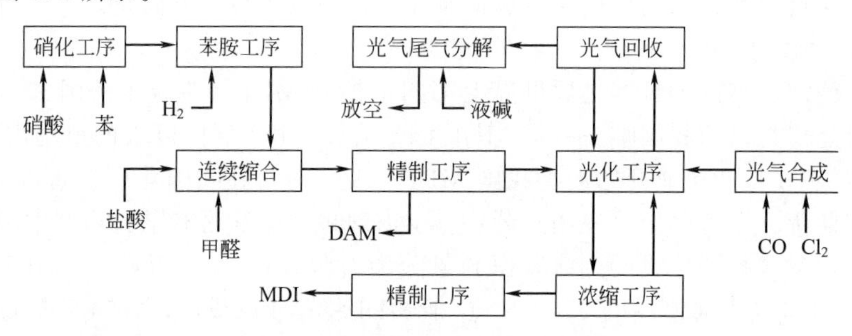

图 4.6　MDI 生产装置工艺流程简图

① 硝基苯合成。将硫酸与硝酸按比例配成混酸，与苯同时进入连续硝化反应器，为防止二硝基苯的生成，控制温度，用冷却水把反应热带走，然后物料进分离器，有机相用碱中和，清洗后进蒸馏塔，蒸出硝基苯供下工序合成苯胺，无机相分离后作为稀硫酸副产品。

② 苯胺合成。硝基苯与氢气在催化剂作用下，在流化床中加氢反应，生成苯胺。

③ DAM 合成。以盐酸为催化剂，苯胺与甲醛按一定配比连续缩合，转位重排后成为 DAM。

④ MDI 合成。DAM 在溶剂氯化苯存在下，在光气化反应器中与光气反应，反应分两步完成，冷光气化和热光气化，然后生成粗 MDI 溶液。

⑤ MDI 分离精制。MDI 精制装置是将粗 MDI 中的低沸点物和高沸点物分离，蒸出的 MDI 成品还可以通过重结晶制得纯 MDI。

⑥ 光气合成。液氯经蒸发器气化后与一氧化碳按配比混合后进入光气合成反应器，在

催化剂存在下生成光气，反应在压力下进行。

⑦ 光气尾气分解。光气尾气分解系统采用在填料塔里液碱循环，使光气在填料塔内与液碱反应，以达到分解光气的作用。

4.1.3.2 MDI传统光气法生产工艺危险性分析[20]

一氧化碳造气单元危险有害因素。一氧化碳发生炉中同时存在焦炭、氧气和一氧化碳。一氧化碳是易燃、易爆、有毒物质，在空气中的爆炸极限为12.5%～74.2%（体积分数），与空气混合的爆炸范围大。另外去除水分的一氧化碳干燥也是保证下工序光气合成正常运转的关键；氧气的火灾爆炸危险性，主要是由它本身具有的化学活泼性和助燃性决定的；焦炭是可燃固体，其粉末与空气或氧气混合也有可能形成爆炸性混合物。如果操作不当或出现其他异常情况，在加焦炭过程中的空气混入和生产设备的一氧化碳泄漏，都可能导致发生炉爆炸。一氧化碳发生泄漏后也会造成人员中毒，加之一氧化碳无色、无味，会使事故后果极为严重。

硝基苯合成单元危险性。硝化反应器内如果温度偏高或混酸和苯的配比失调都有可能生成多硝基化合物，给蒸馏工序带来爆炸危险。硝基苯蒸馏塔的蒸馏残液里含有较多的二硝基化合物，如残液控制温度过高或残液量因为蒸馏失控蒸干都有可能发生爆炸危险。

苯胺合成单元危险性。加氢反应器里硝基苯和氢气都是易燃易爆的危险物质，如操作时工艺指标有异常变化，可能发生爆炸和燃烧事故。操作过程中循环氢气的气液分离极为重要，要防止反应液或催化剂带入压缩机内，如硝基苯或催化剂残留在压缩机里，经长期的摩擦和撞击，有可能造成爆炸和燃烧的危险。

DAM合成单元危险性。多胺合成在转位重排反应时有一定温度，而且苯胺是过量，因此，在分离有机相和水相时要防止苯胺中毒的可能。

MDI合成单元危险性。MDI生产装置在正常生产时有光气在反应器和管道里循环，而且光气化反应是加压工艺。因此，如果有光气泄漏，可能会造成大范围的光气中毒危害事故。从冷反应釜进入热反应釜有升温的过程，此时光气的蒸气压也随之升高，对设备的动密封要求更为苛刻，特别是在加压条件下，腐蚀和渗漏的可能性增加，要加强对光气泄漏的检测手段，应有超温超压的报警和联锁控制系统。

MDI分离精制单元危险性。加热的热油循环系统要注意防止与空气接触，氧气能使热油氧化，造成残炭量增加和黏度提高，都有可能造成连续蒸馏的不正常运行和产生意外事故。

光气合成单元危险性。光气合成部分的腐蚀可造成泄漏后光气中毒。导致腐蚀的最大因素是原料气中的水分超标。

光气尾气分解单元危险性。光气尾气经氯化氢水溶液吸收后主要成分是一氧化碳，因此，尾气填料塔、碱循环泵、碱循环槽和尾气风机等必须做好防爆和接地措施。光气尾气的分解系统所备用的液碱，要保持液碱储罐的液位，并经常启动备用碱循环泵。

4.1.3.3 碳酸二甲酯替代光气制备MDI本质安全反应过程构建

目前，国内外均采用光气化法生产MDI。以苯为初始原料，要经过苯硝化制硝基苯、硝基苯加氢制苯胺、苯胺与甲醛缩合制二苯甲烷二胺（MDA）、MDA光气化得到MDI等四段工艺，存在下列安全问题：

① 苯硝化合成硝基苯反应在硫酸和硝酸组成的混酸中进行，硝基苯属于易爆炸化合物，混酸带来设备腐蚀及环境污染问题。

② 硝基苯加氢制苯胺反应在氢气存在下进行，氢气属于易燃易爆物质，氢气的使用和

循环以及硝基苯的存在均会产生爆炸和燃烧等安全问题。

③ 在苯胺与甲醛缩合制 MDA 反应中，使用盐酸等液体酸催化剂，存在设备腐蚀和环境污染问题。

④ MDA 光气化反应制 MDI 反应的原料光气属于剧毒物质，在生产、储存、输送和使用等环节均存在严重的安全隐患，且副产的盐酸腐蚀设备、污染环境。异氰酸酯产品中含有水解氯，影响其应用性能。

合成 MDI 本质安全反应过程的构建：

基于从“源头”上解决化工过程安全问题的理念和方法，构建合成 MDI 安全反应过程。该过程以苯为初始原料，如图 4.7、图 4.8 所示。

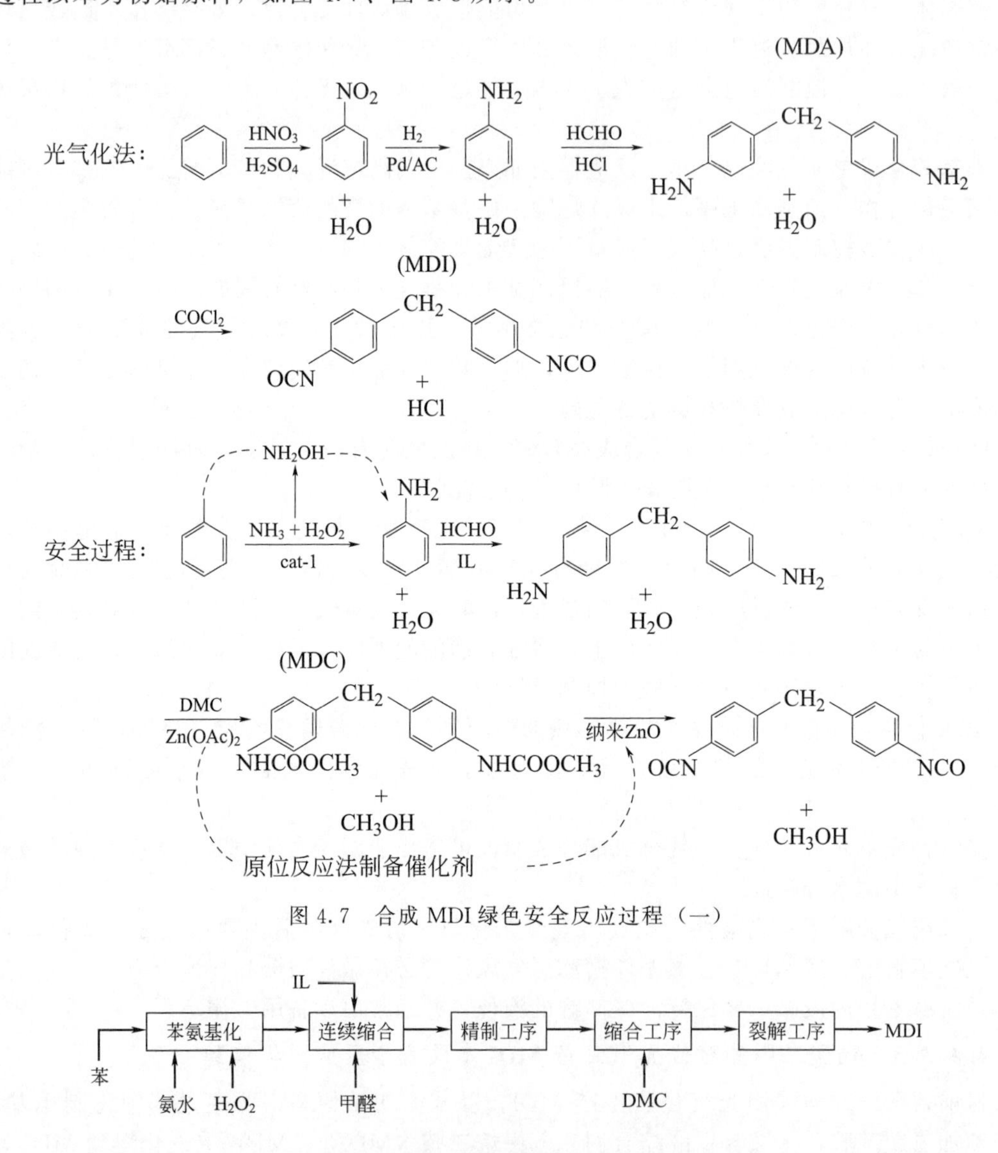

图 4.7 合成 MDI 绿色安全反应过程（一）

图 4.8 合成 MDI 绿色安全反应过程（二）

① 苯胺直接合成过程：建立由双氧水和氨合成羟胺，羟胺进一步与苯一步化合成苯胺反应体系。该过程去除了苯硝基化和硝基苯加氢等非安全反应，直接合成苯胺。

② 苯胺和甲醛缩合合成 MDA 过程：设计并制备环境友好的离子液体或固体酸性催化

剂，替代盐酸等具有腐蚀性的无机酸。

③ MDA和碳酸二甲酯合成二苯甲烷二氨基甲酸甲酯（MDC）过程，实现联合制备有机物和无机纳米材料的新催化反应过程。以绿色化学品——DMC替代剧毒光气，在合成MDC的同时，制备其进一步分解反应用催化剂ZnO。

④ MDC分解反应制MDI过程，在温和条件下实现MDC分解反应过程。通过高效催化剂的研制，降低分解反应温度。

该安全合成工艺与光气法工艺相比，整体工艺环境友好且去除了原有工艺存在的安全隐患，具有如下优势：①以绿色化学品DMC代替剧毒光气；②不需制备和使用易爆炸的硝基苯，以苯为原料直接合成苯胺；③不使用腐蚀设备和环境不友好的液体酸；④不副产低值、腐蚀设备及影响产品质量（含氯离子）的盐酸。

4.1.3.4 碳酸二甲酯替代光气制备MDI安全工艺（1）——MPC合成

光气化法生产MDI，存在工艺过程较复杂、能耗高、有毒气（光气）泄漏的危险，副产氯化氢腐蚀设备且污染环境，设备投资及生产成本高，而且产品中残余氯难以去除，以及影响产品的应用等问题。因此，人们正在开发非光气合成路线。DMC作为“绿色化学品”替代光气，已成为当前非光气法合成异氰酸酯的研究热点。

采用DMC代替光气合成MDI工艺的反应过程为：以绿色化学品——DMC代替光气催化合成MDI的工艺路线分为三步，第一步：苯胺与DMC反应合成MPC；第二步：MPC与甲醛缩合反应生成MDC；第三步：MDC分解得到MDI。具体反应式如下所示。

$$C_6H_5{-}NH_2 + (CH_3O)_2CO \longrightarrow C_6H_5{-}NHCOOCH_3 + CH_3OH$$

$$2\,C_6H_5{-}NHCOOCH_3 + HCHO \longrightarrow CH_3OOCHN{-}C_6H_4{-}CH_2{-}C_6H_4{-}NHCOOCH_3 + H_2O$$

$$CH_3OOCHN{-}C_6H_4{-}CH_2{-}C_6H_4{-}NHCOOCH_3 \longrightarrow OCN{-}C_6H_4{-}CH_2{-}C_6H_4{-}NCO + 2CH_3OH$$

（1）碳酸二甲酯与苯胺合成MPC热力学分析

刘有智等[21]采用ABW法、Fedors基团加和法以及三基团参数加合法等，估算了DMC与MPC的基础数据及其热力学数据，对DMC与苯胺非光气法合成MPC的化学反应进行系统的热力学分析，在理论上指导该合成工艺并丰富了聚氨酯工业中原料物质的基础数据。分析考察了该反应的焓变、自由焓以及反应平衡常数与反应温度的关系。得出该反应为自发放热反应，降低温度，反应有利于向MPC合成的方向进行，并且温度很低时反应仍可自发进行。另外，如果温度太低，反应速率慢，反应时间长，副反应增多，产物产率下降。实际应用中，该合成反应控制温度在150℃左右进行。

（2）苯胺和碳酸二甲酯合成MPC表观动力学与反应机理

王贺玲等[22]以无水醋酸锌为催化剂，研究了DMC与苯胺反应合成MPC的表观反应动力学。当DMC大量过量时，DMC与苯胺甲氧羰基化一步合成MPC的反应为准一级反应。并通过红外光谱分析了DMC、苯胺与甲醇对醋酸锌催化剂结构的影响，推测了该反应的反应机理。

（3）苯胺和碳酸二甲酯合成MPC均相乙酸锌催化剂

MPC是合成MDI的重要中间体。利用苯胺（AN）和DMC为原料合成MPC是一条绿色工艺路线，其关键在于高效催化剂的研制。在已报道的催化剂中，固相催化剂存在反应速率低、选择性差及失活等问题。均相乙酸锌［$Zn(OAc)_2$］虽表现出优异的催化性能，但是也容易失活转化为氧化锌。

作者课题组[23,24]考察了反应条件对乙酸锌催化合成 MPC 反应性能的影响。

反应温度：考察了反应温度对 $Zn(OAc)_2$ 催化合成 MPC 反应性能的影响，结果如表 4.1 所示。可以看出，随着反应温度的升高，苯胺转化率和 MPC 产率均随之升高，当反应温度为 130℃时，苯胺转化率及 MPC 产率达到最高，分别为 98.0%和 97.3%；继续升高温度，苯胺转化率和 MPC 产率基本保持不变。

表 4.1　反应温度对 $Zn(OAc)_2$ 催化活性的影响

温度/℃	AN转化率/%	MPC产率/%	产物分布(质量分数)/%			
			MPC	NMA	DPU	DMA
110	96.3	95.6	99.5	0	0.50	0
130	98.0	97.3	99.4	0	0.60	0
150	97.9	97.1	99.4	0	0.60	0
170	97.9	96.6	99.1	0.90	0	0
190	97.6	96.0	98.9	1.10	0	0

注：反应条件为 $Zn(OAc)_2$ 0.560g，AN 2mL，DMC 40mL，7h。

对不同温度下的产物分布进行分析发现，当反应温度为 110℃、130℃、150℃时，产物中除 MPC 外，还发现有二苯基脲（DPU）的生成；当反应温度升至 170℃、190℃，产物中出现了 *N*-甲基苯胺（NMA），其在产物中的质量分数分别为 0.90%和 1.1%，而产物中 DPU 的含量为 0，这可能是由于 DPU 在高温下发生醇解反应生成了 MPC 所致。同时，高温下 MPC 发生脱羧反应，易于 *N*-甲基苯胺的生成，导致 MPC 的产率略有下降。

反应时间：考察了反应时间对 $Zn(OAc)_2$ 催化合成 MPC 反应性能的影响，结果如表 4.2 所示。随着反应时间的延长，苯胺转化率及 MPC 产率均随之升高，当反应时间为 3h 时，苯胺接近完全转化，且 MPC 的产率达到最大，为 97.4%；继续延长反应时间，MPC 的产率几乎不变。说明此反应在 3h 之内已基本完成，过多地延长反应时间（至 7h）已无必要。

表 4.2　反应时间对 $Zn(OAc)_2$ 催化活性的影响

反应时间/h	AN转化率/%	MPC产率/%	产物分布(质量分数)/%			
			MPC	NMA	DPU	DMA
1	67.9	67.9	100	0	0	0
2	96.2	95.4	99.5	0	0.50	0
3	98.2	97.4	99.4	0	0.60	0
5	98.1	97.4	99.5	0	0.50	0
7	98.0	97.3	99.4	0	0.60	0

注：反应条件为 $Zn(OAc)_2$ 0.560g，AN 2mL，DMC 40mL，130℃。

从表 4.2 可知不同反应时间下的产物分布情况。反应 1h 时，副反应不进行，产物中只有 MPC；当反应时间高于 1h 时，产物中除了 MPC 外，还发现有二苯基脲（DPU）的生成，且 DPU 含量基本保持不变，这可能是由于 MPC 和苯胺发生胺解反应生成 DPU 的缘故。

催化剂用量：考察了催化剂 $Zn(OAc)_2$ 用量对于合成 MPC 反应性能的影响，结果如表 4.3 所示。对于苯胺和 DMC 的反应，随着催化剂 $Zn(OAc)_2$ 用量的增加，苯胺的转化率和 MPC 产率随之增大，当 $m_{Zn(OAc)_2}:m_{AN}$ 为 135.0×10^{-3} 时，苯胺的转化率和 MPC 的产率分别为 96.3%，95.4%；继续增大 $m_{Zn(OAc)_2}:m_{AN}$ 至 270.0×10^{-3} 时，苯胺的转化率和 MPC 的产率略有提高，苯胺的转化率和 MPC 的产率仅分别提高了 1.9%和 2.0%，从经济角度来看不可取。

表 4.3 催化剂用量对 $Zn(OAc)_2$ 催化活性的影响

$Zn(OAc)_2$ 量/g	$m_{Zn(OAc)_2}:m_{AN}$ /$\times10^{-3}$	AN 转化率 /%	MPC 产率 /%	产物分布(质量分数)/%			
				MPC	NMA	DPU	DMA
0	0	0	0	0	0	0	0
0.01	4.80	12.2	0	0	100	0	0
0.03	14.5	69.2	67.4	98.2	1.57	0.23	0
0.07	33.8	88.2	86.2	98.5	1.29	0.21	0
0.14	67.5	91.6	90.8	99.4	0	0.60	0
0.21	103	94.6	93.9	99.5	0	0.50	0
0.28	135	96.3	95.4	99.3	0	0.70	0
0.56	270	98.2	97.4	99.4	0	0.60	0

注：反应条件为 AN 2mL，DMC 40mL，130℃，3h。

此外，随着催化剂用量的逐渐增加，副产物的分布发生了变化，当 $m_{Zn(OAc)_2}:m_{AN}$ 为 4.8×10^{-3} 时，仅有少量苯胺发生反应，转化率为 12.2%，且苯胺仅仅转化为 NMA；随着 $m_{Zn(OAc)_2}:m_{AN}$ 的增加，MPC 和 DPU 在产物分布中所占的比重逐渐增加，而 NMA 则逐渐减少。当 $m_{Zn(OAc)_2}:m_{AN}=67.5\times10^{-3}$ 时，副产物 NMA 的量降为 0，而 DPU 的量达到最大，继续增大 $m_{Zn(OAc)_2}:m_{AN}$，DPU 在产物分布中所占的比重几乎不变。

原料配比：考察了原料配比对催化剂 $Zn(OAc)_2$ 催化合成 MPC 反应性能的影响，结果如表 4.4 所示。对于苯胺和 DMC 的反应，随着 $n_{DMC}:n_{AN}$ 增加，苯胺转化率和 MPC 产率随之增大，这是由于 DMC 既作为溶剂，又作为反应物，其量的增加有助于原料苯胺的转化。

表 4.4 原料配比对 $Zn(OAc)_2$ 催化活性的影响

$n_{DMC}:n_{AN}$	AN 转化率 /%	MPC 产率 /%	产物分布(质量分数)/%			
			MPC	NMA	DPU	DMA
15	94.3	93.5	99.4	0	0.600	0
16	94.4	93.7	99.5	0	0.500	0
18	95.5	94.8	99.5	0	0.500	0
20	96.3	95.4	99.3	0	0.700	0

注：反应条件为 $Zn(OAc)_2$ 0.280g，苯胺 2mL，130℃，3h。

综上分析，MPC 产率随反应温度升高而增加，但超过 130℃后，温度的影响不大，只是微量的副产物分布有所变化，高温促进了 NMA 的生成；在 160℃，MPC 产率随反应时间的延长而增加，超过 0.5h 后的变化不大；乙酸锌催化剂的用量对 MPC 产率有较大影响，其产率随催化剂用量增大而增加，产率大于 90%时的用量为 $m_{Zn(OAc)_2}:m_{AN}=0.0675$；原料配比 $n_{DMC}:n_{AN}$ 增加，MPC 收率提高，在大于 15∶1 后，收率增加有限。

他们针对乙酸锌催化剂在考察反应条件对反应性能影响的基础上，对乙酸锌在催化合成 MPC 反应过程中的结构变化进行了研究。

反应温度对乙酸锌结构的影响：将不同反应条件下催化苯胺和 DMC 反应后的乙酸锌催化剂进行了 XRD 表征。图 4.9 是不同温度反应后催化剂的 XRD 谱图。可以看出，当反应温度为 110℃时，反应后的催化剂在 2θ 分别为 5.1°、33.4°和 59.3°出现了明显的衍射峰，分别对应于层状羟基复盐 $Zn_5(OH)_8(CH_3COO)_2\cdot2H_2O$（简称 LHZA）(001)、(100) 和 (110) 晶面的衍射峰，这说明 110℃反应后的乙酸锌转变为层状羟基复盐 LHZA；当反应温度为 130℃时，反应后的催化剂同时出现了 LHZA 和 ZnO 的衍射峰，其中 LHZA 的 (001) 晶面衍射峰向小角度发生偏移，说明 LHZA 的层间距变大。当反应温度分别为 150℃和 170℃时，反应后的催化剂仅出现了 ZnO 的衍射峰，而当反应温度升至 190℃时，反应后的催化剂则同时出现 ZnO 和 $Zn_5(OH)_6(CO_3)_2$ 的衍射峰。这是由于 DMC 水解，在水和 CO_2 存在的条件下 ZnO 不稳定易生成 $Zn_5(OH)_6(CO_3)_2$。由此我们推测可能是由于在高温下有利于 DMC 的水解，从而使得反应体系中 CO_2 的量增大，促使 $Zn_5(OH)_6(CO_3)_2$ 的生成。

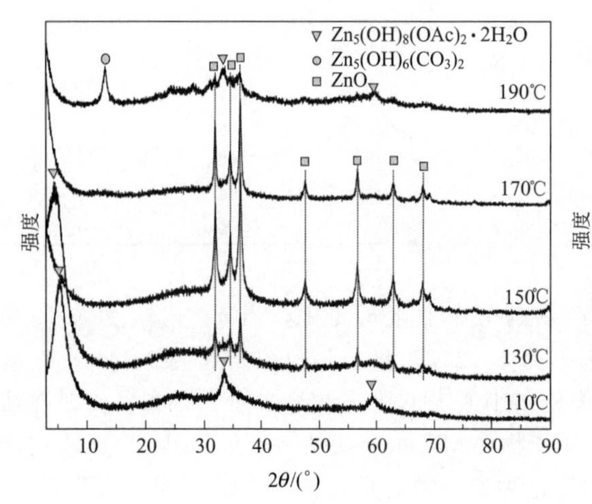

图 4.9　不同反应温度后催化剂的 XRD 谱图

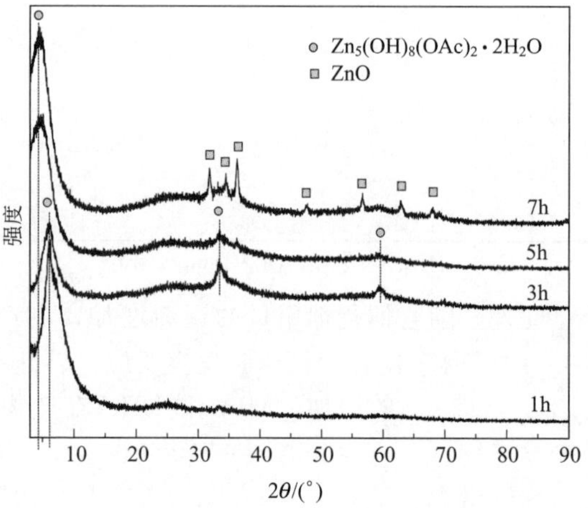

图 4.10　反应温度为 130℃不同反应时间后催化剂的 XRD 谱图

反应时间对乙酸锌结构的影响：图 4.10 是反应温度为 130℃条件下，不同反应时间后催化剂的 XRD 谱图。可以看出，当反应时间低于 5h 时，催化剂仅出现 LHZA 的衍射峰，其中反应时间为 1h 时，LHZA 仅在 6.2°（001）处出现了特征衍射峰，可能因为反应时间较短时，LHZA 正处于形成过程，其在轴向（001）晶面优先定向生长的缘故。而当反应时间延长至 7h，则同时出现 ZnO 和 LHZA 的衍射峰，由此可以看出，随着反应时间的延长，LHZA 易转化为 ZnO。此外，随着反应时间的延长，LHZA（001）晶面处的衍射峰位置向小角度发生了偏移，说明 LHZA 的层间距变大。

综上分析，当反应温度较低（110℃、130℃）时，催化剂 $Zn(OAc)_2$ 会转化成 LHZA；随着反应温度的升高（150℃、170℃），LHZA 易分解为氧化锌；当反应温度增加至 190℃时，会有碱式碳酸锌生成；反应时间较短（1h、3h、5h）时，有利于 $Zn(OAc)_2$ 转化为 LHZA，同时层间距会发生变化；随着时间的延长（7h），LHZA 会分解为氧化锌。

他们认为乙酸锌在失活反应过程中，是以 Zn^{2+} 和 CH_3COO^- 的离子状态存在于反应体系中的，其与甲醇发生醇解反应，最终生成氧化锌：

$$Zn^{2+} + 2CH_3COO^- + 2CH_3OH \longrightarrow ZnO\downarrow + 2CH_3COOCH_3 + H_2O$$

热力学计算表明，该反应可自发进行；通过计算失活反应的平衡浓度分析，在合成 MPC 的实际反应过程中，$Zn(OAc)_2$ 失活反应并没有达到平衡，仍有 $Zn(OAc)_2$ 或中间活性物质（LHZA）起到催化作用；$Zn(OAc)_2$ 催化合成 MPC 反应速率大于 $Zn(OAc)_2$ 失活反应速率。

(4) 原位反应负载法制备锌基负载型 MPC 合成催化剂

目前的液相乙酸锌催化剂虽然活性和选择性优异，但易失活且难以回收再利用。负载型、氧化物及分子筛等催化剂还存在选择性低和稳定性差等问题。为此，作者课题组提出了一种负载型催化剂制备的新方法——原位反应负载法：在反应状态下，将均相催化组分负载在固体载体上。既实现了均相催化剂与反应物原位分离，又能获得高稳定性的负载型催化剂。该原位反应负载法可有望拓展到其他均相催化反应体系中的负载型催化剂的制备。

原位反应负载法制备催化剂：催化剂制备和反应能评价均在釜式反应器中进行。将苯胺和 DMC 反应原料以及 $Zn(OAc)_2$ 催化剂和 SiO_2 载体分别加入到间歇釜式反应器中，在搅拌条件下，加热到反应温度进行反应。反应结束后冷却至室温，减压过滤，产物 MPC 溶解在滤液中。滤饼即为制备的 $Zn(OAc)_2/SiO_2$ 催化剂［以 $Zn(OAc)_2/SiO_2$-RI 表示］。例如，将 0.28g $Zn(OAc)_2$、0.28g SiO_2，20mL DMC 和 1.0mL 苯胺置于 100mL 高压釜中，在 170℃下反应 7h，制得 $Zn(OAc)_2/SiO_2$-RI 催化剂。

等体积浸渍法制备催化剂：将一定量的乙酸锌溶于双蒸水中，缓慢滴加到准确称量的载体上，室温浸渍 24h 后，经 60℃恒温水浴抽真空干燥，即得到 $Zn(OAc)_2/SiO_2$ 催化剂［以 $Zn(OAc)_2/SiO_2$-IM 表示］。

联合制备 MPC 产物和 $Zn(OAc)_2/SiO_2$ 催化剂的反应过程：$Zn(OAc)_2$ 催化剂对 MPC 的合成具有优异的催化性能，其活性数据见表 4.5。可以看出，苯胺的转化率为 99.5%，MPC 的选择性为 100%。但是 $Zn(OAc)_2$ 催化剂使用一次后，其对苯胺的转化率和 MPC 的产率分别降至 9.20%和 1.70%，这是由于 $Zn(OAc)_2$ 和反应的副产物甲醇反应生成 ZnO 所致，其方程式如下：

$$2CH_3OH + Zn(OAc)_2 \longrightarrow 2CH_3COOCH_3 + ZnO + H_2O$$

实验中发现，当以 $Zn(OAc)_2$ 为催化剂合成 MPC 时，在反应体系中加入 SiO_2［记为 $Zn(OAc)_2+SiO_2$］，则 $Zn(OAc)_2+SiO_2$ 反应体系的 MPC 收率略低于均相体系，为 96.7%（见表 4.5）。将 $Zn(OAc)_2+SiO_2$ 催化反应体系的固液产物经简单过滤分离后可得到负载型乙酸锌催化剂［记为 $Zn(OAc)_2/SiO_2$-RI］，将其用于 MPC 合成反应，在相同反应条件下，其收率达到 96.0%（见表 4.5），与 $Zn(OAc)_2+SiO_2$ 催化体系的活性接近。这说明 $Zn(OAc)_2+SiO_2$ 催化反应体系基本保持了 $Zn(OAc)_2$ 均相体系的高活性、高选择的优势，并实现了催化剂与产品的分离，同时制得的 $Zn(OAc)_2/SiO_2$-RI 催化剂对 MPC 的合成还具有优异的催化活性，解决了均相催化剂快速失活问题。为此，我们将联合制备 MPC 和 $Zn(OAc)_2/SiO_2$催化剂的过程称为“原位反应负载法”，即在均相乙酸锌催化反应体系中加入 SiO_2 载体，乙酸锌在均相催化合成 MPC 的同时，联产高活性和稳定性的 $Zn(OAc)_2/SiO_2$ 催化剂，如图 4.11 所示。

表 4.5 $Zn(OAc)_2+SiO_2$ 催化剂合成 MPC 反应的性能

催化剂	AN 转化率/%	MPC 产率/%	MPC 选择性/%
$Zn(OAc)_2$	99.5	99.5	100
$Zn(OAc)_2$(反应后)	9.20	1.70	18.5
$Zn(OAc)_2+SiO_2$	98.4	96.7	98.3
$Zn(OAc)_2/SiO_2$-RI	96.3	96.0	99.7

注：反应条件为 $Zn(OAc)_2$ 0.28g，SiO_2 0.28g，DMC 20mL，苯胺 1.0mL，170℃，7h。

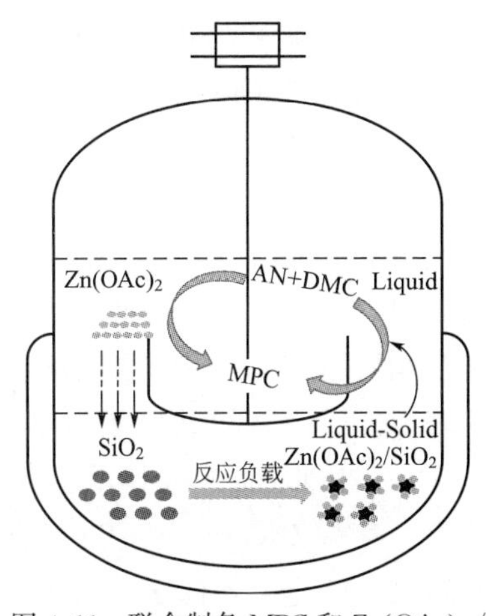

图 4.11 联合制备 MPC 和 $Zn(OAc)_2/SiO_2$-RI 催化剂反应过程示意图

$Zn(OAc)_2$ 与 SiO_2 质量比对 $Zn(OAc)_2+SiO_2$ 催化体系反应性能的影响：由前面讨论可知，$Zn(OAc)_2+SiO_2$ 催化反应体系在反应活性、催化剂回收、稳定性及联合制备高效负载型催化剂等方面具有的明显的优势。为此，这里进一步考察了不同 $Zn(OAc)_2$ 和 SiO_2 质量比对合成 MPC 反应性能的影响，结果如表 4.6 所示。

表 4.6　$Zn(OAc)_2$ 与 SiO_2 质量比对 MPC 合成反应性能的影响

$m_{Zn(OAc)_2}:m_{SiO_2}$	AN 转化率/%	MPC 产率/%	$Zn(OAc)_2/SiO_2$-RI		
			比表面积	孔容	孔径
			S_{BET} /(m^2/g)	Pore volume /(cm^3/g)	Pore Size /nm
0	—	—	292	1.5	22.5
1∶3	92.0	66.6	213	1.4	23.3
1∶2	98.1	85.4	180	1.2	25.5
1∶1	98.4	96.7	164	1.1	23.4
1∶0.5	98.2	92.0	119	0.8	24.6

注：反应条件为 $Zn(OAc)_2$ 0.56g，DMC 40mL，苯胺 2.0mL，170℃，7h。

可以看出，随着 $Zn(OAc)_2$ 与 SiO_2 质量比的增加，苯胺转化率增大，当 $m_{Zn(OAc)_2}/m_{SiO_2}$ 大于 1/2 时，苯胺的转化率变化比较小。而 MPC 的产率则存在一个最佳值，当 $m_{Zn(OAc)_2}/m_{SiO_2}=1/1$ 时，其产率最高，为 96.7%。这说明不同 $m_{Zn(OAc)_2}:m_{SiO_2}$ 的催化剂主要影响产物 MPC 的选择性。在以 $Zn(OAc)_2$ 为催化剂时，同时向反应体系中加入 SiO_2，$Zn(OAc)_2$ 会吸附在 SiO_2 表面，也就是说，此时，存在两种相态的 $Zn(OAc)_2$，一种是溶于反应液中的 $Zn(OAc)_2$，即均相 $Zn(OAc)_2$，另一种则是吸附在 SiO_2 表面的 $Zn(OAc)_2$，即非均相的 $Zn(OAc)_2$。由于反应体系中 $Zn(OAc)_2$ 催化剂的量保持不变，只是 SiO_2 的用量变化。因此，在 $m_{Zn(OAc)_2}:m_{SiO_2}$ 比值较低时（1/3），SiO_2 用量较大，一方面由于 $Zn(OAc)_2$ 在 SiO_2 表面的快速吸附，使得均相 $Zn(OAc)_2$ 的量减少。另一方面，反应后 SiO_2 上 $Zn(OAc)_2$ 的负载比例相对也会减少，致使苯胺转化率和 MPC 选择性降低；随着 SiO_2 用量的减少，均相 $Zn(OAc)_2$ 的量和反应后 SiO_2 上的负载比例相对增加，从而提高了苯胺的转化率和 MPC 选择性。进一步提高 $m_{Zn(OAc)_2}:m_{SiO_2}$ 比值，MPC 选择性降低，其原因可能是由于 $Zn(OAc)_2$ 和 SiO_2 质量比较大时，对催化剂活性组分乙酸锌的分布和孔道结构产生较大影响。表 4.6 列出了反应后 $Zn(OAc)_2/SiO_2$-RI 催化剂的比表面积和孔容及孔径的变化情况。可以看出，催化剂的比表面积和孔容随着 SiO_2 量的减少而大幅度下降，这也间接说明了在反应状态下可以将 $Zn(OAc)_2$ 负载在 SiO_2 表面。综上分析，在反应过程中，同时存在均相 $Zn(OAc)_2$ 和原位反应负载后的多相催化剂，随着反应进行，完全吸附在催化剂的表面。反应在初始阶段以 $Zn(OAc)_2$ 均相催化为主，随着反应的进行，$Zn(OAc)_2/SiO_2$-RI 多相催化起主要作用。

为了考察 $Zn(OAc)_2+SiO_2$ 催化体系反应过程中，Zn^{2+} 在 SiO_2 载体上的吸附情况，我们利用 ICP 测定了不同 $Zn(OAc)_2$ 和 SiO_2 质量比时反应液中 Zn^{2+} 的浓度，并由此给出了 Zn^{2+} 的残留率，结果如表 4.7 所示。可以看出，反应结束后，Zn^{2+} 的残留率非常低，这说明溶液中的 Zn^{2+} 几乎全部吸附在 SiO_2 载体上。

表 4.7　$Zn(OAc)_2+SiO_2$ 催化体系反应后 Zn^{2+} 残留率

$m_{Zn(OAc)_2}$: m_{SiO_2}	溶液中 Zn^{2+} 浓度/(mg/L)	Zn^{2+} 残留率/%
1∶3	0.038	0.024
1∶2	0.040	0.025
1∶1	0.034	0.022
2∶1	0.019	0.013

注：Zn^{2+} 残留率＝反应后溶液中 Zn^{2+} 的量/反应前 Zn^{2+} 总量。

原位反应负载法制备 $Zn(OAc)_2/SiO_2$-RI 催化剂的反应性能：在以 $Zn(OAc)_2$ 为催化剂合成 MPC 反应过程中，向反应体系中加入 SiO_2，在得到产品 MPC 的同时，可联产负载型 $Zn(OAc)_2/SiO_2$-RI 催化剂，该催化剂对 MPC 的合成反应也具有良好的催化活性。为此，考察了不同 $Zn(OAc)_2$ 与 SiO_2 质量比条件下制备的 $Zn(OAc)_2/SiO_2$-RI 的催化性能，随着 $m_{Zn(OAc)_2}$ ∶ m_{SiO_2} 的增大，苯胺的转化率变化不明显，但是当 $m_{Zn(OAc)_2}$ ∶ m_{SiO_2} 为 1∶0.5 时，苯胺的转化率明显下降。由表 4.6 可知，催化剂的比表面积和孔容随着 $m_{Zn(OAc)_2}$ ∶ m_{SiO_2} 的增大而明显下降，而当 $m_{Zn(OAc)_2}$ ∶ m_{SiO_2} 为 1∶0.5 时，制备的催化剂的比表面积下降的尤为显著，这是导致苯胺转化率下降的原因。此外，随着 $m_{Zn(OAc)_2}$ ∶ m_{SiO_2} 的增大，MPC 的选择性呈现出增长的趋势，当 $m_{Zn(OAc)_2}$ ∶ m_{SiO_2} 为 1∶1 时，MPC 的选择性最高，为 98.3%，继续增大 $m_{Zn(OAc)_2}$ ∶ m_{SiO_2}，MPC 选择性变化不明显。

在 $m_{Zn(OAc)_2}$ ∶ m_{SiO_2} 为 1∶1 时，考察了制备温度和时间对 $Zn(OAc)_2/SiO_2$-RI 催化性能的影响，结果如表 4.8 所示。可以看出，当制备温度为 150℃时，得到的 $Zn(OAc)_2/SiO_2$-RI 催化剂对苯胺的转化率、MPC 收率和 MPC 的选择性均低于制备温度为 170℃时制备的 $Zn(OAc)_2/SiO_2$-RI 催化剂。而将制备温度分别升至 170℃和 190℃时，制备的催化剂催化性能较接近。这可能是由于温度高时，更有利于 $Zn(OAc)_2$ 在 SiO_2 表面的分散。

在制备温度为 170℃时，考察了制备时间对催化剂性能的影响（见表 4.8，序号 4～6），可以看出，制备时间分别为 5h 和 7h 时，制备的催化剂性能接近，而延长制备时间至 9h 时，催化剂对 MPC 的选择性和 MPC 的产率有所下降。这可能是因为制备时间过长 $Zn(OAc)_2$ 更易于和副产的甲醇作用生成 ZnO，同时也会导致水的生成，而水又会促进 DMC 水解生成甲醇。因此制备时间不宜过长。从表 4.8 的结果来看，适宜的制备温度和时间分别为 170℃和 7h。

表 4.8　制备条件对 $Zn(OAc)_2/SiO_2$-RI 催化剂反应性能的影响

序号	制备条件		AN 转化率	MPC 产率	MPC 选择性
	温度/℃	时间/h	/%	/%	/%
1	150	7	88.3	77.5	87.8
2	170	7	96.3	96.0	99.7
3	190	7	94.9	91.3	96.2
4	170	5	93.5	92.6	99.0
5	170	7	96.3	96.0	99.7
6	170	9	97.3	86.9	89.4

注：反应条件为催化剂 0.28g，DMC 20mL，苯胺 1.0mL，170℃，7h。

$Zn(OAc)_2/SiO_2$-RI 催化剂的稳定性：由上述可知，原位反应负载法制得的 $Zn(OAc)_2/SiO_2$-RI催化剂具有优异的催化活性。为此，进一步考察了其重复使用性能，即将反应后的催化剂经过滤和干燥后，直接用于下一次反应。并与等体积浸渍法制备的负载型催化剂 $Zn(OAc)_2/SiO_2$-IM 进行了对比，结果如图 4.12 所示。可以看出，$Zn(OAc)_2$/

SiO_2-RI 催化剂重复使用 8 次后，苯胺的转化率和 MPC 的收率分别下降至 81.6%和 64.2%；而将 $Zn(OAc)_2/SiO_2$-IM 重复使用 4 次后，苯胺的转化率和 MPC 的收率分别下降至 84.8%和 66.5%。说明原位反应负载法制备的催化剂的稳定性优于浸渍法。

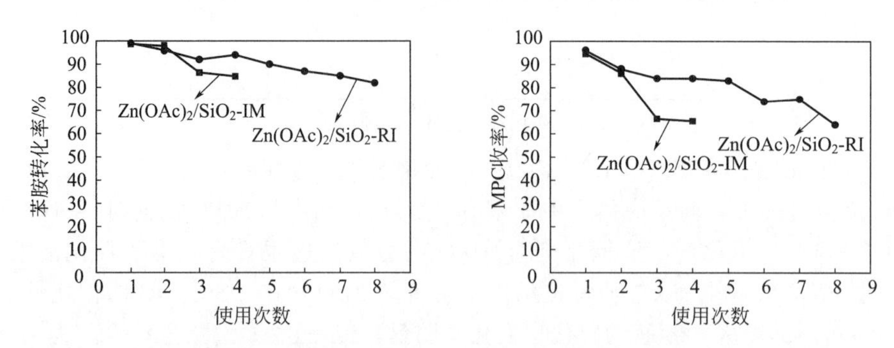

图 4.12 $Zn(OAc)_2/SiO_2$-IM 和 $Zn(OAc)_2/SiO_2$-RI 催化剂的稳定性

注：反应条件为催化剂 0.28g，DMC 20mL，苯胺 1.0mL，170℃，7h。

关于苯胺与 DMC 合成 MPC 催化剂还有许多报道。目前报道的催化剂包括锌的化合物[7,25~31]、铅的化合物[32~35]、其他氧化物[36~38]及分子筛[39,40]等。Gurgiolo 等[25]以 $Zn(OAc)_2$为催化剂催化合成 MPC，在 140℃反应 6h，MPC 的收率为 88.6%。Bata 等[7]以乙酸锌为催化剂分别研究了 2,4-二氨基甲苯和 4,4′-二苯甲烷二胺与 DMC 的反应，在 180℃反应 2h，2,4-甲苯二氨基甲酸甲酯和 4,4′-MDC 的收率分别为 96%和 98%。此外，他们还指出，该反应存在诱导期，若将催化剂和甲醇预处理则会消除这个诱导期[26]。Reixach 等[27]以乙酸锌为催化剂分别研究了 2,4-二氨基甲苯和 4,4′-二苯甲烷二胺与碳酸二乙酯的反应，相应的氨基甲酸乙酯的收率大于 93%。他们还发现 $Zn_4O(O_2CCH_3)_6$ 对于芳胺和 DMC 的反应具有优异的催化性能[28]。由于乙酸锌和 $Zn_4O(O_2CCH_3)_6$ 均为均相催化剂，存在产物分离等问题，为此，作者课题组[29~31]制备了负载型乙酸锌催化剂，认为载体对其催化性能具有较大的影响。酸性载体有利于生成副产物 *N*-甲基苯胺，而碱性载体则有利于生成副产物联苯脲。以负载型 $Zn(OAc)_2$/AC 为催化剂，MPC 的收率为 78.0%。在以 SiO_2 为载体时，其稳定性与 $Zn(OAc)_2$ 相比，得到明显的提高。原因是由于将 $Zn(OAc)_2$ 负载在 SiO_2 上形成了 Si—O—Zn 键，使得 Zn^{2+} 空间位阻效应增大；此外，甲醇的羟基和 SiO_2 的表面羟基发生脱水反应，使得 $Zn(OAc)_2$ 和甲醇生成 ZnO 的反应受到抑制。铅的化合物对于该反应也具有良好的催化活性，Fu 等[32]的研究结果表明，在 180℃反应 1h，$Pb(OAc)_2Pb(OH)_2$催化剂上苯胺转化率为 97.0%，MPC 的选择性为 95.0%。乙酸铅对于 2,4-二氨基甲苯[33]和 4,4′-二苯甲烷二胺[34]与 DMC 的反应也表现出了优异的催化性能，相应的氨基甲酸甲酯的收率在 97%以上。康武魁等[35]采用 PbO/SiO_2 催化剂，MPC 收率高达 99.5%。但从环境友好角度看，由于铅类化合物的毒性，限制了该类催化剂的应用。作者课题组[36]制备了负载型的 ZrO_2 催化剂，发现 ZrO_2/SiO_2 催化剂的活性较好，苯胺的转化率达到 98.6%，MPC 收率为 79.8%。李其峰等[37]以 In_2O_3/SiO_2 为催化剂，苯胺转化率为 76.0%，MPC 的收率为 59.5%。Juárez 等[38]采用微反应器进行苯胺和 DMC 的连续反应。以纳米 CeO_2 或 Au/CeO_2 为催化剂，苯胺的转化率在 30.0%左右，MPC 的选择性在 90.0%以上。分子筛催化剂对 MPC 的合成也表现出较好的活性，Lucas 等[39]将 Al 原子引入介孔分子筛 SBA-15 的骨架中，合成了 AlSBA-15 介孔分子筛，苯胺的转化率为 99.0%，MPC 的选择性为 71.0%。Katada 等[40]以 Al/MCM-41 作为合成 MPC 的催化剂，MPC 收率最高仅为 20.0%。

4.1.3.5 碳酸二甲酯替代光气制备 MDI 安全工艺（2）——MPC 缩合

作者课题组[41]以 Hβ 沸石分子筛作为催化剂，DMC 为溶剂，实现了 MPC 与甲醛缩合高效制备 MDC 清洁反应过程，解决了液相催化剂存在的腐蚀设备，难分离回收，安全隐患，以及污染环境等问题。

基于反应过程简单化的思想，采用动态操作的方法，以乙酸锌、Hβ 沸石为催化剂，实现了以苯胺、DMC 及甲醛“一锅法”合成 MDC 的反应过程，节省了反应中间产物的提纯、分离过程，降低了生产成本。

Hβ 沸石催化剂上 MPC 与甲醛缩合制 MDC：苯氨基甲酸酯和甲基化试剂在酸催化条件下进行反应，甲基化试剂以廉价的甲醛溶液最为常用。催化该反应的催化剂通常为液体酸催化剂，如 HCl、H_2SO_4、H_3PO_4、混合酸等。虽然液体酸催化剂活性比较高，但是液体酸容易腐蚀设备，并且液体酸催化剂很难分离回收，使得催化剂的循环再生成为问题，在生产的操作过程中可能造成安全隐患，液体酸还有可能污染环境。为此，开发高效固体酸催化剂显得尤为重要。

分别考察了 HZSM-5，ZAPO，HY 分子筛和 Hβ 分子筛对 MPC 缩合反应活性。结果如表 4.9 所示。可以看出，Hβ 分子筛的催化活性最高，以其为催化剂时，MDC 收率为 61.8%，MPC 转化率为 23.0%。

对以上几种催化剂进行了 NH_3-TPD 表征，结果如图 4.13 所示。HY、Hβ、ZAPO、HZSM-5 催化剂在 200℃出现了 NH_3 的脱附峰，说明其表面均存在弱酸中心，其中 HY 和 ZAPO 催化剂在高温下没有出现明显的 NH_3 的脱附峰，说明 HY 和 ZAPO 催化剂表面以弱酸中心为主。另外，HZSM-5 和 Hβ 还分别在 400℃和 350℃出现了 NH_3 的脱附峰，说明其表面存在有较强的酸中心，且 HZSM-5 的酸性比 Hβ 的酸性强。

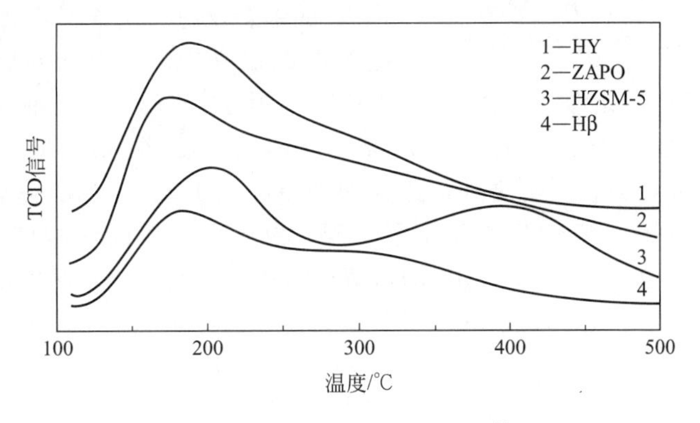

图 4.13 HY、Hβ、ZAPO、HZSM-5 的 NH_3-TPD

他们又对这几种催化剂进行了吡啶吸附红外（Py-IR）表征，结果如表 4.9 所示。可以看出 HY、Hβ、HZSM-5 和 ZAPO 均有 B 酸和 L 酸中心。其中 HY 和 HZSM-5 催化剂表面以 B 酸中心居多，而 ZAPO 和 Hβ 分子筛表面则以 L 酸中心居多。Hβ 分子筛对于 MPC 的缩合反应具有较好的催化活性。由于 MPC 缩合反应为酸催化反应，因此可以推测，上述几种催化剂由于酸性不同，从而导致其催化活性的不同。对于 HY 和 ZAPO 催化剂而言，其表面以弱酸中心为主，这是其活性低的原因。尽管 HZSM-5 催化剂酸性比 Hβ 的酸性强，但是其活性低于 Hβ，这可能是由于这两种催化剂表面以 B 酸和 L 酸中心的分布不同所致。HZSM-5 表面以 B 酸中心居多，而 Hβ 分子筛表面则以 L 酸中心居多，由此我们推测当以 DMC 为溶剂时，具有较强酸强度的 L 酸中心有利于 MPC 的缩合反应。

表 4.9　不同分子筛的性质及催化 MPC 缩合制 MDC 的反应性能

催化剂	S①/(m²/g)	PV②/(cm³/g)	APD③/nm	催化剂酸性			反应性能	
				L④	B⑤	L/B⑥	MPC 转化率/%	MDC 产率/%⑦
—	—	—	—	—	—	—	0	0
HZSM-5	344	0.085	3.5	1.24	9.24	0.134	2.2	4.5
ZAPO	44.6	0.038	14	2.34	1.44	1.62	3.2	0.5
HY	568	0.058	3.3	2.36	10.6	0.223	0.70	3.6
Hβ	453	0.240	2.1	5.99	4.37	1.37	23.0	61.8

① BET 表面积；②孔容；③平均孔径；④L 酸中心（1450cm^{-1}）相对量；⑤B 酸中心（1540cm^{-1}）相对量；⑥1450cm^{-1}峰面积与 1540cm^{-1}峰面积之比；⑦基于 HCHO。

注：反应条件为 MPC 1.66g，HCHO 0.13mL，DMC 30mL，催化剂 0.6g，100℃，4.5h。

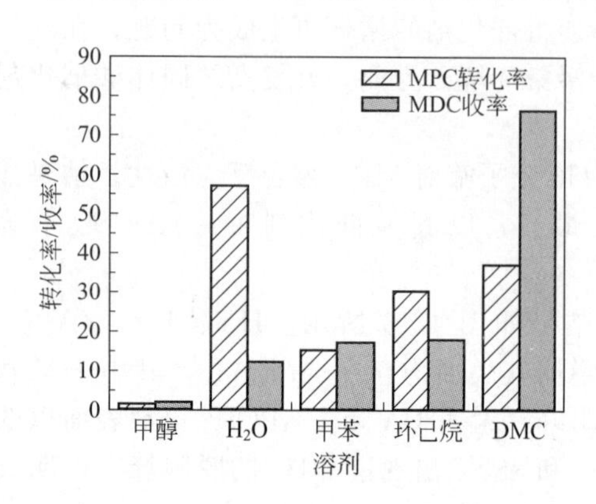

图 4.14　溶剂对 MDC 合成反应性能的影响

注：反应条件为 MPC 1.1g，HCHO 溶液 0.13mL，溶剂 30mL，Hβ 0.6g，160℃，3h。

溶剂对 MPC 缩合反应性能的影响：MPC 缩合反应的进行需要溶剂。所以我们首先考察了以 Hβ 为催化剂时，溶剂水、DMC、甲醇对于 MPC 缩合反应的影响，结果如图 4.14 所示。可以看出，以甲醇为溶剂时，MPC 的转化率和 MDC 的收率低于 5%。以水为溶剂时，MPC 的转化率增至 56.9%，而 MDC 的收率仅为 12.1%；将反应液利用 GC-MS 分析发现，有苯胺生成，这说明以水为溶剂时，MPC 易发生水解反应。此外，还可以看出，非质子型溶剂，如甲苯、环己烷和 DMC，较质子型溶剂，如甲醇、水，更利于 MPC 的缩合反应。质子型溶剂在此反应中可以通过氢键稳定甲醛，从而降低反应速率。以 DMC 为溶剂时，Hβ 分子筛催化活性较强，MPC 转化率为 37.2%，MDC 收率为 76.4%，MDC 的选择性为 98%（基于 MPC）。此外在以 DMC 为溶剂时发现，有不凝气体生成，经 GC 分析发现，不凝气体为 CO_2；除此之外，还检测到甲醇的生成。DMC 易水解生成 CO_2 和甲醇。反应中的水来自甲醛溶液及缩合反应本身。由于水会使固体酸催化剂中毒，而当以 DMC 为溶剂时，产生的水会由于 DMC 的水解而消耗，从而弱化水对催化剂的影响。

反应条件的优化：Hβ 催化剂上 MPC 缩合反应条件：n(DMC)∶n(MPC)∶n(HCHO)＝50∶1∶0.25，催化剂用量为 0.6g/30mL DMC，反应温度为 160℃，反应时间为 3h，MPC 的转化率为 37.2%，MDC 的收率为 76.4%。

催化剂的重复使用性：使用后的 Hβ 催化剂经简单焙烧后即可恢复活性。催化剂重复使用五次后 MPC 的转化率略有下降，MDC 的收率基本不变，说明 Hβ 分子筛稳定性很好。

MPC 缩合反应不同催化剂活性比较：将文献[42~50]报道用于 MPC 缩合反应的催化剂进行了活性比较，结果见表 4.10。可以看出，50% H_2SO_4 和离子交换树脂 Amberlyst 15 在低温和常压的条件下具有优异的催化活性。然而，使用 H_2SO_4 会带来腐蚀和排放等问题，使用离子交换树脂则需要使用有机溶剂来溶解 MPC，这会增加产品分离和回收的费用。而以 Hβ 为催化剂，尽管反应温度较高，但却使用 DMC 为溶剂，DMC 本身是合成 MPC 的原料，这可避免引入其他溶剂，从而简化 MDI 的合成工艺；同时，Hβ 活性稳定，从绿色化学的角度，Hβ 作为 MPC 缩合反应的催化剂具有明显的优势。

表 4.10 用于 MDC 合成反应催化剂的性能比较

催化剂	溶剂	n(MPC)/n(HCHO)	温度/℃	时间/h	MPC转化率/%	MDC产率/%
H_2SO_4[42]	$AcOH+H_2O$	2	95	3.5	93.8①	74.3③
HCl[43]	H_2O	1	100	1		75⑤
$ZnCl_2$[44]	硝基苯	9	100	5		81④
$ZnCl_2$/AC[45]	硝基苯	4	140	3		42.6④
50% H_2SO_4[46]	H_2O	5	90	2	85.9②	—
Amberlyst 15[47]	CH_3CN	4	75	4	40②	
硅钨酸[48]	二甘醇二甲醚	8	100	4.5		62.8④
磷钨酸[49]	二甘醇二甲醚	5	110	4.5		64.9⑤
[emim]BF_4[50]	[emim]BF_4	4	70	1.5	49.6①	71.7④
Hβ	DMC	4	160	3	37.2①	76.4④

① MPC 转化率；②HCHO 转化率；③基于 MPC；④基于 HCHO；⑤基准物文献未给出。

"一锅法"合成 MDC：作者课题组[51]基于反应过程简单化的思想，采用动态操作的方法，实现了以苯胺、DMC 及甲醛"一锅法"合成 MDC 的反应过程（见图 4.15），节省了反应中间产物的提纯、分离过程，降低了反应成本。

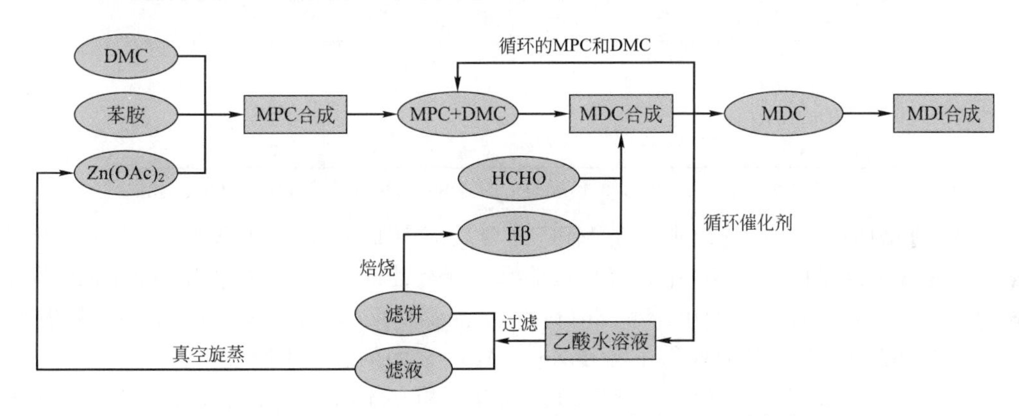

图 4.15 苯胺、DMC 及甲醛"一锅法"合成 MDC 反应流程

采用一锅法进行 MDC 的合成，即在反应釜中先进行 MPC 的合成反应（以乙酸锌为催化剂），反应结束后再加入甲醛和 Hβ 催化剂进行 MPC 的缩合反应。

MPC 缩合反应对 MPC 合成反应的影响：向 MPC 合成反应中分别加入一定量的 Hβ 催化剂、甲醛和水，考察其对 MPC 合成反应的影响，结果见表 4.11。可以看出，在以乙酸锌为催化剂催化苯胺和 DMC 反应合成 MPC 时，MPC 的选择性高达 100%。但是，加入 Hβ 后，MPC 的选择性下降至 54.8%，这可能是因为苯胺更易吸附到催化剂 Hβ 分子筛的强酸中心上，从而更利于 *N*-甲基化产物如 NMA 和 DMA 的生成。另外，加入甲醛和水后，苯胺的转化率大大下降，MPC 的选择性也明显下降，反应中 *N*-甲基化产物增多。这可能是因为水会促使 DMC 水解，生成了甲醇和 CO_2，一方面，甲醇和乙酸锌反应，导致催化剂乙酸锌的减少，使得苯胺转化率下降；另一方面，甲醇和苯胺反应，生成 *N*-甲基化产物，使 MPC 选择性下降。

表 4.11　MPC 缩合反应对 MPC 合成反应性能的影响

加入的原料	苯胺转化率/%	MPC 选择性/%
—	97.9	100
0.6g Hβ	98.0	54.8
0.09mL 水	14.3	41.7
0.13mL HCHO	4.0	25.0

注：反应条件为苯胺 0.7mL，DMC30mL，$Zn(OAc)_2$0.07g，170℃，6h。

MPC 合成反应对 MPC 缩合反应的影响：向 MPC 缩合反应中加入一定量乙酸锌、苯胺和甲醇，考察了其对 MPC 缩合反应的影响，结果如表 4.12 所示。可以看出，以 MPC 和 HCHO 为原料，Hβ 为催化剂合成 MDC 时，MPC 转化率为 37.2%，MDC 收率为 76.4%。加入 0.3mL 甲醇后，对反应基本无影响。但是，加入少量的苯胺后，MPC 的转化率为 0，却有少量的 MDC 生成。这是因为苯胺与 DMC 在催化剂 Hβ 催化下也能发生反应，生成一定量的 MPC（其收率为 10.5%），从而出现了上述情况；另外，我们还可以看出，加入少量的苯胺，会使得苯胺吸附到 Hβ 分子筛的强酸中心上，从而抑制了 MPC 的缩合反应。而且，当加入乙酸锌后，MPC 的转化率和 MDC 的收率也明显下降，分别下降至 11.5% 和 28.9%。为了了解 $Zn(OAc)_2$ 和 Hβ 之间的相互作用，对反应后的催化剂样品分别进行了 XRD、FTIR、XPS 和 NH_3-TPD 表征。

表 4.12　MPC 合成反应对 MPC 缩合反应性能的影响

加入的原料	MPC 转化率/%	MDC 收率/%
—	37.2	76.4
0.02mL 的苯胺	0	7.0
0.14g $Zn(OAc)_2$	11.5	28.9
0.3mL 的甲醇	39.5	70.5

注：反应条件为 1.1g MPC，0.13mL HCHO，30mL DMC，0.6g Hβ，160℃，3h。

在 XRD 谱图中有氧化锌出现。在 MPC 缩合反应中加入的 $Zn(OAc)_2$ 发生了变化，转化成了氧化锌。这是由于 DMC 中含有少量的水，在酸性催化剂 Hβ 的作用下，DMC 发生水解反应生成了甲醇和 CO_2。而甲醇和 $Zn(OAc)_2$ 会发生反应生成 ZnO 和 H_2O，其中 H_2O 又促进了 DMC 的水解，从而使得甲醇和 $Zn(OAc)_2$ 之间的反应不断发生。

FTIR 和 XPS 表明，$Zn(OAc)_2$ 和 Hβ 之间存在相互作用。在缩合反应过程中，乙酸锌会吸附在 Hβ 的表面上形成 Si—O—Zn 键。

Hβ+$Zn(OAc)_2$ 催化剂的 NH_3-TPD 表明，在缩合反应过程中加入 $Zn(OAc)_2$，使得 Hβ 表面的强酸中心减少，而 Hβ 表面酸强度高的 Lewis 酸中心利于 MPC 的缩合反应，由此造成其催化活性降低。

反应条件对 MDC 产率的影响：由前述可知，MPC 合成反应与 MPC 缩合反应之间存在着相互影响，由于 MDC 的一锅法合成采用动态操作，即先进行 MPC 的合成，再进行 MDC 的合成，因此 MPC 合成反应中 $Zn(OAc)_2$ 的用量及苯胺的转化率对 MPC 缩合反应的影响很大。为提高 MDC 的产率，一方面应尽可能降低其用量并使其完全转化为氧化锌；另一方面，应尽可能提高苯胺的转化率，从而减小对 MPC 缩合反应的影响。因此，分别考察了 MPC 合成时不同 $Zn(OAc)_2$ 用量和不同反应时间对 MDC 产率的影响，反应后结果见表 4.13。当 $Zn(OAc)_2$ 用量分别为 0.03g、0.05g、0.07g 时，随着反应时间的延长，MDC 的收率逐渐增大。这是由于随着反应时间的延长，一方面可以提高苯胺的转化率；另一方面可以促使更多的 $Zn(OAc)_2$ 转化为 ZnO。当 $Zn(OAc)_2$ 用量为 0.07g，反应时间为 8h 时，

MDC 收率达 73.9%，这与直接由 MPC 缩合合成 MDC 时的收率 76.4%（见表 4.13）基本一致。所以由一锅法合成 MDC 的最优条件为：先加入 0.7mL 的苯胺、0.07g 的乙酸锌、30mL DMC，在温度 170℃下反应 8h，进行 MPC 的合成反应，然后再加入 0.13mL 的甲醛、0.6gHβ，在温度为 160℃下反应 3h，进行 MPC 的缩合反应，在此条件下，苯胺接近完全转化，MPC 的转化率为 33.4%，MDC 的收率为 73.9%。

表 4.13　反应条件对 MDC 一锅法合成反应性能的影响

序号	MPC 合成时的反应条件	MPC 转化率/%	MDC 收率/%
1	0.03g $Zn(OAc)_2$,3h	16.2	36.8
2	0.03g $Zn(OAc)_2$,6h	23.4	52.8
3	0.03g $Zn(OAc)_2$,8h	23.3	56.8
4	0.05g $Zn(OAc)_2$,6h	24.3	55.7
5	0.05g $Zn(OAc)_2$,8h	26.8	60.4
6	0.07g $Zn(OAc)_2$,6h	22.4	46.1
7	0.07g $Zn(OAc)_2$,8h	33.4	73.9

注：反应条件为 0.7mL 苯胺，30mL DMC，170℃，0.6g Hβ，0.13mL 甲醛，MPC 缩合反应在 160℃下反应 3h。

催化剂的分离与再生：反应结束后 $Zn(OAc)_2$ 会转化为 ZnO，与 Hβ 催化剂混合在一起，其中 ZnO 对于 MPC 的合成几乎没有活性，而由前期研究可知，Hβ 经过焙烧后其活性可恢复至新鲜催化剂的水平。为了再生催化剂，将反应后的催化剂加入到乙酸水溶液中（浓度为 0.0038mol/L），室温搅拌 3h，减压过滤，滤饼（Hβ）真空干燥后在 550℃下焙烧 2h，滤液旋蒸干燥后得到乙酸锌。将再生后的催化剂分别用于 MPC 的合成及 MPC 的缩合反应，结果分别为苯胺的转化率达 98%，MPC 的收率为 94%；MPC 转化率为 36.4%，MDC 收率为 75%，均与新鲜催化剂的催化效果接近。

4.1.3.6　碳酸二甲酯替代光气制备 MDI 安全工艺（3）——MDA 合成

设计制备了以酸性离子液体、化学键合负载型酸性离子液体、杂多酸等为催化剂，催化苯胺与甲醛缩合生成二苯甲烷二胺（MDA）的反应过程。克服了传统盐酸催化剂使用中产生的腐蚀设备、废水排放量大，以及固体酸催化剂存在的反应温度高、产物选择性低等问题。

(1) 磺酸基功能化离子液体催化苯胺与甲醛缩合反应

二苯甲烷二胺（MDA）是一种重要的有机化学品，可用于环氧树脂韧性固化剂、增链剂以及有机染料合成等领域，在聚氨酯生产过程中，MDA 是合成 MDI 的重要中间体。

苯胺与甲醛缩合制备 MDA 是典型的酸催化反应。目前，MDA 的工业生产采用盐酸为催化剂，具有反应条件温和、产物收率高等优点，但也存在腐蚀设备、催化剂难以回收使用以及废水排放量大等问题。为了克服液体酸催化剂的缺点，研究者针对固体酸催化 MDA 合成反应开展了大量研究，并取得了一系列较好的结果，所使用的固体酸催化剂主要包括黏土、分子筛、离子交换树脂、金属化合物等。但固体酸催化合成 MDA 的反应温度普遍较高。为此，作者课题组[52,53]提出以酸性功能化离子液体为催化剂，催化合成苯胺与甲醛缩合制备 MDA，实现其洁净合成过程，如下式所示。

$$2\,C_6H_5\text{—}NH_2 + HCHO \longrightarrow H_2N\text{—}C_6H_4\text{—}CH_2\text{—}C_6H_4\text{—}NH_2 + H_2O$$

$$H_2N\text{—}C_6H_4\text{—}CH_2\text{—}C_6H_4\text{—}NH_2 + 2(CH_3O)_2CO \longrightarrow$$

$$CH_3OOCHN\text{—}C_6H_4\text{—}CH_2\text{—}C_6H_4\text{—}NHCOOCH_3 + 2CH_3OH$$

$$CH_3OOCHN\text{—}C_6H_4\text{—}CH_2\text{—}C_6H_4\text{—}NHCOOCH_3 \longrightarrow OCN\text{—}C_6H_4\text{—}CH_2\text{—}C_6H_4\text{—}NCO + 2CH_3OH$$

磺酸功能化离子液体的制备：采用两步法合成了一系列不同阴离子的咪唑型磺酸功能化离子液体，其结构如下式所示。

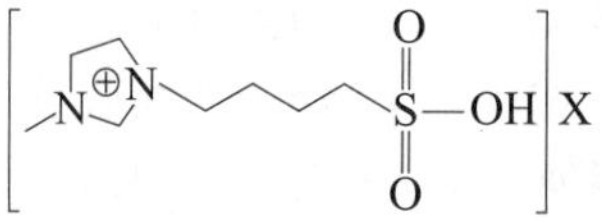

Ⅰ $[HSO_3^-$-b-min$]$ CF_3SO_3,　　$X=CF_3SO_3^-$
Ⅱ $[HSO_3^-$-b-min$]$ p-TSA,　　$X=p$-$CH_3(C_6H_4)SO_3^-$
Ⅲ $[HSO_3^-$-b-min$]$ $C_6H_6SO_3$,　　$X=C_6H_6SO_3^-$
Ⅳ $[HSO_3^-$-b-min$]$ BF_4　　$X=BF_4^-$
Ⅴ $[HSO_3^-$-b-min$]$ CH_3SO_3,　　$X=CH_3SO_3^-$
Ⅵ $[HSO_3^-$-b-min$]$ CF_3COO,　　$X=CF_3COO^-$
Ⅶ $[HSO_3^-$-b-min$]$ CCl_3COO,　　$X=CCl_3COO^-$

不同磺酸功能化离子液体的催化性能：制备了一系列不同阴离子的咪唑型磺酸功能化离子液体，在苯胺与甲醛缩合生成 MDA 反应中评价了其催化性能，结果如表 4.14 所示。在没有催化剂的条件下，苯胺与甲醛的缩合反应无法发生。苯胺和甲醛缩合反应分两步进行：首先，苯胺与甲醛室温下反应生成中间体 N,N-亚甲基二苯胺（Aminal），然后，aminal 于高温条件下重排生成 MDA。苯胺与甲醛反应生成中间体 aminal 的反应为快反应，而 aminal 进一步转化为 MDA 为该反应的控制步骤。MDA 的收率和选择性为—CF_3SO_3＞—p-TSA＞—$C_6H_6SO_3$＞—BF_4＞—CH_3SO_3＞—CF_3COO＞—CCl_3COO。为了明确离子液体催化性能与酸量和酸强度之间的关系，对功能化离子液体的酸量和酸强度进行了测定。

表 4.14　不同磺酸功能化离子液体对苯胺与甲醛缩合反应的催化性能

磺酸功能化离子液体	$X_{AN}/\%$	$Y_{MDA}/\%$	$S_{MDA}/\%$	H_0
空白	0	0	0	
$[HSO_3$-b-mim$]CF_3SO_3$	36.3	79.4	87.9	0.28
$[HSO_3$-b-mim$]p$-TSA	34.1	64.4	75.7	1.21
$[HSO_3$-b-mim$]C_6H_6SO_3$	33.4	63.8	75.5	1.54
$[HSO_3$-b-mim$]BF_4$	35.1	59.2	68.6	1.98
$[HSO_3$-b-mim$]CH_3SO_3$	35.9	57.8	63.9	2.40
$[HSO_3$-b-mim$]CF_3COO$	33.7	51.9	62.0	3.95
$[HSO_3$-b-mim$]CCl_3COO$	34.6	8.3	9.7	4.18

注：在苯胺与甲醛合成 MDA 反应中，MDA 的收率和选择性以甲醛为基准进行计算。

反应条件对［HSO_3-b-mim］CF_3SO_3 催化苯胺与甲醛缩合反应性能的影响：以［HSO_3-b-mim］CF_3SO_3 为催化剂，采用单因素实验考察了反应条件对 MDA 合成反应的影响，确定了［HSO_3-b-mim］CF_3SO_3 催化苯胺与甲醛合成 MDA 反应适宜的反应条件为：$n(AN)/n(HCHO)=5$，m(催化剂)/m(HCHO)－3.5，反应温度 80℃，反应时间 8h。在此条件下，苯胺转化率为 36.3%，MDA 的收率和选择性分别为 79.4%和 87.9%。

［HSO_3-b-mim］CF_3SO_3 催化苯胺与甲醛缩合反应的反应机理：在采用 HPLC-MS 对苯胺与甲醛缩合合成 MDA 反应体系进行分析的基础上，结合相关文献，推测了酸催化苯胺与甲醛合成 MDA 的反应机理，如图 4.16 所示。首先甲醛在酸催化下质子化，形成羟甲基$^+CH_2OH$；苯胺以提供共用电子对的方式与甲醛的羰基碳原子结合，生成物质 **1**，同时释放一分子氢质子；如果物质 **1** 发生分子内脱水，则生成亚胺 **2**；如果物质 **1** 与苯胺发生分子间脱水，则生成中间体 aminal；aminal 在酸中心作用下质子化，使得 C—N 键断裂，形成具有高活性带有碳正离子的物质 **4**，并释放出一分子的苯胺；碳正离子进攻苯胺苯环的邻、

对位碳原子发生亲电取代反应，得到物质 PABA 和 OABA；同样，PABA 和 OABA 在酸中心作用下质子化，形成苄基碳正离子（**5** 或 **6**），进攻苯胺的邻、对位分别生成 4,4′-MDA、2,4′-MDA 和 2,2′-MDA。如果苄基碳正离子进攻 4,4′-MDA 苯环的邻位，则生成三聚物 **3**。

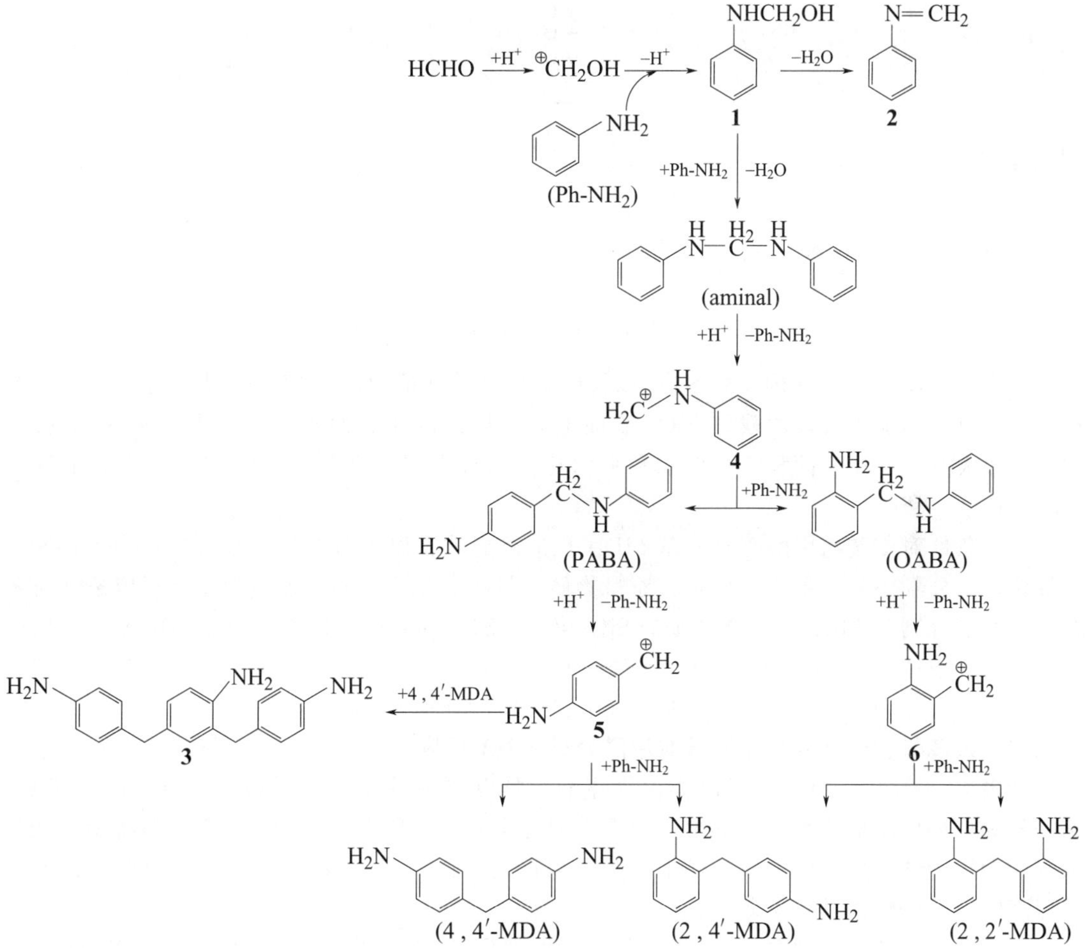

图 4.16　苯胺与甲醛缩合制备 MDA 的反应机理

从整个催化过程可以看出，酸性离子液体起催化作用的部分主要是氢质子。结合磺酸功能化离子液体酸强度的测定结果得知，当离子液体的阳离子完全相同时，其阴离子的种类影响着离子液体的酸强度。在磺酸功能化离子液体中，不同的阴离子影响着氢键的强弱，进而影响着磺酸氢质子的酸性，所以磺酸功能化离子液体对苯胺与甲醛缩合反应的催化性能随着阴离子的不同而不同。

(2) SiO_2 固载磺酸功能化离子液体的制备及其催化苯胺与甲醛缩合反应

作者课题组[54]采用键合法制备了 SiO_2 固载磺酸功能化离子液体，并将其用于催化苯胺与甲醛缩合制备 MDA 反应，目标在于减少磺酸基功能化离子液体的用量、降低催化剂成本，以及进一步提高磺酸基功能化离子液体与反应体系的分离效率。

SiO_2 固载磺酸功能化离子液体的制备（见图 4.17）：SiO_2@[HSO_3-ppim] CF_3SO_3 的制备包括氯丙基功能化二氧化硅（CPS）制备，3-(1-咪唑）丙基功能化二氧化硅（IPS）制备，3-(3-磺酸丙基-1-咪唑）丙基功能化二氧化硅（SPIPS）制备，SiO_2@[HSO_3-ppim] CF_3SO_3 制备 4 步。

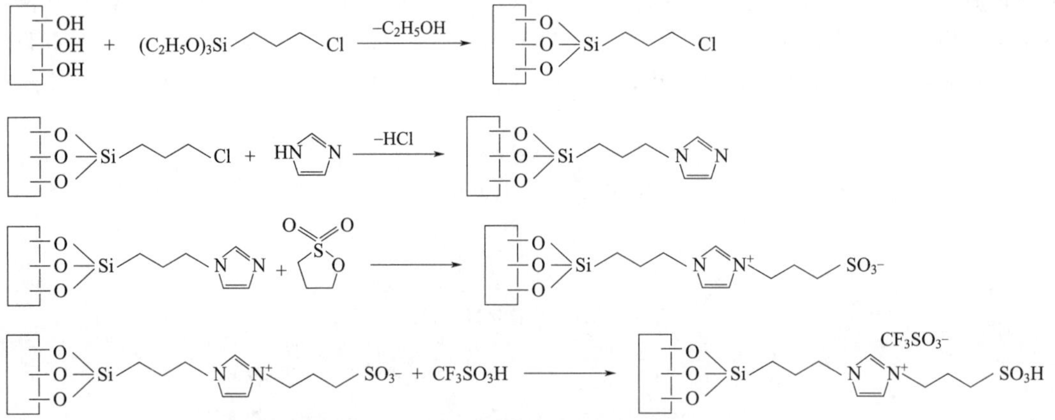

图 4.17 SiO_2 固载磺酸功能化离子液体的制备过程

比表面积及孔结构分析：对 SiO_2 以及固载型磺酸功能化离子液体样品进行比表面积及孔结构分析。当离子液体固载到 SiO_2 表面上后，样品的比表面积和孔结构与纯 SiO_2 相比发生了较大变化，比表面积、孔体积和平均孔径都减小了。比表面积由 $297.5m^2/g$ 下降为 $126.3m^2/g$。

反应条件对苯胺与甲醛缩合制备 MDA 反应的影响：以 SiO_2@［HSO_3-ppim］CF_3SO_3 为催化剂，分别考察了催化剂用量、原料物质的量比、反应时间、反应温度等反应条件对苯胺与甲醛缩合制备 MDA 反应的影响。SiO_2@［HSO_3-ppim］CF_3SO_3 催化 MDA 合成反应的适宜反应条件为：m(催化剂)/m(HCHO)＝1.5，n(AN)/n(HCHO)＝4，反应时间 7h，反应温度 80℃。在此条件下，MDA 的收率和选择性分别为 74.9%和 94.5%。

(3) 杂多酸类催化剂催化苯胺与甲醛合成 MDA 反应

杂多酸（HPA）和杂多酸盐作为固体酸，具有腐蚀性小、无污染、环境友好等优点，是一种绿色环保型催化剂，广泛地应用于酸催化反应中，取得了良好的效果，但将杂多酸和杂多酸盐用于催化该反应的研究还未见有文献报道。作者课题组[55]对杂多酸类催化的苯胺与甲醛缩合反应性能进行了研究。

不同杂多酸的催化性能：分别考察了三种常用杂多酸（$H_3PW_{12}O_{40}$、$H_4SiW_{12}O_{40}$ 和 $H_3PMo_{12}O_{40}$）在苯胺与甲醛缩合生成 MDA 反应中的催化性能，结果见表 4.15。不加催化剂时，苯胺与甲醛的缩合反应无法进行。在三种杂多酸催化剂的作用下，苯胺的转化率基本相同。对于 MDA 的收率和选择性，以 $H_4SiW_{12}O_{40}$ 为催化剂时达到最高，分别为 62.2%和 80.4%。本实验中所选取的三种杂多酸均为 Keggin 型杂多酸，其酸强度顺序为：$H_3PW_{12}O_{40}$＞$H_4SiW_{12}O_{40}$＞$H_3PMo_{12}O_{40}$。结合活性评价结果可知，酸强度适中的 $H_4SiW_{12}O_{40}$ 催化活性最好。

表 4.15 不同杂多酸对苯胺与甲醛缩合反应的催化性能

催化剂	X_{AN}/%	Y_{MDA}/%	S_{MDA}/%
空白	0	0	0
$H_4SiW_{12}O_{40}$	51.1	62.2	80.4
$H_3PW_{12}O_{40}$	52.7	54.3	68.7
$H_3PMo_{12}O_{40}$	53.1	56.3	70.7

注：在苯胺与甲醛合成 MDA 反应中，MDA 的收率和选择性以甲醛为基准进行计算。

$H_4SiW_{12}O_{40}$ 催化苯胺与甲醛缩合反应的适宜条件：在确定出 $H_4SiW_{12}O_{40}$ 对苯胺与甲

醛缩合反应具有较优催化效果的基础上，以其为催化剂，考察了原料配比、反应时间、催化剂用量和反应温度对苯胺与甲醛合成 MDA 反应的影响。$H_4SiW_{12}O_{40}$催化苯胺与甲醛缩合制备 MDA 适宜的反应条件为：$n(AN)/n(HCHO)=3$，m(催化剂)/$m(HCHO)=1.2$，反应温度 120℃，反应时间 6h。在此条件下，MDA 的收率和选择性分别为 80.1%和 81.5%。虽然 $H_4SiW_{12}O_{40}$ 对苯胺与甲醛缩合制备 MDA 反应具有较好的催化性能，但由于 $H_4SiW_{12}O_{40}$溶于极性溶剂，而 MDA 合成反应副产 H_2O，故不可避免存在催化剂溶于反应体系不易回收的问题。

4.1.3.7 碳酸二甲酯替代光气制备 MDI 安全工艺 (4)——MDC 分解

由氨基甲酸酯分解制备异氰酸酯是可逆吸热反应，因此在反应过程中，需要及时提供反应所需热量。此外，—NCO 基团具有很强的反应活性，故反应体系存在副反应，如氨基甲酸酯的脱羰基反应（产物为胺）、异氰酸酯和胺反应生成脲、异氰酸酯和氨基甲酸酯反应生成脲基甲酸酯及异氰酸酯的聚合反应。

根据是否使用催化剂，可将由氨基甲酸酯分解制备异氰酸酯反应分为热分解法和催化分解法；根据反应物相态，可将其分为气相分解法和液相分解法。热分解法和气相分解法的反应温度高，导致设备成本高，且副反应严重。而液相催化分解法通常在减压和较低温度下进行，减少了高温带来的副反应，故具有较高的产率和选择性，是广泛采用的方法。

由于液相分解反应时间相对较长，在无溶剂的条件下，—OH、—NCO 的浓度会升高，同样也会促使副反应的发生，因此，通常使用惰性溶剂稀释反应物，这可以降低基团的浓度，从而抑制副反应的发生。另外，惰性溶剂还可以作为热介质，为反应体系提供能量，使反应温度保持恒温。

采用的溶剂和催化剂包括：二苯基醚为溶剂-对苯二甲酰氯为助剂[11]；*N*,*N*-二甲基苯胺为溶剂[56]；邻苯二甲酸二酯为溶剂、ZnO-SiO_2 为催化剂[57,58]；加入卤代邻苯二酚硼烷接收生成的醇[59,60]；ZnO/Zn 复配催化剂、邻苯二甲酸二丁酯溶剂[61]；自制的 HSAL 催化剂[62]；采用内装固体填料或催化剂的垂直型管式反应器[63~65]；蒙脱石 K-10 催化剂[66]；微波辅助[67]；癸二酸二（2-乙基己基）酯溶剂[68]；正十五烷为溶剂、P_2O_5 为催化剂[69]。

Wang 等[70]研究了无溶剂条件下纳米 Cu_2O 催化二苯甲烷二氨基甲酸苯酯（MDPC）热分解制备 MDI，考察了纳米 Cu_2O 的制备条件与反应条件对 MDPC 热分解反应性能的影响。水解法制备的纳米 Cu_2O 在 Ar 中于 300℃焙烧 2h，其催化性能最佳；最佳的反应条件为 Cu_2O 用量为原料总重的 0.06%，反应温度 220℃，反应压力 0.6kPa，反应时间 12min，此时 MDPC 转化率达到 99.8%，MDI 选择性为 86.2%。他们[71]还研究了无溶剂条件下 Sb_2O_3 催化 MDPC 热分解制备 MDI。

综上所述，液相分解比气相分解温度低，转化率高，而且能有效减少高温带来的副反应。液相反应的研究主要表现在溶剂的选择上。其中烷类、酯类用得较多，效果较好，硝基苯和四氢呋喃混合溶剂也具有单一溶剂无可比拟的优点；催化分解比单纯的热分解反应时间短，能够减少副反应，MDI 收率也高。氧化锌或锌粉具有易得、高效、易分离的优点，是应用前景较好的催化剂；常压和减压分解收率要比加压分解反应高；MDC 分解制备 MDI 重在开发性能优良、价格便宜、工业应用前景良好的催化剂体系，实现装置的连续化生产和采用恰当的反应工艺以利于实际工业生产[72]。

4.1.4 合成六亚甲基二异氰酸酯

HDI 的化学名称为 1,6-己二异氰酸酯，又称 1,6-六亚甲基二氰酸酯，分子式

$OCN-(CH_2)_6-NCO$。HDI最大用途是制备缩二脲，再一步合成脂肪族聚氨酯涂料。此种涂料没有直接与苯核上碳原子相连的异氰酸酯基团，最显著的特点是不变黄和良好的耐候性，快干、力学性能好以及耐化学、保光、抗粉化等一系列优异的性能，可以说是聚氨酯涂料家族中的佼佼者。广泛用于航空、车辆、船舶等工业部门。此外，还用作醇酸树脂漆的活性溶剂，用于制造聚氨酯皮革涂饰剂、服装面料涂饰剂、透明聚氨酯涂料（水晶料浆），仿搪瓷涂料、高分子绷带材料、塑料添加剂以及聚氨酯弹性体等。

4.1.4.1 HDI传统光气法生产工艺

目前，工业生产HDI主要采用光气法合成工艺，但该工艺中使用的原料光气有剧毒，且产品中残余氯难以除去，影响产品质量。

光气化法制备HDI分为气相光气化法和液相光气化法，反应式如下：

$$H_2N(CH_2)_6NH_2 + 2COCl_2 \longrightarrow OCN(CH_2)_6NCO + 4HCl$$

气相光气化法：1989年Bayer公司推出了高温气相法制备HDI，而后气相光气化法成为HDI的主流生产技术。气相光气化法是用气态胺类，或惰性溶剂的蒸气或者惰性气体，与光气一起混合于反应器中，在200～600℃进行反应来制备异氰酸酯的方法。在气相法中，气相混合反应器是核心，这类混合器分为两类：一类是喷射型，直径在毫米级的喷嘴；另一类为带有微型通道的混合器，两类混合器都给出了高的收率。气相法与传统的液相法相比，具有光气用量少、反应速率极快、收率为98%以上、危险性低等优点，并且已实现了工业化。

液相光气化法：液相法分为成盐光气化法和直接光气化法两种。成盐光气化法是向脂肪胺的惰性溶剂中通入干燥的HCl或者CO_2气体，生成盐酸盐或碳酸盐，进行光气反应。20世纪40～50年代成盐法是主要的生产工艺技术。该技术反应时间比较长，所需溶剂量很大，反应器的空时效率低，副产物多，相对比较落后。直接光气化法是由脂肪胺与光气直接生成异氰酸酯的方法，目前主要是高压液相光气化法。20世纪60年代，就有人采用加压法来制备HDI，高压液相光气法生产工艺的核心是反应器。目前，所采取的混合反应器是带喷嘴的喷射型混合器，大大提高了光化收率。与成盐光气化法相比，高压液相光气化法副反应少，收率在90%以上，但加压法设备比较复杂，安全隐患很大。

伯胺与光气反应合成异氰酸酯是现有工业化生产异氰酸酯的主要方法，反应方程式为：

$$R-NH_2 + COCl_2 \longrightarrow R-NCO + 2HCl$$

过去采用一步高温光气化反应制异氰酸酯工艺，由于副反应多、收率低，进而发展成后来使用的两步光气化反应，即首先冷光气化然后热光气化。

冷光气化反应是在0～70℃温度范围内进行，其间主要发生如下几种反应：

$$R-NH_2 + COCl_2 \longrightarrow R-NHCOCl + HCl$$
$$R-NH_2 + HCl \longrightarrow R-NH_2 \cdot HCl$$
$$R-NH_2 + R-NHCOCl \longrightarrow R-NH_2 \cdot HCl + R-NCO$$
$$R-NH_2 + R-NCO \longrightarrow R-NHCONH-R$$

热光气化反应是将冷光气化反应液在80～200℃温度范围内进一步与光气反应，其间主要发生下面几种反应：

$$R-NHCOCl \longrightarrow HCl + R-NCO$$
$$R-NH_2 \cdot HCl + COCl_2 \longrightarrow 3HCl + R-NCO$$
$$R-NH_2 \cdot HCl + R-NCO \longrightarrow HCl + R-NHCONHR$$

4.1.4.2 HDI传统光气法生产工艺危险性分析

该装置包括一氧化碳造气、光气合成、己二胺与光气反应制HDI和光气尾气的碱破坏等。一氧化碳生产主要包括天然气压缩、天然气脱硫和转化、变压吸附提纯一氧化碳、制氢原料气压缩、变压吸附提纯氢气、氢气精制脱氧等工序；光气合成用干燥的氯气和一氧化碳按一定配比在催化剂存在下反应。光气合成器均为管壳式固定床反应器，壳内装活性炭做催化剂。混合气在固定床层内发生合成反应，放出热量，由壳程冷却水或导热油等移走反应热；HDI 由己二胺和光气进行光气化反应生成。

生产过程中主要危险有害因素：HDI 装置工艺过程复杂、控制点多，因设计时选择不当、设备腐蚀或密封件泄漏、监控系统的失控、操作失误和供电供水系统的事故等，都有可能导致泄漏中毒和火灾、爆炸事故的发生。

生产过程中最大的危害因素是光气合成及光气化反应单元发生泄漏，造成光气、氯气、一氧化碳等有毒气体外逸。光气、氯气是剧毒品。光气毒性比氯气大 10 倍。空气中光气浓度为 30～50mg/m^3时，即可引起急性中毒。浓度高时，即使是短时间接触，也可致人死亡。光气的剧毒特性，使得少量的光气泄漏就会造成严重的后果，致人死亡、众多人员中毒或污染环境等。另外，制备光气用的氯气发生泄漏后，也往往会造成严重的社会灾害。而且，副产盐酸也带来一系列安全问题。

4.1.4.3 碳酸二甲酯替代光气制备 HDI 安全工艺

光气法技术成熟、经济合理。然而，光气法的高毒性和高腐蚀性一直威胁着安全生产。采用无毒、无污染的绿色化学方法合成有机异氰酸酯的研究越来越受到人们的关注，一直是有机异氰酸酯研究的热点之一。DMC 代替光气就是制备 HDI 的安全工艺。

DMC 替代光气法包括两步反应，一是己二胺与 DMC 反应得到六亚甲基二氨基甲酸甲酯（HDC），二是 HDC 裂解得到 HDI，反应式如下式所示。

$$H_2N\text{-}(CH_2)_6\text{-}NH_2 + 2CH_3O\overset{O}{\overset{\|}{C}}OCH_3 \longrightarrow H_3COOCHN\text{-}(CH_2)_6\text{-}NHCOOCH_3 + 2CH_3OH$$

$$H_3COOCHN\text{-}(CH_2)_6\text{-}NHCOOCH_3 \xrightarrow{\text{分解}} OCN\text{-}(CH_2)_6\text{-}NCO + 2CH_3OH$$

（1）碳酸二甲酯替代光气合成 HDI——1,6-六亚甲基二氨基甲酸甲酯（HDC）合成

合成 HDC 的催化剂包括：$Pb(NO_3)_2$[73]；$Bi(NO_3)_3$[74]；乙酸锌[75]；离子液体[76]。

作者课题组[77]制备了一系列的固体碱催化剂用于 HDC 的合成反应。MgO/ZrO_2 对于 HDC 的合成具有较好的催化活性。当 MgO 的负载量为 6%、焙烧温度为 600℃时，MgO/ZrO_2 的活性最好。在 n(HDA)∶n(DMC)＝1∶10、回流温度下反应 6h，HDC 的收率为 53.1%。该催化剂克服了液体催化剂存在的分离和回收问题。

（2）碳酸二甲酯替代光气合成 HDI——1,6-六亚甲基二氨基甲酸甲酯（HDC）分解

覃宁波等[78]以低沸点氯苯为溶剂，在加压条件下进行了 1,6-六亚甲基二氨基甲酸甲酯（HDC）液相催化热解制备 1,6-六亚甲基二异氰酸酯（HDI）的研究。HDC 热解制备 HDI 分两步完成；优化的反应条件为：采用 Co_2O_3 催化剂、反应温度 230℃、HDC 含量为溶剂质量的 2.5%、催化剂用量为 HDC 质量的 5%、N_2 流量为 600mL/min、反应时间 3h，在此条件下，HDC 的转化率可达 100%、HDI 收率可达 83.0%左右。机理研究推测：Co_2O_3 催化剂是通过进攻 HDC 的氨基甲酸甲酯基团上的 C═O 双键，最终使酯基断裂形成异氰酸根基团。

陈浪等[79]合成了一系列吡啶-2-甲酸盐，将其用作液相热分解六亚甲基二氨基甲酸正丁酯（HDU-B）制备 1,6-六亚甲基二异氰酸酯的催化剂。吡啶-2-甲酸锌为催化剂，适宜用量为 HDU-B 质量的 1.0%～1.2%，真空度 0.094MPa，反应温度 260～270℃，在此条件下，HDI 收率为 88.7%。

热解体系添加剂[80]。在寻找高效催化剂的同时，由于高温条件下热解产物异氰酸酯与醇会很快再反应生成氨基甲酸酯，所以产物的快速分离也十分重要。Schweitzer 等[81]提出在反应体系中加入第三物种，与醇或异氰酸酯形成共沸物可以促进二者分离。Sundermann 等[82]在氨基甲酸酯热解体系中加入稳定剂，主要为氯化氢、有机酰氯、烷基化试剂、有机锡氯化物等，可以抑制副反应的发生。以二苄基甲苯为溶剂，加热到 200℃，逐滴加入 1,6-六亚甲基二氨基甲酸乙酯，同时以二氯二苯基锡和对甲苯磺酸乙酯为稳定剂，体系压力 500Pa，反应后对产物 HDI 的选择性为 93.6%。此方法中加入的稳定剂难以回收再利用。Takeshi 等[83]提出氨基甲酸酯热解体系中活泼氢化合物（如有机质子酸、β-二酮等）的存在可以抑制副反应的发生。Valli 等[60]在热解体系中，加入氯代儿茶酚硼烷和三乙胺作为反转剂，吸收分解生成的醇，促进分解反应正向进行。此反应条件温和，反应 10min 异氰酸酯收率可达 99.0%。但反应中消耗的氯化邻苯二酚硼烷与三乙胺难以回收重复利用，增加了生产成本。Merger 等[84]发现，在卤化氢存在下，氨基甲酸酯可高效热解生成异氰酸酯。提高了对异氰酸酯的选择性，在无卤化氢存在下，随着热解时间的延长，反应对 HDI 的选择性降低，相反对单异氰酸酯的选择性增加。有卤化氢存在时，这一趋势被抑制，反应对 HDI 的选择性基本保持在 90%以上。

4.1.5 合成碳酸二苯酯

碳酸二苯酯［$(C_6H_5O)_2CO$，Diphenyl Carbonate，DPC］是一种重要的工程塑料中间体，主要用于塑料工业，制造聚芳基碳酸酯、对羟基苯甲酸聚酯、单异氰酸酯、二异氰酸酯等产品。也可以用来制备塑料增塑剂，此外，在化工生产中也可以用作溶剂和载热体。

聚碳酸酯由于具有良好的性能在电子电器、建筑材料、包装材料、汽车制造等各个领域具有广泛的应用，并且聚碳酸酯可通过共聚、共混等改性赋予其特殊性能从而进一步拓宽其应用领域。目前，聚碳酸酯是用量仅次于聚酰胺的第二大工程塑料，而碳酸二苯酯是合成聚碳酸酯的重要生产原料，碳酸二苯酯合成技术和工艺是提高聚碳酸酯的自主生产能力，加快聚碳酸酯工业发展的关键环节。

目前，碳酸二苯酯的合成方法有光气法、酯交换法和氧化羰基化法等方法。光气法制备 DPC 需要用到有剧毒的光气，对人类和环境是一个潜在的威胁；氧化羰基化法虽然原子利用率高无污染，但是反应条件要求较为苛刻；酯交换法制备 DPC 因使用的原料无毒、无污染，使用的催化剂又不昂贵，转化率又较高，因此被认为是目前最佳的合成 DPC 的方法，很多国家已经根据酯交换法的原理建立了生产 DPC 的工厂。

4.1.5.1 光气法制备碳酸二苯酯工艺

光气法合成 DPC：目前，工业上主要采用光气法生产 DPC，以光气和苯酚为原料，其反应方程式如下式所示[85]。

$$Cl-C(=O)-Cl + C_6H_5-OH \longrightarrow Cl-C(=O)-O-C_6H_5 + HCl$$

$$Cl-C(=O)-O-C_6H_5 + C_6H_5-OH \longrightarrow C_6H_5-O-C(=O)-O-C_6H_5 + HCl$$

它是由苯酚和 NaOH 溶液反应生成氯甲酸苯酯，氯甲酸苯酯再与苯酚反应合成 DPC。先向反应锅内加入 16%～17%的氢氧化钠溶液，再加入苯酚，在惰性溶剂存在下加入少量叔胺催化剂；然后冷至 10℃左右加入液态光气，控制反应温度为 20～30℃，反应生成的碳酸二苯酯不断呈固态小颗粒析出。反应过程中用调节光气的加入速度和控制冰盐水量来掌握反应温度。当物料 pH=6.5～7.0 反应完毕。先赶走剩余光气和氯化氢气体，待物料静置分层去掉母液，得到碳酸二苯酯粗品；然后经多次盐水和冷水洗涤、分离，再用真空脱水和回收溶剂，最后经减压蒸馏和滚筒结晶，得到所需的白色片状精碳酸二苯酯。

工艺改进：以石灰代替烧碱与苯酚反应生成苯酚钙盐，然后在室温、常压下高速定量地进行光气化反应可制得碳酸二苯酯。该工艺较以往采用的光气合成法单耗及成本显著降低，工艺条件温和，光气化温度由 15～20℃提高到 20～45℃，可省去冷冻盐水，光气化时间由 4～10h 缩到 1～2h，生产效率显著提高，有效地抑制了各种副反应。

4.1.5.2 光气法生产碳酸二苯酯危险性分析

光气制备危险性。

光气使用危险性。由于光气的剧毒性及对环境和人的安全危害很大，生成的副产物 HCl 又具有腐蚀性，能够将设备腐蚀，进而发生生产事故。

光气储存危险性。

副产盐酸和使用氢氧化钠危险性。

4.1.5.3 碳酸二甲酯替代光气制备碳酸二苯酯安全工艺

DMC 和苯酚的酯交换法合成 DPC 是目前唯一实现了工业化的合成方法。另外对苯酚与草酸二烷基酯（$C_{1\text{-}6}$）、DMC 与醋酸苯酯、羧酸酯和苯酚酯交换等方法也研究较多。合成 DPC 主要有 3 种酯交换法：DMC 与苯酚酯交换法、草酸二甲酯（DMO）与苯酚酯交换法、DMC 与乙酸苯酯（PA）酯交换法，如下式所示。DMC 与苯酚酯交换法、DMO 与苯酚酯交换法的反应平衡常数较小，需要将甲醇移出以利于反应向有利于产物生成方向移动，反应时间长，过程设计复杂，工程投资较大。DMC 与 PA 酯交换法涉及的主要反应的反应平衡常数较大，反应比较容易进行，具有反应时间短、反应过程设计简单等特点，且副产物可以通过转化再利用，实现“100%原子利用率”，极具工业化前景。

$$CH_3-O-\overset{\overset{\displaystyle O}{\|}}{C}-O-CH_3 + C_6H_5-OH \rightleftharpoons CH_3-O-\overset{\overset{\displaystyle O}{\|}}{C}-O-C_6H_5 + CH_3OH$$

$$CH_3-O-\overset{\overset{\displaystyle O}{\|}}{C}-O-C_6H_5 + C_6H_5-OH \rightleftharpoons C_6H_5-O-\overset{\overset{\displaystyle O}{\|}}{C}-O-C_6H_5 + CH_3OH$$

$$CH_3-O-\overset{\overset{\displaystyle O}{\|}}{C}-O-CH_3 + CH_3-\overset{\overset{\displaystyle O}{\|}}{C}-O-C_6H_5 \rightleftharpoons CH_3-O-\overset{\overset{\displaystyle O}{\|}}{C}-O-C_6H_5 + CH_3-\overset{\overset{\displaystyle O}{\|}}{C}-O-CH_3$$

$$CH_3-O-\overset{\overset{\displaystyle O}{\|}}{C}-O-C_6H_5 + CH_3-\overset{\overset{\displaystyle O}{\|}}{C}-O-C_6H_5 \rightleftharpoons C_6H_5-O-\overset{\overset{\displaystyle O}{\|}}{C}-O-C_6H_5 + CH_3-\overset{\overset{\displaystyle O}{\|}}{C}-O-CH_3$$

苯酚和 DMC 酯交换合成 DPC 所用催化剂可分为均相催化剂和多相催化剂两大类。均相催化剂大致可分成三代，第一代为碱或碱金属化合物，比如 Li_2CO_3、$NaHCO_3$、Na_2WO_4 等，这类催化剂活性和选择性比较低，并有大量的 CO_2 和苯甲醚生成。第二代为路易斯酸的金属化合物，已被研究的有 $SnCl_4$、$AlCl_3$、$TiCl_4$、$ZnCl_2$、$FeCl_3$ 等。另外，也包括一些可转化为路易斯酸的金属化合物，例如，PbO、$Fe(OAc)_3$、$Pb(OPh)_2$ 等化合物。这些催化剂对反应器具有腐蚀性，对主产物的产率和选择性也不高，给工业化带来一定困难。目前，使用较多的是第三代催化剂，钛和锡的金属有机化合物，这些化合物主要是 $Ti(OPh)_4$、Bu_2SnO、$Ti(OBu)_4$ 等，这些催化剂效果较好，最高的 DPC 产率可达到34%～44%，选择性达 80%～100%。

多相催化剂主要包括以下几类。负载型催化剂：所用载体一般为微孔性的 SiO_2、

Al_2O_3 等，以 SiO_2 为载体的 MoO_3 或 TiO_2 催化剂对酯交换反应有较高的活性；金属氧化物催化剂：如 PbO-ZnO、PbO/MgO 和 $LaMn_{1-x}Cu_xO_3$ 等；分子筛催化剂：如 Hβ 分子筛；水滑石类：如 MgAl 水滑石、己二酸和苯甲酸柱撑水滑石和钛层柱黏土催化剂等。

4.1.6 合成吡唑磺酰氨基甲酸酯

磺酰脲类除草剂具有高效、低毒、广谱的特点，比传统除草剂的效果高几十倍至几百倍；对哺乳动物的毒性极低。吡嘧磺隆是这类除草剂的代表品种之一，主要用于直播或移栽水稻田中，用量少，可防除绝大多数阔叶杂草和莎草，对水稻安全。吡唑磺酰氨基甲酸酯是合成吡嘧磺隆的关键中间体，由它与 2-氨基-4,6-二甲氧基嘧啶反应即可制得吡嘧磺隆。

光气合成法：吡嘧磺隆的合成和其他磺酰脲类的合成一样，一般采用光气法由吡唑磺酰胺（$—SO_2NH_2$）在 n-C_4H_9NCO 催化下与光气作用制得吡唑磺酰基异氰酸酯（$—SO_2NCO$），然后再与 2-氨基-4,6-二甲氧基嘧啶反应得到。光气剧毒，操作时稍有泄漏，就会造成极大危害。

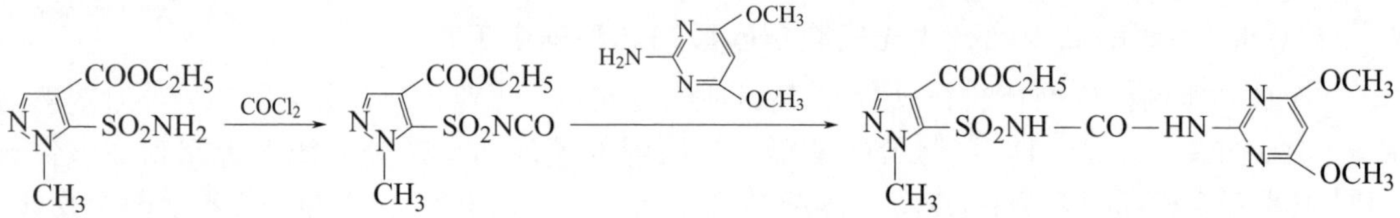

DMC 替代光气法[86]：报道了一种非光气法合成除草剂吡嘧磺隆中间体 5-[(甲氧羰基)氨基磺酰基]-1-甲基吡唑-4-羧酸乙酯（简称吡唑磺酰氨基甲酸酯）的新方法，如下式所示。由 DMC 与 5-氨基磺酰基-1-甲基吡唑-4-羧酸乙酯（简称吡唑磺酰胺）在甲醇钠存在下反应制得产品，收率为 85.0%。具有反应条件温和、操作安全、简便、收率高的优点。

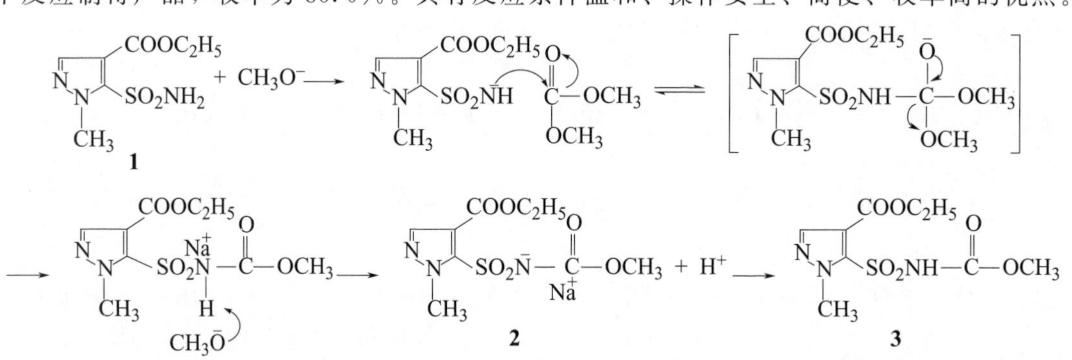

4.1.7 合成对苯二异氰酸酯

对苯二异氰酸酯（PPDI）由于其分子结构的高度对称性和 NCO 质量分数很高，故其制品具有优良的力学性能和耐热性能。目前，工业生产均采用光气法，生产过程毒性大，对操作人员和环境危害极大，如下式所示。

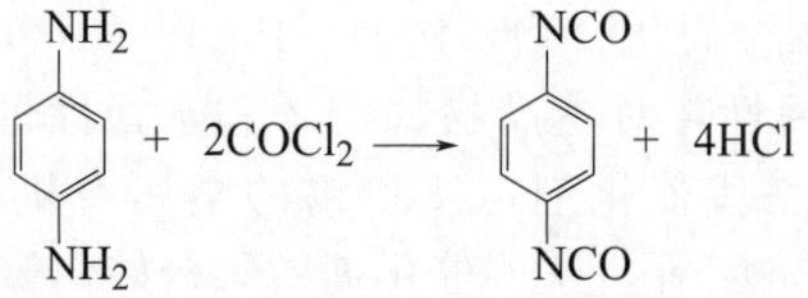

DMC 替代光气法：采用非光气法制备 PPDI 的研究已引起人们极大关注，可使生产过程实现安全化。在 PPDI 的非光气法制备中，对苯二氨基甲酸酯（PPDC）催化裂解制备

PPDI 是目前最具工业化前景的非光气路线。此路线原料 PPDC 的合成，又是其能否工业化的关键。到目前为止，所报道的 PPDC 的非光气合成工艺主要包括对硝基苯的还原羰基化法（1）和对苯二胺（PPDA）的甲氧羰基化法（DMC 法）（2）。

$$p\text{-}C_6H_4(NO_2)_2 + 6CO + 2CH_3OH \xrightarrow{催化剂} p\text{-}C_6H_4(NHCOOCH_3)_2 + 4CO_2 \tag{1}$$

$$p\text{-}C_6H_4(NH_2)_2 + 2CH_3OCOOCH_3 \xrightarrow{催化剂} p\text{-}C_6H_4(NHCOOCH_3)_2 + 2CH_3OH \tag{2}$$

硝基苯的还原羰基化反应中所使用的催化剂主要为第Ⅷ族的过渡金属，其中 Pd、Se 和 Ru 化合物的催化活性最高。这种工艺以 CO 作为原料，反应条件苛刻，消耗大量的钯、硒和铑等贵金属催化剂，并且催化剂失活严重，后处理复杂。

PPDA 的甲氧羰基化反应以无毒无污的绿色化学品 DMC 作为原料，在较温和的条件下进行。用于该反应的催化剂为 Lewis 酸催化剂（如四氯化钛和有机酸锌）、Lewis 碱催化剂（如铅类、钛类、锌类以及锆类有机或无机化合物）、非酸碱型催化剂（如 PbO）。

杜辉等[87]以绿色化学品 DMC 和对苯二胺为原料，采用非光气路线合成 PPDC——聚氨酯用特种异氰酸酯 PPDI 的前体。以 $Zn(CH_3COO)_2$ 作催化剂确定了合适工艺条件。433K 反应 2h，对苯二胺转化率为 99.9%，PPDC 的收率可达 82.1%。

4.2 碳酸二甲酯替代硫酸二甲酯、氯甲烷

4.2.1 硫酸二甲酯、氯甲烷的性质、用途及危害性

硫酸二甲酯：无色或微黄色，略有葱头气味的油状可燃性液体。闪点 83.33℃。自燃点 187.78℃。在水中溶解度 2.8g/100mL。在 50℃或者碱水易迅速水解成硫酸和甲醇。在冷水中分解缓慢。遇热、明火或氧化剂可燃。

硫酸二甲酯属高毒类，作用与芥子气相似，急性毒性类似光气，比氯气大 15 倍。对眼、上呼吸道有强烈刺激作用，对皮肤有强腐蚀作用。可引起结膜充血、水肿、角膜上皮脱落，气管、支气管上皮细胞部分坏死，穿破导致纵膈或皮下气肿。此外，还可损害肝、肾及心肌等，皮肤接触后可引起灼伤，水疱及深度坏死。

硫酸二甲酯对皮肤的损害，除其腐蚀作用外，还可能引起接触性过敏性皮炎。国外动物实验报告，急性硫酸二甲酯中毒后可引起染色体畸变。用大鼠进行实验还证实有致癌作用。

遇热源、明火、氧化剂有燃烧爆炸的危险。若遇高热可发生剧烈分解，引起容器破裂或爆炸事故。与氢氧化铵反应强烈。

氯甲烷：无色易液化的气体，加压液化贮存于钢瓶中。属有机卤化物。微溶于水，易溶于氯仿、乙醚、乙醇、丙酮。易燃烧、易爆炸、高度危害（HG 20660—2017《压力容器中化学介质毒性危害和爆炸危险程度分类标准》）。高温时（400℃以上）和强光下分解成甲醇和盐酸，加热或遇火焰生成光气。

4.2.2 合成甲基化产品

(1) 制备二甲基对苯二酚[88]

二甲基对苯二酚，白色片状固体，呈似甜苜蓿香气和酚味，稀释至5mg/kg以下有硬壳果香味。熔点56℃，沸点213℃，相对密度（d_4^{66}）1.036，1mL溶于10mL95%乙醇中，不溶于苯。天然品存在于风信子精油等中。我国GB 2760—86规定为允许使用的食用香料。主要用于配制坚果类香精。

用DMC代替硫酸二甲酯作甲基化剂把对苯二酚转化成二甲基对苯二酚（氢醌二甲醚），如下式所示。对苯二酚、DMC、烧碱和碘化钾在高压反应釜内，于150℃反应8～12h后得二甲基对苯二酚。对苯二酚转化率为93.0%，选择性接近100%。该工艺能避免使用极毒的硫酸二甲酯，减少污染，有利于环境保护。

$$\text{HO-C}_6\text{H}_4\text{-OH} + 2(CH_3)_2SO_4 + 2NaOH \longrightarrow \text{CH}_3\text{O-C}_6\text{H}_4\text{-OCH}_3 + 2CH_3SO_4Na + 2H_2O \tag{1}$$

$$\text{HO-C}_6\text{H}_4\text{-OH} + 2(CH_3)_2CO_3 \xrightarrow{NaOH、KI} \text{CH}_3\text{O-C}_6\text{H}_4\text{-OCH}_3 + 2CO_2 + 2CH_3OH \tag{2}$$

(2) 制备α-联苯双酯[89]

联苯双酯是治疗病毒性肝炎和药物性肝损伤引起转氨酶升高的常用药物。以往认为它具有保护肝细胞，增加肝脏的解毒功能的药理作用。尤其是其降酶作用，效果明显，且毒性低，副作用小。

以没食子酸为原料，用安全低毒的DMC和二溴海因替代传统生产工艺中剧毒的硫酸二甲酯和强腐蚀性的溴素，制备α-联苯双酯（α-DDB）。

α-DDB的工业化生产合成路线如图4.18所示，以没食子酸为起始原料，经甲酯化、单甲醚化、溴化、环合、Ullman（乌尔曼）反应共5步反应合成α-DDB。该方法中，由于用到了硫酸二甲酯（DMS）、溴素等剧毒或强腐蚀性物质，在合成过程中会造成环境污染，损害人体健康，存在安全问题。

DMC是一种绿色化学试剂，可替代DMS、碘甲烷等剧毒或致癌物用作甲基化试剂。二溴海因（1,3-二溴-5,5-二甲基海因，DBDMH）是一种重要的化工产品，具有低毒、无腐蚀性、有效溴含量和反应活性高等优点，常作为工业溴化剂和消毒剂使用。以安全低毒的DMC替代剧毒的DMS进行酚羟基的甲醚化反应，以无腐蚀性的DBDMH替代强腐蚀性的溴素进行苯环的溴代反应，制备α-DDB的绿色合成路线，如图4.19所示。由于DMC甲醚化的选择性不佳，合成路线中增加了邻二酚羟基保护和脱保护的步骤。

(3) 制备1,3,5-三甲氧基苯[90]

1,3,5-三甲氧基苯（TMB）是一种重要的有机合成中间体，广泛应用于医药、农药和精细化工产品的合成中，如用于血管扩张剂盐酸丁咯地尔和普福美的合成。

目前，合成TMB的方法主要有三种：一是以六氯苯为原料经醚化和脱氯两步反应制备TMB；二是以1,3,5-三溴苯为原料经甲氧基化反应制备TMB；三是以间苯三酚（PG）为原料经甲基化反应制备TMB。方法一步骤较多且六氯苯毒性较大，使用甲醇钠，需要无水

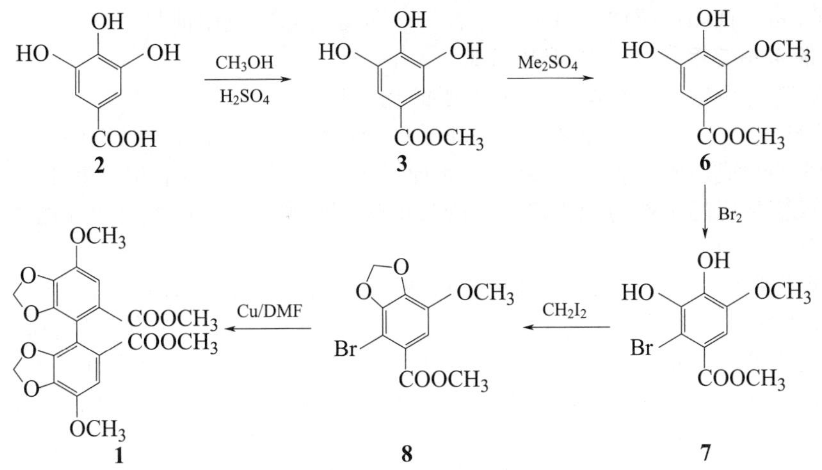

图 4.18　α-DDB 的硫酸二甲酯法工业合成路线

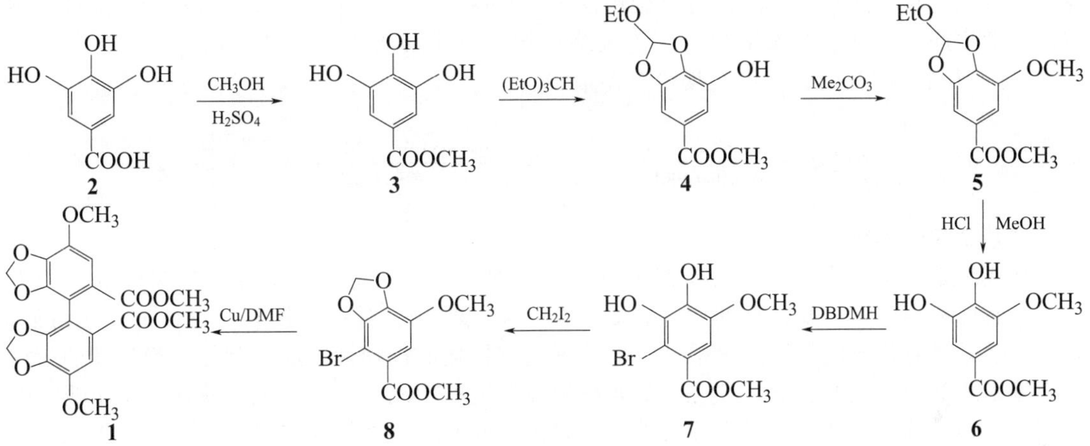

图 4.19　α-DDB 的绿色合成路线

操作，总收率较低（54.0%）。方法二原料昂贵，成本高，也使用甲醇钠，需要无水操作，反应条件繁琐，周期较长。方法三工艺条件简单，后处理容易，收率较高。由 PG 甲基化制备 TMB 的传统甲基化试剂为硫酸二甲酯和卤代甲烷等剧毒试剂，污染严重、毒性大。

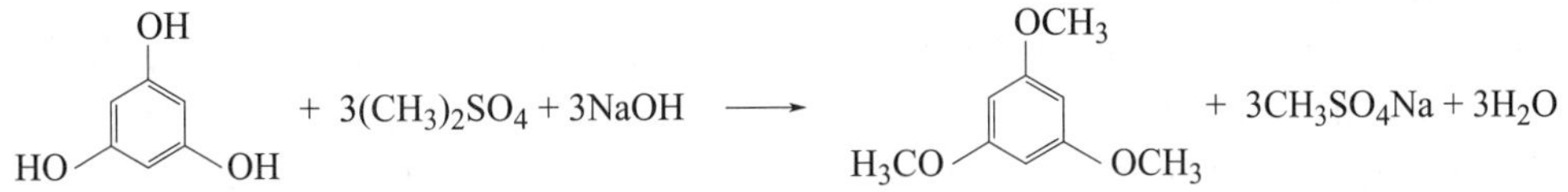

$$+ 3(CH_3)_2SO_4 + 3NaOH \longrightarrow + 3CH_3SO_4Na + 3H_2O$$

与硫酸二甲酯等相比，DMC 可代替硫酸二甲酯和卤代甲烷等传统试剂实现酚类的绿色甲基化。

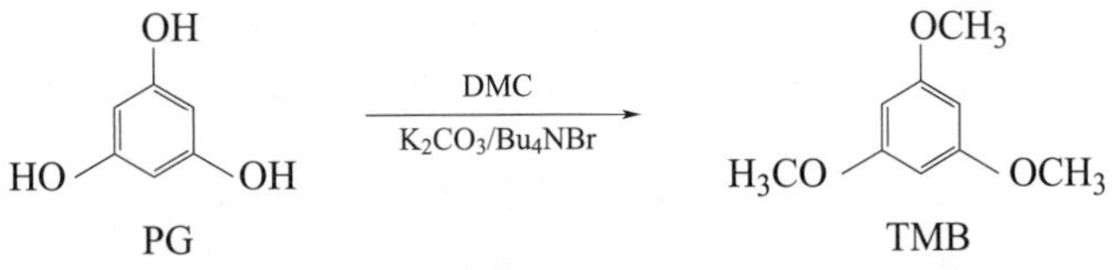

$$\text{PG} \xrightarrow[K_2CO_3/Bu_4NBr]{\text{DMC}} \text{TMB}$$

以 PG 为原料，采用无毒的 DMC 代替硫酸二甲酯和碘甲烷等传统剧毒试剂作为甲基化试剂，在 $K_2CO_3/(Bu)_4NBr$ 体系催化下，合成了 1,3,5-三甲氧基苯。确定了最佳工艺条件为：于 160℃反应 24h，收率 76.0%。该合成工艺环境友好，克服了传统工艺毒性大、环境污染严重的缺陷，且操作简便，过程易于控制，具有良好的应用前景。

（4）制备4,6-二甲基-2-甲磺酰基嘧啶

4,6-二甲基-2-甲磺酰基嘧啶是一种重要的化工原料，广泛应用于生物、医药及化工领域。有报道表明，它是合成治疗肺动脉高压的高选择性内皮素受体拮抗剂的重要中间体。

该化合物的合成通常以乙酰丙酮为起始原料，经过环化、甲基化、氧化反应3步来制备。甲基化反应常用的试剂为碘甲烷和硫酸二甲酯。但碘甲烷和硫酸二甲酯的毒性以及碘甲烷的价格是其应用的不利因素。

DMC是一种环境友好试剂。有研究者以四丁基溴化铵（Bu_4NBr）和K_2CO_3为催化剂，DMC为甲基化试剂，常压下以4,6-二甲基-2-巯基嘧啶（DLMP）为起始原料，在硫原子上进行甲基化反应获得满意收率，但是Bu_4NBr回收困难。离子液体具有环境友好、不易燃、易与产物分离、使用方便、易回收、可多次循环使用等优点，是人们广泛认可和接受的绿色溶剂。谢建刚等[91]报道了4,6-二甲基-2-甲磺酰基嘧啶的绿色合成工艺：以离子液体[b-mim]Cl为溶剂和催化剂，DLMP为起始原料，DMC为甲基化试剂，考察了甲基化反应步骤中的物料配比、反应时间、反应温度，离子液体循环4个反应因素的影响，高收率地获得了甲基化产物，同时离子液体可再循环使用。在后继氧化反应中，以乙酸乙酯为溶剂，钨酸钠为催化剂，双氧水做氧化剂合成了最终产物。所涉及两步反应均绿色环保，为4,6-二甲基-2-甲磺酰基嘧啶的合成工艺提供有益借鉴。

N SH —— 110℃ / DMC , [bmim]Cl → N S —— 60℃, $Na_2WO_4 \cdot 2H_2O$ / H_2O_2 , CH_3COOEt → N S O O

（5）制备吡螨胺[92]

吡螨胺是一种快速、高效的新型杀虫、杀螨剂。具有独特的化学性质和新颖的作用方式，对各种螨类和螨的发育全期均有速效和高效杀灭作用。其持效期长，毒性低，残留低，无内吸性，具有优异的越层渗透活性，对目标物有极佳的选择性。能控制经药剂处理的植株中未接触药剂部位上的害螨，这是其他杀螨剂所没有的功能。它与三氯杀螨砜、苯丁锡、噻螨酮、哒螨灵等常用杀螨剂无交互抗性。对蚜虫、叶蝉、粉虱等鳞翅目、半翅目害虫也有一定防效。它是目前兼顾防除螨虫病害和维护人身及生态安全的最佳药剂。主要应用于果树、茶树、棉花、蔬菜、蔓生作物、观赏植物、牲畜及环境卫生等方面。

以水合肼为原料，与丙酰丙酮酸乙酯闭环，DMC代替硫酸二甲酯进行*N*-甲基化的合成工艺来制备吡螨胺。

（6）制备丹皮酚

丹皮酚（Paeonol）的活性成分具有抑菌抗炎、解热镇痛、抗脂质过氧化、免疫调节、降压利尿、抗过敏、抗肿瘤等作用，在医药、化工领域具有广泛的用途。是牡丹皮、徐长卿及复方六味地黄丸主要有效成分。主要从植物中提取得到的，受植物资源的限制产量小，含量低，提取工艺复杂繁琐、废水不利于环保等缺点不适合工业化生产。

付金广[93]提出了化学合成法，以间苯二酚为原料，通过酰基化，聚乙二醇4000为相转移催化剂与DMC甲基化得到的丹皮酚，收率85.3%。该合成工艺反应条件温和操作简单、原料廉价易得，且用无毒的DMC代替剧毒的硫酸二甲酯，适合工业化生产。

OH OH —— CH_3COOH / $ZnCl_2$ → O OH OH —— DMC → O OH O

(7) 碳酸二甲酯作为淀粉的绿色甲基化剂[94]

淀粉是在自然界中存量仅次于纤维素的天然高分子，具有来源广泛、可再生、生物相容、安全环保等优点，同时也是一些精细化学品和功能性高分子材料的重要原材料。淀粉广泛应用于食品、医药、造纸、纺织、建筑冶金、农林日化、生物化工等技术领域。

淀粉精细化学品和功能性高分子材料多以淀粉衍生物形式存在，化学改性是改变淀粉分子结构，完善淀粉的实用性质，提升淀粉功能特性的有效方法。随着煤和石油类不可再生资源的日益匮乏以及环境污染的日益严重，淀粉原料的资源化开发和高效利用技术在深度和广度上都得以快速发展。

甲基淀粉是一种重要的非离子型高分子醚，具有增稠、水溶、成膜、持水、黏合、助悬浮、稳定酸碱等特点，可广泛用于建筑、食品、医药、日化、陶瓷、石油钻探以及农业生产等领域。现有的淀粉甲基化技术无法满足当今化工生产在绿色反应技术、清洁生产、环保及操作安全等诸多方面的要求。人们正在研究符合高效、环保、安全清洁、经济适用的淀粉甲基化反应的新方法。

淀粉是由脱水葡萄糖单元经糖苷键连接而成，其葡萄糖残基的 2、3、6 位各有一个具有反应活性的羟基，淀粉的甲基化就是羟基的氢原子被甲基取代而生成甲氧基的过程。有关淀粉的甲基化反应，主要有利用碘甲烷/氧化银的 Purdie 法，硫酸二甲酯/氢氧化钠的 Haworth 法，碘甲烷/氢化钠的 Hakomori 法，碘甲烷/氢氧化钠的 Ciucanu 和 Kerek 法，其中 Ciucanu 和 Kerek 法最常用。

传统的淀粉甲基化试剂和方法（如卤代烷、硫酸二甲酯、重氮甲烷/二乙醚等方法）由于反应效率较低，存在高压、剧毒、操作苛刻、使用贵重试剂等（危害高、消耗高、操作性差）以及环境污染等缺陷，必然将会被高效、环保、清洁、安全的新兴技术方法所替代。新型甲基化试剂 DMC 具有清洁、安全、工艺简洁等优势。采用 DMC 为甲基化试剂实施对淀粉的甲基化反应的技术方法，整个工艺过程在低温常压下完成，一次性反应的甲氧基含量最高可达 3%，且操作过程安全便捷，整个工艺具有清洁、安全、经济、环保的特点。可以说是迄今为止最具竞争力的淀粉甲基化反应方法。

$$\text{(葡萄糖单元: 6-OH, 3-OH, 2-OH)} + 3(CH_3)_2CO_3 \longrightarrow \text{(葡萄糖单元: 6-}H_3CO\text{, 3-}OCH_3\text{, 2-}OCH_3\text{)} + 3CO_2 + 3CH_3OH$$

(8) 制备苯甲醚[95]

苯甲醚亦称茴香醚、甲氧基苯，可用于香料、甲氧滴涕杀虫剂等的合成，也可用作溶剂、抗氧剂、香料配制、乙烯聚合物紫外线稳定剂和肠内杀虫剂等，是一种重要的有机化工原料及中间体。目前工业上生产苯甲醚主要是通过苯酚钠与硫酸二甲酯作用而得。由于硫酸二甲酯属剧毒品，对皮肤和设备均具有强腐蚀性，使用过程稍有不慎即会对人体和环境造成极大危害。因此，该工艺有明显缺陷。

研究者以苯酚为原料，采用 DMC 作为甲基化试剂，在分子筛催化剂的存在下，通过气相反应合成了苯甲醚，获得了成功。该工艺不仅避免了传统生产工艺的一些缺点，而且小试结果的产品质量、产率等均令人满意。具有很好的应用前景。

$$2\,C_6H_5\text{—}OH + CH_3OC(=O)OCH_3 \longrightarrow 2\,C_6H_5\text{—}OCH_3 + CO_2 + H_2O$$

(9) 制备甲基化-β-环糊精

β-环糊精是由 7 个葡萄糖单体通过 α-1,4 糖苷键连接成的一类筒状化合物。由于 β-环糊精具有内亲脂的空腔和外亲水的表面，可广泛应用于分离、分子催化等方面。然而，由于β-环糊精母体的溶解度较低，使其应用受到一定的限制。甲基化-β-环糊精作为β-环糊精衍生物的优秀代表，因其溶解度大，具有大的包合特性等优点而被广泛应用。

甲基化-β-环糊精目前的合成方法是在碱性条件下以硫酸二甲酯为甲基化试剂合成得到；或者在 NaH 存在下，将β-环糊精溶解于二甲基甲酰胺（DMF）中，滴加卤甲烷得到。这些方法虽然都是在常温常压下进行，反应条件温和，但是这些甲基化-β-环糊精的合成工艺较复杂，体现在多步骤，需要保护基团、去保护基团和保护气体，且原料硫酸二甲酯和碘甲烷均有毒。硫酸二甲酯和碘甲烷的毒性分别为剧毒和中等毒性，这就极大增加了生产过程的风险，也制约了甲基化-β-环糊精作为药物辅料的用途。

DMC 是一种新型的绿色化学试剂。张毅民等[96]用绿色的甲基化试剂 DMC 与β-环糊精反应，成功合成了对人体和环境友好的甲基化-β-环糊精，合成工艺只需一步反应，且不需要保护基团、去保护基团和保护气体，具有简单、方便以及无毒等特点。

用绿色的 DMC 为原料，以 DMF 为溶剂，在无水碳酸钾催化下，将其与β-环糊精反应合成了甲基化-β-环糊精。产品平均取代度的影响因素主要是反应温度和β-环糊精与 DMC 物质的量比；最佳合成工艺条件是反应时间为 24h、β-环糊精和 DMC 物质的量比是 1∶28、反应温度 85℃和β-环糊精和催化剂物质的量比为 1∶14，该条件下，产品的平均取代度达到 14.2。

DMC , K_2CO_3
0～85℃

R = H或CH_3　$n = 0\sim7$

(10) 制备甲基碳酸酯季铵盐[97]

N263 是萃取冶金常用的季铵盐类（氯型）萃取剂，转型成碳酸根型等后可在钨钼萃取等方面广泛的应用，但该转型工艺冗长，需采用 $NaHCO_3$、H_2SO_4、$NH_3 \cdot H_2O$ 溶液多次且长时间接触。同时，其传统的合成工艺是采用氯甲烷作为季铵化试剂与 N235 在常压或高压下反应而成，因氯甲烷沸点低（－24℃）、腐蚀性强、毒性大，该工艺对设备要求高、操作繁琐，且易对人体和自然环境造成危害。

针对现有季铵盐 N263 合成工艺毒性大、转型步骤冗长和设备要求高等问题，以三辛基甲基溴化铵为催化剂、DMC 为季铵化试剂替代传统的氯甲烷与 N235 在高压反应釜中合成甲基碳酸酯季铵盐。在适宜的条件下，当 N235 与 DMC 的物质的量比为 1∶5.6、甲醇与 N235 的体积比为 1∶2、三辛基甲基溴化铵催化剂为反应体系总质量的 5%、反应温度为 110℃、反应时间为 8h 时，叔胺转化率可达 99.4%。

(11) 制备愈创木酚[98]

愈创木酚是一种重要的精细化工中间体，应用广泛，可用于生产香料如香兰素，医药如愈创木酚磺酸钾、愈创木酚甘油醚、黄连素和异丙肾上腺素等及植物生长调节剂如 5-硝基愈创木酚钠等。

愈创木酚的合成方法有天然物中提取愈创木酚、生物法生产愈创木酚、邻氨基苯甲醚法制备愈创木酚、邻苯二酚法、环已酮法、环氧环已烷法等。

邻苯二酚法是以邻苯二酚为原料，在一定反应条件下，分别与不同的甲基化试剂如甲醇、DMC、硫酸二甲酯及一卤甲烷等在相应的催化剂作用下制备愈创木酚。邻苯二酚首先与甲基化试剂反应生成愈创木酚；生成的愈创木酚与甲基化试剂进一步反应生成邻苯二甲醚为主要的副反应，副产物有苯酚、苯甲醚、甲基邻苯二酚和甲基愈创木酚等。

一氯甲烷法：以邻苯二酚与一氯甲烷为反应原料制备愈创木酚。在加压和反应温度240℃下，反应在氢氧化钠催化和氯苯溶剂中进行，然后将产物加至碱水溶液中，用蒸汽吹走氯苯后，经酸化中和，蒸馏得到愈创木酚。溶剂和催化剂不断在改进，如二甲苯溶剂，碱土金属碱（如氢氧化钡）催化剂、二价金属盐（氯化钡、钙、锶、铅）催化剂，碱性条件下的相转移催化剂聚乙二醇 800 等。

硫酸二甲酯法：以邻苯二酚与硫酸二甲酯为原料制备愈创木酚。在碱性条件及相转移催化剂聚乙二醇 800 的作用下合成愈创木酚，虽然愈创木酚选择性好，收率高，工艺简单，但硫酸二甲酯的毒性类似光气，且反应间歇操作，因此，该方法工业化比较困难。

DMC 法：邻苯二酚甲基化生产愈创木酚是目前研究热点，应用的甲基化试剂有一氯甲烷、硫酸二甲酯、甲醇等，其中，硫酸二甲酯毒性较大，应予以淘汰。一氯甲烷作为甲基化试剂生产愈创木酚同样会产生较多的废液，并且氯甲烷具有腐蚀性，不具有替代现有的生产方法的前景。绿色化学品 DMC 替代硫酸二甲酯、一氯甲烷可望实现愈创木酚的绿色和安全生产。

$$C_6H_4(OH)_2 + CH_3OCOOCH_3 \rightleftharpoons C_6H_4(OH)(OCH_3) + CO_3 + CH_3OH$$

研究者用 DMC 与邻苯二酚反应制备愈创木酚的反应，n(DMC)∶n(邻苯二酚)＝3∶1 时，继续增加比例，产率提高不明显，并且会增加回收的困难；150℃时邻苯二酚转化率达到 34.9％，继续升高温度会导致催化剂结焦。相同条件下，催化剂活性顺序为：HY 分子筛＞硅胶≈氧化铝＞硅酸镁。有研究者报道了邻苯二酚和 DMC 在氧化铝作用下的主要产物是愈创木酚，选择性为 70％。反应中添加水可以大大增加催化活性和愈创木酚产量；在反应温度 553K 下反应 1h，邻苯二酚转化率为 68％，5h 下降到 35％。以氧化铝为催化剂时，与甲醇相比，DMC 是一种更有效的甲基化试剂。在浸渍碱的氧化铝催化下制备愈创木酚，愈创木酚选择性主要取决于氢氧化物。其中，负载 LiOH 的氧化铝可以使愈创木酚选择性最高，在 583K 时，愈创木酚选择性为 84％，邻苯二酚转化率为 100％；还发现 $LiOH/Al_2O_3$ 催化下，与甲醇相比，DMC 是更有效的 O-烷基化试剂。还有研究者采用中孔和微孔材料作为催化剂，如 $AlPO_4$、$AlPO_4/Al_2O_3$、SAPO、HY、Hβ、H-ZSM-5 等。

(12) 制备对硝基苯甲醚

对硝基苯甲醚又称对硝基茴香醚（PNA），可用于制取枣红色基 GP、色酚 AS 等染料，在医药、染料、纺织等领域都有很广泛的应用，在有机中间体中占有重要的地位。对硝基苯甲醚的合成方法主要有 3 种：①对硝基苯酚催化甲基化。以对硝基苯酚为原料，硫酸二甲酯为甲基化试剂，具有毒性大、危险性高的缺点；②对硝基氯苯催化甲氧基化。以对硝基氯苯、甲醇和氢氧化钠为原料，反应速率慢，耗时长，且副产物多，对环境污染较严重；③苯甲醚的硝化。以苯甲醚和硝酸为原料，用硫酸催化硝化，副产物较多，后处理较困难。采用 DMC 替代硫酸二甲酯可有效解决方法①存在的毒性大、危险性高的安全问题。

周淑晶等[99]以对硝基苯酚为原料，选用 DMC 为甲基化试剂，聚乙二醇 400（PEG-400）为催化剂，在微波辅助条件下合成对硝基苯甲醚，对硝基苯甲醚的收率为 80.6％。此合成方法避免了硫酸二甲酯的使用，增加了安全性，且简单易行。反应式如下：

$$O_2N{-}C_6H_4{-}OH + CH_3OC(=O)OCH_3 \xrightarrow{K_2CO_3} O_2N{-}C_6H_4{-}OCH_3 + CH_3OH + CO_2$$

(13) 制备间氯苯甲醚

间氯苯甲醚又名3-茴香醚，是一种具有刺激性气味的无色透明液体，不溶于水，溶于乙醇、乙醚、苯等有机溶剂，有刺激性，代替间溴苯甲醚用于生产盐酸曲马多，是一种重要的精细化工中间体，广泛用于染料、香料和新材料等行业。传统的甲基化试剂为硫酸二甲酯，卤代甲烷等剧毒物质，它们对人体健康和环境有着极大的危害。因此，开发使用无毒的甲基化试剂有着十分重要的意义。

曹明珍等[100]用绿色化学原料DMC代替硫酸二甲酯等传统有毒试剂作为甲基化试剂，以间氯苯酚为原料，在固体碱与相转移催化剂（PTC）的作用下，合成了间氯苯甲醚。以四丁基溴化铵（TBAB）为PTC，K_2CO_3为碱性催化剂，反应温度为98℃，反应时间为7h，间氯苯甲醚的收率为98.3%，间氯苯酚的转化率为100%。

(14) 制备具有新型反离子的阳离子表面活性剂[101]

表面活性剂是一种功能性精细化学品，由于具有特殊的功能，被广泛应用于各工业领域，其发展迅速，已成为国民经济的基础工业之一。阳离子表面活性剂的亲水基带正电荷，因此，它除了具有一般表面活性剂的基本性质外，还表现出一些特殊的性能，如：杀菌、抑菌、杀藻、防霉、抗静电、柔软和疏水等作用，而且抗菌谱广、用量少、刺激性低、毒性低、无异味、污染少，因此其应用非常广泛。

阳离子表面活性剂的种类很多，目前工业上应用最多的是季铵盐类阳离子表面活性剂，大约占市场份额41%，它不仅品种多、产量大，而且应用范围广、发展速度快，具有很好的研究价值和应用前景。

传统的季铵盐类阳离子表面活性剂主要为单长链烷基三甲基季铵盐类和双长链烷基二甲基季铵盐类，最早使用的甲基化试剂是氯甲烷和溴甲烷，后来又采用反应活性较大的硫酸二甲酯。

季铵盐类阳离子表面活性剂的常用合成方法。到目前为止，几乎所有的季铵盐结构改造都将目标集中在脂肪胺部分，甲基化试剂则多使用氯甲烷、溴甲烷、硫酸二甲酯，其合成反应路线如下式所示。

$$R^1-N(R^2)(R^3) + CH_3Cl \longrightarrow \left[R^1-N(R^2)(R^3)-CH_3\right]^+ Cl^-$$

$$R^1-N(R^2)(R^3) + CH_3Br \longrightarrow \left[R^1-N(R^2)(R^3)-CH_3\right]^+ Br^-$$

$$R^1-N(R^2)(R^3) + (CH_3)_2SO_4 \longrightarrow \left[R^1-N(R^2)(R^3)-CH_3\right]^+ CH_3SO_4^-$$

这些甲基化试剂都具有毒性和腐蚀性，且反应过程用碱量大，存在产物分离问题。其中，氯甲烷是气体，易与空气形成爆炸性混合物，需要在高压下反应，反应条件不易控制；溴甲烷有剧毒，在空气中含量达10～20mg/L时，即可致人死亡；硫酸二甲酯也属于有机剧毒品，具有强烈的腐蚀性，能通过呼吸道和皮肤接触使人体中毒。

DMC为原料合成阳离子表面活性剂：以DMC为原料合成季铵盐。在季铵盐类阳离子表面活性剂的研究中，用DMC作甲基化试剂，代替传统的烷基化试剂，合成季铵盐类阳离子表面活性剂，可避免生产过程中的操作危害、设备腐蚀和环境污染等问题。使用DMC代替硫酸二甲酯和卤代甲烷进行甲基化反应，具有明显的优势：①硫酸二甲酯和卤代甲烷具有较强的毒性与腐蚀性，而DMC基本无毒性；②与传统的甲基化工艺相比，应用DMC的工艺具有明显的环保优势，硫酸二甲酯和卤代甲烷作为原料反应时需要大量的碱来中和反应副产物，反应结束后，会产生化学计量的无机盐，如：NaBr、NaCl需要处理，而DMC作为原料时仅需少量的碱作为催化剂，仅会产生副产物甲醇，理论上甲醇能被回收用于DMC的生产。

具有新型反离子的季铵盐的合成：选择具有合适结构的叔胺，以DMC作烷基化试剂，替代传统甲基化试剂，如：氯甲烷、溴甲烷、硫酸二甲酯等，从而将阳离子表面活性剂上的氯离子、溴离子或硫酸单甲基酯转变为碳酸单甲基酯，再经离子转化合成了一系列具有新型反离子的季铵化合物。

$$R-N(CH_3)_2 + H_3CO-C(=O)-OCH_3 \longrightarrow R-N^+(CH_3)_2-CH_3 \cdot H_3CO-C(=O)-O^- \ (\mathbf{1})$$

$$\mathbf{1} \xrightarrow{HA} R-N^+(CH_3)_2-CH_3 \cdot A^- \ (\mathbf{2}\,Ⅰ\sim Ⅲ)$$

R=$CH_3CH_2(CH_2)_9CH_2$
Ⅰ A=HCOO
Ⅱ A=CH_3COO
Ⅲ A=$CH_3CHOHCOO$

4.3 二氧化碳替代一氧化碳

二氧化碳是空气中常见的化合物，其分子式为CO_2，由两个氧原子与一个碳原子通过共价键连接而成。常温下是一种无色无味气体，且无毒。密度比空气略大，能溶于水，并生成碳酸。CO_2是绿色植物光合作用不可缺少的原料，温室中常用CO_2作肥料。

CO_2是引起温室效应的主要气体，主要来自人类对大量含碳燃料的燃烧，包括煤、石油、天然气等。据估计到2100年，大气中CO_2含量将会达到500～1000μL/L，这将会导致全球平均气温上升5.2℃，诱发海平面上升，海洋酸度增加150%。《京都议定书》的制定为发达国家明确规定了有法律约束力的温室气体量化减排指标。国际能源署（IEA）公布的统计数据显示，2014年全球化石燃料产生的温室气体CO_2排放量已达323亿吨，相比于2010年的306亿吨，仍在逐年增加。预计到2035年，全球与能源有关的CO_2排放量将上升43%。我国在2010年CO_2的排放量达60多亿吨，占世界的第二位，减排形势非常严峻。

基于此，用二氧化碳替代一氧化碳作为反应物合成高值化学品有以下三点理由：

一是二氧化碳属于安全反应物。无毒、不易燃易爆、无腐蚀性，且具有惰性气体的特点，通常条件下是稳定的。这从安全角度来讲，它是比较理想的安全反应物。相对于CO，CO_2更安全，如能替代易燃易爆、有毒的非安全反应物CO合成高值产品，可实现反应过程的本质安全。

二是二氧化碳是引起温室效应的主要气体。将其资源化，化学利用可减少温室效应，改善人类赖以生存的环境。同时，CO_2的来源广泛，便宜易得，在经济上具有可行性。另外，尽管CO_2比较稳定，但仍是可以反应转化的。目前已经实现工业化的CO_2化学利用项目包括合成尿素、水杨酸、有机碳酸酯、无机碳酸盐等。

三是二氧化碳替代一氧化碳可行。CO_2合成高值化合物不仅在理论上可行，而且已经有许多实例，说明了其可行性。如CO_2加氢合成甲醇、甲烷、二甲醚、低碳烯烃等。

尽管现在存在稳定的 CO_2 难以活化的问题，但是，随着人们对安全和环境要求的不断提高，CO_2 替代 CO 作为反应物将是本质安全化学反应工程与工艺的必然选择。

4.3.1　一氧化碳的性质、用途及危害性

标准状况下一氧化碳纯品为无色、无臭、无刺激性的气体。相对分子质量为 28.01，密度 1.250g/L，冰点为-207℃，沸点-190℃。在水中的溶解度很低，不易溶于水。

一氧化碳属于有毒化学品。空气混合爆炸极限为 12.5%～74%。一氧化碳进入人体之后会和血液中的血红蛋白结合，产生碳氧血红蛋白，进而使血红蛋白不能与氧气结合，从而引起机体组织出现缺氧，导致人体窒息死亡，因此一氧化碳具有毒性。由于其无色、无味，故易于忽略而致中毒。

吸入一氧化碳对人体有十分大的伤害。浓度高至 667μL/L 可能会导致高达 50%人体的血红蛋白转换为碳氧血红蛋白，可能会导致昏迷和死亡。最常见的一氧化碳中毒症状，如头痛、恶心、呕吐、头晕、出现疲劳和虚弱的感觉。一氧化碳中毒症状包括视网膜出血，以及异常樱桃红色的血。暴露在一氧化碳中可能严重损害心脏和中枢神经系统，会有后遗症。一氧化碳可能对孕妇胎儿产生严重的不良影响。

一氧化碳是合成气和各类煤气的主要组分，是有机化工的重要原料，是 C_1 化学的基础，由它可制造一系列产品，例如甲醇、乙酸、光气等，在冶金工业中用作还原剂。目前已工业化的 C_1 化学生产技术主要有：乙酸合成、乙酐合成、草酸合成、费托合成等。

自然界中 CO 是不存在的，需要特殊制备，制备过程必然带来了安全隐患和成本上升。而 CO_2 是自然界中存在的，是许多过程的副产物（尤其是碳基能源燃烧使用过程），无需通过特殊制备反应过程。因此，价格低廉、无安全隐患问题。

4.3.2　合成甲酸

甲酸，又名蚁酸，化学分子式为 HCOOH，无色，有刺激性气味，具有腐蚀性，是最简单的一元酸。甲酸作为基础有机化工原料被广泛用于医药，橡胶，皮革，染料等工业生产中。在医药工业，甲酸可用于合成咖啡因、安乃近、氨基比林、氨茶碱、维生素 B_1、甲硝唑、甲苯咪唑等；在橡胶行业，甲酸主要用于有机合成天然橡胶凝聚剂，橡胶防老剂等；在皮革行业，甲酸可用于制造皮革柔软剂、脱灰剂、中和剂等；在染料工业，甲酸用于制造印染煤染剂，纤维和纸张的染色剂、处理剂等。由于甲酸在使用过程中可以分解成二氧化碳和水，对环境影响小，不产生污染。随着社会对企业环保要求的提高，国内外市场对甲酸的需求量日益增加，未来甲酸应用具有非常广阔的市场前景。

CO_2 为惰性小分子，不易活化，其标准生成热 $\Delta G^{\ominus}_{298K}=-394.38$kJ/mol，由于其稳定性，$CO_2$ 作为燃烧的最终产物。CO_2 的还原需要高能的还原剂或外部能源做动力，H_2 来源较方便，因此，它可成为最有希望的还原剂。

张一平[102] 对 $CO_2+H_2 \longrightarrow$ HCOOH（g）的反应进行了热力学计算，该反应的 $\Delta G^{\ominus}_{298K}$ 为 58.7kJ/mol。可见，$CO_2+H_2 \longrightarrow$ HCOOH 是一个热力学不利的反应，即使在苛刻条件下，也很难实现 CO_2 加 H_2 向甲酸的高效转化。因此，首要的条件必须打破反应的热力学平衡控制，关键在于移去反应产物（如酯化或加入无机弱碱来中和生成的酸），使反应向正方向进行。

4.3.2.1　一氧化碳为原料合成甲酸催化反应体系

甲酸传统生产工艺有甲酸钠法和甲酸甲酯水解法。

甲酸钠法：工业生产甲酸最早的工艺就是甲酸钠法，其原理是在特定的反应条件下，一氧化碳和氢氧化钠反应，生成甲酸钠；甲酸钠继续与硫酸发生酸解反应，生成甲酸和硫酸钠。以上反应均在由多级反应群组成的反应器中，具体工艺过程为：经过脱硫和压缩后的一氧化碳通入装有 NaOH 溶液（20%～30%）的反应器中，加热到 160～200℃，待反应结束后，出料到蒸发釜，加热浓缩，经蒸馏、冷凝后，得到干燥的甲酸钠。然后在甲酸钠中加入浓硫酸，常温酸化反应半小时，反应得甲酸和硫酸钠，加热蒸发出甲酸。成品甲酸可通过浓度配比得到。甲酸钠法生产甲酸技术成熟，流程简单，但是所需的原料成本高，污染严重，产生的废水多，劳动强度大。

$$CO + NaOH \longrightarrow HCOONa$$
$$2HCOONa + H_2SO_4 \longrightarrow 2HCOOH + Na_2SO_4$$

甲酸甲酯水解法：是目前主流的甲酸生产工艺，其原理是甲醇和 CO 在催化剂作用下生成甲酸甲酯，然后甲酸甲酯发生水解生成甲酸和甲醇。具体的工艺过程为：由 CO 与甲醇发生羰基化反应生成甲酸甲酯，该反应的工艺条件是温度 80℃、压力 4.0MPa，甲醇钠作为催化剂。然后在温度 140℃和压力 1.8MPa 下甲酸甲酯水解得到甲酸和甲醇，此时的甲醇可循环使用，成品甲酸可通过分离精制得到，其浓度可达 85%以上。甲酸甲酯水解法生产甲酸的原料成本只是甲酸钠工艺的 65%。

$$CO + CH_3OH \xrightarrow[\text{加压}]{\text{催化剂}} HCOOCH_3$$
$$HCOOCH_3 + H_2O \longrightarrow HCOOH + CH_3OH$$

总反应式：

$$CO + H_2O \longrightarrow HCOOH$$

4.3.2.2 二氧化碳替代一氧化碳加氢合成甲酸的安全催化反应体系

二氧化碳法生产甲酸工艺的原理是：在催化剂作用下，二氧化碳和氢直接反应生成甲酸。该工艺原料利用率高，方法简单，对环境无污染。反应的关键是催化剂。根据所用催化剂状态的不同，CO_2 催化加氢合成甲酸的过程可分为均相催化和非均相催化。

$$CO_2 + H_2 \longrightarrow HCOOH$$

均相催化[103]：CO_2 均相加氢合成甲酸所用催化剂以 Ru 和 Rh 的络合物为主，另外，过渡金属 Re、Cr、Mo、W、Pd、Cu 和 Fe 等的复合物也可以作为催化剂，其催化活性都比较高。由于水溶液作为溶剂具有清洁、廉价、易得等优点，水溶性催化剂逐渐成为研究的热点，如水溶性的$[(\eta^6-C_6Me_6)Ru^{II}(L)(OH_2)]SO_4$，对此反应具有很好的催化效果。在水溶液中，通过过渡金属复合物的催化作用，CO_2 与水形成 H^+ 和 HCO_3^-，HCO_3^- 再进一步反应生成 HCO_2^-，因此，CO_2 在水溶液中的加氢也可以看作是 HCO_3^- 的还原反应。溶液中水分子的存在可以促进 CO_2 分子与催化剂的配位，降低氢气插入反应的活化能，从而提高反应速率。在均相催化过程中，CO_2 与催化剂形成中间体，然后再与氢作用生成甲酸，甲酸的产率在很大程度上受到配体的性质、催化剂浓度、CO_2 分压和溶剂等因素的影响。虽然均相催化剂具有较多的研究和报道，且活性较高，但是反应体系复杂，反应后的催化剂需进行分离、回收和重新加工等过程，给工业化应用带来了困难。

尹传奇等[104]在水合钌配合物$[TpRu(PPh_3)_2(H_2O)]BF_4$ 催化氢化二氧化碳生成甲酸的反应中观察到醇对反应的促进作用。在甲醇溶液中，$[TpRu(PPh_3)_2(H_2O)]BF_4$ 在三乙胺和 H_2 作用下转化为 $TpRu(PPh_3)_2H$。二氧化碳插入 Ru—H 生成甲酸根配合物。提出了配合物[$TpRu(PPh_3)_2(H_2O)$]BF_4 在几种醇溶液中催化氢化二氧化碳生成甲酸的催化循环机理，催化循环的关键中间体可能是 $TpRu(PPh_3)(ROH)H$。该中间体能同时转移负氢及醇配体中的氢质子到接近的二氧化碳分子上生成甲酸，并吸收 H_2 生成过渡态 $TpRu(PPh_3)(OR)(H_2)$。

非均相催化：相对于均相催化剂来说，非均相催化剂易于分离，具有工业化的价值。CO_2 非均相催化加氢合成甲酸催化剂活性成分以 Rh、Ru、Re、Sc、Cu、Fe 和 Ni 等金属为主，载体一般为 Al_2O_3、TiO_2 和 SiO_2 等氧化物。通常由过渡金属的盐类通过浸渍或共沉淀负载于氧化物表面上，再经过焙烧、还原制得。

在表面功能化载体上实现均相催化剂的固载并应用于 CO_2 加氢反应已成为一个研究热点。这种固载型催化剂继承了均相催化剂活性高的优点，同时又克服了难分离的缺点。因此，将高活性和高选择的均相催化剂固载化是将来的发展方向。

于英民等[105]制备了功能化 MCM-41 固载的钌基催化剂，用两种方法来制备固载的钌基催化剂前驱体。方法一：直接将三氯化钌固载于功能化载体上。方法二：将钌三苯基膦配合物（简称 TRCC）固载于功能化载体上。将这两种固载的钌基催化剂用于二氧化碳加氢合成甲酸反应，发现在较低反应温度和较低氢分压下，固载的 $RuCl_2(PPh_3)_3$ 催化剂表现出更高的催化活性，在反应温度 80℃，H_2 分压 5MPa，CO_2 分压 8MPa 下，甲酸转化数达到 1275。固载 $RuCl_2(PPh_3)_3$ 催化剂也表现出很好的重复再用性。

Peng 等[106]在 Ni(111) 基催化剂上，系统地研究了 CO_2 催化加氢合成甲酸的机理，验证了催化加氢过程发生在催化剂内孔，而不是在催化剂表面上。形成甲酸的过程分两步：首先，CO_2 催化剂加氢生成甲酸盐中间体，该反应能垒在 0.6eV 左右；第二个过程是甲酸盐得到氢生成甲酸，该过程较第一步要难，反应能垒在 0.8eV 左右。

Zhang 等[107]在 80℃，总压力 16MPa，H_2 分压 4MPa 的条件下，以不同改性氨基钌作催化剂，研究了 CO_2 催化加氢制甲酸的反应，反应时间 1.0h。改性的氨基钌催化剂都表现出了好的催化活性，甲酸的最高产率为 1190mol/(mol·h)，选择性达到 100%。

4.3.3 合成乙酸

乙酸又称醋酸、冰醋酸，化学式 CH_3COOH，是一种有机一元酸，为食醋内酸味及刺激性气味的来源。纯的无水乙酸（冰醋酸）是无色的吸湿性液体，凝固点为 16.7℃，凝固后为无色晶体。尽管根据乙酸在水溶液中的解离能力它是一种弱酸，但是乙酸是具有腐蚀性的，其蒸气对眼和鼻有刺激性作用。

4.3.3.1 一氧化碳为原料加氢合成乙酸反应体系

乙酸是一种重要的化工产品。20 世纪 70 年代甲醇羰基化工艺问世后，迅速在全世界范围内取代了其他技术而成为生产乙酸的主要技术。甲醇羰基化反应是有机化学中的重要反应，目前甲醇羰基化技术中采用一氧化碳为羰基原料。

大部分乙酸是通过甲醇羰基化合成的。此反应中，甲醇和一氧化碳反应生成乙酸，方程式如下：

$$CH_3OH + CO \longrightarrow CH_3COOH$$

这个过程是以碘代甲烷为中间体，分三个步骤完成。并且需要一个一般由多种金属构成的催化剂［第（2）步中］。

$$CH_3OH + HI \longrightarrow CH_3I + H_2O \tag{1}$$

$$CH_3I + CO \longrightarrow CH_3COI \tag{2}$$

$$CH_3COI + H_2O \longrightarrow CH_3COOH + HI \tag{3}$$

通过控制反应条件，也可以通过同样的反应生成乙酸酐。因为一氧化碳和甲醇均是常用的化工原料，所以甲基羰基化一直以来备受青睐。早在1925年，英国塞拉尼斯公司的Henry Drefyus已经开发出第一个甲醇羰基化制乙酸的试验装置。然而，由于缺少能耐高压（20.3MPa或更高）和耐腐蚀的容器，此法一度受到抑制。直到1963年，德国巴斯夫化学公司用钴作催化剂，开发出第一个适合工业生产的办法。到了1968年，以铑为基础的催化剂{cis-[$Rh(CO)_2I_2$]}被发现，使得反应所需压力减到一个较低的水平，并且几乎没有副产物。1970年，美国孟山都公司建造了首个使用此催化剂的设备，此后，铑催化甲醇羰基化制乙酸逐渐成为支配性的孟山都法。20世纪90年代后期，英国石油成功地将Cativa催化法商业化，此法是基于钌，使用{[$Ir(CO)_2I_2$]}，它比孟山都法更加绿色也有更高的效率。

4.3.3.2 二氧化碳替代一氧化碳加氢合成乙酸安全反应体系[108,109]

二氧化碳是主要温室气体，同时也是廉价、无毒和可再生的重要碳资源。如果能将二氧化碳作为生产乙酸的原料，对解决日益严峻的资源和环境问题具有重要的意义，但这也是一个极具挑战性的难题。针对这一问题，Qian等[109]首次以甲醇、二氧化碳和氢气为原料，通过甲醇加氢羧化实现了乙酸的高效合成，如下式所示。

$$CH_3OH + CO_2 + H_2 \xrightarrow[\geqslant 180^\circ C,\ in\ DMI]{\text{咪唑，LiI} \ Ru_3(CO)_{12}/Rh_2(OAc)_4} CH_3COOH + H_2O \quad (\Delta H^{\ominus}_{298K} = -137.6\ kJ/mol,\ \Delta G^{\ominus}_{298K} = -66.4 kJ/mol)$$

在以Ru-Rh双金属为活性组分，咪唑为配体，LiI为助剂，1,3-二甲基-2-咪唑啉酮为溶剂的催化体系中反应可以高效地进行，甲醇转化率接近100%，乙酸产率在70%以上，副产物主要为甲烷。该催化体系可以循环使用，乙酸转化数（TON）可达1000以上。反应过程中，二氧化碳在氢气协助下直接进入了乙酸分子（见图4.20），这是一条全新的反应路径。以廉价易得的二氧化碳、甲醇和氢气为原料制备乙酸的路线将具有良好的应用前景。

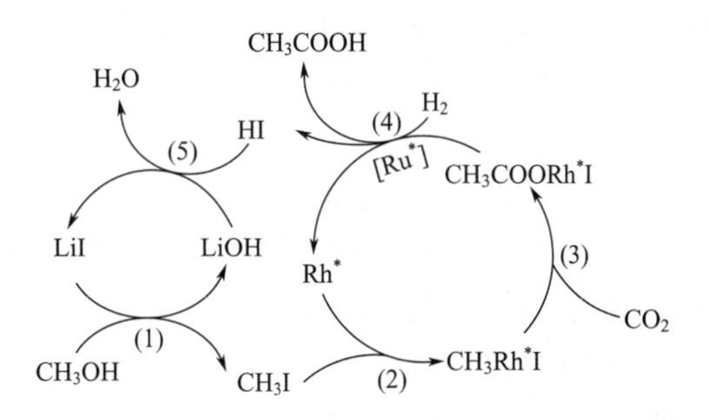

图4.20 二氧化碳、甲醇和氢气为原料制备乙酸的反应路径

4.3.4 合成甲醇

通常CO或CO_2加氢催化合成甲醇的反应式如下所示：

$$CO + 2H_2 \rightleftharpoons CH_3OH \qquad \Delta H^{\ominus}_{298K} = -90.5 kJ/mol \qquad (1)$$

$$CO_2 + 3H_2 \rightleftharpoons CH_3OH + H_2O \qquad \Delta H^{\ominus}_{298K} = -49.5 kJ/mol \qquad (2)$$

$$CO + H_2O \rightleftharpoons CO_3 + H_2 \qquad \Delta H^{\ominus}_{298K} = -41.0 kJ/mol \qquad (3)$$

反应机理：CO_2催化加氢制含氧化合物，特别是加氢制甲醇，国内外学者对其做了大量的研究。1945年Patieff等首次报道了在铜铝催化剂上CO_2加氢合成甲醇。对CO_2加氢合成甲醇的反应机理，目前存在两种不同的说法：一种是CO_2直接合成甲醇，而不经过CO中间体；另一说法是合成过程需经过CO中间体。

催化剂：对CO_2加氢合成甲醇的研究大多集中在催化剂的选择上，其催化剂大致可分为两大类：一类是以铜元素为主要活性组分的铜基催化剂；另一类是以贵金属为活性组分的负载型催化剂[110]。

铜基催化剂：如 CuO/ZrO_2，$CuO/ZnO/ZrO_2$，$CuO/ZnO/Ga_2O_3$ 以及改性 $CuO/ZnO/Al_2O_3$。铜基催化剂目前存在活性低（二氧化碳转化率一般小于25%）、选择性低（甲醇的选择性低于70%）以及稳定性差等主要问题，影响了该反应的工业应用。由于催化剂制备方法、载体性质、组成及含量不同，得到的铜的分散度不同，铜粒径不同，同时金属活性中心铜与氧化物载体之间的协同作用不同，对铜基催化剂的活性、甲醇选择性和稳定性有很大影响。其中铜分散度影响催化剂的催化活性，铜粒径大小对催化剂的选择性有影响，而活性中心铜与载体氧化物间作用力主要影响催化剂的活性。樊钰佳等[111]从铜基催化剂的制备方法、活性组分铜分散度、铜粒径以及铜与载体间界面作用等方面，分别对其影响催化剂的活性、甲醇的选择性以及稳定性作用进行研究综述。通过分析认为：催化剂的制备方法影响催化剂的铜分散度、铜粒径及铜与载体间界面作用，从而影响催化剂催化性能。其中在共沉淀法的基础上进行改进是目前催化剂制备方法的研究趋势，且增加铜分散度、减小铜粒径及增大铜与载体间作用对二氧化碳加氢合成甲醇反应铜基催化剂的催化性能有不同程度的影响。

铜基催化剂的制备方法有共沉淀法、柠檬酸络合法、燃烧法、浸渍法、固态反应法、溶胶凝胶法等。其中，共沉淀法又发展为逆流共沉淀法、壳聚糖助共沉淀法、草酸凝胶共沉淀法、$NaHCO_3$ 共沉淀法等，燃烧法又发展为尿素燃烧法、甘氨酸-硝酸盐燃烧法等。

张鲁湘等[112]采用共沉淀法，用助剂 TiO_2 对 $CuO/ZnO/Al_2O_3$ 催化剂进行了改性，并对其在 CO_2 催化加氢制甲醇反应中的催化性能进行考察，在反应温度260℃，压力2.6MPa，$H_2:CO_2=3:1$，空速为3600mL/(g·h）时，TiO_2 改性的 $CuO/ZnO/Al_2O_3$ 催化剂活性明显提高，且4%添加量为最佳。

Guo 等[113]采用煅烧甘氨酸盐的方法，制备了一系列的 $CuO/ZnO/ZrO_2$ 合成甲醇催化剂，当甘氨酸盐达到50%，$H_2/CO_2=3$，压力为3MPa，空速 $3600h^{-1}$ 时，表现出最好的催化活性，最佳反应温度为493K，甲醇的收率在10%左右。

Liu 等[114]分别采用沉积共沉淀法和固态反应法制备了 ZnO/ZrO_2 催化剂，并考察了其催化性能。在250℃、2MPa、$H_2/CO_2=3$，空速为 $5400h^{-1}$ 时，采用沉积共沉淀法制备的催化剂甲醇的选择性和产量分别为83.48%和1.76mmol/(g·h)，优于固态反应法制备的 ZnO/ZrO_2 催化剂［选择性与产量分别为62.05%和1.2mmol/(g·h)］。

Vidal 等[115]将少量的 Cu 和 Au 附着在 TiC 的表面，打破了以往人们采用金属/金属化合物作为合成甲醇催化剂。Cu/TiC 和 Au/TiC 作为催化合成甲醇催化剂，与 CuO/ZnO 为催化剂相比，有更高的甲醇收率和选择性；在 Cu/TiC 催化剂表面，CO_2 与 H_2 碰撞生成甲醇的概率是在 Cu 表面上的170～500倍。

钯基等贵金属催化剂：Pd 基催化剂作为 CO_2 加氢催化合成甲醇的催化剂具有优良的催化性能。但其催化活性和选择性依赖于助剂以及催化剂的制备方法。

梁雪莲[116]制备的多壁碳纳米管（CNTs）支撑的 Pd/ZnO 催化剂对 CO_2 加氢催化合成甲醇具有很好的催化活性。在反应温度为250℃，反应压力为3MPa条件下，用16% $Pd_{0.1}Zn_1$/MWCNTs（h-type）催化剂的 CO_2 氢化的 TOF 值达到 $1.15\times10^{-2}s^{-1}$（TOF，指单位时间内每摩尔催化剂或者活性中心上转化的反应底物的量）。

Iwasa 等[117]发现，在 CO_2 加氢催化合成甲醇的反应中，在反应压力为0.1MPa时，Pd/ZnO 催化下的 TOF 值比 Cu/ZnO 催化下的 TOF 值高，且甲醇选择性也高。

Bonivardi 等[118]发现 Ga 的加入使得 Pd/SiO_2 催化剂具有更好的催化效果。用 Pd/SiO_2 和 Ga_2O_3 添加的 Pd/SiO_2 催化剂在反应温度为250℃，反应压力为3MPa时的 TOF 值分别为 $0.0017s^{-1}$，$0.45s^{-1}$。产出的甲醇选择性分别为17%和62%。该催化剂高效的催化效果源于 Pd 与 Ga 的共同作用。

Melian-Cabrera 等[119]研究了 PdO/CuO/ZnO 催化剂对甲醇加氢催化合成甲醇反应的催化效果。在反应温度为 240℃、反应压力为 6MPa 的条件下，CO_2 的转化率为 9.19%，甲醇的选择性为 66.2%。Pd 在此催化剂中不能单独起活性作用，而是与 Cu 协同发生作用，且 Pd 的加入使催化剂的稳定性加强，氢溢流更易于进行。该催化剂中 Cu 不易被 CO_2 氧化，使得催化活性有很大增强。

金属碳化物是一种在金属晶格中含有碳的化合物，是 CO_2 氢化过程的一种催化剂。该催化剂具有高的熔点、强的硬度，以及良好的热力学稳定性。除此之外，该催化剂的催化效率可与贵金属 Pt 和 Rh 的催化效率相媲美，该类催化剂的氢吸收、活化效果和转化能力均高于金属硫化物催化剂。

Dubois 等[120]用金属碳化物 Mo_2C 和 Fe_3C 作为 CO_2 氢化制甲醇的催化剂，在反应温度 220℃下具有较高的 CO_2 转化率和甲醇选择性。Mo_2C 中加入 Cu 金属后降低了碳氢化合物的选择性。TaC 和 SiC 对 CO_2 氢化制甲醇没有反应活性。

CO_2 加氢催化合成甲醇工业发展：德国 Lurgi 公司和美国肯塔基州 Sud-chemie 公司开发的高催化活性和选择性的催化剂是 CO_2 加氢催化合成甲醇的里程碑[121]。二氧化碳加氢催化合成甲醇的另一重大发展是日本一家公司用 SiO_2 改性的 Cu/ZnO 催化剂，并首次应用于工厂。在反应温度为 250℃，压力为 5MPa 条件下，该公司通过循环产出的甲醇达到 600g/（L·h），具有 99.9%的选择性。韩国科学技术研究院（KAIST）纳米技术研究中心为有效利用 CO_2，开发出一种将 CO_2 加氢催化合成甲醇的工艺。2004 年 4 月中试装置投入运行，每天产率达到 100kg。该工艺在常压、600℃温度下，利用水煤气变换反应将 CO_2 和 H_2 转化成 CO 和 H_2O，其催化剂为 Zn/Al_2O_3，经过干燥除水后进入甲醇合成反应器。CO 与未反应的 H_2 在温度为 250℃、压力为 5MPa 的条件下，以 $CuO/ZnO/ZrO_2/Al_2O_3$ 为催化剂，反应生成甲醇[122]。日本三井化学制品公司 CO_2 加氢催化合成甲醇年产量达到 100t。该公司利用太阳能光催化裂解水来制备 H_2。这是首次合成液相甲醇过程，CO_2 和 H_2 转化率达到 95%，具有高的选择性。但是该技术生产成本比较高，市场竞争力相对不高[123]。另一 CO_2 加氢催化合成甲醇领先技术是西班牙加泰罗尼亚化学研究学院开发的 CO_2 合成甲醇技术。该技术通过高压条件下对 CO_2 进行催化加氢，一步反应就可将 95%的 CO_2 转化为甲醇[124]。目前，CO_2 通过催化加氢转化甲醇的工业装置在国内还不成熟。

4.3.5 合成甲烷

我国能源生产和消费长期以煤炭为主体，减少对煤的依赖，增加以甲烷组分为主的天然气消费比重是减排的重要方向。把 CO_2 与 H_2 通过甲烷化反应合成替代天然气（SNG），是 CO_2 规模化、资源化、循环利用的重要路径之一。获得的 SNG 产品中的甲烷体积分数可达到 95%以上，组成与管输天然气基本相似，可以混输同用。CO_2 甲烷化不仅可以减小温室气体排放，还增加了清洁能源供应。

CO 甲烷化：传统的甲烷化反应是指 CO 加氢合成甲烷，属于多相催化气相反应，基本反应式如下所示。

$$CO + 3H_2 \rightleftharpoons CH_4 + H_2O \qquad \Delta H^{\ominus}_{298K} = -206kJ/mol$$

此反应属强放热反应，催化剂一般为镍催化剂，反应温度在 300～700℃，是 F-T 合成烃类化合物中最简单的反应。生成的水与 CO 作用生成 CO_2 和 H_2（变换反应）。

$$CO + H_2O \rightleftharpoons H_2 + CO_2 \qquad \Delta H^{\ominus}_{298K} = -41kJ/mol$$

生成的 CO_2 也可加氢甲烷化生成甲烷和水：

$$CO_2 + 4H_2 \longrightarrow CH_4 + 2H_2O \qquad \Delta H^{\ominus}_{298K} = -165kJ/mol$$

上述生成甲烷反应属于体积缩小反应，增加反应压力有利于甲烷生成。副反应主要有CO的析炭反应以及单质碳和沉积炭的加氢反应。

$$2CO \longrightarrow C + CO_2 \qquad \Delta H^{\ominus}_{298K} = -171kJ/mol$$

$$C + 2H_2 \longrightarrow CH_4 \qquad \Delta H^{\ominus}_{298K} = -73kJ/mol$$

此外，还有生成少量醇、醛、醚以及烃类化合物的副反应存在。

CO_2 甲烷化：CO_2 甲烷化过程涉及的化学反应：

$$CO_2(g) + 4H_2(g) \longrightarrow CH_4(g) + 2H_2O(g) \qquad (\Delta H^{\ominus}_{298K} = -165kJ/mol,\ \Delta G^{\ominus}_{298K} = -113kJ/mol)$$

$$CO_2(g) + H_2(g) \rightleftharpoons CO(g) + H_2O(g) \qquad (\Delta H^{\ominus}_{298K} = 41.1kJ/mol,\ \Delta G^{\ominus}_{298K} = 29kJ/mol)$$

CO_2 加氢合成甲烷的主反应是放热的，而生成 CO 的逆水煤气变换副反应是吸热的，从热力学分析来看，在通常条件下是有利于甲烷的生成，但随着温度的升高（$>$500℃），平衡向生成 CO 的方向移动。为了提高 CO_2 甲烷化过程中 CO_2 转化率和甲烷选择性，主要是通过对催化剂活性组分、助剂和载体的合理选择与组合来实现。

4.3.5.1 一氧化碳加氢合成甲烷催化反应体系

CO 甲烷化反应机理：CO 甲烷化反应作为 F-T 合成中最简单的反应，也是 C_1 化学的基础。CO 甲烷化过程一般分为两步：吸附态 CO 解离形成中间物种；中间物种逐步加氢生成甲烷。目前对于吸附态 CO 的解离方式及解离生成的中间物种并未形成统一认识，普遍接受的观点有两种，一是 CO 在催化剂表面直接解离形成 C—σ，然后再逐步加氢生成甲烷；二是吸附态 CO 首先加氢生成羰基物种 HCO，之后这种羰基物种通过脱水缩聚形成甲烷。

由 Wise 等提出的表面碳机理，认为 CO 在解离过程形成的表面碳与 H 结合生成 CH_4，主要有以下基元反应组成，如下式所示。

$$\begin{aligned}
CO + \sigma &\longrightarrow CO-\sigma \\
CO-\sigma + \sigma &\longrightarrow C-\sigma + O-\sigma \\
H_2 + 2-\sigma &\longrightarrow 2H-\sigma \\
C-\sigma + H-\sigma &\longrightarrow CH-\sigma + \sigma \\
CH-\sigma + H-\sigma &\longrightarrow CH_2-\sigma + \sigma \\
CH_2-\sigma + H-\sigma &\longrightarrow CH_3-\sigma + \sigma \\
CH_3-\sigma + H-\sigma &\longrightarrow CH_4 + 2\sigma \\
2H-\sigma + O-\sigma &\longrightarrow H_2O + 3\sigma
\end{aligned}$$

CO 甲烷化催化剂：目前工业应用的 CO 甲烷化催化剂一般以 Ni 为活性组分，以 γ-Al_2O_3 为载体，这是由于 Ni 的活性高，价格相对较低，而 γ-Al_2O_3 存在的 O^{2-} 可以与 Ni^{2+} 作用形成离子键，有利于 Ni 在载体表面的分散。但是这也会导致催化剂较难还原，且在制备过程中容易生成惰性的 $NiAl_2O_4$ 尖晶石。

在载体中添加另一种氧化物制备复合载体可以缓解 γ-Al_2O_3 的这一缺陷。如加入第二种氧化物催化剂：NiO/MgO-Al_2O_3、NiO/SiO_2-Al_2O_3、NiO/ZrO_2-Al_2O_3。第二种氧化物的加入能明显削弱 Ni-Al 间的相互作用，使催化剂更易还原，催化剂表面活性组分含量也增多，其中 MgO 的添加效果尤其明显，因而 NiO/MgO-Al_2O_3 性能最好。这是因为 Mg 可以与 Al_2O_3 形成 $MgAl_2O_4$ 尖晶石，在 Mg 的竞争作用下，抑制了 $NiAl_2O_4$ 的产生。但是过多的 MgO 会降低催化剂的酸性，使其吸附 CO 的能力下降，对 CO_2 的选择性提高。

在催化剂中添加助剂也能改善催化剂性能。常用的助剂有 La、Ce 等稀土元素，Mg、

Ca 等碱土金属，Fe、Ru 等过渡金属。如，利用 La_2O_3 和 TiO_2 对催化剂进行改性，对比发现 $NiO-La_2O_3/TiO_2-Al_2O_3$ 催化剂活性、稳定性与抗积炭性能均优于 NiO/Al_2O_3 催化剂。La_2O_3 在催化剂中可以起到增加 Ni 的电荷密度、削弱 C—O 键促进 CO 解离的作用，同时也可以抑制 $NiAl_2O_4$ 的产生，使催化剂更易还原。TiO_2 同样可以占据 $\gamma-Al_2O_3$ 表面的强相互作用中心，削弱活性组分与载体间的相互作用，也能与反应物产生电子作用，使反应物更容易活化。再如，将不同配比的 Ni-Fe 合金分别负载在 Al_2O_3 和 $MgAl_2O_4$ 载体上，制备了一系列负载量不同的双金属催化剂。研究发现几种催化剂的载体表面活性组分粒径大小相近，但是 Ni-Fe 合金催化剂活性组分的分散度要比单金属的 Ni 催化剂和 Fe 催化剂要高。在催化 CO 甲烷化的活性测试中，$MgAl_2O_4$ 负载的 25Fe75Ni 催化剂在活性组分负载量较低时，活性和选择性最高。但在活性组分负载量较高时，50Fe50Ni 催化剂更易被还原，因而 Al_2O_3 和 $MgAl_2O_4$ 负载的 50Fe50Ni 催化剂均具有较高的活性。Ni-Fe/$\gamma-Al_2O_3$ 双金属催化剂中，Ni 与 Fe 之间的相互作用削弱了它们与载体间的相互作用，从而使催化剂更易还原，还能降低 CO 的解离能，促进 H_2、CO 的吸附作用。

甲烷化反应器与工艺：目前工业化的甲烷化生产所采用的甲烷化反应器均为固定床绝热反应器，由于甲烷化反应是一个强放热反应，对反应热的移除及催化剂在高温下的活性提出较高的要求。已经应用于工业化的甲烷化技术主要有 3 种，分别是德国鲁奇公司的甲烷化技术、丹麦托普索公司的甲烷化技术和英国 Davy 公司的甲烷化技术。这 3 家公司的甲烷化技术占据我国煤制天然气甲烷化技术绝大部分市场[125]。

德国鲁奇公司：原料气经过预热，进入脱硫罐，将合成气中的硫体积分数从 0.1×10^{-6} 脱至 30×10^{-9}，脱硫后的合成气在第一高温甲烷化反应器中进行反应，甲烷体积分数可达 60%～70%，出口温度最高可达 650℃，反应热在蒸汽过热器及废热锅炉回收，合成气在第二高温甲烷化反应器中进行反应，反应器出口温度在 500～600℃，甲烷体积分数达 70%～85%，反应气经废热锅炉后，分成两股，一股经循环气压缩机返回第一高温甲烷化反应器反应，循环比在 70%～80%，另一股经补充甲烷化反应器，产出合格的 SNG 产品。在鲁奇甲烷化技术主甲烷化段，最初使用 BASF 高温催化剂，后改用 Davy 催化剂。

丹麦托普索公司：原料气经气体调节器，降低 CO 分压，进入高温甲烷化反应器，主甲烷化高温反应器以串并联方式连接，第一高温甲烷化反应器出口的典型温度在 675℃左右，第二高温甲烷化反应器出口温度在 450～500℃，该技术的第一高温甲烷化反应器出口温度 675℃是所有甲烷化技术中最高的出口温度，因此有效降低了气体循环量，循环比约 50%，是所有甲烷化技术中最小的循环比，因而其压缩机和反应器设备尺寸最小，可降低设备投资。同时，由于出口温度高，可产生高压过热蒸汽，用于驱动汽轮机，能有效降低工艺能耗。

英国 Davy 公司：反应器为两个高温反应器，采用串并联形式，进料方式采用部分反应气循环进料的方式，根据对原料气组成和合成天然气甲烷含量的要求，后面设一个或多个补充甲烷化反应器。甲烷化反应压力可达 3.0～6.0MPa，催化剂可在 230～700℃使用，具有高而稳定的活性，同时在使用催化剂时，不需要调节氢碳比。第一高温反应器温度可达 620℃，可产生中压或高压过热蒸汽。

4.3.5.2 二氧化碳替代一氧化碳加氢合成甲烷安全催化反应体系

CO_2 甲烷化反应的原理是由法国化学家 Paul Sabatier 首先提出的。其反应是在一定温度和压力下，将 CO_2 和 H_2 按一定的比例通入装有催化剂的特殊反应器内，反应生成水和甲烷，生成的水汽经冷凝和分离后，水被储存起来供电解产氧使用，而甲烷则作为废气排出或收集起来供作它用。该反应方程式为 $CO_2 + 4H_2 \longrightarrow CH_4 + 2H_2O$。该反应为放热反应，需在有催化剂的条件下于 177～527℃进行，当反应温度超过 595℃时，反应就向反方向进行。

催化剂：催化剂主要集中在负载型催化剂上，研究较多的金属活性组分有 Ni、Ru、Rh 基催化剂，其中对 Ni 基催化剂研究最多最普遍，还有其他的催化剂如 Pd、Pt、Co 等。常用的助剂和载体有 Al_2O_3、SiO_2、CeO_2、ZrO_2、La_2O_3、MgO、TiO_2 及分子筛等[126]。

Ni 基催化剂：CO_2 甲烷化 Ni 基催化剂研究报道较多，催化剂的制备方法主要采用浸渍法，常用的载体有 Al_2O_3、SiO_2、CeO_2、ZrO_2、La_2O_3 及分子筛等，Ni 基催化剂上 CO_2 的转化率和 CH_4 的选择性均较好。

Ni/Al_2O_3 催化剂在 773K 时，CO_2 的转化率达到最大为 71%，CH_4 的选择性为 86%，CO 的选择性为 14%。

Ni-Al 水滑石催化剂（Ni-Al_2O_3-HT）上 Ni 颗粒的大小分布窄，具有大量的强碱性位易于 CO_2 的活化，促进了催化剂的反应活性，高度分散的 Ni 与强碱性载体的结合，使其对 CO_2 甲烷化具有专一性和高效性。

介孔纳米 γ-Al_2O_3 载体负载的 Ni 催化剂中分别添加 CeO_2、MnO_2、ZrO_2、La_2O_3 助剂，MnO_2、CeO_2 助剂可改善催化剂的还原性能。在 350℃、空速 9000mL/(g · h)、$n(H_2)/n(CO_2)$为 3.5 的反应条件下，Ce 质量分数为 2%的 Ce-Ni/Al_2O_3 催化剂上 CO_2 的转化率达到 80.3%，CH_4 选择性为 100%，并且在常压下连续反应 600min，催化剂的活性和稳定性仍保持很好。

Ru 基催化剂：Ru 基催化剂对 CO_2 甲烷化具有较好的催化性能，常用的助剂或载体有 Al_2O_3、CeO_2、ZrO_2 等。

Ru/γ-Al_2O_3 催化剂在 0.1MPa、空速 $4720h^{-1}$、$n(H_2)/n(CO_2)$ 为 4 的反应条件下，280℃基本达到了反应的热力学平衡状态，CO_2 的转化率和甲烷的选择性最好。随着反应空速增加，CO_2 的转化率降低并伴有 CO 的生成，甲烷的选择性下降；在高空速和高温时，CO 的生成量也逐渐增多，这表明逆水煤气变换（RWGS）反应速率比 CO 加氢的反应速率快。在反应温度 217℃、压力 105Pa、空速 $4720h^{-1}$、$n(H_2)/n(CO_2)$ 为 4 的条件下，Ru/γ-Al_2O_3 催化剂经过 8 次循环使用（总反应时间 72h），没有 CO 生成，其仍保持较好的催化活性和甲烷的选择性，无失活的现象发生。

氧化铈掺杂 Ru 的催化剂在 450℃的条件下，$Ce_{0.96}Ru_{0.04}O_2$ 和 $Ce_{0.95}Ru_{0.05}O_2$ 的催化性能最好，CO_2 转化率为 55%，甲烷选择性为 99%。

Ru/CeO_2/Al_2O_3 催化剂上，由于添加 CeO_2，CO_2 的反应速率增大。催化剂上的 CeO_2 高度分散在 Al_2O_3 上，部分 CeO_2 被还原，促进了 CO_2 的甲烷化。

采用均相沉淀法制备 $Ce_{0.8}Zr_{0.2}O_2$ 载体，然后通过浸渍法制备了 Ru 为活性组分的 Ru/$Ce_{0.8}Zr_{0.2}O_2$ 催化剂。在 500℃下进行焙烧的 $Ce_{0.8}Zr_{0.2}O_2$ 载体上形成了 Ce-Zr 固溶体，具有适宜的表面积和孔结构，并且与活性组分 Ru 之间具有较弱的相互作用，催化剂的活性得到显著提高。在 290℃、0.1MPa、空速 $10000h^{-1}$、$n(H_2)/n(CO_2)$ 为 3.5 的反应条件下，原料气 H_2 的转化率达到 93.57%。

Rh 基催化剂：Rh 基催化剂是 CO_2 甲烷化最有效的催化剂之一，采用的催化剂载体主要是 Al_2O_3。助剂包括 Ba 和 K 碱性元素。

Rh/γ-Al_2O_3 催化剂上 CO_2 甲烷化的过程，CO_2 加氢生成甲烷的选择性为 100%，生成的甲烷量不仅取决于温度、压力，还与原料气中加入 CO 或 O_2 气体促进剂有关。在低温低压下可以生成甲烷产物，原料气中CO的加入抑制了CO_2甲烷化，原料气中加入少量的O_2能够促进CO_2的甲烷化，而加入过多的O_2不利于CO_2的甲烷化。在大气压力、反应温度135～200℃条件下，$Rh/\gamma\text{-}Al_2O_3$催化剂上CH_4的选择性均为100%。

在Rh/Al_2O_3催化剂上添加Ba和K，Ba主要以$BaCO_3$的形式存在，而K以$KHCO_3$和KOH的形式存在。含Ba的Rh/Al_2O_3催化剂上，低于500℃时，CH_4的选择性较高，并且在400℃时，CH_4的产率最大为60%；在400℃以上时，根据热力学平衡关系可知，产物以逆水煤气变换反应生成的CO和H_2O为主。在含K的Rh/Al_2O_3催化剂上，300～800℃的全部反应温度范围内都没有甲烷生成，CO_2全部都转化为CO。

除了上述Ni、Ru、Rh基催化剂，其他活性组分有Pt、Pd、Co等，常用的助剂和载体有TiO_2、MgO、SiO_2、MCM等。这些催化剂对CO_2甲烷化也具有较好的催化性能。

Yu等[127]通过碱水热法合成TiO_2纳米管作为载体，并与Pt的络合物进行光化学沉积制备了Pt/TiO_2纳米管催化剂（Pt/Tnt）。Pt/Tnt催化剂具有较大的比表面积，为$187m^2/g$。由TPR和XPS表征可知，混合价态的1～3nm Pt纳米颗粒均匀地分散于多壁的TiO_2纳米管上。CO_2-TPD结果表明大量的CO_2吸附在Pt/Tnt催化剂上，Pt/Tnt催化剂具有较好的吸附CO_2的能力，这主要是由于大比表面积的纳米管结构与混合价态的Pt纳米颗粒之间协同作用的结果。原位红外光谱证实在100℃的低温条件下，Pt/Tnt催化剂具有较高的CO_2加氢合成甲烷的催化活性，因此Pt/Tnt催化剂对CO_2回收利用及加氢合成甲烷过程是非常有发展潜力的。

Park等[128]采用反相微乳液法制备了高分散的Pd-Mg/SiO_2催化剂，经过焙烧后形成5～10nm的Pd颗粒分散在无定形的Mg和Si氧化物上。在反应温度450℃、原料气流量$10.2cm^3/min$、$n(H_2)/n(CO_2)$为4的条件下，Pd-Mg/SiO_2催化剂上CH_4的选择性为95%，CO_2转化率为59%。不含Mg的Pd/SiO_2催化剂仅对CO_2还原为CO有很好的活性，Mg/SiO_2催化剂对甲烷化反应的活性很差。表明Pd和Mg/Si的氧化物对CO_2甲烷化具有较好的协同作用。

Janlamool等[129]研究了CoTiMCM催化剂上CO_2加氢合成甲烷的反应，焙烧后的催化剂上Ti是以锐钛矿型TiO_2的形式存在的。TiO_2对催化剂的性能具有非常重要的作用，主要表现在：活性组分Co的氧化物与TiO_2载体之间的相互作用促进了Co的还原，阻止了硅酸盐化合物的形成，抑制逆水煤气变换反应，降低CO的选择性。与CoMCM催化剂相比较，CoTiMCM催化剂表现出较好的催化活性。在220℃、101.325kPa、$n(H_2)/n(CO_2)/n(Ar)$为10/1/4、原料气流量18L/(g·h)的反应条件下，反应6h后，CO_2的转化率为34%，甲烷的选择性为94.9%，CO的选择性为5.1%。

CO_2甲烷化反应机理：CO_2甲烷化反应机理主要有两种类型：一个是在甲烷化之前CO_2转化为CO，由CO甲烷化生成甲烷；另一个是CO_2直接加氢合成甲烷，并没有CO中间体的形成。大多数的研究主要倾向于第一个反应机理，然而，对于中间体的性质以及甲烷形成的过程仍存在不同的观点。在不同组分的催化剂上形成的反应中间物种主要有碳酸盐、甲酸盐或羰基化合物。介孔二氧化硅纳米颗粒（MSN）负载金属组分（如Ni、Ru、Rh等）催化剂上的MSN载体对CO_2甲烷化具有重要作用，MSN载体上形成的羰基物种是生成甲烷的前驱体，这为CO_2的催化研究提供了新的观点，也便于更好地理解CO_2甲烷化的反应机理。

Aziz等[130]研究了在MSN上负载金属组分（Ni、Rh、Ru、Fe、Ir、Cu）催化剂上CO_2甲烷化反应机理，如图4.21所示。通过原位红外光谱分析表明了金属、MSN以及金属/MSN在CO_2甲烷化反应中的作用。首先，CO_2和H_2在金属位上吸附与解离，形成

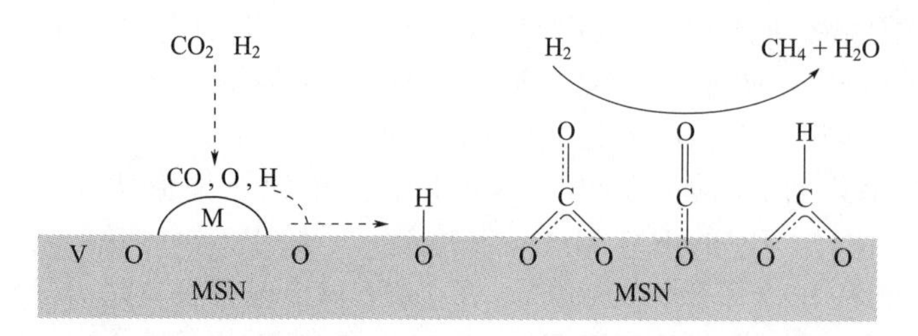

图 4.21 金属/MSN 催化剂上 CO_2 甲烷化反应机理

注：V 为氧空位；O 为氧化物表面；M 为金属组分（Ni、Rh、Ru、Fe、Ir、Cu）。

CO、O 和 H 原子，随后向 MSN 表面迁移，解离生成的 CO 与 MSN 表面上的氧作用形成桥式和线性羰基，而 H 原子的存在促进了双齿甲酸盐的形成。同时，O 原子溢流到 MSN 表面，并稳定在金属位附近的氧空位上，在 MSN 表面上吸附的 O 与 H 原子反应生成羟基，羟基再与另一个 H 原子反应生成 H_2O。吸附的含碳物种进一步加氢生成 CH_4 和 H_2O。

Park 等[131]提出了 Pd-Mg/SiO_2 催化剂上 CO_2 甲烷化反应机理，如图 4.22 所示。吸附在 Pd 上的 H 原子溢流到由 CO_2 和 MgO 形成的碳酸盐表面上，然后依次逐步加氢形成甲烷，并最终从催化剂表面上脱附得到甲烷产物。可见，经过一个加氢循环后的 MgO 再次与 CO_2 结合形成碳酸盐，继续与从吸附在 Pd 上的溢流 H 原子加氢反应，实现又一个新的加氢循环过程。

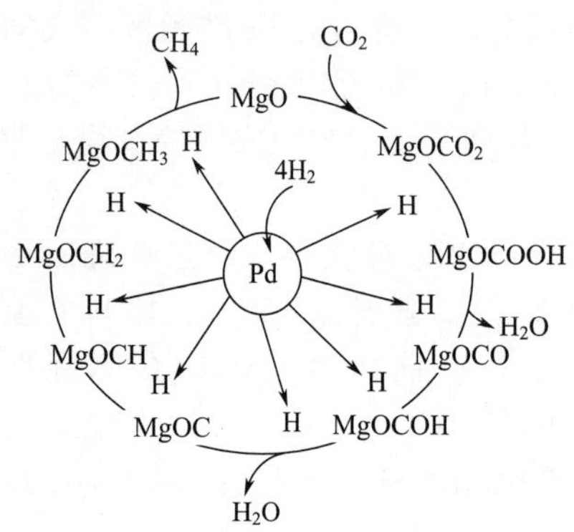

图 4.22 Pd-Mg/SiO_2 催化剂上 CO_2 甲烷化反应机理

侯建国等[132]针对工业捕集的浓度高、规模大二氧化碳资源的利用，创新开发了一种二氧化碳分段甲烷化的新型工艺方法，采用原料气本身及部分产气作为控温介质，实现高强度反应热的逐步释放和梯级利用。

CO_2 甲烷化与 CO 甲烷化对比：CO 甲烷化和 CO_2 甲烷化在煤制天然气甲烷化或焦炉气甲烷化过程中同时存在，已有多个实际工程项目。主甲烷化反应器中主要进行 CO 甲烷化反应及 CO 变换反应，CO_2 甲烷化反应被抑制；而最后一级甲烷化反应器入口工艺气的主要成分为 CO_2，主要发生 CO_2 甲烷化反应。从反应热力学角度，CO_2 甲烷化在合适的催化剂作用下能够顺利进行，但在 CO 和 CO_2 共存的竞争性甲烷化氛围中，CO 甲烷化会优先发生。由于 CO 甲烷化反应更快更剧烈，热量控制难度更大，对催化剂耐高温性能也要求更高。

4.3.6 合成低碳烯烃

CO_2 加氢合成低碳烯烃还是一项战略技术。美国海军研究实验室利用海水获得 CO_2 和 H_2，通过 CO_2 催化加氢反应先生成低碳烯烃，然后经低碳烯烃齐聚制取液态烃，它可以直接替代传统燃油用于现有的发动机[133~136]。该技术能够利用海水得到燃油，将海水变成一种丰富的战略资源，从而减少舰艇以及飞机对燃料补给的依赖，延长续航时间[137]。

热力学分析[137]：考虑到 CO_2 加氢可能生成的产物，平衡体系近似可由 CO_2、H_2、H_2O、CO、CH_3OH、C_2H_5OH、C_1～C_{10}的直链烷烃以及 C_2～C_{10}的端位烯烃共 25 种组分构成。通过热力学方程计算了不同压力下 CO_2 的平衡转化率与温度的关系，如图 4.23 所示。在恒定压力下，随着温度的升高，CO_2 的平衡转化率呈现先降低后升高的趋势。这是

由于 CO_2 加氢合成低碳烯烃的反应均为放热反应，在较低温度下体系中合成低碳烯烃的反应占主导，因此随着温度的升高，CO_2 的平衡转化率降低。而在较高温度下，逆水煤气变换反应在体系中占主导，它是吸热反应，因此随着温度的升高，CO_2 的平衡转化率升高。在较低温度如400℃时，CO_2 的平衡转化率随着压力的升高而增大，这是由于在较低温度下，CO_2 加氢合成低碳烯烃在体系中占主导，它是物质的量减少的反应，因此压力升高有利于平衡向消耗 CO_2 的方向移动。在较高温度如 850℃时，CO_2 的平衡转化率随着压力的升高而减小，这是由于在 850℃时，逆水煤气变换反应在体系中占主导，而它是等物质的量的反应，压力的变化对其平衡无影响。但压力的升高有利于烃类的合成，使得体系中 H_2O 的含量增加，从而引起逆水煤气变换反应向左移动，导致了在高温时 CO_2 的平衡转化率随着压力的升高而降低。

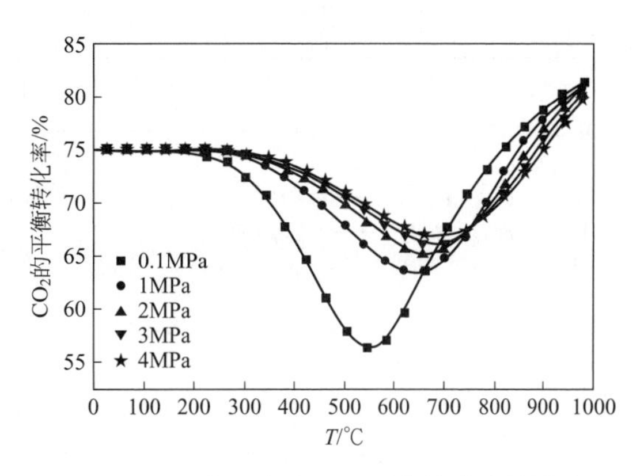

图 4.23　反应温度对 CO_2 平衡转化率的影响

表 4.16 为 CO_2 加氢生成低碳烯烃（$C_2^=$ ～$C_4^=$）反应的热力学性质。25℃时 CO_2 加氢合成低碳烯烃的反应自由焓均小于零，在热力学上是可行的。从热力学方面考虑，合成低碳烯烃的反应在低温、高 H_2/CO_2 及高压下进行是有利的，但操作条件的选择要避免 CO_2 大量转化为 CO。故反应条件应控制在温度为 300～400℃，压力为 2.0～3.0MPa，H_2/CO_2 为 3，在该条件下 CO_2 的平衡转化率为 72.8%～74.5%。

表 4.16　25℃下 CO_2 加氢合成低碳烯烃的热力学函数值　　单位：kJ/mol

化学反应方程式	$\Delta H_{298K}^{\ominus}$	$\Delta G_{298K}^{\ominus}$	K_p
$2CO_2+6H_2 \longrightarrow C_2H_4+4H_2O(g)$	−127.89	−57.24	1.070×10^{10}
$3CO_2+9H_2 \longrightarrow C_3H_6+6H_2O(g)$	−250.06	−125.53	9.979×10^{21}
$4CO_2+12H_2 \longrightarrow C_4H_8+8H_2O(g)$	−361.09	−179.93	3.356×10^{31}

CO_2 加氢合成低碳烯烃反应机理[137]：CO_2 加氢合成低碳烯烃与 CO 加氢的费托（F-T）合成有相似之处，亦有区别。目前，CO_2 加氢的反应机理主要可以分为两类。

第一类是以 CO 为中间产物的间接方式合成低碳烯烃。CO_2 加氢反应可分为 CO_2 经过逆水煤气变换（RWGS）过程转化为 CO 和 CO 加氢的 F-T 合成两步反应：

$$CO_2 + H_2 \longrightarrow CO + H_2O \tag{1}$$

$$nCO + 2nH_2 \longrightarrow C_nH_{2n} + nH_2O \tag{2}$$

第二类是 CO_2 加氢直接合成低碳烯烃：Riedel 等[138]对 CO_2 加氢反应动力学进行了研究，通过测定不同停留时间下 CO_2 的转化率与 CO 及烃类选择性的关系，将 CO_2 的转化率外推至零时，烃类的选择性大于零。作者据此推测 CO_2 加氢反应中除了经 CO 合成烃外，还有 CO_2 直接加氢合成烃的反应存在，如式（3）所示。作者提出的 CO_2 加氢的转化过程如图 4.24 所示，但同时也表示这不足以成为 CO_2 直接加氢合成烃的本征反应机理的证据。

$$nCO_2 + 3nH_2 \longrightarrow C_nH_{2n} + 2nH_2O \tag{3}$$

CO_2 加氢合成低碳烯烃的催化剂[137]分为直接转化催化剂和双功能催化剂。

直接转化催化剂：Fe 系催化剂有良好的逆水煤气变换反应活性和 F-T 合成反应活性，

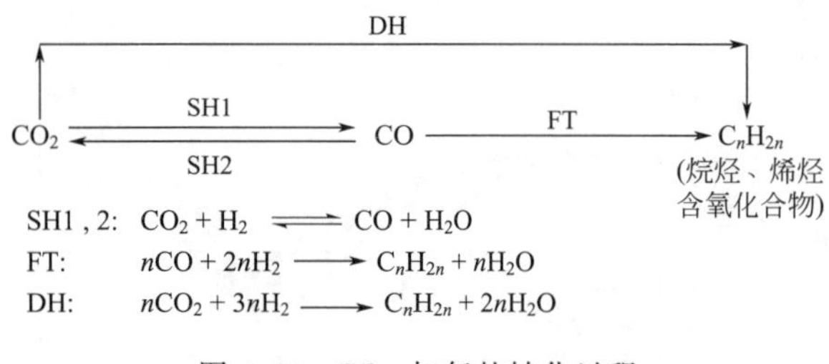

图 4.24　CO_2 加氢的转化过程

因此目前对 CO_2 加氢合成低碳烯烃催化剂的研究以负载型 Fe 系催化剂为主。

载体：CO_2 加氢合成低碳烯烃催化剂的载体主要有 γ-Al_2O_3、活性炭、SiO_2、分子筛等。如，15%Fe10%K/γ-Al_2O_3 催化剂在 400℃、3MPa，CO_2 的转化率为 51.3%，$C_2^=$ ～$C_4^=$ 的选择性为 29.5%；K-Fe-MnO/Al_2O_3 催化剂在 345℃、2MPa，CO_2 的转化率达到 50.3%，$C_2^=$ ～$C_4^=$ 的选择性为 17.8%；K-Fe-Mn-Ce/γ-Al_2O_3 催化剂在 290℃、1.37MPa，CO_2 的转化率达到 50.4%，C_2～C_{5+} 的选择性为 62.3%，CH_4 的选择性为 22.9%，CO 的选择性为 14.8%，产物中的烯烷比为 4.4。

活性炭载体可能更易与 Fe 形成 F-T 合成反应的活性相 Fe_5C_2。如，Fe/AC 在 320℃、1.5MPa，CO_2 的转化率达到 37.5%，$C_2^=$ ～$C_4^=$ 的选择性达到 41.8%。

Fe/SiO_2 催化剂在 370℃、0.1MPa，CO_2 的转化率为 34.8%，但 $C_2^=$ ～$C_4^=$ 的选择性仅为 0.54%；在 FeK/Al_2O_3 催化剂上涂覆 SiO_2，在 400℃、3MPa，当 SiO_2 的涂覆量从 0 增加到 9%（质量分数）时，CO_2 的转化率由 49%升高至 63%，C_{2+} 的选择性由 63%上升至 74%。当 SiO_2 质量分数为 9%时，$C_2^=$ ～$C_4^=$ 的选择性约为 34%。

K-Fe-MnO/Silicalite-2 催化剂在 345℃、2MPa，CO_2 的转化率达到 35.2%，$C_2^=$ ～$C_4^=$ 的选择性达到 65.9%。

助剂：如电子型碱金属助剂 K，既是结构型助剂也是电子型助剂 Mn，既具有优异的水煤气变换反应活性也能提高 RWGS 反应活性的 CeO_2。

双金属活性组分催化剂：当在金属 Fe 催化剂中添加 Co 形成 Fe-Co（0.17）/Al_2O_3 双金属催化剂时，CO_2 的转化率由 12.1%提高至 25.2%，C_{2+} 的选择性由 10%提高至 43%，CO 的选择性由 49%降低至 13%。这是由于 Fe 与 Co 的结合改变了 CO_2 和 H_2 在催化剂表面的吸附性质，有利于碳链增长形成高碳烃。在双金属 Fe-Co（0.17)/Al_2O_3 催化剂中添加少量的 K，使得 CO_2 转化率和 C_{2+} 选择性分别提高到 33.7%和 68%。双金属催化剂还有 Fe-Ni、Fe-Cu、Fe-Pd 等。

双功能催化剂：对于 CO_2 加氢合成低碳烯烃的路线，除了经过以 CO 为中间产物的路线外，还可以利用 CO_2 加氢先合成甲醇，然后经过甲醇制烯烃（MTO）路线合成低碳烯烃，如图 4.25 所示。

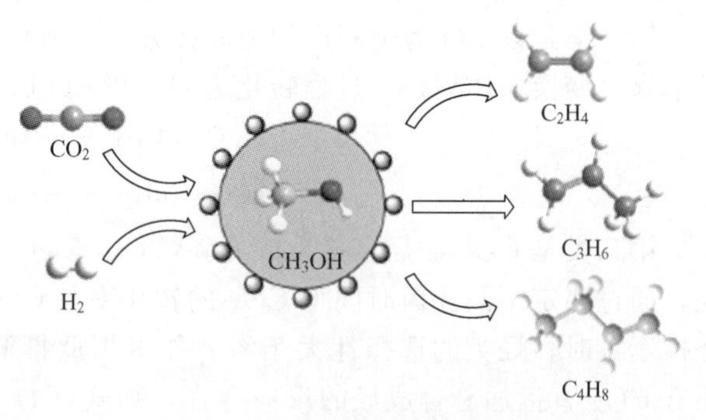

图 4.25　CO_2 加氢经甲醇路线合成低碳烯烃的示意图

Fujimoto 等[139]利用商业化的甲醇催化剂 Cu-Zn 与 Y 型分子筛等质量混合作为 CO_2 加氢的双功能催化剂。在 320℃、2.1MPa，CO_2 的转化率为 17%，C_2～C_5 的选择性为 23%。认为烃类的形成首先是 CO_2 在甲醇催化剂上形成 CO，然后 CO 加氢形成 CH_3OH，而后扩散至分子筛的表面转化为烯烃，烯烃进一步加氢形成烃。Bai 等[140]采用共沉淀法制备了 Fe-Zn-

Cr 催化剂，再与 HY 分子筛混合制得双功能的 CO_2 加氢催化剂，在 340℃、5.0MPa，CO_2 的转化率为 22.4%，C_2～C_5 的选择性为 38.2%。对于采用双功能催化剂经 CH_3OH 路线的 CO_2 加氢制低碳烯烃过程，由于 CO_2 加氢合成 CH_3OH 在较低温度条件下才有利，而甲醇制烯烃要求较高的反应温度，因此将这两个反应耦合在一起进行的效果并不佳。

考虑到 CO_2 加氢合成甲醇以及甲醇经过 MTO 过程合成烯烃分两步进行，可以使这两个反应分别在两个反应器中进行。Inui 等[141]采用串联反应器研究了 CO_2 加氢过程。在第一个反应器中放入 6%Pd 改性的 Cu-Zn-Cr-Al 催化剂作为甲醇催化剂，在第二个反应器中放入 H-Fe-silicate 作为 CH_3OH 合成烃类的催化剂。第一个反应器中反应条件为 250℃、5.0MPa，第二个反应器中的条件为 300℃，烃的单程收率为 21.2%。Fujiwara 等[142]利用 Cu-Zn-Al 催化剂在第一个反应器中实现 RWGS 反应，在第二个反应器中装填 Cu-Zn-Al 催化剂和 Hβ 分子筛，实现 CO 和 CO_2 加氢转化为 CH_3OH，而后 CH_3OH 再转化为烃的过程。在两个反应器中间加设冷阱，将 RWGS 反应生成的 H_2O 移除，反应示意图见图 4.26。第一个反应器反应条件为 420℃、0.98MPa，第二个反应器为 300℃、0.98MPa，气体流量为 25mL/min 时，CO_2 的转化率为 47.8%，C_2～C_4 烃的选择性为 30.3%。为了考察第一个反应器中生成水的影响，在上述条件下，将气体流量改为 50mL/min，考察了加入和不加入冷阱时的反应性能。未加设冷阱时，CO_2 的转化率只有 25%，C_2～C_4 烃的选择性为 1.2%，加设冷阱后，CO_2 的转化率上升至 47.2%，C_2～C_4 烃的选择性上升至 20.3%。因此，移除 H_2O 有利于 C_2～C_4 烃类选择性的提高。

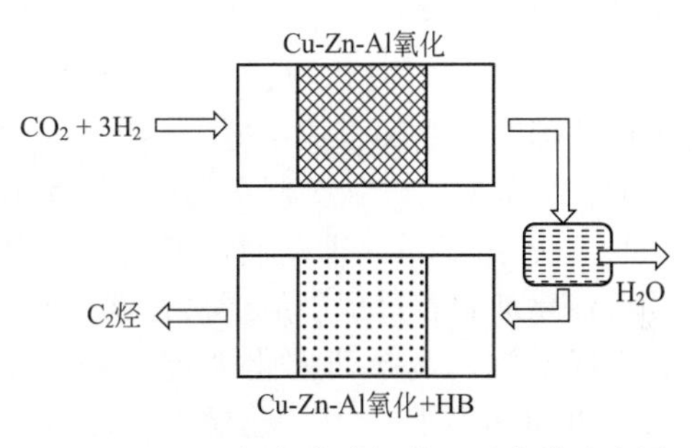

图 4.26　CO_2 加氢合成烃的双反应器示意图

4.3.7　合成低碳醇

随着人类对油类能源需求的不断增加以及环境保护标准的日益严格，寻找高效清洁的燃料替代品和添加剂（可有效提高辛烷值）受到了越来越多的关注。低碳混合醇是一种 C_2～C_5 醇的混合物，它不仅可以作为清洁的燃料添加剂，而且还是许多化学品和聚合物合成的原料。合成低碳醇的原料通常是合成气，而合成气可以通过天然气重整和煤的气化获得，来源十分丰富；而且从长远来看，通过生物质资源来获得合成气，然后将合成气制成低碳醇或者 F-T 产品将是一条可持续发展的路线。

4.3.7.1　一氧化碳加氢合成低碳醇催化反应体系

反应机理：一般认为合成气制取低碳醇的形成机理包括以下几个步骤：①CO 和 H_2 的解离；②表面烃基（CH_x）的形成；③非解离 CO 的插入导致碳碳键的形成。

催化剂：CO 加氢合成低碳醇过程复杂，通常伴随着 F-T 合成、甲醇合成和水煤气转换等多个副反应的发生。因此，高效催化剂的设计与开发是合成气选择转化制低碳醇的关键。合成气制备低碳醇的催化剂主要包括以下 4 种：①Rh 基贵金属催化剂；②抗硫钼基催化剂；③改性甲醇催化剂；④改性费-托催化剂。其中 Rh 基催化剂对低碳混合醇有较高的活性和选择性，特别是对 C_2 醇的选择性较高，产物以乙醇为主。但由于其价格昂贵，储备量少，工业应用前景并不乐观。钼基催化剂尤其是 MoS_2 催化剂，由于其良好的抗硫性能，受到国内外研究者的广泛关注。但其活性较低，甲烷化较为严重。改性甲醇催化剂由甲醇合成催化剂加入适量的碱金属或碱土金属改性而得，主要包括改性高压合成甲醇的 Zn-Cr 催化剂以及改性低压合成甲醇的Cu-Zn-Al催化剂。其产物以甲醇为主，而高级醇的选择性较低且以支链醇为主。改性费-托催化剂，其产物主要是C_1～C_5的直链醇，副产物主要是C_1～C_5的直链烃，且反应条件温和，故此类催化剂被认为是最具工业化前景的催化剂。其中Co-Cu催化剂，以其较好的稳定性，受到广泛的关注。

改性甲醇催化剂：朱秋锋等[143]采用机械混合法和共沉淀法制备了CaO改性Cu-Zn-Al-Zr氧化物催化剂。CaO改性对Cu-Zn-Al-Zr催化剂的结构性质没有明显的影响；较多的碱中心数量；而未改性的Cu-Zn-Al-Zr催化剂只具有弱碱性中心。CO加氢反应结果表明：经共沉淀法制备的CaO改性Cu-Zn-Al-Zr催化剂对C_{2+}醇的生成有明显的促进作用。

研究者发现在Cu-Mg-Ce氧化物催化剂上进行CO加氢反应时，在较低的温度（320℃）和压力（5MPa）下，异丁醇的选择性较高，但其活性比较低。有研究者认为该催化剂可以看作双功能催化剂，它有两种活性中心，即催化CO加氢生成甲醇的Cu活性中心，和催化甲醇进行缩合生成更高级醇的MgO碱性活性中心，而CeO_2只是起到结构助剂的作用。另一方面，Cu-Zn-Al氧化物是一种经典的甲醇合成催化剂，而经过Zr改性的Cu-Zn-Al-Zr氧化物催化剂有更高的合成甲醇活性和稳定性。Cu-Zn-Al-Zr氧化物与碱性氧化物MgO复合，制备的催化剂对CO加氢制备低碳醇产物中C_{2+}醇的分布有一定的改善作用。

改性费-托Cu-Co催化剂：该类催化剂为改性F-T合成催化剂。催化剂采用共沉淀法制备，在催化剂制备过程中应严格控制Cu/Co比，Cu含量多时主要生成甲醇而Co含量多时主要生成甲烷。该系列催化剂可以过渡金属氧化物和碱金属化合物为助剂，主要产物为C_1～C_6直链正构醇。其工艺操作条件为，反应温度300℃，压力6.0MPa。潘东明等[144]采用柠檬酸络合-多次浸渍法制备了一系列ZrO_2负载$LaCo_{0.7}Cu_{0.3}O_3$钙钛矿结构的催化剂。催化剂前驱体经还原后形成了氧化镧修饰的氧化锆载体负载Co-Cu合金颗粒（Co-Cu/ZrO_2-La_2O_3），Co-Cu合金颗粒与氧化镧修饰的氧化锆载体之间的共同作用使催化剂显示了优良的醇选择性，特别是C_{2+}醇的选择性。

抗硫钼基催化剂MoS_2[145]：MoS_2催化剂本身含硫，具有独特的耐硫性，而且其反应活性较高，低碳醇选择性好，同时具有优良的稳定性，故是最具有应用前景的低碳醇催化剂。MoS_2在反应中不容易发生积炭，可用较低H_2/CO比的合成气反应，主产物是直链醇，副产物是烃和CO_2。如，Dow公司的MoS_2-K催化剂，其工艺操作条件为，反应温度300℃，压力10MPa，醇的产量为0.3g/(mL·h)。

在MoS_2催化剂中加入过渡金属尤其是Fe、Co、Ni，因具有较强的加氢能力和促进碳链增长的能力，可提高催化剂活性和低碳醇（C_{2+}OH）选择性。以Co作为第二组分添加少量K助剂的担载型Mo-Co-K催化剂的研究较多，其中还原态Co是碳链形成必不可少的组分，且随Co含量的增大，C_{2+}OH选择性增加。而Ni加入MoS_2催化剂中，尽管提高了催化剂的活性和C_{2+}OH选择性，但由于Ni具有严重的甲烷化趋势，相应地也提高了烃类的选择性。Ni和La同时改性的催化剂上，生成低碳醇的活性进一步提高，同时烃类选择性显著降低，这可能是由于Ni和La之间形成强相互作用，从而使Ni物种在催化剂表面高度分散所致。同时，对CNTs促进的Mo-Co-K硫化物催化剂的研究表明，少量CNTs的添加能显著提高CO加氢活性和C_{2+}OH选择性。

贵金属Rh基催化剂[146～148]：1975年，联合碳化物公司的Wilson等首次制备了负载型Rh基催化剂，并将其用于CO加氢反应，且产物中甲醇、乙醇等的产率较高。负载型Rh基催化剂中加入1～2种过渡金属或金属氧化物助剂后，C_{2+}醇的选择性高，产物主要是乙醇。但$RhCl_5$为前驱物时产物中C_2含氧化合物的选择性最高，$HRhCl_4$次之，$RhCl_3$居末。在Rh/SiO_2催化剂中加入Mn后，可将低碳醇的选择性由不到

30%提高至50%。

反应动力学：苏俊杰等[149]通过浸渍法制备了Co-Cu/SiO_2催化剂，采用固定床反应器，排除了内外扩散影响，在反应温度为503～543K，H_2与CO的比值为0.5～4条件下，对合成气直接制取低碳混合醇反应进行了本征动力学研究。使用幂函数速率模型对反应结果进行了拟合，计算得出各产物的反应活化能以及对应的H_2与CO的反应级数。最后结合碳链增长可能性的变化，讨论了不同温度对Co-Cu/SiO_2催化剂催化合成气直接制备低碳醇反应机理的影响。

烷烃产物活化能高于醇类产物，降低温度有利于提高低碳醇的选择性。各产物对H_2的反应级数为正，对CO的反应级数为负，表明提高H_2分压，降低CO分压，均有助于提高反应速率。而在513～553K范围内，当温度升高时，产物对H_2和CO的反应级数均有所减小，C_3产物尤为明显。结合ASF分布，可推测温度高于553K时，反应活性位或者反应机理发生了变化，从而导致产物分布改变。

4.3.7.2 二氧化碳替代一氧化碳加氢合成低碳醇安全催化反应体系

热力学分析[150]：CO_2加氢合成低碳醇反应是放热反应：

$$CO_2 + 3H_2 \longrightarrow CH_3OH + H_2O \quad (\Delta H^{\ominus}_{298K}=-49.02kJ/mol,\ \Delta G^{\ominus}_{298K}=-3.76kJ/mol)$$

$$2CO_2 + 6H_2 \longrightarrow CH_3CH_2OH + 3H_2O \quad (\Delta H^{\ominus}_{298K}=-173.6kJ/mol,\ \Delta G^{\ominus}_{298K}=-65.4kJ/mol)$$

$$3CO_2 + 9H_2 \longrightarrow CH_3CH_2CH_2OH + 5H_2O \quad (\Delta H^{\ominus}_{298K}=-287.7kJ/mol,\ \Delta G^{\ominus}_{298K}=-122.4kJ/mol)$$

可以看出，CO_2加氢合成低碳醇在热力学上是有利的，且合成醇的碳数越多，反应越容易进行。由于是放热和体积减少反应，故应尽量在低温和高压条件下进行。

CO_2加氢合成低碳醇催化剂：主要集中在Cu-Zn-Al合成甲醇催化剂基础上添加助剂以提高C_{2+}醇等的选择性。用于CO_2加氢合成低碳醇的活性组分主要集中在Cu、Mo、Rh、Ru等过渡金属及Cu-Co、Rh-V、Ru-Cu等双金属。

CO_2加氢合成低碳醇催化剂用得最多的载体是SiO_2，也有13X分子筛、TiO_2等载体。助剂包括：Li、Fe为助剂的Rh-Li（Fe）/SiO_2等，以及钠、钙、锶、钾等碱性金属。

反应机理：Kusama等[151]认为甲醇和乙醇是通过中间产物CO形成的，Rh-Li/SiO_2催化剂的红外光谱可以看到表面上有CO生成，CO桥式吸附在Rh上可以抑制H_2的吸附，减少CH_4生成，从而使CO更容易插入CH_3—Rh。乙醇合成反应机理如图4.27所示。

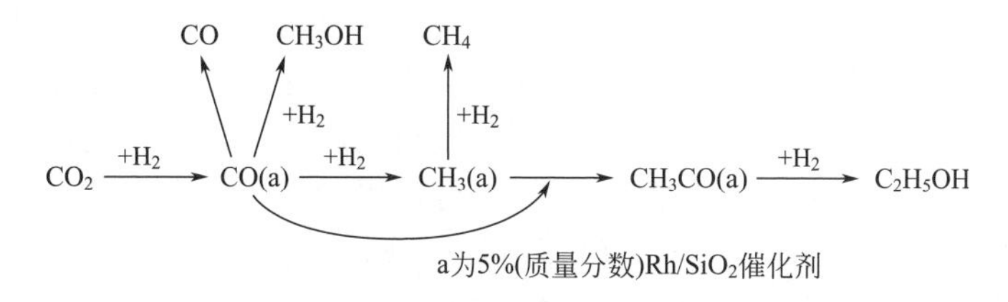

图4.27 Kusama等提出乙醇合成机理模式

利用CO_2加氢合成低碳醇催化剂主要是合成气为原料制低碳醇用催化剂的改性。如，利用Fe改性Cu/Zn/ZrO_2催化剂[152]，添加适量的Fe可显著提高Cu/Zn/ZrO_2催化CO_2加氢合成低碳醇反应的活性和C_{2+}醇的选择性。催化剂的孔容、孔径是影响催化剂的主要因素；Fe的最佳含量为6%，此时催化剂的XRD图谱最为弥散宽化，表明催化剂的活性与粒径有关，粒径较小的催化剂活性较好，C_{2+}醇的选择性和醇的时空产率均达到最大值，时空产率为 0.24g/(mL·h)。

利用共沉淀法制备二氧化碳加氢合成低碳醇的 Cu-Co 基催化剂反应条件为，压力 2.5～3.0MPa，反应温度 573K 及空速 5000～10000h^{-1}，催化剂制备时不同加料顺序影响催化剂的物相组成及几何结构和低碳醇产物分布，Cu-Co 合金是合成低碳醇的活性物相[153]。

4.3.8 合成二甲醚

二甲醚是最简单的脂肪醚，室温下为无色、无腐蚀性、不致癌、混溶性佳的有机化合物。由于二甲醚的性质与液化石油气相似，具有较高的十六烷值（>55），燃烧热（气态）为 1455kJ/mol，且燃烧过程无硫、无 NO_x、无粉尘排放，其臭氧耗减潜能值（ODP）及全球变暖潜能量（GWP）低，可替代石油液化气作为一种生态友好型燃料使用，此外，二甲醚作为一种重要的化工原料，具有无毒性和易挥发性，亦可替代氟氯烃作为气雾剂使用，二甲醚具有广阔的市场前景。

以 CO_2 为原料替代 CO 催化加氢合成二甲醚，是将 CO_2 作为可再生资源充分利用、开发新能源、获得大宗化学品、实现自然界碳元素良性循环的有效途径。更是实现二甲醚本质安全生产的重要途径之一。

CO_2 加氢直接合成二甲醚的反应包括 3 个相互关联的反应过程，即甲醇合成、甲醇脱水和逆水煤气变换反应，其反应方程式：

$$CO_2 + 3H_2 \longrightarrow CH_3OH + H_2O \qquad \Delta H^{\ominus}_{298K} = -49.5kJ/mol \tag{1}$$

$$2CH_3OH \longrightarrow CH_3OCH_3 + H_2O \qquad \Delta H^{\ominus}_{298K} = -23.4kJ/mol \tag{2}$$

$$CO_2 + H_2 \longrightarrow CO + H_2O \qquad \Delta H^{\ominus}_{298K} = -41.2kJ/mol \tag{3}$$

式(1) 和式(2) 的总反应式为：

$$2CO_2 + 6H_2 \longrightarrow CH_3OCH_3 + 3H_2O \quad \Delta H^{\ominus}_{298K} = -122.4kJ/mol \tag{4}$$

上述热力学数据表明，反应（4）比反应（1）更容易进行。此外，从温度、压力对热力学平衡的影响来看，主反应（1）和主反应（2）均为放热反应，而副反应（3）为吸热反应，因此升高反应温度不利于二甲醚的生成，从而导致二甲醚的选择性随反应温度的升高而下降。另外，由于 CO_2 合成二甲醚的总反应是体积减小的反应，升高反应压力有利于平衡向生成二甲醚的方向移动。当反应压力升高时，CO_2 的转化率、二甲醚的选择性和收率都会有不同程度的提高。及时脱除反应生成的水，可使平衡向有利于生成二甲醚的方向移动。

Sosna 等[154]采用热力学方法，分析了 CO_2 合成甲醇、合成二甲醚的工艺流程，热力学数值计算结果表明：在合成甲醇反应中的 CO_2 单程转化率为 34.0%，在一步法合成二甲醚反应中 CO_2 单程转化率为 72.7%，CO_2 采用一步法转化为二甲醚将获得更大的单程转化率。

如本书 4.3.3 节所述，以合成气为初始原料直接制取二甲醚，在纳微尺度上由两步反应集成而成：一是合成气制甲醇，二是甲醇脱水制二甲醚。反应原料包括易燃易爆有毒的 CO，必然会带来安全问题。如能通过 CO_2 替代 CO 则可从源头上解决这个安全问题。

合成气直接制取二甲醚反应过程：

$$2CO + 4H_2 \longrightarrow CH_3—O—CH_3 + H_2O$$

CO_2 加氢直接制取二甲醚反应过程：

$$2CO_2 + 6H_2 \longrightarrow CH_3—O—CH_3 + 3H_2O$$

CO_2 加氢合成二甲醚催化反应机理：关于 CO_2 催化加氢合成二甲醚的反应机理主要有两种观点：一种认为 CO_2 首先加氢得到甲酸盐中间产物，甲酸盐中间产物可分解生成 CO，也可进一步加氢经甲酰化和甲氧化得到甲醇，甲醇再脱水生成二甲醚。另一种认为，二甲醚由 CO 加氢制得，即 CO_2 首先被 H_2 还原成 CO，再由 CO 加氢制甲醇，甲醇脱水得到二甲醚。

CO_2 加氢合成二甲醚双功能催化剂：CO_2 加氢直接合成二甲醚的双功能催化剂含有甲醇合成活性组分和甲醇脱水活性组分两种。

目前，甲醇合成催化剂以 Cu-Zn 基催化剂为主，采用不同的助剂对 Cu-Zn 基甲醇合成催化剂进行改性，以提高 CO_2 的转化率及二甲醚的选择性，采用 HZSM-5 分子筛进行脱水以获得二甲醚，使用该类双功能催化剂 CO_2 转化率为 15%～44%，二甲醚的选择性为 40%～60%，最高达到 90%[155]。

甲醇合成活性组分为合成气制甲醇的 CuO-ZnO 基催化剂，研究主要集中在 CuO 与 ZnO 质量比（简称铜锌比）、制备方法和条件对催化活性的影响、助剂的选择等方面。

例如，双功能催化剂有：不同铜锌比的 Cu-ZnO/HZSM-5，CuO-ZnO-Al_2O_3/HZSM-5，Cu-ZnO-ZrO_2/HZSM-5（Cu^0-Cu^+ 协同作用构成了反应的活性中心）等，助剂包括 Al_2O_3、ZrO_2、Cr_2O_3、Ga_2O_3、Pd、MgO、TiO_2 等。

合成气制二甲醚反应与 CO_2 合成二甲醚反应的区别之一是后者反应生成较多的水，水会促使作为甲醇合成活性组分的金属氧化物晶化，从而导致催化剂快速失活。对于 Cu-ZnO-Al_2O_3/HZSM-5 催化剂中添加 B_2O_3、SiO_2、Cr_2O_3、Ga_2O_3 等助剂可提高催化剂稳定性。

甲醇脱水活性组分为催化甲醇脱水反应的酸催化剂，如，沸石分子筛（Y 沸石、丝光沸石、HZSM-5、H-Mordenite、SAPO-34 等）、氧化物（γ-Al_2O_3、SiO_2-Al_2O_3、WO_3/SiO_2）、离子交换树脂（Nafion 树脂）、负载型杂多酸（HPW/SiO_2、HSiW/Al_2O_3）。

CO_2 催化加氢合成二甲醚工艺与催化剂[156]：

目前，CO_2 制备二甲醚主要有两种工业生产工艺，即两步法和一步法，具体来说，两步法是先合成甲醇，再由甲醇脱水得到二甲醚，将合成甲醇及合成二甲醚两个过程依次进行；一步法是由 CO_2 加氢直接得到二甲醚。热力学上，CO_2 合成甲醇反应与 CO_2 合成二甲醚反应均为分子数量减少的放热反应，在相同反应条件下，对于反应过程中的甲醇浓度，CO_2 合成二甲醚反应比 CO_2 合成甲醇反应低，较低的甲醇浓度促进 CO_2 转化过程正向进行，即直接合成二甲醚反应比合成甲醇反应的热力学限制小；从设备投资上看，采用一步法将甲醇合成和甲醇脱水两个反应在同一个反应器中进行，一步法比两步法更具经济优势，一步法工艺是催化 CO_2 合成二甲醚的发展趋势。

CO_2 加氢一步法合成二甲醚是采用化学催化法对 CO_2 进行配位活化实现的，CO_2 加氢一步法合成二甲醚工艺的关键点和难点是制备高效的 CO_2 活化催化剂。如表 4.17 所示，为研究者们获得的结果。

表 4.17　CO_2 加氢一步法合成二甲醚双功能催化剂

作者	催化剂	T /℃	p /MPa	SV /h^{-1}	$n(H_2)$/$n(CO_2)$	$X(CO_2)$ /%	S(DME) /%
Sun 等[157]	CuO-ZnO-Al_2O_3-Pd/HZSM-5	200	3.0	1800	3.3	18.7	73.6
别良伟等[158]	CuO-ZnO-Al_2O_3-ZrO_2/HZSM-5	230	4.0	1500	4.0	30.0	53.0
张跃等[159]	CuO-ZnO-Al_2O_3-CeO_2/HZSM-5	260	3.0	2100	4.0	40.0	61.5
Zhao 等[160]	Cu-ZnO-Al_2O_3-ZrO_2/HZSM-5	260	3.0	1600	3.0	24.1	26.6
Gao 等[161]	CuO-ZnO-Al_2O_3-La_2O_3/HZSM-5	250	3.0	3000	3.0	43.8	71.2

续表

作者	催化剂	T /℃	P /MPa	SV /h^{-1}	$n(H_2)$ /$n(CO_2)$	$X(CO_2)$ /%	S(DME) /%
查飞等[162,163]	$CuO-ZnO-Al_2O_3-Cr_2O_3$/坡缕石	280	3.0	1600	3.0	24.5	9.5
	$CuO-ZnO-Al_2O_3$/蒙脱土	272	3.0	1600	3.0	26.5	16.7
Naik 等[164]	$CuO-ZnO-Al_2O_3/\gamma-Al_2O_3$	260	5.0	3000mL/(g_{cat}·h)	3.0	15.0	4.0
Tao 等[165]	$Cu-ZnO-Al_2O_3-Cr_2O_3$/HZSM-5	250	3.0	6150mL/(g_{cat}·h)	3.3	23.0	90.0
Liu 等[166]	Cu-Fe-Zr/HZSM-5	260	3.0	1500mL/(g_{cat}·h)	5.0	28.4	64.5
Qi 等[167]	Cu-Mo/HZSM-5	240	2.0	1500	3.0	12.4	77.2
杨海贤等[168]	Cu-Mn/HZSM-5	250	2.0	2100	3.2	21.8	30.6
王嵩等[169]	$CuO-TiO_2-ZrO_2$/HZSM-5	250	3.0	1500	2.8	21.0	62.9

4.3.9 合成液体燃料

二氧化碳一方面是主要的温室气体，在“全球变暖”问题上兴风作浪；另一方面也是资源丰富、廉价、安全的化工原料，能用于合成多种化工产品甚至燃料。由 CO_2 直接制燃料，可以在环境和能源两个方面都产生巨大效益，因此，最近几年 CO_2 加氢反应逐渐成为多相催化领域的研究热点。其中，CO_2 加氢制甲醇受到了比较多的关注，也在很多方面取得了进展，包括从表面科学的角度阐述催化剂的活性位点，以及发展新型的高选择性催化剂。但是总的来说，大部分研究的思路还停留在比较传统的框架之内，希望通过调变金属-氧化物之间的相互作用来控制 CO_2 加氢的活性和选择性。

4.3.9.1 一氧化碳加氢合成液体燃料催化反应体系

合成气制碳氢化合物的反应最早于1923年由德国学者 Franz Fischer 和 Hans Tropsch 发现，故又称 Fischer-Tropsch（费托）合成反应。费托合成反应可以式（1）和式（2）表示：

$$(2n+1)H_2 + nCO \longrightarrow C_nH_{2n+2} + nH_2O \quad (1)$$

$$2nH_2 + nCO \longrightarrow C_nH_{2n} + nH_2O \quad (2)$$

费托合成的产物可以是清洁液体燃料如汽油、柴油或航空燃油等，也可以是化学品如低碳烯烃或芳烃。作为非油基碳资源转化为碳氢化合物液体燃料或化学品的关键过程，费托合成反应近年来重新引起了人们的极大研究兴趣。

费托合成产品中液体燃料基本上由直链烷烃、烯烃组成，具有无硫、无氮、无金属、无或含极少量芳烃等特点，因此具有环境友好的优点，属于绿色能源。

费托合成催化剂主金属以Ⅷ族金属为主。Fe、Co、Ni、Ru 可以作为有效的 F-T 合成催化剂，由于成本以及产物选择性的问题，实际上只有 Fe 和 Co 具有实际应用的价值。

铁基催化剂用于 F-T 合成具有的优点是：由于催化剂具有较高的水煤气变换反应活性，适合用于 H_2/CO 比低的（0.5～0.7）煤基合成气原料的 F-T 合成；催化活性高、价格低廉；适用于很宽的温度范围；产物烯烃组分含量高，适用于化工原料。铁基催化剂的这些特点使它在 F-T 合成中占有非常重要的地位。

钴、钌基催化剂具有高活性、高稳定性，成本相对较低，不易积炭和中毒，生成 CO_2 的选择性低而长链烃的选择性高等优点。具有工业价值的 Co 基催化剂的典型组成为：金属 Co，少量的第二金属（通常是贵金属），氧化物助剂（碱金属、稀土金属和/或过渡金属氧化物）以及载体（SiO_2，Al_2O_3 或 TiO_2）。

4.3.9.2 二氧化碳替代一氧化碳加氢合成液体燃料安全催化反应体系

反应路径：Fe 催化 CO_2 加氢制烃反应与传统 CO 加氢的费托合成工艺（FTS）具有诸多相似性，因此，一部分研究者将其称为 CO_2 费托合成。随着研究的深入，在 Fe 基催化剂上以 CO 为中间产物，如式(1)、式(2) 所示的两步反应串联机理，逐渐被研究者认可：(1) 为逆水煤气变换（Reverse Water Gas Shift，RWGS）反应，CO_2 加氢转化为 CO，催化效率受反应平衡限制和动力学控制；(2) 为 FTS 反应，将反应 (1) 生成的 CO 进一步加氢生成烃类化合物，反应受动力学控制：

$$CO_2 + H_2 \longrightarrow CO + H_2O \qquad \Delta H^{\ominus}_{298K} = 41kJ/mol \tag{1}$$

$$CO + 2H_2 \longrightarrow (-CH_2-) + H_2O \qquad \Delta H^{\ominus}_{298K} = -152kJ/mol \tag{2}$$

铁基催化剂：Fe 基催化剂被广泛用于 CO 和 CO_2 加氢转化反应，一是因为其低廉的价格，二是因为其对于逆水煤气反应和费托合成反应都有着较好的活性。K 作为碱金属元素，可增强 CO_2 等碳物种的吸附，同时抑制 H 物种的吸附，因此常被用作 Fe 基催化剂的电子助剂。此外，Mn、Zn、Cu 等也常被用于结构和电子助剂，用来改善产物分布和催化活性。目前对于 CO_2 加氢制烃类催化剂的制备常采用浸渍法或者沉淀法。使用浸渍法时，载体常为 γ-Al_2O_3 和分子筛等。可以通过控制沉淀条件（如沉淀 pH 值、沉淀剂、沉淀顺序等）来得到不同物性的 Fe 基催化剂，但是操作相对复杂。目前，关于 CO_2 加氢制烃类的报道中，CO_2 的转化率介于 19%～68%，高转化率时，往往甲烷化严重。郑斌等[170]使用尿素沉淀凝胶、机械混合和等体积浸渍相结合的方法，制备了一系列的纳米尺寸 FeK-M/γ-Al_2O_3（M＝Cd，Cu）催化剂，在小型固定床反应器上考察其对 CO_2 加氢反应的催化性能。3MPa，400℃，Fe10%K/γ-Al_2O_3 催化剂可稳定运行 100h 以上，CO_2 转化率为 51.3%，C_{2+} 烃类的选择性达 62.6%。Fe 含量降至 2.5%时，C_{2+} 烃类的选择性仍能达到 60.0%。随着 K 含量由 0%增加至 10%，低碳烯烃选择性增加，烯烷比增加至 3.6，Cd 和 Cu 助剂可促进 Fe 物种的还原，改善目标产物的分布，其中 Cu 的加入使低碳产物烯烷比增至 5.4，Cd 的加入使 C_{5+} 产物选择性增加了 12%。

多功能复合催化剂：Wei 等[171]设计一种新型 Na-Fe_3O_4/HZSM-5 多功能复合催化剂，实现了 CO_2 直接加氢制取高辛烷值汽油。如图 4.28 所示，在 320℃、3MPa 以及 H_2/CO_2＝3 的条件下，Na-Fe_3O_4/HZSM-5 催化剂可以取得超过 30%的 CO_2 转化率，并且烃类产物中汽油馏分烃（C_5～C_{11}）的选择性达到 78%。汽油馏分主要为高辛烷值的异构烷烃和芳烃，基本满足国Ⅴ标准对苯、芳烃和烯烃的组成要求。CO 选择性仅有 15%左右，烃类产物

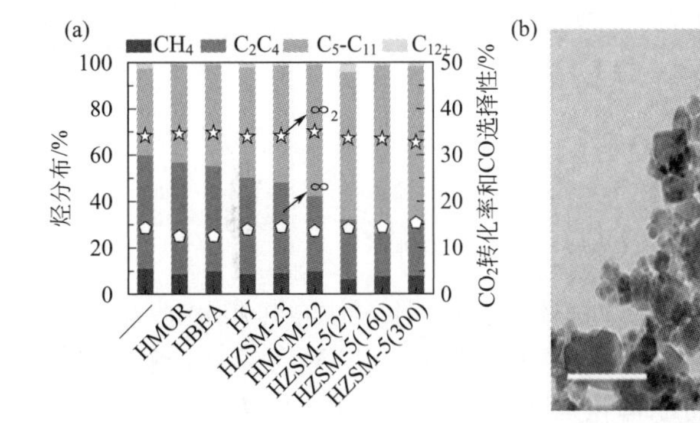

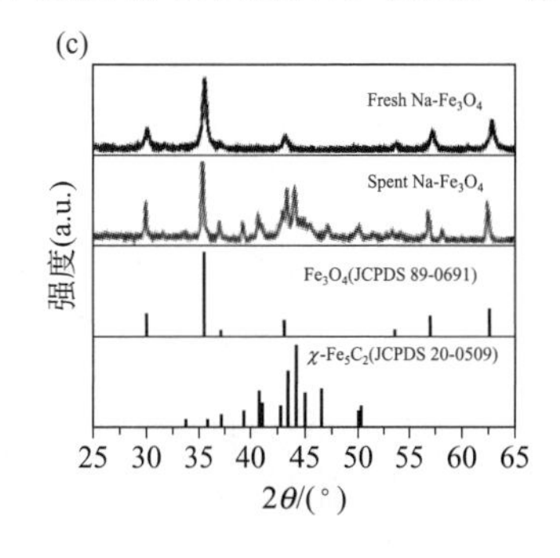

图 4.28 (a) Na-Fe_3O_4 和不同分子筛材料的组合在 CO_2 加氢反应中的催化性能；(b) Na-Fe_3O_4 纳米粒子的电镜图，标尺为 100nm；(c) 反应前和反应后的 Na-Fe_3O_4 纳米粒子的 XRD 图

中 CH_4 的比例也较低（10%左右）。他们发现 Na-Fe_3O_4 在反应条件下会部分的转变为 Fe_5C_2，CO_2 首先被加氢到 CO，然后 CO 在 Fe_5C_2 上进一步加氢并且碳链增长。之后，在 HZSM-5 上进行异构化或者芳环化，得到高比例的异构烷烃和芳烃（见图 4.29）。双组分催化剂空间分布对于产物有着显著的影响。如果 Na-Fe_3O_4 和 HZSM-5 混合的非常均匀，则产生大量的 CH_4；而如果让两个组分空间上产生一定的距离，则会得到高收率的汽油馏分烃。

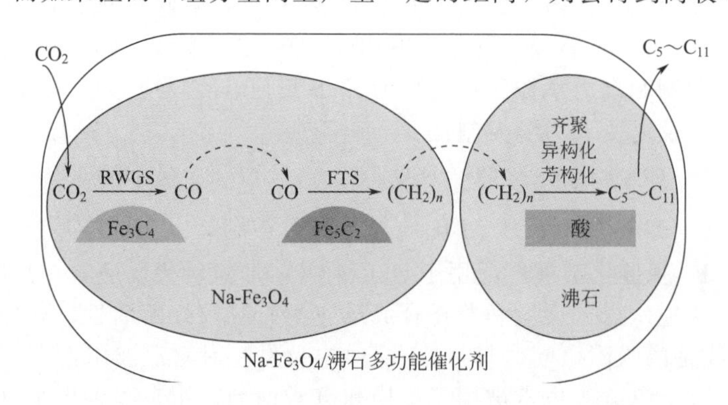

图 4.29 Na-Fe_3O_4/HZSM-5 双功能催化剂上 CO_2 加氢制烃类燃料的反应机理

双功能催化剂：Gao 等[172]利用氧化物-分子筛双功能催化剂实现了 CO_2 加氢制汽油馏分。用 10nm 左右的高比表面积 In_2O_3 作为氧化物，介孔 HZSM-5 作为分子筛。如图 4.30 所示，在 340℃、3MPa 条件下，最高可以获得 13.1%的 CO_2 转化率，同时 CO 的选择性为 40%～50%，高于 Na-Fe_3O_4/HZSM-5 催化剂。在碳氢化合物产物中，C_{5+} 产物达到 78.6%，同时仅有 1%的甲烷，远低于 Na-Fe_3O_4/HZSM-5 催化剂。

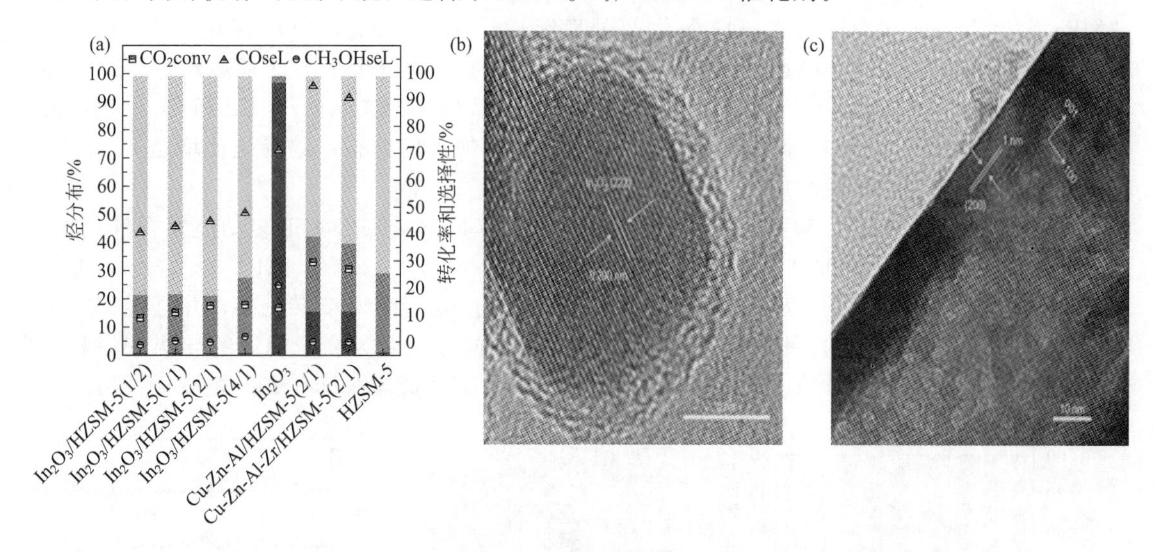

图 4.30 (a) In_2O_3/HZSM-5 双功能催化剂在 CO_2 加氢反应中的催化性能；
(b) In_2O_3 纳米粒子；(c) 多孔 HZSM-5 的电镜图

对于 In_2O_3/HZSM-5 双功能催化剂的反应机理，作者通过理论计算和实验证实，CO_2 首先在部分还原的 In_2O_3 上加氢为甲醇，然后在 HZSM-5 中进行甲醇到烃类产物的转变（见图 4.31）。且在这个 In_2O_3/HZSM-5 双功能催化剂体系中，作者也发现双组分催化剂的空间分布对于产物有着显著的影响。通过调变两个组分的空间分布，可以调控产物中不同碳氢化合物的分布。

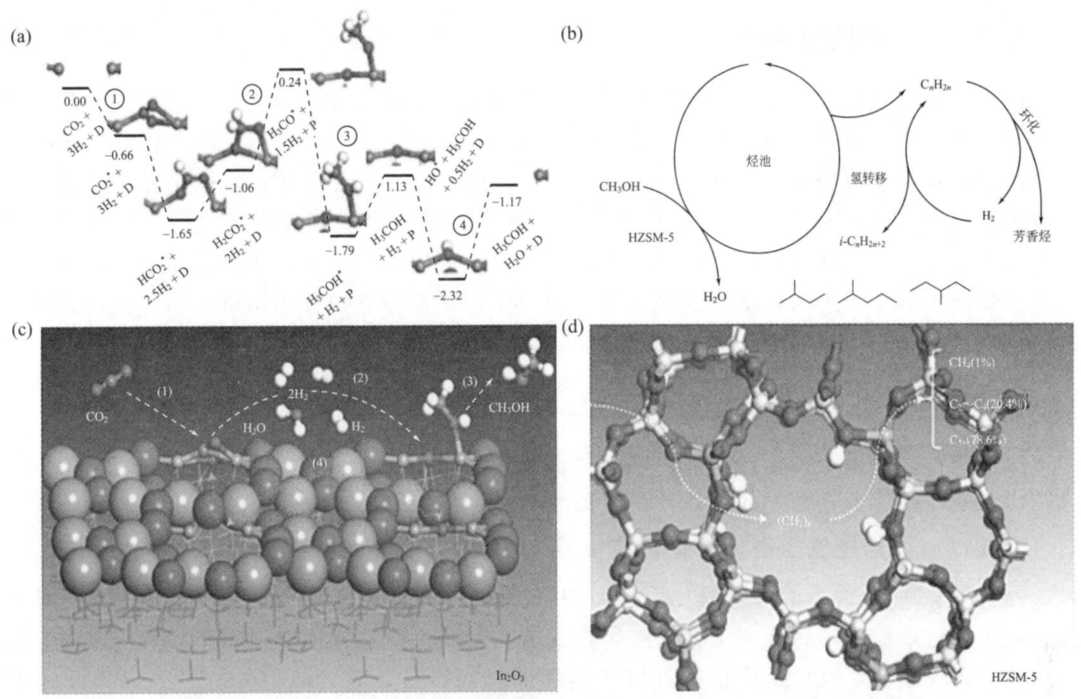

图 4.31　In_2O_3/HZSM-5 双功能催化剂催化 CO_2 加氢反应制烃的机理

通过选择其他分子筛，可以控制产物中烯烃/烷烃的分布。比如采用 SAPO-34 分子筛，可以得到较高比例的 C_2～C_4 的烯烃；而如果使用 Beta 分子筛，则产物中会出现较多的低碳烷烃，可以作为液化气燃料。

4.3.10　合成碳酸二甲酯

以甲醇为初始原料的两步法 DMC 生产工艺由两个单元组成：一是甲醇与 NO、O_2 反应生成亚硝酸甲酯，二是亚硝酸甲酯与 CO 反应制 DMC。该工艺必须经过非安全中间反应物亚硝酸甲酯来实现 DMC 生产。工艺复杂、路线长，且使用和生产 NO。所涉及的氧化工艺属于危险化工工艺。

为了从源头上彻底消除以甲醇为初始原料生产 DMC 工艺存在的安全隐患问题，人们提出了以甲醇为原料，不经过亚硝酸甲酯合成和使用反应，直接得到 DMC 新工艺。这样，可以去除非安全反应物亚硝酸甲酯的合成和使用过程，解决其带来的安全问题。如，甲醇氧化羰基化直接合成 DMC 可以解决两步法存在的安全问题。但是，该法是在分子氧存在下进行反应的，属于存在混合爆炸限隐患的氧化反应体系，且 CO 是易燃易爆有毒反应物。只能说它相对于两步法是安全的，还没有从根本上解决安全隐患。

合成 DMC 一步化直接反应过程：

$$2CH_3OH + CO + 1/2O_2 \longrightarrow (CH_3O)_2CO + H_2O$$

甲醇与二氧化碳一步直接合成过程：

$$2CH_3OH + CO_2 \longrightarrow (CH_3O)_2CO + H_2O$$

如果采用 CO_2 替代 CO 和 O_2，可以彻底解决 CO 易燃易爆有毒、有分子氧参与的混合爆炸氧化反应体系及分离循环衍生事故等安全问题。而且可以充分利用温室气体 CO_2。但该反应在热力学上是不利的，目标产物收率还很低。尽管如此，该工艺在安全性、环保性、简单性等方面毕竟具有突出优势，吸引了学术界和工业界的众多研究者从事其工艺核心技术催化剂的开发工作。

4.3.11 烯烃氢甲酰化

烯烃氢甲酰化是工业上应用过渡金属配合物催化剂的最重要过程之一。氢甲酰化反应又称羰基合成反应，是指烯烃与一氧化碳和氢气在催化条件下生成比烯烃多一个 C 原子醛的一类反应，被广泛应用于医药化工和精细化工领域。自从 1938 年 Roehen 发现氢甲酰化反应并由德国鲁尔（Ruhrchemie）公司在随后几年建成第一套羰基合成装置后，氢甲酰化工艺经历了高压法、改性钴中压法和低压铑法等，生产规模不断扩大，生产技术日益改进。

现今采用最多的是均相络合催化工艺，但由于催化剂与产物分离困难，该工艺的发展一直受到很大的制约。均相催化剂非均相化则可以有效解决以上问题，主要包括静态固载化体系和动态“担载”的液/液两相催化体系。其中，动态担载是指将均相催化剂固定于与产物互不相溶的液相中，可进一步分为“水/有机两相体系”和“非水液/液两相体系”，如氟两相、温控相转移、离子液体两相等。固载化催化剂是将金属或（和）金属配合物以一定的方式锚定在固体载体上，催化剂可以方便分离和循环使用。

4.3.11.1 烯烃氢甲酰化催化反应体系

超临界 CO_2 条件下的氢甲酰化反应：超临界 CO_2 下烯烃氢甲酰化反应将超临界流体的优点和甲酰化反应的高转化率结合起来，在反应活性和反应选择性上取得了较大的突破，反应条件也比较温和，反应速度快，反应产物和催化剂容易分离，催化剂流失少。同时，它把氢甲酰化反应的环境从有毒的有机溶剂变成价廉的超临界溶剂，实现了无污染的“绿色”生产。因此，这种超临界氢甲酰化反应技术代表了羰基合成技术的发展潮流，具有巨大的发展潜力。

曹维良等[173]以乙酰丙酮羰基铑为催化剂母体，以水溶性三苯基膦三间磺酸钠（TPPTS）为配体，在超临界 CO_2 和水复合溶剂中成功地实现了超临界条件下的均相丙烯氢甲酰化反应。最佳反应条件为：温度 55℃，铑的浓度 15μg/mL，P/Rh 物质的量比 18。在压力为 12.0～14.0MPa 下反应 6h 后，产物正丁醛/异丁醛物质的量比可达 4.3～4.5，丁醛的时空收率达 190.1～205.3g/(g・h)。反应过程中体系处于超临界状态，反应结束后分为水、油两相，铑催化剂溶于水相，产物处于油相，油相中铑的含量仅为 1.0ng/mL，基本上消除了铑的流失，实现了催化剂与产物的有效分离，便于催化剂的回收和循环使用。与相同反应条件下水-有机两相氢甲酰化反应相比，超临界 CO_2 和水复合溶剂中的丙烯氢甲酰化反应具有更高反应速率和产物正异比。

官能团化烯烃的氢甲酰化反应[174]：通过官能团化烯烃氢甲酰化反应可以得到官能团化的醛类化合物，而官能团化的醛大多是精细化学品或药物、香精香料的合成中间体。与非官能团化烯烃相比，官能团的存在影响烯烃氢甲酰化反应，显示出很多不一样的特性，这些特性是由于环状金属中间体的稳定性不同所致，同时影响反应的区域选择性。

负载型催化剂[175]：为了克服均相催化剂产物与催化剂难以分离的问题，以等体积浸渍法将配合物 $HRh(CO)(PPh_3)_3$ 负载于硅胶载体上，制成相应的负载铑膦配合物催化剂。但是这种催化剂的催化活性会随着氢甲酰化反应的进行而持续下降最后失活，这可能主要由于金属铑活性组分的流失以及膦配体被氧化所致。负载水相催化剂（Supported Aqueous Phase Catalysts，简称 SAPCs）是用于液态反应物的反应体系。该类型的催化剂包括溶解了过渡金属-膦配合物的水膜和载体（载体为高比表面积的亲水性固体），水膜负载于载体之上。反应物从有机相扩散进入多孔固体，在水/有机相的界面上发生反应，产物扩散回到有机相。该类型催化剂与两相催化剂相比有以下优点：①多孔状载体提供了水/有机相较大的接触表面，使催化剂具有较高活性；②可以通过界面效应（如载体的孔径分布）调整催化剂的择形性及反应的平衡点；③负载于载体上的催化剂分解温度较高，反应可以在较高温度下进行；④催化剂易回收，易于和反应体系分离并循环使用。要获得具有优良催化活性和稳定性的负载型水相催化剂，关键在于选择具有良好水溶性的配体和高稳定性、高比表面积的载体。研究人员尝试将水溶性的 $HRh(CO)(TPPTS)_3$、TPPTS-$Rh(acac)(CO)_2$、$RhCl(CO)(TPPTS)_3$ 和 PPh_3-$Rh(acac)(CO)_2$ 分别负载于大孔高硅玻璃、硅胶、扩孔硅胶、MCM-41 和纳米 SiO_2 上，在很大程度上改善了铑流失，同时也获得了较为满意的催化活性。

液-液两相催化体系[175]：1984 年，法国 Phone-Poulenec 公司和德国 Ruhrchemie 公司成功开发了水溶性铑膦配合物[$HRh(CO)(TPPTS)_3$][TPPTS=$P(m\text{-}C_6H_4SO_3Na)_3$]，该催化剂溶于水，故催化剂存在于水相中，产品醛存在于有机相，反应后经静置水/有机两相自动分层，催化剂与氢甲酰化产物容易分离，克服了油溶性铑膦配合物催化剂与反应产物难分离的缺点。将其用于丙烯水/有机两相氢甲酰化的工业过程，显示出比油溶性催化剂更加优越的性能，其工艺优点包括：用水作溶剂安全便宜；反应完成后静置，有机层与水层即自动分层，倾出上层有机物即可简便地将产物与催化剂分离，便于催化剂的分离和循环使用，适合于反应物产物均为液态的烯烃氢甲酰化反应；避免了产物与催化剂的分离过程中催化剂因加热而发生的降解失活，减少了活性组分的损失；提高了选择性，节约原料烯烃和合成气。

4.3.11.2 二氧化碳替代一氧化碳的烯烃氢甲酰化安全催化反应体系

二氧化碳在温和条件下的资源化利用具有重要意义和应用前景。Ren 等[176]以廉价易得的硅氢聚合物 PMHS（Polymethylhydrosiloxane）为还原剂，在较为温和的条件下将 CO_2 还原成 CO，后者参与 Rh 催化的简单烯烃氢甲酰化反应，以较高的催化效率及优秀的区域选择性分离得到了相应的醛，实现了通过 CO_2 脱氧还原和烯烃氢甲酰化一锅法合成醛的反应，如图 4.32 所示。

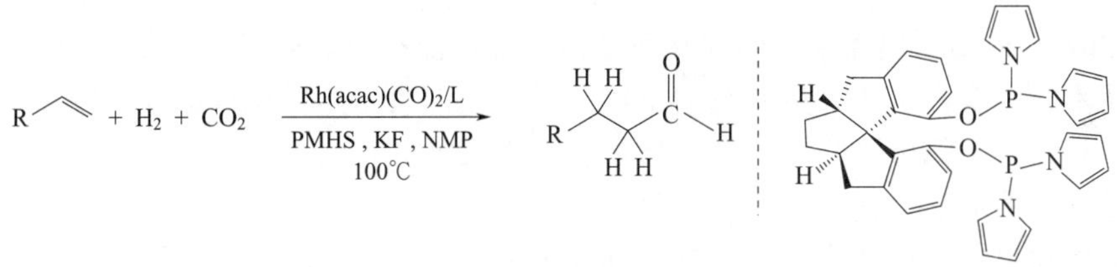

图 4.32 CO_2 为原料的烯烃氢甲酰化一锅法合成醛反应过程

初步的机理研究（见图 4.33）表明，CO_2 在 Lewis 碱性溶剂 N-甲基-2-吡咯烷酮

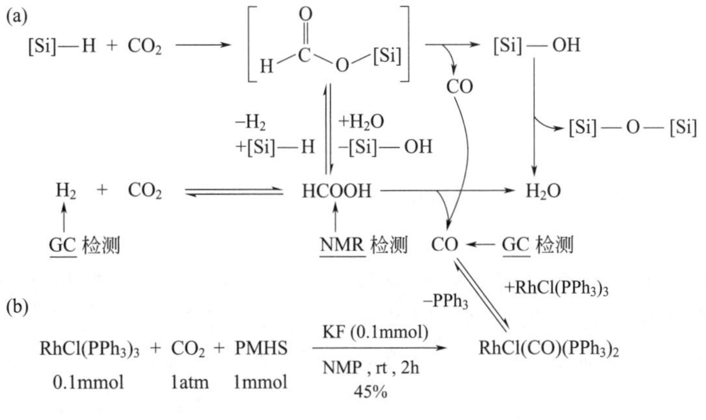

图 4.33 CO_2 参与的烯烃氢甲酰化可能的反应机理

(NMP) 中首先被 PMHS 还原成 CO，并伴随形成了少量的 H_2 和 HCOOH。由 CO_2 还原生成的 CO 在金属铑膦络合物催化下与 H_2 和烯烃发生氢甲酰化，从而得到了相应的醛。在醛和 CO_2 同时存在的反应体系中，CO_2 优先与硅烷 PMHS 反应，直至后者消耗殆尽，从而保持醛不被还原为相应的醇。

该工作首次以 CO_2 作为 CO 替代品进行烯烃氢甲酰化反应并分离得到醛，展示了 CO_2 作为 C_1 资源化学利用的一条新路径。

4.4 固体酸、离子液体替代无机液体酸催化剂

催化反应（催化剂）依反应物在催化转化中的基元步骤（电子转移），可分为酸碱型（双电子）和氧化还原型（单电子）。酸催化反应和酸催化剂是包括烃类裂解、重整、异构等石油炼制以及烯烃水合、芳烃烷基化、醇酸酯化等石油化工领域的一系列重要工业的基础反应。因此，无论对酸反应的机理，还是对酸催化剂的作用本质，都已进行过大量研究，是催化领域内研究得最广泛、最详细和最深入的一个方面。从酸催化反应和酸催化剂研究的发展历史看，最早还是从以如硫酸、磷酸、三氯化铝等一些无机酸类为催化剂开始的。这显然是因为这些酸催化剂都具有确定的酸强度、酸度和酸型，而且在较低温度下就有相当高的催化活性。一些工业上重要的催化反应过程利用了 H_2SO_4、H_3PO_4、$AlCl_3$ 等为催化剂[177]。

4.4.1 异丁烷与烯烃烷基化安全工艺过程

随着城市机动车拥有量迅速增加，机动车尾气排放是大气环境污染日益严重的主要原因之一，国家出台各项方案促使车用燃料标准升级，国家发改委制定于 2017 年起将提前实行全国范围内供应国Ⅴ标准汽油。国Ⅴ标准要求汽油硫含量降至 10μg/g，烯烃体积分数由 29%降至 24%，机动车用油标准的提高促使高辛烷汽油组分需要量大幅度增多，新型 C_4 烷基化工艺技术成为众多科研人员研究的重点。烷基化汽油为异构烷烃的混合物。与催化汽油和重整汽油相比具有低硫、氮、芳烃、烯烃，低挥发性，低雷德蒸气压（RVP），高辛烷值等优点，是理想的清洁汽油组分。烷基化技术一般由异丁烷与低分子烯烃（多用丁烯），在硫酸等强酸催化下发生烷基化反应。按催化剂类型分多为液体酸烷基化工艺和固态酸烷基化工艺。

4.4.1.1 传统无机液体酸催化工艺及安全性

自 1938 年起，以浓硫酸和氢氟酸作为催化剂的异丁烷与丁烯烷基化反应工艺已实现工业应用。至今石油炼制工业中仍在采用传统烷基化工艺。工业上广泛采用的液体酸烷基化工艺包括 HF 法烷基化和 H_2SO_4 法烷基化。

硫酸法烷基化工艺：目前两种主要的硫酸法烷基化工艺是美国 Kellogg 公司的阶梯式反应器硫酸烷基化工艺和美国 Stratco 公司的流出物制冷式硫酸烷基化反应工艺。硫酸法烷基化工艺中使用的催化剂浓硫酸不像 HF 那样易挥发，因此，硫酸法烷基化工艺的安全性比氢氟酸法烷基化工艺好得多。

硫酸法烷基化是异丁烷和混合丁烯在硫酸（质量分数≥89%）催化作用下生成烷基化油的过程。异丁烷与丁烯进行的烷基化反应作为主反应，副反应为烯烃齐聚、裂化、歧化和缩合反应等，温度升高促使副反应的进行，酸消耗高，产品收率降低。因此，硫酸法烷基化反应需要在低温环境下进行，通常在 10℃以下。因此硫酸法烷基化工艺发展是减少酸耗、降低能耗和提高三甲基戊烷的选择性即提高烷基化油的选择性，采取各种措施来降低反应温

度，促进原料与硫酸的充分混合以及提高传质效率。

氢氟酸法烷基化工艺：世界各地共有115套HF法烷基化装置，其中美国有60套，我国有10套。HF法烷基化工艺装置可以分为Phillips公司开发的HF法烷基化装置和UOP公司开发的HF法烷基化装置。HF是一种易挥发的剧毒物质。基于氢氟酸烷基化工艺技术的安全性问题，美国Phillips石油公司与Mobil公司合作于1992年研究开发减少HF挥发的技术——REVAP烷基化技术。Phillips公司认为，在经过改进的氢氟酸烷基化催化剂体系中，加入聚合物添加剂，可以使HF的挥发性得到改善，而且添加剂容易分离和回收，因而改善了氢氟酸烷基化工艺的安全性。美国UOP公司与Texaco公司合作，也成功开发了减少HF挥发的添加剂技术，进一步保障了氢氟酸烷基化工艺的安全操作性能。

传统的液体酸烷基化工艺存在由于催化剂的强腐蚀性和剧毒性，以及反应产生的大量碱渣难以处理而污染环境等诸多问题。

氢氟酸烷基化反应单元内的主要工艺介质及危险性：液化石油气易燃、易爆；氢氟酸易挥发、强腐蚀性、剧毒；酸溶性油强腐蚀性、易燃、易爆；烷基化油易燃、易爆。在正常生产时，异丁烷、氢氟酸、烯烃共存，发生快速放热反应，具有很高危险性。

氢氟酸对人体的危害：氢氟酸为Ⅰ级毒物。烷基化装置使用85%～90%纯度的氢氟酸，有很强腐蚀性，对人体皮肤、眼睛和黏膜有很大的危害性。眼睛如与有害浓度的氢氟酸蒸气或液体接触，会立即泪如雨下，如不迅速用冷水冲洗，彻底除去氟离子，将给眼睛和脸造成顽固性烧伤，甚至造成永久性视力障碍或完全失明。氢氟酸蒸气对呼吸系统有强烈的刺激性，严重时会迅速导致肺部发炎和充血。在500μL/L或更高的浓度下，呼吸30～60s，就会致命。无论是液相还是气相氢氟酸，接触到皮肤时，除引起表面烧伤外，氟离子还能穿过表皮，与体内的镁和钙化合成氟化物，在骨骼中沉积，导致骨脆和骨痛。我国贵州某氟利昂制造厂的周围农田曾因受氟污染而颗粒无收，耕牛因骨脆而不能站立，鱼饮含氟河水而成群死亡。

氢氟酸烷基化装置中氢氟酸对环境的污染：原料在烷基化装置中经干燥、反应、分馏等过程，最终形成烷基化汽油及其副产品，伴之也产生了氢氟酸污染物。为防止氢氟酸污染危害，设计时对该装置设置了“三废”处理设施，即含酸气体送入含酸气体中和器，用氢氧化钠进行中和处理。含氟和含酸废水均集中到中和槽用氯化钙进行处理，生成氟化钙进行填埋处理。氢氟酸对环境的污染，主要来自工序操作时带出的氢氟酸、设备及管线腐蚀泄漏和机泵密封面及其他泄漏。

氢氟酸烷基化分馏系统危险源：烷基化分馏系统的原料以及产出的副产品丙烷、正丁烷、异丁烷均属于易燃易爆的危险化学品，易发生火灾和爆炸，均已列入了《危险化学品名录》中（2015版）。

4.4.1.2 固体酸替代无机液体酸安全反应过程

烷基化技术大多数研发工作集中在替代技术（固体酸、离子液体）。人们正积极地研制开发清洁、安全的固体酸烷基化工艺。而早在20世纪60年代，Exxon公司的研究者就已注意到固体酸运用于烷基化反应工艺，因为固体酸工艺的安全性及方便性远优于液体酸烷基化工艺，并且固体酸烷基化工艺生产的烷基化油质量达到或超过液体酸。

固体酸烷基化技术商业化的主要障碍是催化剂的快速失活，以及再生能力问题。原料中的烯烃聚合后占据催化剂活性位，阻塞孔道并导致快速失活。另一个问题是扩散速率较差。因此，如何解决这些问题成了固体酸烷基化工艺发展的关键。

新固体酸烷基化催化剂组成包括大孔网状离子交换树脂、$ZnBr_2$改性黏土以及β分子筛。

分子筛催化剂：分子筛作为烯烃烷基化反应的催化剂，主要有 USY、HY、MCM-22、ZSM 系列等[178]。

Mota Salinas 等[179]采用 Hβ 和 H-USY 分子筛，在超临界条件下催化丁烷、丁烯烷基化反应。分子筛的结构对其催化性能和稳定性影响很大。Hβ 分子筛具有更好的反应活性和稳定性，可能的原因是在超临界条件下，丁烷可以有效地“清洁”Hβ 分子筛外表面和孔道口的酸性位。而对于 H-USY，由于分子筛超笼内易发生烯烃低聚反应，会导致孔口堵塞进而使催化剂失活。

Sekine 等[180]考察了几种氢型分子筛的结构及合成方法对异丁烷/丁烯烷基化的影响。HZSM-5 和 H-L 催化剂失活很快，而 H-Y 和 Hβ 的催化活性能保持相当长的一段时间，由此推断三维孔道结构在烷基化过程中能有效阻止催化剂失活。

Yoo 等[181]的研究认为，具有较大三维微孔结构的 β 分子筛和具有一维均匀孔道结构的 ZSM-12 分子筛有较高的稳定性。

Dalla Costa 等[182]采用 Y 分子筛和 La 改性的 Mordenite 分子筛作为催化剂，在气相下催化异丁烷与丁烯烷基化反应。随着反应温度的升高，虽然开始时三甲基戊烷（TMP）的产量大幅下降，但反应一段时间后，其稳定性反而有所提高，可能的原因是温度升高后，积炭成分的气化速率升高，从而避免了孔道口的堵塞。

Diaz-Mendoza 等[183]对比了三种分子筛的烷基化性能，发现具有最强 L 酸的 USY 失活最快，烷基化产率最低，而具有适宜 B 酸中心的 β 分子筛最稳定，烷基化产率最高；REY 经稀土改性后，不仅 B 酸酸性位点数量增多，其稳定性和烷基化产率也随之增加。

具有较大微孔结构的十二元环分子筛有很高的烷基化选择性；孔道的规整度越高，催化剂越稳定，寿命越长；中强 B 酸是烷基化反应的中心，其酸性位点数量与反应选择性及催化剂稳定性成正比。β 分子筛由于具有较高的 B 酸酸性位点数量和适宜的孔结构，是一种优良的烷基化催化剂。

ABB Lummus Global 等公司通过合作，成功开发出采用沸石催化剂的 AlkyClean 工艺。该工艺的关键是由多个固定床轮换反应器组成的反应系统和催化剂再生技术，使用 3 台并联的反应器，催化剂的寿命长达两年以上，现已达到工业化应用的水平[184]。

作为异丁烷/丁烯烷基化催化剂，沸石分子筛存在的主要缺点是反应失活较快，且随着反应时间的延长，C_8 产物及 TMP 的选择性也随之降低。但分子筛的优势在于容易再生，且再生后不损失其活性和组成结构稳定性。

负载型催化剂：杂多酸是酸度均一的纯质子酸，并且其酸性强于 ZSM-5 以及 HF 等。但是其比表面积比较低，因此一般是将其负载于多孔材料上制备成负载型催化剂使用，包括 SiO_2、中孔硅酸铝（SiO_2-Al_2O_3）、全硅 MCM-41 等载体。如，二氧化硅负载磷钨酸催化剂、Pt-KCl-$AlCl_3$/Al_2O_3、Nafion/SBA-16，负载型催化剂同时具有高酸强度和高比表面积的优点，且在合适的制备条件下，酸中心可被均匀地分散在载体表面。但是该类催化剂活性中心的流失不可避免，因而在使用寿命有限的情况下不可长期运转，必须配合催化剂的再生工艺，才有可能达到良好的工业化应用效果。

离子交换树脂催化剂：苯乙烯系酸性阳离子交换树脂，磺化后的苯乙烯阳离子交换树脂具有均一的酸强度（相当于 75%的 H_2SO_4）、较大的酸量以及较好的稳定性。但是由于其酸强度较低，故不能直接用于丁烷与丁烯烷基化反应。通常，先进行丁烯的二聚反应得到辛烯，然后辛烯加氢得到 C_8 烷烃。意大利 Snamprogetti 公司在 2000 年与 CDTECH 公司合作推出 CDIsoether 工艺，采用耐高温树脂催化剂，二聚选择性大于 90%。采用催化蒸馏塔反应器时，可突破化学平衡的限制，异丁烯的转化率达99%以上，其后续加工采用常规滴流床技术进行辛烯加氢，合成 C_8 烷烃烷基化油。采用苯乙烯系阳离子交换树脂作为催化剂的优点是其使用寿命比沸石分子筛长，且反应条件相对温和；缺点是齐聚再加氢异构体TMP的选择性不够高，产品的辛烷值相对于丁烷与丁烯直接烷基化所得产物的辛烷值要低。

Nafion全氟磺酸树脂：Nafion全氟磺酸树脂是通过全氟磺酸醚和四氟乙烯共聚制备而成的固体超强酸。它是一种多聚全氟磺酸，氟原子作为取代基具有很强的电负性，可以增强磺酸酸强度。由于Nafion树脂具有更高的酸强度（相当于90%的 H_2SO_4），可用于丁烷与丁烯的直接烷基化反应。但是由于Nafion树脂的比表面积很低（$0.02m^2/g$），需将其负载于多孔材料上使用。

4.4.1.3 环境友好酸性离子液体替代无机液体酸安全反应过程

离子液体烷基化技术现状：离子液体（IL）是一种类盐类液体，既可用作溶剂也可用作催化剂，对异丁烷的溶解度要高于 H_2SO_4 和HF，利于反应物扩散进入催化剂发生反应，催化性能优于 H_2SO_4 和HF，且催化剂对设备腐蚀小，对环境危害小，可降低反应器设计复杂性及投资成本。此外，反应流出物不易形成乳化油，产品与IL催化剂更易分离，相较于传统液体酸烷基化技术优势明显。

工业化工艺：目前仅有中国石油集团公司与中国石油大学（北京）合作开发的Ionikylation工艺实现了工业化，该工艺以CuCl改性的IL为催化剂。丁烯转化率大于99%，烷基化油产率达到95%（质量分数），TMP选择性为90%。运转过程中仅发生少量的聚合和裂解等副反应，烷基化油质量满足要求，产品辛烷值（RON=100）高于HF（RON=97.6）和 H_2SO_4（RON=97.3）烷基化工艺[185]。

离子液体的研究工作主要包括特色离子液体催化剂组分，如正丁基氯化吡啶氯铝酸盐离子液体、季氯铝酸盐离子液体、咪唑、吡啶、季铵盐、三氟甲磺酸与质子胺复合离子液体、SbF_6^- 阴离子作为强酸离子液体催化剂、改性氯铝酸盐离子液体、氯化铝和氯化铜或氯化亚铜酸性离子液体催化剂、三氟甲磺酸离子液体等。

可用于烷基化反应的离子液体主要有氯铝酸型、改性氯铝酸型、氯铝酸复合型和非氯铝酸型四类。氯铝酸型离子液体酸强度高，被最早应用于催化 C_4 烷基化反应研究。但异丁烷不易溶于该催化体系，反应中需要加入 Cu^+、Ni^{2+} 等助剂提高氯铝酸离子液体的三甲基戊烷选择性，存在着酸性和组成控制难及产品稳定性差等问题[186]。

刘鹰等[187]合成并表征了［b-mim］Cl-1.8$AlCl_3$-0.5CuCl、［Et_3NH］Cl-1.8$AlCl_3$/$CuAlCl_4$ 等离子液体，研究了添加 Cu^+ 对烷基化反应选择性的影响。Cu对催化剂酸性影响不大，不是提高选择性的主要因素，而烷基化过程中 $CuAlCl_5^-$/$CuAlCl_4$ 等配合物对2-丁烯的络合吸附提高了烷基化反应的选择性。同样的条件下，［Et_3NH］Cl-1.8$AlCl_3$/$CuAlCl_4$、［b-mim］Cl-1.8$AlCl_3$/$CuAlCl_4$ 等离子液体的三甲基戊烷选择性最高可达87.5%，产品油辛烷值为100.5，高于硫酸和复合型离子液体等烷基化汽油辛烷值。

非氯铝酸型离子液体酸性相对缓和，挥发性小，对设备无腐蚀性，具有良好的应用。王鹏等[188]合成了1-丁磺酸基-3-甲基咪唑三氟甲磺酸［HSO_3-b-mim］CF_3SO_3 离子液体，具有高催化反应性能与选择性，与三氟甲磺酸耦合，应用于催化1-丁烯/异丁烷的烷基化反应，C_8 选择性为81.1%，产品的辛烷值达95.3，耦合催化剂稳定性高。

陈传刚等[189]合成了稳定性较高的负载浓硫酸的Bronsted-Lewis双酸型离子液体（3-磺酸)-丙基三乙基铵氯锌酸盐［HO_3S-$(CH_2)_3$-Net_3］Cl-$ZnCl_2$，应用于催化异丁烷和异丁烯烷基化反应。该离子液体负载少量的浓硫酸对烷基化反应具有优异的催化性能，在烷烯物质的量比为 10∶1、40℃、1h 条件下，异丁烯转化率 99.6%，三甲基戊烷、二甲基己烷和 C_{9+} 选择性分别为 84.8%、1.2%和 14.0%。

卢丹等[190]通过实验制备了一系列酸性的醚基功能化离子液体，并将其用于催化异丁烷与 2-丁烯的烷基化反应。当 1-甲氧基乙基-3-甲基咪唑溴氯铝酸离子液体（[MOEMIM]Br/$AlCl_3$）与 $AlCl_3$ 物质的量比为 0.75，反应温度为 35℃，异丁烷与 2-丁烯体积比为 10∶1 时，产物油中 C_8 的选择性可达到 66.6%，效果远大于非醚基功能化氯铝酸离子液体，且该催化剂可多次循环利用，稳定性较高。

4.4.2 苯与乙烯烷基化制乙苯安全反应过程

乙苯是重要的有机化工原料，主要用于脱氢生产苯乙烯单体，进而合成聚苯乙烯、ABS 树脂、丁苯橡胶及不饱和聚酯等多种高分子材料。随着我国经济的快速发展，对乙苯/苯乙烯的需求十分强劲。

目前，世界上 90%的乙苯由苯烷基化制得。苯烷基化国际上采用的工艺主要有三氯化铝液相催化法、ZSM-5 分子筛气相催化法、Y 型分子筛液相催化法。三氯化铝液相催化法始于 20 世纪 70 年代以前，Friedel-Crafts 作为芳烃烷基化或烷基转移催化剂，主要是指三氯化铝、硫酸、附载磷酸。显然，它们都有很强的腐蚀性，给设备维护及反应液后处理带来不便。同时由于附载磷酸催化剂要求适宜的水合条件，对反应过程需要特殊控制。但此种催化剂活性高，反应条件温和，在三条工艺路线中，它的各项经济技术指标最为先进，仍有厂家采用。

4.4.2.1 使用 $AlCl_3$ 酸性催化剂的液相法工艺及安全性

$AlCl_3$ 催化剂液相反应法，采用的是典型的 Friedel-Crafts 工艺，用 $AlCl_3$ 配合物为催化剂，反应的副产物主要为二乙苯和多乙苯。有传统的 $AlCl_3$ 法和改良的 $AlCl_3$ 法，其差别在于改良的 $AlCl_3$ 法其烷基化和烷基转移反应是在两个反应器中进行。典型的烷基化反应操作条件：温度 160～180℃，压力 0.7～0.9MPa，n(苯)∶n(乙烯)＝1～3，停留时间 30～60min；烷基转移反应条件：温度 200℃，停留时间 20～30min。与其他方法的不同之处在于该工艺有催化剂连续供给和连续分离系统。工艺简单，操作条件缓和，乙烯转化率高，乙苯纯度高，但腐蚀和污染严重，三废排放量大，热效率低，总体能耗高，处于被淘汰地位。

三氯化铝催化剂的危险性分析：氯化铝是强路易斯酸，可和路易斯碱作用产生化合物，甚至也可和二苯甲酮和均三甲苯之类的弱路易斯碱作用。若有氯离子存在，氯化铝会生成（四）氯铝酸根离子。在水中，氯化铝会部分水解，形成氯化氢气体或 H_3O^+。

氯化铝容易潮解，由于水合会放热，遇水可能会爆炸。它会部分水解，释放有害的氯化氢或氢氯酸。

吸入高浓度氯化铝可刺激上呼吸道产生支气管炎，并且对皮肤、黏膜有刺激作用，个别人可引起支气管哮喘。误服量大时，可引起口腔糜烂、胃炎、胃出血和黏膜坏死。氯化铝慢性作用：长期接触可引起头痛、头晕、食欲减退、咳嗽、鼻塞、胸痛等症状。

急性毒性：LD_{50} 3730mg/kg（大鼠经口）；危险特性：遇水反应发热，放出有毒的腐蚀性气体；燃烧（分解）产物：氯化物、氧化铝。

虽然 $AlCl_3$ 价廉易得，催化活性高，但有许多缺点，如需要在加热下催化酰化反应，且一般需使用有机溶剂，产生大量含铝盐废液，造成环境污染。

原料与产品安全性分析：在苯与乙烯烷基化的整个工艺生产过程中，原料、中间产物、副产物及产品，大多为易燃、易爆、有毒有害物质。介质与空气混合极易达到爆炸极限，整个装置具有易燃、易爆、有毒、有害特性。乙苯单元火灾危险类别为甲类，单元大部分区域属爆炸危险2区。

表 4.18 原料及产物火灾爆炸危险性[191]

名称	乙烯	苯	乙苯
闪点/℃	−136	−11	15
熔点/℃	−169.4	5.51	−94.9
爆炸上限(体积分数)/%	36.0	7.1	6.7
爆炸下限(体积分数)/%	2.7	1.3	1.0
临界压力/MPa	5.04	4.90	3.70
引燃温度/℃	425	560	432
沸点/℃	−103.9	80.1	136.2
爆炸危险度	12.3	4.5	5.7
毒性危害分级	Ⅳ	Ⅰ	Ⅲ
火灾类别	甲	甲B	甲B
危险类别	第二类	第三类	第三类

从表4.18中数据可知，原料乙烯的爆炸范围相当宽，且常温常压下为气态，属于极其易燃易爆的物质。苯和乙苯属于易燃易挥发液体，他们与空气混合能形成爆炸性混合物，遇明火、高热或与氧化剂接触，有引起燃烧爆炸的危险。原料苯的毒害性极大，为极度危险的物质，人和动物吸入或皮肤接触大量苯，会引起急性和慢性苯中毒。

反应装置危险性分析：烷基化反应系统是乙苯生产的核心部位。反应时温度、压力较高，反应条件较苛刻，物料易燃、易爆且有强腐蚀性。反应器需使用性能良好的防腐隔热衬砖为衬里。其他设备和阀门、管线均采用特殊防腐材料，但仍存在着跑、冒、滴、漏的危险。该类装置曾发生反应器被腐蚀而泄漏的事故。

表 4.19 主要工艺过程的危险性和有害性

工艺过程	主要介质	危险性和有害性	危险源划分
脱丙烯	丙烯、乙烯	泄漏、着火、爆炸	重大危险源
烃化反应	苯、乙烯、乙苯	中毒、着火、爆炸	重大危险源
反烃化反应	苯、多乙苯、乙苯	中毒、着火、爆炸	重大危险源
尾气吸收及苯回收	苯、乙苯	中毒、着火、爆炸	重大危险源
乙苯分离	多乙苯、乙苯	泄漏、着火、爆炸	重大危险源

从表4.19知，乙苯工艺过程都有火灾爆炸危险性，都属于重大危险源的范畴，应在政府进行重大危险源登记备案，并且制定现场事故应急救援预案，还要定期检验和评估现场事故应急救援预案的有效程度，一旦发生事故，能够有效地减少事故对工人、居民和环境的危害。

4.4.2.2 固体酸替代液体酸性三氯化铝催化剂安全工艺过程

大部分乙苯是通过苯和乙烯经烷基化反应生产，分子筛气相法和分子筛液相法是其中重要工艺路线。以ZSM-5分子筛为催化剂的气相法技术具有无污染、无腐蚀、乙烯空速大、乙苯收率高和重组分不累积等优点，但催化剂再生周期短、能耗高、产品中二甲苯含量高等，逐渐被分子筛液相法所取代。分子筛液相法技术以Lummus-UOP的EBOne工艺和ExxonMobil-Badger公司的EBMax工艺为代表，优点在于苯烯比低、催化剂寿命长、反应温度低、几乎无二甲苯生成。EBMax工艺是基于一种层状的MCM-22微孔分子筛开发的，与EBOne工艺相比，苯烯比更低，单乙苯选择性高。1995年，该工艺在日本千叶首先实现了工业化应用。

乙苯生产工艺技术的核心是苯和乙烯烷基化催化剂，催化剂组成和性能的差异造成了反应条件和产物分布的不同，因此出现了不同的生产工艺。

分子筛烷基化法无论是气相工艺还是液相工艺，其装置均由烷基化反应器、烷基转移反应器和分离器三部分组成。采用固体酸分子筛作催化剂，无腐蚀，无污染，产品易分离[192]。

分子筛气相催化法主要采用改性的中孔沸石 ZSM-5 催化剂，其他高硅沸石，如 ZSM-11、ZSM-23、ZSM-35、ZSM-38 和 ZSM-12 也可采用，适用于浓乙烯和稀乙烯混合气体为原料的反应。不存在环境污染和设备腐蚀问题，催化剂寿命 2 年，再生周期 1 年。分子筛气相法的反应工艺条件：烷基化温度 380～420℃，压力 1.2～2.6MPa，n(苯)∶n(乙烯)＝6.5～7.0，乙烯质量空速 2.1～3.0h^{-1}；烷基转移反应条件：温度 435～445℃，压力 0.6～0.7MPa，总空速 27.0～33.0h^{-1}，m(苯)∶m(多乙苯)＝2～4。美孚公司的 ZSM-5 催化剂是高活性的烷基化和烷基转移催化剂，装填量仅为相应的液相工艺的 1/10，乙烯转化率达 99.8%，催化剂实行原位再生，使用寿命较长，整个反应的热效率较高，单烷基化反应选择性较高，降低了烷基转移反应的负荷，有效抑制了重组分的产生，焦油的生成量仅为乙苯的 0.3%。另外，由于较高的反应温度，使部分乙烯裂解产生非选择性的烷基化产物，后经歧化脱烷基生成甲苯和二甲苯等。

分子筛液相催化法采用 Y 型分子筛催化剂，其他一些大孔分子筛如 MCM、β 和 SSZ-25 等也适合，只能用于浓乙烯的烷基化反应，对原料纯度要求不高，反应条件缓和，投资省，运行周期长。工艺条件：烷基化温度 245～270℃，压力 3.4～3.6MPa，n(苯)∶n(乙烯)＝6.5～7.0，乙烯质量空速 0.2～0.3h^{-1}；烷基转移反应条件：温度 250～270℃，压力 3.5～3.7MPa，总空速 6.0h^{-1}，m(苯)∶m(多乙苯)＝7.6。该法不产生污染环境的废料，催化剂的运转周期 2 年。催化剂进行器外再生，再生条件缓和，使用寿命达三年。与气相法相比，是在较低的温度（一般不超过 300℃）和较高的压力下进行，一方面降低了能耗，减少了能量回收系统的设备投资；另一方面，催化剂使用寿命延长，异构化和裂化等副反应受到抑制，有利于提高产品的纯度，乙苯中二甲苯杂质含量仅为 20×10^{-6}～40×10^{-6}，有一定的优势。

4.4.3 固体酸替代液体酸的其他重要安全催化过程

表 4.20 列出了固体酸或离子液体替代传统液体酸作催化剂的一些重要酸催化过程。

表 4.20 以固体酸代替液体酸作催化剂的重要酸催化过程

序号	产物	酸催化反应	液体酸	固体酸
1	异丙苯	苯与丙烯烷基化	$AlCl_3$/HCl	丝光沸石，Y、β、MCM-22
2	直链烷基苯	苯和 C_{10}～C_{14}烯烃烷基化	HF	含氟的 SiO_2-Al_2O_3
3	壬基酚	丙烯三聚体与苯酚烷基化	H_2SO_4、BF_3	离子交换树脂
4	聚丁基醚	四氢呋喃开环聚合	发烟 H_2SO_4	$H_3PW_{12}O_{40}$
5	苯二甲酸二丙基酯	邻苯二甲酸酐与丙烯醇酯化	浓 H_2SO_4	Nafion-H
6	双酚 A	苯酚与丙酮缩合	H_2SO_4、HCl	离子交换树脂
7	丙二醇醚	环氧乙烷与低级脂肪醇加成	BF_3	改性 γ-Al_2O_3
8	仲丁醇	丁烯水合	H_2SO_4	磺化离子交换树脂
9	对二甲苯	邻二甲苯异构化	HF/BF_3	ZSM-5

续表

序号	产物	酸催化反应	液体酸	固体酸
10	乙酸、甲醇	乙酸甲酯水解	H_2SO_4/HCl	离子交换树脂、沸石
11	烷基萘	萘烷基化	H_2SO_4、HF、$AlCl_3$	HY、Hβ、丝光沸石
12	MDC	MPC缩合	HCl、H_2SO_4	Hβ、离子液体
13	异丁烯	叔丁醇脱水	金属氯化物溶液	磺酸树脂
14	烷基对甲酚	对甲酚烷基化	浓硫酸	改性分子筛、离子液体
15	己二酸二甲酯	己二酸与甲醇酯化	硫酸	分子筛、杂多酸
16	5-羟甲基糠醛	葡萄糖脱水	$CrCl_2$	MIL-101(Cr)-SO_3H
17	己二醇二丙烯酸酯	己二醇与丙烯酸酯化	硫酸	固体超强酸
18	葡萄糖	纤维素水解	硫酸	固体酸
19	乙酰丙酸甲酯	葡萄糖选择转化	硫酸、盐酸	含固体酸的混酸
20	苄基化产物	芳烃苄基化	氯化物、硫酸	分子筛
21	二苯胺	苯胺自缩合	氯化物、氟化物	Hβ分子筛
22	乙酸苄酯	乙酸与苯甲醇酯化	浓硫酸	离子液体

(1) 乙酸甲酯水解催化剂[193]

乙酸甲酯的传统水解方法有碱解法、氨解法和酸解法等。由于碱解法需消耗大量氢氧化钠和硫酸而生成芒硝，经济上不合理，且工艺过程复杂。氨解法反应速率较慢，需要高压设备，且乙酸铵和硫酸铵在100℃左右易分解，所得的乙酸纯度差，提纯困难，故工业上不宜采用。酸解法为催化水解法，虽无副产品生成，但由于采用了硫酸和盐酸等强酸，容易引起设备腐蚀，故对材质要求较高，且反应后产物与催化剂分离困难。

为了解决液体酸的腐蚀及后处理复杂等问题，采用固体酸代替液体酸的方法。常用的固体酸包括阳离子交换树脂、沸石、杂多酸及其盐类等。

(2) 烷基萘合成催化剂[194]

烷基芳烃是合成润滑油领域中一类重要的产品，由于其具有氧化安定性高，闪点高，热稳定性好，安全性高等特点，受到人们广泛的关注。主要包括烷基苯、烷基苯酚、烷基萘、烷基萘酚、烷基二苯胺等。烷基侧链可以引入杂原子或者特定功能的官能团结构，使烷基芳烃具有了某些添加剂的功能。烷基芳烃代表性产品是烷基萘，烷基萘具有优异的热氧化安定性，水解安定性，良好的添加剂溶解性和抗乳化性能，其广泛应用于液压油、齿轮油、热传导油、变压器油、压缩机油、液晶等领域。

传统的合成烷基萘催化剂是 H_2SO_4、HF、$AlCl_3$ 等液体酸催化体系。如，用 $AlCl_3$ 催化剂，以萘和溴代正己烷为原料合成单己基萘和双己基萘，通过优化反应条件，精馏分离后单己基萘和双己基萘的纯度分别可以达到99%和98%。美国专利报道了间二甲苯与丙烯、CO经过酰化、加氢、脱氢、环化4步反应制备二甲基萘。酰基化采用 HF-BF_3 作为催化剂，加氢反应采用金属氧化物催化剂，脱氢反应采用活性氧化铝催化剂，环化反应采用 Cr_2O_3-K_2O-Al_2O_3 催化剂，此过程为有效利用间二甲苯和丙烯提供了新的路径。液体酸催化体系是目前比较成熟的烷基萘合成工艺，已经实现了工业化生产。

合成烷基萘所使用的液体酸催化剂存在严重腐蚀设备，对环境污染较大，与产物后处理分离困难等缺点，已不符合当今绿色环保的时代要求。而固体酸催化剂由于后处理方便简单，对设备无腐蚀，没有更多的设备投资等受到越来越多的关注，采用固体酸催化剂将令烷基萘的合成“绿色化”。如，合成2,6-二甲基萘，以MCM-22为催化剂；合成二异丙基萘以脱铝丝光沸石为催化剂；合成异丙基萘以固体超强酸 SO_4^{2-}/TiO_2 为催化剂；合成长链烷基萘以 HY 和 Hβ 分子筛为催化剂。

(3) 苯氨基甲酸甲酯缩合催化剂

MPC 与甲醛缩合制 MDC 是非光气法合成 MDI 重要步骤之一。传统工艺是以盐酸、硫酸等液体酸为催化剂，催化 MPC 与甲醛缩合反应。存在液体酸腐蚀、氯离子影响产品质量、污染环境及废物处理的安全和环境问题。

采用固体酸或环境友好的离子液体可以解决上述问题，如 Hβ 分子筛、酸性离子液体等均获得了可与盐酸等无机酸相媲美的结果。

(4) 叔丁醇脱水制异丁烯

异丁烯是一种重要的基本有机化工原料。高纯度的异丁烯主要用于制备丁基橡胶、聚异丁烯和甲基丙烯酸酯等多种有机化工原料和精细化学品。工业上高纯异丁烯的生产方法主要有 2 种：甲基叔丁基醚（MTBE）裂解法和叔丁醇脱水法。

采用含有金属氯化物的盐酸溶液作催化剂，由叔丁醇脱水制得的异丁烯纯度高达 99.93%。使用均相催化剂的液相反应不存在传质问题，但最大的缺点是酸性溶液对设备腐蚀严重，还有大量的废水需要处理。目前，这种催化剂已经失去工业应用价值。

为了解决液相酸催化剂带来的问题，采用催化精馏工艺，磺酸树脂催化剂，进料位置位于催化剂层的下端，气液两相同时采出，这样可以降低液相中异丁烯的含量，同时避免异丁烯的二聚和三聚反应发生。

(5) 对甲酚烷基化产物[195]

酚类烷基化反应是有机反应中主要的精细化工反应之一，在有机工业、石油化工产业、颜料和农药等方面都有重要的地位。例如，通过酚类烷基化可以提高油的品质，对甲酚的叔丁基化产物是一系列良好的抗氧化剂，特别是单烷基化 2-叔丁基-4-甲基苯酚（2-TBPC）在表面活性剂、抗氧化剂和紫外线吸收剂的生产工艺中都是一种重要的中间体。2-TBPC 主要由对甲酚和异丁烯、叔丁醇、甲基叔丁基醚等烷基化试剂在酸性催化剂的作用下发生亲电取代反应制备得到。

在对甲酚和异丁烯的烷基化反应过程中，采用对甲酚质量分数为 2% 的浓硫酸作为催化剂，对甲酚与相同物质的量的异丁烯在 90℃ 下反应 5h，最终的反应产物中含有 11% 未反应的对甲酚、77% 的单烷基化产物 2-TBPC 以及 12% 的二烷基化产物 2,6-二叔丁基对甲酚（2,6-DTBPC）。采用叔丁醇作为烷基化试剂，对甲酚和叔丁醇的反应物质的量比是 1∶10，同样以浓硫酸作为催化剂，在 140℃ 条件下反应 4h，最终 2-TBPC 的收率达到 95%。

均相催化剂很难与反应混合物分离、对设备腐蚀性大，污染严重，对环境和操作人员的安全也有很大的威胁。从绿色化工和可持续发展的角度考虑，液体酸催化剂已经不能满足这个时代对环境的要求，因此寻找合适的替代者已经迫在眉睫。如，沸石类分子筛催化剂：β 沸石分子筛对于对甲酚与甲基叔丁基醚（MTBE）的烷基化反应具有良好的催化活性；高硅铝比 ZSM 系列沸石分子筛；HAl-MCM-41 新型介孔分子筛；磺酸基介孔分子筛 SBA-15-SO_3H；环保固体酸催化剂 Zn-Al-MCM-41（75）。此外，还有杂多酸催化剂、酸性离子液体催化剂、超强酸催化剂等。

(6) 己二酸二甲酯合成

己二酸二甲酯是一种无色透明液体，不溶于水，能溶于醇、醚，因溶解能力强，性能稳定，主要作为高档涂料溶剂、清洗剂、聚苯乙烯溶剂，工业上主要用于合成医药中间体、增塑剂和高沸点溶剂，同时也是二元酸加氢制备二元醇等精细化学品的重要中间体。

工业上主要通过己二酸和甲醇发生酯化反应制备己二酸二甲酯。羧酸酯化一般使用硫酸作为催化剂，设备腐蚀严重，排放废酸污染环境，且副反应多，后处理复杂。

为克服上述缺点，陆续开发出了多种环境友好型催化剂，如分子筛、杂多酸、磷钨酸、树脂强酸催化剂等，用以改善酯化反应的效果。

(7) 己二酸合成[196]

己二酸（Adipic Acid，AA）俗称肥酸，广泛用于合成纤维、合成树脂、聚氨酯、增塑剂及高级润滑油，它还是多功能的食品添加剂，可用作缓冲剂、酸度调节剂、膨松剂及增香剂等，需求量逐年增加。

现阶段 AA 的主要生产方法仍为硝酸氧化 KA 油（环已醇和环已酮混合物）法，此方法虽收率高，但对设备腐蚀严重，并产生大量的氮氧化物、硝酸蒸气和高浓度的废酸液，严重污染环境。

随着绿色化学和低碳经济的兴起，探求高效、环保的 AA 合成新工艺已引起人们的广泛关注。杂多酸（盐）作为一类新型的酸碱、氧化还原或双功能催化剂，广泛应用于各类催化反应中。以杂多酸（盐）为催化剂，用 30%H_2O_2（清洁氧源）替代硝酸（强腐蚀性酸）氧化环已酮（相对环已烯和环已醇价格便宜，且性质稳定，容易保存）合成 AA，副产物只有水，且反应条件温和，易于控制，可以实现清洁生产，具有良好的开发前景。

(8) 5-羟甲基糠醛合成[197]

随着石油等化石资源的不断消耗，利用可再生的生物质资源制备大宗化学品及精细化学品对缓解石油资源短缺具有重要意义。5-羟甲基糠醛（5-HMF）是重要的生物质基平台化合物之一，它的分子结构中含有一个醛基和羟甲基，可以通过氢化、氧化、水解、缩合等化学反应合成多种重要的基础化学品，如乙酰丙酸、2,5-呋喃二甲醛、2,5-呋喃二甲酸、糠醛丁二酸等。

5-羟甲基糠醛可由葡萄糖或果糖等脱水而成。在 20 世纪 80 年代前，5-羟甲基糠醛的制备主要通过无机酸和金属盐等均相催化剂催化果糖脱水获得，5-羟甲基糠醛的选择性和产率都较高，但是原料果糖的价格昂贵，生产成本高。葡萄糖作为纤维素的基本组成单元，用其代替果糖制备 5-羟甲基糠醛具有更大的研究价值。在离子液体氯化 1-乙基-3-甲基咪唑介质中金属氯化物催化葡萄糖生成 5-羟甲基糠醛，产率最高达 70%，在研究的金属氯化物中，$CrCl_2$ 具有最佳的催化效果。金属离子 Cr 位点是催化葡萄糖生产 5-羟甲基糠醛的关键催化活性位，但均相催化剂使用过程中存在回收再利用等难题。

MIL-101(Cr) 是一类具有良好热稳定性和水稳定性的 MOF 材料，更重要的是含有不饱和配位的金属 Cr 位点，即 Lewis 酸性质，具有潜在的催化葡萄糖异构化为果糖的性能，通过合成前改性采用磺酸化的对苯二甲酸或者制得 MOF 材料后再通过合成后改性向有机骨架引入磺酸功能基团，从而制备出具有 Lewis 酸和 Brönsted 酸双催化位点的多功能催化材料。以含有 Brönsted 酸性位点的磺酸对苯二甲酸单钠盐为有机配体，合成不同 Lewis 酸和 Brönsted 酸配比的 MIL-101(Cr)-SO_3H 材料，并将其用于催化葡萄糖脱水制备 5-羟甲基糠醛，筛选出催化葡萄糖转化的最适固体酸催化剂。

(9) 1,6-己二醇二丙烯酸酯合成

传统的丙烯酸酯类合成主要采用液体酸催化合成，工业上主要采用硫酸或对甲苯磺酸为催化剂。但是液体酸催化剂普遍存在腐蚀设备、三废多、耗水大以及产品品质差等缺点。

固体超强酸催化剂以其高活性、高选择性、易分离、低腐蚀性等优点越来越受到研究者的青睐。以 1,6-己二醇和丙烯酸为原料，采用固体超强酸 $SO_4^{2-}/TiO_2\text{-}SnO_2$ 为催化剂，可高产率合成1,6-己二醇二丙烯酸酯（HDDA）。

(10) 纤维素水解转化葡萄糖[198]

利用纤维素的第一步是通过解聚使纤维素转化成可溶性的低聚糖或者葡萄糖，然而在天然的纤维素里形成了稳定的结晶结构，这使得解聚变得非常困难。目前最常用的纤维素水解方法是通过纤维素酶水解，但是这个方法效率比较低而且成本很高。同时利用矿物质酸水解纤维素转化葡萄糖的研究也很多，其中对于硫酸的研究是最多的。但是大规模的利用酸水解纤维素存在很多问题，如设备腐蚀、催化剂难以回收以及会产生大量的废水等。

固体酸催化剂由于其具有易于分离的特点，可以克服上述均相酸催化剂的一些缺点。通过使用各种大孔径以及强酸度的固体酸催化剂已经使得纤维素水解取得了重大的进展。如金属氧化物（Nb-W氧化物、$HNbMoO_6$氧化物、Zn-Ca-Fe氧化物）、高分子聚合物固体酸（Amberlyst15DRY树脂、NafionNR50、多孔配位聚合物MIL-101负载磺酸基团）、磺化的碳基固体酸、杂多酸、氢型分子筛、磁性固体酸、负载型金属氧化物以及固体超强酸和石墨烯衍生物等。

(11) 乙酰丙酸甲酯（MLE）合成[199]

以生物质为原料可以生成液体燃料或高附加值化工产品。其中，在众多生物质基化学品中，乙酰丙酸及其酯类在生物除草剂、调味剂、香料及柴油添加剂等方面有着重要的应用。早在1875年，就报道了乙酰丙酸可在大量无机酸的存在下由糖类转化以后获得。近些年由储量大、价格便宜且可再生的生物质转化合成乙酰丙酸衍生物成为了研究热点，如乙酰丙酸酯类产品可由纤维素等生物质及其衍生物乙酰丙酸、葡萄糖、5-羟甲基糠醛、糠醇、5-氯甲基糠醛等原料进行合成。1929年，报道了蔗糖在高浓度盐酸中水解可生成乙酰丙酸，收率可达到22%。之后出现了大量的研究者以糖类为底物合成这一系列化学品。该过程中主要使用的催化剂包括无机酸、固体酸及混合酸。

无机酸或金属盐催化剂有腐蚀设备、难回收再利用等缺点。采用固体酸SO_4^{2-}/TiO_2催化果糖、葡萄糖和蔗糖的转化时，MLE收率分别达59%、33%和43%。近些年使用混合酸作催化剂也成为一种趋势，如，使用Lewis酸$M(OTf)_3$和Brönsted酸RSO_3H为催化剂催化纤维素，MLE收率最高为70%。利用稀硫酸和沸石USY混合催化葡萄糖转化合成乙酰胺丙酸乙酯，收率可达51.5%。混酸还包括Lewis酸（Sn-β分子筛）与Brönsted酸（对甲苯磺酸，PTSA）组成的混合酸（Sn-β/PTSA），在葡萄糖直接转化合成乙酰丙酸甲酯中的催化效果良好。

(12) 芳烃苄基化产物合成[200]

芳烃苄基化反应是一类典型的亲电取代的酸催化反应，这类反应主要用于药物中间体的合成和精细化工中有机物的合成。传统的芳烃苄基化反应的催化剂是液相路易斯酸或强质子酸催化剂，如$FeCl_3$、$AlCl_3$、BF_3、$ZnCl_2$、H_2SO_4等。该类催化剂存在很明显的弊端，比如毒性高、后处理与再生困难、腐蚀性强、无产物择形性等，结果导致在后续的分离处理过程中产生大量的有害物质，破坏水质，污染环境。

新型的固体酸催化剂可以解决上述环境和安全问题。如，非均相的介孔材料、沸石或者兼具L酸和B酸的纳米多孔固体材料代替均相酸催化剂。沸石分子筛因其拥有丰富的酸位点、较强的酸性、较高的热/水热稳定性、较好的择形选择性以及可再生性，具有独特优势。如，对于苯与苯甲醇的苄基化反应来说，微孔的HY、Hβ、H-MOR都表现出了一定的催化活性，其中Hβ由于较强的酸性和大的三维孔结构具有最高的二苯基甲烷选择性。人们还提出了多级孔分子筛催化剂，包括ZSM-5、β、FAU和丝光沸石中二次中孔的存在对催化剂酸性位的可接近性和分子扩散的促进作用，以及作为芳烃苄基化催化反应催化剂的可能性。

(13) 二苯胺合成[201]

二苯胺是一种重要的化工原料，在橡胶防老剂、染料中间体及火药稳定剂等行业具有非常广阔的应用前景。然而，二苯胺的生产工艺复杂，生产成本比较高，成为其发展的制约因素。20 世纪 90 年代以前，液相法苯胺自缩合成二苯胺主要采用间歇法，以 $AlCl_3$ 或含氟化合物作为催化剂。$AlCl_3$ 催化剂对设备腐蚀严重，且苯胺转化率和二苯胺选择性低，而含氟化合物催化剂会分解生成氮化硼，从而堵塞设备，因此逐渐被酸性分子筛催化剂所替代。

目前，采用液相法连续操作，以苯胺为单一原料，在酸性分子筛催化剂的作用下合成二苯胺是最合理的技术路线。作为合成二苯胺的催化剂，酸性分子筛（Hβ 分子筛及其改性）的优势在于其没有毒性、热稳定性好，同时还具有择形效果，二苯胺选择性能高达 95%以上。

(14) 乙酸苄酯合成

乙酸苄酯是一种重要的合成香料，在食品和化妆品工业中被广泛应用，不仅如此，它还是一种重要的溶剂，能溶解醋酸纤维素、染料、油脂和印刷油墨等多种化合物，多用于纺织和染料行业。传统工艺以浓硫酸为催化剂，存在液体酸所产生的环境和安全问题。

以硫酸氢根甲基咪唑盐［Hmim］HSO_4 离子液体为催化剂，替代浓硫酸，可实现环境友好和生产安全。该离子液体对于乙酸和苯甲醇为原材料通过催化反应来合成乙酸苄酯具有良好的催化活性，在温度 110℃条件下，乙酸苄酯的酯化率达 96%。

4.5 替代非安全反应物思考

(1) 碳酸二甲酯本质安全催化合成过程

甲醇气相氧化羰基化催化合成碳酸二甲酯属于相对安全工艺，反应式如下所示。

$$2CH_3OH + CO + 1/2O_2 \longrightarrow CH_3O(CO)OCH_3 + H_2O$$

但该催化反应过程还存在下列危险因素：①气相强放热反应，固定床存在热点温度，易于飞温；②使用剧毒的 CO 气体原料；③由于气相氧气存在，构成了易于爆炸的混合体系：氧气-CO-甲醇-DMC；④高温气相反应。

为了实现上述催化反应过程的本质安全，作者考虑构建下列反应过程：

① 将危险的气相反应转为相对安全的液相反应体系，不使用常温下处于气态的原料。

② 使用液态甲酸替代剧毒 CO 气体，提供反应所需的羰基。

③ 使用液态双氧水替代气相氧气，提供反应所需的氧。

上述本质安全过程的反应式如下：

$$2CH_3OH + HCOOH + H_2O_2 \longrightarrow CH_3O(CO)OCH_3 + 3H_2O$$

实现该反应的关键在于催化剂的设计与制备，以及纳微尺度上甲酸分解 CO、双氧水释放氧气的集成反应匹配性。

(2)“杂多酸型羟胺”的制备及其在苯胺合成中的应用

杂多酸（Polyoxometalates，POMs）是由杂原子（如 P、Si、Fe、Co 等）和多原子（如 Mo、W、V、Nb、Ta 等）按一定的结构通过氧原子配位桥联组成的一类含氧多酸，具有很高的催化活性，它不但具有酸性，而且具有氧化还原性，是一种多功能的新型催化剂，杂多酸稳定性好，可作均相及非均相反应甚至相转移催化剂，对环境无污染，是一类大有前途的绿色催化剂。

为此，作者考虑利用其酸性稳定羟胺，利用其氧化还原性催化苯与羟胺合成苯胺反应。并由杂多酸替代该反应中大量使用的硫酸和醋酸等溶剂，进而提高反应的安全性、环境友好性和高效性。

(3) 利用碳酸二甲酯具有多种基团的特点，构建多基团参与的反应过程

碳酸二甲酯含有甲基—CH_3、甲氧基—OCH_3、羰基—C═O、甲氧羰基—(CO)—OCH_3 等。为此，作者考虑对于合成含有多个基团物质的反应，可由碳酸二甲酯一个化合物完成，避免使用多种基团试剂，进而简化合成路线和工艺。保证环境友好和过程安全。

参 考 文 献

[1] 马德强，丁建生，宋锦宏. 有机异氰酸酯生产技术进展 [J]. 化工进展，2007，26 (5)：668-673.

[2] 黄翊. 甲苯二异氰酸酯主要生产工艺对比 [J]. 中国新技术新产品，2012，5：12.

[3] 吴礼定. TDI的生产现状和研究进展 [J]. 中国氯碱，2011，10：19-21.

[4] Wang G R，Wang Y J，Zhao X Q. Kinetic and technological analysis of dimethyl toluene-2，4-dicarbamate synthesis [J]. Chemical Engineering and Technology，2005，28 (12)：1511-1517.

[5] 赵新强，王延吉，李芳等. 用DMC代替光气合成甲苯二异氰酸酯Ⅰ. 甲苯二氨基甲酸甲酯的催化合成 [J]. 石油化工，1999，28 (9)：611-614.

[6] Wang Y J，Zhao X Q，Li F，et al. Catalytic synthesis of toluene-2,4-diisocyanate from dimethyl carbonate [J]. Journal of Chemical Technology and Biotechnology，2001，76 (8)：857-861.

[7] Bata T，Kobayashi A，Yamauchi T，et al. Catalytic methoxycarbonylation of aromatic diamines with dimethyl carbonate to their dicarbamates using zinc acetate [J]. Catalytic Letters，2002，82 (3-4)：193-197.

[8] 马丹，王桂荣，王延吉等. 利用红外光谱分析乙酸锌催化合成2,4-甲苯二氨基甲酸甲酯的反应机理 [J]. 光谱学与光谱分析，2009，29 (2)：331-335.

[9] 王延吉，王桂荣，赵新强等. 一种制备2,4-甲苯二氨基甲酸甲酯的方法 [P]. CN 1488623A. 2004-04-14.

[10] Wang G R，Ma D，Jia X Q，et al. In situ preparation of nanometer-scale Zinc oxide from Zinc acetate in the reaction for the synthesis of dimethyl toluene dicarbamate and its catalytic decomposition performance [J]. Industrial and Engineering Chemistry Research，2016，55 (29)：8011-8017.

[11] Sundermann R，Konig K，Engbert T，et al. Process for the preparation of polyisocyanates [P]. US 4388246A. 1983-06-14.

[12] 赵新强，王延吉，李芳等. 用碳酸二甲酯代替光气合成甲苯二异氰酸酯Ⅱ. 甲苯二氨基甲酸甲酯的分解 [J]. 精细化工，2000，17 (10)：615-617.

[13] Okava T，Aoki T，Matsunga H，et al. Process for producing isocyanates [P]. US 5502244 A. 1996-03-26.

[14] 李会泉，朱干宇，柳海涛等. 一种由氨基甲酸酯制备异氰酸酯的方法 [P]. CN 102653517A. 2012-09-05.

[15] Cesti P，Bosetti A，Mizia F，et al. Integrated process for the preparation of aromatic isocyanates and procedures for effecting the relative intermediate phases [P]. US 2003162995A1. 2003-08-28.

[16] Yagii T，Itokazu T，Kenji O，et al. Process for preparing isocyanate compounds [P]. EP 0323514A1. 1989-07-12.

[17] 赵茜. 甲苯二氨基甲酸甲酯分解制备甲苯二异氰酸酯的研究 [D]. 天津：河北工业大学，2002.

[18] 贾晓强. 甲苯二氨基甲酸甲酯液相催化分解反应过程研究 [D]. 天津：河北工业大学，2013.

[19] 肖铭. 我国MDI的供需现状及发展前景分析 [J]. 精细与专用化学品，2015，23 (7)：18-23.

[20] 沈郁. 异氰酸酯生产过程中危险有害因素及安全防护措施 [J]. 中国安全科学学报，2010，20 (2)：143-148.

[21] 刘有智，邱尚煌，袁志国等. 碳酸二甲酯与苯胺非光气法合成苯氨基甲酸甲酯的热力学分析 [J]. 化学工程，2011，39 (9)：38-40.

[22] 王贺玲，何国锋，王杲等. 苯胺和碳酸二甲酯合成苯氨基甲酸甲酯的表观动力学与反应机理 [J].

天然气化工，2009，34（2）：7-11.
[23] 岳红杉．乙酸锌催化合成苯氨基甲酸甲酯反应过程分析［D］．天津：河北工业大学，2015.
[24] 岳红杉，李芳，高丽雅等．反应条件对合成苯氨基甲酸甲酯乙酸锌催化剂结构的影响［J］．河北工业大学学报，2016，45（2）：80-85.
[25] Gurgiolo A E，Tex L J. Preparation of carbamates from aromatic amines and organic carbonates [P] . US 4268683. 1981-05-19.
[26] Baba T，Kobayashi A，Kawanami Y，et al. Characteristics of methoxycarbonylation of aromatic diamine with dimethyl carbonate to dicarbamate using a zinc acetate catalyst [J]. Green Chemistry，2005，7：159-165.
[27] Reixach E，Bonet N，Rius-Ruiz F X，et al. Zinc acetates as efficient catalysts for the synthesis of bis-isocyanate precursors [J]. Industrial & Engineering Chemistry Research，2010，49：6362-6366.
[28] Reixach E，Haak R M，Wershofen S，et al. Alkoxycarbonylation of industrially relevant anilines using Zn_4O（O_2CCH_3）$_6$ as catalyst [J] . Industrial & Engineering Chemistry Research，2012，51：16165-16170.
[29] 王延吉，赵新强，李芳等．二苯甲烷二异氰酸酯清洁合成过程研究Ⅰ．苯氨基甲酸甲酯催化合成及其缩合反应［J］．石油学报（石油加工），1999，15（6）：9-14.
[30] Li F，Li W B，Li J，et al. Investigation of supported $Zn(OAc)_2$ catalyst and its stability in *N*-phenyl carbamate synthesis [J] . Applied Catalysis A：General，2014，475：355-362.
[31] Li F，Wang Y J，Xue W. Clean synthesis of methyl *N*-phenyl carbamate over $ZnO-TiO_2$ catalyst [J]. Journal of Chemical Technology and Biotechnology，2009，84（1）：48-53.
[32] Fu Z H，Ono Y. Synthesis of methyl *N*-phenyl carbamate by methoxycarbonylation of aniline with dimethyl carbonate using Pb compounds as catalysts [J]. Journal of Molecular Catalysis，1994，91（3）：399-405.
[33] Wang S P，Zhang G L，Ma X B，et al. Investigations of catalytic activity，deactivation，and regeneration of $Pb(OAc)_2$ for methoxycarbonylation of 2,4-toluene diamine with dimethyl carbonate [J]. Industrial & Engineering Chemistry Research，2007，46：6858-6864.
[34] Pei Y X，Li H Q，Liu H T，et al. Kinetic study of methoxycarbonylation of methylene dianiline with dimethyl carbonate using lead acetate catalyst [J]. Industrial & Engineering Chemistry Research，2011，50：1955-1961.
[35] 康武魁，康涛，马飞等．负载PbO催化剂对苯胺与碳酸二甲酯合成苯氨基甲酸甲酯的催化性能［J］．催化学报，2007，28（1）：5-9.
[36] Li F，Miao J，Wang Y J，et al. Synthesis of methyl *N*-phenyl carbamate from aniline and dimethyl carbonate over supported zirconia catalyst [J]. Industrial & Engineering Chemistry Research，2006，45（14）：4892-4897.
[37] 李其峰，王军威，董文生等．苯胺与碳酸二甲酯反应合成苯氨基甲酸甲酯［J］．催化学报，2003，24（8）：639-642.
[38] Juárez R，Pennemann H，García H. Continuous flow carbamoylation of aniline by dimethyl carbonate using a microreactor coated with a thin film of ceria supported gold nanoparticles [J]. Catalysis Today，2011，159：25-28.
[39] Lucas N，Amrute A P，Palraj K，et al. Non-phosgene route for the synthesis of methyl phenyl carbamate using ordered AlSBA-15 catalyst [J]. Journal of Molecular Catalysis A：Chemical，2008，295（1-2）：29-33.
[40] Katada N，Fujinaga H，Nakamura Y，et al. Catalytic acitivity of mesoporous silica for synthesis of methyl *N*-phenyl carbamate from dimethyl carbonate aniline [J]. Catalytic Letters，2002，80（1-2）：47-51.
[41] Li F，Min R，Li J，et al. Condensation reaction of methyl *N*-phenylcarbamate with formaldehyde over Hβ catalyst [J]. Industrial & Engineering Chemistry Research，2014，53（13）：5406-5412.
[42] Pei Y X，Li H Q，Liu H T，et al. Catalytic synthesis of methylene diphenyl dicarbamate in AcOH/H_2O mixed solvent [J]. Chemical Research in Chinese Universities，2010，26（4）：550-553.
[43] Ikariya T，Itagaki M，Mizuguchi M，et al. Method of manufacturing of diphenylmethane dicarbamic

acid diesters [P] . US 4699994A. 1987-10-13.

[44] Matsunaga F, Yasuhara M. Method of condensing *N*-phenyl carbamates [P] . US 5079383A. 1992-07-07.

[45] Zhao X Q, Wang Y J, Wang S F, et al. Synthesis of MDI from dimethyl carbonate over solid catalysts [J]. Industrial & Engineering Chemistry Research, 2002, 41 (21): 5139-5144.

[46] Lee C W, Lee S M, Park T K, et al. Acid catalyzed condensation of methyl *N*-phenylcarbamate [J]. Applied Catalysis, 1990, 66 (1): 11-23.

[47] Kim S D, Lee K H. Control of regioselectivity by cation-exchanged sulfonic acid resin catalysts [J]. Journal of Molecular Catalysis, 1993, 78: 237-248.

[48] Wang F Q, Chen T, Ma F, et al. Synthesis of methylene diphenyl dicarbamate over silicotungstic acid catalyst [J]. Petrochemical Technology, 2006, 35 (3): 260-263.

[49] Wang H L, Wang G, He G F, et al. Synthesis of methylene diphenyl dicarbamate catalyzed by phosphotungstic acid [J]. Fine Chemical, 2009, 26: 408.

[50] Zhao X Q, Hu L Y, Geng Y L, et al. The structure of acidified ionic liquid [emim] BF_4 and its catalytic performance in the reaction for 4, 4-MDC synthesis [J] . Journal of Molecular Catalysis A: Chemical, 2007, 276 (1-2): 168-173.

[51] Li F, Xu H H, Xue W, et al. The one-pot synthesis of methylene diphenyl-4, 4′-dicarbamate [J]. Chemical Engineering Science, 2015, 135: 217-222.

[52] Tian J P, An H L, Cheng X M, et al. Synthesis of 4, 4′-methylenedianiline catalyzed by SO_3H-functionalized ionic liquids [J] . Industrial & Engineering Chemistry Research, 2015, 54 (31): 7571-7579.

[53] 赵新强，田金萍，安华良等．酸性离子液体催化苯胺与甲醛缩合制备4,4′-二氨基二苯甲烷的工艺 [P] . CN103420844A. 2013-12-04.

[54] 安华良，田金萍，赵新强等．SiO_2 固载磺酸功能化离子液体的制备及其催化合成4,4′-二氨基二苯甲烷 [J]. 化工学报，2015，66 (S1)：171-178.

[55] 程晓猛．杂多酸（盐）与负载型杂多酸催化4,4′-二氨基二苯甲烷合成反应研究 [D]．天津：河北工业大学，2016.

[56] Henson T R, Timberlake J F. Preparation of organic isocynates [P] . US 4294774A. 1981-10-13.

[57] 陈东，刘良明，王越等．氧化锌催化二苯甲烷二氨基酸甲酯分解反应 [J]. 催化学报，2005，26 (11)：987-992.

[58] 王公应，陈东，冯秀丽等．一种用于二苯甲烷二氨基甲酸酯分解制备二苯甲烷二异氰酸酯的超细氧化物催化剂 [P] . CN 1721060A. 2006-01-18.

[59] Alper H, Velaga V. Process for preparing isocyanates from urethanes by a novel technique [P] . US 5457229A. 1995-10-10.

[60] Valli V L K, Alper H. A simple, convenient, and efficient method for the synthesis of isocyanates from urethanes [J]. The Journal of Organic Chemistry, 1995, 60 (1): 257-258.

[61] 关雪，李会泉，柳海涛等．ZnO/Zn复配催化剂热分解4,4′-二苯甲烷二氨基甲酸甲酯制备4,4′-二苯甲烷二异氰酸酯的研究 [J]. 北京化工大学学报：自然科学版，2009，36 (4)：12-16.

[62] 朱银生，王贺玲，刘海华等．二苯甲烷二异氰酸酯的绿色催化合成 [J]. 广东化工，2009，36 (11)：19-21.

[63] Fukuoka S, Chono M, Watanabe T, et al. Method for manufacture of diphenylmethane diisocyanates [P] . US 4547322A. 1985-10-15.

[64] Lewandowski G, Milchert E. Thermal decomposition of methylene-4, 4′-di(ethylphenyl-carbamate) to methylene-4, 4′-di (phenylisocyanate) [J]. Journal of Hazardous Materials, 2005, A119 (1-3): 19-24.

[65] Joseph S R. Production of isocyanates from esters of aromatic carbamic acids (urethanes) [P] . GB 2113673A. 1983-08-10.

[66] Uriz P, Serra M, Salagre P, et al. A new and efficient catalytic method for synthesizing isocyanates from carbamates [J]. Tetrahedron Letters, 2002, 43 (9): 1673-1676.

[67] 刘波，由君，王毅等．微波辅助合成4,4′-二苯甲烷二异氰酸酯的方法 [P] . CN 101792403A. 2010-

08-04.
[68] 张琴花，李会泉，柳海涛等．二苯甲烷二氨基甲酸甲酯热分解制备二苯甲烷二异氰酸酯的表观动力学研究［J］. 高等学校化学学报，2011，32（5）：1106-1111.
[69] 郑志花．非光气法合成二苯甲烷二异氰酸酯（MDI）的研究［D］．山西：中北大学，2005.
[70] Wang Q Y，Kang W K，Zhang Y，et al. Solvent-free thermal decomposition of methylenediphenyl di (phenylcarbamate) catalyzed by nano-Cu_2O ［J］. Chinese Journal of Catalysis，2013，34（3）：548-558.
[71] 王庆印，杨先贵，马飞等．Sb_2O_3 催化二苯甲烷二氨基甲酸苯酯无溶剂热分解制备二苯甲烷二异氰酸酯［J］. 分子催化，2013，27（3）：205-211.
[72] 秦昌．MDC 分解法制备 MDI 的研究进展［J］. 山东化工，2009，38（6）：20-23.
[73] Baba T，Fujiwara M，Oosaku A，et al. Catalytic synthesis of *N*-alkyl carbamates by methoxycarbonylation of alkylamines with dimethyl carbonate using $Pb(NO_3)_2$ ［J］. Applied Catalysis A：General，2002，227（1-2）：1-6.
[74] Deleon R G，Kobayashi A，Yamauchi T，et al. Catalytic methoxycarbonylation of 1,6-hexanediamine with dimethyl carbonate to dimethylhexane-1,6-dicarbamate using $Bi(NO_3)_3$ ［J］. Applied Catalysis A：General，2002，225：43-49.
[75] 孙大雷，谢顺吉，邓剑如等．醋酸锌催化碳酸二甲酯胺解合成六亚甲基二氨基二甲酸甲酯［J］. 精细石油化工，2010，27（6）：9-13.
[76] Zhou H C，Shi F，Tian X，et al. Synthesis of carbamates from aliphatic amines and dimethyl carbonate catalyzed by acid functional ionic liquids［J］. Journal of Molecular Catalysis A：Chemical，2007，271：89-92.
[77] Li F，Wang Y J，Xue W，et al. Catalytic synthesis of 1,6-dicarbamate hexane over MgO/ZrO_2 ［J］. Journal of Chemical Technology and Biotechnology，2007，82（2）：209-213.
[78] 覃宁波，李会泉，曹妍等．低沸点溶剂加压催化热解制备六亚甲基-1,6-二异氰酸酯［J］. 石油化工，2013，42（10）：1141-1146.
[79] 陈浪，邓剑如，凡美莲等．六亚甲基二氨基甲酸正丁酯热分解制备 1,6-六亚甲基二异氰酸酯新型催化剂研究［J］. 精细化工中间体，2007，37（4）：44-47.
[80] 刘喆，王庆印，王公应．非光气法制备 HDI 工艺研究进展［J］. 天然气化工（C1 化学与化工），2016，41（4）：94-98.
[81] Schweitzer C E. Chemical process and products［P］. US 2409712A. 1946-10-22.
[82] Sundermann R，Konig K，Engbert T，et al. Process for the preparation of polyisocyanates［P］. US 4388246A. 1983-06-14.
[83] Takeshi O，Kazuo T，Haruo H. Preparation of isocyanates［P］. JPS5439002A. 1979-03-24.
[84] Merger F D，Nestler G D，Towae F D，et al. Process for the preparation of hexamethylene 1,6-diisocyanate and/or isomeric diisocyanates containing 6 carbon atoms in the alkylene radical［P］. DE 3248018A1. 1984-06-28.
[85] 周博．碳酸二苯酯合成工艺的比较［J］. 广州化工，2014，42（12）：30-32.
[86] 孙晓红，刘源发，贾婴琦等．非光气法合成吡唑磺酰氨基甲酸酯［J］. 化学工程，2005，33（2）：69-73.
[87] 杜辉，李其峰，王军威等．非光气路线合成特种异氰酸酯 PPDI 前体-对苯二氨基甲酸甲酯［J］. 精细化工，2007，24（11）：1131-1135.
[88] 吕胜初．用碳酸二甲酯作甲基化剂制二甲基对苯二酚［J］. 天然气化工（C1 化学与化工），1984，4：21-25.
[89] 边磊，关玲，徐烜峰等．α-联苯双酯合成的绿色化学探索［J］. 大学化学，2016，31（5）：60-64.
[90] 刘耀杰，咸漠，刘福胜等．1,3,5-三甲氧基苯的绿色合成工艺［J］. 合成化学，2015，23（8）：753-756.
[91] 谢建刚，权静，吴承尧等．4,6-二甲基-2-甲磺酰基嘧啶的绿色合成［J］. 化学通报，2010，8：742-745.
[92] 孙玉泉，任秀花．吡螨胺的应用与合成［J］. 山西化工，2005，25（1）：52-53.
[93] 付金广．丹皮酚合成工艺的改进［J］. 山东化工，2014，43（4）：125-126.

［94］ 侯成敏，李建，陈亚席等．淀粉的甲基化反应方法及其技术进展［J］．天然产物研究与开发，2011，23：992-997.

［95］ 宋锡瑾，王常申．合成苯甲醚的新工艺［J］．精细化工，2000，17（1）：42-44.

［96］ 甘永江，张毅民，赵瑜藏等．甲基化-β-环糊精新型合成工艺研究［J］．高校化学工程学报，2009，23(6)：1075-1079.

［97］ 张魁芳，曹佐英，张贵清等．甲基碳酸酯季铵盐的合成、转型及萃取性能［J］．中国有色金属学报，2013，23（12）：3529-3536.

［98］ 杨宇，李妞，王爽．愈创木酚的制备研究进展［J］．工业催化，2017，25（4）：1-11.

［99］ 周淑晶，顾雪菲，韩保嘉等．微波辅助对硝基苯甲醚的合成研究［J］．精细化工中间体，2014，44（5）：56-58.

［100］ 曹明珍，徐徐，鲍名凯等．碳酸二甲酯作甲基化试剂合成间氯苯甲醚［J］．精细化工，2015，32（4）：475-480.

［101］ 徐宝财，张桂菊，韩富等．碳酸二甲酯与具有新型反离子的阳离子表面活性剂［J］．精细化工，2011，28（9）：839-842.

［102］ 张一平．二氧化碳加氢合成甲酸的热力学分析［J］．浙江教育学院学报，2005，3：53-58.

［103］ 魏文英，尹燕华．CO_2 合成甲酸研究进展［J］．舰船防化，2008，1：7-11.

［104］ 尹传奇，冯权武，陈瑶等．钌配合物催化氢化 CO_2 生成甲酸反应中的醇促进效应［J］．化学学报，2007，65（8）：722-726.

［105］ 于英民，费金华，张一平等．功能化 MCM-41 固载的钌基催化剂上二氧化碳加氢合成甲酸［J］．燃料化学学报，2006，34（6）：700-705.

［106］ Peng G W，Sibener S J，Schatz G C，et al. CO_2 hydrogenation to formic acid on Ni（111）［J］. The Journal of Physical Chemistry C，2012，116：3001-3006.

［107］ Zhang Y P，Fei J H，Yu Y M，et al. The preparation and catalytic performance of novel amine-modified silica supported ruthenium complexes for supercritical carbon dioxide hydro-genation to formic acid［J］. Catalysis Letters，2004，93（3-4）：231-234.

［108］ 刘志敏．由二氧化碳制备乙酸［J］．物理化学学报，2016，32（6）：1306.

［109］ Qian Q L，Zhang J J，Cui M，et al. Synthesis of acetic acid via methanol hydrocarboxylation with CO_2 and H_2［J］. Nature Communications，2016，7（11481）：1-7.

［110］ 常佳，阮艳军．二氧化碳加氢催化合成甲醇的研究进展［J］．当代化工，2015，44（11）：2622-2624.

［111］ 樊钰佳，吴素芳．二氧化碳加氢合成甲醇反应铜基催化剂研究进展［J］．化工进展，2016，35（增1）：159-166.

［112］ 张鲁湘，张永春，陈绍云．助剂 TiO_2 对 CuO-ZnO-Al_2O_3 催化加氢制甲醇催化剂性能的影响［J］．燃料化学学报，2011，39（12）：912-916.

［113］ Guo X M，Mao D S，Lu G Z，et al. Glycine-nitrate combustion synthesis of CuO-ZnO-ZrO_2 catalysts for methanol synthesis from CO_2 hydrogenation［J］. Journal of Catalysis，2010，271：178-185.

［114］ Liu X M，Bai S F，Zhuang H D，et al. Preparation of Cu/ZrO_2 catalysts for methanol synthesis from CO_2/H_2［J］. Frontiers of Chemical Science and Engineering，2012，6（1）：47-52.

［115］ Vidal A B，Feria L，Evans J，et al. CO_2 activation and methanol synthesis on novel Au/TiC and Cu/TiC catalysts［J］. Chemical Physics Letters，2012，3：2275-2280.

［116］ 梁雪莲．CO_2 加氢制甲醇用 Pd-修饰 MWCNTs-促进高效新型 Pd-ZnO 催化剂的研究［D］．福建：厦门大学，2009.

［117］ Iwasa N，Suzuki H，Terashita M，et al. Methanol synthesis from CO_2 under atmospheric pressure over supported Pd catalysts［J］. Catalysis Letters，2004，96（1-2）：75-78.

［118］ Bonivardi A L，Chiavassa D L，Querini C A，et al. Enhancement of the catalytic performance to methanol synthesis from CO_2/H_2 by gallium addition to palladium/silica catalysts［J］. Studies in Surface Science and Catalysis，2000，130：3747-3752.

［119］ Melian-Cabrera I，Granados M L，Fierro J L G. Effect of Pd on Cu-Zn catalysts for the hydrogenation of CO_2 to methanol：stabilization of Cu metal against CO_2 oxidation［J］. Catalysis Letters，2002，79（1-4）：165-170.

[120] Dubois J L, Sayama K, Arakawa H. CO_2 hydrogenation over carbide catalysts [J]. Chemistry Letters, 1992, 21 (1): 5-8.
[121] Goehna H, Koenig P. Producing methanol from CO_2 [J]. Chemical Technology, 1994, 6 (4): 36-40.
[122] 苗方，高红．二氧化碳加氢制甲醇研究进展［J］. 化工设计通讯，2014，40（2）：53-56.
[123] 那和保志．温室气体再生化学资源——为了持续不断发展三井化学的挑战［R］．天津：亚洲科技大会，2011.
[124] Bansode A, Urakawa A. Towards full one-pass conversion of carbon dioxide to methanol and methanol derived products [J]. J of Catalysis, 2014, 309 (1): 66-70.
[125] 周恩年．国内外煤制天然气甲烷化技术及工业化现状［J］. 煤化工，2015，43（4）：8-11.
[126] 赵云鹏，荆涛，田景芝等．CO_2 甲烷化催化剂与反应机理研究进展［J］. 天然气化工（C1 化学与化工），2016，41（6）：98-104.
[127] Yu K P, Yu W Y, Kuo M C, et al. Pt/titania-nanotube: A potential catalyst for CO_2 adsorption and hydrogenation [J]. Applied Catalysis B: Environmental, 2008, 84 (1-2): 112-118.
[128] Park J N, McFarland E W. A highly dispersed Pd-Mg/SiO_2 catalyst active for methanation of CO_2 [J]. Journal of Catalysis, 2009, 266 (1): 92-97.
[129] Janlamool J, Praserthdam P, Jongsomjit B. Ti-Si composite oxide-supported cobalt catalysts for CO_2 hydrogenation [J]. Journal of Natural Gas Chemistry, 2011, 20 (5): 558-564.
[130] Aziz M A A, Jalil A A, Triwahyono S, et al. Methanation of carbon dioxide on metal-promoted mesostructured silica nanoparticles [J]. Applied Catalysis A General, 2014, 486: 115-122.
[131] Park J N, McFarland E W. A highly dispersed Pd-Mg/SiO_2 catalyst active for methanation of CO_2 [J]. Journal of Catalysis, 2009, 266: 92-97.
[132] 侯建国，宋鹏飞，王秀林等．二氧化碳分段甲烷化新工艺［J］. 天然气化工（C1 化学与化工），2017，42（1）：79-83.
[133] Dorner R W, Hardy D R, Williams F W, et al. C_2-C_{5+} olefin production from CO_2 hydrogenation using ceria modified Fe/Mn/K catalysts [J]. Catalysis Communications, 2011, 15 (1): 88-92.
[134] Dorner R W, Willauer H D, Hardy D R, et al. Effects of loading and doping on iron-based CO_2 hydrogenation catalysts [R]. Washington D C: Naval Research Laboratory, 2009.
[135] Willauer H D, Hardy D R, Schultz K R, et al. The feasibility and current estimated capital costs of producing jet fuel at sea using carbon dioxide and hydrogen [J]. Journal of Renewable and Sustainable Energy, 2012, 4 (3): 033111.
[136] Drab D M, Willauer H D, Olsen M T, et al. Hydrocarbon synthesis from carbon dioxide and hydrogen: A two-step process [J]. Energy & Fuels, 2013, 27 (11): 6348-6354.
[137] 梁兵连，段洪敏，侯宝林等．二氧化碳加氢合成低碳烯烃的研究进展［J］. 化工进展，2015，34（10）：3746-3754.
[138] Riedel T, Schaub G, Jun K-W, et al. Kinetics of CO_2 hydrogenation on a K-promoted Fe catalyst [J]. Industrial & Engineering Chemistry Research, 2001, 5 (40): 1355-1363.
[139] Fujimoto K, Shikada T. Selective synthesis of C_2-C_5 hydrocarbons from carbon dioxide utilizing a hybrid catalyst composed of a methanol synthesis catalyst and zeolite [J]. Applied Catalysis, 1987, 31 (1): 13-23.
[140] Bai R X, Tan Y, Han Y. Study on the carbon dioxide hydrogenation to iso-alkanes over Fe-Zn-M/zeolite composite catalysts [J]. Fuel Processing Technology, 2004, 86 (3): 293-301.
[141] Inui T, Takeguchi T. Effective conversion of carbon dioxide and hydrogen to hydrocarbons [J]. Catalysis Today, 1991, 10 (1): 95-106.
[142] Fujiwara M, Sakurai H, Shiokawa K, et al. Synthesis of C_{2+} hydrocarbons by CO_2 hydrogenation over the composite catalyst of Cu-Zn-Al oxide and HB zeolite using two-stage reactor system under low pressure [J]. Catalysis Today, 2015, 242: 255-260.
[143] 朱秋锋，张荣俊，贺德华．CaO 改性对 CuZnAlZr 催化剂在合成气制低碳醇中性能的影响［J］. 物理化学学报，2012，28（6）：1461-1466.
[144] 潘东明，刘贵龙，刘源．Co-Cu/ZrO_2-La_2O_3 催化剂用于合成气制低碳醇的研究［J］. 化学工业与

工程，2015，32（4）：1-6.

[145] 士丽敏，储伟，刘增超．合成气制低碳醇用催化剂的研究进展［J］．化工进展，2011，30（1）：162-166.

[146] Lee G V D，Ponec V. On some problems of selectivity in syngas reactions on the group Ⅷ metals [J]. Catalysis Reviews，1987，29（2）：183-218.

[147] Ojeda M，Granados M L，Rojas S，et al. Influence of residual chloride ions in the CO hydrogenation over Rh /SiO_2 catalysts [J]. Journal of Molecular Catalysis A Chemical，2003，202（1）：179-186.

[148] Burch R，Fetch M I. Investigation of the synthesis of oxygenates from carbon monoxide /hydrogen mixtures on supported rhodium catalysts [J]. Applied Catalysis A：General，1992，88（1）：39-60.

[149] 苏俊杰，茅威，杨震等．CoCu/SiO_2 催化剂用于合成气直接制备低碳混合醇的动力学［J］．化工学报，2014，65（1）：143-151.

[150] 李尚贵，郭海军，熊莲等．二氧化碳催化加氢合成低碳醇研究进展［J］．化工进展，2011，30（增）：799-804.

[151] Kusama H，Okabe K，Sayama K，et al. CO_2 hydrogenation to ethanol over promoted Rh/SiO_2 catalysts [J]. Catalytic Today，1996，28（3）：261-266.

[152] 郭伟，高文桂，王华等．Fe 添加对 Cu/Zn/ZrO_2 催化剂 CO_2 加氢合成低碳醇性能的影响［J］．材料导报 B：研究篇，2013，27（10）：44-46.

[153] 阴丽华，高志华，黄伟．CuCo 基催化剂催化 CO_2 加氢合成低碳醇［J］．煤炭转化，2004，27（2）：85-88.

[154] Sosna M K，Sokolinskii Y A，Shovkoplyas N Y，et al. Application of the thermodynamic method to developing the process of producing methanol and dimethyl ether from synthesis gas [J]. Theoretical Foundations of Chemical Engineering，2007，41（6）：809-815.

[155] Tao J L，Jun K W，Lee K W. Co-production of dimethyl ether and methanol from CO_2 hydrogenation：development of a stable hybrid catalyst [J]. Applied Organometallic Chemistry，2001，15（2）：105-108.

[156] 秦祖赠，刘瑞雯，纪红兵等．二氧化碳的活化及其催化加氢制二甲醚的研究进展［J］．化工进展，2015，34（1）：119-126.

[157] Sun K，Lu W，Wang M，et al. Low-temperature synthesis of DME from CO_2/H_2 over Pd-modified CuO-ZnO-Al_2O_3-ZrO_2/HZSM-5 catalysts [J]. Catalysis Communications，2004，5（7）：367-370.

[158] 别良伟，王华，高文桂等．浆态床中 CO_2 加氢直接合成二甲醚的双功能催化剂［J］．化工进展，2009，28（8）：1365-1370.

[159] 张跃，李静，严生虎等．Ce 助剂对 CuO-ZnO-Al_2O_3/HZSM-5 在 CO_2 加氢合成二甲醚中的性能影响［J］．化工进展，2011，30（3）：542-546.

[160] Zhao Y Q，Chen J X，Zhang J Y. Effects of ZrO_2 on the performance of CuO-ZnO-Al_2O_3/HZSM-5 catalyst for dimethyl ether synthesis from CO_2 hydrogenation [J]. Journal of Natural Gas Chemistry，2007，16（4）：389-392.

[161] Gao W，Wang H，Wang Y，et al. Dimethyl ether synthesis from CO_2 hydrogenation on La-modified CuO-ZnO-Al_2O_3/HZSM-5 bifunctional catalysts [J]. Journal of Rare Earths，2013，31（5）：470-476.

[162] 查飞，李治霖，陈浩斌等．CuO-ZnO-Al_2O_3-Cr_2O_3/改性坡缕石催化二氧化碳加氢合成二甲醚的研究［J］．应用化工，2009，28（2）：185-188.

[163] 查飞，马小茹，陈浩斌等．CuO-ZnO-Al_2O_3/蒙脱土催化二氧化碳加氢合成二甲醚［J］．可再生能源，2013，31（3）：81-85.

[164] Naik S P，Ryu T，Bui V，et al. Synthesis of DME from CO_2/H_2 gas mixture [J]. Chemical Engineering Journal，2011，167（1）：362-368.

[165] Tao J L，Jun K W，Lee K W. Co-production of dimethyl ether and methanol from CO_2 hydrogenation：Development of a stable hybrid catalyst [J]. Applied Organometallic Chemistry，2001，15（2）：105-108.

[166] Liu R W，Qin Z Z，Ji H B，et al. Synthesis of dimethyl ether from CO_2 and H_2 using a Cu-Fe-Zr/HZSM-5 catalyst system [J]. Industrial &Engineering Chemistry Research，2013，52（47）：

16648-16655.
[167] Qi G X, Fei J H, Zheng X M, et al. DME synthesis from carbon dioxide and hydrogen over Cu-Mo/HZSM-5 [J]. Catalysis Letters, 2001, 72 (1-2): 121-124.
[168] 杨海贤，贾立山，方维平等 . Cu-Mn/HZSM-5 合成二甲醚催化活性的研究 [J]. 天然气化工，2008，33 (1)：1-5.
[169] 王嵩，毛东森，郭晓明等 . CuO-TiO_2-ZrO_2/HZSM-5 催化 CO_2 加氢制二甲醚 [J]. 物理化学学报，2011，27 (11)：2651-2658.
[170] 郑斌，张安峰，刘民等 . 纳米铁基催化剂在 CO_2 加氢制烃中的性能 [J]. 物理化学学报，2012，28 (8)：1943-1950.
[171] Wei J, Ge Q J, Yao R W, et al. Directly converting CO_2 into a gasoline fuel [J]. Nature Communications, 2017, 8 (15714): 1-8.
[172] Gao P, Li S G, Bu X N, et al. Direct conversion of CO_2 into liquid fuels with high selectivity over a bifunctional catalyst [J]. Nature Chemistry, 2017, 9: 1019-1024.
[173] 曹维良，王宏斌，高希信等 . 超临界二氧化碳和水复合溶剂中铑膦配合物催化丙烯氢甲酰化反应 [J]. 催化学报，2004，25 (7)：556-560.
[174] 刘旭，刘仲能，顾松园 . 官能团化烯烃的氢甲酰化反应研究及应用进展 [J]. 工业催化，2016，24 (8)：1-6.
[175] 李靖，刁琰琰，闫瑞一等 . 烯烃氢甲酰化反应研究进展 [J]. 工程研究-跨学科视野中的工程，2011，3 (2)：113-121.
[176] Ren X Y, Zheng Z Y, Zhang L, et al. Rhodium-complex-catalyzed hydroformylation of olefins with CO_2 and hydrosilane [J]. Angewandte Chemie International Edition, 2017, 56 (1): 310-313.
[177] 吴越 . 取代硫酸、氢氟酸等液体酸催化剂的途径 [J]. 化学进展，1998，10 (2)：158-171.
[178] 熊俐，朗雪薇，吴倩等 . 丁烷与丁烯烷基化催化剂研究进展 [J]. 上海化工，2016，41 (10)：49-54.
[179] Mota Salinas A L, Sapaly G, Taarit Y B, et al. Continuous supercritical $iC_4/C_4^=$ alkylation over H-Beta and H-USY influence of the zeolite structure [J]. Applied Catalysis A: General, 2008, 336 (1- 2): 61-71.
[180] Sekine Y, Ichikawa Y S, Tajima Y I, et al. Alkylation of isobutane by 1-butene over H-beta zeolite in CSTR (Part 1): Effects of zeolite-structures and synthesis methods on alkylation performance [J] . Journal of the Japan Petroleum Institute, 2012, 55 (5): 299-307.
[181] Yoo K, Burckle E C, Smirniotis P G. Comparison of protonated zeolites with various dimensionalities for the liquid phase alkylation of *i*-betane with 2-butene [J] . Catalysis Letters, 2001, 74 (1): 85-90.
[182] Dalla Costa B O, Querini C A. Isobutane alkylation with butenes in gas phase [J]. Chemical Engineering Journal, 2010, 162 (2): 829-835.
[183] Diaz-Mendoza F A, Pernett-Bolaño L, Cardona-Martínez N. Effect of catalyst deactivation on the acid properties of zeolites used for isobutane/butene alkylation [J]. Thermochimica Acta, 1998, 312 (1-2): 47- 61.
[184] Gieseman J C, Amico V D, Broekhoven E V. The alkyclean alkylation: new technology elimainates liquid acids [C]. National Petrochemical & Refiners Association Annual Meeting, Salt Lake City, 2006.
[185] 马会霞，周峰，乔凯 . 液体酸烷基化技术进展 [J]. 化工进展，2014，33 (增 1)：32-40.
[186] 王钰佳，马妍，徐楚君等 . 硫酸法与离子液体法 C_4 烷基化工艺进展 [J]. 应用化工，2016，45 (10)：1954-1958.
[187] 刘鹰，孙宏娟，丛迎楠等 . Cu 对离子液体异丁烷/丁烯烷基化反应选择性的影响研究 [J]. 燃料化学学报，2014，42 (8)：1010-1016.
[188] 王鹏，张镇，李海方等 . 离子液体/CF_3SO_3H 耦合催化 1-丁烯/异丁烷烷基化反应 [J]. 过程工程学报，2012，12 (2)：194-199.
[189] 陈传刚，刘仕伟，于世涛 . Bronsted-Lewis 双酸型离子液体负载浓硫酸催化制备烷基化汽油 [J]. 应用化工，2015，44 (2)：264-267.

[190] 卢丹，赵国英，任保增等．醚基功能化离子液体合成及催化烷基化反应 [J]. 化工学报，2015，66 (7)：2481-2487.
[191] 吴振青．干气制乙苯装置危险性分析和安全设计 [J]. 当代化工研究，2017，4：105.
[192] 程志林，赵训志，邢淑建．乙苯生产技术及催化剂研究进展 [J]. 工业催化，2007，15 (7)：4-9.
[193] 陈海波，吴巍，祁立超等．乙酸甲酯水解工艺与催化剂 [J]. 化学工业与工程技术，2002，23 (2)：12-19.
[194] 李鹏，张东恒，熊晶等．烷基萘的合成及性能、应用概述 [J]. 润滑油，2015，30 (4)：5-8.
[195] 张吕鸿，王江涛，肖晓明等．对甲酚烷基化反应催化剂的研究进展 [J]. 化工进展，2016，35 (1)：125-130.
[196] 曹小华．Dawson 结构磷钨酸铯的制备、表征及催化绿色合成己二酸 [J]. 功能材料，2015，46 (6)：06124-06128.
[197] 苏叶，鲍宗必，张治国等．L 酸/B 酸可调的磺酸功能化 MIL-101 (Cr) 材料催化葡萄糖脱水制备 5-羟甲基糠醛 [J]. 化工学报，2016，67 (7)：2879-2807.
[198] 赵博，胡尚连，龚道等．固体酸催化纤维素水解转化葡萄糖的研究进展 [J]. 化工进展，2017，36 (2)：555-567.
[199] 张阳阳，罗璇，庄绪等．混合酸催化葡萄糖选择性转化合成乙酰丙酸甲酯 [J]. 化工学报，2015，66 (9)：3490-3495.
[200] 任奋奋，马静红，李瑞丰．基于多级孔沸石催化剂的芳烃苄基化研究 [J]. 太原理工大学学报，2017，48 (3)：317-326.
[201] 郭海纬，费兆阳，王宇等．碱处理对 Hβ 分子筛催化苯胺缩合制二苯胺性能的影响 [J]. 石油学报(石油加工)，2017，33 (1)：100-107.

第5章 膜催化组合反应安全过程

在化工生产中，氢气与氧气混合反应物最易发生燃烧、爆炸等重大安全事故。采取的措施主要是在爆炸限外操作，但安全隐患没有消除，依然存在。氢氧混合爆炸，一般爆炸速度极高，爆炸威力极大。由于管道效应等作用，一瞬间输气和储气管道、容器系统、厂房与人员等几乎同时被毁。

从理论上说，纯净的氧气，既不燃烧，更不会爆炸；氢气虽可燃烧，但无氧时亦不爆炸。倘若两者混合达到可爆炸范围，只要有火源或温度达574℃以上，不但会爆炸而且可在管道中逆气流燃烧，即所谓“回火”，由此引起的爆炸称为回火爆炸。

有机物与氧气组成的混合反应体系大都存在混合爆炸的危险，应尽量在爆炸限外操作。

方法4：避免易爆炸反应物均相混合并在微反应相及时完全转化的膜组合催化反应过程。

该过程是指在整个反应工艺中，易燃、易爆反应物不在宏观上形成均相混合的易燃易爆反应物系，仅在微反应相作用、发生表面反应，并将作为限制反应的危险反应物快速完全转化，而不在宏观物系中留存。膜催化组合反应过程可以实现这一目的。

通过膜催化反应，使危险反应物仅在微反应相中存在，并使某一危险反应物完全反应，而不进行宏观混合，从而避免混合爆炸问题。这里所说的易爆炸反应物，通常是指氢气、氧气，氢气易燃易爆，氧气与其他有机反应物混合组成易爆炸体系，存在爆炸上下限。

如图5.1所示，为避免易爆炸反应物均相混合的膜催化组合反应系统。在反应物A的氧化或加氢制备氧化产物（PO）或加氢产物（PH）反应中，宏观混合相中只有反应物A和产物PO或PH存在，没有氧气或氢气存在（$C_{H_2(O_2)}=0$），从而避免混合爆炸问题。为此，要求氧化或加氢反应仅在膜催化层表面进行，且将表面氧或氢完全反应掉，$[A]^s \gg [H]^s([O]^s)$。

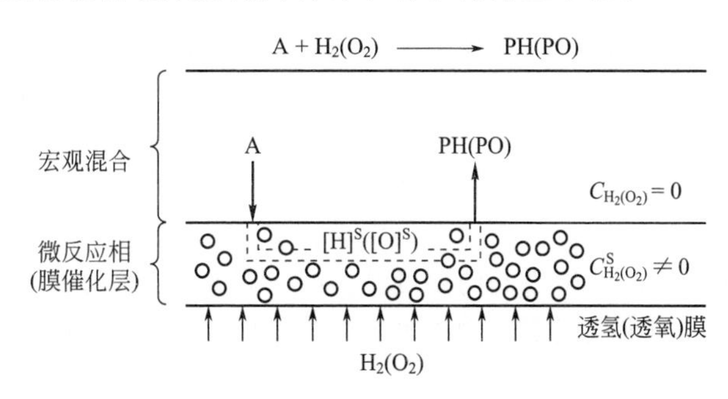

图5.1　避免易爆炸反应物均相混合的膜催化组合反应系统

本章基于**方法4**，就氢气和氧气参与的透氢膜组合反应体系，氧气参与的混合导体透氧膜组合反应体系进行了论述。包括：无机膜反应器中H_2、O_2、苯直接合成苯酚，无机膜反应器中H_2、O_2、苯甲酸甲酯直接合成羟基苯甲酸甲酯，无机膜反应器中H_2、O_2直接合成双氧水，以及无机膜反应器中 H_2、O_2、丙烯直接合成环氧丙烷的组合反应体系。混合透氧膜与甲烷部分氧化，混合透氧膜与甲烷氧化偶联制乙烷和乙烯，以及混合透氧膜与乙烷氧化脱氢制乙烯的安全反应体系。

5.1 氢氧混合爆炸机理

预防氢可燃气体混合物从点火燃烧到爆轰是一个十分复杂的过程。可燃气体混合物爆炸的发生，需要三个条件：可燃物质、氧化剂和一定能量的点火源，三者缺一不可，而爆炸往往都要经历燃烧转爆轰的过程。目前，被大多数学者所接受的燃烧转爆轰发展过程是：可燃气体混合物在点火源处被点燃，产生的火焰在未燃气体中产生一个压缩波，压缩波向前传播到某一距离处逐渐变成前驱冲击波，从而提高了未燃介质的温度、压力和粒子速度，使气体流动变成湍流，湍流的作用使得火焰燃烧面积增加，化学反应加剧，增加了火焰传播的速度，火焰面追赶前驱激波使诱导区长度减小，火焰的加速再次向前发射压缩波或弱激波追赶前驱激波，激波的加强和火焰面的加速形成了一种正反馈，推动整个非稳定冲击波的加速传播，直至形成爆轰。

可燃气体混合物的初始条件主要有环境温度、初始压力、可燃气体浓度、点火条件、容积形状和惰性杂质浓度等，而在爆炸灾害发生前，较容易改变的条件是初始压力、可燃气体浓度和惰性杂质浓度。判断混合气体爆炸的临界条件，初始条件与可燃气体爆炸特征参数、燃烧转爆轰的关系，可为防爆、抑爆提供有意义的依据，以利于在工业生产中抑制氢气、瓦斯等易燃易爆气体爆炸危害的发生。

氢是一种典型的可燃气体，具有较强的化学活性、可扩散性及渗透性。氢气的最低着火温度为 574℃，氢气在氧气中（或空气中）既可被明火点燃，也可被暗火（气流中的沙粒、机械杂质的撞击或静电放电火花）点燃；氢的点火能级极小，仅为 0.019mJ，这个数值只相当于一枚订书针从 1m 高落下的能量。故氢与氧一旦混合成爆鸣气体后，极易引发炸燃。

而氧是一种强氧化剂，具有极高的助燃性。在高压力的纯氧中，还可引起金属的燃烧，甚至爆炸。当氢气与氧气在密闭的容器中混合时，瞬间将混合得非常均匀，混合到爆炸极限以内的氢氧混合气体，一旦有引爆条件，就会发生爆炸。爆炸生成水，并放出大量热量。反应式如下：

$$H_2 + O_2 \longrightarrow H_2O + 572.8kJ$$

氢氧混合爆炸极限随着温度、压力、水蒸气含量而变化。在大气压力下，氢氧体积含量的爆炸范围为：H_2 4%～95%；O_2 5%～96%。干燥的氢氧爆鸣气体不易发生爆炸，但在有催化剂和水蒸气存在时，加剧了氢氧的化合反应，促使了爆鸣气体的爆炸。氢氧比例为 2∶1 时爆炸威力最大，称为爆震。

当密闭容器中的氢氧混合气体达到引爆条件，即发生强烈的化学反应，放出大量的热能，瞬间产生极高的温度并转换为极高的压力，当压力超过容器的极限时，致使容器发生爆炸。如果氢氧混合物越多，爆炸威力就越大，造成的损失越严重。

5.2 透氢膜组合反应体系

膜催化技术可使反应物选择性地穿透膜并发生反应，或产物可选择性地穿过膜而离开反应区域，从而对某一反应物（或产物）在反应器中的区域浓度进行调节，严格地控制某一反应物参加反应时的量和状态。利用膜反应器这一特点，通过透氢膜或透氧膜使氢气或氧气与其他反应物不进行宏观混合，只在微反应相中反应，并实现氢气或氧气的完全转化。

针对有氧气、氢气参加的易燃易爆反应过程，通过膜催化反应，使反应物混合和反应在微反应相中进行，并使氧气或氢气完全转化，不与其他反应物进行宏观混合，从而避免混合爆炸问题。同时，可以简化反应物分离过程并相应地解决该过程的安全问题，而实现这一目标的关键在于组合反应过程的建立。

5.2.1 H_2-O_2-苯直接合成苯酚

新型无机膜催化与分离一体化技术的介入，突破了长期以来 O_2-H_2 体系苯一步氧化合成苯酚研究中苯转化率低的难题，且可使 O_2 和 H_2 分开进料参与反应，彻底解决了 O_2 和 H_2 一起混合进料带来的爆炸危险和安全隐患。

2002 年日本 Niwa 等[1]在 Science 上报道了采用无机 Pd 膜催化技术在 O_2 和 H_2 体系中催化苯一步羟基化合成苯酚。他们以乙酸钯为钯源，采用金属有机物化学气相沉积技术将钯薄层（厚度 1μm，长度 100mm）沉积在多孔 α-氧化铝管（NOK 公司，α-Al_2O_3，99.99%；外径 2.0mm，内径 1.6mm，空隙率 0.43，平均孔径 0.15μm）表面形成 Pd 膜，然后以该膜为原料制备了壳-管式 Pd 膜反应器（结构示意图见图 5.2）并将其用苯羟基化反应。将 O_2 和氦气的混合气鼓泡进入苯中，并通入涂有钯膜的多孔氧化铝管中，而 H_2 和氦气则通入反应器壳层，从反应器出来的混合气体通过在线气相色谱分析。温和反应条件下（150℃），苯转化率可达 10%～15%、苯酚选择性达 80%以上。深度氧化产物如二酚、醌以及加氢副产物如环己烷、环己醇和环己酮等极少，远远超出现有其他气相法研究结果。该研究被称为全球有机化学领域在 2002 年所取得 13 个具有闪光点的重大进展之一。

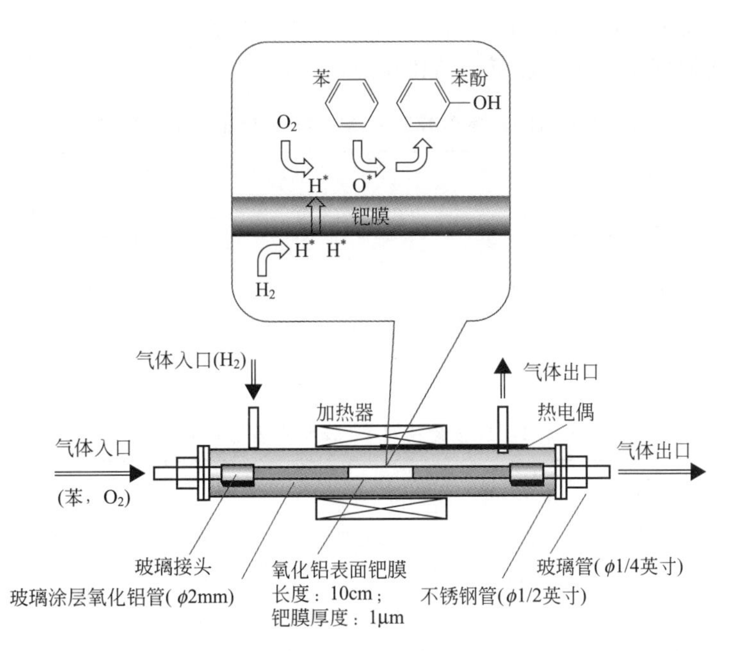

图 5.2 无机钯膜反应器

O_2 和 H_2 分开进料，既避免了现有 O_2 和 H_2 混合进料带来的严重爆炸危险，又很好地实现了 H_2 的催化活化并有效参与反应。整个反应体系无须外加催化剂就可进行，即 H_2 从 Pd 膜一边渗透到另一边时，解离为活性 H^*，与 O_2 作用产生活性氧化物种 O^*，再与苯羟基化形成苯酚。Pd 膜既是有效活化 H_2 的催化剂，又起到了隔离作用，反应器结构简单、实用可行。推测认为活性 H^* 与 O_2 作用产生的活性氧化物种最有可能来自于 H_2O_2 和 HOO^*。

他们在后续的研究中[2~4]进一步验证了这一结果，而且研究结果取得了更大的进步，在 473K 反应时，苯转化率为 25%～30%，苯酚收率为 19%～23%。发现了少许可能由加氢产生的环己烷、环己酮等副产物，同时有大量水生成，其生成速率是苯酚的 500～1000 倍。这意味着 H_2 的利用率很低。

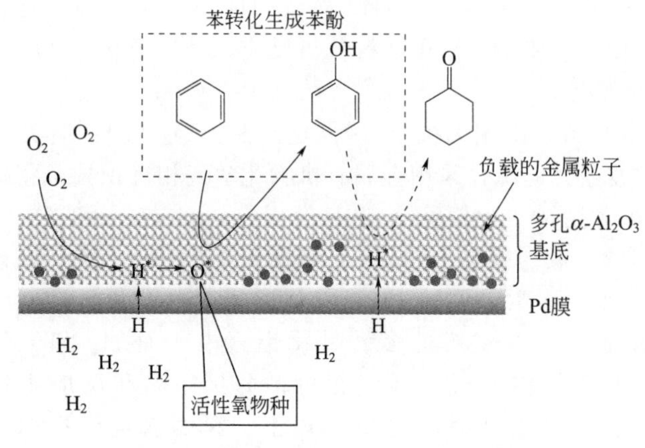

图 5.3　金属负载 Pd 膜反应器工作原理

Pd 膜表现出优异的氢渗透性能，然而其催化苯羟基化生成苯酚的活性不一定是最优的。为了改善 Pd 膜的催化性能，接下来他们[5]在 Pd 膜反应器多孔管的孔隙内负载了各种活性金属，以期提高 Pd 的表面积，并且增强负载金属和 Pd 膜之间的协同催化效果（见图 5.3）。

由表 5.1、表 5.2 可以看出，当负载金属为贵金属如 Pt、Rh 和 Ru 时，苯转化率大幅增加，但产物均为加氢产物环己烷以及深度氧化产物 CO_2，没有羟基化产物苯酚生成，说明贵金属的存在只能增强副反应的进行；而当负载金属为 Cu 时，苯酚选择性变化不大，仍为 49%，而苯转化率从 10%大幅增加至 18%，深度氧化产物 CO_2 的量大幅减少，说明 Cu 与 Pd 的协同催化作用增强了羟基化反应活性。

表 5.1　多孔 Al_2O_3 管负载贵金属对 413K 时苯羟基化反应的影响

金属膜	金属/Al 物质的量比(XPS)	苯转化率/%	选择性/%			
			环己烷	苯酚	环己酮	CO_2
Pd	—	10	3.0	49	2.0	46
Pt-Pd	0.04	99	24	0	0	76
Rh-Pd	0.20	63	89	0	0	11
Ru-Pd	0.05	37	92	0	0	8

表 5.2　过渡金属对 Pd 膜反应器性能的影响

金属膜	金属/Al 物质的量比(XPS)	苯转化率/%	选择性/%			
			环己烷	苯酚	环己酮	CO_2
Pd	—	10	3.0	49	2.0	46
Cu-Pd	0.08	18	9.0	49	24	18
Fe-Pd	15	8.0	18	0	0	82

Vulpescu 等[6]也开展了 Pd 膜催化苯、O_2 和 H_2 一步合成苯酚的反应。与 Niwa 等的观点一致，他们也认为，反应过程经历了“原位”产生 H_2O_2 并一步羟基化合成苯酚路线。H_2 在 Pd 膜中渗透、解离为活性 H 物种；该活性 H 物种与分子氧作用生成活性氧物

种，即 H_2O_2；然后苯与 H_2O_2 作用生成目标产物苯酚。与 Niwa 等的研究结果相比，该研究中苯转化率和苯酚收率较低，优化条件下，苯转化率为 3.8%，而苯酚收率仅为 0.16%。

通过分析比较该苯酚制备路线与最便宜的经典法 H_2O_2 氧化苯制苯酚路线（Hock Industrial Process），认为该膜反应器路线不仅在技术上切实可行，而且从经济角度考虑也很有竞争力和吸引力，具有绿色环保和可持续发展性。关键是设计新的膜反应器以提高 H_2 的利用率，同时抑制水的生成。Vulpescu 等在研究中并未发现严重的 Pd 膜脱落现象，但发现存在热点（Hot Spots）现象。

Shu 等[7]以化学镀法制备了 Pd 膜，并考察了其作为催化剂和 H_2 分布器催化苯一步羟基化合成苯酚的反应，Pd 膜反应器工作原理图见图 5.4。当反应温度为 150℃，O_2 5mL/min，苯 0.16mL/min，N_2 5mL/min，H_2 20mL/min 时，苯酚选择性为 87%，苯转化率较低，仅为 0.15%。

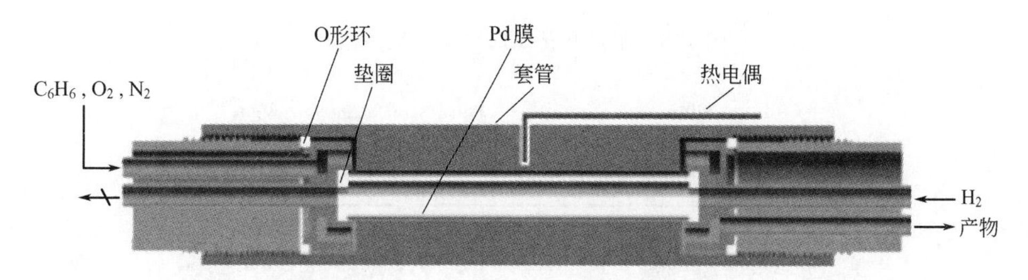

图 5.4 钯膜反应器工作原理图

Ye 等[8]制备了基于 MEMS（微电机系统）的 Pd 膜微反应器（PdMMR），并将其用于苯一步羟基化合成苯酚的反应，工作原理见图 5.5。考察了不同反应条件对苯转化率和苯酚收率的影响，200℃时，苯转化率和苯酚收率分别为 54%和 20%。

图 5.6 给出了该反应可能的反应路径。除主产物苯酚外，苯酚羟基化产物如邻苯二酚和对苯二酚以及两者的脱氢产物如 2-羟基环己酮、对苯二醌和 1,4-环己二酮等也存在于产物体系中，此外，还有深度氧化产物 CO_2 和水出现。

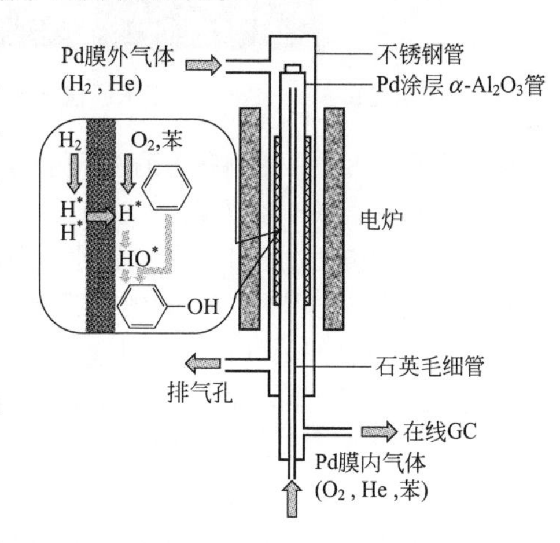

图 5.5 PdMMR 工作原理图

Dittmeyer 等[9]考察了不同催化系统改性的 PdCu 双膜反应器中苯一步羟基化合成苯酚的反应。三种不同的催化系统分别为：1μm 厚的 PdAu（10%Au 质量分数）层，5μm 厚的 PdGa（50%Ga 质量分数）层，在不连续的 V_2O_5 层表面沉积的 PdAu 薄层，如图 5.7 所示。不同催化系统改性的双膜反应器中苯酚生成速率和苯酚选择性都有了大幅提高。在双膜反应器操作模式下，PdAu 催化性能最佳，150℃时苯酚选择性最大为 67%，200℃时苯酚生成速率最大为 $1.67\times10^{-4}mol\cdot h^{-1}\cdot m^{-2}$。与 PdAu 相比，5μm 厚的 PdGa 系统在动力学实验方面更有优势，然而其 H 渗透性能较差，限制了其应用。而不连续的 V_2O_5 层表面沉积的 PdAu 薄层对该反应没有明显的促进效果。

Guo 等[10,11]采用“共晶种”法在 α-Al_2O_3 陶瓷管外表面制备了钯-沸石复合膜，其制备

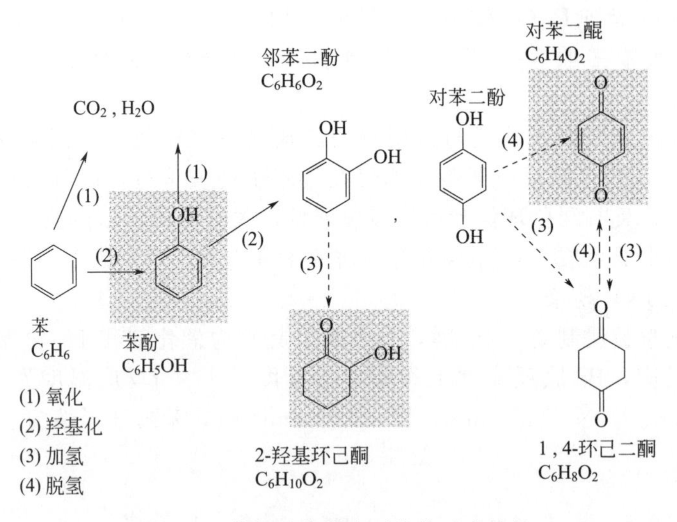

图 5.6　苯羟基化反应可能的反应路径

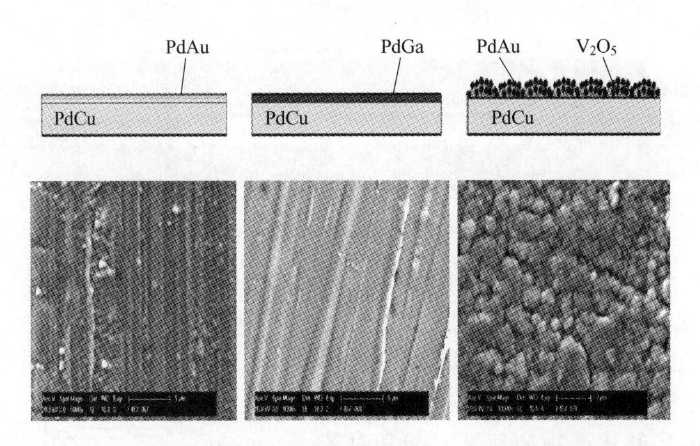

图 5.7　PdCu 表面不同催化系统原理图以及对应的图层表面 SEM 图

工艺流程见图 5.8。具体制备过程如下：①载体预处理；②预涂含钯 Sil-1 共晶种；③在载体表面利用水热合成法获得含钯 Sil-1（TS-1）沸石修饰层；④高温下，利用氢气活化载体管；⑤利用化学镀法制备 Pd 膜。晶种层中不仅含有沸石晶种为合成沸石修饰层提供成核中心，而且其中含有钯晶种为化学镀钯膜提供自催化活性中心。利用“共晶种”法制备的 Pd-Sil-1 复合膜具备良好的气体渗透性能，而且，由于“共晶种”法制备的钯-沸石复合膜具有独特的嵌入式结构，因此具有良好的稳定性。将上述钯-沸石复合膜构建成膜反应器，应用于苯直接羟基化合成苯酚反应中。利用钯膜反应器进行苯羟基化反应主要是钯膜表面形成的活性氧物种与苯直接反应形成苯酚的过程，H_2/O_2 进料比是影响钯膜反应器羟基化反应的关键因素。当 H_2/O_2 进料比为 4.7 时，钯膜反应器催化性能最好，苯最高转化率为 5.1%，苯酚收率为 3.0%。

Wang 等[12,13]结合钯膜透氢和 TS-1 分子筛催化的优势，采用化学镀法在 α-Al_2O_3 载体上制备 Pd-TS-1 双功能复合膜（见图 5.9）。一方面通过引入分子筛层改善大孔氧化铝载体的表面形貌，从而制备致密钯膜；另一方面通过调变单一钯膜反应器，改善苯一步羟基化合成苯酚的反应性能。TS 催化层的加入提高了苯酚选择性，抑制了水的生成，对反应具有一定的促进作用。然而反应物料的进料方式和 TS-1 层的结构、致密性对反应具有重要影

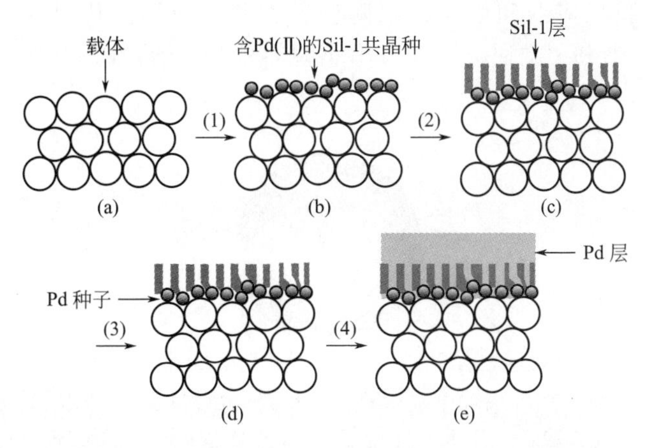

图 5.8 “共晶种”法制备钯-沸石复合膜工艺流程图

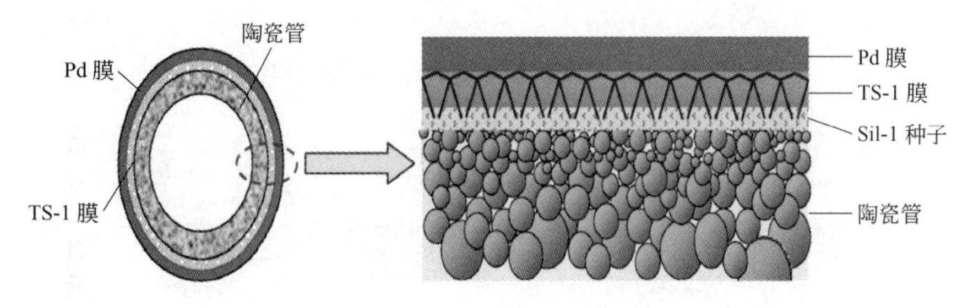

图 5.9 Pd-TS-1 双功能复合膜的制备

响，进料方式和膜反应器结构是影响反应的关键。由于 TS-1 层的孔径较小，使得氧分子和苯分子在 TS-1 层中的扩散阻力非常大，不易到达钯膜与 TS-1 分子筛层的交界面与氢气反应。

根据 Pd-TS-1 复合膜存在的问题，接下来他们[14]在粗糙的陶瓷管载体上制备了不同类型的钛硅-钯双层双功能复合膜，包括 Pd-TS-1，Pd-TS-1e，Pd-TS-1p，Pd-TS-MCM，并考察了钛硅-钯复合膜反应器催化苯一步羟基化合成苯酚的反应。他们提供了两种进料模式（见图 5.10），模式 1：苯和 O_2 在 Pd 膜侧进料，H_2 在载体表面的 TS 层进料；模式 2：苯和 O_2 在 TS 层进料，H_2 在 Pd 膜侧进料。进料方式和 TS 层结构对反应结果有重要影响，当采用模式 2 进料，以 TS-1p 为 TS 层时，苯转化率和苯酚收率最高分别为 7.23% 和 7.12%。在此基础上，他们提出了该反应可能的反应路径（见图 5.11）。①H_2 在扩散至 Pd 膜反应器另一侧过程中解离生成活性 H 物种 H^*；②H^* 立即与 O_2 反应生成 H_2O_2、HOO^* 等活性氧物种；③模式 1 中，苯和 O_2 在 Pd 膜表面扩散，TS 不参与反应。苯必须及时地与这些不稳定的活性氧物种反应，以提高原料利用率，否则这些活性氧物种很容易转化为水。在模式 2 中，苯和 O_2 在 TS 层进料，它们在 TS 分子筛中扩散时，TS 分子筛会吸附不稳定的活性氧物种，生成 Ti-过氧化合物，从而可以避免这些不稳定的活性氧物种的快速分解。在这种情况下，更多的苯可以和活性氧反应生成苯酚，因而模式 2 优于模式 1。

他们通过构建钛硅-钯双层双功能复合膜反应器，提高了苯羟基化反应的性能。但相对于日本 Niwa 等的报道，反应效果还有一定差距。通过比较分析，认为反应性能的差异与所用陶瓷管载体的结构尺寸密切相关。因此，接下来他们[15,16]构建了具有特殊“微通道”特征的 Pd-TS-1p 复合膜反应器和中空纤维陶瓷管钯膜反应器，其中 R1 和 R2 分别为常规 Pd-TS-1p复合膜反应器和“微通道”Pd-TS-1p 复合膜反应器，R3 为中空纤维陶瓷管钯膜反应器，其结构如图 5.12 所示。

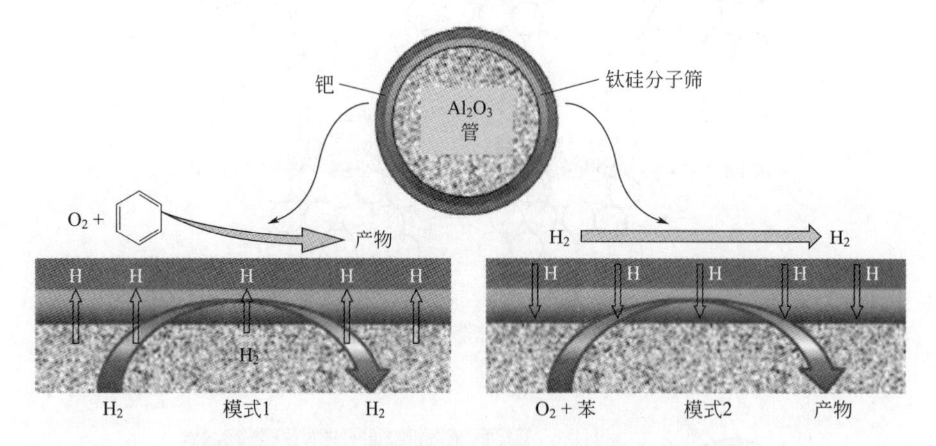

图 5.10　Pd-TS 膜反应器中两种不同的进料方式

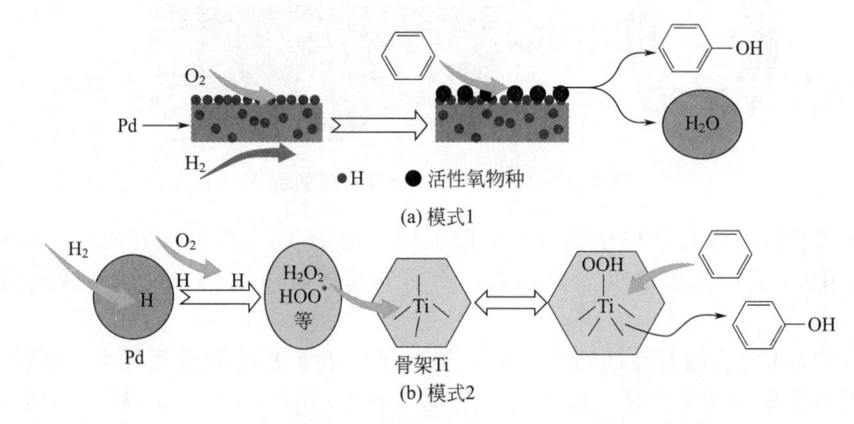

图 5.11　Pd-TS 膜反应器中苯和 O_2 一步合成苯酚反应路径

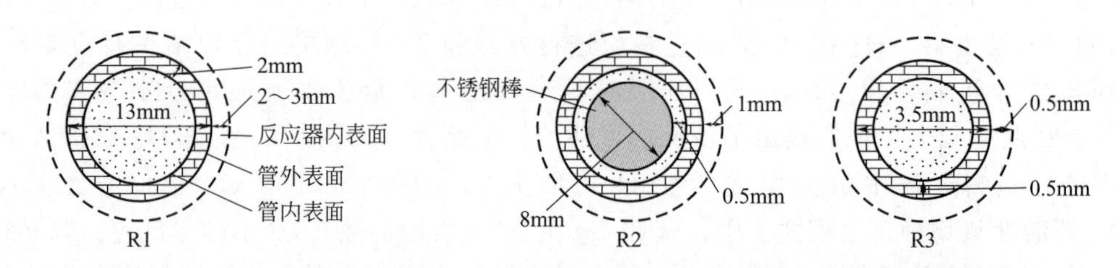

图 5.12　普通膜反应器（R1），“微通道”Pd-TS-1p 复合膜反应器（R2）和中空纤维陶瓷管钯膜反应器（R3）的截面图

如表 5.3 所示，常规的 Pd-TS-1p 双功能复合膜反应器（R1），在保证苯酚选择性的条件下，苯转化率从 5.8%和提高到了 7.3%。特殊结构的复合膜反应器（R2），不仅具有普通膜反应器的双功能作用，而且体现了“微通道”结构反应器的优势，显著提高了反应性能。而以 R3 为反应器时，苯转化率更是大幅增加至 19.0%，此时苯酚选择性为 86%。

表 5.3　不同膜反应器上苯羟基化反应结果

反应条件	苯转化率/%	产物分布/%			
		苯酚	环己烷	环己酮	苯二酚
反应器 1-a	4.0	72	8.0	19	1.0
反应器 1-b	5.8	95	1.7	2.8	0.5
反应器 2-a	5.0	72	8.6	18	1.4
反应器 2-b	7.3	95	2.0	28	0.2
反应器 3-c	19.0	86	2.0	11.8	0.2
反应器 3-d	15.9	82	5.0	10	3.0

5.2.2　H_2-O_2-苯甲酸甲酯直接合成羟基苯甲酸甲酯

Sato 等[3,17]在钯膜反应器中考察了 H_2、O_2 和苯甲酸甲酯直接羟基化合成羟基苯甲酸甲酯的反应（见图 5.13），图 5.14 列出了该反应基本的反应路径。钯膜反应器中进行了 4 种不同的反应，包括：①苯甲酸甲酯深度氧化生成 CO_2 和 H_2O；②苯甲酸甲酯羟基化；③苯甲酸甲酯分解生成苯；④芳环的羟基化。此外，还包括分解产物苯羟基化生成苯酚以及苯酚脱氢生成环己酮等副反应。这些副反应的发生与原料中的 H_2/O_2 有关。当 H_2/O_2 较低（<2）时，主要发生氧化反应；而当 H_2/O_2 较高（>2）时，主要发生羟基化反应。氧化和羟基化反应分别发生在钯膜反应器的不同区域，深度氧化反应主要发生在上部区域，而羟基化反应主要发生在膜的下部区域，而且是发生在反应器中 O_2 浓度较低的一个有限区域内，在该区域内，较低的氧浓度限制了离子活性氧化物种的形成，从而抑制了深度氧化反应的发生。在 423K 时，羟基苯甲酸甲酯的收率为 4.7%。他们认为活性 H^* 与 O_2 作用产生的活性氧化物种不是诸如 O^-、O^{2-} 和 O_2^- 等，而是中性氧或自由基氧物种，如 HO 和 HOO 等，该过程可归属于“原位”产生 H_2O_2 并一步羟基化合成苯酚路线。可见，O_2、H_2 体系钯膜催化苯甲酸甲酯羟基化同样具有很好的活性，表明该膜催化方法具有广阔的应用范围。

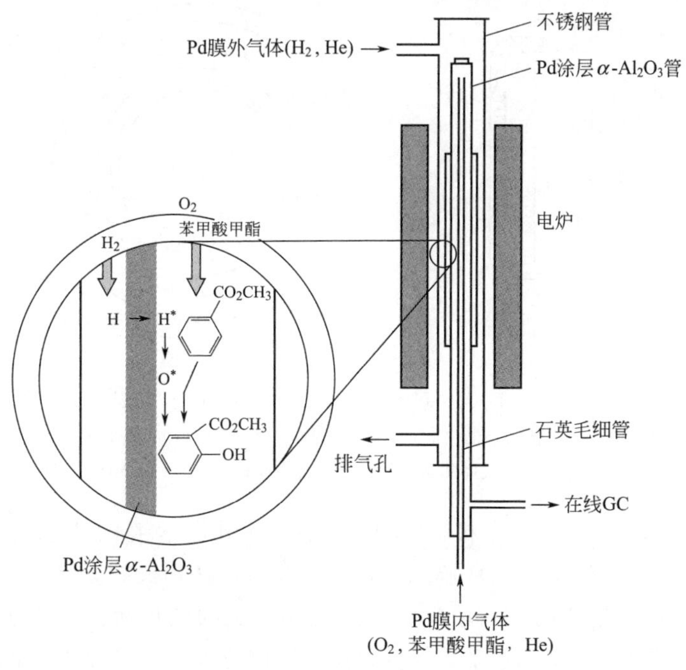

图 5.13　苯甲酸甲酯羟基化反应原理图

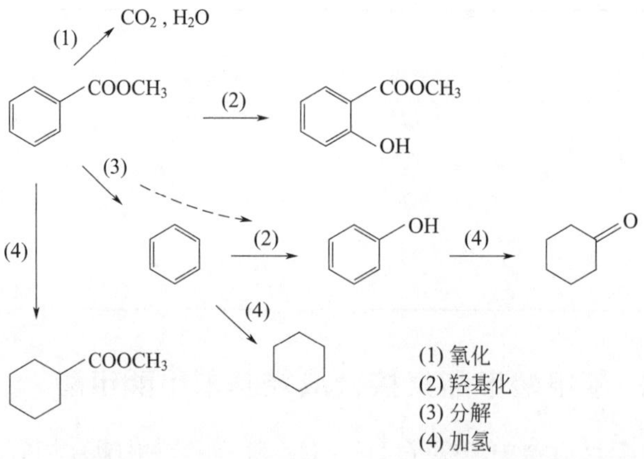

(1)
CO_2, H_2O
COOCH₃
(2)
COOCH₃
OH
(3)
(4)
(2)
OH
(4)
O
(4)
COOCH₃
(1) 氧化
(2) 羟基化
(3) 分解
(4) 加氢

图 5.14 钯膜反应器中苯甲酸甲酯反应路径

5.2.3 H_2-O_2 直接合成双氧水

Choudhary 等[18,19]制备了新型透氢金属 Pd 膜催化剂，使氢气和氧气直接合成过氧化氢过程实现了安全化。采用管式膜反应器：壳层由内向外，分别由可渗透气体和蒸汽的疏水聚合物膜、Pd 膜、Pd-Ag 合金膜、膜支撑体 Al_2O_3 等组成，结构见图 5.15。Pd 膜为透氢膜，作为催化剂和反应场所，氢气由壳程进入到 Pd 膜层，与由管程进入的氧气反应生成过氧化氢，并控制氢气量使之完全转化，而不进入到管程中。反应介质硫酸溶液通过氧气在管程中循环，不仅解决了氢氧混合物爆炸的安全问题，而且使氢气转化率达到 100%，过氧化氢的选择性最高达到 60%。

(a)
O_2(出)
H_2
(常压)
1
2
O_2(入)
(b)
1
2
2a
2b
2c
2d
H_2
H
O_2
O_2
LM
H_2

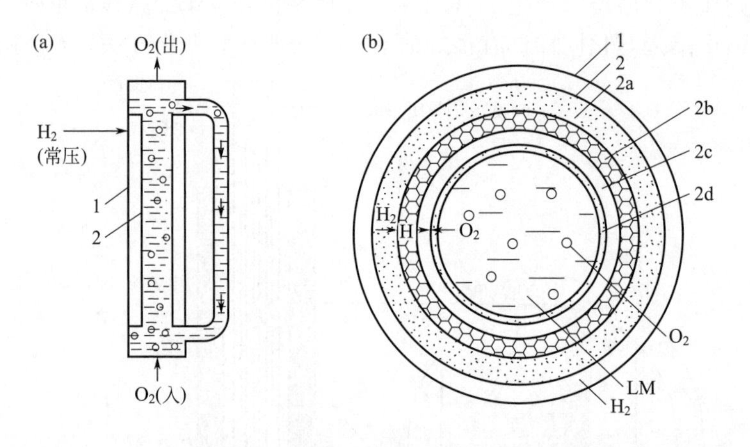

图 5.15 复合钯膜催化剂和膜反应器催化氧化 H_2 合成 H_2O_2 示意图

1—膜反应器壁；2—管式膜催化剂，其中 2a 为膜支撑体 Al_2O_3，2b 为 Pd-Ag 合金膜，2c 为 Pd 膜，2d 为可渗透气体和蒸汽的疏水聚合物膜；LM—反应介质 0.02m H_2SO_4

Abate 等[20]制备了一系列管状催化膜，包括利用化学镀沉积法将 Pd 薄层沉积在 α-Al_2O_3表面形成的不对称 α-Al_2O_3 膜以及通过沉积沉淀法形成的碳涂层 α-Al_2O_3 膜，并考察了它们在 H_2、O_2 直接合成 H_2O_2 反应中的应用。膜的催化活性取决于反应温度，与常温（25℃）相比，低温（5℃）时有更高的 H_2O_2 生成速率，这是因为在低温时 H_2O_2 的分解速率大大降低，因而，总体说来 H_2O_2 生成速率就有所提高。根据膜催化反应结果，他

们还提出了 H_2O_2 合成的可能反应路径，如图 5.16 所示。①O_2 化学吸附到大的、没有缺陷的 Pd 粒子上，这些粒子能量较低，因而 O_2 没有解离；②来自外部的 H^+ 与 O_2 发生质子化并与未化学吸附的 H_2 作用生成 H_2O_2，同时释放出 H^+；③化学吸附 H 将与 O 原子反应或者与 H_2O_2 中的 OH 组分作用形成 H_2O，导致 H_2O_2 副反应的发生。促进剂如 Br^- 可以作为电子捕捉剂，从而阻碍 H_2O_2 类型自由基的分解。

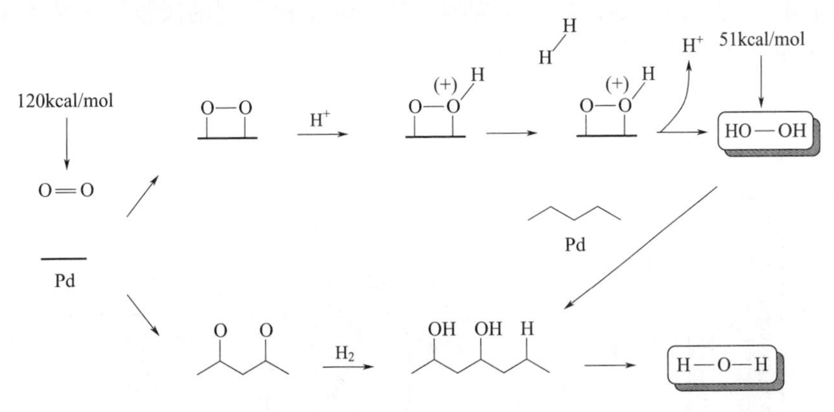

图 5.16　H_2O_2 合成反应路径

在 Pd 膜反应器中，由于 H_2 的存在，使 Pd 膜容易与 H_2 形成 Pd-H 相，造成 Pd 膜破裂，从而导致钯膜催化剂失活。通过形成 Pd-Ag 合金可以在一定程度上阻止 Pd 膜的破裂，然而会导致 Pd 膜催化活性的降低。为了兼顾催化活性和高的膜稳定性，Abate 等[21]在陶瓷载体和 Pd 膜之间加入了 Pd-Ag 合金层，制备了 Pd/Pd-Ag/Al_2O_3 多层复合膜，并考察了其催化 H_2、O_2 直接合成 H_2O_2 的活性。Pd-Ag 合金层的加入可以显著促进 H_2O_2 的生成。

Pashkova 等[22~24]设计了一种多孔催化膜反应器，在该反应器中，催化剂以纳米粒子的形式存在于管状陶瓷膜的顶层，而不是以致密 Pd 膜的形式存在，载体为外表面含有细小多孔层的管状膜，催化剂只沉积于表面微孔层的孔隙中，结构示意图见图 5.17。气体反应物 H_2 和 O_2 分开进料，一个从载体的粗孔侧进料，另一个溶解在液相中，从细小多孔层进料。考察了各种反应参数，包括气态原料的供给方式、液体介质的类型以及液体侧压差等对 H_2O_2 生产能力和选择性的影响，优化条件下，达到了较高的生产能力（16.8mol・h^{-1}・m^{-2}）和高 H_2O_2 选择性（80%～90%）。

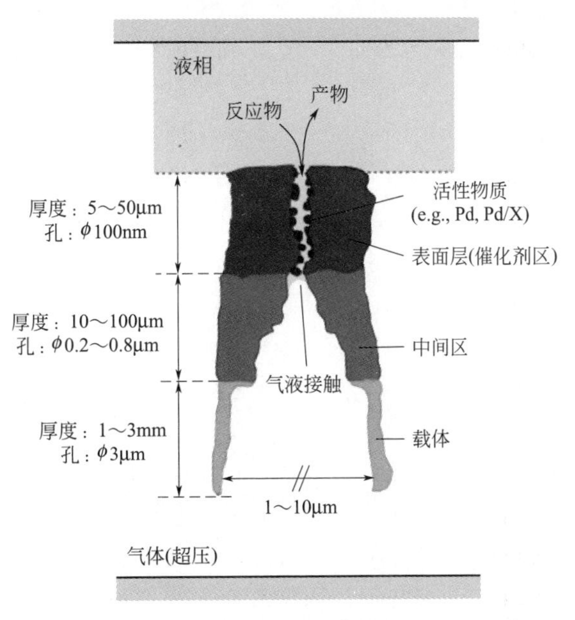

图 5.17　分级多孔膜催化剂

Inoue 等[25]也对 Pd 膜反应器中直接合成过氧化氢反应进行了研究，通过化学镀法或者化学气相沉积法将 Pd 膜沉积在多孔 α-Al_2O_3 表面。H_2 在 Pd 膜内侧进料，O_2 鼓泡到反应液中进料，两者在膜表面反应生成 H_2O_2（见图 5.18）。该装置可连续运行 80h，基于 H_2 选择性在 50%以上。

Osegueda 等[26]分别通过浸渍法和

溅射技术制备了两种不同类型的膜反应器（见图 5.19），并考察了它们催化 H_2、O_2 直接合成 H_2O_2 的反应，表 5.4 列出了不同膜催化反应器催化合成 H_2O_2 的结果。其中 CMR1～9 是通过传统浸渍法制备的，CMR10～15 是通过溅射技术制备的，CMR10 为空白膜反应器，其中不含有活性相。由表 5.4 可以看出，CMR11 催化活性最好，其中 H_2O_2 生成速率最大为 $13.7mol \cdot h^{-1} \cdot m^{-2}$，$H_2O_2$ 生产能力为 50.374mol H_2O_2/(mmol Pd·h)，最大 H_2O_2 生成量为 70ppm。与浸渍法制备的膜反应器相比，溅射法得到的膜反应器中金属分散度相对较高，因而能更好地活化 H_2，促进 H_2O_2 的生成。

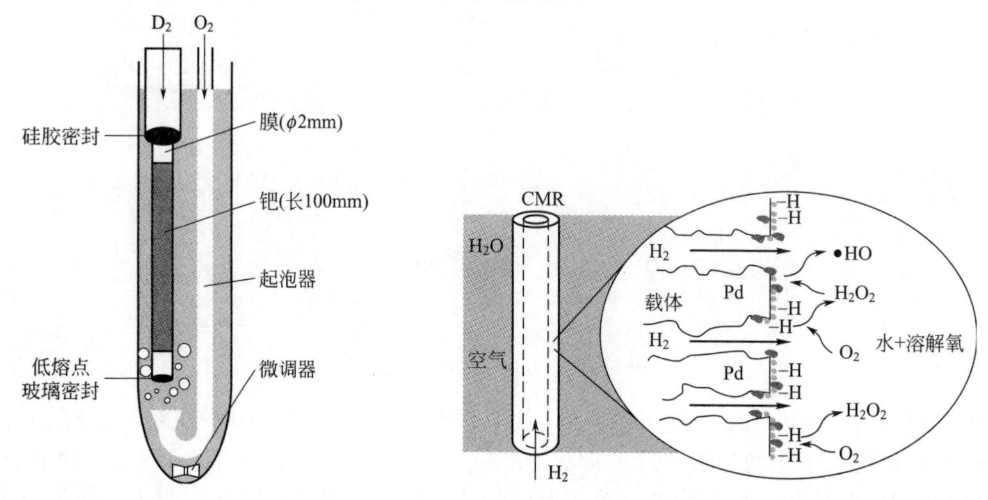

图 5.18　Pd 膜反应器中直接合成 H_2O_2　　图 5.19　膜反应器催化 H_2、O_2 直接合成 H_2O_2 反应

表 5.4　不同膜催化反应器催化合成 H_2O_2 的结果

催化膜反应器(CMR)	初始过滤孔径/nm	活性相	H_2O_2 生成速率①/$mol \cdot h^{-1} \cdot m^{-2}$	效率/%	最大 H_2O_2 生成量/ppm①	生产力/[mol H_2O_2/(mmol Pd·h)]
CMR1	4	1.1% Pd	6.7	34	47	0.072
CMR2	20	0.8% Pd	3.2	15	27	0.034
CMR3	100	0.9% Pd	2.8	14	26	0.027
CMR4	500	0.8% Pd	2.8	14	19	0.030
CMR5	1400	1.0% Pd	2.4	12	14	0.085
CMR6	200	1.2% Pd-1.3%Ce-1.5%Fe_2O_3	9.7	34	57	
CMR7	200	1.2% Pd-$CuAl_2O_4$	2.4	8	16	0.020
CMR8	800	1.1% Pd-2.7% Fe_2O_3	1.4	8	11	0.018
CMR9	500	1.4% Pd-1.5% TiO_2	5.6	19	13	0.059
CMR10	4	无活性相	0	0	0	0
CMR11	20	0.003%Pd	13.7	64	70	50.37
CMR12	100	3% CeO_2-0.005%Pd	1.9	8	16	4.657
CMR13	100	2% Fe_2O_3-0.005%Pd	0.6	2	3	1.471
CMR14	100	$CuAl_2O_4$-0.005%Pd	3	13	14	7.354
CMR15	200	1.3%CeO_2-1.5% Fe_2O_3-0.005%Pd	2.2	9.4	19	5.393

① 1ppm＝1μL/L。

Selinsek 等[27]考察了新型强化悬浮流膜微反应系统中 H_2、O_2 直接合成 H_2O_2 的反应（见图 5.20），在该反应系统中，通过引入膜分开气体反应原料，可极大地提高系统的安全性；在反应器长度上恒定的物料供给以及微通道内传质强度的增强使得 H_2O_2 生成能力大幅提高；通过控制液相中原料分布可极大的提高 H_2O_2 的选择性。

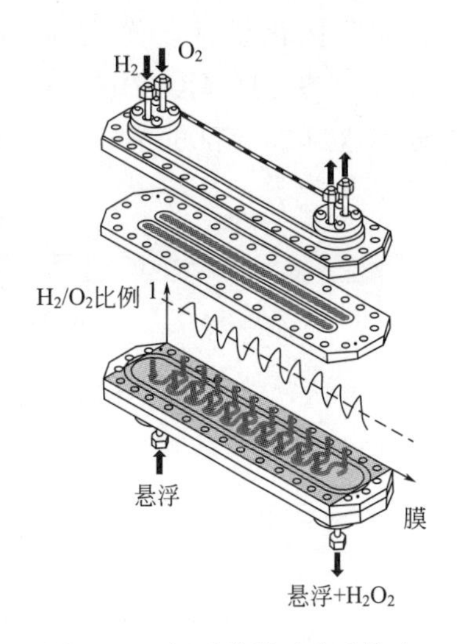

图 5.20 新型膜微反应系统中 H_2、O_2 直接合成 H_2O_2

5.2.4 H_2-O_2-丙烯直接合成环氧丙烷

Oyama 等[28]在填料床膜反应器中实现了 Au/TS-1 催化丙烯、H_2、O_2 气相直接环氧化合成环氧丙烷（PO）的反应，反应器原理见图 5.21，其中膜示意图和扫描电镜图见图 5.22。该膜反应器允许使用爆炸极限内的高浓度的 H_2 和 O_2（各 40%），与传统填料床反应器相比，PO 生成速率提高了 100%～200%。180℃时，丙烯转化率为 10%，PO 选择性为 80%，对应的时空收率为 150gPO/(kg_{cat} · h)。在 212℃时，时空收率则提高到了 200gPO/(kg_{cat} · h)。

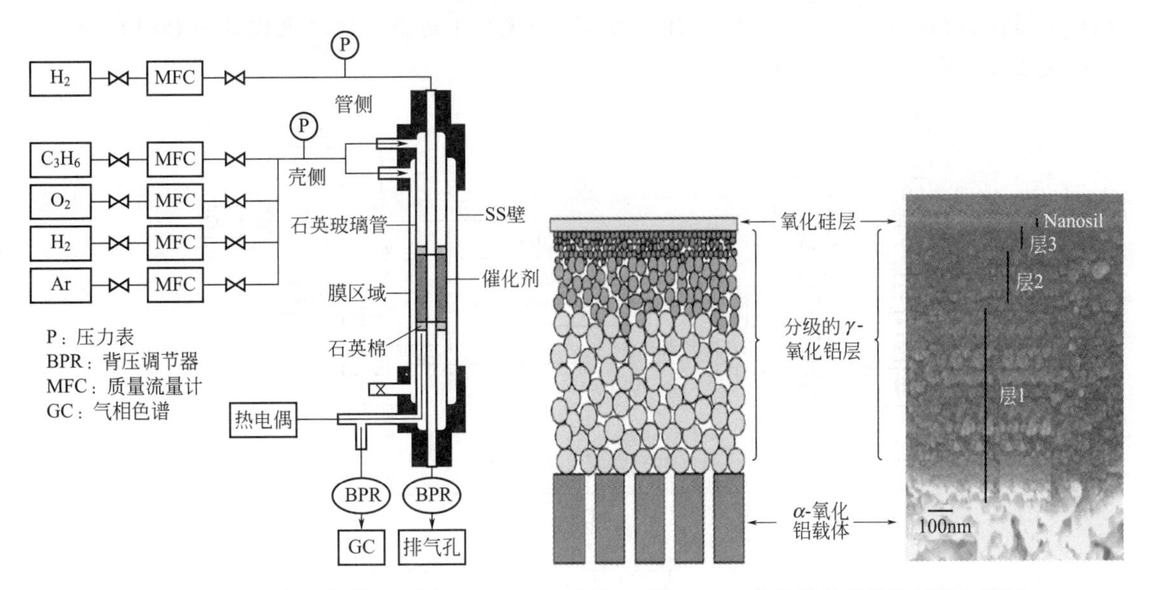

图 5.21 催化膜反应器原理图

图 5.22 分级膜示意图和扫描电镜图

Kertalli 等[29]在新型膜反应器中实现了丙烯液相环氧化生成 PO 的反应，该反应器耦合了两个连续的催化反应单元，包括 Pd/SiO_2 催化膜层上 H_2、O_2 直接合成 H_2O_2 以及 TS-1 催化层上丙烯和 H_2O_2 环氧化生成 PO，即丙烯、H_2、O_2 一步环氧化合成环氧丙烷。管式膜反应器和催化剂层的纵断面图见图 5.23。O_2 和 H_2 在膜反应器壳层以气态形式进料，然后溶解、扩散进入 Pd/SiO_2 催化膜层孔隙内填充的液体中，两者反应生成 H_2O_2。生成的 H_2O_2 一部分在 Pd 催化下与 H_2 作用生成 H_2O，一部分扩散进入 TS-1 催化剂层，与溶剂中的丙烯迅速反应生成 PO。通过确定一些关键参数如膜孔径、膜厚度以及反应物浓度等实现反应器优化设计，优化的 Pd/SiO_2 膜层孔径为 0.2～0.4μm，Pd/SiO_2 膜层厚度为 250μm，TS-1 层厚度为 100μm。通过优化设计，可以实现 H_2O_2 合成过程中转化率和选择性分别达到 50%和 60%，环氧化过程中环氧丙烷选择性高于 50%。

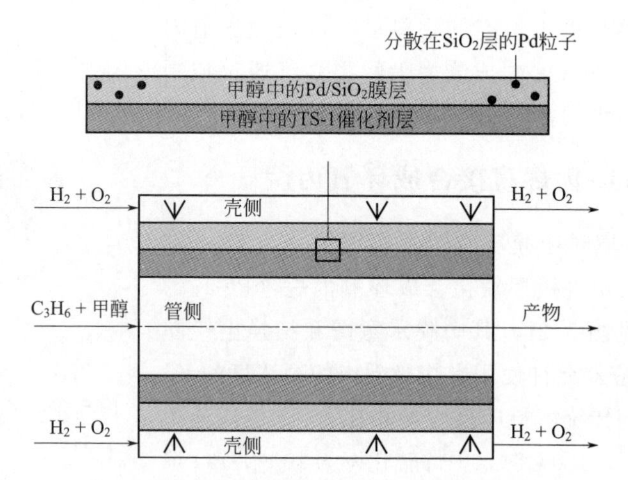

图 5.23　管式膜反应器和催化剂层的纵断面图

他们[30]又在填料床膜反应器中实现了丙烯、H_2、O_2 液相环氧化生成环氧丙烷的反应，该反应可在温和反应条件（低温、低压和低 H_2 浓度）下进行，所用催化剂为 Pd-Pt/TS-1，实验装置和反应器结构示意见图 5.24。

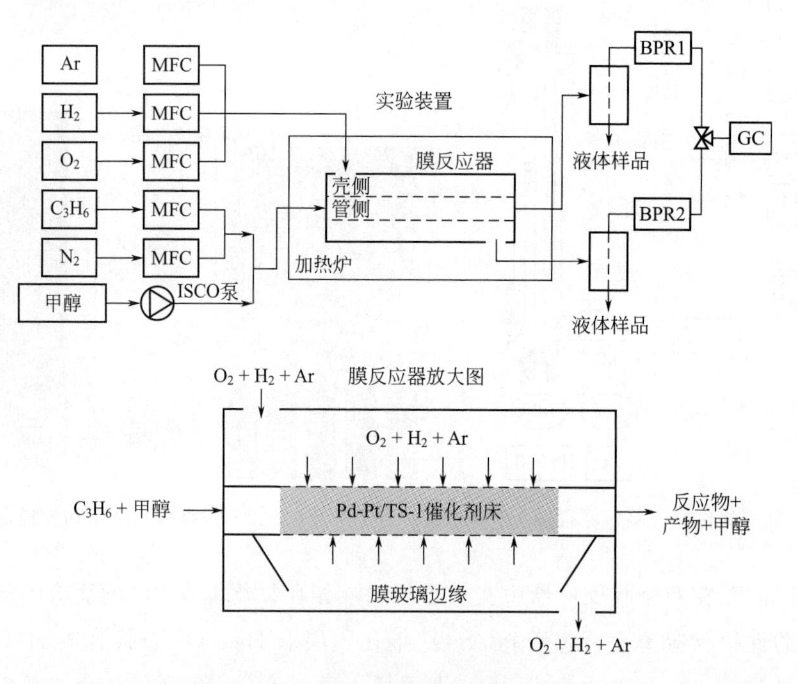

图 5.24　实验装置和反应器结构示意图

由图可见，H_2 和 O_2 通过膜侧进入，丙烯和甲醇则在膜反应器内的 Pd-Pt/TS-1 催化剂床层流动。表 5.5 列出了传统填料床反应器（PBR）和填料床膜反应器（PBMR）中一步合成 PO 的反应结果，可见，在 PBMR 中，PO 的选择性有所提高。说明 PBMR 中 H_2 浓度分布的改变影响了丙烯的加氢反应，从而降低了丙烷的生成。此外，NaBr 的存在可以显著增强催化剂活性，原因在于其可以降低 PO 的开环反应。

表 5.5　两种反应器中 PO 合成反应结果对比

反应器	$H_{2\text{-}Eff}$ /%	PO_{Sel} /%	PO_{Prod} /[mmol/(g_{cat}·h)]	C_3H_{8Prod} /[mmol/(g_{cat}·h)]	H_2O_{Prod} /[mmol/(g_{cat}·h)]
PBR	6.7	45.4	0.4	0.4	5
PBMR	1.7	52.5	0.13	0.08	6.5

5.3　混合导体透氧膜组合反应

无机膜可以分为两大类，即多孔无机膜（如分子筛膜、氧化硅膜和不锈钢微滤膜等）和致密无机膜（如混合导体透氧膜和 Pd 复合膜等）。致密膜是通过分子吸附解离-离子（或原子）扩散-脱附再生成分子的方式实现渗透过程，即致密膜具有 100%的渗透选择性。例如：混合导体透氧膜的氧分离是一个电化学过程，除氧以外其他任何气体均不能通过。致密无机膜还具有很高的渗透性，甚至与多孔无机膜相当。混合导体透氧膜是一类重要的致密无机膜，它已不单单被用来分离空气制氧，更有价值和潜力的应用在于其作为膜反应器用于低碳烃类的选择氧化和制氢反应，如烃类氧化制合成气或氢、甲烷氧化偶联制乙烷/乙烯、乙烷氧化脱氢制乙烯和氨氧化制硝酸等。这些反应中透氧膜不仅仅提供反应原料之一的氧气，有的还对反应有催化作用。

致密透氧陶瓷膜的氧渗透过程为：①在高氧压端氧从气相扩散到透氧膜表面；②气相氧吸附在透氧膜表面形成吸附氧；③吸附氧在膜表面解离，产生化学吸附氧系列；④化学吸附氧并入透氧膜表面层氧空位形成晶格氧（O^{2-}）；⑤O^{2-}在体相扩散，而电子（或电子空穴）也定向输运以维持电中性；⑥O^{2-}迁移到透氧膜的低氧分压端表面；⑦在低氧分压端，晶格氧物种与膜表面的电子空穴重新结合成化学吸附氧系列；⑧氧在膜表面上脱附；⑨氧在低氧分压端从透氧膜表面扩散到气相中。步骤①和⑨是氧的气相扩散过程，与膜的性质无关，活化能低；步骤⑤和⑥涉及 O^{2-} 与电子空穴的转移，通常只能在高温下进行。这两步过慢会导致体相扩散成为透氧的速控步骤。步骤②～④、⑦和⑧会引起表面交换动力学过程成为透氧的速控步骤，在许多情况下可能是几个步骤联合控制氧的渗透过程。

5.3.1　控制反应物输入型膜反应器与安全性

将催化反应与膜分离一体化而构成的膜反应器，利用膜的特殊功能，如分离、分隔、催化和微孔等，实现产物的原位分离、反应物的控制输入、不同反应之间的耦合、相间传递的强化和反应分离过程集成等，从而达到提高反应转化率、反应选择性和反应速率，延长催化剂使用寿命和降低设备投资等目的。

该类膜反应器主要用于受动力学控制的化学反应，该类反应的吉布斯自由能负值很大，不存在热力学平衡限制，但这类反应的选择性很差，反应产物很复杂。例如烃类的选择氧化反应，当将控制反应物输入型膜反应器应用到这类反应中，可达到提高目标产物选择性的目的。对于选择性氧化反应，还可以避免氧气与可燃反应物直接大量混合而导致的爆炸风险。当膜对反应的催化活性较低时，可以在保留侧装填催化剂，这时膜只起到控制反应物输入的作用；当膜对反应有高催化活性时，无须在保留侧装填催化剂，这时膜不仅起到控制反应物输入的作用，而且作为催化剂参与到反应中。

5.3.2 甲烷部分氧化反应的安全性分析

将天然气转化为合成气一般有两种方法：水蒸气重整和部分氧化。

水蒸气重整技术很成熟而且已经工业化，但它是一个强吸热（$CH_4+H_2O \longrightarrow CO+3H_2$，$\Delta H^{\ominus}_{298K}=206.16kJ/mol$）、低空速反应，一般要求在高温（850～1000℃）和加压（1.5～3.0MPa）条件下进行，操作过程中能耗非常高，而且设备投资也很大，同时生成的 H_2/CO 物质的量比高达 3，不利于进一步合成甲醇或进行费托合成反应。

部分氧化过程是一个弱放热（$CH_4+0.5O_2 \longrightarrow CO+2H_2$，$\Delta H^{\ominus}_{298K}=-35.67kJ/mol$）、高空速反应，不需要外部加热，且反应速率比水蒸气重整反应快 1～2 个数量级，生成的 H_2/CO 物质的量比为 2∶1，适合于合成甲醇或费托合成，有效地避免了水蒸气重整过程的不足。但是在反应条件下可能引起的以下三个问题严重地制约了该过程的工业化进程：

① 反应体系飞温；

② 氧气和甲烷共进料可能引起爆炸；

③ 由于下游合成中不能有氮气存在，而使用纯氧为原料导致成本增加。

混合导体透氧膜反应器用于天然气部分氧化反应时属于控制反应物输入型膜反应器，即控制作为反应物之一的氧的输入。该过程与固定床相比具有以下优点：

① 反应分离一体化，大大缩小了反应器尺寸；

② 可以直接以廉价空气为氧源，且消除了其他组分（如氮气）对反应与产品的影响，从而显著降低了操作成本，简化了操作过程；

③ 反应由氧的扩散过程控制，从而克服了固定床反应器存在的爆炸极限的缺陷；

④ 显著缓解了固定床反应器进行天然气部分氧化反应所产生的飞温问题；

⑤ 反应过程中不存在氮气，避免了在高温环境下形成 NO_x 污染物。

5.3.3 甲烷部分氧化制合成气

董辉等[31]开发出一种具有高透氧量、高稳定性的透氧材料 $Ba_{0.5}Sr_{0.5}Co_{0.8}Fe_{0.2}O_{3-\delta}$，并成功将其应用到甲烷部分氧化反应中。以空气为氧源，利用透氧膜透过的氧与甲烷反应制合成气，使氧的膜分离与甲烷部分氧化反应一体化于一个膜反应器内完成。当反应温度在 850℃时，甲烷转化率在 88%以上，CO 选择性在 97%以上，透氧量高达 $7.8mL/(cm^2 \cdot min)$。当膜反应器渗透侧通甲烷后，膜的透氧量急剧增加，这是因为膜渗透侧表面的氧能迅速地与甲烷反应，使此侧的氧分压急剧降低，从而显著增加膜两侧的氧浓度差，提高渗透的化学势使透氧量增加。

Wang 等[32]通过实验研究证实了透氧膜反应器中甲烷部分氧化是燃烧重整机理，透氧量的大小取决于膜两侧的氧浓度梯度。如图 5.25 所示，当甲烷浓度大于 50%时，增加的甲烷只与甲烷燃烧生成的 CO_2 和 H_2O 发生重整反应生成合成气，而不是直接与 O_2 作用。因此，随着甲烷浓度的增加（从 50%～100%），膜表面的氧浓度并没有变化，透氧膜的透氧量也保持不变。在反应条件下，O_2 渗透量为 $9.1mL/(cm^2 \cdot min)$，膜的面积为 $2.0cm^2$，所以 O_2 的总量为 18.2mL/min。为了消耗掉所有渗透的 O_2，按照甲烷与氧气完全燃烧的化学计量比（$CH_4+2O_2 \longrightarrow CO_2+2H_2O$），甲烷的量至少应该为 9.1mL/min。否则，有一部分渗透的 O_2 将不能被甲烷消耗掉，导致膜管侧表面氧浓度增加，膜的透氧量降低。当甲烷浓度为 20%时，甲烷的量为 8.07mL/min，此时甲烷不能完全将渗透过来的 O_2 消耗掉，因而 O_2 渗透量仅为 5.6mL/(cm^2 · min)，远远低于甲烷浓度为 50%时的 O_2 渗透量 9.1mL/(cm^2 · min)。

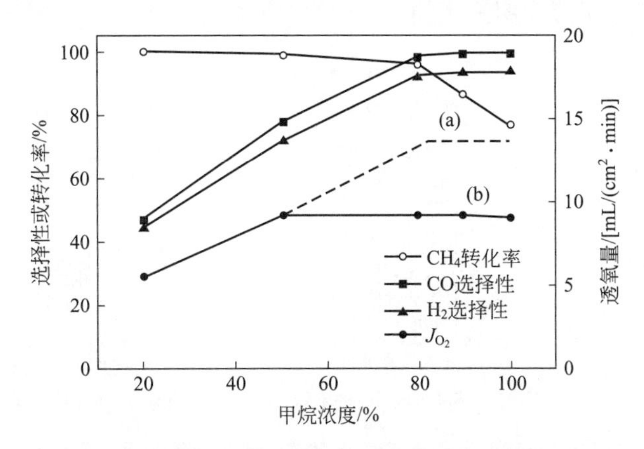

图 5.25　875℃时甲烷浓度对反应性能和透氧量的影响

通过甲烷部分氧化反应后催化剂的分布也可以证实该反应是燃烧重整机理。如图 5.26 所示，催化剂有 3 层，蓝层、灰层和黑层。靠近膜内表面的蓝层为 $NiAl_2O_4$，它对甲烷深度氧化生成 CO_2 和 H_2O（$CH_4+2O_2 \longrightarrow CO_2+2H_2O$）具有中等活性；第二层灰层为 $NiO+Al_2O_3$，该区域也主要进行甲烷的深度氧化反应；第三层黑层为 Ni^0/Al_2O_3，主要催化甲烷和 CO_2、H_2O 重整制备合成气的反应（$CH_4+CO_2 \longrightarrow 2CO+2H_2$，$CH_4+H_2O \longrightarrow CO+3H_2$）。不同 Ni 物种催化不同的反应，因此不同的反应发生在不同的区域。因此，与膜管壁直接接触的是 CO_2 和 H_2O，而不是 H_2 和 CO。与 CO 和 H_2 相比，CO_2 和 H_2O 的还原性弱得多，这可能是透氧膜反应器在甲烷部分氧化制合成气反应中能够长时间稳定操作的重要原因。

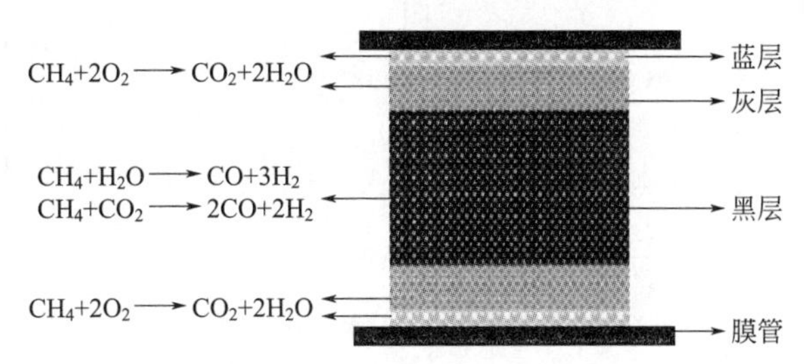

图 5.26　膜反应器中不同的反应区域以及不同的反应

Chen 等[33]设计制备了一个两段式混合导体膜反应器（见图 5.27），上段由陶瓷复合材料 $Ba_{0.5}Sr_{0.5}Co_{0.8}Fe_{0.2}O_{3-\delta}$（97.5%摩尔分数）掺杂 Co_3O_4（2.5%摩尔分数）组成，其中 $Ba_{0.5}Sr_{0.5}Co_{0.8}Fe_{0.2}O_{3-\delta}$（97.5%摩尔分数）相主要用来从空气中分离氧气，而 Co_3O_4（2.5%摩尔分数）相主要用于催化甲烷与渗透过来的氧气反应，下段为装填甲烷部分氧化催化剂的氧化铝管。在该反应器上段，甲烷与由膜管渗透过来的氧气发生完全燃烧反应，生成 CO_2 和 H_2O；而后剩余的甲烷在下段与 CO_2 和 H_2O 发生重整反应生成合成气，经过约 1h 的活化阶段后，甲烷转化率和 CO 选择性都可以达到 95%以上。其中合成气的生成路径如下：①在膜反应器一侧，膜与空气接触，其中的氧气以 O 离子的形式进入膜主体；②在膜的另一侧，甲烷分子吸附到膜上，在 Co_3O_4 催化下与渗透过来的氧发生完全燃烧反应，生成 CO_2 和 H_2O；③剩余的甲烷、CO_2 和 H_2O 在 Ni/γ-Al_2O_3 催化下进行重整反应生成合成气。在该膜反应器中，膜处在一个氧分压梯度较小、还原性较弱的环境中，提高了含钴混合导体膜在操作条件下的稳定性。但是在这种两段操作条件下，上段的强放热和下段的强吸热反应将导致反应器床层温度明显不均。

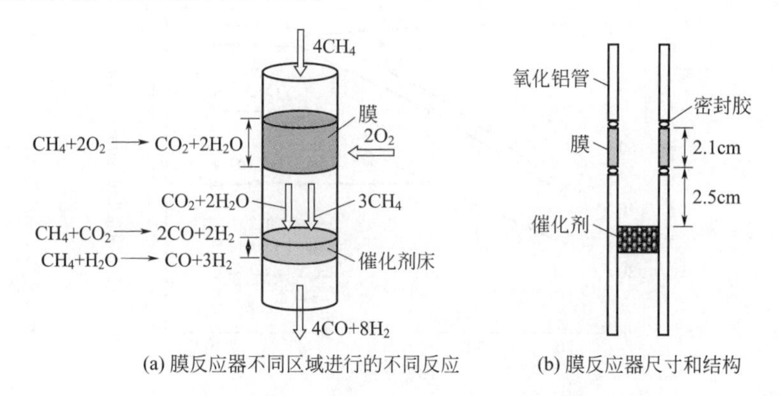

图 5.27　用于生成合成气的两段式混合导体膜反应器结构

Ikeguchi 等[34]对 $Sm_{0.4}Ba_{0.6}Fe_{0.8}Co_{0.2}O_{3-\delta}$ 膜反应器中甲烷部分氧化制备合成气的过程进行了研究，根据相应的反应路径（见图 5.28），认为该膜反应器中甲烷部分氧化遵循燃烧重整机理，并提出了“循环机制”，即 CH_4 在膜反应器表面氧化生成的 H_2O 和 CO_2 在催化床内与残余 CH_4 重整为 H_2 及 CO；随后活性较高的 H_2 及 CO 返回膜表面参与反应，并维持这种重整-返回-氧化-重整的循环，从而提高膜反应器的透氧量。

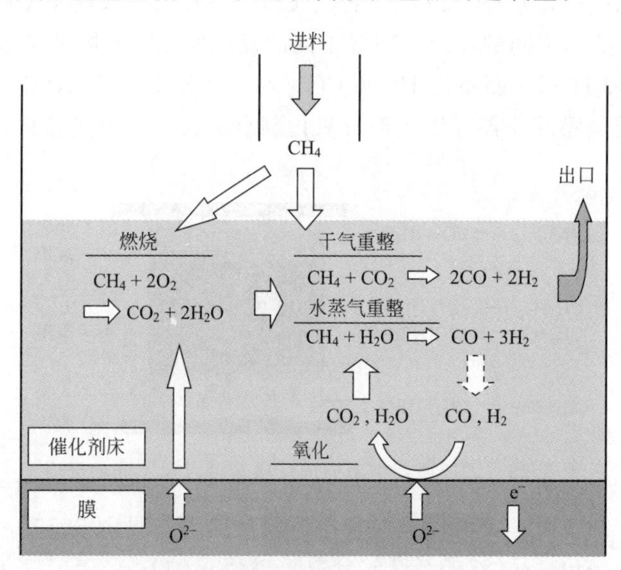

图 5.28　膜反应器中甲烷部分氧化路径

沈培俊等[35]研究了 $BaCo_{0.7}Fe_{0.2}Nb_{0.1}O_{3-\delta}$（BCFN）透氧膜反应器还原侧表面反应机理，分析了表面催化微粒及催化床对膜反应器的作用，并提出了“催化解离机制”（见图 5.29）。这种机理认为：CH_4 分子首先吸附于透氧膜表面的催化微粒表面，并在催化微粒“悬键”的参与下解离为高活性的 CH^* 及 H^* 物种；然后，CH^* 及 H^* 物种向膜-催化剂-气相“三相界面”迁移，并在具有高反应活性的“三相界面”与氧发生氧化反应，快速消耗透氧膜表面的氧物种，从而提高 BCFN 膜反应器的透氧量。CH_4、H_2 及 CO 在 BCFN 膜表面的反应活性依次为 H_2>CO>CH_4，因此，当 CH_4 气氛中加入 H_2 或 CO 时，3 种组分在膜表面构成竞争氧化，CH_4 在膜表面的氧化反应遭到抑制，参与 BCFN 膜表面反应的主要组分为 H_2 或 CO。BCFN 膜反应器焦炉煤气催化重整的反应路径应为：H_2 及 CO 首先于膜表面在催化剂作用下直接氧化为 H_2O 及 CO_2，随后生成的 H_2O 及 CO_2 在催化床层分别与 CH_4 发生水蒸气重整转变为 H_2 及 CO。透氧膜反应器催化床层的主要作用是进行甲烷的催化重整，其并非为提高透氧膜反应器透氧量的关键，但却是提高膜反应器 CH_4 转化率及 H_2 和 CO 选择性的关键因素，还原侧表面催化微粒的存在则是提高透氧膜反应器透氧量的关键因素。CH_4、H_2 及 CO 在 BCFN 膜表面氧化反应为“晶格氧”氧化反应模式主导，而非“气相氧”氧化反应模式主导。

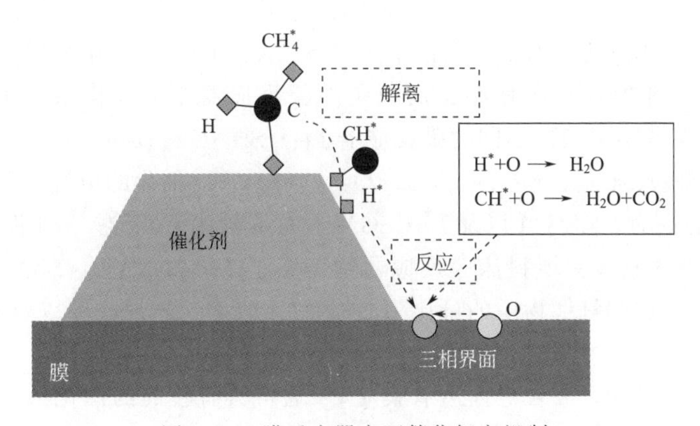

图 5.29　膜反应器表面催化解离机制

5.3.4　甲烷氧化偶联制乙烷和乙烯

对于甲烷转化，除了先将甲烷转化为稳定的中间物（如 CO+H_2），然后将其转化为高碳烃或化工原料的间接转化法外，还可以直接将甲烷氧化偶联制乙烷/乙烯，选择氧化制甲醇或甲醛，以及无氧芳构化制芳烃等。但是对于甲烷的直接氧化转化，其生成的产物均比甲烷活性高，很容易发生深度氧化反应，通常目的产物的选择性都比较低；对于非氧化转化，由于甲烷很稳定，通常转化率很低。因此，目前还没有具有经济意义的直接甲烷转化过程，但是如果目的产物的产率可以得到大幅度提高，那么直接转化过程就变得非常有前景。

甲烷氧化偶联制乙烯和乙烷是一条甲烷转化的新途径，通过此途径一步就可以得到重要的化工原料乙烯和乙烷，因此该过程具有潜在的巨大经济效益。在以前的研究中，大部分工作都是在常规的固定床反应器中采用共进料方式进行的，即甲烷和氧气同时进到入反应器中。由于生成的 C_2 产物具有比甲烷更高的反应活性，在固定床反应器中要想得到较高的 C_2 选择性是非常困难的。

从 20 世纪 90 年代中期，人们对甲烷偶联的研究开始从研发新催化剂转向发展更加适合于甲烷偶联反应机理及动力学的新型反应器。由于在透氧膜表面存在着丰富的氧物种（O^-，O^{2-}，O_2^{2-}）以及透氧膜的特殊供氧方式能够避免大量气相氧的存在[36,37]，所以混合导体透氧膜反应器可能提高甲烷偶联反应的 C_2 选择性及产率。由此可以看出，此时透氧膜反应器是控制反应物输入型膜反应器，即控制作为反应物之一的氧的输入，同时还具有催化功能。

Zeng 等[38,39]发现具有萤石结构的稀土元素掺杂的氧化铋不仅具有高的透氧量而且还表现出优异的甲烷氧化偶联催化性能，他们在具有萤石结构的氧化铋薄膜反应器中进行甲烷氧化偶联反应，C_2 产率可达 17%，选择性为 80%。Lu 等[40]在具有电子和离子导电特性的钙钛矿（$BaCe_{0.8}Gd_{0.2}O_3$）型膜反应器中考察了甲烷氧化偶联反应，膜的透氧量与原料侧的温度和氧分压有关。实验结果表明，该膜反应器能很好地催化甲烷氧化偶联反应，C_2 收率和选择性最大为 16%和 62%。Olivier 等[41]比较研究了三种催化剂 Pt/MgO、Sr/La_2O_3 以及 LaSr/CaO 修饰的 $Ba_{0.5}Sr_{0.5}Co_{0.8}Fe_{0.2}O_{3-\delta}$（BSCFO）片状膜反应器中的甲烷氧化偶联反应，发现涂敷 LaSr/CaO 的膜反应器上 C_2 产率最高，在 950℃时甲烷转化率可达 34%，C_2 产率高达 18%。Tan 等[42]研究了 $La_{0.6}Sr_{0.4}Co_{0.2}Fe_{0.8}O_3$ 中空纤维膜反应器中的甲烷氧化偶联反应，发现 $La_{0.6}Sr_{0.4}Co_{0.2}Fe_{0.8}O_3$ 粉末对 C_2 几乎没有选择性，然而其中空纤维膜却表现出 71.9%的 C_2 选择性。当膜反应器中装填 $SrTi_{0.9}Li_{0.1}O_3$ 催化剂后甲烷转化率大幅提高，但却降低了 C_2 选择性，在有催化剂填装的膜反应器中，优化条件下的 C_2 产率可达 21%。Farrell 等[43]考察了三种不同的膜反应器 $La_{0.8}Sr_{0.2}Ga_{0.8}Mg_{0.2}O_{3-\delta}$（LSGM）、$La_{0.8}Sr_{0.2}MnO_{3-\delta}$（LSM）、$La_{0.8}Sr_{0.2}Fe_{0.8}Co_{0.2}O_{3-\delta}$（LSCF）催化的甲烷氧化偶联反应，发现在 CH_4/O_2 比例较高时，LSGM 以及 Li-LSGM 膜反应器中 C_2 产物选择性可以达到 90%以上。Godini 等[44]在多孔陶瓷填料床膜反应器中考察了 $Mn\text{-}Na_2WO_4/SiO_2$ 催化的甲烷氧化偶联反应性能，当甲烷和氧气物质的量比为 2 时，C_2 收率、乙烯收率以及 C_2 选择性分别为 25.5%、20.3%和 66%。

从以上研究结果可知，混合导体透氧膜对 C_2 通常具有较高的催化选择性，有的甚至高达 100%，但由于膜的低表面积导致的低催化活性使得 C_2 产率不高。因此，开发具有高催化活性和 C_2 选择性的透氧膜材料是该领域的一个重要研究方向。当膜反应器中加入甲烷氧化偶联反应的催化剂时，膜主要作为氧分布器，虽然甲烷转化率得到大幅度提高，但选择性却明显下降，使得 C_2 产率仍然较低。当将片状膜反应器改为管状或中空纤维状膜反应器后，增大了膜反应器的面积和体积比，甲烷转化率得到提高的同时降低了 C_2 的选择性，但 C_2 产率仍得到一定的提高。

5.3.5 乙烷氧化脱氢制乙烯

在非均相催化反应中，烃类的选择氧化是最具有挑战性的课题之一，烃类选择氧化制相应的烯烃或氧化物是一个重要的化工过程。然而，在选择氧化反应中，一个最重要的问题就是选择氧化反应的目的产物比原料（如烃类）的活性更高，更容易被深度氧化成 CO_x，因此产物的选择性很低。混合导体透氧膜可以连续渗透氧气，在膜的低氧分压侧表面的晶格氧结合成氧分子之前，如果烷烃能够与膜表面的晶格氧发生反应，则该膜就可以连续提供用于烷烃氧化制烯烃所需的晶格氧，从而实现烷烃的高选择性氧化。此时的透氧膜反应器是控制反应物输入型膜反应器。

Wang 等[45]将离子电子混合导体透氧膜（OPMIECM）作为氧传递介质和催化剂用于乙烷脱氢氧化制乙烯过程，反应机理如图 5.30 所示。OPMIECM 材料为 $Ba_{0.5}Sr_{0.5}Co_{0.8}Fe_{0.2}O_{3-\delta}$，空气在膜一侧进料，而乙烷和 He 在膜的另一侧进料。当空气与透氧膜接触后，O_2(g) 吸附在膜表面形成吸附氧 O_2(ad)，然后得电子形成晶格氧 O^{2-}(s)，生成的晶格氧迅速与乙烷反应生成目标产物乙烯。由于乙烷与膜表面晶格氧的反应速度快于晶格氧结合成氧分子的速度，因而在膜的反应侧没有检测到气相氧的存在，从而可以避免深度氧化产物的形成，提高乙烯的选择性。在该反应器中，800℃时乙烯的选择性可达80%，单程产率可达67%。然而在相同反应条件下，在固定床反应器中却只能得到53.7%的乙烯选择性。

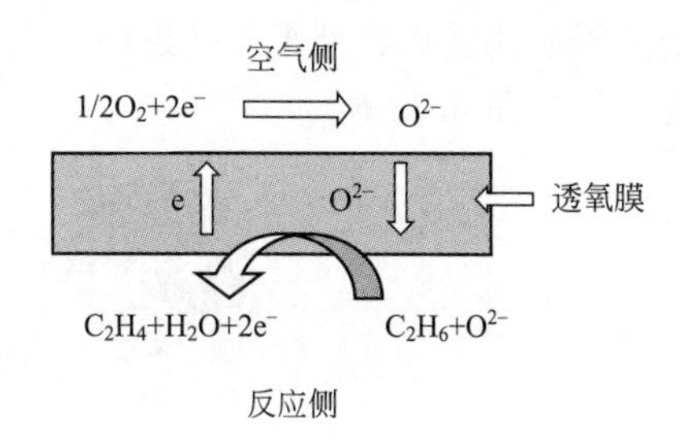

图 5.30　OPMIECM 反应器中乙烷脱氢制乙烯过程

Akin 等[46]在 $Bi_{1.5}Y_{0.3}Sm_{0.2}O_3$ 致密管式陶瓷膜反应器中进行乙烷氧化制乙烯反应时发现，800℃可以达到80%的乙烯选择性和56%的单程产率。而相同条件下，在固定床反应器中，乙烯选择性和单程产率仅为11%和11%，说明膜反应器的反应性能优于传统固定床反应器。

Wang 等[47]详细研究了650℃下 $Ba_{0.5}Sr_{0.5}Co_{0.8}Fe_{0.2}O_{3-\delta}$ 管状膜反应器中的乙烷氧化脱氢，在石英管中进行的空白实验表明乙烷转化率只有0.5%，并设计了以下三种反应器模式来进行乙烷选择氧化制乙烯的反应：透氧膜反应器模式、晶格氧氧化模式及共进料反应器模式（见图5.31）。

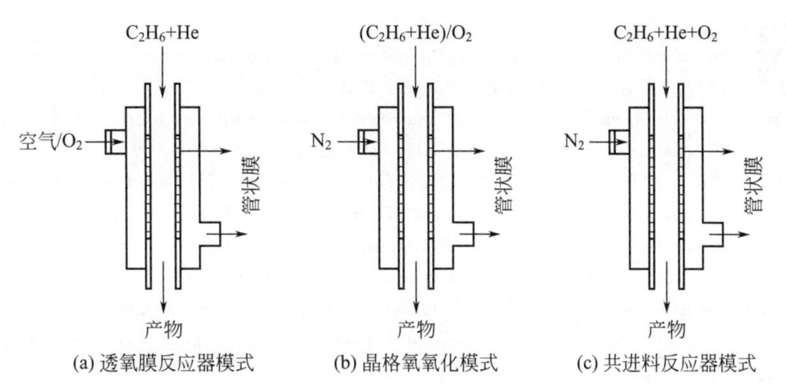

图 5.31　三种反应器模式下的乙烷选择氧化制乙烯反应

透氧膜反应器模式中，乙烯的选择性在90%以上，乙烷的转化率为18%；晶格氧氧化模式（通过乙烷和氧气交替进料方式实现，乙烷进料前，用He将体系中的气相氧和膜表面的吸附氧吹扫尽），透氧膜中的晶格氧（O^{2-}）通过反应 $O_2(g) \longleftrightarrow O_2(ad) \longleftrightarrow 2O^{2-}(s)$ 来形成。在这种操作模式下，乙烯的选择性为91%，与膜反应器操作模式下基本相同。相同的乙烯选择性说明了在这两种操作模式中存在相同的氧物种。在共进料模式下的乙烷氧化脱氢实验中，乙烯的选择性只有57.6%，而 CO_x 选择性明显增加，这说明气相氧有利于深度氧化。以上对比实验说明，在混合导体透氧膜反应器中得到高的乙烯选择性主要是因为混合导体透氧膜能够提供晶格氧，而分子氧的存在则会导致深度氧化。

5.4 封装孔道液膜催化剂思考

将气-固相反应转化为催化剂颗粒孔道尺度的液-固微反应相中进行，液相介质由液膜提供。甲醇气相氧化羰基化直接催化合成碳酸二甲酯路线具有工艺简单、相对安全和环境友好的特点，其工业化进程的最大瓶颈就是催化剂的失活。作者考虑通过超临界流体输送和膜封装方法，发展一种离子液体膜固载化方法，有效解决其流失问题。即利用超临界流体将大分子离子液体膜输送到载体孔道中并由小孔径多孔固体膜封装的离子液体膜固载方法。具体制备过程如图 5.32 所示。

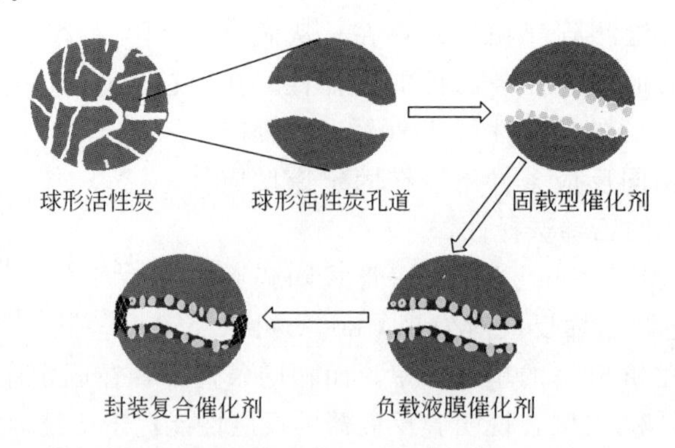

图 5.32　封装液膜催化剂制备过程示意图

参 考 文 献

[1]　Niwa S I，Eswaramoorthy M，Nair J，et al. A one-step conversion of benzene to phenol with a palladium membrane [J]. Science，2002，295：105-107.

[2]　Itoh N，Niwa S，Mizukami F，et al. Catalytic palladium membrane for reductive oxidation of benzene to phenol [J]. Catalysis Communication，2003，4：243-246.

[3]　Sato K，Hanaoka T，Niwa S，et al. Direct hydroxylation of aromatic compounds by a palladium membrane reactor [J]. Catalysis Today，2005，104：260-266.

[4]　Sato K，Hanaoka T，Hamakawa S，et al. Structural changes of a Pd-based membrane during direct hydroxylation of benzene to phenol [J]. Catalysis Today，2006，118：57-62.

[5]　Sato K，Hamakawa S，Natsui M，et al. Palladium-based bifunctional membrane reactor for one-step conversion of benzene to phenol and cyclohexanone [J]. Catalysis Today，2010，156：276-281.

[6]　Vulpescu G D，Ruitenbeek M，Lieshout L L，et al. One-step selective oxidation over a Pd-based catalytic membrane; evaluation of the oxidation of benzene to phenol as a model reaction [J]. Catalysis Communication，2004，5：347-351.

[7]　Shu S L，Huang Y，Hu X J，et al. On the membrane reactor concept for one-step hydroxylation of benzene to phenol with oxygen and hydrogen [J]. Journal of Physical Chemistry C，2009，113：19618-19622.

[8]　Ye S Y，Hamakawa S，Tanaka S，et al. A one-step conversion of benzene to phenol using MEMS-based Pd membrane microreactors [J]. Chemical Engineering Journal，2009，155：829-837.

[9]　Dittmeyer R，Bortolotto L. Modification of the catalytic properties of a Pd membrane catalyst for direct hydroxylation of benzene to phenol in a double-membrane reactor by sputtering of different catalyst systems [J]. Applied Catalysis A：General，2011，391：311-318.

[10]　Guo Y，Zhang X F，Zou H Y，et al. Pd-silicalite-1 composite membrane for direct hydroxylation of benzene [J]. Chemical Communication，2009，5898-5900.

[11]　Guo Y，Wang X B，Zhang X F，et al. Pd-silicalite-1 composite membrane reactor for direct hydroxylation of benzene to phenol [J]. Catalysis Today，2010，156：282-287.

[12]　Wang X B，Guo Y，Zhang X F，et al. Catalytic properties of benzene hydroxylation by TS-1 film reactor and Pd-TS-1 composite membrane reactor [J]. Catalysis Today，2010，156：288-294.

[13]　Wang X B，Tan X Y，Meng B，et al. TS-1 zeolite as an effective diffusion barrier for highly stable Pd membrane supported on macroporous α-Al_2O_3 tube [J]. RSC Advances，2013，3：4821-4834.

[14]　Wang X B，Meng B，Tan X Y，et al. Direct hydroxylation of benzene to phenol using palladium-titanium silicalite zeolite bifunctional membrane reactors [J]. Industrial & Engineering Chemistry Research，2014，53：5636-5645.

[15]　Wang X B，Zhang X F，Liu H O，et al. Investigation of Pd membrane reactors for one-step hydroxylation of benzene to phenol [J]. Catalysis Today，2012，193：151-157.

[16] Wang X B, Tan X Y, Meng B, et al. One-step hydroxylation of benzene to phenol via a Pd capillary membrane microreactor [J]. Catalysis Science & Technology, 2013, 3: 2380-2391.

[17] Sato K, Niwa S I, Hanaoka T, et al. Direct hydroxylation of methyl benzoate to methyl salicylate by using new Pd membrane reactor [J]. Catalysis Letters, 2004, 96 (1-2): 107-112.

[18] Choudhary V R, Gaikwad A G, Sansare S D. Nonhazardous direct oxidation of hydrogen to hydrogen peroxide using a novel membrane catalyst [J]. Angwandte Chemie International Edition, 2001, 40 (9): 1776-1779.

[19] Choudhary V R, Gaikwad A G, Sansare S D. Nonhazardous direct oxidation of hydrogen tohydrogen peroxide using a novel membrane catalyst [J]. Angewandte Chemie, 2001, 113 (9): 1826-1829.

[20] Abate S, Centi G, Melada S, et al. Preparation, performances and reaction mechanism for the synthesis of H_2O_2 from H_2 and O_2 based on palladium membranes [J]. Catalysis Today, 2005, 104: 323-328.

[21] Abate S, Centi G, Perathoner S, et al. Enhanced stability of catalytic membranes based on a porous thin Pd film on a ceramic support by forming a Pd-Ag interlayer [J]. Catalysis Today, 2006, 118: 189-197.

[22] Pashkova A, Svajda K, Dittmeyer R, et al. Direct synthesis of hydrogen peroxide in a catalytic membrane contactor [J]. Chemical Engineering Journal, 2008, 139: 165-171.

[23] Pashkova A, Dittmeyer R, Kaltenborn N, et al. Experimental study of porous tubular catalytic membranes for direct synthesis of hydrogen peroxide [J]. Chemical Engineering Journal, 2010, 165: 924-933.

[24] Dittmeyer R, Grunwaldt J D, Pashkova A. A review of catalyst performance and novel reaction engineering concepts in direct synthesis of hydrogen peroxide [J]. Catalysis Today, 2015, 248: 149-159.

[25] Inoue T, Tanaka Y, Tanaka D A P, et al. Direct synthesis of hydrogen peroxide from oxygen and hydrogen applying membrane [J]. Chemical Engineering Science, 2010, 65: 436-440.

[26] Osegueda O, Dafinov A, Llorca J, et al. Heterogeneous catalytic oxidation of phenol by in situ generated hydrogen peroxide applying novel catalytic membrane reactors [J]. Chemical Engineering Science, 2015, 262: 344-355.

[27] Selinsek M, Bohrer M, Vankayala B K, et al. Towards a new membrane micro reactor system for direct synthesis of hydrogen peroxide [J]. Catalysis Today, 2016, 268: 85-94.

[28] Oyama S T, Zhang X M, Lu J Q, et al. Epoxidation of propylene with H_2 and O_2 in the explosive regime in a packed-bed catalytic membrane reactor [J]. Journal of Catalysis, 2008, 257: 1-4.

[29] Kertalli E, Neira d'Angelo M F, Schouten J C, et al. Design and optimization of a catalytic membrane reactor for the direct synthesis of propylene oxide [J]. Chemical Engineering Science, 2015, 138: 465-472.

[30] Kertalli E, Kosinov N, Schouten J C, et al. Direct synthesis of propylene oxide in a packed bed membrane reactor [J]. Chemical Engineering Journal, 2017, 307: 9-14.

[31] 董辉, 熊国兴, 邵宗平等. 在混合导体透氧膜反应器中进行甲烷部分氧化制合成气 [J]. 科学通报, 1999, 49 (19): 2050-2052.

[32] Wang H H, Cong Y, Yang W S, et al. Investigation on the partial oxidation of methane to syngas in a tubular $Ba_{0.5}Sr_{0.5}Co_{0.8}Fe_{0.2}O_{3-\delta}$ membrane reactor [J]. Catalysis Today, 2003, 82: 157-166.

[33] Chen C S, Feng S J, Ran S, et al. Conversion of methane to syngas by a membrane-based oxidation-reforming process [J]. Angwandte Chemie International Edition, 2003, 42: 5196-5198.

[34] Ikeguchi M, Mimura T, Sekine Y, et al. Reaction and oxygen permeation studies in$Sm_{0.4}Ba_{0.6}Fe_{0.8}Co_{0.2}O_{3-\delta}$ membrane reactor for partial oxidation of methane to syngas [J]. Applied Catalysis A: General, 2005, 290: 212-220.

[35] 沈培俊, 丁伟中, 张玉文等. $BaCo_{0.7}Fe_{0.2}Nb_{0.1}O_{3-\delta}$膜反应器还原侧表面反应机理 [J]. 高等学校化学学报, 2009, 30 (1): 152-158.

[36] 朱雪峰, 杨维慎. 混合导体透氧膜反应器 [J]. 催化学报, 2009, 30 (8): 801-816.

[37] 徐建昌, 庞先桑, 黄仲涛. 在 Li/Sm_2O_3 上进行甲烷氧化偶联制 C_2 烃的研究Ⅱ. 膜催化反应器性能的考察 [J]. 天然气化工, 1992, 17 (3): 19-24.

[38] Zeng Y, Lin Y S. Oxidative coupling of methane on improved bismuth oxide membrane reactors [J]. AIChE Journal, 2001, 47 (2): 436-444.

[39] Zeng Y, Lin Y S. Oxygen permeation and oxidative coupling of methane in Yttria doped bismuth oxide membrane reactor [J]. Journal of Catalysis, 2000, 193: 58-64.
[40] Lu Y P, Dixon A G, Moser W R, et al. Oxygen-permeable dense membrane reactor for the oxidative coupling of methane [J]. Journal of Membrane Science, 2000, 170: 27-34.
[41] Olivier L, Haag S, Mirodatos C, et al. Oxidative coupling of methane using catalyst modified dense perovskite membrane reactors [J]. Catalysis Today, 2009, 142: 34-41.
[42] Tan X Y, Pang Z B, Gu Z, et al. Catalytic perovskite hollow fibre membrane reactors for methane oxidative coupling [J]. Journal of Membrane Science, 2007, 302: 109-114.
[43] Farrell B L, Linic S. Oxidative coupling of methane over mixed oxide catalysts designed for solid oxide membrane reactors [J]. Catalysis Science & Technology, 2016, 6: 4370-4376.
[44] Godini H R, Gili A, Görke O, et al. Performance analysis of a porous packed bed membrane reactor for oxidative coupling of methane: structural and operational characteristics [J]. Energy Fuels, 2014, 28: 877-890.
[45] Wang H H, Cong Y, Yang W S. Continous oxygen ion transfer medium as a catalyst for high selective oxidative dehydrogenation of ethane [J]. Catalysis Lettters, 2002, 84 (1-2): 101-106.
[46] Akin F T, Lin Y S. Selective oxidation of ethane to ethylene in a dense tubular membrane reactor [J]. Journal of Membrane Science, 2002, 209: 457-467.
[47] Wang H H, Cong Y, Yang W S. High selectivity of oxidative dehydrogenation of ethane to ethylene in an oxygen permeable membrane reactor [J]. Chemical Communication, 2002, 1468-1469.

第 6 章　氢/氧载体组合反应安全过程

采用氢气或氧气作为原料直接参与反应的安全隐患很多。对于氢气，在储存、输送及使用等环节需要特殊的安全防护措施；对于氧气，易燃易爆等安全问题主要出现在使用过程中。

例如，目前丰田的商业化氢燃料电池汽车的解决方案是使用容量约为 120L、压力高达 700kg 的钢瓶进行储氢，但其安全性不容乐观，并且城市内加氢基础设施建设亦存在一定隐患。此外，其他的氢气储放体系，或价格昂贵，或存储容量有限。针对这些不足，把氢气等活泼、不安全组分通过化学作用安全化是实现本质安全的方式，化学储氢是解决上述问题的一个有效途径。

方法 5：化学储氢（氧）载体安全反应物可控释放与及时完全转化的组合催化反应过程。

所谓反应物可控释放组合反应系统是指在反应状态下，化学储氢或储氧物质根据需要，在微反应相中可控释放出氢气或氧气，并迅速与其他化合物反应而完全转化为所需产物，不形成宏观累积，微反应相是指催化剂本身。

图 6.1 所示为氢气或氧气反应物可控释放纳米尺度组合反应系统。S_1H、S_2O 分别为可分解（转化）出氢和氧的物质，PH 和 PO 分别为加氢产物和氧化产物。为了使宏观体系中无氢气或氧气存在，避免易燃易爆等安全问题，S_1H、S_2O 分解反应必须在纳米尺度催化剂上进行，且反应物 A 的加氢或氧化反应速率要远远大于分解（转化）反应速率。

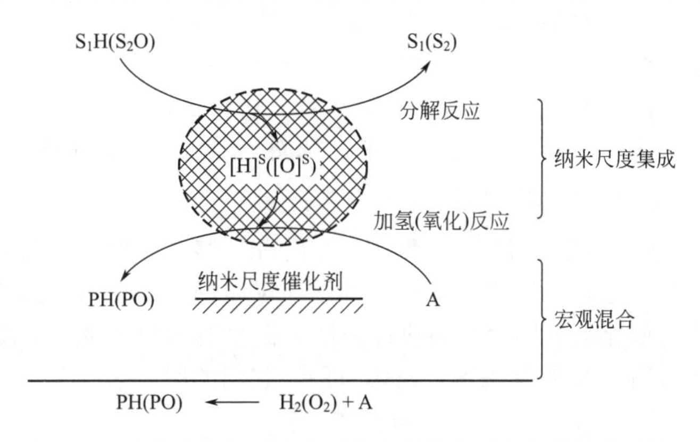

图 6.1　氢气或氧气反应物可控释放纳米尺度组合反应系统

在催化剂微反应相中构建由储氢（氧）载体可控释放氢（氧）物种反应和反应物加氢（氧化）反应构成的组合反应系统。

储氢（氧）载体 S_1H（S_2O）在催化剂微反应相中分解（转化）为［H_2］^{S}（［O_2］^{S}），分解（转化）反应速率为 $R1$，该反应速率要做到可控，即可控释放氢物种（氧物种）：

$$S_1H(S_2O) \longrightarrow S_1(S_2) + [H_2]^S([O_2]^S) \tag{R1}$$

$$A + [H_2]^S([O_2]^S) \longrightarrow PH(PO) \tag{R2}$$

反应物 A 与可控释放的［H_2］^{S}（［O_2］^{S}）在催化剂微反应相中发生加氢反应（氧化反应），得到所需的加氢（氧化）产物，加氢（氧化）反应速率为 $R2$，该速率应该与氢（氧）物种释放速率相匹配，保证在反应体系中无氢气或氧气累积，反应体系处于本质安全状态。这就要求 $R2 \gg R1$。实现上述安全组合反应的关键是化学储氢载体的选择、设计、制备及可控反应的催化剂、释放氢或氧的反应条件与加氢反应条件的匹配性。

6.1 化学储氢载体

化学储氢载体包括有机和无机储氢载体，常见的有机储氢载体有环己烷、甲基环己烷、四氢化萘和十氢化萘等。实际上，含有氢元素的有机化合物均可认为是有机储氢载体，只是可逆储放氢气的能力不同。

6.1.1 环烷类储氢载体

氢能作为一种高能量密度和清洁的绿色能源，正日益受到研究者的重视。在即将到来的“氢能经济”时代，亟须开发一种安全、高效的氢能储存和输送技术，而有机氢化物可逆储放氢被认为是大规模、长时期、长距离和安全地储存与输送氢能的有效手段。该技术借助苯、甲苯和萘等不饱和芳香族氢化物储氢剂与环己烷（Cyclohexane，Cy）、甲基环己烷（Methylcyclohexane，MCH）、四氢化萘（Tetrahydronaphthalene，THN）和十氢化萘（Decalin，De）等有机储氢载体之间的一对加氢-脱氢可逆反应，实现氢能的储存和释放。研究涉及的应用领域包括汽车燃料、化学热泵、家用发电机及大规模季节性电-氢-电转换和输送研究等。

目前，将化学储氢载体用于安全化学反应体系的研究还很少，但是化学储氢载体较单纯氢气介质在储存和运输及使用方面更加安全，这是其共同之处。该技术的主要优点是储氢量大，接近燃料电池车对氢燃料载体的要求；氢能的储存和运输都以传统石化产品的形式进行；反应高度可逆，储氢剂和储氢载体可长期循环使用。

应该说明，除上述 4 种环烷类有机储氢载体外，还包括：环己基苯、二联环己烷、顺式 1-甲基十氢化萘、反式 1-甲基十氢化萘、苯酚、苯胺、六氢吡啶、喹啉、异喹啉等。

6.1.1.1 环烷类储氢载体脱氢过程热力学分析

有机储氢载体的脱氢过程属强吸热反应，为获得足够高的脱氢活性，通常在温度高于 670K 的固定床反应器中进行，所需能量约占其储存氢能的 30%，不仅能耗偏高，而且采用的 Pt/γ-Al_2O_3 等脱氢催化剂易因积炭而快速失活，极大地制约了该储氢技术的工业化进程。以 Cy、MCH 和 De 3 种典型的有机储氢载体为例，它们的脱氢-加氢反应如下式所示。

$$\text{(methylcyclohexane, } CH_3\text{)} \underset{+3H_2}{\overset{-3H_2}{\rightleftharpoons}} \text{(toluene, } CH_3\text{)} \qquad \Delta H = 205\text{kJ/mol} \tag{1}$$

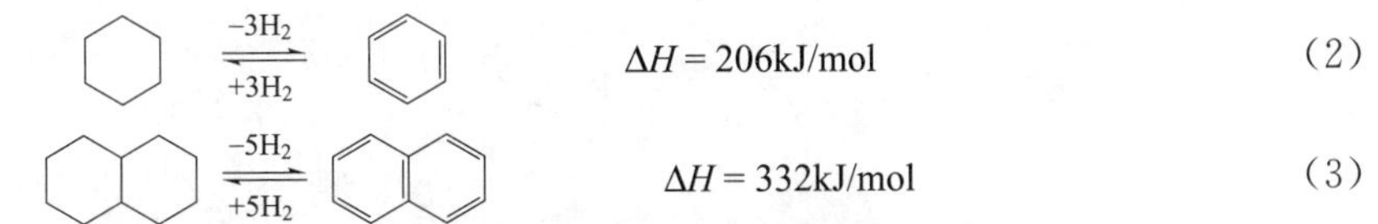

$$\Delta H = 206\text{kJ/mol} \quad (2)$$

$$\Delta H = 332\text{kJ/mol} \quad (3)$$

图 6.2 分别给出了有机储氢载体脱氢反应的平衡转化率和温度的关系[1,2]。可见，常压下 Cy、MCH 和 De 在 473K 左右时的平衡转化率都迅速增加，其中，De 的平衡转化率在 563K 左右时就达到 99%左右，而 MCH 和 Cy 则需在 593K、598K 左右时平衡转化率才达到 99%左右。温度高于 513K 时，这 3 种有机储氢载体达到相同的平衡转化率需要的脱氢反应温度高低顺序为：De<MCH<Cy。

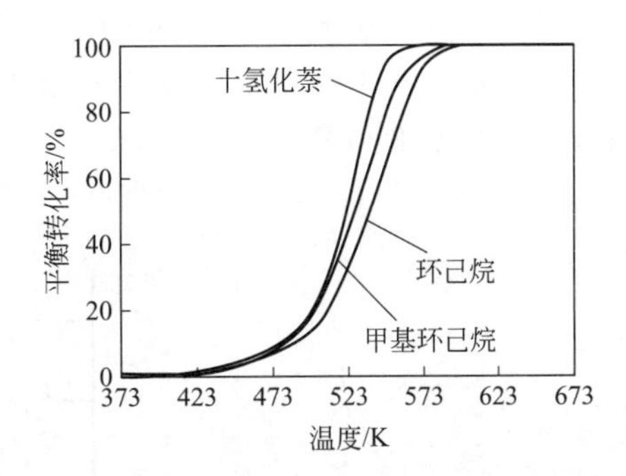

图 6.2　几种典型的有机储氢载体脱氢反应的平衡转化率和温度的关系（0.1MPa）

6.1.1.2　环烷类储氢载体脱氢催化剂

通常使用的脱氢催化剂为负载型金属催化剂，活性组分为 Pt、Pd、Rh、Ni、Co 等，载体为 Al_2O_3、SiO_2、活性炭等。Pt 基催化剂在脱氢反应过程中得到广泛应用，在 Pt/Al_2O_3的催化作用下，脱氢反应选择性很高，接近 100%。但从经济角度考虑，应减少 Pt 贵金属使用量。

催化剂中第二组分如 Ni、Mo、W、Re、Rh、Pd、Ir、Sn 等的添加，可以提高催化脱氢活性并减少贵金属的使用量。$Pt\text{-}Sn/\gamma\text{-}Al_2O_3$是目前采用较多的脱氢催化剂，Sn 的加入可以抑制催化剂结焦失活，提高催化剂稳定性，并抑制氢解破坏作用，但是 Sn 的加入也使 Pt/Al_2O_3的催化活性尤其是初始活性降低。研究发现双金属催化剂可以加快脱氢速率，其原因可能是第二金属组分使得 C—H 键断裂更加容易，增强了芳香族产物的脱附能力，使氢气快速离开反应体系，推动化学平衡向脱氢方向移动。此外，研究还发现将 Pt/AC 和 Pd/AC 催化剂混合后用于脱氢反应，催化活性比单独使用 Pt/AC 或 Pd/AC 催化剂更好，其原因可能是氢在 Pt 和 Pd 催化剂上的溢出-迁移-再结合过程的协同作用。

脱氢催化剂金属组分的分散度（表面金属原子和总金属原子之比）是影响其低温脱氢活性的主要因素，金属组分分散度越高，催化剂反应活性越强。300℃时纳米脱氢催化剂对 MCH 的脱氢转化率比 $Pt\text{-}Sn\text{-}K/Al_2O_3$提高了近 30%。因此，开发纳米级脱氢催化剂，提高活性组分的分散度，可望获得低温脱氢性能优异的催化剂。

6.1.1.3　环烷类储氢载体脱氢反应工艺[3]

脱氢催化剂，环烷类脱氢催化剂通常采用氧化铝为载体的铂金属催化剂，催化剂失活的主要原因是积炭。日本千代田化工株式会社开发出了“SPERA”™系统。其中，铂金属催化剂的寿命在一年以上（保持收率在 95%以上）；采用的反应器为简单的列管式固定床反应器；图 6.3 为脱氢催化剂的假设表面模型，氧化铝载体的微孔尺寸在 10nm 左右，Pt 粒子以

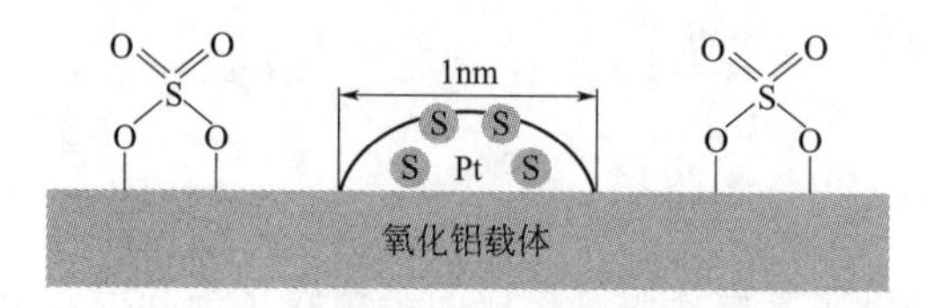

图 6.3 脱氢催化剂的假设表面模型

小于 1nm（平均 0.9nm）尺寸高度均匀分散在载体表面，并且部分铂粒子被硫化，用来抑制分解反应。

日本千代田化工株式会社开发的“SPERA”™氢气系统工艺流程如图 6.4 所示，由加氢系统和脱氢系统构成。甲苯（TOL）和甲基环己烷（MCH）在常温常压下可以液态储存，气相反应在充填催化剂的列管式可进行换热的固定床反应器中进行。反应后的气体冷却到 100℃以下，进行简单的气液分离，分别获得高收率的液态甲基环己烷和甲苯。加氢反应温度在 250℃以下，脱氢反应温度在 400℃以下，反应压力均在 1MPa 以下。

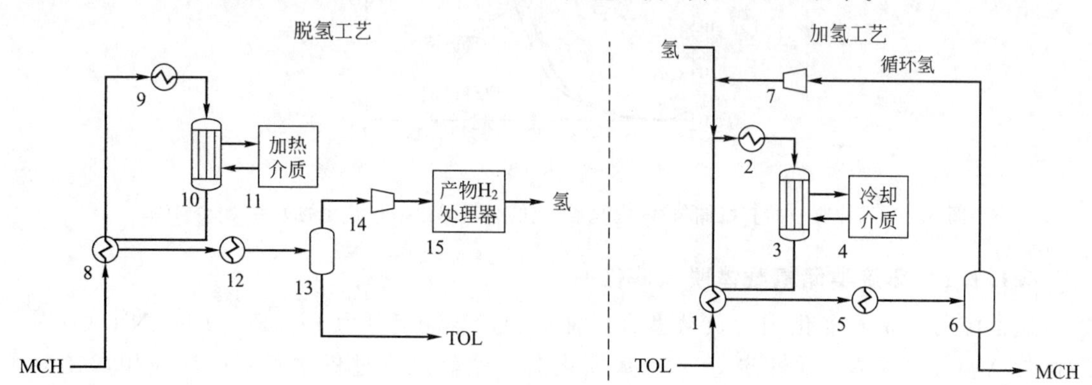

图 6.4 “SPERA”™氢气系统工艺流程

1,2,5,8,9,12—热交换器；3,10—固定床反应器；4—冷却介质；
6,13—气液分离器；7,14—压缩机；11—加热介质；15—H_2 处理器

6.1.2 氨硼烷化合物储氢载体

氨硼烷（NH_3BH_3，AB）的理论储氢量为 19.6%，热稳定性适中、释氢条件相对温和，是目前最具潜力的储氢材料之一，也是储氢量极高的化学氢化物储氢材料之一。AB 热分解的反应机理分为两个阶段，如下所示。

$$nNH_3BH_3 \longrightarrow (NH_2BH_2)_n + nH_2$$

$$(NH_2BH_2)_n \longrightarrow (NHBH)_n + nH_2$$

90℃时，AB 开始分解产生等摩尔的氢气和多聚物的氨基硼烷，130～350℃时，另外等摩尔的氢气被释放出来，同时生成多聚物的亚氨基硼烷，温度达到 350℃以上时，亚氨基硼烷可以继续分解为氮化硼和氢气。

利用 Na、Li 取代氨基中的 H，以促进阴离子的去氢聚合作用，研究发现在 90℃时 $LiNH_2BH_3$ 和 $NaNH_2BH_3$ 分别可以快速释放出 10.9%和 7.5%的氢气，并且不产生杂质气体。此外，AB 还可以在酸或金属的催化下发生催化水解反应，如下式：

$$NH_3BH_3 + 2H_2O \longrightarrow 3H_2 + NH_4^+ + BO_2^-$$

贵金属 Rh、Pt、Ru、Ir、Pd 等显示了很好的催化活性，但由于价格昂贵限制了他们在实际中的应用。通过“氨液化”方法将氨硼烷注入 Pt/CNTs 以后，纳米效应可以消除氨硼

烷分解放氢过程中的诱导期，同时降低放氢过程的活化能。用 Pt/CNTs 做模板对氨硼烷进行改性，把纳米效应和催化效应结合起来，不仅提高了放氢速率，也抑制了杂质气体的释放。虽然 AB 的理论储氢量极高，但仍存在脱氢温度高、易产生杂质气体等问题，其中最大的技术瓶颈是其可再生技术。不同条件下 AB 脱氢反应的生成物各不相同，寻找有效的再生加氢技术是未来的研究重点。

除了作为储氢材料，氨硼烷还在以下几个方面有广泛应用：还原剂，把醛、酮羰基还原为醇，在有异丙醇钛的情况下，把醛和酮还原胺化为伯胺、仲胺、叔胺，产率为 84%～95%，还可以把 CO_2 还原为甲醇等；在材料领域用于制备 BN 材料，如 BN 管、BN 球、制备白色石墨烯等；合成新型硼氮氢类化合物，如氨基乙硼烷、无机丁烷类似物 $NH_3BH_2NH_2BH_3$ 等。

6.1.3 氨储氢载体

氨作为富氢物质，含氢元素的质量分数达 17.6%。氨在常温常压下是气体，但加压后很容易液化。液氨储能高，便于储存和运输，在需要的时候通过热解可方便地得到氢气，是氢能的理想载体。氨的燃烧值高、辛烷值高，也可以直接作为发动机的燃料，而且技术简单，效果很好。

液氨催化分解制氢工艺具有价格低廉、安全性好、附加值低、产物不含 CO 杂质等优点。此外，氨分解制氢体系的理论质量储氢量是 17.6%，明显高于电解水（11.1%）、甲醇-水蒸气重整（12.0%）、汽油-蒸汽重整（12.4%）、氢化物水解（5.20%～8.60%）等制氢体系。

氨分解制氢是以液氨为原料，在 850～900℃，于镍基催化剂上进行热分解，得到氢气（75%）和氮气（25%）的混合气体。反应式为：$2NH_3 \longrightarrow N_2 + 3H_2 - 92.5kJ$，这是一个中等吸热反应，高温对反应有利，分解气中的残氨质量分数在 1000×10^{-6} 以下。理论上分解 1kg 液氨可得到混合气 $2.6m^3$，其中氢气 $1.9m^3$。根据化学平衡估算，在 900K 时氨气裂解转化率可大于 99%。

6.1.4 甲醇、乙醇储氢载体

化学方法储氢指的是利用氢和储氢物质在一定条件下反应，将氢储存起来，改变条件后，又可以释放出氢，从而达到储氢的目的，诸如：金属氢化物储氢、有机液态氢化物储氢和无机物储氢。在诸多可通过重整释放氢的液体燃料中，甲醇、乙醇以其反应温度和压力低、H/C 比高、无 NO_x、SO_x 等排放物的优点而著称。

6.1.4.1 储氢载体释放氢气途径[4]

(1) 甲醇

现有甲醇释放氢气主要有如下 3 条途径：①甲醇分解；②甲醇部分氧化；③甲醇水蒸气重整（MSR）。

甲醇分解反应是利用合成气制甲醇的逆反应，反应式为：$CH_3OH \longrightarrow CO + 2H_2$，适合于合成甲醇反应的催化剂均可用于其分解。该法的不足是分解气中含有大量的 CO。

用氧气或空气部分氧化甲醇，在特定条件下可以得到 CO_2 和 H_2，反应式为：$CH_3OH + 0.5O_2 \longrightarrow CO_2 + 2H_2$。甲醇部分氧化法释放氢的优点是反应属放热反应，反应速度快。但反应气中氢的体积分数不高。

MSR 反应是利用 CO_2 和 H_2 合成甲醇的逆反应，往往伴随着甲醇分解作为副反应，反应式分别为：$CH_3OH + H_2O \longrightarrow CO_2 + 3H_2$（$\Delta H^{\ominus}_{298K} = 48.97kJ/mol$）和 $CH_3OH \longrightarrow CO + 2H_2$（$\Delta H^{\ominus}_{298K} = 90.6kJ/mol$）。反应产物中 CO_2 选择性的高低是衡量 MSR 释放氢催化剂性能优劣的重要指标，反应产物 CO_2 的选择性越高，表明甲醇经由主反应转化释放 H_2 越多。反之，若 CO 选择性越高，则意味着甲醇催化转化中副反应所占比例越高。

(2) 乙醇

在理论上，乙醇和甲醇都可通过直接裂解、水蒸气重整、部分氧化或氧化重整等方法转化释放产生 H_2，但若从可再生能源资源利用考虑，未来利用生物质发酵法生产“生物乙醇”必将成为主流。生物质在成长过程中能吸收大量 CO_2，尽管乙醇生产、制氢须放出相当量的 CO_2，但整个过程形成一个碳循环，不净产 CO_2 排放。由此可知，乙醇释放制氢将是一条很具发展前景的制氢途径。

现在乙醇制氢途径主要有如下 3 条：①乙醇水蒸气重整（ESR）制氢；②乙醇部分氧化制氢；③乙醇氧化重整制氢。

ESR 制氢是现今乙醇制氢的主流方法，反应式为：$C_2H_5OH + 3H_2O \longrightarrow 2CO_2 + 6H_2$（$\Delta H^{\ominus}_{298K} = 174.2kJ/mol$），该法制取的 H_2 含量较高。

乙醇部分氧化制氢是利用燃料乙醇在氧气不足的情况下发生氧化还原反应，反应式为：$C_2H_5OH + 1.5O_2 \longrightarrow 2CO_2 + 3H_2$。该反应属于放热反应，不需外部供热；其缺点是反应时需要纯氧，成本较高。

乙醇氧化重整制氢是将上述的“蒸气重整”（吸热）和“部分氧化”（放热）两个反应组合到一起（反应式为：$C_2H_5OH + 2H_2O + 0.5O_2 \longrightarrow 2CO_2 + 5H_2$），并在一定条件下实现热量自平衡。其优点是效率高、热量得到充分利用，是一种具有发展潜力和工业应用价值的乙醇制氢途径。

6.1.4.2 储氢载体重整释放氢气催化剂

甲醇重整释放氢气铜基催化剂。共沉淀法制备的 Cu/CeO_2 MSR 催化剂，在 513K 的反应条件下，MSR 的转化率可达 53.9%，明显高于相同 Cu 载量的 Cu/ZnO、Cu/Zn(Al)O 和 Cu/Al_2O_3 催化剂。催化剂的高活性可归因于 Cu 金属颗粒的高分散度以及 Cu^+ 物种被 CeO_2 载体稳定化。共沉淀型 $Cu/ZrO_2/Al_2O_3$ 催化剂，在 523K 的反应条件下，甲醇转化率可达 95.0%，释放产物 H_2 的选择性达 99.9%。从总体上看，Cu 基催化剂的 MSR 活性和选择性甚佳，但其耐热性能差，当反应温度高于 573K 时就容易烧结失活。

甲醇重整释放氢气贵金属基催化剂。如，Pd 基催化剂（Pd/SiO_2，Pd/Al_2O_3，Pd/La_2O_3，Pd/Nb_2O_5，Pd/Nd_2O_3，Pd/ZrO_2，Pd/ZnO 和非负载的 Pd）。载体对 MSR 的反应活性有强烈影响，以 ZnO 负载的 Pd 基催化剂（Pd/ZnO）的产物选择性最佳。$Pd/Zn/CeO_2$ 催化剂，在常压、493K 的反应条件下，H_2 的时空产率（STY）可达 966mL/(h·g)，其选择性为 91.5%。另外，还有多壁碳纳米管（CNTs）和 Sc_2O_3 双促进的共沉淀型 Pd-ZnO 催化剂，具有良好稳定性。

乙醇重整释放氢气贵金属催化剂。在 ESR 制氢反应中，催化剂起着关键作用。高活性的催化剂应促使 H_2 的生成达到最大化，同时能抑制结焦以及 CH_4 的生成。尽管贵金属的价格昂贵，但它具有负载型过渡金属催化剂所不能代替的优良催化性能，因此负载型贵金属催化剂的研究和开发仍是人们关注的热点。现阶段，贵金属主要采用 Rh、Ru、Pd、Pt 等，使用的氧化物载体一般有 Al_2O_3、MgO、ZrO_2、CeO_2、La_2O_3、TiO_2 等。

一直以来，人们都在寻求开发出低贵金属含量的高效催化剂，双金属催化剂是其重要研发方向。第二种金属的加入可通过表面修饰或形成合金的方式调变催化剂的行为，以产生良好的促进效应。如，$Rh-Ni/CeO_2$双金属体系。

乙醇重整释放氢气非贵金属 ESR 用催化剂。催化剂主要是 Ni 基和 Co 基催化剂。如，Ni/Y_2O_3，Ni/La_2O_3 和 Ni/Al_2O_3。在常压、593K 的反应条件下，在 Ni/Y_2O_3 和 Ni/La_2O_3 上乙醇的转化率分别可达 93.1%和 99.5%，H_2的选择性分别为 53.2%和 48.5%。

负载的 Co 能断裂 C—C 键，Co 也是研究较广泛的另一种非贵金属催化剂。Co 催化剂上乙醇催化转化很大程度受载体所控制。几种载体负载的 Co 催化剂上 ESR 制 H_2的选择性顺序为：$S(Co/Al_2O_3) > S(Co/ZrO_2) > S(Co/MgO) > S(Co/SiO_2) > S(Co/C)$。在 Co/SiO_2，Co/MgO 和 Co/ZrO_2上可伴随着 CO 加氢甲烷化，在 Co/C 上可伴随着乙醇分解产生甲烷。而在 Co/Al_2O_3上，CO 甲烷化和乙醇分解两个副反应都受到抑制，因此生成 H_2的选择性最高。

6.1.5 肼硼烷储氢载体[5]

肼硼烷，含氢量高达 15.4%（质量分数），可以通过热解、醇解和水解等方式实现产氢，是近年来备受关注的一种新型化学储氢材料。肼硼烷热解产氢需要较高的温度。但室温下加入催化剂即可促使肼硼烷溶液的硼烷基醇解或水解产氢，但是肼硼烷的肼基不分解放氢，导致系统产氢量不高。最近发现在合适的催化剂条件下，能够通过肼硼烷的硼烷基水解和肼基分解实现完全产氢，实现氢的最大化利用。

肼硼烷的硼烷基水解和肼基分解完全产氢反应如下所示：

$$N_2H_4BH_3 + 3H_2O \longrightarrow N_2 + 5H_2 + B(OH)_3$$

氢气产氢量相对产氢系统（$N_2H_4BH_3$-$3H_2O$）的质量分数高达 10%，远高于已知的氢源系统 $NaBH_4$-$4H_2O$（7.3%）、NH_3BH_3-$4H_2O$（5.9%）和 $N_2H_4 \cdot H_2O$（8.0%）。

6.1.6 甲醇水溶液储氢载体

Lin 等[6]针对甲醇和水液相制氢反应的特点，制备出一种新的铂-碳化钼双功能催化剂，在低温（150～190℃）下获得了很高的产氢效率。金属铂（Pt）与碳化钼（MoC）基底之间存在着非常强的相互作用，使得铂以原子级分散在碳化钼纳米颗粒表面，形成高密度的原子尺度催化活性中心。水的活化在碳化钼中心完成，而甲醇活化发生在铂中心。原子级高度分散的 Pt 中心和碳化钼基底之间的协同作用能够在两者界面实现对反应中间体的高效活化，从而使得整个催化剂在甲醇和水液相反应中表现出很高的产氢活性，在 150℃就能以 2276mol H_2/(mol Pt·h) 的反应速率释放氢气，进一步提高温度至 190℃，放氢速率可达 18046mol H_2/(mol Pt·h)，较传统铂基催化剂活性提升了近两个数量级。同时，原子级分散的特点能最大限度地提高贵金属铂的利用率，以产氢活性估计，仅需含有 6g 铂的该催化剂即可使产氢速率达到 1kg/h。该研究工作构建了新的化学高效储放氢体系，为燃料电池的原位供氢提供了新的思路，并有望作为下一代高效储放氢新体系得到应用。

6.1.7 甲酸储氢载体

近年来，随着化石资源日趋短缺以及由此带来的人类生存环境日益恶化，生物质等可再生资源的高效、可持续利用已成为各国科学家研究与关注的焦点。甲酸，生物精炼中的主要副产物之一，具备廉价易得、无毒、能量密度高、可再生、可降解等特性，将其应用于新能源与化学转化，不仅有助于甲酸应用领域的进一步拓展，还有助于解决面向未来的生物精炼技术中的一些共性瓶颈问题。

利用生物酶催化二氧化碳加氢的方式制取甲酸盐，氢可以通过甲酸盐实现安全的储存、运输和使用。

在化学品合成方面，甲酸作为一种环境友好可再生的多功能试剂，可应用于多种官能团的选择转化过程。作为一种高含氢量的氢转移试剂或还原剂，甲酸较传统氢气，具有操作简便可控、条件温和、化学选择性良好等优点。广泛应用于醛酮、硝基、亚胺、腈、炔烃、烯烃等的选择还原，以制取相应的醇、胺、烯烃和烷烃类化合物，以及醇类和环氧化物的氢解和官能团去保护等过程。

甲酸作为高效氢源，被广泛应用于生物质平台化合物选择催化转化制高附加值化学品、木质素降解制芳烃化合物和生物油加氢脱氧精制处理等过程，相比依赖 H_2 的传统氢化过程，具有转化效率高、反应条件温和，简便安全并可有效减少相关生物精炼过程中化石资源的物耗与能耗等优势。

甲酸是含有 4.4%（质量分数）氢的液体，对人体和环境的毒害很小。并且以大量存在的廉价 CO_2 为媒介，在水溶液中和 CO_2 相互变换的自由能为 4kJ/mol，远小于其他储氢载体。因此，利用甲酸作为储氢载体，可以大幅度降低氢气储存和释放过程的能量损失。另外，与其他储氢载体相比，甲酸即使在加压条件下，也能进行脱氢反应，提供压缩氢气。甲酸储氢和释氢循环过程如图 6.5 所示。

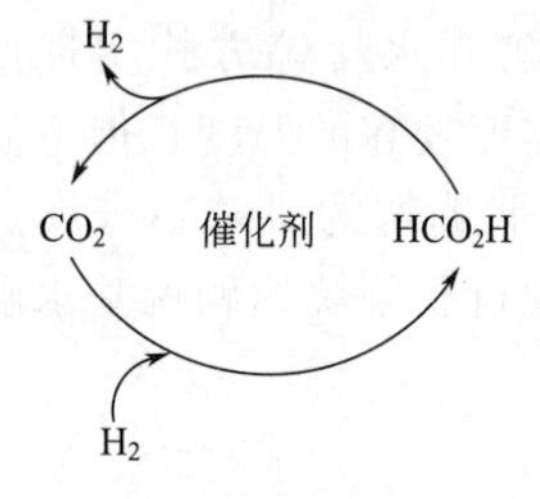

图 6.5 甲酸储氢和释氢循环过程

甲酸脱氢/CO_2 加氢催化剂：溶液的 pH 值显著影响 CO_2/甲酸相互变换的平衡反应（1），在 CO_2 加氢反应（2）中，碱的存在起促进作用。酸性条件下，有利于甲酸的脱氢反应（1）。传统催化剂存在 CO_2 加氢活性低，需要高温高压或添加有机物等问题，并且在甲酸脱氢反应中，会发生脱水副反应（3），生成副产物一氧化碳。

$$CO_2 + H_2 \rightleftharpoons HCO_2H \tag{1}$$

$$CO_2 + H_2 + OH^- \longrightarrow HCO_2^- + H_2O \tag{2}$$

$$HCO_2H \longrightarrow CO + H_2O \tag{3}$$

尾西尚弥等[7]开发出了在水中的温和条件下，具有高效 CO_2 加氢（储氢）和甲酸脱氢（释氢）性能的新型催化剂群。

对于 CO_2 加氢反应，水溶性铱配合物催化剂在常温常压下就具有很高的催化活性。催化剂结构如图 6.6 所示。

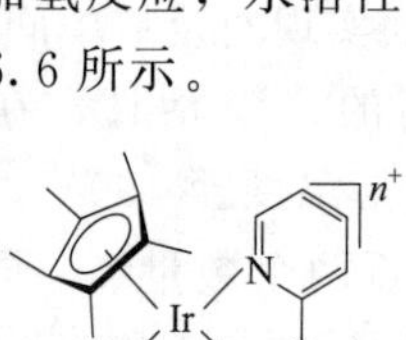

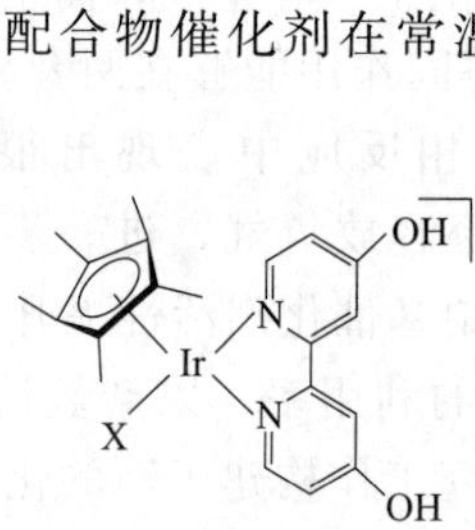

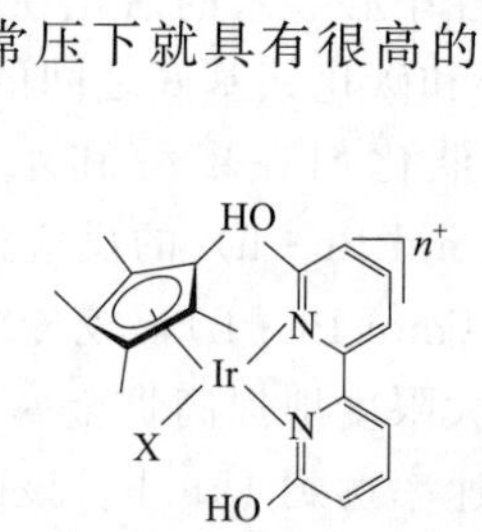

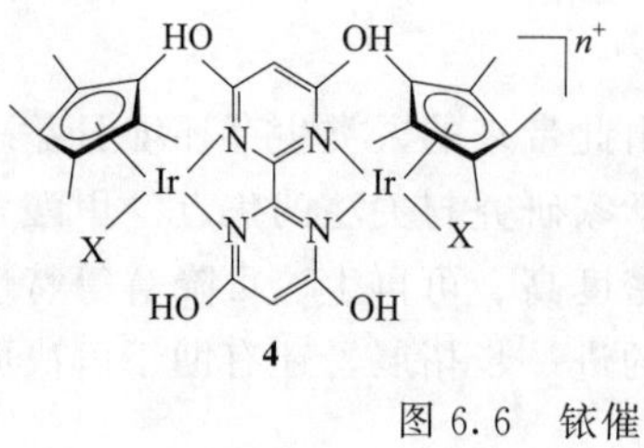

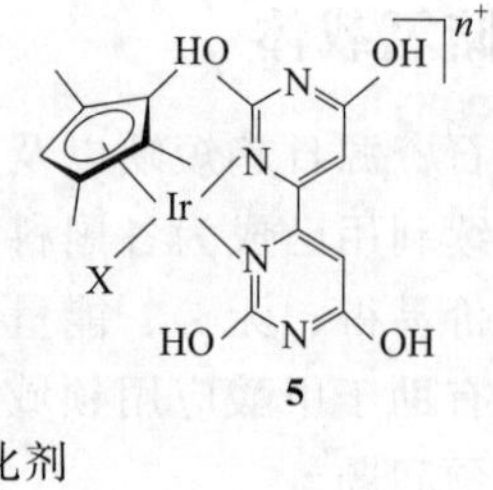

图 6.6 铱催化剂

催化剂 **1**（2,2′-bipyridine，2,2′-联吡啶）虽然活性较低，但不用添加有机物就能在水中生成甲酸；催化剂 **2**（4,4′-dihydroxy-2,2′-bipyridine，4,4′-二羟基-2,2′-联吡啶）的活性比催化剂 **1** 提高 1000 倍，且在水中常温常压下（0.1MPa，25℃），CO_2 加氢制备甲酸的反应就能进行，但活性较低（TOF 为 $7h^{-1}$）；催化剂 **3**（6,6′-dihydroxy-2,2′-bipyridine，6,6′-二羟基-2,2′-联吡啶）的常温常压活性较催化剂 **2** 提高了约 4 倍（TOF 为 $27h^{-1}$）；催化剂 **4** 为双核配合物，含有 4 个羟基，在常温常压下，TOF 为 $70h^{-1}$，即在浓度为 2mol/L 碳酸氢钾溶液中进行反应，可获得甲酸浓度也为 0.56mol/L，这相当于在常压下 1L 水中储存 13L 的氢气。催化剂 **5** 也为双核配合物，含有 4 个羟基，在 1MPa、50℃下，TOF 为 $3060h^{-1}$，即在浓度为 1mol/L 碳酸氢钠溶液中进行反应，可获得甲酸浓度也为 0.56mol/L。各催化剂反应性能详见表 6.1。

表 6.1 铱催化剂的 CO_2 加氢反应性能

催化剂/(μmol/L)	时间/h	压力/MPa	温度/℃	转换频率 TOF/h^{-1}	转换数 TON	甲酸最终浓度/(mol/L)
1/200	30①	1.0	80	4.5	125	0.023
2/20	30①	1.0	80	5100	11000	0.220
2/50	24②	0.1	25	7	92	0.005
3/20	9②	1.0	50	1650	5150	0.103
3/50	33②	0.1	25	27	330	0.016
4/20	8②	1.0	50	4200	24000	0.480
4/50	336②	0.1	25	64	7200	0.360
4/250	216③	0.1	25	70	2230	0.560
5/20	8②	1.0	50	3060	28000	0.560
5/50	24②	0.1	25	66	193	0.009

①1mol/L KOH aq；②1mol/L $NaHCO_3$ aq；③2mol/L $KHCO_3$ aq。

对于甲酸脱氢反应，均相催化剂较固相催化剂具有明显优势，各催化剂（同 CO_2 加氢催化剂）反应性能详见表 6.2。该反应的最大特点是在高浓度的甲酸溶液中甲酸也能完全分解，即使是在密闭容器中也能进行反应，随着反应进行容器内压力升高，在 1MPa 压力下分解反应速率也没有下降，可以连续提供不含一氧化碳的高压氢气。

表 6.2 铱催化剂的甲酸脱氢反应性能

催化剂/(μmol/L)	时间/h	pH	温度/℃	转换频率 TOF/h^{-1}	转化率/%
1/200	12	1.7	60	30	—
2/200	4	1.7	60	2400	100
3/100	8	1.7	60	2450	100
3/100	4.5	3.5	60	5440	46
4/50	4	1.7	60	12000	100
4/50	18	3.5	60	31600	84
4/3.1	7	3.5	90	228000	52
5/100	6	3.5	60	12200	37

注：反应在 1mol/L 的甲酸/甲酸钠溶液中进行。

甲酸储氢系统模型：水溶性质子应答型铱配合物均相催化剂可以实现“CO_2 加氢的氢气储存”和“甲酸脱氢的氢气释放”循环过程。如图 6.7 所示，通过 pH 值控制反应。常温常压下在碱性水溶液中进行 CO_2 加氢反应，将氢气储存起来。然后，加入酸，在密闭容器中进行甲酸脱氢反应，产生不含 CO 的高压氢气。

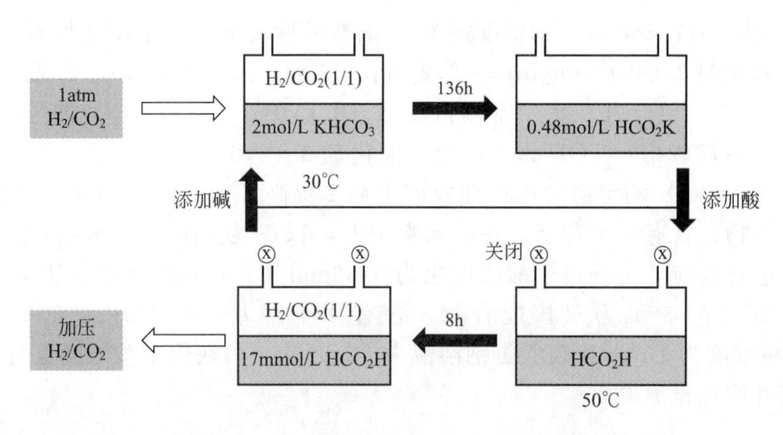

图 6.7　甲酸分解脱氢和 CO_2 加氢系统模型

6.1.8　其他储氢载体

除上述化学储氢载体外，还有其他新型化学储氢载体。如，利用金属有机骨架化合物储氢，这类新型固体材料比表面积大，在氢的储存方面展示出了广阔的应用前景。类似于 CO_2 的富集和转化利用，集吸附氢的功能与催化反应于一体的催化材料的研制具有重要意义。

6.2　化学储氢载体组合反应

如前所述，在催化剂微反应相中构建由储氢载体可控释放氢物种反应和反应物加氢反应构成的组合反应系统，可在宏观上实现氢气不与反应物混合和累积。该组合反应彻底避免了常规加氢反应存在的氢气大量累积和与反应物混合而产生的安全隐患。

氢气释放和加氢反应构成安全组合反应：$C_{H_2}=0$（整个反应时间内，氢气宏观浓度为零）。

$$S_1H \longrightarrow S_1 + [H_2]^S \quad (1)$$

$$A + [H_2]^S \longrightarrow PH \quad (2)$$

常规加氢反应：$C_{H_2}\neq 0$（整个反应时间内，氢气宏观浓度不为零，随反应时间在下降）。

$$A + H_2 \longrightarrow PH \quad (3)$$

6.2.1　甲醇-水为储氢载体的组合反应

6.2.1.1　苯酚加氢合成环己酮（醇）

环己酮是合成尼龙 6、尼龙 66 的单体己内酰胺和己二酸的重要原料，同时还是医药、涂料和染料等精细化学品的重要中间体。相对于传统的环己烷催化氧化制环己酮方法，苯酚催化加氢法具有操作简便和环境友好等优点。但是，早期的苯酚催化加氢工艺包括两步，即苯酚加氢生成环己醇和环己醇脱氢生成环己酮，生产操作复杂。苯酚一步选择性加氢制环己酮可以有效缩短生产工艺，提高生产效率。

苯酚加氢工艺均采用 H_2 为还原剂将苯酚加氢制成环己酮，因此需要独立的制氢、储氢或输氢设备，工艺流程长，生产操作不安全。

王鸿静等[8]在醇类的水相重整制 H_2工作基础上，提出了一类新的液相催化氢化反应体系（液相原位催化加氢），该过程通过将吸热的醇类水相重整制 H_2反应和放热的有机物液相加氢反应耦合，构建甲醇水蒸气重整制氢和苯酚加氢合成环己酮（CHN）的安全组合反应体系，实现了不直接使用 H_2的苯酚液相催化加氢制 CHN 反应：

甲醇重整反应： $CH_3OH + H_2O \longrightarrow 3H_2 + CO_2$

苯酚加氢反应： $PhOH + 3H_2 \longrightarrow CHN$

总反应： $PhOH + CH_3OH + H_2O \longrightarrow CHN + CO_2$

他们对不同助剂（Ce、Mg、Ca、Ba、Fe、Zn 和 Sn）修饰的 Pd/Al_2O_3催化剂对苯酚液相原位加氢制 CHN 反应进行了研究。发现 $Ba\text{-}Pd/Al_2O_3$催化剂不仅具有较高的苯酚转化率，而且具有较高的环己酮选择性。Ba 的修饰显著提高了 Pd 在 Al_2O_3表面的分散度，当 $w(Ba)=3\%$ 时，Pd 分散度最高，Pd 粒径最小。同时，Ba 的修饰增强了催化剂表面的碱性位，有利于提高环己酮选择性。这是 $3\%Ba\text{-}Pd/Al_2O_3$催化剂具有较高催化活性和选择性的主要原因。但是，过量的 Ba 会与 Al_2O_3或 Pd 形成复合物相，从而降低 Pd 的分散度，降低催化剂的活性。在 $3\%Ba\text{-}Pd/Al_2O_3$催化剂上苯酚液相原位加氢制环己酮的反应性能可达到与传统的以 H_2为还原剂的催化加氢过程相当的水平。

项益智等[9]还提出了在 Raney Ni 催化剂的作用下，将甲醇水相重整制氢反应产生的氢气原位地应用于苯酚加氢合成环己酮和环己醇的反应，实现了水相重整制氢和液相催化加氢两个反应的耦合，消除了传统方法中需要专门的氢气制备、存储和输送等环节，简化了工艺、降低了生产成本。还详细考察了 Raney Ni 催化剂作用下，反应条件（温度、压力、液体空速、苯酚浓度和甲醇与水的配比）对苯酚液相原位加氢反应性能的影响规律，重点研究了该反应体系的表观动力学行为，获得了 Raney Ni 催化剂上苯酚液相原位加氢反应的相关动力学参数。较高的反应温度和压力以及较低的液体空速和甲醇含量有利于提高苯酚的转化率和环己醇的选择性，但是苯酚的浓度对反应性能的影响不大。关联了各个反应条件对该反应性能的影响规律，解释了不同反应条件引起苯酚加氢反应速率以及生成环己醇和环己酮选择性差异的原因。对于进一步开展苯酚原位加氢研究，提高产物中环己酮选择性，实现两个反应在质量和热量上匹配具有重要的指导意义。

6.2.1.2 四氯化碳加氢脱氯

四氯化碳对臭氧层具有很强的破坏性。根据《关于消耗臭氧层物质的蒙特利尔议定书》，四氯化碳的生产和工业应用已经被禁止。而工业上所有甲烷氯化物（如一氯甲烷、二氯甲烷和氯仿）生产工艺均会副产四氯化碳。因此，如何有效处理和利用四氯化碳已成为该领域可持续发展必须解决的难题。目前，对四氯化碳的处理最有效的方法是通过催化加氢使之转化为有用的化合物。一般该转化是在贵金属 Pt、Pd 或者两者组合的催化剂上与 H_2反应来实现。尽管催化加氢法是绿色生产工艺，但直接使用 H_2具有危险性。

在 Ag/C 催化剂和加氢反应条件下，甲醇可以发生自身分解反应，产生 H_2，从而可作为加氢反应的氢源。甲醇的分解反应与四氯化碳加氢反应构成安全组合反应体系。

甲醇分解反应： $CH_3OH \longrightarrow 2H_2 + CO$

加氢脱氯反应： $CCl_4 + 2H_2 \longrightarrow CH_2Cl_2 + 2HCl$

总反应： $CH_3OH + CCl_4 \longrightarrow CH_2Cl_2 + CO + 2HCl$

周秀莲等[10]采用反应釜，在 N_2存在条件下，研究了 Ag/C 催化剂催化 CCl_4液相原位加氢脱氯反应，考察了助催化剂 Pd 以及助剂甲醛溶液对 CCl_4原位催化转化反应转化率和产物选择性的影响。助催化剂 Pd 可以提高 Ag/C 催化剂的活性，但对产物 CH_2Cl_2和 $CHCl_3$

的选择性没有影响，二者选择性之比仍维持在 6/4。甲醛的加入明显提高 Ag/C 催化剂上 CCl_4 的转化率，同时也改变了产物分布。转化率和 CH_2Cl_2 选择性均达到 90%。甲醛主要起促进 Ag/C 催化剂表面 Ag-Cl 物种还原为 Ag 的作用。

6.2.1.3 苯甲酸甲酯气相加氢制苯甲醛

苯甲醛是一种重要的精细化工产品，广泛应用于医药、农药、香料、树脂添加剂、染料、感光、化妆品等领域。合成苯甲醛的方法有很多种，目前工业上主要是采用甲苯氯化水解的方法。该工艺生产的苯甲醛不可避免地会含有氯，限制了其在香料和医药领域的应用。

苯甲酸及其衍生物催化加氢合成苯甲醛的方法具有环境友好和产物不含氯化物的特点，引起了国内外研究者的普遍关注。报道的催化剂包括 ZrO_2、ZnO、CeO_2、Y_2O_3、$MnO_x/\gamma\text{-}Al_2O_3$ 等。由苯甲酸及其衍生物加氢制备苯甲醛都必须使用氢气，在生产上通常需要氢气的制备、贮存和输送等过程。

周银娟等[11]提出了一种制氢/加氢耦合反应，即利用甲醇气相催化重整制得的氢直接进行苯甲酸甲酯的原位催化加氢反应。在该反应体系中，使用的双功能催化剂既能催化甲醇气相重整制氢，又能催化苯甲酸甲酯气相加氢反应，实现了水蒸气重整制氢与气相加氢还原合二为一，简化了生产工艺。甲醇水蒸气重整制氢和苯甲酸加氢制苯甲醛构成了安全组合反应体系。

甲醇气相重整制氢： $CH_3OH + H_2O \longrightarrow 3H_2 + CO_2$

苯甲酸甲酯加氢合成苯甲醛： $C_6H_5COOCH_3 + H_2 \longrightarrow C_6H_5CHO + CH_3OH$

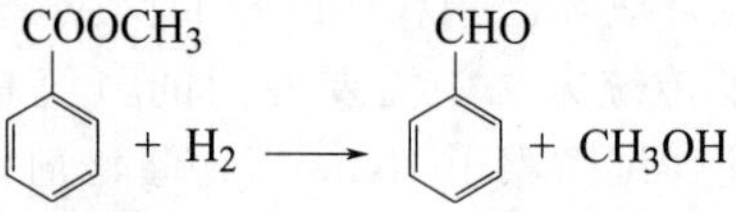

总反应式： $3C_6H_5COOCH_3 + H_2O \longrightarrow 3C_6H_5CHO + 2CH_3OH + CO_2$

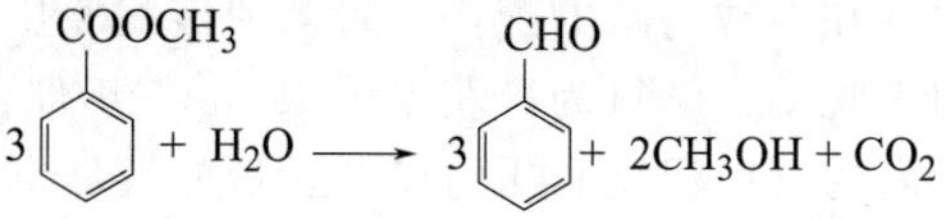

该类制氢/加氢耦合反应机理，如图 6.8 所示。

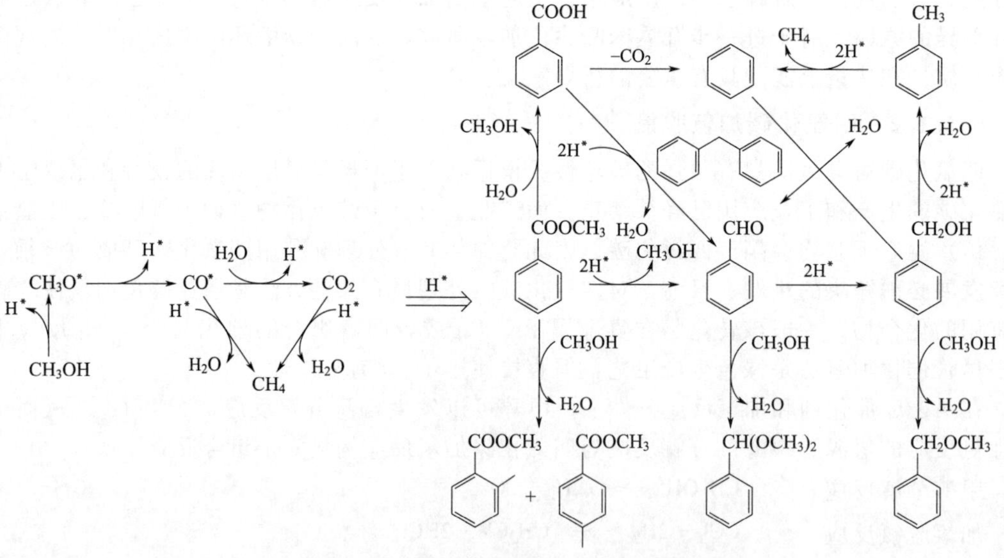

图 6.8 苯甲酸甲酯原位加氢反应机理

甲醇与水在 Cu 表面发生甲醇水蒸气重整制氢反应；然后，苯甲酸甲酯与原位氢在 MnO 的氧空位上发生脱氧/加氢生成苯甲醛。要实现这一“制氢/加氢”耦合反应，关键在于设计具有“制氢”与“加氢”双功能的催化剂。对于苯甲酸及其衍生物加氢制备苯甲醛反应，催化活性和选择性较好的是 $MnO_x/\gamma\text{-}Al_2O_3$ 和 ZrO_2 催化剂，加氢活性组分可选择Mn。甲醇水蒸气重整制氢催化剂主要包括 Ni、Pt、Pd、Cu 等。此外，Fe、Zn、Au、Zr 等金属组分作为催化剂亦有报道。但由于具有制氢功能的过渡金属大多具有 C—C 键断裂的能力，这样就会使苯甲酸甲酯或者苯甲醛等发生重整（C—C 键断裂）反应，生成 CO/CO_2 或烷烃。而 Cu 不具有 C—C 键的断裂能力，并且在高温条件下可抑制苯甲醛进一步加氢生成苯甲醇，因此制氢活性组分选择 Cu。

他们在常压固定床反应器上研究了浸渍法制备的 $Cu\text{-}MnO/\gamma\text{-}Al_2O_3$ 双功能催化剂催化苯甲酸甲酯气相原位加氢制苯甲醛的反应性能，考察了催化剂的组成、反应温度、进料速率、酯/醇/水物质的量比等因素的影响。在优化的反应条件（苯甲酸甲酯/甲醇/水物质的量比为 0.5/40/40、反应温度为 420℃、进样速率为 $0.1mL\cdot min^{-1}$）下，苯甲醛选择性可达到 88.5%，苯甲酸甲酯的转化率为 79.6%，且 $Cu\text{-}MnO/\gamma\text{-}Al_2O_3$ 催化剂具有较好的稳定性。根据产物分布提出了苯甲酸甲酯原位加氢的反应机理。该反应体系不需要外部供应氢气，避免了氢气的生产和运输，简化了反应工艺。

6.2.1.4 苯乙酮加氢制 α-苯乙醇

α-苯乙醇在医药和香料工业中有着广泛的应用。α-苯乙醇合成方法有微生物发酵法和有机合成法，工业上主要采用以苯乙酮为原料的有机合成法。传统的苯乙酮还原过程是使用价格昂贵的无机氢化物（$LiAlH_4$，$NaBH_4$）作为还原剂的计量还原法，该过程产生大量含有金属离子的废液，不仅增加了产物的分离难度，而且造成了环境污染。

环境友好的催化还原技术是由芳香酮类化合物制备芳香醇的主要方法。均相催化还原技术具有较高的加氢活性和选择性，但催化剂回收困难等影响了其工业化应用。使用固体催化剂催化苯乙酮液相加氢合成 α-苯乙醇可以有效地解决这些问题。该反应通常在 Raney Ni，非晶态 Ni 以及负载型（常用载体为 Al_2O_3、TiO_2、SiO_2、HZSM-5，HY 等）Pt、Ru、Pd 和 Cu 等催化剂作用下，在甲醇、乙醇、环己烷和正己烷等溶剂中，利用外界提供的氢将苯乙酮还原成 α-苯乙醇。Raney Ni 催化剂上苯乙酮转化率可达到 100%，α-苯乙醇选择性为 82%。在酸性 Y 型沸石负载单金属 Ni 及双金属 Ni-Pt 催化剂作用下苯乙酮选择加氢反应中存在溶剂效应，发现极性质子溶剂（如甲醇、乙醇、异丙醇）对提高反应活性有利。而非极性非质子溶剂（如正己烷）则有利于提高羰基加氢选择性，但同时也大大抑制了反应活性。

姜莉等[12]基于在液相状态下进行的吸热的醇类水相重整制氢反应和放热的苯乙酮液相催化加氢反应可使用相同类型的催化剂，并能在比较相近的反应温度和压力下进行（两者之间具有非常好的耦合条件），提出将甲醇水相重整反应中产生的氢原位用于苯乙酮液相催化加氢反应，实现水相重整制氢和液相催化加氢两个反应的耦合。

重整反应：$CH_3OH + H_2O \longrightarrow CO_2 + 3H_2$

加氢反应：$PhCOMe + H_2 \longrightarrow PhCH(OH)Me$

总反应：$3PhCOMe + H_2O + CH_3OH \longrightarrow 3PhCH(OH)Me + CO_2$

考察了 Raney Ni 催化剂作用下，由溶剂甲醇和水发生水相重整制氢反应产生的活化氢原位还原苯乙酮合成 α-苯乙醇反应的性能；比较了原位还原法与氢气还原法及转移加氢法在苯乙酮加氢制备 α-苯乙醇反应中活性和选择性的差异。

6.2.1.5 糠醛加氢制糠醇

糠醛（FFA）是重要的工业原料，由玉米芯等制备而成，糠醛分子上有活泼的 C ═O 双键和呋喃环上的 C ═C 双键，可通过糠醛选择性加氢制备糠醇（FAH）、四氢糠醇

（THFA）等多种衍生物。目前工业上生产糠醇的方法为常压气固相或高压液相加氢，由于液相加氢工艺流程短、投资小、见效快，目前国内大多数厂家采用液相加氢生产糠醇，但最常用的 Cu-Cr 催化剂对环境污染严重。因而，对环境无污染或少污染的液相催化剂成为研究的热点，其中骨架型催化剂就是其中之一，如 Raney Ni 催化剂。

曹晓霞等[13]基于甲醇水相重整产氢和糠醛液相加氢两反应的反应条件（温度、压力、液相）相近，研究了甲醇水相重整液相原位还原糠醛的可行性，通过反应条件的优化以达到产氢与加氢两反应较好的耦合。此新反应体系有如下优势：①通过反应温度、压力、原料配比等实验条件的优化，以期达到“产氢”与“耗氢”速率相当，从而减少进一步深度加氢的可能性，提高糠醇的选择性；②传统工艺中甲醇仅仅是起到溶剂的作用，而此体系中，甲醇不仅仅是溶剂，它还是产氢反应的原料，产氢与加氢在同一反应器中进行，不再需要外部提供氢源，简化了液相催化氢化反应的生产工艺，消除了传统方法中需要专门的氢气设备、存储和输送等环节。甲醇水相重整和糠醛加氢生成糠醇的反应方程式如下所示。

重整反应：$CH_3OH + H_2O \longrightarrow 3H_2 + CO_2$

加氢反应：糠醛(呋喃-CHO) $+ H_2 \longrightarrow$ 糠醇(呋喃-CH_2OH)

总反应：3 呋喃-CHO $+ CH_3OH + H_2O \longrightarrow$ 3 呋喃-CH_2OH $+ CO_2$

在反应温度为120℃、反应压力为0.8MPa和水：甲醇：糠醛（体积比）为25：125：5的条件下，原位加氢产物糠醇的选择性优于传统的液相加氢还原法，为糠醛选择性加氢提供了一条新的技术路线。

6.2.1.6 邻甲酚加氢

酚类化合物作为生物油加氢中含量较多且较难反应的化合物，通常被作为模型化合物进行加氢反应研究，在加氢过程中酚类化合物可得到环己醇、环己酮及其衍生物，而对其进行深度加氢可以进一步得到环己烷基化合物。传统工艺主要从外部供氢，而外部供氢不但存在氢气制备和运输问题，也存在氢气利用率较低，在加氢过程中涉及氢气回收利用等一系列问题。生物油中酚类主要包括苯酚、甲基苯酚和甲氧基苯酚。在由木质纤维素制得的生物油中酚类化合物可占到1/4。

李雁斌等[14]以 Ni/CMK-3（CMK-3，有序介孔碳材料）为催化剂，考察了甲醇水相重整制氢与邻甲酚原位加氢的耦合反应性能。当 Ni 负载量为20%、反应温度为230℃、反应前冷压为0.1MPa、水：甲醇：模型化合物物质的量比为50：15：1、反应9h时，邻甲酚转化率最高为45.4%。分别对比了甲醇、甲酸、甘油和异丙醇作为供氢溶剂对原位加氢反应的影响，其中以甲酸为供氢溶剂时，邻甲酚的转化率最高达82.2%。对比了甲酚3种同分异构体原位加氢的效果，发现邻甲酚和间甲酚的反应效果相差不大，而对甲酚的转化率则远低于邻甲酚和间甲酚。对20%Ni/CMK-3在原位加氢实验中的使用寿命进行了考察。20%Ni/CMK-3在原位加氢体系中的活性随实验次数增加而迅速降低，4次实验后基本丧失活性。

不同储氢载体释放氢气反应式：

异丙醇：$C_3H_8O(l) + 5H_2O(l) \longrightarrow 3CO_2(g) + 9H_2(g)$

甲醇：$CH_3OH(l) + H_2O(l) \longrightarrow CO_2(g) + 3H_2(g)$

甲酸：$HCOOH(l) \longrightarrow CO_2(g) + H_2(g)$

甘油：$C_3H_8O_3(l) + 3H_2O(l) \longrightarrow 3CO_2(g) + 7H_2(g)$

6.2.1.7 愈创木酚及苯酚加氢制环己醇

木质素是一种复杂的具有三维网状结构的天然高分子物质，广泛存在于木材及禾本植物体内，在自然界中的含量仅次于纤维素。纤维素和半纤维素可以通过水解和发酵等工艺制备化工产品或进一步加工制备液体燃料，但是木质素在这种条件下不能发生转化，致使大量的木质素作为废弃物排放到环境中。据不完全统计，造纸和纸浆行业每年能产生 4 亿～5 亿吨的木质素，这一问题在发展中国家尤为严重。木质素可以通过热解或催化液化得到愈创木酚等酚类化合物，酚类化合物可以通过加氢得到精细化工的中间体环己醇和环己酮，也可以深度加氢脱氧制备环己烷。

酚类化合物传统的加氢过程主要是采用贵金属、镍基及钴钼基负载型催化剂在外部供氢的条件下进行。外部供氢体系下的加氢反应过程，不仅存在氢气的制备、运输及储存等问题，更易造成氢气的严重浪费，而且环己醇等中间产物的选择性也较低。

于玉肖等[15]以 Raney Ni 为催化剂，研究了甲醇水相重整制氢与木质素降解模型化合物愈创木酚/苯酚加氢的耦合反应。在反应温度为 220℃、反应前冷压 0.1MPa、物料比水：甲醇：模型化合物为 20：5：0.8 的条件下，反应 7h 后愈创木酚转化率与环己醇选择性分别达 99.0%和 93.7%，反应 12h 后苯酚的转化率与环己醇选择性分别达 90.5%和 99.3%。采用原位加氢反应，木质素降解的酚类模型化合物转化率和选择性明显优于外部供氢反应的转化率和选择性，同时，避免了外部供氢反应存在的氢气制备、储存、传输及加氢条件苛刻等问题。

重整反应： $CH_3OH + H_2O \longrightarrow CO_2 + 3H_2$

加氢反应： $2\,\text{愈创木酚} + H_2 \longrightarrow 2\,\text{苯酚} + 2CH_3OH$；$\text{苯酚} + 3H_2 \longrightarrow \text{环己醇}$

总反应： $3\,\text{愈创木酚} + CH_3OH + 4H_2O \longrightarrow 3\,\text{环己醇} + 4CO_2$

6.2.2 乙醇-水为储氢载体的组合反应

6.2.2.1 芳香硝基化合物液相加氢制喹啉类

喹啉类化合物具有生物活性，是药物合成的重要中间体，如可用于合成补疟哇、磷酸氯喹等抗疟药；甲基喹啉 *N*-氧化物和它的衍生物等具有显著抗菌药效；8-烷氧基喹啉衍生物可以医治肾盂肾炎和尿道炎等。喹啉及其衍生物还广泛用于农药、染料、抗氧化剂、食品饲料添加剂、化学试剂、助剂、发光材料和医疗保健等领域。传统合成喹啉的方法一般都以苯胺和脂肪醛、三羟基胺或烯烃为原料，需要添加无机酸或碱，存在反应条件苛刻、原料贵、工艺复杂、环境不友好、收率不高等缺点。

顾辉子等[16]利用原位液相加氢体系，以芳香硝基物、乙醇和水溶液为起始原料，以 Pt-Sn/γ-Al_2O_3为催化剂，经硝基苯加氢（原位液相加氢过程）、乙醇裂解缩合、Michael 加成及环化脱氢反应一锅法合成 2-甲基喹啉类化合物（见图 6.9）。制备过程包含四个反应：乙醇制氢获得活性氢、硝基苯加氢生成苯胺、乙醇裂解缩合、Michael 加成及环化脱氢反应。

图 6.9 是硝基苯在原位液相加氢体系中的反应路径。在 Pt-Sn/γ-Al_2O_3 催化剂的作用下，乙醇水溶液裂解制氢，获得的活性氢立即与硝基苯反应生成苯胺；乙醇的脱氢产物乙醛自身缩合形成 2-丁烯醛，后者立即与苯胺发生环化，生成 2-甲基-1,2-氢化喹啉；最后在硝基苯的存在下脱氢获得 2-甲基喹啉。具体方程式如下。

乙醇制氢： $C_2H_5OH + 3H_2O \longrightarrow 2CO_2 + 6H_2$

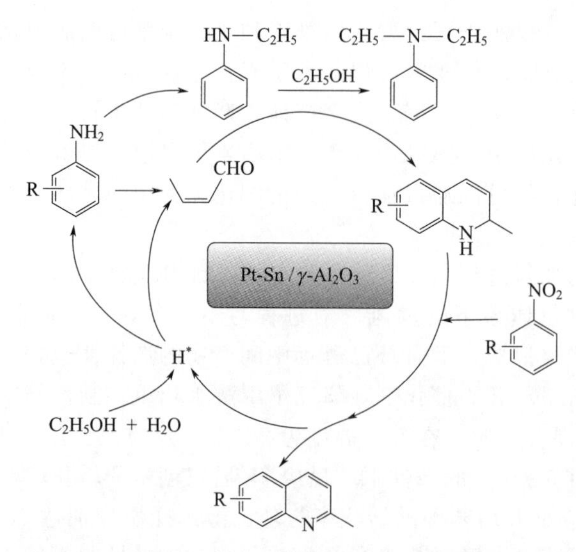

图 6.9 原位液相加氢体系中一锅法合成 2-甲基喹啉类化合物的路径

硝基苯加氢生成苯胺：硝基苯 $+ 3H_2 \longrightarrow$ 苯胺 $+ 2H_2O$

乙醇裂解缩合：$C_2H_5OH \longrightarrow CH_3CHO + H_2$； $2CH_3CHO \longrightarrow$ 巴豆醛(CHO) $+ H_2O$

Michael 加成及环化脱氢：

苯胺 + 巴豆醛(CHO) $\longrightarrow$ 1,2-二氢-2-甲基喹啉 $+ H_2O$ ； 1,2-二氢-2-甲基喹啉 $\longrightarrow$ 2-甲基喹啉 $+ H_2$

总反应式：硝基苯 $+ 2C_2H_5OH \longrightarrow$ 2-甲基喹啉 $+ 4H_2O$

在 Pt/Sn 物质的量比为 0.5、220℃、5.0MPa、原料浓度为 6%、水含量为 30%及反应物停留时间为 72s 的条件下，产物 6-甲氧基-2-甲基喹啉的收率可达 72%。

6.2.2.2 硝基苯加氢制苯胺

杨建峰等[17]利用乙醇液相催化重整制得的氢直接进行硝基苯原位液相加氢合成苯胺。在以 Pt/Al_2O_3 为催化剂，反应温度为 220℃和反应时间为 3h 的条件下，硝基苯的转化率可达 99.3%，苯胺的选择性为 99.8%，催化剂表现出较高的加氢活性和选择性。

重整反应：$C_2H_5OH + 3H_2O \longrightarrow 2CO_2 + 6H_2$

加氢反应：硝基苯 $+ 3H_2 \longrightarrow$ 苯胺 $+ 2H_2O$

总反应：2 硝基苯 $+ C_2H_5OH \longrightarrow$ 2 苯胺 $+ 2CO_2 + H_2O$

6.2.2.3 硝基苯和乙醇制 *N*-乙基苯胺

N-烷基芳胺是合成染料、医药、农药等领域的重要中间体。通常它是以相应的芳香硝

基物为初始原料，由化学还原法或催化加氢法先合成芳胺，在催化剂作用下芳胺再与烷基化试剂（如醇、醚、卤代烃等）发生 *N*-烷基化反应制得。硝基化合物加氢催化剂有 Raney Ni、Raney Cu、Pd/C、Pt/Al_2O_3等。传统的液相催化加氢工艺需要专门配套制氢装置或外部供氢体系。芳胺烷基化催化剂有：H_2SO_4、H_3PO_4和氢卤酸等无机酸，分子筛（ZSM-5、KY、NaX、CaY 等），金属氧化物和金属盐等。

近年来，以雷尼镍、钯炭或稀土元素和碱金属氢氧化物促进的氧化铝负载铜-锰为催化剂，以醇、醛、酮为烷化剂，可实现芳香硝基物加氢还原生成芳胺和芳胺 *N*-烷基化两步反应在同一反应器内连续进行，即将芳香硝基物、烷化剂和催化剂一并加入反应器中，在一定的温度和压力及催化剂作用下先通入氢气将芳香硝基物加氢还原成芳胺，然后降低体系温度，不进行产物分离，而是用 N_2置换体系内的 H_2并维持体系压力，再升温至需要的温度进行芳胺 *N*-烷基化反应。在该方法中，芳香硝基物和芳胺转化率高，*N*-烷基芳胺选择性好，且避免了分离液相加氢产物芳胺的过程。在上述合成方法中，芳香硝基物加氢还原和芳胺 *N*-烷基化两步反应是在不同条件下进行的，且芳香硝基物加氢还原过程仍需外部提供 H_2。

李小年等[18]提出在同一个反应器中，在相同催化剂的作用和相同的反应条件下，在由“芳香硝基物＋醇＋水”组成的反应体系中，实现“醇类化合物水相重整制氢、芳香硝基物液相加氢和芳胺 *N*-烷基化”三个反应之间的耦合，得到一类由芳香硝基物和醇类化合物一锅法制备 *N*-烷基芳胺的新路线。以硝基苯和乙醇组成的反应体系为例，将醇类化合物水相重整制氢反应（1），芳香硝基物液相加氢反应（2）和芳胺 *N*-烷基化反应（3）三步耦合在同一反应器中，在相同催化剂作用和相同反应条件下同步连续进行制得 *N*-乙基苯胺。其反应机理如图 6.10 所示，化学反应方程式如式（4）所示。在硝基苯∶乙醇∶水的体积比为 10∶60∶0 时，在 413K、1MPa 条件下反应 8h，硝基苯和苯胺被完全转化，*N*-乙基苯胺的选择性为 85.9%，*N*,*N*-二乙基苯胺选择性在 0～4%之间，明显优于传统的合成方法。

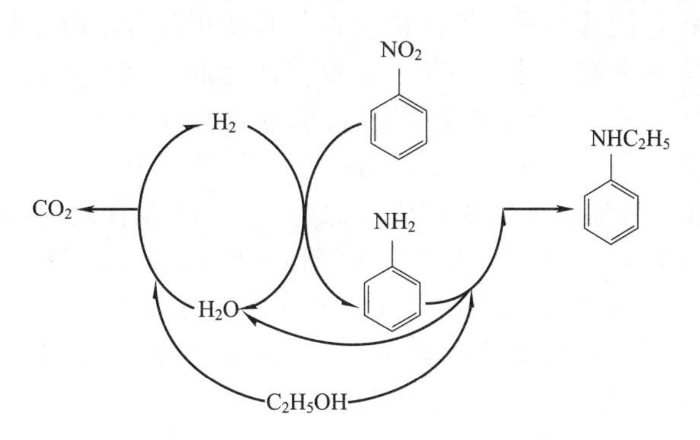

图 6.10　硝基苯和乙醇一锅法合成 *N*-乙基苯胺反应网络图

重整制氢：
$$C_2H_5OH + 3H_2O \longrightarrow 2CO_2 + 6H_2 \quad (1)$$

加氢反应：
$$C_6H_5NO_2 + 3H_2 \longrightarrow C_6H_5NH_2 + 2H_2O \quad (2)$$

N-烷基化反应：
$$C_6H_5NH_2 + CH_3CH_2OH \longrightarrow C_6H_5NHC_2H_5 + H_2O \quad (3)$$

总反应：
$$C_6H_5NO_2 + 2CH_3CH_2OH \longrightarrow C_6H_5NHC_2H_5 + 3H_2 + 2CO_2 \quad (4)$$

6.2.3 四氢化萘为供氢剂的组合反应

石斌等[19]以辽河渣油为原料，四氢化萘为供氢剂，二烷基二硫代氨基甲酸钼为油溶性催化剂在高压釜中进行裂化反应，比较了临氢裂化、临氢供氢裂化、催化加氢裂化以及供氢剂与分散型催化剂共同存在下的加氢裂化。在同样生焦量的情况下，渣油裂化转化率的顺序为：临氢催化供氢过程＞临氢催化过程＞临氢供氢过程＞临氢过程。同时发现供氢剂与分散型催化剂在渣油加氢裂化过程中具有协同作用，与单独使用分散型催化剂的改质反应相比，供氢剂的协同作用不但可以在低转化率下延迟生焦诱导期，提高渣油生焦前的最大转化率，而且在高转化率下对渣油的缩合反应有更大的抑制作用。由 420～440℃ 四级总表观动力学模型计算出的动力学速率常数和活化能表明，供氢剂与分散型催化剂产生的协同作用提高了沥青质和焦生成的活化能，极大地抑制了沥青质和焦生成速率，而对可溶质生成馏分油的裂化反应的抑制作用很小。

6.2.4 甘油-水为储氢载体的甘油加氢制丙二醇的组合反应

随着能源短缺及环境问题的日益凸显，生物柴油因具有良好的可再生性、环境友好及使用安全等优点而得到快速发展，但工业上广泛采用的酯交换法生物柴油生产工艺会产生大量副产物甘油，对其深度加工及高附加值利用是目前解决甘油过剩及降低生物柴油生产成本的有效途径。因此，甘油氢解工艺制备 1,2-丙二醇、1,3-丙二醇和乙二醇等二元醇过程中的催化剂研究备受关注。

氢气在使用过程中存在较大安全隐患，且氢气分子在甘油水溶液中的低溶解性使甘油氢解过程需要高压操作才能达到一定的反应速率，这在很大程度上限制了甘油氢解工艺的商业化发展。D'Hondt 等[20]针对外部供氢的缺陷，提出了将甘油液相重整制氢与加氢工艺相结合的原位加氢构想，将甘油液相重整产生的活性氢直接用作甘油分子氢解反应的氢源，避免了外供氢工艺存在的诸多弊端。甘油原位加氢反应催化剂需兼具催化甘油水相重整制氢和脱水加氢的双重性能。Roy 等[21]结合了金属 Pt 能够促进甘油水溶液重整及 Ru 有利于氢解反应的特点，采用 5% Ru/Al_2O_3 和 5% Pt/Al_2O_3（质量分数）的混合催化剂于 493K 和 1.4MPa 氮气压力下催化甘油原位加氢。质量比为 1∶1 的混合催化剂比单一催化剂具有更优良的催化特性，甘油转化率和 1,2-丙二醇选择性分别达到 50.1%和 47.2%。Yin 等[22]采用 Raney Ni 催化剂于 453K 和 0.1MPa 氮气压力下催化无外供氢的甘油氢解反应，反应 1h 后甘油几乎完全转化，丙二醇选择性达到 43%。Barbelli 等[23]考察了 $Pt\text{-}Sn/SiO_2$ 催化剂在无外供氢条件下对甘油氢解反应催化性能的影响，发现在 473K、Sn/Pt 质量比为 0.2 及 0.4MPa 氮气压力下，1,2-丙二醇选择性为 59%，甘油转化率为 54%，并认为 Pt-Sn 金属间强相互作用促进了 C—O 键和 C—C 键的断裂。活性炭负载 Pt 催化剂具有较高的甘油液相重整制氢催化活性[24]，此类催化剂可利用液相还原即通过控制还原过程中溶解态的分子或金属离子结晶过程，得到高度分散的 Pt 纳米粒子。虽然金属 Pt 能较好地催化甘油液相重整制氢反应，但对甘油氢解制 1,2-丙二醇的催化性能较差，因此可通过加入促进 C—O 键断裂加氢的过渡金属（如 Fe，Ni，Co，Zn，Cu 等）改性 Pt/C 催化剂，使其成为催化甘油原位加氢反应的双功能催化剂。利用液相还原制备的 Pt-M 双金属催化剂因形成了 Pt-M 纳米合金颗粒使催化活性显著提高，从而被广泛用于催化加氢反应中。

孔丹旎等[25]采用 KBH_4 液相还原法制备了系列活性炭（AC）负载的 Pt-M（M＝Fe，Ni，Co，Zn，Cu）双金属纳米催化剂，并用于催化甘油水溶液原位加氢制备 1,2-丙二醇反应。筛选出性能最优的 Pt-Ni/AC 催化剂。在 220℃ 和 1.0MPa 氮气压力下反应 8h，2%Pt-

2%Ni/AC 催化剂上甘油转化率和 1,2-丙二醇选择性分别达到 98.7%和 60.5%，且催化剂保持较高的稳定性。粒径约为 2nm 的纳米颗粒在活性炭载体上均匀分散，纳米粒子中金属多以还原态形式存在，Ni 原子进入 Pt 晶格中形成的 Pt-Ni 物种使 Pt 与 Ni 之间表现出强相互作用力。通过比较 Pt/AC，Ni/AC 与 Pt-Ni/AC 双金属催化剂的催化性能，推断 Pt 能够促进甘油水溶液重整而 Ni 有利于氢解反应，Pt-Ni 金属间协同作用是 Pt-Ni/AC 催化剂对甘油原位加氢反应具有优良催化性能的重要原因。

甘油重整：　$C_3H_8O_3 + 3H_2O \longrightarrow 3CO_2 + 7H_2$

甘油加氢：　$HOCH_2CH(OH)CH_2OH + H_2 \longrightarrow CH_3CH(OH)CH_2OH + H_2O$

总反应：　$8HOCH_2CH(OH)CH_2OH \longrightarrow 7CH_3CH(OH)CH_2OH + 3CO_2 + 4H_2O$

6.2.5　甲酸铵为储氢和储氮载体的组合反应

在金属催化剂存在下，用有机化合物代替气态氢作为反应中的供氢体进行的催化氢化反应称为催化转移氢化（CTH）。甲酸铵-Pd/C 体系以甲酸铵作为 CTH 中的供氢体，不仅安全，易于操作，而且该体系反应具有选择性和还原性良好、反应条件温和、后处理简单等优点。

戴立言等[26]对 2-金刚烷酮的胺化产物（2-金刚烷胺）、5-羟基-2-金刚烷酮的胺化产物（4-氨基金刚烷-1-醇）、3-奎宁酮的胺化产物（3-氨基奎宁）等重要中间体的合成进行了研究。目前合成以上 3 种产物主要的方法是以 NH_3 作氮源、H_2 作氢源、贵金属作催化剂、在高压下反应合成。这些反应不仅条件苛刻、操作复杂，而且选择性和产率均较低。为了克服上述问题，以酮为底物，$HCOONH_4$ 为氢源和氮源，Pd/C 为催化剂，CH_3OH 与 H_2O 为溶剂，对羰基进行还原胺化制得相应的胺。甲酸铵作为氢供体，具有廉价、易得、还原性能好等优点，Pd/C 催化加氢可使反应在温和的条件下进行。该方法反应速度快、后处理方便、选择性好。最佳反应条件：常温常压、CH_3OH：H_2O(体积比)＝9：1、$HCOONH_4$：原料：Pd/C(物质的量比)＝100：10：1。实验过程中，分别对 2-金刚烷酮、5-羟基-2-金刚烷酮和 3-奎宁酮进行了胺化反应研究，获得较好的结果。以 2-金刚烷酮为例，方程式如下。

甲酸铵分解反应：　$HC(=O)-ONH_4 \rightleftharpoons HCOOH + NH_3$

加氢-胺化反应：　2-金刚烷酮 $+ NH_3 + HCOOH \longrightarrow$ 2-金刚烷胺 $+ CO_2 + H_2O$

总反应：　2-金刚烷酮 $+ HC(=O)-ONH_4 \longrightarrow$ 2-金刚烷胺 $+ CO_2 + H_2O$

6.2.6　甲酸为储氢和羰基载体的组合反应

Li 等[27]以 Pd/C 为催化剂实现了甲酸为氢源的芳硝基化合物的直接加氢及甲酸为氢源和羰基源的一锅法芳硝基化合物的酰胺化，以硝基苯为例，反应方程式如下。

甲酸为氢源

甲酸分解：　$HCOOH \longrightarrow H_2 + 2CO_2$

加氢反应：

$$C_6H_5NO_2 + 3H_2 \longrightarrow C_6H_5NH_2 + 2H_2O$$

总反应：

$$C_6H_5NO_2 + 3HCOOH \longrightarrow C_6H_5NH_2 + 2H_2O + 3CO_2$$

甲酸为氢源和羰基源

甲酸分解：

$$HCOOH \longrightarrow H_2 + CO_2$$

酰胺化反应：

$$C_6H_5NO_2 + 3H_2 \longrightarrow C_6H_5NH_2 + 2H_2O；\quad C_6H_5NH_2 + CO_2 + H_2 \longrightarrow C_6H_5NHCHO + H_2O$$

总反应：

$$C_6H_5NO_2 + 4HCOOH \longrightarrow C_6H_5NHCHO + 3H_2O + 3CO_2$$

在芳硝基化合物的直接加氢过程中，该体系体现了很好的催化活性，实现了对同时带有其他可还原官能团的芳硝基化合物的选择性加氢，得到较高收率的胺类化合物。当芳硝基化合物为1mmol，Pd/C用量为0.5%（摩尔分数，基于芳硝基化合物），乙醇2mL，室温下反应时，大部分芳氨基化合物的收率均在80%以上，而邻甲氧基硝基苯加氢生成邻甲氧基苯胺的收率更是高达99%。

同时，通过提高反应温度和增加甲酸的量，实现了芳硝基化合物的加氢和甲酰化的串联反应，当芳硝基化合物为1mmol，HCOOH为10mmol，乙醇2mL，Pd/C用量为0.5%（摩尔分数，基于芳硝基化合物），Ar保护下50℃反应时，大部分酰胺化合物的收率均在80%以上，而苯甲酰胺和对甲基苯甲酰胺的收率均为99%，该体系体现了较高的催化活性。

6.2.7 十氢萘为储氢载体的组合反应

生物质能因具有可再生性、来源广泛、蕴藏量极其丰富的特点而拥有很可观的开发利用前景，是理想可再生资源之一。生物质可再生能源的有效开发利用，不仅可以缓解我国目前面临的环境、能源和生态问题，而且在一定程度上还可以缓解我国对原油的依赖，而如何实现该部分生物质资源向高品位液体燃料的转变将是一项重大研究课题。生物油的腐蚀性会对内燃机等动力设备在使用过程中造成严重危害。生物油的腐蚀性主要来源于生物质有机酸。通过对生物质有机酸催化加氢，从而降低生物油酸值，也是生物油加氢提质的一种重要手段。

乙酸是生物油有机酸中常见组成部分，也是最简单的羧酸，理论上可直接催化加氢生成乙醇。对乙酸催化加氢具有活性的催化剂有Ru基［$Ru_4H_4(CO)_8(PBu_3)_4$］催化剂、Re_2S_7催化剂。含氧碳氢化合物的“原位加氢”，相对于普通加氢具有非常显著的优势，“原位加氢”可高效率利用重整过程中生成的高活性氢，使产物收率较高。同时，由于有机酸含有高度极化的羧基键，对羧酸直接加氢条件较苛刻，需要在较高H_2压力及反应温度下进行，因此研究有机酸在较温和条件下的直接加氢反应具有重要意义。

刘利平等[28]利用Ni-P非晶态膨润土催化剂，十氢萘作为氢源，以水热合成反应釜为反应器，研究了乙酸的原位加氢反应工艺。考察了反应温度、十氢萘用量、催化剂用量、反应时间对乙酸原位加氢转化率和主要产物选择性的影响。利用响应面实验确定了该催化剂上乙酸原位加氢的最优反应条件：反应温度为294℃，催化剂用量为0.31g，十氢萘用量为5.39mL，得到乙酸转化率为55.4%。

十氢萘释氢：十氢萘 ⟶ 萘 $+ 5H_2$

乙酸加氢：$CH_3COOH + 2H_2 \longrightarrow CH_3CH_2OH + H_2O$

总反应：2 十氢萘 $+ 5CH_3COOH \longrightarrow$ 2 萘 $+ 5CH_3CH_2OH + 5H_2O$

6.2.8 甲酸为储氢载体的加氢原位制备 Cu/ZnO 催化剂的组合反应

徐钉等[29]采用室温固相研磨法原位还原制备 Cu/ZnO 催化剂，并将其用于 CO_2 加氢合成甲醇反应。室温固相研磨得到的前驱体在 N_2 中焙烧，前驱体氧化分解和还原活化一步完成，无需外加 H_2 还原，直接制得了原位还原 Cu/ZnO 催化剂。CO_2 转化率和甲醇产率分别达到了33.4%和28.2%，与空气中焙烧再外加5% H_2 还原的 Cu/ZnO 催化剂相比，原位还原 Cu/ZnO 催化剂比表面积较高，Cu^0 粒径较小，催化活性较高。

在 N_2 气氛下焙烧过程中，甲酸的金属配合物分解产生还原性气体（如 H_2、CO 等），使前驱体分解产生的 CuO 直接被还原生成了 Cu^0，Cu^0 粒径为27.1nm，比 H_2 还原的催化剂中 Cu^0 粒径（37.5nm）低，说明活性金属 Cu^0 在原位还原催化剂中的分散更好，且 CuO 几乎全部被还原成了 Cu^0。表明前驱体在 N_2 焙烧过程中氧化分解和还原活化连续进行，即发生了原位还原活化，省去了外加 H_2 还原活化步骤，直接通过原位还原制得了 Cu/ZnO 催化剂，不仅简化了实验步骤，节省了 H_2 资源，而且制得的催化剂中 Cu^0 的粒径也减小了，相当于增大了活性中心 Cu^0 的分散度和表面积。

催化剂制备采用室温固相研磨法。按 Cu/Zn 原子物质的量比为1∶1准确称取一定量的 $Cu(NO_3)_2 \cdot 3H_2O$ 和 $Zn(NO_3)_2 \cdot 6H_2O$，并在玛瑙研钵中固相研磨至物理混合均匀，然后加入一定量的甲酸，继续在室温下研磨至其反应有棕黄色气体放出，即生成了均匀的浅蓝色催化剂前驱体（金属配合物）。前驱体于393K干燥12h，并在 N_2 气氛中焙烧，氧化分解和还原活化一步完成，无需外加 H_2 还原活化，相当于焙烧过程中原位还原活化。

催化剂前驱体在升温过程中同时发生氧化分解和还原活化反应，氧化分解放出的还原性气体（H_2、CO 等）使分解生成的 CuO 被直接还原成金属 Cu^0。

6.2.9 氨为储氢载体的 CO_2 加氢制甲烷安全膜的组合反应

上宫成之等[30]采用 Pd 膜反应器，将氨气分解反应与 CO_2 加氢反应耦合，利用氨分解的氢气进行 CO_2 加氢制甲烷反应。反应式如下。

NH_3 分解：$2NH_3 \longrightarrow N_2 + 3H_2$(吸热反应)

CO_2 甲烷化：$CO_2 + 4H_2 \longrightarrow CH_4 + 2H_2O$(放热反应)

逆变换反应（副反应）：$CO_2 + H_2 \longrightarrow CO + H_2O$(放热反应)

氨分解和 CO_2 甲烷化反应均使用同一催化剂 Ru/Al_2O_3，反应结果见图6.11和表6.3。进料采用逆流方式Ⅰ，与并流方式相比，CO_2 转化率低。这是因为，逆流方式Ⅰ中氨进料入口处的氢气透过量多，同并流方式比，CO_2 与分离氢气的接触时间短，一部分透过氢气没有与 CO_2 反应而排出反应器外。逆流方式Ⅱ中，供给侧 CO_2 在20mm后再充填催化剂，与逆流方式Ⅰ比，氢气去除率低，但 CO_2 转化率提高了。这是因为甲烷化反应使氢气分压下降，氨入口处生成、分离的氢气与 CO_2 接触时间增加所致。

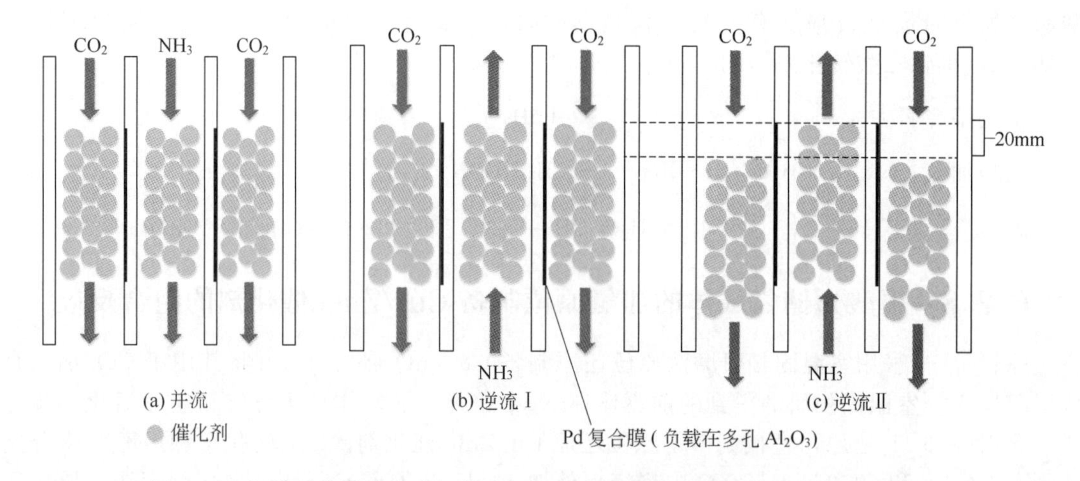

图 6.11　钯膜反应器中流动方式对 CO_2 甲烷化与氨分解耦合反应性能的影响

表 6.3　流动模式和 CO_2 甲烷化对 623K 下 NH_3 分解反应性能的影响

流动模式	原料气在渗透侧	H_2去除率/%	NH_3转化率/%	CO_2转化率/%	CH_4选择性/%
并流	Ar	32.5	58.0	—	—
	CO_2	83.8	52.6	36.2	99.6
逆流 I	Ar	23.9	45.4	—	—
	CO_2	85.7	42.5	29.9	98.2
逆流 II	Ar	23.2	46.0	—	—
	CO_2	78.8	59.1	36.8	99.2

注：W/F_{NH_3} 为 866g cat·min·mol^{-1} NH_3，W/F_{CO_2} 为 1.49×10^4g cat·min·mol^{-1} CO_2。

6.3　固体储氧载体组合反应

氧化反应安全性分析：氧化反应为反应物质与氧原子化合或者脱去氢的反应。氧化工艺涉及氧化反应。主要使用的氧化剂有：双氧水、氯酸钾、氧气和高锰酸钾等。氧化反应具有反应温度高，放热量大，升温速度快等特点。反应物质及其产物具有燃烧爆炸性。高锰酸钾，氯酸钾等部分氧化剂受碰撞、加热及与酸接触，能引起剧烈化学反应。氧化反应所生成的过氧化物容易分解，加热或撞击易使其分解或爆炸。所以氧化反应具有较大的火灾危险性。在氧化反应化工设计过程中必须采取有效本质安全控制措施。

烃类氧化过程的特点：反应放热量大，存在热量的转移和回收问题；反应不可逆，目的产物多为中间氧化物；氧化途径复杂多样，需要设计催化剂和确定反应条件；反应过程易燃易爆，氧化剂与烃类及其衍生物的混合物容易爆炸和燃烧，需要特别注意安全操作；有较多的副产物生成，这样就降低了元素有效利用率，且排放（尤其是副产 CO_2）也构成了环境的危害及其生产安全等问题。

为了避免烃类与氧气均匀混合而形成燃烧爆炸源，决不能将烃类和氧气大量均匀混合，两者最好在不同相态进行接触来完成氧化反应。为了实现上述过程，设计制备合适的化学储氧载体是方法之一。

烃类的催化选择氧化：在工业上一般以氧气或空气为氧化剂，催化剂多为可变价过渡金属复合氧化物。为了避免气相氧对烃类分子的深度氧化，提高目的产物的选择性，人们在不断改进催化剂性能的同时，尝试了采用储氧载体的氧物种作为氧源的反应新工艺。采用变价金属氧化物作为储氧载体，利用它们的氧化还原性质，将空气中的氧变为储氧载体中的晶格氧，并以此代替纯氧作为烃类催化氧化制合成气的氧源。该工艺按 redox 模型将烃分子与氧气或空气分开进行反应，从根本上排除了气相深度氧化反应，并且避免了发生爆炸的危险。Redox 反应包括两个主要的过程：气相的烃分子与高价态金属氧化物表面上的晶格氧（或吸附氧）作用，烃分子被氧化为目的产物，晶格氧参与反应后，金属氧化物被还原为较低价态；气相氧将低价金属氧化物氧化到初始高价态，补充晶格氧，完成 redox 循环。

固体化学储氧载体（载氧体）定义：具有氧化还原性质的固态物质，能将空气中的氧气转化为其中的晶格氧，可“存储”和“释放”晶格氧，并由晶格氧代替纯氧作为烃类催化氧化的氧源。

固体化学储氧载体可控释放及其完全转化的安全组合反应系统：如前所述，在催化剂微反应相中构建由储氧载体可控释放氧物种反应和反应物氧化反应构成的组合反应系统，可在宏观上实现氧气不与反应物混合和累积。该组合反应彻底避免了常规氧化反应存在的氧气大量累积和与反应物混合而产生的安全隐患。

氧气释放和氧化反应构成安全组合反应：$C_{O_2}=0$（整个反应时间内，氧气宏观浓度为零）：

$$S_2O \longrightarrow S_2 + [O_2]^S \quad (1)$$

$$A + [O_2]^S \longrightarrow PO \quad (2)$$

常规氧化反应：$C_{O_2}\neq 0$（整个反应时间内，氧气宏观浓度不为零，随反应时间下降）：

$$A + O_2 \longrightarrow PO \quad (3)$$

6.3.1 载氧体为氧源的化学链燃烧过程

1983 年德国科学家 Richter 等[31] 提出了一种新型的燃烧概念，即化学链燃烧技术(Chemical Looping Combustion，CLC)，其目的是为了减少常规化石燃料燃烧过程中 CO_2 排放。是将载氧体作为氧原子和热量的载体，燃烧过程借助于循环载氧体来提供燃烧所需的氧原子，不直接与空气中的氧分子反应，将传统的一级燃烧反应分为两级反应来进行，降低燃烧过程产生的不可逆熵，提高能量利用效率。同时，由于分级反应的温度远低于传统燃烧温度，可以有效地控制甚至消除 NO_x 的生成。化学链燃烧可以方便地进行 CO_2 分离，离开燃烧系统的尾气主要是 CO_2 和 H_2O 混合气，不需消耗额外能量，经过物理冷凝即可以分离得到高纯度的 CO_2[32]。

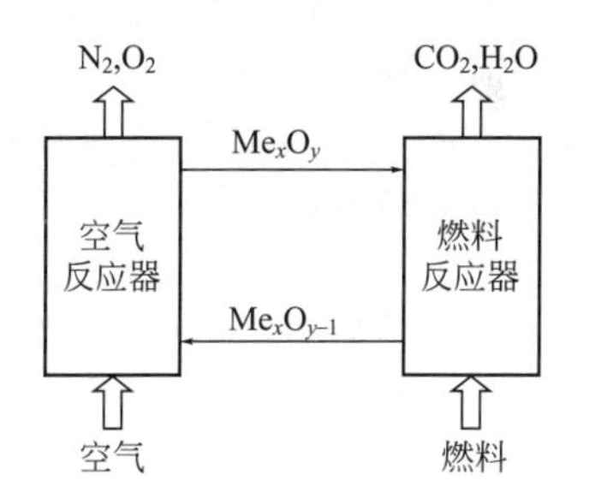

图 6.12 化学链燃烧原理示意图

图 6.12 为化学链燃烧原理示意图。燃料进入燃料反应器，与反应器内载氧体（金属氧化物）发生式（1）还原反应；还原后的 Me_xO_{y-1} 被转移到空气反应器中并发生式（2）氧化反应。

还原反应：$(2n+m)Me_xO_y(s) + C_nH_{2m} \longrightarrow (2n+m)Me_xO_{y-1} + mH_2O + nCO_2$ （1）

氧化反应：$Me_xO_{y-1}(s) + 1/2O_2(g) \longrightarrow Me_xO_y(s)$ （2）

应该指出的是，化学链氧解耦（Chemical Looping with Oxygen Uncoupling，CLOU）是基于 CLC 提出的一种新型的燃烧技术[33]。传统的 CLC 中燃料的燃烧借助于载氧体传递的活性晶格氧，而 CLOU 中燃料的燃烧借助于载氧体释放的 O_2 分子，可以大大加快燃料与载氧体的反应速率。CLOU 过程可分为三步：首先是载氧体 MeO_x 在燃料反应器中释放 O_2（高温）；随后燃料与载氧体释放的 O_2 发生反应，生成 CO_2 和水蒸气，水蒸气被冷凝之后便可得到高纯度的 CO_2，同时载氧体逐渐转变为低氧势的 MeO_{x-1}；最后，低氧势载氧体 MeO_{x-1} 进入空气反应器中与空气发生反应，恢复为活性 MeO_x。燃料反应器与空气反应器释放的热量与燃料直接燃烧释放的热量相等。CLOU 实现了 CO_2 的内分离，降低了 CO_2 捕集成本，并可避免快速型和热力型 NO_x 的生成，在燃煤电站 CO_2 低能耗捕集方面具有很好的应用前景。

实现 CLOU 过程的关键是选择具有吸氧/释氧特性的载氧体，目前应用较多并已被证明的载氧体主要有金属 Cu、Mn、Co 的氧化物及钙钛矿型氧化物。其中 Cu 基载氧体（CuO/Cu_2O）因为拥有较宽泛的释氧-吸氧温度区间（800～110℃）、优良的释氧-吸氧速率、合适的材料属性、较为廉价和环境友好等特点而受到广泛的关注。

（1）载氧体类型

载氧体的性能是 CLC 技术发展应用的关键，载氧体主要是由活性组分负载于惰性载体构成。在 CLC 工艺中，载氧体应具备以下条件：耐高温，机械强度高，再生性强，活性好，氧传输能力强，磨损率低，抗烧结和抗团聚能力好，颗粒尺度分布适宜、内部孔隙结构大，价格便宜等。活性组分是载氧体性能优劣的关键，一般以金属氧化物为材料，主要包括 Ni、Fe、Mn、Cu、Co 和 Cd 的氧化物；惰性载体为活性组分提供支撑，能提高载氧体的孔隙率、比表面积和机械强度，使纯金属氧化物不易烧结和破碎，提高载氧体的热稳定性，主要有 SiO_2、Al_2O_3、TiO_2、ZrO_2、MgO、钇稳定氧化锆（YSZ）、海泡石、高岭土、膨润土和六价铝酸盐。

目前，除金属载氧体以外，非金属载氧体选择性也较多，主要有 $CaSO_4$、$BaSO_4$、$SrSO_4$ 等硫酸盐载氧体。

（2）载氧体的制备方法

包括机械混合法、冷冻成粒法、浸渍法、分散法等。机械混合法制作工艺相对简单，制备载氧体时，将适宜粒径的金属氧化物、惰性载体，以一定的浓度混合、粉碎，加水制得适当黏度的糊状物，然后成型，置于适宜温度中干燥，之后于马弗炉中高温煅烧，并通过筛分获得需要粒径的载氧体；浸渍法是将惰性载体加入用金属氧化物的硝酸盐［如 $Cu(NO_3)_2$］溶于溶剂（如 H_2O）得到的饱和溶液中，再除去溶剂，置于一定温度中煅烧使硝酸盐分解，即可得到载氧体（通过多次浸渍可增大活性组分的加载量）；分散法制备载氧体时将金属氧化物和惰性载体的硝酸盐按一定比例溶于水中并搅拌一段时间后，在不同的温度梯度下分阶段干燥，最后通过煅烧得到制备载氧体的原料，将上述原料按机械混合法相同的程序处理后即可得到载氧体。

喷雾干燥法制备载氧体时，将分散法制得的制备载氧体的原料粉碎、加水成为浆状物，然后利用喷雾干燥器将上述浆状物干燥后煅烧，即可制得载氧体。

冷冻成粒法制备载氧体时，利用球磨机制得金属氧化物、惰性载体、分散剂与水的浆状物，通过喷嘴使雾化后的浆状物进入液氮而得到冻结的球状粒子，利用冷冻干燥法除去水分，然后利用热解法除去粒子中的有机物，经过煅烧之后，筛分得到适宜粒径的载氧体。

溶胶-凝胶法可制得精细、均匀的粉末，但由于所用到的金属醇盐一般很昂贵，工业应用前景有限。

在机械混合法和冷冻成粒法中，分别加入石墨、淀粉作为添加剂，在高温煅烧时燃烧形成气孔，可增加载氧体的多孔性和比表面积，以此来改善载氧体的反应性能。

由于各种金属的优缺点不同，一些研究人员将几种金属氧化物以一定比例混合或直接负载于硫酸盐载氧体以期得到综合性能更好的复合型载氧体。如，(NiO＋CoO)/YSZ 复合载氧体，兼备了两种独立活性组分的特性，再生能力强，保持了很高的氧化率和还原率，完全避免了积炭；浸渍有微量 Fe_2O_3 和 NiO 的 $CaSO_4$ 复合型载氧体同气体、固体燃料的反应速率加快，反应时间大大缩短。

镍系载氧体：NiO/YSZ、$NiO/NiAl_2O_4$、NiO/（膨润土、TiO_2、SiO_2）。

铜系载氧体：CuO/Al_2O_3、CuO/TiO_2、CuO/SiO_2。

铁系载氧体：Fe_2O_3/YSZ、Fe_2O_3/SiO_2、Fe_2O_3/Al_2O_3、Fe_2O_3/Mg-ZrO_2。

非金属系载氧体：$CaSO_4$、$BaSO_4$、$SrSO_4$。$CaSO_4$ 还原的直接产物是 CaS，而不是 CaO 和 SO_2；CaS 氧化的直接产物为 $CaSO_4$，也不是 CaO 和 SO_2。因此，$CaSO_4$ 可以作为化学链燃烧的载氧体，而且不会生成大量 SO_2。

复合载氧体：CeO_2/Fe_2O_3、CeO_2/ZrO_2、CaAlFe、CaAlNi、$CaSO_4$/膨润土。

钙钛矿型载氧体：$La_{1-x}Sr_xM_yFe_{1-y}O_{3-\delta}$。

化学链燃烧技术还衍生出了化学链部分氧化技术，以甲烷燃料为例，当载氧体不能将甲烷完全氧化为 CO_2 和 H_2O 时，发生甲烷的部分氧化。甲烷部分氧化制备合成气技术是甲烷化学利用的重要方向，因为可制备 H_2/CO 物质的量比为 2 的合成气是甲醇生产和 Fischer-Tropsch合成的理想原料气。与传统甲烷部分氧化技术（POM）相比，化学链部分氧化技术中分开进料的方式不需使用纯氧，可避免甲烷与氧气混合爆炸的危险，有很强的竞争优势。在甲烷化学链转化过程中，其发生完全氧化（燃烧）或是部分氧化的关键在于载氧体的选择。

曹良鹏等[34]根据 Co_3O_4 与 CeO_2 基载氧体的典型特征，将二者的复合氧化物作为研究模型，分别制备出了系列的 $Ce_{1-y}Co_yO_{2-\delta}$ 载氧体和 Co_3O_4/CeO_2（x）载氧体，考察了这两类载氧体的物理化学性质及其与甲烷的反应性能，希望阐释通过载氧体设计来控制甲烷化学链燃烧和化学链部分氧化的可行性。

采用水热法制备了 $Co_3O_4/CeO_2(x)$ [x 为钴铈原子物质的量比 $n(Co):n(Ce)=1.5\sim9$]和 $Ce_{1-y}Co_yO_{2-\delta}$（$y=0.1\sim0.4$）2 个系列复合氧化物，考察了这些氧化物作为载氧体参与甲烷化学链转化（化学链燃烧和化学链部分氧化）的反应性能。两类复合氧化物的甲烷反应活性均明显优于单一氧化物 CeO_2 或 Co_3O_4，但 2 类载氧体上的甲烷反应产物的选择性具有明显差异。$Ce_{1-y}Co_yO_{2-\delta}$ 载氧体形成了 Ce-Co-O 固溶体，储氧能力明显增强，体相晶格氧迁移速率与甲烷活化速率匹配较好，甲烷反应产物以 CO 和 H_2 的合成气为主，有利于甲烷的化学链部分氧化。$Co_3O_4/CeO_2(x)$ 载氧体中 CeO_2 与 Co_3O_4 之间的相互作用改善了材料的储氧能力和氧化活性，其与甲烷反应时主要生成 CO_2，有利于甲烷化学链燃烧。

6.3.2 载氧体为氧化剂的化学链重整制合成气

化学链重整技术（CLR）是 CLC 的拓展应用，其理论基础是 CLC，基本原理见图 6.13。CLR 过程分两步进行，在重整反应器里，燃料与载氧体部分氧化制取合成气，反应式如下所示。

$$Me_xO_y + CH_4 \longrightarrow Me_xO_{y-1} + 2H_2 + CO$$

在氧化剂生成室，被还原的载氧体被空气重新氧化，恢复晶格氧，反应式如下所示。

$$Me_xO_{y-1} + 1/2O_2 \longrightarrow Me_xO_y$$

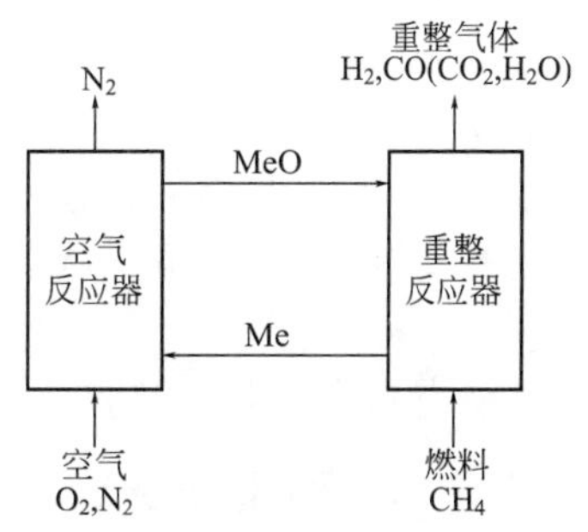

图 6.13 化学链重整原理示意图

根据上述两个反应，通过载氧体的循环使用，实现了 CH_4 的化学链重整制合成气工艺。优点在于：①载氧体的循环使用为 CH_4 的部分氧化提供了氧元素，省去了纯氧制备，节省了成本；②在空气反应器中载氧体发生氧化反应，放出的热被载氧体带入重整反应器，为 CH_4 的部分氧化提供了热量，载氧体同时起到热载体的作用，因而无需外加热就可以使反应持续进行；③没有分子氧参与反应，甲烷被完全氧化的可能性大大降低，合成气的选择性大幅度提高，产品气中 $n(H_2)/n(CO)$ 接近 2，适合直接用于 F-T 合成；④空气与甲烷分开进料，避免了发生爆炸的危险，且通过合理控制空气反应器中的再生条件还能得到副产物氮气，如使用 CO_2 或 H_2O 再生载氧体则可获得 CO 或 H_2；此外，反应体系简单，过程容易控制，易于实现工业化。

(1) 甲烷 CLR 载氧体

载氧体在两个反应器之间循环，通过在空气反应器中的氧化再生过程，为重整反应器中的还原反应提供了晶格氧；同时将空气反应器氧化再生的热量传递给重整反应器。因此，载氧体的物理化学性能是整个化学链重整系统的关键所在。一般地，载氧体应具有以下特点：①良好的反应性能，通过循环来减少载氧体的存量；②良好的耐磨损性，减少反应过程的损失；③高选择性，能选择性地使燃料部分氧化转化为 CO 和 H_2；④可以忽略的碳沉积以及良好的流化性质（没有烧结）；⑤原材料价廉易得、具有较低的生产成本；同时，还需具有易于制备以及对环境友好、不会造成二次污染等性质。

目前，应用于 CLR 过程的主要载氧体有 Ni、Cu、Mn、Fe、Co 等过渡金属的单金属氧化物，萤石型氧化物 CeO_2，钙钛矿型氧化物 $La_{0.8}Sr_{0.2}Co_{0.8}Fe_{0.2}O_{3-\delta}$。

(2) 单金属载氧体

常用的惰性载体有 Al_2O_3、SiO_2、$NiAl_2O_4$、海泡石、$MgAl_2O_4$、$NiAl_2O_4$、TiO_2、ZrO_2、$Y_2O_3+ZrO_2$（YSZ）等。单金属载氧体有 NiO、CuO、Fe_2O_3、CeO_2、Mn_2O_3 等。

镍基载氧体：具有很高的活性、较强的抗高温能力、较低的高温挥发性和较大的载氧量，但其缺点为价格较高且对环境有害，碳沉积严重，存在热力学限制。

铜基载氧体：具有较高的活性、较大的载氧能力，没有热力学限制，价格比镍、钴基载氧体便宜，对环境较友好，而且不易与载体发生反应，碳沉积现象也较少，但铜基氧化物较低的熔点使得其在高温下易发生分解，降低了在高温下运行的活性。

铁基载氧体：因具有较高的熔点使其可以在高温下维持较好的反应活性，而且价格低廉、来源广并且环境兼容，同时其稳定性良好，不易发生碳沉积作用，其不足在于，和其他几种常用金属载氧体相比，还原性较弱、氧传递能力与燃料转化率较低。

(3) 复合金属载氧体

萤石型（AB_2）、钙钛矿型氧化物（ABO_3）、CeO_2-Fe_2O_3、萤石型载氧体 $Ce_{1-x}Zr_xO_{2-y}$、钙钛矿型复合氧化物 $CaTiO_3$、$LaFeO_3$、$La_{0.8}Sr_{0.2}FeO_3$。

于鹤等[35]以 MgO 为载体，采用球磨法制备了 Ce-Fe-Zr-O/MgO 粉末状载氧体，进而采用挤压成型法制备了整体型载氧体。粉末状载氧体中的储氧组分以 Ce-Fe-Zr-O 固溶体形式存在，而整体型载氧体的制备过程会导致 Zr、Fe 游离氧化物的形成。粉末状载氧体和整体型载氧体上均存在表面晶格氧和体相晶格氧，其中，体相晶格氧具有高选择性氧化甲烷的性能，可以将甲烷转化成 CO 和 H_2。粉末状载氧体与甲烷反应活性较高，但其存在高含量的表面氧，易导致甲烷的完全氧化。整体型载氧体上体相晶格氧占据优势，可将甲烷选择性氧化为 CO 和 H_2。粉末状载氧体在还原反应发生短时间内容易引起甲烷裂解导致产物气中的 H_2/CO 物质的量比显著大于 2.0，同时产生大量积炭，制约了其循环性能。而整体型载氧体经 10 次循环实验后，全程反应过程中合成气 H_2/CO 物质的量比一直维持在 2.0 附近，显示了较高的循环稳定性能。

6.3.3 利用处于还原态载氧体与水反应的化学链制氢

化学链制氢技术，使用固态金属氧化物作为载氧体代替传统重整过程中所需的水蒸气或纯氧，将燃料直接转化为高纯度的合成气或者二氧化碳和水，被还原的金属氧化物则可以与水蒸气再生并直接产生氢气，实现了氢气的近零能耗原位分离，是一种绿色、安全、高效的新型制氢过程。

(1) 甲烷水蒸气重整制氢过程[36]

虽然制氢的方法有很多，但是甲烷的水蒸气重整过程（SMR）仍是大规模制氢的最主要的技术。该过程由气体净化、蒸汽重整、高温水汽转化、低温水汽转化、H_2分离和CO_2分离过程构成。

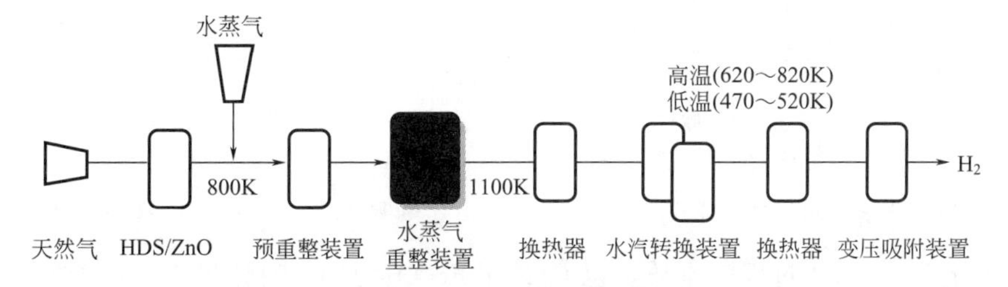

图 6.14 SMR 制氢原理流程图

SMR 制氢原理流程图如图 6.14 所示。甲烷经过脱硫之后，在 970～1100K、含有 Ni 催化剂的装置中进行催化重整过程，以获得 CO 和H_2的混合物，如式（1）：

$$CH_4 + H_2O \longrightarrow CO + 3H_2 \qquad -206.3kJ/mol \tag{1}$$

之后在高低温水汽转换装置中进行水汽转换过程制取H_2。高温 WGS 中通常利用 Fe/Cr 催化剂，低温 WGS 中利用 Cu/Al/Zn 催化剂，如式（2）：

$$CO + H_2O \longrightarrow CO_2 + H_2 \qquad +41.0kJ/mol \tag{2}$$

最后，将H_2中的CO_2、水蒸气、甲烷和 CO 进行分离。SMR 过程的总反应为式（3）。

$$CH_4 + 2H_2O \longrightarrow CO_2 + 4H_2 \qquad -165.3kJ/mol \tag{3}$$

在该工艺流程中，通常利用变压吸附或胺吸附方法对制备的H_2进行净化，并对CO_2进行捕捉，然而，这不仅需要专门的装置，还需要消耗额外的能量，因此不但提高了总的投资，而且降低了甲烷水蒸气重整过程的系统效率。另外，由于甲烷水蒸气重整制氢反应是强吸热反应，需在较高的温度下靠外部供热才能进行，而该过程会释放CO_2，因此该装置无法实现100%的CO_2捕捉。因此，甲烷水蒸气重整工艺生产技术虽然较为成熟，但能耗高、生产成本高、设备投资大，且无法实现完全的CO_2捕捉。寻找一种系统简单且可以方便地进行温室气体减排的制氢途径意义重大。

(2) 化学链制氢（CLH）原理

化学链制氢（Chemical Looping Hydrogengeneration，CLH）过程源自 CLC 和蒸汽铁法制氢过程，原理如图 6.15 所示。CLH 由两个反应器组成，还原反应器中金属氧化物被通入的燃料气体还原，之后载氧体被循环回水蒸气氧化反应器，其中H_2O与金属或被还原的金属氧化物反应生成H_2。如果还原气体完全反应，则还原反应器出口气体中只包含CO_2和H_2O。水蒸气氧化反应器出口为H_2和过量的H_2O。因此，只要将H_2O进行冷凝即可以在无需分离过程的情况下获得纯净的H_2和CO_2。CLH 过程的优点是：无需水蒸气转换反应器和额外的装置进行H_2和CO_2分离过程，系统比较简单；只需要一种固体颗粒，然而传统的水蒸气重整过程需要超过 4 种催化剂/吸附剂（重整过程、高温水蒸气转换装置、低温转换装置及CO_2吸附装置的催化剂/吸附剂）；该过程可以制备高浓度的H_2，无需进一步的H_2净化过程。

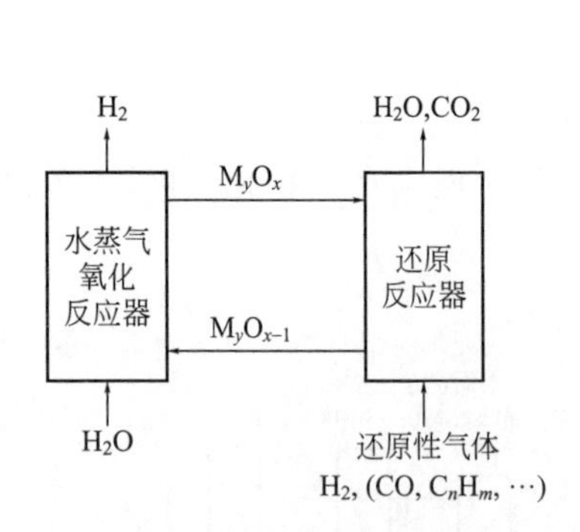

图 6.15　化学链制氢过程原理

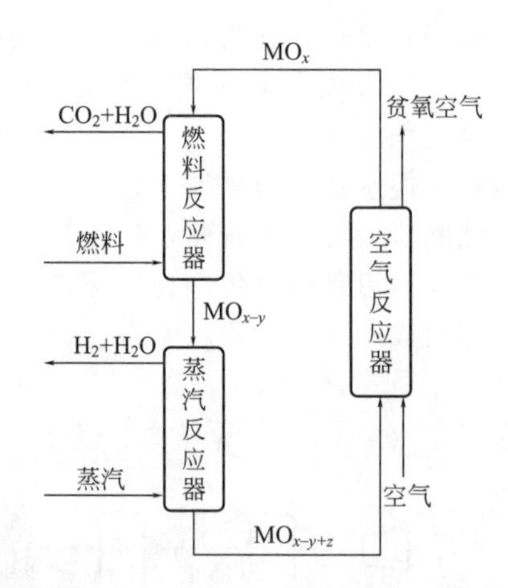

图 6.16　CH_4 和 Fe_2O_3 的 CLH 原理

为了充分说明 CLH 过程的本质，以 CH_4 和 Fe_2O_3 为例，对该过程中可能发生的反应进行分析，如图 6.16 所示。整个过程发生的反应见式（1）～式(4)[37]。

还原过程：　$4Fe_2O_3 + CH_4 \longrightarrow 8FeO + CO_2 + 2H_2O - 351.3kJ$　（1）

蒸气氧化过程：　$3FeO + H_2O \longrightarrow Fe_3O_4 + H_2 + 71.9kJ$　（2）

空气氧化过程：　$4Fe_3O_4 + O_2 \longrightarrow 6Fe_2O_3 + 476kJ$　（3）

总过程：　$3CH_4 + 2H_2O + 2O_2 \longrightarrow 3CO_2 + 8H_2 + 473kJ$　（4）

在 CLH 过程中，金属载氧体需要具备几个重要的特点：在燃料反应器中将燃料完全转化为 CO_2 和 H_2O，否则未燃烧的燃料需要用纯氧进行完全转化；能够和燃料生成还原性金属氧化物或金属单质，且被还原的金属氧化物应具备较高的产氢性能；从经济性的角度，颗粒还需要在多次的循环过程中有较高的稳定性。

(1) CLH 载氧体及作用

目前，Fe_2O_3 被认为是铁-水蒸气制氢过程最合适的载氧体。Fe_2O_3 负载在 CeO_2 和 ZrO_2 上后，可以大幅提高 Fe_2O_3 的低温（$<$ 600℃）还原性，并且 Fe_2O_3 负载在 CeO_2/ZrO_2 混合载体上效果最好，CeO_2 提高了 Fe_2O_3 的还原能力，ZrO_2 通过阻止在燃料反应器中 FeO 进一步被还原为金属态 Fe 而提高其热稳定性。

(2) 金属掺杂作用

Mo 和 Cr 可以提高 Fe_2O_3 在循环过程中的热稳定性，添加 Cr 和 Mo 助剂后，使 Fe_2O_3 部分转化成了尖晶石结构（$M_xFe_{3-x}O_4$，M＝Mo 和 Cr)，从而抑制了 Fe_2O_3 粒子的聚集长大。助剂 Ru、Rh、Pd、Ag、Ir 和 Pt 可以促进 H_2、CH_4 和 H_2O 的解离而得到较高的活性，它们在化学链制氢过程对解离水制氢促进作用的强弱顺序为 Rh＞Ir＞Ag＞Pd＞Ru。Rh 可以降低水解离的起始温度。虽然 Ni 和 Cu 也可以与 Fe_2O_3 形成尖晶石提高其氧化还原能力，但无法抑制其烧结。

(3) 钙钛矿型复合氧化物

由于具有很高的氧化还原、氢解能力，且掺杂以后可形成晶体缺陷，有很高的催化活性，是化学链载氧体的研究新方向，如，以 $La_{1-x}Sr_xM_yFe_{1-y}O_{3-\delta}$ 型钙钛矿作为载氧体、CH_4 为原料进行化学链重整制氢气和合成气。采用柠檬酸络合法制备的 $Fe_2O_3/LaNiO_3$ 复合氧化物用于化学链制氢反应，燃料反应器温度达到 800℃以上甲烷都可以全部转化。

(4) 天然的铁矿石

由于价格低廉、储量丰富、取材容易等原因，吸引了许多研究者的目光。如，铁矿石和炼钢余料等廉价载氧体，对于不同种类的固体燃料都具有很好的活性，并且经过多次氧化还原过程后活性没有衰减，甚至略有提高。与纯 Fe_2O_3 相比，铁矿石具有更好的氢存储能力和氧化还原稳定性，归因于铁矿石内所含的杂质，杂质 Al_2O_3 和 SiO_2 可以提高抗烧结能力，而杂质 CaO 和 MgO 可以促进水的解离。

6.3.4 载氧体与气化剂提供氧的煤化学链气化

煤化学链气化（Chemical Looping Gasification，CLG）技术是一种新型的清洁煤气化技术，是利用载氧体与气化剂向煤提供气化所需的氧，通过控制载氧体-气化剂-煤比可以获得以 CO 和 H_2 为主要成分的合成气。该技术将煤催化气化技术与化学链技术耦合在一起，具有以下优点：无需空分装置，节省生产成本；载氧体对煤气化反应具有催化作用，能够降低气化温度，抑制 NH_3 与 H_2S 的释放；载氧体循环使用，为煤气化反应提供热量。

载氧体作为 CLG 的关键因素，其性能直接影响整个系统的运行。$CaSO_4$ 载氧体具有储量丰富、价格低廉、载氧率高、无二次污染等优点，逐渐成为研究热点。Fe_2O_3 适用于煤化学链气化过程，并且 H_2O/C 物质的量比为 1、Fe_2O_3/C 物质的量比为 0.2 时系统可以自热。Fe_2O_3 具有良好的载热性能及较高的合成气选择性。但是 Fe_2O_3 载氧体存在反应活性低、循环性能差、对煤气化催化作用弱等缺点。向 Fe_2O_3 中掺杂碱金属及过渡金属，能提高载氧体的反应速率和转化率，改善载氧体的循环性能。

碱金属还可以对煤气化起到催化作用，降低气化反应温度、提高反应速率。如碱金属 K_2CO_3 修饰的钙基复合载氧体。

胡修德等[38]以膨润土为载体，采用机械混合-浸渍法制备了 $CaSO_4$-K_2CO_3/Bentonite 复合载氧体。在流化床反应器中，以水蒸气作为气化、流化介质，考察复合载氧体 CaKBen 与不同煤种的化学链气化反应特性，并对该载氧体的循环特性、作用机理及气化动力学方程进行了研究。复合载氧体 CaKBen 适用于不同煤种的化学链气化过程。900℃时，与纯煤气化相比，CaKBen 化学链气化的碳转化率提高 17.9%，反应时间缩短 10min，复合载氧体 CaKBen 表现出良好的反应活性和催化性能以及良好的循环特性。气化过程中 $CaSO_4$ 与 K_2CO_3 具有协同作用。

6.3.5 以晶格氧为氧源的选择氧化合成重要化学品反应体系

相对于分子氧直接参与的反应，晶格氧具有更高的选择性和安全性，不会形成易燃易爆的氧气与反应物均相混合体系，反应仅在固体表面进行。

6.3.5.1 丁烷晶格氧氧化制顺酐安全反应过程

(1) 传统工业生产中正丁烷氧化制顺酐的安全性[39]

该反应属于强放热反应，热量必须及时移出，否则会使温度快速升高，发生事故。压缩的正丁烷与空气混合到一定浓度易燃易爆，丁烷进料浓度必须保持在很低（1.5%），处于爆炸限外。在强放热反应体系中，催化剂活性升高将会产生更大放热量和更高的热点温度，而温度升高反过来又会促使正丁烷和顺酐过度氧化，并降低顺酐选择性。因此，磷的流失会导致催化剂活性失控，并最终导致反应器飞温。

正丁烷法以正丁烷和空气为主要原料进行氧化反应，反应过程中放热强，且生产使用的原料丁烷气属于易燃、易爆和有毒有害物质，具有闪点低、爆炸极限宽等特点，具有较大的火灾、爆炸危险性，一旦在操作、控制和管理中稍有疏忽，就可能发生火灾爆炸事故。近期该行业已发生多起火灾爆炸安全事故。

顺酐生产过程中主要危险物料是正丁烷，液化丁烷气的爆炸速度很大，火焰温度在1000℃以上，标准状况下，$1m^3$液化丁烷气完全燃烧，发热量高达数千万焦耳，由于它燃烧值大，爆炸速度快，瞬间就会完成化学变化，破坏力特别强。

丁烷法制顺酐生产装置属于甲类火灾危险性区域，所采用的原料及中间产品都具有易燃、易爆性，产品顺酐具有腐蚀性。装置的主要危险物质是丁烷等易燃易爆物质，有一定的毒性。主要生产过程在较高的温度和压力下操作，选材不合理易发生泄漏、腐蚀等；压力下操作的反应器、塔、容器制造缺陷、腐蚀、疲劳损坏、安全附件失效等因素，容易导致物理爆炸。辨识分析丁烷法制顺酐生产过程中存在的危险因素有：热点温度的影响，丁烷氧化反应属于强放热反应，氧化反应中产生热量，必须及时除去。如果反应热不能及时移出，将会使反应温度迅速上升，产生大量的副产物从而导致得不到合格产品，甚至还可能导致发生反应器爆炸。列管式固定床反应器的列管径向和轴向都有温差，由于受传热效率的限制，可能产生较大的温差，影响反应选择性，催化剂变劣，甚至使反应失去稳定性或产生飞温。导致氧化反应失控的原因主要有：反应热未能及时移出，反应物不能均匀分散和操作失误等。冷却剂选择不当、换热设备不能及时导出反应器中过多的热量、因器壁结垢传热效果变差、冷却剂供给设备发生故障等。

(2) 晶格氧为氧源的新反应器技术

双区域流化床反应器：传统反应器技术采用丁烷/空气共进料方式，这样会使丁烷和顺酐与气相氧分子或吸附态氧直接接触，导致丁烷完全氧化和顺酐深度氧化反应等副反应的发生，而且受爆炸极限的限制，正丁烷进料浓度非常低。为了解决以上问题，Herguido等[40,41]提出在同一反应器内构建不同氧化氛围的设想，并设计了相应的反应器结构（见图6.17），主要结构有双区流化床反应器（TZFBR）和内循环流化床反应器（ICFBR）。图6.17中不同床层区域的u_1、u_2、u_3表示不同的气体速度。

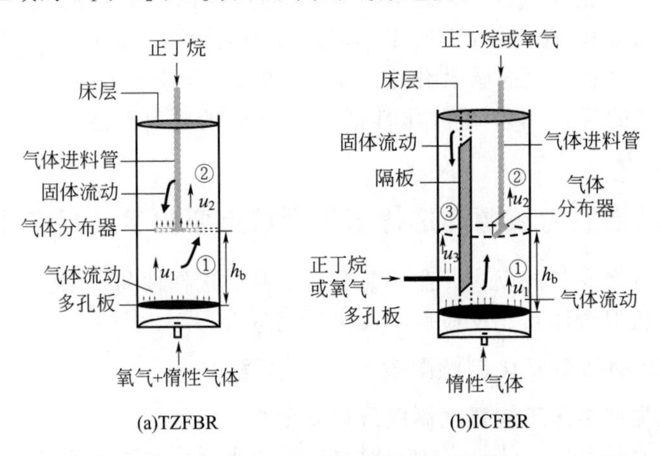

图 6.17 双区域流化床反应器

在双区流化床反应器［见图 6.17(a)］中，气体分布器以上为催化剂还原区，主要进行正丁烷氧化生成顺酐反应；气体分布器以下为催化剂氧化区，氧气将催化剂氧化再生。稀释的氧气从反应器底部进入，正丁烷从反应器中部喷入，再通过适当的操作可以在 1 个气固流化床中实现循环流化床效果。在内循环流化床反应器［见图 6.17(b)］中，反应器被隔板分成 2 个区域，氧气和正丁烷分别从 2 个区域进入。惰性气体从反应器底部进入，并通过控制其进料速率将反应器中气速分成 3 个部分。双区域流化床反应器与传统的流化床反应器相比，提高了产物顺酐选择性，可以获得更好的顺酐收率。文献[41~43]对不同区域内催化剂颗粒的运动速率、气相返混程度、反应器几何尺寸及其放大效应进行了详细研究。

(3) 催化剂制备及改进

正丁烷氧化反应是典型的选择性氧化反应，具有多种副反应，极易发生深度氧化，因此设计高效的催化剂是该反应的核心技术之一。钒磷氧（VPO）催化剂是正丁烷氧化制顺酐反应最为有效的催化剂。该催化剂具有以下三个特点：①由于V具有多种价态，催化剂的晶相组成复杂，多种价态V的配比和协同效应是影响催化剂性能的关键因素。早期的研究普遍认为以 V^{4+} 为主的 $(VO)_2P_2O_7$ 是VPO催化剂的唯一活性物相，但近年来研究认为反应主要是 V^{5+} 与 V^{4+} 协同作用的结果。②P具有多种作用，既可作为主体元素形成活性相，又可以控制 V^{5+}/V^{4+} 的比例，平衡V的价态，从而稳定催化剂的晶相结构。③催化剂的表面形貌和内部结构对催化剂活性位与反应物的有效接触具有重要影响。通过优化催化剂的制备步骤，或者加入造孔剂等方法改变催化剂的形貌结构，可以达到改善催化剂性能的目的。

徐俊峰等[44]采用有机相法制备了具有优异催化性能的正丁烷氧化制顺酐钒磷氧（VPO）催化剂。催化剂前驱体的主要物相为 $VOHPO_4 \cdot 0.5H_2O$。经活化后的催化剂活性相包括 $(VO)_2P_2O_7$（V^{4+}）、$VOPO_4$（V^{5+}）和钒磷云母相（V^{4+} 和 V^{5+} 混合相）。催化剂呈规则的片层结构，具有较高的比表面积，可以达到 $24.08m^2/g$。催化剂在制备过程中需要经过干燥、焙烧和气氛活化，对催化剂的形成具有至关重要的作用。最佳的反应条件：反应温度为395℃，正丁烷摩尔分数为1.4%～1.5%，反应空速为 $2000h^{-1}$，此时正丁烷转化率为85%～87%，顺酐收率可达到59%～60%。

(4) VPO 催化剂晶相结构

贾雪飞等[45]对正丁烷选择氧化制顺酐钒磷氧催化剂晶相结构进行了综述。钒磷氧（VPO）系催化剂是正丁烷法最核心的催化剂，其组成非常复杂，存在许多不同种类和性质相异的晶相类型，如 $VOPO_4 \cdot 2H_2O$、α_I-$VOPO_4$、α_{II}-$VOPO_4$、β-$VOPO_4$、γ-$VOPO_4$、$(VO)_2P_2O_7$、$VOHPO_4 \cdot 0.5H_2O$、β-$(VO)_2P_2O_7$等。正丁烷选择氧化制顺酐反应是一个结构敏感型反应，大量学者对VPO系催化剂的微观结构进行了深入研究，但目前对各晶相的类型、结构及在催化反应过程中所起的作用仍存在很大争议。

根据不同的合成方法，VPO系催化剂可由两种前体转变而来，即 $VOHPO_4 \cdot 0.5H_2O$（V^{4+}）和 $VOPO_4 \cdot 2H_2O$（V^{5+}）。前体的晶体构型直接影响活性相的性质。到目前为止，VPO系催化剂前体的制备方法主要有水相法（VPA）、有机相法（VPO）和醇还原法（VPD）3种，原理分别见式(1)～式(3)。

$$V_2O_5 + HCl \xrightarrow{\triangle \quad H_3PO_4} VOHPO_4 \cdot 0.5H_2O \tag{1}$$

$$V_2O_5 + H_3PO_4 + CH_3CH_2OH \xrightarrow{\triangle} VOHPO_4 \cdot 0.5H_2O \tag{2}$$

$$V_2O_5 + H_3PO_4 \xrightarrow{H_2O \quad \triangle} VOHPO_4 \cdot 2H_2O \xrightarrow{CH_3CH_2OH \quad \triangle} VOHPO_4 \cdot 0.5H_2O \tag{3}$$

6.3.5.2 间二甲苯晶格氧氨氧化制间苯二甲腈安全反应过程

工业上以二甲苯为原料制备苯二甲腈是以二甲苯与氨、空气在催化剂的作用下进行氨氧化反应，称为氨氧化法。

晶格氧氧化过程：间二甲苯经过间甲基苯甲腈逐步氧化氨解成间苯二甲腈；由间二甲苯直接生成间苯二甲腈；在反应器中由间二甲苯生成副产物；在反应器中由间甲基苯甲腈生成副产物；在反应器中由间苯二甲腈生成副产物。在再生器中有两个反应：将被还原的金属氧化物再氧化成高氧化态；将化学吸附在催化剂上的有机物质烧成 CO_2 和 H_2O。

含V的负载型催化剂通常被用于烷基芳香化合物的氨氧化反应，如 Al_2O_3 负载 V_2O_5 和

Cr_2O_3、V-Ti-O、V-Cr-O/SiO_2、HZSM-11/NH_4VO_3、V-硅酸盐，硅负载钒磷氧化物等都是间二甲苯气相氨氧化反应常用的催化剂。通常这些催化剂都是在高温下操作（>430℃），然而，在高温下氨氧化的强放热占据主导地位，容易引起热失控，因此，这些反应的收率和选择性通常都很低。Babu 等[46]以掺 V 磷钼酸（MPVA）为前驱体制备 MPVA/Al_2O_3，并考察了其在间二甲苯氨氧化合成间苯二甲腈反应中的应用。$MPVA_x$ 分解得到高分散性的 MoO_3 和 V_2O_5 氧化物是催化剂具有高氨氧化反应活性的原因。催化剂氨氧化反应活性不仅取决于 MPVA 中的 V 含量，而且与 Al_2O_3 上 MPVA 的负载量有关。在磷钼杂多酸中最小量的 V 是有利的，它有助于形成高分散性的 MoO_3 和 V_2O_5 相。

Jeon 等[47]以 $V_2O_5/\gamma\text{-}Al_2O_3$ 为催化剂，在填料塔反应器中考察了间二甲苯氨氧化合成间苯二甲腈的反应，反应方程式如下所示。

$$\text{间二甲苯} + 2NH_3 + 3O_2 \xrightarrow{V_2O_5/Al_2O_3} [\text{间苯甲腈(TN)}] \xrightarrow{V_2O_5/Al_2O_3} \text{间苯二甲腈(IPN)} + 6H_2O$$

为了缓解氨氧化过程中温度的剧烈变化，他们在反应器外部以夹套的形式加入熔盐系统 KNO_3（质量分数 53%）- $NaNO_2$（质量分数 40%）- $NaNO_3$（质量分数 7%），该熔盐系统能够很好地控制氨氧化过程中的温度。在长期运行 8750h 的过程中（见图 6.18），$V_2O_5/\gamma\text{-}Al_2O_3$ 在间二甲苯转化率和间苯二甲腈选择性上展示了良好的稳定性。在优化反应条件下，即反应温度 380℃，GSHV600/h，间二甲苯/NH_3/O_2＝1/6/8，此时间二甲苯转化率约为 7%，而间苯二甲腈选择性高达 90%左右。

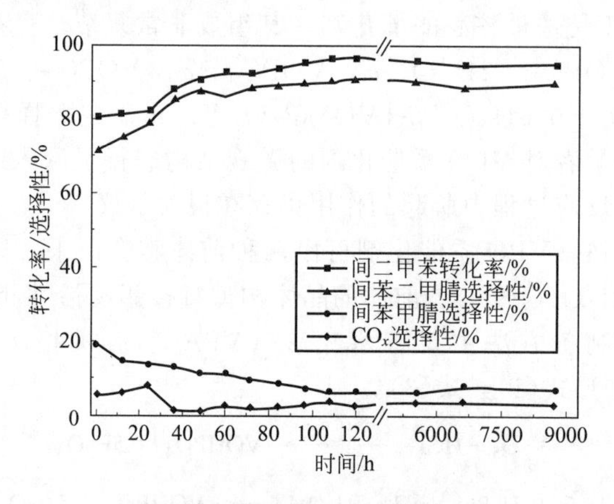

图 6.18　催化剂长期运行结果

6.3.5.3　丙烷晶格氧氧化脱氢制丙烯安全反应过程

丙烷脱氢技术主要分为直接脱氢和氧化脱氢，其中直接脱氢技术已经于 20 世纪 90 年代实现了工业化生产。与其他丙烯生产技术相比，直接脱氢技术具有总收率高、设备费用较低等优点。但由于丙烷脱氢为强吸热反应（$C_3H_8 \longrightarrow C_3H_6 + H_2$，$\Delta H^{\ominus}_{298K}=124kJ/mol$），故需在 700℃左右的高温下才能有效地进行，而高温将导致丙烷的深度裂解和深度脱氢，使丙烯的选择性降低，同时催化剂易因结焦而失活。丙烷氧化脱氢则是以较低温度下的放热反应替代直接脱氢的高温吸热反应，从而大大降低反应的能耗，丙烷氧气氧化脱氢反应（$C_3H_8 + 1/2O_2 \longrightarrow C_3H_6 + H_2O$）的 $\Delta H^{\ominus}_{298K}=-116.8kJ/mol$。由于不受热力学平衡的限制，反应过程中催化剂不易积炭，避免了催化剂的反复再生，降低了设备投资。然而，反应

物 C_3H_8 的 C—H 键能为 401.3kJ/mol，而产物 C_3H_6 的 C—H 键能为 360.7kJ/mol，产物 C_3H_6 不易从催化剂表面脱附，容易导致丙烯继续深度氧化为 CO_2、CO 等，使丙烯选择性降低。因此开发高活性、高选择性的催化剂是该技术的关键。

虽然丙烷直接脱氢已经实现了工业化，但仍然存在不少问题，如反应温度较高、能耗大、催化剂积炭失活快、需要不停地再生处理等。

(1) 丙烷脱氢制丙烯危险性分析

丙烷脱氢属于强吸热反应，涉及丙烷、丙烯、氢气等易燃易爆物料，反应温度超过了物料的自燃温度，具有很大的火灾、爆炸危险性，稍有不慎就可能引起燃烧、爆炸事故，造成人员伤亡和经济损失。

原料中含硫量超标或钝化剂 DMDS（二甲基二硫）加入量过大，反应中可能会产生硫化氢，硫化氢将在脱轻组分塔顶部等部位富集，形成高浓度的硫化氢。硫化氢为高毒物，泄漏后极易导致人员中毒伤亡事故，且硫化氢还会在设备中形成遇到空气易自燃的硫化亚铁。

催化剂再生单元会用到氯气，氯气为剧毒化学品，泄漏后会导致人员中毒事故。

(2) 丙烷氧化脱氢[48]

用较低温度下的放热反应代替高温下的吸热反应，可大大降低能耗。由于不受热力学平衡的限制，反应可在催化剂不积炭条件下进行，避免了催化剂的反复再生，降低了设备投资。但由于反应体系中存在气相氧，不可避免地会发生丙烷的深度氧化反应生成 CO、CO_2 等副产物，使丙烯的选择性降低。利用催化剂本身的晶格氧进行氧化，可避免丙烷的深度氧化从而提高目的产物的选择性。

传统反应式：

$$C_3H_8 + \frac{1}{2}O_2 \longrightarrow C_3H_6 + H_2O$$

丙烷氧化脱氢的氧化还原（Mars-Van Krevelen）机理如图 6.19 所示。烷烃分子首先被催化剂表面的氧化活性位氧化，得到脱氢产物的中间体，然后进一步转化为产物，而催化剂则被还原。被还原的催化剂由氧气或吸附态氧迅速补充失去的晶格氧而得到再生。氧化还原机理特别适合用于过渡金属氧化物催化剂上的烷烃氧化反应。丙烷氧气氧化脱氢制丙烯反应主要的催化剂有钒基催化剂、钼基催化剂、稀土基催化剂以及碳基催化剂。

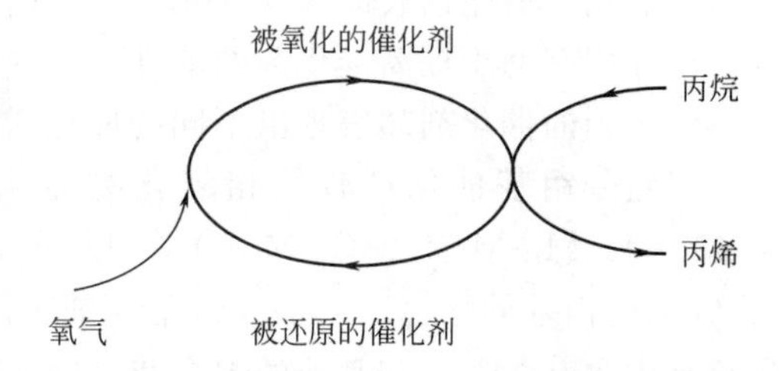

图 6.19　Mars-Van Krevelen 过程示意图

(3) 丙烷氧化脱氢制丙烯钒基催化剂

目前，丙烷氧化脱氢反应主要以负载型 V 基催化剂为主，载体包括 Al_2O_3、MgO、SiO_2、TiO、ZrO_2 等。一般认为该反应遵循 Mars-Van Krevelen 反应机理，参与丙烷中 C—H键活化的是晶格氧物种，且高度分散、无定形的 V-O 物种更有利于丙烷氧化脱氢。如，将 V 负载在 m-Al_2O_3 上，其丙烷转化率和丙烯选择性均高于 V/SiO_2 催化剂，这是由于 m-Al_2O_3 的大比表面积有利于 V 的高度分散形成孤立态 V 物种，同时载体一定的酸性位有利于吸附丙烷，起到了协同作用。

β 分子筛具有独特的三维十二元孔道结构，有很好的稳定性。范爱鑫等[49]以 β 分子筛为载体，采用浸渍法制备不同 V 负载量的 V/β 系列催化剂，考察了 V/β 催化丙烷氧化脱氢制丙烯的性能。V/β 催化剂的孔道均匀，孔分布窄，有利于丙烷进入催化剂孔道与活性组分发生作用。负载较低 V 时催化剂中 V 物种主要以高度分散的孤立四配位 V^{5+} 形态存在，随负载 V 含量的增加，二维链状聚集态 V 物种增加，负载 V 过多时易形成晶相 V_2O_5。负载的 V 覆盖了部分 β 分子筛自身的酸性位，并在 β 分子筛表面产生弱酸性位，使丙烯的脱附变易，提高了丙烷转化率和丙烯选择性。负载量为 8%（质量分数）的 V/β 催化剂在 $V(C_3H_8):V(O_2):V(N_2)=2:1:4$、气态空速 $8400h^{-1}$、500℃时，丙烯选择性达 63.2%。

郑朋等[50]利用浸渍法制备不同载体的钒基催化剂（V/β，V/γ-Al_2O_3），并考察该催化剂在丙烷氧化脱氢制丙烯反应中的活性。β 分子筛和 γ-Al_2O_3 具有大的比表面积，孔径分布窄，使 V 能够以高分散、孤立态的 V 物种存在。丙烯在 8V/β-分子筛（$8V/\gamma$-Al_2O_3）和 8V4Mg/β-分子筛（$8V4Mg/\gamma$-Al_2O_3）催化剂上吸附后，C—H 键上的 H 与催化剂活性中心的晶格氧发生了作用形成 H—O 键，随着温度升高出现 C—O 键，C—O 键将进一步氧化生成 CO_x，且 8V4Mg/β-分子筛（$8V4Mg/\gamma$-Al_2O_3）催化剂上出现 C—O 键的温度比 8V/β-分子筛（$8V/\gamma$-Al_2O_3）催化剂上高，说明 Mg 有利于丙烯的生成。500℃反应时，8V4Mg/β-分子筛具有很好的催化活性，丙烯的选择性达 71.9%，丙烷的转化率达 16.7%。

(4) 丙烷氧化脱氢制丙烯钼基催化剂

在部分氧化催化剂中，MoO_3 的氧化活性略低于 V_2O_5。Mo 在八面体中心，周围被 6 个氧原子包围，形成八面体结构的酸性氧化物。钼氧化物催化剂对丙烷氧化脱氢的催化活性和丙烯选择性取决于钼离子的价态、周围环境和暴露在催化剂表面的晶面。MoO_3 在还原性气氛中首先形成孤立的氧空位，电子流向 Mo^{6+} 还原为 Mo^{4+}，该过程可以活化烷烃，使C—H 键断裂。钼基催化剂和钒基催化剂有很多相似之处，如负载量不同时，载体表面的 MoO_3 结构不同。负载量较低时，表面氧化钼为对称的四面体结构 $MoO_{2\sim4}$；在单分子层覆盖度为每平方纳米约 6.5 个 Mo 原子时，催化剂表面氧化钼为对称八面体聚合结构 $Mo_7O_{6\sim24}$；继续增加负载量，催化剂表面出现 MoO_3 的晶相。和钒基催化剂一样，钼基催化剂中不同晶相间的协同作用有助于提高催化剂的活性，不同的是钼基催化剂对结构比较敏感，有时相似的制备方法得到的催化剂却表现出不同的催化活性。

多组分钼基催化剂较纯相氧化物显示出了更高的丙烷氧化脱氢反应催化活性，如 Ni-Mo-O、Mg-Mo-O、Co-Mo-O 等以及负载在 Al_2O_3、ZrO_2、SiO_2、Nb_2O_5、TiO_2、MgO 上的钼基催化剂。Ni-Mo-O 催化剂表面的 O^{2-} 被认为是反应的活性物种。一般在钼基催化剂中含有 MoO_x 和其他的混合相，MoO_x 团簇被认为是丙烷氧化脱氢反应的活性位和选择相。在 Co-Mo-O 体系中，当 Mo 稍过量时，催化剂的活性和丙烯选择性很高，归因于少量的 MoO_3 覆盖了表面相对较强的酸性位，提供了弱酸酸位，而较弱的酸性位可能更有利于提高催化剂对该反应的催化活性和选择性。

(5) 丙烷氧化脱氢制丙烯稀土基催化剂

稀土基催化剂也被广泛用于丙烷氧化脱氢制丙烯反应。$LuVO_4$ 对该反应具有良好的催化效果。该体系中，与氧缺位形成有关的 V^{4+} 是活化氧分子的活性中心。稀土基氟化物对丙烷氧化脱氢制丙烯反应也具有很有效的催化性能。$3\%Cs_2O/2CeO_2/CeF_3$ 催化丙烷氧化脱氢反应的丙烷转化率和丙烯选择性分别高达 53.4%和 67.5%。由于 CeF_3 的加入使得稀土氧化物中的晶格 O^{2-} 被 F^- 交换，形成了氧缺位。同时，表面的 F^- 可以分隔催化剂表面的活性氧物种，避免了丙烷和丙烯的深度氧化，提高了丙烯选择性。

(6) 丙烷氧化脱氢制丙烯碳基催化剂

纳米碳材料由于其独特的电子特性和丰富的表面官能团越来越引起广泛关注。碳材料表面含有丰富的含氧官能团，包括酸性官能团（—COOH，—C—OH）和碱性官能团（C═O），在脱氢反应中表现出很大优势。如，经过苯肼溶液处理的碳纳米管表面的

$C=O$基团消失，在催化乙苯氧化脱氢的实验中催化活性明显下降，有力地证明了碳材料表面的$C=O$基团为脱氢反应的活性位点。有序介孔碳由于具有均一的介孔孔道结构和表面丰富的$C=O$官能团，在催化丙烷直接脱氢时显示出优越的催化活性和稳定性。同样的催化剂在氧气气氛下催化丙烷脱氢时，其丙烯选择性非常差。这是由于高比表面积的介孔碳在催化丙烷脱氢过程中会将目标产物丙烯再次吸附在其表面，导致丙烯过度脱氢和深度氧化，使丙烯选择性降低。除了介孔碳以外，杂原子掺杂的碳纳米管也可用于催化丙烷氧化脱氢反应。

(7) 丙烷氧化脱氢制丙烯氮化硼催化剂

美国威斯康星大学的研究人员已开发出一种丙烷氧化脱氢制丙烯（ODHP）的新技术，据称明显优于其他工艺。该工艺的关键是使用氮化硼催化剂，它提供了独特的和意想不到的催化性能，选择性高于传统的负载型钒基催化剂，且副产乙烯而不是传统工艺副产二氧化碳。氮化硼催化剂无毒，不含贵金属，且反应温度低，因此可以节能。

6.3.5.4 丙烷晶格氧氧化制丙烯酸安全催化反应过程

丙烯酸作为重要的精细化工原料之一，广泛用于涂料、建材、黏结剂、纺织、皮革、造纸、采油及水处理等领域。丙烯酸的生产方法从最初的氯乙醇法、高压 Reppe 法、烯酮法和丙烯腈水解法等逐渐发展到丙烯氧化法，其中，丙烯两步氧化法应用广泛，工艺较为成熟。与丙烯相比，丙烷具有来源广和成本低等优点，近年来关于丙烷氧化制丙烯酸的工艺和催化剂研究较多，以乳酸和甘油为原料的生物法生产丙烯酸受到重视，从资源循环利用和绿色化学理念角度看，具有很好的发展前景。

丙烷氧化制丙烯酸催化剂及反应机理：丙烷氧化制丙烯酸催化剂包括复合金属氧化物催化剂，以 Mo-V-Sb(Te)-Nb-O 居多；钒磷氧催化剂，如 V_2O_5-P_2O_5、V-P-O/TiO_2-SiO_2 和 $(VO)_2P_2O_7$ 等；杂多酸催化剂，包括 $Cs_{2.5}H_{1.5}PVMo_{11-x}W_xO_{40}$、$Cs_{2.5}H_{1.5}PVMo_{11}O_{40}$、$Cs_{0.1}Cu_{0.2}H_xPVAs_{0.2}Mo_{10}O_y$ 和 $Fe_{0.12}H_xPVAs_{0.3}Mo_{11}O_y$ 等[51]。以钼酸铵、偏钒酸铵、三氧化锑和草酸铌为原料，采用共沉淀法制备 Mo-V-Sb-Nb-O 催化剂，研究丙烷氧化反应机理，认为丙烯酸合成是通过丙烷氧化生成丙烯和丙烯醛中间体，而乙酸的产生则是由丙烷到丙烯再到丙酮或丙烷到异丙醇中间体再到丙酮；还有研究者认为，丙烷通过烷氧基生成丙烯，再经过烯丙基氧化直接生成丙烯酸是主要反应路径。

传统反应式： $C_3H_8 + 2O_2 \longrightarrow CH_2=CH-COOH + 2H_2O$

晶格氧反应式： $C_3H_8 \xrightarrow{+[O]} CH_2=CH-COOH + 2H_2O$

Heine 等[52]通过微波电导率、同步辐射 X 射线光电子能谱、软 X 射线吸收光谱和共振光电子能谱等技术在反应条件下研究了蒸汽对丙烷选择性氧化催化剂 MoVTeNb 表面和电子结构的影响。如图 6.20 所示，蒸汽增强了催化剂活性和丙烯酸选择性。原因在于，蒸汽降低了催化剂的电导率，增加了 V^{5+} 和 Te^{6+} 的浓度，同时降低了催化剂表面的 Mo^{6+} 含量。该催化剂因此可以被看作是半导体气体传感器，其体电导率可以用来检测催化剂表面上的电子变化。

Hernández-Morejudo 等[53]采用水热法制备了两个系列的 Ga-Mo/V/Te/Ca［1/0.6/0.17/x（x＝0～0.12），A 系列］和 Ga-Mo/V/Te/Ca［1/0.6－x/0.17/x（x＝0.15 或 0.25），B 系列］，并对其进行了表征。结果表明，催化剂主要组分为 M1 相，根据制备催化剂原料的不同，M2、$TeMo_5O_{16}$ 和 MoO_3 也不同程度的存在于催化剂中。在丙烷部分氧化合成丙烯酸过程中，Ga^{3+} 的存在可增强丙烯酸的选择性，该增强效果取决于 Ga^{3+} 的负载量、V/Mo 物质的量比以及催化剂制备方法。本研究中，B 系列中 V/Mo 为 0.45 的催化剂活性

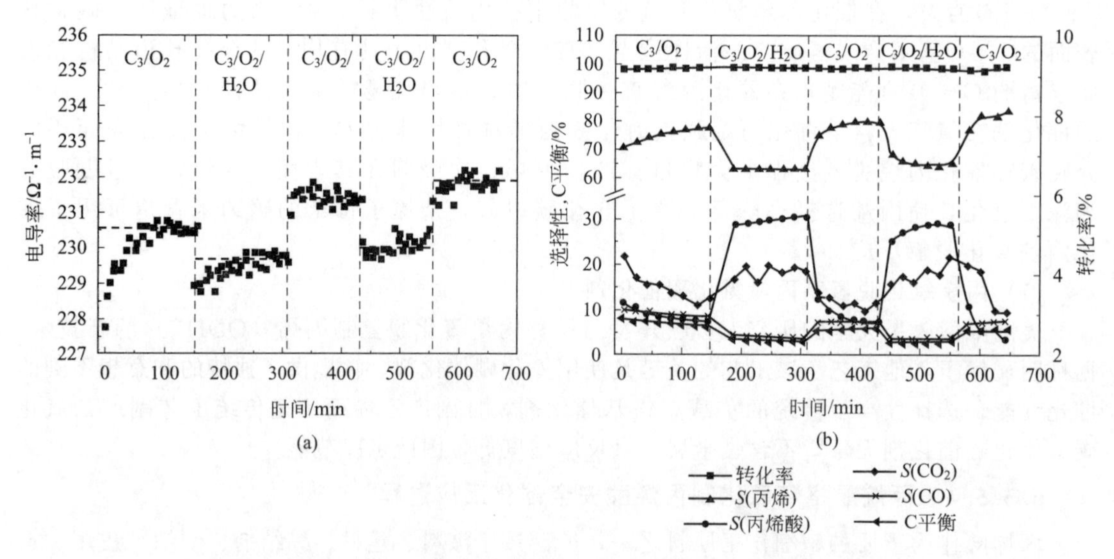

图 6.20 (a) 350℃干燥和湿润丙烷进料条件下 M1 相微波电导率；
(b) 同时测量得到催化数据

优于 A 系列中 V/Mo 为 0.60 的催化剂。催化剂活性的高低与其组成有关，在 A 系列中，过量 V 的存在有利于形成 $VOMoO_4$ 物种，这也是其丙烯酸选择性较低的原因所在。

Tu 等[54]利用甲基硅酸盐低聚物来控制硅烷化，从而将中性硅胶网络引入到 MoVTeNb 混合氧化物催化剂表面，在 380℃下，该改性催化剂上丙烯酸收率和选择性分别为 56.5%和 77.1%。表征结果表明，MoVTeNb 催化剂由 90.9%的 M1 相和 2.3%的 M2 相组成，硅烷化后，催化剂表面均一的覆盖了一薄层 SiO_2，薄层厚度为 2.4nm，其与 Mo 的物质的量比为 0.14。硅烷化过程可有效阻止丙烯酸的深度氧化，原因如下：①硅烷化过程可堵塞不利的酸性位；②可在 MoVTeNb 混合氧化物表面孔口处生成 SiO_2 薄层，该薄层可允许丙烷进入，但却限制生成的丙烯酸再次进入（见图 6.21）。

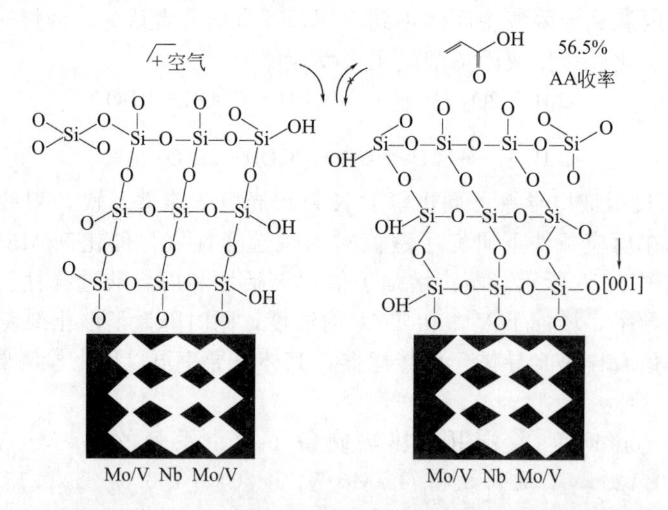

图 6.21 MoVTeNb 混合氧化物 M1 相表面 SiO_2 层结构和作用

6.3.5.5 丙烷晶格氧氧化制丙烯醛安全催化反应过程

丙烯醛是一种重要的有机化工原料，在医药、化工、饲料、造纸和纺织等领域的应用广泛，目前工业上主要以丙烯为原料经选择性氧化反应制取丙烯醛。采用廉价和储量丰富的丙烷代替丙烯，经一步催化氧化制备一系列有机中间体（如丙烯醛、丙烯酸和丙烯腈）等，具有重要的工业应用价值和理论研究意义。

丙烷氧化制丙烯醛的催化剂主要是含 V 的复合金属氧化物体系，如非负载型的 Mo-V-Te 体系、Mo-V-Bi 体系和 V-P 体系等，也有采用负载型 Mo-V-Te/SiO_2 催化剂。这类催化剂在选择性氧化反应中表现出较高的催化活性和选择性，有关此类型的催化剂的组成、结构和氧物种状态与催化性能之间的关系已进行了比较深入的研究。一般认为 Bi 组分的作用在于促进形成烯丙基中间物种，而 Mo ═O 晶格氧物种插入形成丙烯醛，并且 Bi 组分还可能参与了氧物种的转换和晶格氧物种的迁移，从而有利于选择性氧化活性氧物种的再生。不同组成的催化剂的丙烷选择性氧化催化性能是与 V ═O 物种和 Mo ═O 物种的性质相关联的，而 Mo ═O 物种的性质又取决于 Mo 离子所处的配位环境，如 P 元素的加入将极大地改善 Mo-V-Te 催化剂的氧化还原性能。除了含 V 的复合金属氧化物体系外，还有不含 V 的 Mo 基复合金属氧化物（MoM_x-O_n；M＝Cr，Co，Zn，Mn，Nb，Ce）催化剂对丙烷选择氧化制丙烯醛反应表现良好的催化性能。

反应机理：丙烷转化为丙烯醛可能有以下 3 种途径：①丙烷氧化以丙烯为反应中间体，丙烯经烯丙基和 σ-氧烯丙基进一步生成丙烯醛；②丙烷在催化剂表面活化生成正丙氧基，后者以丙烯或丙醛为中间体进一步转化为丙烯醛；③丙烷在催化剂表面活化生成异丙氧基，异丙氧基以丙烯为中间体进一步生成丙烯醛。

传统反应式： $2C_3H_8 + 3O_2 \longrightarrow 2CH_2{=}CH-CHO + 4H_2O$

晶格氧反应式： $C_3H_8 \xrightarrow{+[O]} CH_2{=}CH-CHO + 2H_2O$

Liu 等[55]采用一锅共组装的方法制备了 Mo-KIT-6 催化剂，在该催化剂中，Mo 同晶取代进入到 KIT-6 骨架中，有助于获得高浓度、高度分散和孤立的活性位，并且与活性位结合牢固。Mo-KIT-6 催化剂有合适的氧化还原性能和高稳定性，并且能够有效抵制碳物种的形成。而且，K 的加入更有助于丙烯醛的形成，丙烯醛的最大单程收率为 25.9%。根据实验结果，他们提出烯丙基物种是丙烷选择性氧化生成丙烯醛的主要中间物种，生成的烯丙基物种能够快速转化为丙烯醛。可能的反应机理见图 6.22。

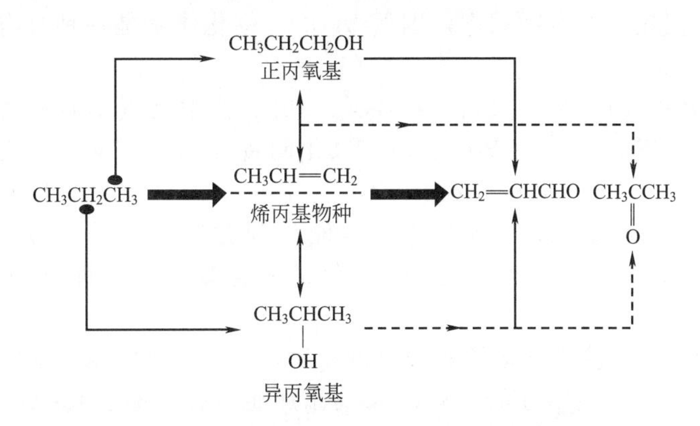

图 6.22 丙烷晶格氧氧化制丙烯醛反应机理

6.3.5.6 丙烷晶格氧氨化制丙烯腈安全催化反应过程

丙烯腈是三大合成材料的重要化工原料，主要用来生产聚丙烯腈纤维（腈纶），丙烯腈-丁二烯-苯乙烯（ABS）塑料等。直到今天，工业上基本是以丙烯为原料来制取丙烯腈，产率能达到80%以上。但是，丙烯的价格却是丙烷的4～5倍，并且地球上存在着丰富的烷烃资源，所以最近几年使用丙烷取代丙烯作为原材料来生产丙烯腈成为热门的研究方向。丙烷氨氧化法生产丙烯腈有一段法和二段法两种，一段法比二段法工艺成本低15%～20%。2007年，日本旭化成公司已建成世界上首套丙烷原料丙烯腈生产线。

丙烷直接氨氧化工艺是在催化剂作用下，同时发生丙烷氧化脱氢和丙烯氨氧化反应。

主反应：　$C_3H_8 + NH_3 + 2O_2 \longrightarrow CH_2{=}CHCN + 4H_2O$

副反应：　$C_3H_8 + 1.5NH_3 + 2O_2 \longrightarrow 1.5H_3CCN + 4H_2O$(产生乙腈)

$C_3H_8 + 3NH_3 + 3.5O_2 \longrightarrow 3HCN + 7H_2O$(产生氢氰酸)

$C_3H_8 + 5O_2 \longrightarrow 3CO_2 + 4H_2O$(产生二氧化碳)

$C_3H_8 + 3.5O_2 \longrightarrow 3CO + 4H_2O$(产生一氧化碳)

晶格氧反应式：　$C_3H_8 + NH_3 \xrightarrow{+[O]} CH_2{=}CH-CN + 4H_2O$

丙烷氨氧化制丙烯腈催化剂[56]：正在开发中的丙烷氨氧化制丙烯腈催化剂大致可分为三类。

① 钼酸盐催化剂。钼酸盐催化体系主要包括Mo-Bi系和Mo-V系两大类。Mo-Bi系催化剂原来是丙烯氨氧化催化剂，后来经改性用于丙烷氨氧化反应。该催化剂脱氢能力比较差，活性较低，丙烯腈选择性不高，仅有50%～67%。Mo-V系催化剂主要以Mo-V-Te-Nb-O为主，Nb改性的Mo-V复合氧化物催化剂在温和的反应温度下进行丙烷氨氧化反应时表现出高的反应活性和丙烯腈选择性。

② 锑酸盐催化剂。在锑酸盐催化体系中，研究最多的是V-Sb复合氧化物催化剂，此外还有Fe-Sb和Ga-Sb等复合金属氧化物催化剂。该催化体系主要活性组分是由α-Sb_2O_4和具有金红石结构的$VSbO_4$、$CrSbO_4$、$FeSbO_4$及$GaSbO_4$等组成。研究表明，这两种组分构成的锑酸盐催化剂对丙烯腈有很好的选择性。

③ 钒铝氧氮化物（VAlON），其通式为$VAl_xO_yN_zH_n$。这类催化剂具有碱性/氧化还原的双功能催化活性中心。VAlON催化剂在丙烯腈选择性和收率上所占优势不大，但丙烯腈时空收率（单位催化剂每小时丙烯腈生成量）远远高于其他催化剂。VAlON催化剂之所以具有较高时空收率主要与其能适应高空速条件有关。在丙烷低转化率的情况下，高时空收率决定了催化剂的实际效率，因而VAlON催化体系是一种具有发展前景的催化体系。

Adams等[57]利用［Et_4N］［$Fe_3(CO)_{10}(\mu_3$-Bi)］在中孔氧化硅表面的热分解脱羰基作用制备了Fe_3BiO_x/SiO_2，并将其用于丙烷氧化制备丙烯腈的反应。当反应混合物组成为5.5%C_3H_8/30%O_2/11%NH_3/He，GHSV为1360h^{-1}，500℃反应时，丙烷转化率为36%，丙烯腈收率为49%。该反应条件下，催化剂材料表面形成了粒径小于2nm的Fe_3BiO_6混合氧化物，其中Fe和Bi均为＋3价的氧化物状态，而且两者的比例大约为3∶1。

Wang等[58]通过共沉淀法制备了Ce-$MoV_{0.31}Te_{0.23}Nb_{0.24}$混合氧化物催化剂，并考察了Ce添加量对催化剂形貌及其活性的影响。Ce的添加能够有效增强Ce-$MoV_{0.31}Te_{0.23}Nb_{0.24}$催化丙烷氧化合成丙烯腈的反应。当以Ce/Mo＝0.05（物质的量比）的$MoV_{0.31}Te_{0.23}Nb_{0.24}Ce_{0.05}$为催化剂，SV为1200mL/(h·g)时，丙烯腈收率为46%。此时催化剂组成最佳，拥有较多的M1和M2活性相，高的Te^{4+}浓度以及合适的V含量。Ce^{3+}/Ce^{4+}离子对的存在增强了$MoV_{0.31}Te_{0.23}Nb_{0.24}$的还原性能，而且使其表面的原子分布更加合理。

Baek等[59]通过浸渍法制备了不同P含量的Mo-V-P-O_y/Al_2O_3催化剂，并将其用于丙烷氧化制备丙烯腈的反应（见图 6.23）。考察了 P 含量对催化剂形貌和催化性能的影响，随着 P 含量的变化，丙烷转化率和丙烯腈收率呈火山型分布。随着 $Mo3d_{5/2}$ 结合能的降低，丙烯腈收率增大。拥有最小 $Mo3d_{5/2}$ 结合能的 18.1Mo1.9V0.6P/Al 催化剂具有最高的丙烷氧化生成丙烯腈催化活性。

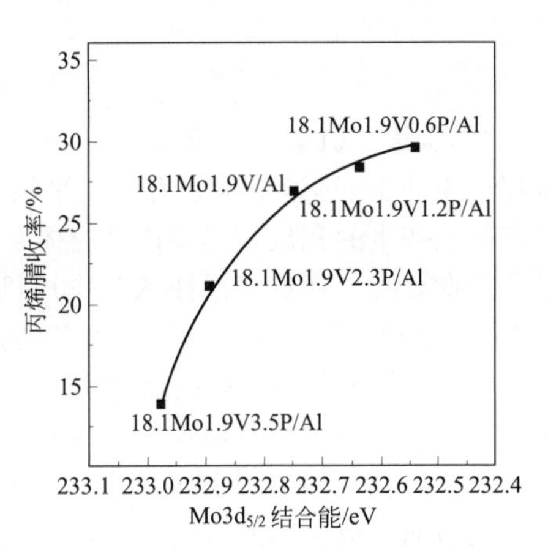

图 6.23 Mo-V-P-O_y/Al_2O_3 催化剂中丙烯腈收率与 $Mo3d_{5/2}$ 结合能的关系

6.3.6 以二氧化碳为氧源的选择氧化合成重要化学品安全反应体系

用储氧材料中的晶格氧代替分子氧部分氧化烃类制化学品，并以空气、H_2O 或 CO_2 为氧源对失去晶格氧的储氧材料进行氧化再生，是一种通过气固反应制取化学品的新工艺，具有较高经济效益和环境效益，更为主要的是安全效益。

CO_2 作为弱氧化剂，应用于多个涉及低碳烷烃的催化反应，开发的反应工艺主要有：①CH_4-CO_2 重整制合成气；②CO_2 氧化 CH_4 偶联制 C_2H_4 和 C_2H_6；③CO_2 氧化低碳烷烃脱氢制烯烃；④CO_2 氧化丙烷芳构化；⑤CO_2 氧化乙苯脱氢制苯乙烯等。这些工艺均充分利用 CO_2 作为弱氧化剂的独特性能，特别是低链烷烃的氧化脱氢反应。相比直接脱氢，氧化脱氢降低了热力学上的吸热需求，减少了积炭和裂解副反应的发生，相比 O_2，CO_2 作为弱氧化剂，与目标产物烯烃分子发生副反应的能力弱很多，可以避免其深度氧化带来的选择性不高的困扰。并且 CO_2 是温室气体，该工艺也是一种充分利用 CO_2 的绿色环保途径。

更为重要的是，CO_2 替代氧气作为氧化剂，从根本上解决了有氧存在混合物系带来的易燃易爆等安全隐患。

6.3.6.1 丙烷 CO_2 氧化脱氢制丙烯[60]

丙烷氧化脱氢克服了直接脱氢反应的缺点，在较低温度下就可以获得较高的丙烷转化率。但是，氧气是一种强氧化剂，对产物发生深度氧化，导致丙烯选择性降低。二氧化碳可作为一种弱的氧化剂用于丙烷脱氢反应，一方面缓解了丙烷深度氧化的问题，另一方面还能减少温室气体的排放，对于环境保护具有非常重要的意义。

(1) 反应机理

丙烷在二氧化碳气氛中的脱氢反应存在“一步法”和“两步法”两个可能的脱氢过程[48]。“一步法”脱氢过程遵循 Mars-Van-Krevelen 机理。催化剂表面活性物种的晶格氧用于转化烃类物种，生成目标产物烯烃和水，同时二氧化碳再为催化剂表面补充晶格氧，并释放一氧化碳（$C_3H_8+CO_2 \longrightarrow C_3H_6+H_2O+CO$）。以 Cr 基催化剂为例的反应机理如图 6.24 所示。该反应过程中，晶格氧所发挥的作用与临氧脱氢中的分子氧类似，与脱附的 H 结合生成产物 H_2O。CO_2 则起到弱氧化剂的作用，将还原态的 Cr(Ⅲ) 进一步氧化为 Cr(Ⅵ)，实现了催化剂循环再生的过程。

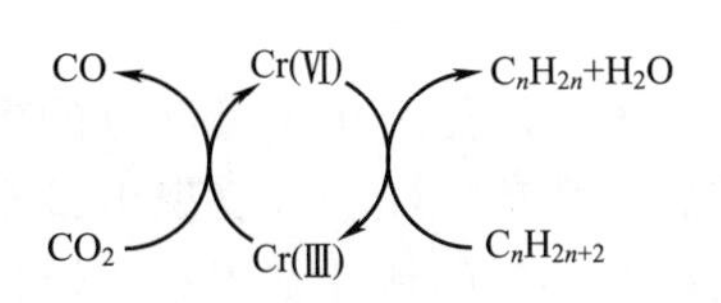

图 6.24 临 CO_2 条件下 Cr 基催化剂催化丙烷脱氢反应机理

对于“两步法”脱氢过程，首先丙烷分子在催化剂表面发生脱氢反应，生成 H_2，然后 H_2 和 CO_2 再通过逆水煤气变换反应（RWGS）生成 H_2O 和 CO，如下式所示：

$$C_3H_8 \longrightarrow C_3H_6 + H_2 \tag{1}$$

$$H_2 + CO_2 \longrightarrow H_2O + CO \tag{2}$$

“两步法”机理中，第一步反应类似于直接脱氢过程，第二步则利用CO_2通过RWGS反应将产生的H_2迅速消除，有利于平衡向正方向进行。另外，还可以通过$CO_2+C \longrightarrow 2CO$反应除去产生的积炭，提高该反应体系的稳定性。

除此之外，还有“活性氧”作用机制，CO_2在催化剂表面上解离形成表面吸附物种O和CO，这种表面吸附氧作为活性氧物种直接氧化低碳烷烃生成目的产物。

CO_2的作用包括：提高反应平衡转化率；通过反应$CO_2+C \longrightarrow 2CO$消除积炭，提高催化剂稳定性；促进目标烯烃分子脱附，减少副反应发生。与丙烷直接脱氢制丙烯反应相比，引入CO_2，将丙烷直接脱氢反应与逆水煤气反应进行耦合，打破了丙烷直接脱氢反应平衡，推动反应向生成丙烯的方向进行，从而提高丙烷转化率和丙烯选择性。在CO_2气氛，丙烷氧化脱氢反应中可能包括直接脱氢反应、氧化脱氢反应和重组反应。

(2) 催化剂

丙烷二氧化碳气氛氧化脱氢制丙烯反应主要的催化剂有铬基催化剂、镓基催化剂、铟基催化剂和钒基催化剂，常用的催化剂：Cr_2O_3-ZrO_2、Cr_2O_3/(Al_2O_3、SiO_2、AC)、Cr-MSU、Cr/ZSM-5、Cr/SBA-1、Ga_2O_3、Ga_2O_3-K1、Ga_2O_3/(TiO_2、Al_2O_3、ZrO_2、SiO_2、MgO)、$Ga_2Al_8O_{15}$、In-Al-20、In_2O_3、In(3)/Zr、In(3)/Al、In(3)/Si。

铬基催化剂：Cr基催化剂在丙烷直接脱氢反应中表现出非常高的催化活性，但是失活非常严重，一般反应2h活性会降低到原来的50%，因而需要反复再生；如果能在弱氧化剂的条件下进行脱氢反应，就可以有效抑制积炭的发生，提高催化剂的使用寿命。如，将Cr_2O_3负载在Al_2O_3、SiO_2和活性炭等不同载体上，比较了这些催化剂在CO_2气氛和直接催化丙烷脱氢的活性。Cr_2O_3/Al_2O_3催化剂对丙烷CO_2气氛脱氢的催化活性比直接脱氢要低；Cr_2O_3/活性炭的两类脱氢催化活性相当；而对于Cr_2O_3/SiO_2催化剂，丙烷转化率由直接脱氢时的6.5%上升到CO_2气氛中的9.1%，且催化剂的稳定性明显提高。Cr_2O_3/SiO_2作为催化剂时，CO_2可以氧化部分被还原的Cr物种，进而抑制了催化剂的失活，提高了催化剂稳定性；而氧化铝载体的酸碱性随CO_2的引入而发生改变，对催化活性极为不利。这也表明，在CO_2气氛下载体对催化活性的影响非常大，硅基材料成为该催化剂体系最常用的载体。

Cr基催化剂体系中活性位：Cr-MCM-41催化剂证明了孤立态四面体配位的Cr(Ⅵ)为主要的活性中心，反应过程中被还原为低活性的聚合态八面体配位的Cr(Ⅲ)。还原态的八面体Cr(Ⅲ)O_6可以通过O_2或CO_2再次氧化为四面体Cr(Ⅵ)O_4。Cr(Ⅲ)O_6和Cr(Ⅵ)O_4间的氧化还原循环在催化丙烷脱氢反应中起到重要作用。

CO_2气氛下催化丙烷脱氢的活性位是Cr^{6+}物种，在反应过程中Cr^{3+}可以被CO_2再次氧化为Cr^{6+}，另外CO_2的存在抑制了积炭的产生，所以Cr催化剂在CO_2气氛下催化丙烷脱氢展示出更优的催化性能。但是，CO_2是一种温和的弱氧化剂，只能将少部分易氧化的Cr^{3+}氧化为Cr^{6+}，因此对催化活性提高有限。

镓基催化剂：1998年，日本科学家Nakagawa首次报道了镓基催化剂在脱氢反应的应用。如，873K、CO_2气氛下不同金属氧化物催化剂催化丙烷脱氢反应，Ga_2O_3表现出最高的初始活性，反应0.17h时丙烷转化率约为30%，而Fe_2O_3和Cr_2O_3的活性都不高，转化率不到10%。适合Ga_2O_3脱氢反应的温度在773～823K之间。此外，Ga_2O_3的晶相对催化活性的影响也很明显，γ-Ga_2O_3催化剂的表观活性最好。

铟基催化剂：与 Ga 同一主族的 In 基催化剂也可被用于在 CO_2 气氛中催化丙烷脱氢反应。In_2O_3-Al_2O_3 催化剂，在 873K 和 10kPa、CO_2 气氛下，丙烷的转化率可以达到 35.7%，丙烯选择性为 76.5%。原位生成的 In^0 是脱氢活性中心，而体相的 In_2O_3 则是逆水煤气转换的活性中心，两者相互作用共同促进丙烷脱氢催化反应的进行。另外，载体也是影响 In 基催化剂活性的一个重要方面。In_2O_3 分散能力越好的催化剂越有利于产生更多的活性 In^0 物种，且碱密度越高越有利于逆水煤气转换发生，进而促进脱氢反应的进行。

钒系催化剂：以 SiO_2 为载体的钒氧化物催化剂对丙烷 CO_2 氧化脱氢反应的影响为 CO_2 可以抑制丙烯的芳构化，提高丙烯产率和选择性。在 CO_2 气氛下，催化剂表面钒物种被 CO_2 氧化成 V^{5+}，抑制丙烯芳构化，提高了 600℃时丙烯产率（34%）和选择性（79%）。

其他催化剂：铁的催化剂，纯 Fe_2O_3、Fe_2O_3 负载在活性炭和 γ-Al_2O_3 载体；ZnO/HZSM-5；$LaVO_4$；$CeVO_4$、$PrVO_4$、$SmVO_4$、$ErVO_4$；负载型 Mo_2C 催化剂。

Tóth 等[61]考察了 Au/ZnO、Au/MgO 和 Au/Al_2O_3 催化丙烷 CO_2 氧化脱氢制备丙烯的反应，反应温度在 650～700K 之上。以 Au/MgO 和 Au/Al_2O_3 为催化剂时，即使温度达到 873K 时，也仅有痕量的丙烷反应。而以 Au/ZnO 为催化剂时，丙烷转化率达到约 17%，丙烯选择性为 56%。CO_2 对 Au/MgO 和 Au/Al_2O_3 催化剂上丙烷的反应影响不大，然而对 Au/ZnO 催化剂上丙烷转化率影响很大。大量 CO 的形成表明 CO_2 参与了丙烷转化反应。从产物分布可以推测出，除了氧化脱氢和干重整反应，还发生了丙烷分解生产甲烷以及表面积炭反应。ZnO 的作用在于与 Au 粒子作用形成了反应性的 CO_2^-，基于此，提出 CO_2 和 C_3H_8 主要反应步骤，如下式所示。

$$C_3H_8 + CO_2^{\delta-} \longrightarrow C_3H_7(a) + CO + OH^{\delta-}$$
$$C_3H_7(a) \longrightarrow C_3H_6(a) + H(a)$$
$$C_3H_6(a) + CO_2^{\delta-} \longrightarrow C_3H_5(a) + CO + OH^{\delta-}$$
$$C_3H_5(a) \longrightarrow CH_4(g) + 2C(s) + H(a)$$
$$2OH^{\delta-} \longrightarrow H_2O + O^{2-}$$
$$2H(a) \longrightarrow H_2(g)$$

Ascoop 等[62]考察了 CO_2 对 WO_x-VO_x/SiO_2 催化丙烷氧化脱氢反应的影响。两种金属成分的组合使 V 可以在反应过程中保持分散状态。CO_2 能够将 V_2O_3 氧化为 V_2O_4，并且能够参与丙烷氧化脱氢制备丙烯的反应。当原料中含有 D_2，并且原料组成为 $D_2 : C_3H_8 : CO_2 = 1 : 1 : 1$ 时，生成的水中只有 45%含有 D_2O，这表明该反应遵循丙烷氧化脱氢路线，同时伴随逆水煤气转换反应与非氧化脱氢路线（见图 6.25）。CO_2 最重要的作用是抑制表面积炭的形成。DFT 计算结果证实，CO_2 存在下的丙烷脱氢反应可同时遵循直接氧化脱氢（见图 6.26）以及按照逆水煤气转换反应（见图 6.27）的非氧化脱氢路线（见图 6.28）。根据 DFT 计算得到的 600℃吉布斯自由能结果，丙烷次级 C—H 键的活化（EDFT，活化能为 158kJ/mol）是该反应的速率决定步骤，而 CO_2 重新氧化催化剂的步骤则较快。

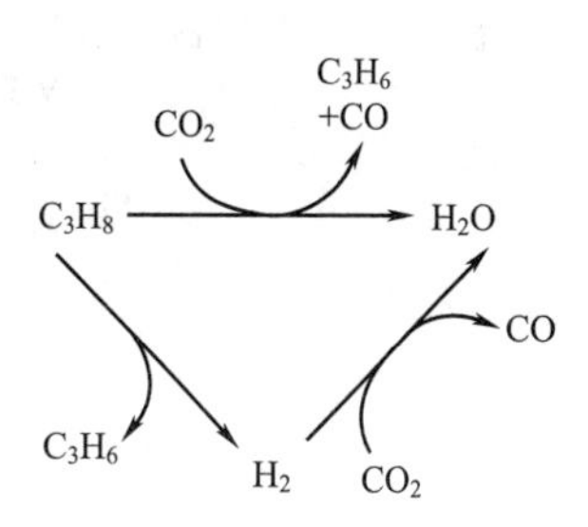

图 6.25 CO_2 存在下丙烷脱氢的平行-连续反应

Atanga 等[63]系统总结了 CO_2 氧化丙烷脱氢制丙烯的反应。在不同催化剂下，该反应可经过不同的反应路线，得到不同的副产物，具体如下：非氧化脱氢生成丙烯的反应（1）受热力学限制，然而，将该反应与逆水煤气转换反应（2）耦合，则可以打破平衡，提高丙烯的收率。而且，CO_2 可以直接参与丙烷氧化脱氢反应（3）。

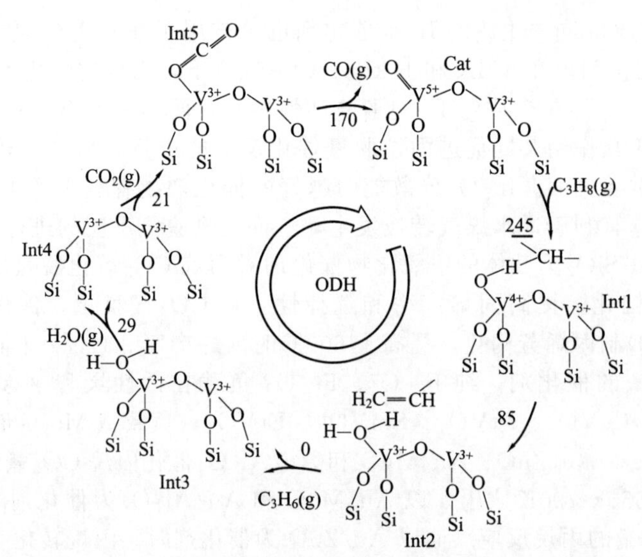

图 6.26 CO_2存在下丙烷直接氧化脱氢（ODH）循环

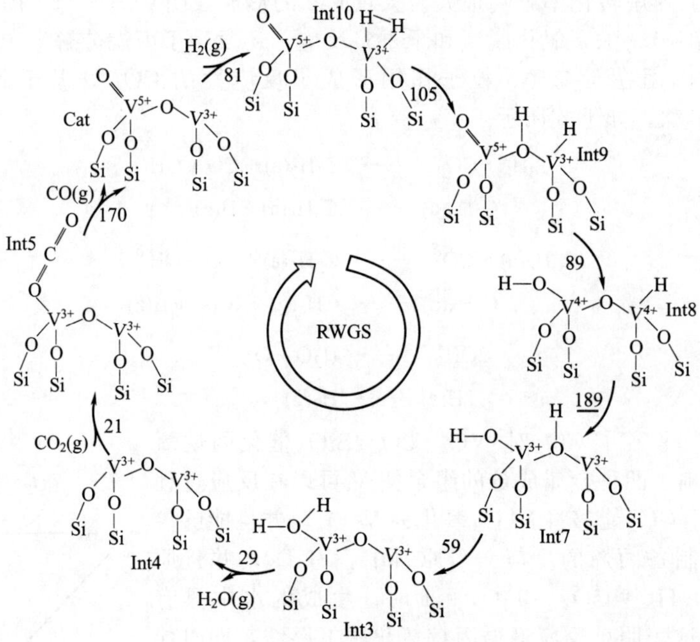

图 6.27 逆水煤气转换反应（RWGS）循环

$$C_3H_8 \rightleftharpoons C_3H_6 + H_2 \qquad \Delta H_{298K}^{\ominus} = +124kJ/mol \tag{1}$$

$$CO_2 + H_2 \rightleftharpoons CO + H_2O \qquad \Delta H_{298K}^{\ominus} = +41kJ/mol \tag{2}$$

$$C_3H_8 + CO_2 \rightleftharpoons C_3H_6 + CO + H_2O \qquad \Delta H_{298K}^{\ominus} = +164kJ/mol \tag{3}$$

$$CO_2 + C \rightleftharpoons 2CO \qquad \Delta H_{298K}^{\ominus} = +172kJ/mol \tag{4}$$

$$C_3H_8 + 3CO_2 \rightleftharpoons 6CO + 4H_2 \qquad \Delta H_{298K}^{\ominus} = +620kJ/mol \tag{5}$$

$$2C_3H_8 + 2CO_2 \longrightarrow 3C_2H_4 + 2CO + 2H_2O \tag{6}$$

$$C_3H_8 \longrightarrow C_2H_4 + CH_4 \tag{7}$$

$$C_3H_8 + H_2 \longrightarrow C_2H_6 + CH_4 \tag{8}$$

$$C_3H_8 + 2H_2 \longrightarrow 3CH_4 \tag{9}$$

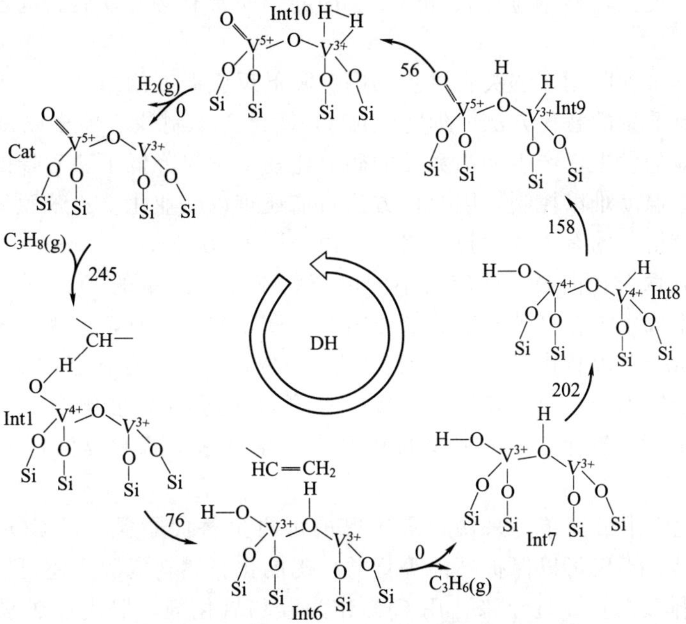

图 6.28 丙烷非氧化脱氢（DH）循环

CO_2氧化丙烷脱氢生成丙烯的反应所用催化剂主要包括两大类：沸石催化剂，如 HZSM-5、MCM-41、SBA-1、SBA-15 和 MSU-x 等；金属氧化物催化剂，如 CrO_x、VO_x、FeO_x、MoO_x、GaO_x、InO_x 等负载在各种载体，包括 SiO_2、Al_2O_3、TiO_2、ZrO_2、CeO、NbO_5、MgO 以及沸石等上得到的催化剂。其中在 Cr 基催化剂上，丙烷氧化脱氢反应的机理如下（见图 6.29）：

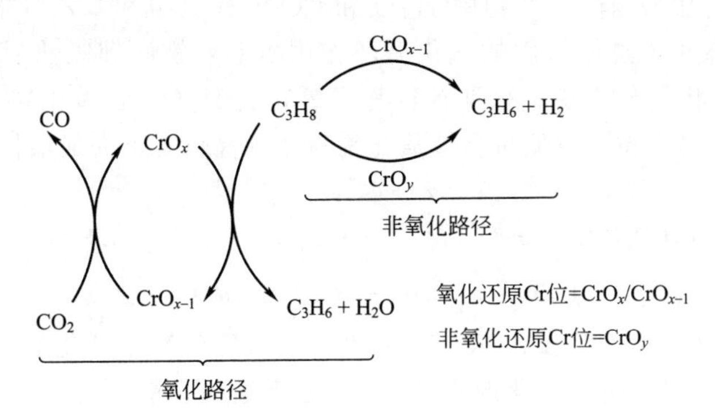

图 6.29 Cr 基催化剂上丙烷氧化脱氢反应机理

6.3.6.2 CO_2氧化乙苯脱氢制苯乙烯[64]

苯乙烯（ST）是现代石油化工产品中最重要的单体之一，主要用做聚苯乙烯、丙烯腈-丁二烯-苯乙烯树脂、丁苯橡胶等聚合物的生产原料。目前，市场上 90%左右的苯乙烯通过乙苯（EB）直接脱氢法制得，反应一般采用 K_2O、Cr_2O_3、MgO 和 MoO_3 等助剂改性的 Fe_2O_3催化剂，在较高的反应温度 873～973K、负压 0.2MPa、进料 H_2O∶EB＝4～20（物质的量比，下同）下进行。该方法主要存在以下问题：强吸热反应，反应温度高；大量使用过热水蒸气供热，后续工艺气液分离器中水蒸气液化放出的大量热量难以回收，能耗巨大；乙苯转化率只有 50%左右，产物中的乙苯和沸点相近的目的产物苯乙烯需要分离并循环使用；催化剂失活速度快，寿命通常只有两年。因此，非常有必要发展新的乙苯直接脱氢替代技术。

从打破热力学平衡限制，解决自供热问题和降低反应温度的角度来考虑，乙苯氧化脱氢是生产苯乙烯最有前景的替代方法。但空气或 O_2 氧化乙苯制苯乙烯难以避免深度氧化和氧分子插入等副反应的发生，产生相当数量的碳氧化物，不仅降低了苯乙烯的选择性，还伴生大量热量，使反应温度难以控制，因此该方法目前还难以工业化。乙苯脱氢的氢氧化技术是乙苯直接氧化脱氢衍生的有效替代技术之一。由美国 UOP 公司和 Lummus 公司联合开发成功的 Smart 工艺在两个径向脱氢反应器中间的产物中加入适量的 O_2，在对 H_2 选择性氧化催化剂的作用下生成水。在打破乙苯脱氢热力学平衡限制的同时，也为乙苯进入下一步反应器脱氢提供了热量，单程转化率可以达到 82.5%。但该工艺也存在着缺点：如 H_2 和乙苯脱氢产物混合浓度控制不当会引起爆炸，过量引入的 O_2 还会导致催化剂中毒，以及苯乙烯的选择性降低等。用 SO_2 氧化乙苯的脱氢过程则会产生许多有毒和腐蚀性的副产物如苯并噻吩、CS_2 和 COS 等。

CO_2 是绿色化学中最简单、来源也最丰富的可再生替代原料。以 CO_2 为碳源或氧源生产高附加值化学品，不仅可以保护石油等日益枯竭的化石燃料资源，还可以减少和控制主要温室气体 CO_2 的排放总量。近年来，用 CO_2 作为温和氧化剂，取代过热水蒸气选择性氧化乙苯制苯乙烯的绿色反应体系引起了研究者的重视。用 CO_2 替代水蒸气可以提高乙苯的转化率和苯乙烯的选择性，并在一定程度上抑制催化剂的失活[65]。

(1) CO_2 选择性氧化乙苯制苯乙烯的作用机制

文献报道的 CO_2 氧化乙苯制苯乙烯的氧化作用机制可归纳为两种：一种是催化剂的氧化循环作用机制，另一种是反应耦合作用机制。

氧化循环机制：对于 Li 改性的 AC 负载的氧化铁催化剂，铁酸锂是催化剂表面的活性相。由于乙苯在 CO_2 中脱氢时，产物中 H_2O 和 CO 的检测量和苯乙烯的生成量非常接近，这说明 CO_2 氧化乙苯可能遵循下面的氧化循环作用机制：铁酸锂吸热后，离解出表面部分吸附的晶格氧 O^-，将乙苯乙基上的两个 H 原子氧化成 H_2O，乙苯则转化为苯乙烯；随后，CO_2 氧化铁酸锂的晶格空位，将低价金属氧化物氧化到高价态，完成活性晶格氧物种的氧化还原循环。

$$C_6H_5CH_2CH_3 + LiFeO_{n+1}/AC \longrightarrow C_6H_5CH=CH_2 + LiFeO_n/AC + H_2O \tag{1}$$

$$LiFeO_n/AC + CO_2 \longrightarrow LiFeO_{n+1}/AC + CO \tag{2}$$

CO_2 选择性氧化乙苯脱氢不仅在 Fe 基催化剂上，而且在 V 系催化剂上可能也遵循这一作用机制。研究者在研究 V/MgO 催化剂的 CO_2 氧化乙苯脱氢性能时发现，在 823K 和其他反应条件相同的条件下，苯乙烯在 CO_2 气氛下的收率是它在 Ar 气氛下收率的 2.5 倍多。V 物种在 Ar 气氛下的价态比较低，而在 CO_2 气氛中的价态比较高。这说明高价态的 V 是 V/MgO 催化剂上的反应活性中心，CO_2 的作用就是维持 V 的高价态形式。UV 和 ESR 分析结果提供了 V^{5+} 和 V^{4+} 之间还原氧化循环的证据。V/MgO 催化剂上的这种作用机制可以表示为：

$$C_6H_5CH_2CH_3 + MgV_mO_{n+1}/MgO \longrightarrow C_6H_5CH=CH_2 + MgV_mO_n/MgO + H_2O \tag{3}$$

$$MgV_mO_n/MgO + CO_2 \longrightarrow MgV_mO_{n+1}/MgO + CO \tag{4}$$

CO_2 氧化乙苯脱氢时在催化剂的氧化循环作用机制下，总的反应可以表示为：

$$C_6H_5CH_2CH_3 + CO_2 \longrightarrow C_6H_5CH=CH_2 + CO + H_2O \qquad \Delta H^{\ominus}_{298K}=158.8kJ/mol \tag{5}$$

反应耦合机制：反应耦合作用机制通过逆水煤气变换反应和乙苯脱氢反应的耦合作用，

以 H_2O 的形式移走乙苯脱氢反应产生的 H_2，打破了热力学平衡的限制，从而提高了乙苯脱氢的转化率，使实际转化率接近甚至超过相应反应条件下乙苯直接脱氢的热力学平衡转化率。在这种作用机制下，反应可以表示为：

$$C_6H_5CH_2CH_3 \longrightarrow C_6H_5CH=CH_2+H_2 \qquad \Delta H^{\ominus}_{298K}=117.6kJ/mol \tag{6}$$

$$CO_2+H_2 \longrightarrow CO+H_2O \qquad \Delta H^{\ominus}_{298K}=41.2kJ/mol \tag{7}$$

(2) CO_2 选择性氧化乙苯制苯乙烯催化剂[66]

乙苯 CO_2 选择氧化制备苯乙烯的催化剂，载体常用活性炭 AC、Al_2O_3、MgO、ZSM-5、ZrO_2 等。活性组分为 V、Fe、Mo、Rn、La、Cr、Ce、Ni、Co 等过渡金属氧化物。助剂为 Li、Na、K 等碱金属，Mg、Ca 等碱土金属及某些稀土金属。也有采用水滑石型 Mg-Al-Fe 类物质和尖晶石型铁酸盐做催化剂。

负载钒氧化物催化剂在 CO_2 氧化乙苯脱氢反应中具有良好的催化活性。然而，由于积炭和表面钒物种的深度还原，催化剂的失活比较严重。负载钒氧化物催化剂上的 CO_2 氧化乙苯脱氢反应遵循 Mars-Van Krevelen 氧化还原机理，CeO_2 具有易氧化还原性，可以很快达到 Ce^{4+}/Ce^{3+} 平衡，因此它可以在富氧条件下贮存氧，而在贫氧条件下释放氧。由于具有优良的储放氧功能，CeO_2 被广泛用作催化剂的结构助剂和电子助剂以提高催化剂性能，并且对 CO_2 也有良好的活化作用。因此，将 CeO_2 添加到负载型钒氧化物催化剂中，可以进一步改善催化剂对 CO_2 氧化乙苯脱氢的反应性能。张海新等[67]研究了铈助剂的添加对 V/SiO_2 催化 CO_2 氧化乙苯脱氢性能的影响。Ce 助剂不仅提高了催化剂活性组分分散性和氧化还原性能，抑制了钒物种的深度还原，而且增强了催化剂碱性和 CO_2 吸附能力，减缓了积炭生成，从而显著提高了 V-Ce/SiO_2 对 CO_2 氧化乙苯脱氢反应的催化活性和稳定性。V(0.8)-Ce(0.25)/SiO_2 催化剂表现出最佳的催化性能，苯乙烯（ST）收率可达 55.6%，选择性为 98.5%，反应 12h 后，催化剂活性基本不变，与惰性 N_2 气氛比较，CO_2 明显促进了乙苯脱氢反应，归因于 CO_2 能保持催化剂表面钒物种的高价态。

Jiang 等[68]研究了 Fe、V 和 Cr 基催化剂，即设计氧化还原的催化剂表面以解离 CO_2，产生的 O 用于逆水煤气反应。其中以 Al_2O_3 负载的 V 和 V-Sb 氧化物催化剂性能最为突出，但存在积炭失活和 V 物种的深度还原等问题。为了进一步提高催化剂性能，他们开发了多种 ZrO_2 基复合氧化物催化剂，包括 MnO_2-ZrO_2、TiO_2-ZrO_2、CeO_2-ZrO_2 和 SnO_2-ZrO_2。这些催化剂具有酸碱特性，在反应中表现出较高的催化性能。研究发现，在 CO_2 氧化 EB 脱氢制 SM 反应中，CO_2 在提高催化剂活性和稳定性方面起着非常重要的作用，可被定义为软氧化剂：氧化催化剂表面以保持其表面氧含量，移除催化剂表面产生的积炭和副产物 H_2，为反应体系提供较高的热容以克服反应平衡限制，从而达到较高的转化率。ZrO_2 基复合金属氧化物是具有改善的织构特性的纳米粒子，且具有酸碱两性和氧化还原性能。其中 CeO_2-V_2O_5/TiO_2-ZrO_2 催化剂具有恰当的氧化还原性和酸碱两性，二者协同作用，因而催化性能最佳。氧化还原稳定剂 Sb 的添加进一步提高了其催化性能。碱金属和碱土金属可优化其酸碱性，增加比表面积，从而提高反应活性和选择性以及 CO_2 转化率。关于氧化脱氢（ODH）普遍接受的一个说法是，该反应在氧化还原活性位点上按 Mars-Van Krevelen 机理进行（见图 6.30 和图 6.31），人们普遍认为碳氢化合物在金属氧化物上的氧化作用涉及晶格氧物种或者氧空位。

赵国庆等[69]将改性 X 分子筛应用于催化乙苯 CO_2 氧化脱氢反应，并比较了不同改性 X 分子筛的乙苯氧化脱氢催化性能。KX、CsX 对乙苯 CO_2 选择氧化脱氢反应有良好的催化活性及苯乙烯选择性，并且该反应需要适当的酸碱活性中心协同催化，以使乙苯高效活化并转

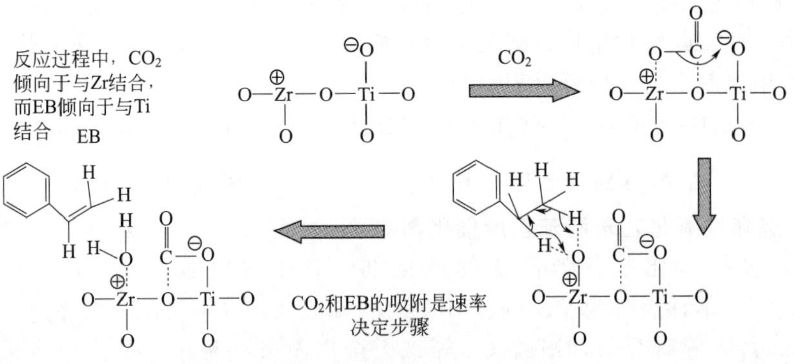

图 6.30　TiO_2-ZrO_2 催化剂上脱氢反应机理

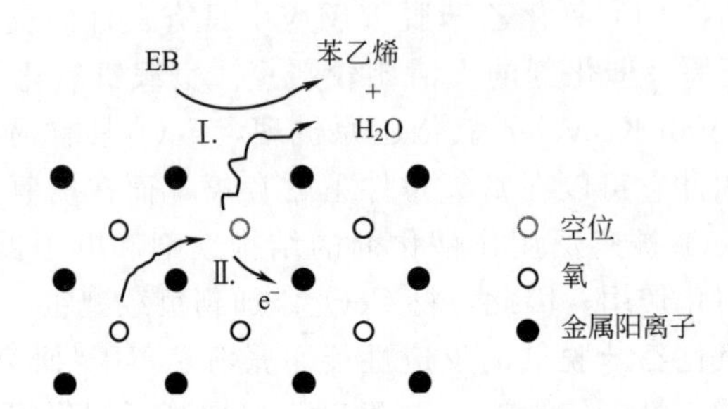

图 6.31　Mars-Van Krevelen 机理中还原-再氧化步骤

化生成产物苯乙烯。CsX 分子筛催化乙苯 CO_2 选择氧化脱氢的较佳操作条件为反应温度范围 545～565℃、质量空速 $0.5h^{-1}$、CO_2/乙苯物质的量比 8。进一步验证了乙苯 CO_2 氧化脱氢的酸碱协同机理。

李浙齐等[70]用无皂乳液聚合法合成了聚甲基丙烯酸甲酯（PMMA）微球，并以此为模板制备了具有三维有序大孔（3DOM）结构的 $MgFe_{0.1}Al_{1.9}O_4$ 尖晶石催化剂，考察了其催化乙苯与 CO_2 氧化脱氢生成苯乙烯反应的性能。3DOM $MgFe_{0.1}Al_{1.9}O_4$ 催化剂具有三维有序大孔结构，其大孔孔径为 230nm，孔壁平均厚度为 60nm，其中大部分 Fe 物种以同晶取代的方式进入到尖晶石骨架中。该催化剂在乙苯与 CO_2 氧化脱氢反应中表现出良好的催化活性和稳定性。通过与具有相同化学组成的 nano-$MgFe_{0.1}Al_{1.9}O_4$ 催化剂对比研究发现，3DOM $MgFe_{0.1}Al_{1.9}O_4$ 畅通的孔道结构十分有利于反应积炭前驱物的外扩散，对提高催化剂的稳定性具有重要作用。

Burri 等[71]考察了碱金属（Na、K）掺杂的 TiO_2-ZrO_2 催化剂催化乙苯脱氢生成苯乙烯单体的反应。与没有掺杂碱金属的催化剂相比，碱金属掺杂的催化剂上乙苯和 CO_2 的转化率较高。原因在于，掺杂碱金属后提高了催化剂的碱性，形成的 $TiZrO_4$ 相增加了 CO_2 的亲和力，K 和 Na 在晶格的插入影响了 O 的结合能，从而提供了更多的活性氧。而且碱金属的掺杂还能够有效调节催化剂表面的酸碱性能。K、Na 掺杂的 TiO_2-ZrO_2 催化剂比表面积较高，两者分别为 $256m^2/g$ 和 $199m^2/g$。与未掺杂碱金属的催化剂相比，碱金属掺杂催化剂上 CO_2 转化率增加了 10 倍，而且由于降低了催化剂表面积炭，提高了催化剂的稳定性。

Fan 等[72]通过密度泛函理论计算（DFT）详细研究了 CeO_2（111）表面上乙苯氧化脱氢生成苯乙烯过程中 CO_2 的作用。通过 O 插入打破乙苯亚甲基基团上第一个 C—H 键，需要克服一个 1.70eV 的能垒。接下来的步骤包括 C—H 键断裂和 H_2O 的去除，所需能垒相对较小。在该过程中，乙苯上脱除的 H 原子直接与晶格氧反应生成 H_2O（$2H+O \longrightarrow$

H_2O)，去除 H_2O 造成晶格氧减少，导致 CeO_2 还原。CO_2 的加入可以通过逆水煤气转换反应去除乙苯脱氢生成的 H 原子或者与脱氢过程中形成的表面氧空位反应，从而起到保护晶格氧的作用。逆水煤气转换机理的能垒低于氧空位反应机理。与 Fe_2O_3 和 V_2O_5 相比，CeO_2 更有利于保护晶格氧。

Kainthla 等[73]制备了一种新型 MoO_3/TiO_2-Al_2O_3 催化剂，并将其用于以 CO_2 为软氧化剂的乙苯脱氢合成苯乙烯的反应。当 CO_2/乙苯物质的量比为 9.8，气体时空速率（GHSV）保持在 0.08mol・h^{-1}・g^{-1} 催化剂。当 MoO_3 负载量不同时，7.5%（质量分数）MoO_3/TiO_2-Al_2O_3 催化剂活性最好。在长达 40h 时间内，催化剂展示了很好的催化活性，乙苯最大转化率为 70%左右，苯乙烯选择性最高为 97%左右。在实验研究的基础上，提出了该反应可能的反应机理，如图 6.32 所示。①氧原子上的电子云转移到 Mo^{6+} 物种，从而使乙苯吸附在催化剂表面；②吸附的分子解离为表面 H，通过消耗活性位上 Mo 原子的晶格氧，Mo^{6+} 还原为 Mo^{5+}，同时形成氧空位；③苯乙烯解离，表面留下 H 和还原 Mo 物种；④伴随着 H_2 的去除，还原的 Mo^{5+} 物种被剩余的晶格氧再次氧化。氧化还原循环是通过晶格氧与金属阳离子之间的电子转移完成的。

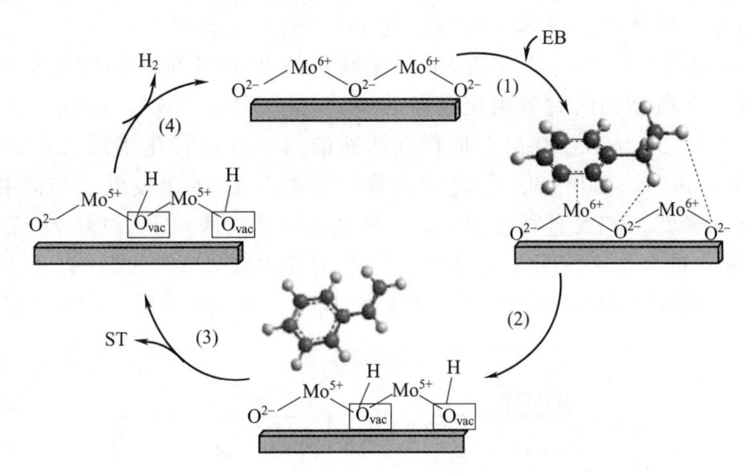

图 6.32　MoO_3 催化剂上乙苯脱氢反应可能的机理

6.3.6.3　CO_2 氧化丙烷芳构化

低碳烃芳构化反应主要产生苯、甲苯和二甲苯等，丙烷芳构化反应主要历程如下[74]：

$$\text{丙烷}\xrightarrow[\text{金属作用下直接脱氢}]{\text{酸性活性中心裂解}}\text{丙烯正碳离子}\xrightarrow[\text{聚合、环化}]{\text{酸性活性中心}}\text{环烷烃}\xrightarrow[\text{金属作用下直接脱氢}]{\text{酸性活性中心氢转移}}\text{芳烃(苯)}$$

一般认为，热力学上烷烃分子在有氧参与的转化反应中要比无氧条件下有利得多，但是在 O_2 存在下，反应物和目的产物又容易深度氧化。因而采用具有化学惰性的 CO_2 作氧化剂，将有利于提高烷烃分子在无氧芳构化反应中的活性。1992 年，Hattori 等对 CO_2 氧化 C_3H_8 芳构化反应进行了详细的研究。担载于 Pentasil 型沸石上的过渡金属氧化物对低碳烷烃的无氧芳构化具有较好的催化性能。与 Ga、Pt 基催化剂相比，Zn 基催化剂具有较高的催化活性。随着 Zn 担载量的增加，C_3H_8 和 CO_2 的转化率提高，10% Zn/HZSM-5 的催化性能最优。由于采用 CO_2 作氧化剂，在较高的反应温度（>550℃）下，C_3H_8 芳构化反应体系的活性要比无氧条件下的明显提高，C_3H_8 和 CO_2 的转化率分别为 70%和 35%，芳烃产率为 25%[75]。

刘汝玲等[76]用离子交换法制备 Ga 改性 ZSM-5 双功能催化剂，考察分子筛硅铝比（Si/Al）和催化剂氧化还原预处理条件对分子筛的酸性质、Ga 物种的存在状态及其丙烷芳构化催化性能的影响。研究表明，硅铝比不仅可以改变分子筛的酸性，也会影响分子筛中非骨架 Ga 物种与分子筛表面的相互作用程度，进而影响含 Ga 分子筛的丙烷芳构化性能。在质量空速 $1.0h^{-1}$、反应温度 550℃下，Si/Al 比为 30 的 Ga-HZSM-5 分子筛丙烷转化率和芳烃收率最高。Ga 物种的引入可以提高丙烷的转化率和芳烃的选择性，并抑制烷烃、烯烃的裂解。H_2 还原处理，将分子筛表面 Ga_2O_3 还原为低价的 Ga^+ 和 GaH_2^+ 物种，促进了 Ga 物种向分子筛微孔迁移；还原-氧化处理后，Ga^+ 和 GaH_2^+ 物种氧化成 GaO^+，占据分子筛孔道离子交换位，显著提高了催化剂的芳构化活性。

何霖等[77]根据现有丙烷芳构化催化剂的特性，考察等体积浸渍、真空等体积浸渍、微波等体积浸渍 3 种不同浸渍方法对镓改性 HZSM-5 催化剂性能的影响，并结合多种技术表征，分析改性后催化剂内部性能变化情况。浸渍方法对催化剂表面镓的分散度具有明显的影响，其中真空等体积浸渍具有更好的效果，使活性组分 Ga 分散更均匀，更有效地降低了分子筛的 B 酸位、增加了 L 酸位，进而抑制了丙烷的裂解，增强了催化剂的脱氢、芳构化能力，并且延长了催化剂的寿命。在反应温度为 525℃，丙烷质量空速（WHSV）为 $1h^{-1}$ 的条件下，Ga 取样时间为丙烷通入后 1.3h，丙烷转化率达到 93.8%，液相芳烃收率达到 57.2%，BTX（苯、甲苯和二甲苯）收率达到 48.6%。

Wan 等[78]研究了 Ga、Zn、Mo 和 Re 浸渍制备的 ZSM-5 催化丙烷芳构化生成 BTX 的反应。结果发现：在典型的丙烷芳构化温度（约 550℃）下，甲烷、乙烷、乙烯、苯、甲苯和二甲苯是主要产物。3% Zn/ZSM-5 催化剂活性最高，丙烷转化率最大，苯、甲苯和二甲苯总选择性大约为 56%，而甲烷、乙烷和乙烯（轻烃）选择性较低。与之相反，3% Mo/ZSM-5 催化剂活性最低，BTX 选择性很低，而轻烃选择性高达 52%。1% Zn/ZSM-5 催化剂上 H_2 和 BTX 生成速率最大，这表明通过浸渍法在 ZSM-5 中加入 1%的 Zn 有利于改善脱氢和随后的链生长反应以及环化反应，因而有利于丙烷芳构化。丙烷芳构化反应网络见图 6.33。

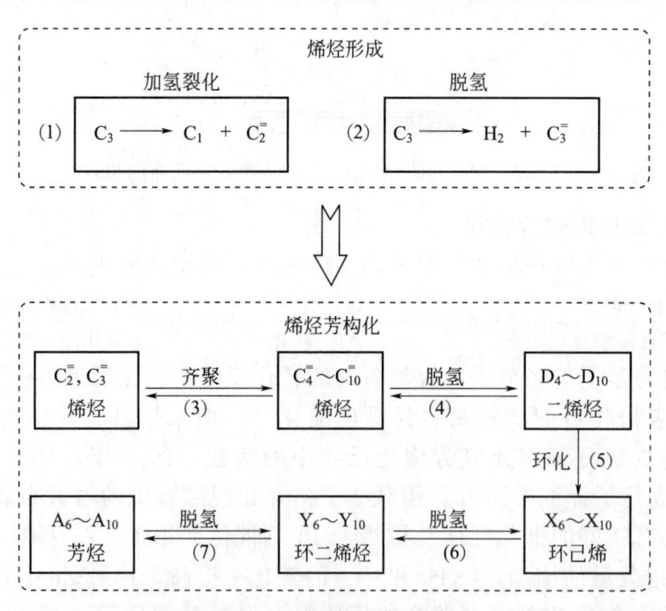

图 6.33 丙烷芳构化反应网络

Aloise 等[79]通过在 $1.08CH_3NH_2$-$0.134TPAB$-SiO_2-$y Ga_2O_3$-$x Al_2O_3$-40.0025kJ/mol；(y=0.005，0.010 和 0.020）凝胶形成的水热条件下（175℃/7 天）合成了 Ga-Al-MFI 样品，并考察了其催化丙烷芳构化的反应。Ga/Al 比最高的样品催化活性最好。芳构化得到的

BTX 的选择性始终高于加氢裂化生成的甲烷和乙烷的选择性。其中，苯的相对量要高于甲苯和二甲苯。

6.3.6.4 CO_2氧化甲烷偶联制乙烯（乙烷）[80]

以 CH_4、CO_2为原料一步合成 C_2烃类对于 CO_2资源化利用和天然气高值利用具有重要意义。首先 CO_2加氢的完全还原产物是 CH_4，部分还原产物是 C_2烃；其次 CH_4的完全氧化产物是 CO_2，部分氧化产物是 C_2烃，中间产物均为 CH_x，显然这两个反应是互为可逆的，如将 CH_4与 CO_2进行共活化，则 CO_2的存在将有利于 CH_4的部分氧化，同样 CH_4的存在将抑制 CO_2的深度还原，共同作用的结果将有利于 C_2烃的生成，其基本方程式如下：

$$2CH_4 + CO_2 \longrightarrow C_2H_6 + CO + H_2O \qquad \Delta G^{\ominus}_{1073K} = 35kJ/mol \tag{1}$$

$$2CH_4 + 2CO_2 \longrightarrow C_2H_4 + 2CO + 2H_2O \qquad \Delta G^{\ominus}_{1073K} \approx 0 \tag{2}$$

1995 年，Asami 等[81]率先采用此合成路线，以 17 种金属氧化物为催化剂一步合成 C_2烃。在 1073～1173K 反应温度下大多数金属氧化物催化剂均具有一定的 C_2烃选择性，其中稀土金属氧化物催化剂具有较好的 C_2烃选择性，Sm_2O_3的 C_2烃选择性最高（>40%）。在反应前后稀土金属氧化物的物相没有发生变化，而大多数其他金属氧化物如：Mn、Fe、Co、Cu 等物相组成均发生变化，生成低价氧化物或零价金属，因此其催化活性降低甚至失活，这说明稀土金属氧化物更有利于 C_2烃的形成且催化活性稳定。但反应物转化率及 C_2烃收率均不尽如人意。为提高 CH_4转化率和 C_2烃选择性，人们将碱土金属氧化物 CaO 担载于 CeO 上，Ca/Ce 原子比为 0.5，在 1173K 时 C_2烃选择性达 60%～70%，C_2烃收率大于 5%，催化活性明显高于单一组分的金属氧化物，说明负载型金属氧化物具有更高的 C_2烃收率[82]。

陈长林等[83]发现 La_2O_3/ZnO 催化剂体系在以 CO_2作为氧化剂的甲烷氧化偶联反应中具有很高的 C_2烃选择性和稳定性。采用 CO_2-TPD-MS 和 TPR 技术考察了 La_2O_3/ZnO 对 CO_2的吸附性质及其氧化还原行为。发现：La_2O_3/ZnO 催化剂体系存在着强、弱两种碱中心，其中弱碱中心数量随样品中 La_2O_3含量增加而减少，强碱中心强度随样品中 La_2O_3含量增加而增强；由于组分相互作用，高温下，La_2O_3/ZnO 易产生晶格氧空位，使之对 CO_2的吸附增强，吸附后的 CO_2与晶格氧作用形成立方晶型 $La_2O_2CO_3$；La_2O_3/ZnO 表面的 La^{3+}和 Zn^{2+}可以部分被还原，由于组分间的相互作用，使得二者的还原都较单一组分存在时更难；H_2-CO_2-H_2氧化还原循环实验表明，La_2O_3/ZnO 表面被部分还原后，CO_2可以将部分被还原的表面再氧化。

La_2O_3/ZnO 上，CH_4+CO_2反应的产物仅有 CO、C_2H_6、C_2H_4、H_2O 和微量氢。在单组分 La_2O_3和 ZnO 上，甲烷转化为 C_2烃的选择性都较低。在 La_2O_3/ZnO 催化剂上，甲烷转化为 C_2烃的选择性大大提高。这可能是由于载体 ZnO 与 La_2O_3的相互作用，La_2O_3/ZnO 表面氧物种“束缚”得较牢固，致使其深度氧化能力减弱。另外，由于组分相互作用，使得 La_2O_3/ZnO 在高温下具有大量的晶格氧空位和较高的 O^{2-}迁移能力。大量的氧空位和较高的 O^{2-}迁移能力，使得 La_2O_3/ZnO 催化剂对 CO_2吸附能力增强。

甲烷和 CO_2在 La_2O_3/ZnO 催化剂上的转化机制：催化剂表面活性较高的氧物种 O^*使 CH 的 C—H 键首先断裂形成 CH_3(ads)，CH_3(ads) 进一步聚合形成 C_2H_6，同时产生一个晶格氧空位（用□表示），CO_2与晶格氧空位发生吸附解离，生成 CO 和活性氧物种 O^*。这样就构成了活性氧物种 O^*的循环，CO_2起氧化剂作用，其循环机理可表示如下：

$$O^*(ads) + 2CH_4 \longrightarrow C_2H_6 + H_2O + \square + e \tag{1}$$

$$\square + CO_2(g) \longrightarrow CO_2(ads) \tag{2}$$

$$CO_2(ads) + e \longrightarrow CO_2^*(ads) \tag{3}$$

$$CO_2^*(ads) \longrightarrow CO(g) + O^*(ads) \tag{4}$$

Lee 等[84]分别以柠檬酸溶胶-凝胶法、固态法和硬模板法制备了三种不同结构的 $LaAlO_3$ 钙钛矿催化剂，记为 $LaAlO_3$-C、$LaAlO_3$-S 和 $LaAlO_3$-H，并考察了其催化甲烷氧化偶联反应的活性，结果表明，三种方法制备的催化剂活性差别很大。这是因为，制备方法不同，$LaAlO_3$ 钙钛矿结晶度不同，这对催化剂表面晶格氧数量影响巨大，从而导致其催化甲烷氧化偶联制备 C_2 化合物的活性不同。三种催化剂上 C_2 收率与其结晶度呈正相关性，趋势如下：$LaAlO_3$-C ＞ $LaAlO_3$-S ＞ $LaAlO_3$-H。换句话说，高结晶度可以使 $LaAlO_3$ 钙钛矿表面保持大量活性晶格氧物种，从而导致 C_2 收率高。在制备的催化剂中，$LaAlO_3$-C 催化剂结晶度最高，表面晶格氧数量最大，催化活性最好，C_2 收率最高为 12％（750℃）。

他们[85]以 La 基钙钛矿型催化剂（$LaXO_3$、X＝Al、Fe、Ni）为基础，研究了甲烷氧化偶联反应中的选择性氧物种。有氧和无氧存在下 $LaXO_3$ 的催化活性数据表明，表面晶格氧是甲烷转化的活性物种。更重要的是，亲电性的（$LaAlO_3$）、中性的（$LaFeO_3$）和亲核性的（$LaNiO_3$）晶格氧分别催化甲烷氧化偶联生成 C_2 化合物的反应，甲烷部分氧化生成 CO 的反应以及甲烷燃烧生成 CO_2 的反应（见图 6.34）。此外，来自气相氧的吸附氧有两个作用：氧化甲烷生成 CO_x；填充由于甲烷和晶格氧反应造成的表面晶格氧空位。最后，他们得出结论，亲电晶格氧以及气相氧对表面晶格氧空位的简单填充是甲烷氧化偶联反应高效催化剂系统设计的关键因素。

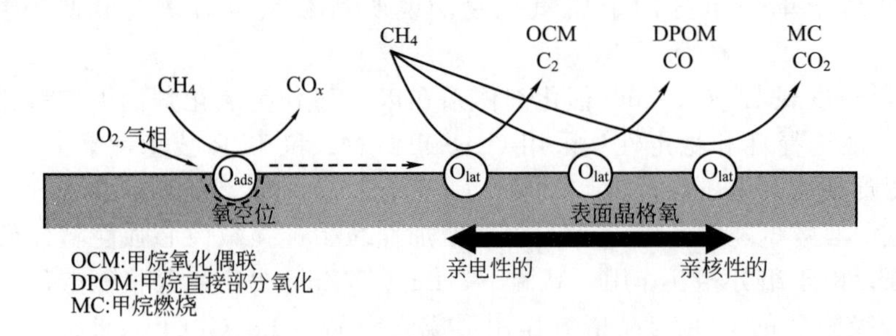

图 6.34 在各种甲烷转化反应中氧的作用

Liu 等[86]以 Mn-Ce-Na_2WO_4/SiO_2 为催化剂，在固体氧化物燃料电池（SOFC）管状膜反应器（见图 6.35）中实现了甲烷氧化偶联（OCM）反应。与传统固定床反应器和扣式电池反应器相比，该管状膜式反应器实现了优良的烃类选择性和优异的乙烯乙烷比。甲烷转化率高达 60.7％，C_{2+} 选择性为 41.6％，乙烯/乙烷比为 5.8，乙烯收率为 19.4％，远远高于传统甲烷氧化偶联反应的结果。

6.4 氯化铵储氢载体思考

氯化铵是联合制碱法的双产品（纯碱、氯化铵）之一。随着纯碱工业的发展，氯化铵的产量日益增多，产能出现明显过剩。在世界上，由于联碱法是我国纯碱工业的优势所在，其优势能否保持和发挥，开发大量使用氯化铵的大宗产品是一个决定因素。氯化铵分解制氨气和氯化氢是其应用之一，但是存在分解反应条件苛刻、分离困难及两者易于再复合生成氯化铵等问题。

为此，作者考虑将氯化铵作为储氢载体，直接分解获得氢气，以及氯化氢和氮气等，如

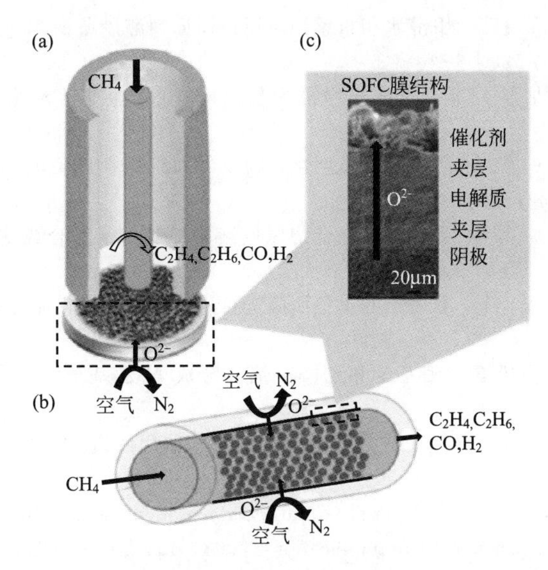

图 6.35 (a) SOFC-OCM 扣式电池反应器示意图；(b) SOFC-OCM 管状膜反应器示意图；(c) 多层 SOFC 膜的扫描电镜截面图像

下式所示。彻底解决了其再复合生成氯化铵的问题，且易于分离。

$$2NH_4Cl \longrightarrow 3H_2 + N_2 + 2HCl$$

该分解反应生成的混合物也可用于需要氢化和氯化的反应体系。

参 考 文 献

[1] 蔡卫权，张光旭，陈进富等．有机氢载体低温高效脱氢催化剂的研究进展［J］．石油化工，2007，36（7）：744-748.

[2] Okada Y，Sasaki E，Watanabe E，et al. Development of dehydrogenation catalyst for hydrogen generation in organic chemical hydride method［J］. International Journal of Hydrogen Energy，2006，31（10）：1348-1356.

[3] 冈田佳巳，今川健一，三粟谷智制等．水素エネルギーの大規模貯蔵輸送技術［J］．触媒，2015，57（1）：8-13.

[4] 梁雪莲，刘志铭，谢建榕等．甲醇或乙醇水蒸气重整制氢高效新型催化剂的研发［J］．厦门大学学报：自然科学版，2015，54（5）：693-706.

[5] 张世亮，姚淇露，卢章辉．肼硼烷的合成及产氢［J］．化学进展，2017，29（4）：426-434.

[6] Lin L L，Zhou W，Gao R，et al. Low-temperature hydrogen production from water and methanol using Pt/α-MoC catalysts［J］. Nature，2017，544：80-83.

[7] 尾西尚弥，姬田雄一郎．水素貯蔵を指向した二酸化炭素/ギ酸の相互変換触媒の開発［J］．触媒，2015，57（1）：14-19.

[8] 王鸿静，项益智，徐铁勇等．Ba 修饰的 Pd/Al_2O_3 对苯酚液相原位加氢制环己酮反应的催化性能［J］．催化学报，2009，30（9）：933-938.

[9] 项益智，卢春山，张群峰等．Raney Ni 催化剂上苯酚液相原位加氢表观动力学［J］．化工学报，2008，59（8）：2007-2013.

[10] 周秀莲，鲁墨弘，朱劼等．Pd 和甲醛对 Ag/C 催化四氯化碳原位液相加氢脱氯性能的影响［J］．石油学报（石油加工），2013，29（2）：269-276.

[11] 周银娟，潘国祥，项益智等．苯甲酸甲酯气相原位加氢制苯甲醛［J］．化工学报，2009，60（8）：1988-1996.

[12] 姜莉，祝一锋，项益智等．甲醇水相重整制氢原位还原苯乙酮制备 α-苯乙醇［J］．催化学报，2007，28（3）：281-286.

［13］ 曹晓霞，项益智，卢春山等．甲醇水相重整制氢原位还原糠醛制备糠醇［J］. 稀有金属材料与工程，2010，39（增 2）：516-520.

［14］ 李雁斌，徐莹，马隆龙等．邻甲酚液相原位加氢反应［J］. 高等学校化学学报，2014，35（12）：2654- 2661.

［15］ 于玉肖，徐莹，王铁军等．木质素降解模型化合物愈创木酚及苯酚原位加氢制备环己醇［J］. 燃料化学学报，2014，41（4）：443-448.

［16］ 顾辉子，许响生，陈傲昂等．芳香硝基化合物原位液相加氢一锅法合成喹啉类化合物［J］. 催化学报，2012，33（8）：1423-1426.

［17］ 杨建峰，孙军庆，李小年等．利用乙醇重整制氢进行硝基苯原位液相加氢合成苯胺［J］. 催化学报，2006，27（7）：559-561.

［18］ 李小年，张军华，项益智等．硝基苯和乙醇一锅法合成 *N*-乙基苯胺［J］. 中国科学 B 辑：化学，2008，38（1）：27-34.

［19］ 石斌，沐宝权，王宗贤等．供氢剂与分散型催化剂协同作用的研究［J］. 燃料化学学报，2001，29（4）：343-346.

［20］ D'Hondt E，Van D V S，Sels B F，et al. Catalytic glycerol conversion into 1,2-propanediol in absence of added hydrogen［J］. Chemical Communication，2008，45：6011-6012.

［21］ Roy D，Subramaniam B，Chaudhari R V. Aqueous phase hydrogenolysis of glycerol to 1,2-propanediol without external hydrogen addition［J］. Catalysis Today，2010，156（1-2）：31-37.

［22］ Yin A Y，Guo X Y，Dai W L，et al. The synthesis of propylene glycol and ethylene glycol from glycerol using Raney Ni as a versatile catalyst［J］. Green Chemistry，2009，11：1514-1516.

［23］ Barbelli M L，Santori G F，Nichio N N. Aqueous phase hydrogenolysis of glycerol to bio-propylene glycol over Pt-Sn catalysts［J］. Bioresource Technology，2012，111：500-503.

［24］ Meryemoglu B，Hesenov A，Irmak S，et al. Aqueous-phase reforming of biomass using various types of supported precious metal and raney-nickel catalysts for hydrogen production［J］. International Journal of Hydrogen Energy，2010，35（22）：12580-12587.

［25］ 孔丹旎，江涛，张一颖等．活性炭负载 Pt-Ni 双金属催化剂上甘油水溶液原位加氢反应性能［J］. 高等学校化学学报，2016，37（6）：1140-1147.

［26］ 戴立言，胡斯军，尹胜等．甲酸铵-Pd/C 体系进行胺化反应的研究［J］. 浙江大学学报：理学版，2013，40（2）：161-165.

［27］ Li Z L，Liu J H，Li J L，et al. Direct hydrogenation of nitroarenes and one-pot amidation using formic acid over heterogeneous palladium catalysts［J］. Journal of Molecular Catalysis（China），2013，27（5）：393-399.

［28］ 刘利平，樊东东，白净等．生物油模型化合物乙酸原位加氢反应响应面优化［J］. 广州化工，2017，45（9）：98-101.

［29］ 徐钉，张培培，李航杰等．原位还原 Cu/ZnO 催化剂上 CO_2 加氢合成甲醇反应研究［J］. 应用化工，2017，46（4）：663-667.

［30］ 上宫成之．膜反応器を用いるアンモニア分解によるカ-ボンフリ-水素生成と CO_2 メタン化との複合化［J］. 触媒，2015，57（1）：39-44.

［31］ Richter H，Knoche K. Reversibility of combustion process，efficiency and costing，second law analysis of process［M］. ACS Symposium Series，1983，235：71-86.

［32］ 李广龙．化学链燃烧技术中载氧体的研究概述［J］. 山东化工，2013，42（2）：61-64.

［33］ Mattisson T，Lyngfelt A，Leion H. Chemical-looping with oxygen uncoupling for combustion of solid fuels［J］. International Journal of Greenhouse Gas Control，2009，3：11-19.

［34］ 曾良鹏，黄樊，祝星等．铈基与钴基 Co_3O_4-CeO_2 载氧体上甲烷化学链转化特性：产物选择性控制［J］. 高等学校化学学报，2017，38（1）：115-125.

［35］ 于鹤，李法社，祝星等．Ce-Fe-Zr-O/MgO 整体型载氧体用于化学链部分氧化甲烷制合成气［J］. 燃料化学学报，2015，43（4）：499-506.

［36］ 罗明，王树众，王龙飞等．基于化学链技术制氢的研究进展［J］. 化工进展，2014，33（5）：

1123-1133.
[37] 孙兆松，梁皓，尹泽群. 化学链制氢技术研究进展 [J]. 化学工业与工程，2015，32 (5)：71-78.
[38] 胡修德，贾伟华，刘永卓等. K_2CO_3修饰钙基载氧体的煤化学链气化反应特性 [J]. 高校化学工程学报，2015，29 (1)：108-115.
[39] 赵锦波，袁世岭，蒋斌波. 正丁烷氧化制顺酐反应器技术进展 [J]. 现代化工，2016，36 (7)：47-50.
[40] Herguido J，Menéndez M，Santamaría J. On the use of fluidized bed catalytic reactors where reduction and oxidation zones are present simultaneously [J]. Catalysis Today，2005，100 (1/2)：181-189.
[41] Gascón J，Téllez C，Herguido J，et al. Fluidized bed reactors with two-zones for maleic anhydride production：Different configurations and effect of scale [J]. Industrial & Engineering Chemistry Research，2005，44 (24)：8945-8951.
[42] Rubio O，Mallada R，Herguido J，et al. Experimental study on the oxidation of butane to maleic anhydride in a two-zone fluidized bed reactor [J]. Industrial & Engineering Chemistry Research，2002，41 (21)：5181-5186.
[43] Julian I，Herguido J，Menéndez M. Experimental and simulated solids mixing and bubbling behavior in a scaled two-section two-zone fluidized bed reactor [J]. Chemical Engineering Science，2016，143：240-255.
[44] 徐俊峰，顾龙勤，曾炜等. 正丁烷氧化制顺酐催化剂的制备及其催化性能 [J]. 化学反应工程与工艺，2015，31 (3)：233-238.
[45] 贾雪飞，张东顺. 正丁烷选择氧化制顺酐钒磷氧催化剂晶相结构的研究进展 [J]. 石油化工，2016，45 (6)：749-755.
[46] Babu B H，Parameswaram G，Kumar A S H，et al. Vanadium containing heteropoly molybdates as precursors for the preparation of Mo-V-P oxides supported on alumina catalysts for ammoxidation of *m*-xylene [J]. Applied Catalysis A：General，2012，445-446：339-345.
[47] Jeon Y，Row S W，Park S S，et al. Evaluation of *m*-xylene ammoxidation at bench-scale operation in the presence of V_2O_5/γ-Al_2O_3 catalyst [J]. The Canadian Journal of Chemical Engineering，2015，93：881-887.
[48] 张凌峰，刘亚录，胡忠攀等. 丙烷脱氢制丙烯催化剂研究的进展 [J]. 石油学报（石油加工），2015，31 (2)：400-417.
[49] 范爱鑫，聂素双，傅吉全等. β分子筛负载钒催化剂丙烷氧化脱氢制丙烯 [J]. 石油化工，2015，44 (12)：1448-1452.
[50] 郑朋，唐艳辉，余玲等. V/β-分子筛和 V/γ-Al_2O_3催化剂上丙烷氧化脱氢制丙烯 [J]. 北京服装学院学报，2016，36 (4)：77-84.
[51] 孙彦民，李贺，曾贤君等. 合成丙烯酸催化剂研究进展 [J]. 工业催化，2016，24 (8)：11-19.
[52] Heine C，Hävecker M，Trunschke A，et al. The impact of steam on the electronic structure of the selective propane oxidation catalyst MoVTeNb oxide (orthorhombic M1 phase) [J]. Physical Chemistry Chemical Physics，2015，17：8983-8993.
[53] Hernández-Morejudo S，Massó A，García-González E，et al. Preparation，characterization and catalytic behavior for propane partial oxidation of Ga-promoted MoVTeO catalysts [J]. Applied Catalysis A：General，2015，504：51-61.
[54] Tu X L，Niwa M，Arano A，et al. Controlled silylation of MoVTeNb mixed oxide catalyst for the selective oxidation of propane to acrylic acid [J]. Applied Catalysis A General，2018，549：152-160.
[55] Liu Q L，Li J M，Zhao Z，et al. Synthesis，characterization，and catalytic performances of potassium-modified molybdenum-incorporated KIT-6 mesoporous silica catalysts for the selective oxidation of propane to acrolein [J]. Journal of Catalysis，2016，344：38-52.
[56] 王凤荣，尤丽梅，张志翔. 丙烷氨氧化制丙烯腈工艺以及催化剂研究进展 [J]. 化工中间体，2008，8：1-3.
[57] Adams R D，Elpitiya G，Khivantsev K，et al. Ammoxidation of propane to acrylonitrile over silica-

supported Fe-Bi nanocatalysts [J]. Applied Catalysis A：General，2015，501：10-16.
[58] Wang G J，Guo Y，Lu G Z. Promotional effect of cerium on Mo-V-Te-Nb mixed oxide catalyst for ammoxidation of propane to acrylonitrile [J]. Fuel Processing Technology，2015，130：71-77.
[59] Baek M，Lee J K，Kang H J，et al. Ammoxidation of propane to acrylonitrile over Mo-V-P-O_y/Al_2O_3 catalysts：Effect of phosphorus content [J]. Catalysis Communications，2017，92：27-30.
[60] 白明学，阿古拉，徐爱菊等．丙烷 CO_2 氧化脱氢制丙烯研究进展 [J]. 工业催化，2015，23 (1)：1-6.
[61] Tóth A，Halasi G，Bánsági T，et al. Reactions of propane with CO_2 over Au catalysts [J]. Journal of Catalysis，2016，337：57-64.
[62] Ascoop I，Galvita V V，Alexopoulos K，et al. The role of CO_2 in the dehydrogenation of propane over WO_x-VO_x/SiO_2 [J]. Journal of Catalysis，2016，335：1-10.
[63] Atanga M A，Rezaeia F，Jawada A，et al. Oxidative dehydrogenation of propane to propylene with carbon dioxide [J]. Applied Catalysis B：Environmental，2018，220：429-445.
[64] 蔡卫权，李会泉，张懿．CO_2选择性氧化乙苯制苯乙烯 [J]. 化学进展，2004，16 (3)：406-413.
[65] 任军，李文英，谢克昌．二氧化碳氧化乙苯脱氢制苯乙烯研究评述 [J]. 天然气化工，2004，29 (5)：60-64.
[66] 张君屹，宗保宁．CO_2 选择氧化乙苯制苯乙烯催化剂研究态势 [J]. 石化技术与应用，2005，23 (4)：253-257.
[67] 张海新，陈树伟，崔杏雨等．Ce 助剂对 V/SiO_2 催化 CO_2 氧化乙苯脱氢性能的影响 [J]. 物理化学学报，2014，30 (2)：351-358.
[68] Jiang N Z，Burri A，Park S E. Ethylbenzene to styrene over ZrO_2-based mixed metal oxide catalysts with CO_2 as soft oxidant [J]. Chinese Journal of Catalysis，2016，37 (1)：3-15.
[69] 赵国庆，王群龙，王亚楠等．改性 X 分子筛催化乙苯 CO_2 氧化脱氢制取苯乙烯 [J]. 石油学报（石油加工），2016，32 (2)：263-269.
[70] 李浙齐，王特华，李秀媛等．三维有序大孔 $MgFe_{0.1}Al_{1.9}O_4$ 催化剂制备及其催化乙苯与 CO_2 氧化脱氢的性能 [J]. 物理化学学报，2015，31 (4)：743-749.
[71] Burri A，Jiang N Z，Yahyaoui K，et al. Ethylbenzene to styrene over alkali doped TiO_2-ZrO_2 with CO_2 as soft oxidant [J]. Applied Catalysis A：General，2015，495：192-199.
[72] Fan H X，Feng J，Li W Y，et al. Role of CO_2 in the oxy-dehydrogenation of ethylbenzene to styrene on the CeO_2 (111) surface [J]. Applied Surface Science，2018，427：973-980.
[73] Kainthla I，Babu G V R，Bhanushalia J T，et al. Development of stable MoO_3/TiO_2-Al_2O_3 catalyst for oxidative dehydrogenation of ethylbenzene to styrene using CO_2 as soft oxidant [J]. Journal of CO_2 Utilization，2017，18：309-317.
[74] 侯焕娣，黄崇品，陈标华等．纳米 Zn /HZSM-5 分子筛催化丙烷芳构化 [J]. 化学反应工程与工艺，2006，22 (4)：300-304.
[75] 张法智，徐柏庆．CO_2选择氧化低碳烷烃的研究进展 [J]. 化学进展，2002，14 (1)：56-60.
[76] 刘汝玲，朱华青，吴志伟等．Ga 改性 ZSM-5 分子筛催化丙烷芳构化性能研究 [J]. 燃料化学学报，2015，43 (8)：961-969.
[77] 何霖，程牧曦，潘相米等．丙烷芳构化催化剂活性组分浸渍方法优化 [J]. 化工学报，2017，68 (S1)：204-209.
[78] Wan H J，Chitta P. Catalytic conversion of propane to BTX over Ga，Zn，Mo，and Re impregnated ZSM-5 catalysts [J]. Journal of Analytical and Applied Pyrolysis，2016，121：369-375.
[79] Aloise A，Catizzone E，Migliori M，et al. Catalytic behavior in propane aromatization using GA-MFI catalyst [J]. Chinese Journal of Chemical Engineering，2017，25：1863-1870.
[80] 张秀玲，宫为民，代斌等．CH_4/CO_2 一步合成 C_2 烃研究进展 [J]. 天然气化工，2001，26 (5)：58-61.
[81] Asami K，Fujita T，Kusakabe K I，et al . Conversion of methane with carbon dioxide into C2 hydrocarbons over metal oxides [J]. Applied Catalysis A：General，1995，126 (2)：245-255.

[82] Wang Y, Takahashi Y, Ohtsuka Y. Carbon dioxide-induced selective conversion of methane to C2 hydrocarbons on CeO_2 modified with CaO [J]. Applied Catalysis A: General, 1998, 172 (2): 203-206.

[83] 陈长林，徐奕德，崔巍等．CO_2选择性氧化甲烷制C2烃催化剂La_2O_3/ZnO的氧化还原和CO_2吸附性能 [J]. 催化学报，1998，19 (3)：219-223.

[84] Lee G, Kim I, Yang I, et al. Effects of the preparation method on the crystallinity and catalytic activity of $LaAlO_3$ perovskites for oxidative coupling of methane [J]. Applied Surface Science, 2018, 429: 55-61.

[85] Kim I, Lee G, Na H B, et al. Selective oxygen species for the oxidative coupling of methane [J]. Molecular Catalysis, 2017, 435: 13-23.

[86] Liu K F, Zhao J, Zhu D, et al. Oxidative coupling of methane in solid oxide fuel cell tubular membrane reactor with high ethylene yield [J]. Catalysis Communications, 2017, 96: 23-27.

第7章 危险物安全化及转化过程

为了解决某些活泼且非安全化学品在运输、储存及使用中存在的危险、易分解、聚合及稳定性差等安全问题：①通常将其进行惰性化的化学反应处理，制备相对“安全中间物质”，使用时再解离还原为原物质，这势必使工艺流程复杂，能耗增大，生产成本提高；②直接制备相对安全中间物质，且在使用时易于转化为所需反应物的方法，或使用时原位分解为原物质的同时，通过化学反应转化为所需的产物。

“安全中间物质”应具有如下特点：一是分解还原为原非安全物质所需的能量尽量少；二是在微观上分解并通过化学反应，快速完全转化为所需的产物，原非安全物质在宏观上无累积；三是相对于其分解得到的原非安全物质，其自身是安全的物质。

方法6：使用时易于分解为原非安全物或原位分解且及时转化的安全中间物参与的催化反应过程。

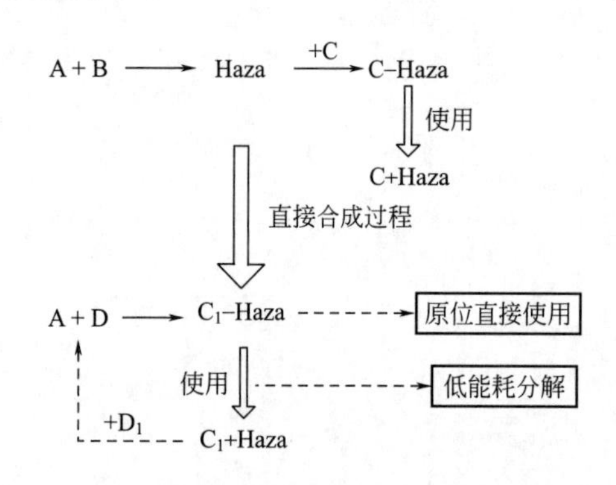

图7.1 直接制备相对安全中间物质且在使用时易于转化的反应体系

如图7.1所示，上半部分是传统工艺，对于储存、运输存在问题的非安全化学品Haza，通常采用惰性化处理的方法，即非安全化学品Haza与反应物C反应生成相对安全中间物质C-Haza，使用时再分解为Haza。下半部分是相对安全中间物质C_1-Haza直接合成过程，即通过反应物A和D直接合成相对安全的中间物质，且可在低能耗条件下分解为Haza，或可不需分解直接使用。较传统工艺，直接合成过程由原来的3步反应减少为2步反应，分解的化合物C_1还可用于合成直接化反应物之一（D或A）。

本章基于**方法6**，就非安全活泼物质安全化处理-封闭型异氰酸酯，TDI的相对安全中间反应物质——甲苯二氨基甲酸酯直接催化合成，以及氯化氢、氨的相对安全中间物质——氯化铵及其原位转化催化过程等进行了论述。

7.1 异氰酸酯安全性分析

TDI是一种无色液体，具有辛辣、刺鼻的气味，沸点是247℃，倾点为12.5～14.5℃。它在室温环境中性质稳定，50℃时会聚合。TDI不溶于水，但能与水起快速反应，所以储存 TDI 时要注意容器和环境的低温干燥。TDI 易与碱、胺、多元醇起反应，这也是储存和运输 TDI 过程中需要考虑的因素。高温会加速反应，反应中会放出热量和二氧化碳，具有烫伤和压力的危险。

TDI 在日光下颜色变深。氢氧化钠或叔胺能引起聚合作用。与水反应产生二氧化碳。能与乙醇（分解）、乙醚、丙酮、四氯化碳、苯、氯苯、煤油、橄榄油和二乙二醇甲醚混溶。有毒，有致癌可能性，有刺激性。

TDI 危险特性：遇明火、高热可燃。与氧化剂可发生反应。与胺类、醇、碱类和温水反应剧烈，能引起燃烧或爆炸。加热或燃烧时可分解生成有毒气体。其蒸气比空气重，能在较低处扩散到相当远的地方，遇火源会着火回燃。若遇高热，容器内压增大，有开裂和爆炸的危险。

TDI 的主要健康危害为对呼吸道的致敏性，引起过敏性支气管哮喘；急性中毒为对呼吸道的直接损伤作用，重者可引起喘息性支气管炎、化学性肺炎、急性中毒性肺水肿等，吸入毒性高。依据剧毒化学品吸入急性毒性判定标准（大鼠吸入 $LC_{50} \leqslant 2.0mg/L$），本品已列入《剧毒化学品目录》(2002 年版)（以下简称《剧毒目录》）。但是，从 2015 年 5 月 1 日起，TDI 的等级从剧毒化学品降为危险化学品。

7.2 非安全物质安全化处理

20 世纪 30 年代，德国人 Bayer 发现，异氰酸酯的分子中含有高度不饱和基团—NCO，其中氮原子、氧原子的电子云密度高，而碳原子的电子云密度低，容易与含有活泼氢的化合物（如醇类）发生加聚反应，生成聚氨酯。

异氰酸酯的高反应活性和本身带有的毒性使得它们不宜作为单组分体系储存和使用，而采用封端异氰酸酯作为功能性交联剂能够有效解决异氰酸酯在水溶液中的稳定问题。

TDI 属于易燃、有毒危险品，所含的—NCO 基团反应活性高，对湿气非常敏感。通常制成封闭型异氰酸酯，以利于使用和储运[1]。目前，主要是由甲苯二胺与光气反应得到 TDI，再由 TDI 与封闭剂（酚类和醇等物质）反应得到封闭型异氰酸酯，需要两步反应过程。该过程需要大量能耗、存在光气泄漏、设备腐蚀以及环境污染等危险隐患。

异氰酸酯的封闭和解封闭机理：异氰酸酯基的封闭就是将异氰酸酯或含游离异氰酸酯基的预聚体与某些含活泼氢物质或能与异氰酸酯基反应的物质反应，使游离异氰酸酯基在常温下不具活性，即实现异氰酸酯基的封闭。这种封闭反应在一定条件下是可逆反应，因此可使封闭的异氰酸酯基再发挥作用。异氰酸酯基的封闭与解封闭化学反应可表示为：

$$R—N=C=O+HB \xrightleftharpoons{\text{封闭}} R—NH—\overset{\overset{\displaystyle O}{\|}}{C}—B$$

在实际应用时，由于封闭剂的种类以及使用的化学环境和黏附对象的不同，解封闭和固化反应并不是截然可分，从解封闭到实现固化，多数人认为可能有两种机理，即消去-加成解封闭固化机理和 SN_2 取代解封闭机理[2,3]，如图 7.2 所示。

封闭剂种类：理论上讲，凡具有活泼氢的物质都可用作异氰酸酯的封闭剂，只要调整反应条件，最终都能达到理想的封闭效果。但考虑到其实际应用，降低解封闭所需的解离温度是关键。所以，要求所制得的封闭型聚氨酯在室温相当稳定，而在其解离温度时能快速解封闭，以使涂层或胶层固化。常用的有酚类、醇类、内酰胺、β-二羰基化合物、肟类、亚硫酸氢钠等。按封闭反应的类型，可将这些封闭剂大致分为羟基型、亚氨基型、活泼亚甲基型等

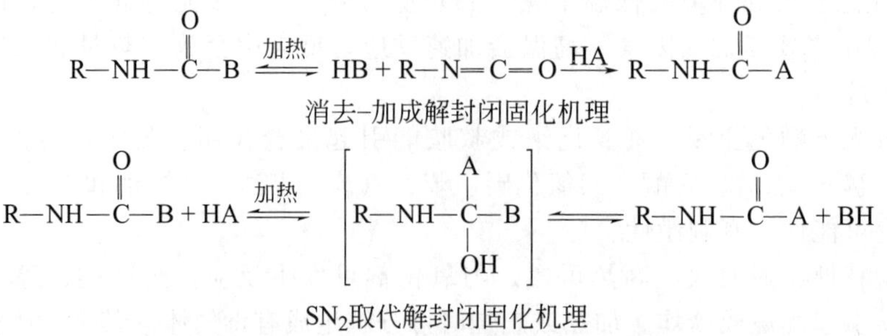

$$R-NH-\overset{O}{\overset{\|}{C}}-B \xrightleftharpoons{\text{加热}} HB + R-N=C=O \xrightarrow{HA} R-NH-\overset{O}{\overset{\|}{C}}-A$$

消去-加成解封闭固化机理

$$R-NH-\overset{O}{\overset{\|}{C}}-B + HA \xrightleftharpoons{\text{加热}} \left[R-NH-\underset{OH}{\overset{A}{C}}-B \right] \rightleftharpoons R-NH-\overset{O}{\overset{\|}{C}}-A + BH$$

SN_2取代解封闭固化机理

图 7.2　消去-加成解封闭固化机理和 SN_2 取代解封闭机理

三类。羟基型封闭剂包括酚类和醇类，亚氨基型封闭剂主要是肟类和内酰胺，活泼亚甲基型封闭剂是指含有 β-二羰基-α-氢结构的化合物，如丙二酸二乙酯、乙酰乙酸乙酯、乙酰丙酮、丙二腈等。因为封闭剂种类的差异，其解离温度差别很大，不同封闭剂的解离温度如表 7.1 所示。对于常见封闭剂，以亚硫酸氢盐封闭物解离温度最低，脂肪醇封闭物解离温度最高。

表 7.1　不同封闭剂的解离温度

封闭剂	解离温度/℃	封闭剂	解离温度/℃
甲醇、乙醇	≥180	丙酮肟、环己酮肟	≥160
苯酚	170～180	丙二酸二乙酯	130～140
乙基硫醇	170～180	ε-己内酰胺	160
β-萘硫酚	160	乙酰丙酮	140
氢氰酸	120～123	甲乙酮肟	110～140
N-甲基苯胺	170～180	亚硫酸氢钠	50～70

可以看出，不同的封闭剂具有不同的解离温度。醇类和胺类解离温度较高，一般高于 170℃；酚类解离温度较醇类稍低，一般在 150～160℃，但其封闭反应速率较慢；肟类封闭剂成本较高，且解封闭产物污染较大，其解离温度一般也高于 160℃；亚硫酸氢盐封闭物解封温度最低，一般介于 50～70℃；氢氰酸作封闭剂时解离温度在 120～130℃，但其有剧毒性。对羟基苯甲酸甲酯具有较低的毒性，其用于异氰脲酸酯的封闭剂时有较低的固化温度。对氯苯酚封闭异氰酸酯从 95℃开始解封，苯酚封闭异氰酸酯从 110℃开始发生解封闭反应。

曾念等[4]采用对羟基苯甲酸甲酯与甲苯-2,4-二异氰酸酯（TDI）反应，目的是合成封端异氰酸酯用于人造板用胶黏剂的交联剂，使其在热压过程中发生解封放出异氰酸酯，并达到使木材胶黏剂交联固化的结果。用 N,N'-二甲基甲酰胺（DMF）作溶剂，对羟基苯甲酸甲酯作封闭剂，研究了其封闭 TDI 中封闭剂与 TDI 物质的量比、催化剂用量、反应温度与时间对封闭反应的影响。研究发现：当封闭剂与 TDI 物质的量比为 3.0∶1、添加 0.5%（基于 TDI 与封闭剂总质量）催化剂、反应温度 80℃、反应 3h 时能够获得 99.8%的高封闭率。DSC 测试显示，封闭产物在 80℃以后即开始出现解封闭，但解封的高峰温度在 124.7℃，完全解封的温度为 130℃；利用红外光谱和核磁共振测试确定了封端产物的结构，反应式如下所示。

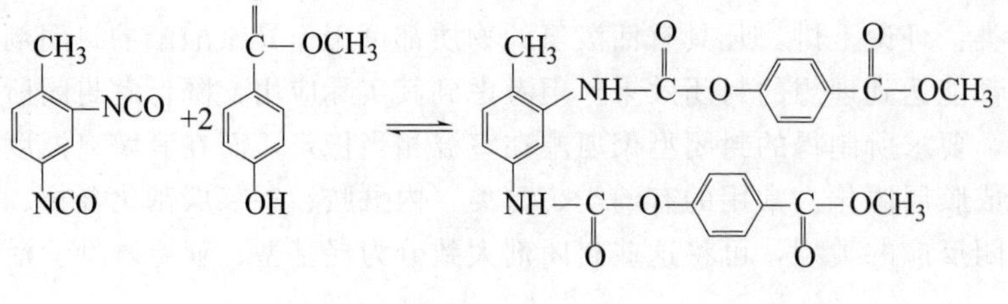

$$CH_3C_6H_3(NCO)_2 + 2\,HO-C_6H_4-\overset{O}{\overset{\|}{C}}-OCH_3 \rightleftharpoons CH_3C_6H_3\left(NH-\overset{O}{\overset{\|}{C}}-O-C_6H_4-\overset{O}{\overset{\|}{C}}-OCH_3\right)_2$$

—NCO 基团中 N 原子和 O 原子上电子云密度较大，电负性也较大，C 原子就相应地具有较大的正电性，容易受到亲核试剂的进攻。根据反应可知，对羟基苯甲酸甲酯的酚羟基中活泼 H 原子会进攻—NCO 基团的 C 原子发生亲核加成反应，通过亲核加成反应最后获得活性较低的封闭产物。

7.3 TDI 的安全中间反应物

甲苯二氨基甲酸酯是一种封闭型 TDI，它由环境友好的碳酸二酯法或尿素法一步直接合成，分解副产物醇、氨可作为合成碳酸酯或尿素的原料循环使用。

传统封闭型 TDI 制备过程由两步构成：第一步是甲苯二胺与剧毒光气反应合成 TDI，第二步是 TDI 与醇反应合成甲苯二氨基甲酸酯。反应式如下所示：

$$CH_3C_6H_3(NH_2)_2 + 2Cl-\overset{O}{\overset{\|}{C}}-Cl \longrightarrow CH_3C_6H_3(NCO)_2 + 4HCl$$

$$CH_3C_6H_3(NCO)_2 + 2ROH \longrightarrow CH_3C_6H_3(NHCOOR)_2$$

直接合成封闭型 TDI 过程——碳酸酯法由一步构成：甲苯二胺与绿色化学品——碳酸酯反应直接合成甲苯二氨基甲酸酯，副产的醇类可进一步通过与 CO_2 氧化羰基化或酯交换反应制备直接合成过程所需的反应物碳酸酯，构成反应循环系统。反应式如下所示。

$$CH_3C_6H_3(NH_2)_2 + 2RO-\overset{O}{\overset{\|}{C}}-OR \longrightarrow CH_3C_6H_3(NHCOOR)_2 + 2ROH$$

$$2ROH \xrightarrow{+CO_2(CO+O_2、PC、EC)} RO-\overset{O}{\overset{\|}{C}}-OR$$

直接合成封闭型 TDI 过程——尿素法由一步构成：甲苯二胺与尿素、醇类反应直接合成甲苯二氨基甲酸酯，副产的氨可进一步通过与 CO_2 反应制备直接合成过程所需的反应物尿素，构成反应循环系统。反应式如下所示。

$$CH_3C_6H_3(NH_2)_2 + 2NH_2-\overset{O}{\overset{\|}{C}}-NH_2 + 2ROH \longrightarrow CH_3C_6H_3(NHCOOR)_2 + 4NH_3$$

$$4NH_3 \xrightarrow{+CO_2} NH_2-\overset{O}{\overset{\|}{C}}-NH_2$$

可以看出，直接合成法相对于光气法具有明显的安全和环境优势：直接制备、相对安全、易于转化。不使用剧毒光气，且无盐酸排放和氯离子影响产品质量；一步即可得到安全的封闭型 TDI，而光气法需要两步；所用原料绿色、安全（碳酸二甲酯、尿素等）；可制备易于转化的 TDC，节约能源。反应的关键是安全中间反应物——甲苯二氨基甲酸酯的分解温度要低。对此研究者采用不同醇类为原料，制备了一系列不同分解温度的甲苯二氨基甲酸酯。

(1) 2,4-二氨基甲苯、尿素和甲醇合成甲苯-2,4-二氨基甲酸甲酯

甲苯-2,4-二氨基甲酸甲酯（TDC）是非光气法合成 TDI 的重要中间体。TDC 的合成方法主要有还原羰基化法、氧化羰基化法、碳酸酯法和尿素法。还原羰基化法和氧化羰基化法存在原料 CO 利用率低、反应条件苛刻且需使用贵金属催化剂等缺点；碳酸酯法存在原料碳酸二甲酯成本高且与副产物甲醇共沸难以分离等缺点。相比较而言，尿素法具有原料价廉易得、反应条件温和、不需贵金属催化剂、分离过程简单、副产物氨气可循环利用等优点，是接近“零排放”的绿色工艺过程。尽管尿素法有很多优点，但也存在两点不足：一是尿素及其分解物易堵塞管路；二是必须及时排除副产物氨气以打破热力学限制。反应式如下所示。

$$\underset{\text{(TDA)}}{CH_3C_6H_3(NH_2)_2} + 2NH_2-\overset{O}{\overset{\|}{C}}-NH_2 + 2CH_3OH \longrightarrow \underset{\text{(TDC)}}{CH_3C_6H_3(NH-\overset{O}{\overset{\|}{C}}-OCH_3)_2} + 4NH_3$$

反应精馏技术具有转化率高、选择性高、投资少、节能等优点。作者课题组[5]针对 2,4-二氨基甲苯、尿素和甲醇为原料一步合成 TDC 绿色、安全反应工艺，在反应精馏装置上研究了操作条件对非催化合成 TDC 反应的影响，得出适宜操作条件为：反应温度 190℃、压力 0.7～0.75MPa、反应原料分为两股进料，其中一股进料为 TDA、尿素和甲醇的混合液（TDA：Urea：MeOH＝1：5：80），进料位置为反应段上方，速率为 0.3mL·min^{-1}，另一股为纯甲醇，进料位置在反应段下方，速率为 5.0mL·min^{-1}，塔顶回流比 0.75，塔釜采出比 45。在该条件下，TDA 的转化率为 62%，TDC 的收率和选择性分别为 36%和 58%。与高压釜上所得结果相比，TDC 的选择性提高了 17%。

(2) 2,4-二氨基甲苯、尿素和丙醇合成甲苯-2,4-二氨基甲酸丙酯

二氨基甲苯与尿素、丙醇反应合成甲苯-2,4-二氨基甲酸丙酯反应式如下所示。

$$\underset{\text{(TDA)}}{CH_3C_6H_3(NH_2)_2} + 2NH_2-\overset{O}{\overset{\|}{C}}-NH_2 + 2C_3H_7OH \longrightarrow \underset{\text{(TDC–P)}}{CH_3C_6H_3(NH-\overset{O}{\overset{\|}{C}}-O-C_3H_7)_2} + 4NH_3$$

作者课题组[6]以 2,4-二氨基甲苯（TDA）、尿素和正丙醇（PrOH）为原料，非催化合成了甲苯-2,4-二氨基甲酸正丙酯（TDC-P），考察了反应条件对该合成反应的影响，并基于反应产物的液相色谱-质谱分析结果，推测了可能的反应路径。结果表明，该反应适宜的反应条件为 n(TDA)/n(尿素)＝1/3、n(TDA)/n(PrOH)＝1/84、反应温度 170℃、反应压力 0.6MPa、反应时间 4h。此时，TDA 转化率为 95.3%，TDC-P 产率为 66.1%、选择性为 69.4%。推测合成 TDC-P 可能的反应路径有 3 条：一是经过氨基甲酸正丙酯和 3-氨基-3-甲基苯氨基甲酸正丙酯或 2-甲基-5-氨基苯氨基甲酸正丙酯生成 TDC-P 的反应路径；二是以 2,4-甲苯二脲为中间产物的反应路径；三是以 3-脲基-4-甲基苯氨基甲酸正丙酯或 2-甲基-5-脲基苯氨基甲酸正丙酯为中间产物的反应路径。

(3) 2,4-二氨基甲苯、尿素和丁醇合成甲苯-2,4-二氨基甲酸丁酯

有关尿素法合成 TDI 的报道中，多是先合成甲苯二氨基甲酸甲酯，然后再分解为 TDI。该过程存在的主要问题是甲苯二氨基甲酸甲酯分解温度高、副产物甲醇沸点低回收困难。如果采用碳链较长的醇为原料，甲苯二氨基甲酸酯的分解反应及醇的回收过程会很容易，整个尿素法合成 TDI 工艺容易实现。以尿素为羰基化试剂，2,4-二氨基甲苯和正丁醇为原料，在不同催化剂作用下合成了 TDI 的前体甲苯-2,4-二氨基甲酸丁酯，反应式如下所示。

$$CH_3C_6H_3(NH_2)_2 + 2NH_2CONH_2 + 2C_4H_9OH \longrightarrow CH_3C_6H_3(NHCOOC_4H_9)_2 + 4NH_3$$

作者课题组[7]对甲苯-2,4-二氨基甲酸丁酯（BTDC）的合成反应进行了研究，考察了催化剂种类和反应条件的影响。γ-Al_2O_3催化剂对该反应具有较高的活性，适宜催化剂焙烧温度为 500℃。采用上述催化剂，适宜的反应条件为：反应温度 200℃，反应时间 6h，催化剂用量（基于 TDA 的质量）为 30%，n(TDA)∶n(尿素)∶n(正丁醇)=1∶5∶65。在此条件下，TDA 的转化率为 95.3%，BTDC 的收率为 70.5%。直接法无论从原料毒性、资源消耗、设备及生产成本、工艺路线复杂性，还是从环境保护、可持续发展等各方面考虑，由二氨基甲苯一步法合成封闭型甲苯二异氰酸酯都是优异的合成路线。

7.4 氯化铵及原位转化过程

氯化铵为无色立方晶体或白色结晶粉末，味咸凉而微苦，为酸式盐。相对密度为 1.527，含氮的质量分数为 26%，易溶于水及乙醇，溶于液氨，不溶于丙酮和乙醚。相对分子质量为 53.49，化学式 NH_4Cl，俗称电盐、电气药粉、盐精。

常规法制备氯化铵：为氨与氯化氢反应，如图 7.3 所示。氨和氯化氢均属于非安全化学品，其合成过程氮气加氢和氯气加氢均为危险反应过程。氯化铵为相对安全中间物质，但其由氨和氯化氢制备的方法也属于危险反应过程。

氯化铵是联合制碱法的双产品（纯碱、氯化铵）之一。随着纯碱工业的发展，氯化铵产量日益增多，产能出现明显过剩。截止到 2012 年年底，我国共有 33 家联碱企业，氯化铵生产能力为 1440 万吨，占世界总产量的 95%[8]。

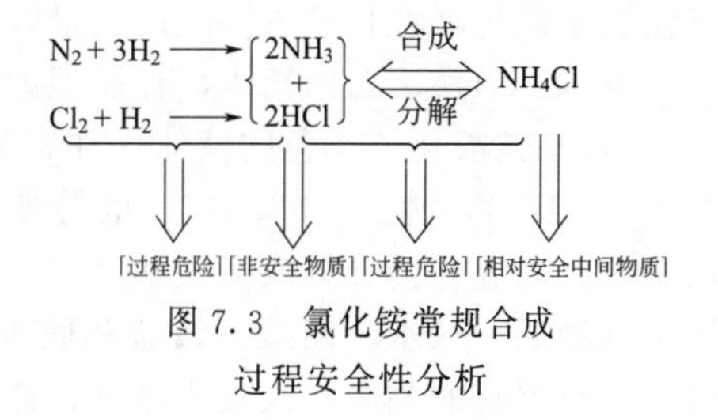

图 7.3　氯化铵常规合成过程安全性分析

我国的氯化铵主要用作农业化肥，少量用于电池、电镀及阻燃剂等工业领域。而农用氯化铵在水田里，与土壤作用产生氯化钙，对环境造成危害。在旱地里，易使土壤板结和盐化。这些弊端都严重限制了氯化铵的农用市场空间[9]。

联碱法是我国纯碱工业在世界上的优势所在，其优势能否保持和发挥，关键在于开发工业领域中以氯化铵为原料的大宗化工产品，当属国家重大需求。

联碱法制备氯化铵：作为联碱法的双产品，在合成纯碱的同时生产氯化铵，其反应式为：

$$NH_4HCO_3[NH_3 + CO_2 + H_2O] + NaCl = NH_4Cl + NaHCO_3\downarrow$$

$$2NaHCO_3 = Na_2CO_3 + CO_2\uparrow + H_2O\uparrow$$

可以看出，氯化铵的制备过程以碳酸氢铵和氯化钠为原料，反应物属于安全化学品，反应过程是无机反应，操作条件温和，较常规法也是安全反应。

联碱法生产纯碱和氯化铵采用的是“一次加盐、两次吸氨、一次碳化”生产循环过程，第一过程为纯碱生产过程，第二过程为氯化铵生产过程，如图 7.4 所示。由母液Ⅱ开始，在

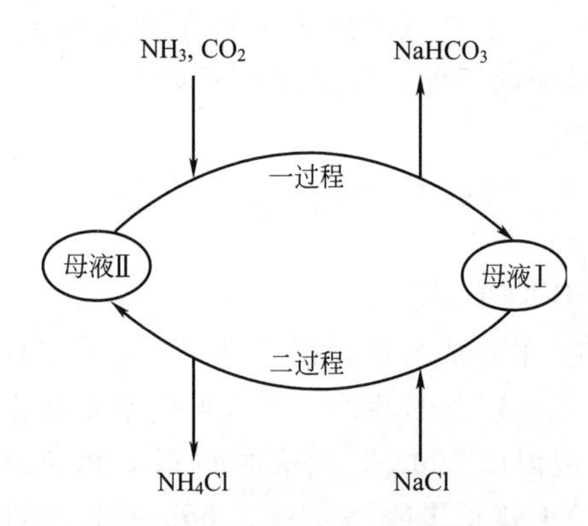

图 7.4　联合制碱法生产过程示意图

第一过程加入原料氨（NH_3）和二氧化碳（CO_2），得到碳酸氢钠（$NaHCO_3$）和母液Ⅰ，在第二过程加入原料盐（NaCl），得到氯化铵（NH_4Cl）和母液Ⅱ，如此完成一个循环。

7.4.1　氯化铵与氨、氯化氢安全性对比

氯化铵管制信息：该品不受管制。

危险特性：无特殊的燃烧爆炸特性。受高温分解产生有毒的腐蚀性烟气。

氯化铵是一种强电解质，溶于水电离出铵根离子和氯离子，氨气和氯化氢化合生成氯化铵时会有白烟。能升华（实际上是氯化铵的分解和重新生成的过程）而无熔点。相对密度为 1.5274。折光率为 1.642。低毒，半数致死量（大鼠，经口）为 1650mg/kg。有刺激性。加热至 350℃升华，沸点 520℃。

水溶液呈弱酸性，加热时酸性增强。对黑色金属和其他金属有腐蚀性，特别对铜腐蚀更大，对生铁无腐蚀作用。

氯化铵能化痰止咳，用于干电池、蓄电池、铵盐、鞣革、电镀、精密铸造、医药、照相、电极、黏合剂、酵母菌的养料和面团改进剂等。是一种速效氮素化学肥料，含氮量为 24%～25%，属生理酸性肥料。它适用于小麦、水稻、玉米、油菜等作物，尤其对棉麻类作物有增强纤维韧性和拉力并提高品质之功效。但是，由于氯化铵的性质决定，如果施用不对路，往往会给土壤和农作物带来一些不良影响。国外还有很多农场将氯化铵作为铵盐类非蛋白氮添加到牛羊等动物的饲料中，但是添加量都有严格的限制。可用作化肥，属氮肥，但氨态化肥不能与碱性化肥一同施用，最好也不要在盐碱地中施用，以免降低肥效。

氨气：NH_3，无色气体，有强烈的刺激气味，密度 0.7710，相对密度 0.5971（空气＝1.00），易被液化成无色的液体。在常温下加压即可使其液化（临界温度 132.4℃，临界压力 11.2MPa），沸点－33.5℃，也易被固化成雪状固体，熔点－77.75℃。溶于水、乙醇和乙醚。在高温时会分解成氮气和氢气，有还原作用。有催化剂存在时可被氧化成一氧化氮。用于制液氮、氨水、硝酸、铵盐和胺类等。可由氮和氢直接合成而制得，能灼伤皮肤、眼睛、呼吸器官的黏膜，人吸入过多，能引起肺肿胀，以至死亡。

氨气的危害：轻度吸入氨中毒表现有鼻炎、咽炎、喉痛、发音嘶哑。氨进入气管、支气管会引起咳嗽、咳痰、痰内有血。严重时可引发咯血及肺水肿，呼吸困难、咯白色或血性泡沫痰，双肺布满大、中水泡音。患者有咽灼痛、咳嗽、咳痰或咯血、胸闷和胸骨后疼痛等症状。

急性吸入氨中毒的发生多由意外事故如管道破裂、阀门爆裂等造成。急性氨中毒主要表现为呼吸道黏膜刺激和灼伤。其症状根据氨的浓度、吸入时间以及个人感受性等而轻重不同。急性重度中毒：剧咳，咯大量粉红色泡沫样痰，气急、心悸、呼吸困难，喉水肿进一步加重，明显发绀，或出现急性呼吸窘迫综合征、较重的气胸和纵隔气肿等。

严重吸入中毒：可出现喉头水肿、声门狭窄以及呼吸道黏膜脱落，可造成气管阻塞，引起窒息。吸入高浓度的氨可直接影响肺毛细血管通透性而引起肺水肿，可诱发惊厥、抽搐、嗜睡、昏迷等意识障碍。个别病人吸入极浓的氨气可发生呼吸心跳停止。

皮肤接触可引起严重疼痛和烧伤，并能发生咖啡样着色。被腐蚀部位呈胶状并发软，可发生深度组织破坏。高浓度蒸气对眼睛有强刺激性，可引起疼痛和烧伤，导致明显的炎症并可能发生水肿、上皮组织破坏、角膜混浊和虹膜发炎。轻度病例一般会缓解，严重病例可能

会长期持续，并发生持续性水肿、疤痕、永久性混浊、眼睛膨出、白内障、眼睑和眼球粘连及失明等并发症。多次或持续接触氨会导致结膜炎。

氨运输与储存的安全性：氨是重要的化工原料。为了贮存和运输的方便，通常采用常温高压或低温加压的方式将氨液化。在氨的生产、运输、贮存中，如遇管道、阀门、储罐等损坏使液氨发生泄漏，极易发生爆炸和人员中毒事故，对环境造成严重危害。

液氨，又称无水氨，是一种有毒有害的无色液体，具有强烈的刺激性气味和腐蚀性，且极易气化为氨气。其毒性大，吸入毒性指数＜300。危险等级 2，属于高度危险物质，一旦泄漏，极可能造成严重的后果。泄漏的氨气对人类健康会造成严重危害，泄漏导致人员中毒、窒息死亡；液氨具有火灾危险性，氨气爆炸极限为 15.7%～27.4%。因此，氨气与空气或氧气混合会形成爆炸性混合物，储存容器受热时也极有可能发生爆炸。

氯化氢：是一种无色非可燃性气体，有极刺激气味，密度大于空气，遇潮湿的空气产生白雾，极易溶于水，生成盐酸。有强腐蚀性，能与多种金属反应产生氢气，可与空气形成爆炸性混合物，遇氰化物产生剧毒氰化氢。

氯化氢的水溶液呈酸性，叫做氢氯酸，属于强酸，习惯上称盐酸。

具有腐蚀性，易制毒、易制爆，根据《易制毒化学品管理条例》受公安部门管制。无水氯化氢无腐蚀性，但遇水时有强腐蚀性。遇氰化物能产生剧毒的氰化氢气体。

健康危害：氯化氢对眼和呼吸道黏膜有强烈的刺激作用。急性中毒：出现头痛、头昏、恶心、眼痛、咳嗽、痰中带血、声音嘶哑、呼吸困难、胸闷、胸痛等。重者发生肺炎、肺水肿、肺不张。眼角膜可见溃疡或混浊。皮肤直接接触可出现大量粟粒样红色小丘疹而呈潮红痛热。慢性影响：长期较高浓度接触，可引起慢性支气管炎、胃肠功能障碍及牙齿酸蚀症。

氯化氢局部作用引起的症状有结膜炎、角膜坏死、损伤皮肤和黏膜，导致具有剧烈疼痛感的烧伤。吸入后引起鼻炎、鼻中隔穿孔、牙糜烂、喉炎、支气管炎、肺炎、头痛和心悸、窒息感。咽下时，会刺激口腔、喉、食管及胃，引起流涎、恶心、呕吐、肠穿孔、寒颤及发热、不安、休克、肾炎。长期接触低浓度氯化氢可使皮肤干燥并变土色，也可引起咳嗽、头痛、失眠、呼吸困难、心悸亢进、胃剧痛等情况。而慢性中毒者的最明显症状是牙齿表面变得粗糙、特别是门牙产生斑点。

盐酸运输与储存的安全性：盐酸，腐蚀性液体，接触其蒸气或烟雾，可引起急性中毒，出现眼结膜炎，鼻及口腔黏膜有烧灼感，鼻衄、齿龈出血，气管炎等。误服可引起消化道灼伤、溃疡形成，有可能引起胃穿孔、腹膜炎等。眼和皮肤接触可致灼伤。慢性影响：长期接触，引起慢性鼻炎、慢性支气管炎、牙齿酸蚀症及皮肤损害。对水体和土壤可造成污染。该物质不燃，具强腐蚀性、强刺激性，可致人体灼伤。

盐酸若发生泄漏，会引发燃烧、爆炸、腐蚀、毒害等严重的灾害事故，容易发生人员中毒、伤亡，危及公共安全和人民群众的生命财产安全，导致严重环境污染事故。

盐酸合成炉火灾爆炸危险性[10]：氢气与氯气在合成炉中进行合成反应的温度在 400℃以上。400℃为氢气的燃点，如果氢气泄漏，即会着火燃烧甚至发生火灾爆炸。另外，在合成炉的点火、调节、反应过程中以及停车检修中，存在由于原料气质量不符合要求、压力不稳、调节不当以及点火操作失误而引起爆炸事故。也可能因为夹套冷却失当，炉内热量不能及时导出，会引起合成炉过热燃烧，或者压力增大，合成炉不能承受压力过高，造成物理爆炸。

合成氯化氢时，虽然只是氯与氢燃烧生成氯化氢的简单工艺过程，但点火程序必须是先点燃氢气，然后逐渐通入和加大氯气流量，并且氢气量应当稍有过剩。若氢与氯的投料比不合适、两者压力调节失当、温度超高或吹扫不彻底盲目点炉等，均可能导致合成炉爆炸。若第一次点火失败而系统没有进行工艺处理紧跟着进行第二次点火，也有再次发生爆炸的可能性。

合成 HCl 的工艺控制温度在400℃以上，若冷却装置失效或局部反应剧烈，可能造成合成炉的局部烧损，或者压力增大，合成炉不能承受过高的压力，造成物理爆炸，进而可能发生火灾爆炸等次生事故。在合成炉操作过程中，由于氢气、氯气操作压力波动过大，而氢气阻火器未设置或失效，可能造成氢气回火，进一步引发氢气管道的火灾爆炸事故。若尾气放空管道上所设的防雷设施不合格，当雷雨季节遭受雷电袭击时，可能会因存在大量未燃烧氢气而引发排空管着火或爆鸣事故。

可以看出，氯化铵与氨、氯化氢相比而言，是相对绿色、安全的化学品。以氯化铵为原料直接合成高附加值的有机化学品，不仅能促进联碱工业的发展，而且可望使以氨或氯化氢为原料的化工生产过程更绿色、更安全。

7.4.2 氯化铵分解为氨和氯化物反应路线

目前，氯化铵作为工业原料的研究主要集中在两方面：一是以制备氨气和氯化氢为目标的氯化铵分解反应；二是以制备氯代烃为目标的氯化铵直接氯化反应，产物包括氯甲烷、氯乙烷、氯乙烯及二氯乙烷等。但是，氯化铵的分解需要在高温下进行，能耗高，氨气和氯化氢的分离、储存、输送和再利用也是值得关注的问题。以氯化铵为氯化剂的直接氯化反应，可直接利用氯化铵中的氯元素，但是反应条件苛刻，副产物多，而且不能有效利用氮元素。

氯化铵在330～350℃下分解为 NH_3 与 HCl 气体，这两种气体的分离十分困难，一般是采用酸性或碱性的反应物质先固定其中一种，然后使两种气体先后被释放出来：如，采用酸性化合物先与 NH_3 反应生成不易挥发的铵盐，释放出氯化氢气体，再加热得到的铵盐，释放出氨气；将有机胺作为载体与氯化铵反应，在较低温度下释放出氨气，再在较高温度下释放出氯化氢。但这两类方法反应速率过慢、副反应多，难以在工业上应用。再如，采用碱性金属氧化物先与 HCl 反应形成不易挥发的氯化物，释放出氨气，再加热氯化物得到 HCl。在曾经筛选过的多种金属氧化物中，氧化镁被认为是最合适的固体介质，它可以在较低的温度下吸收 HCl 放出 NH_3，在较高的温度下再生释放 HCl。

(1) 基于化学环分解氯化铵的纯碱和氯乙烯集成清洁工艺[11]

利用氧化镁分解氯化铵的思想与近年来采用金属氧化物通过化学环（Chemical Looping）进行清洁燃烧或分离酸性气体的概念类似。化学环是指将某一特定的化学反应借助于某种化学介质的循环作用分多步完成的过程。目前文献中报道的化学环主要有两类：一类是氧化-还原循环，采用金属氧化物颗粒作为载氧体，在一个反应器中与燃料接触，被还原为金属或低价态氧化物后，再输送到另一个反应器中与空气或水蒸气接触，被氧化回高价态氧化物，这类循环多用于清洁燃烧、气化和空气分离；另一类是化学吸附-再生循环，采用氧化钙等固体颗粒为高温吸附剂，在一个反应器中吸附 CO_2、H_2S 等酸性气体后输入再生器，加热释放酸性气体，用于吸附强化制氢、合成气脱硫等过程。化学环的要点是载氧体（固体吸附剂）的筛选及其循环再生条件。

罗蓓尔等[11]将化学环的概念与方法用于氯化铵的分解与分离，目的是开发纯碱与氯乙烯联产的清洁生产新过程，两大工艺的过程集成示于图 7.5。

氯乙烯采用电石乙炔法工艺生产，纯碱采用联合制碱法生产。首先，$CaCO_3$ 煅烧得到 CaO 和 CO_2，前者送至氯乙烯过程作为电石原料，后者用于纯碱生产。随后将纯碱过程副产物氯化铵用化学环法分解为 NH_3 和 HCl，其中释氨反应器得到的 NH_3 直接送至纯碱过程

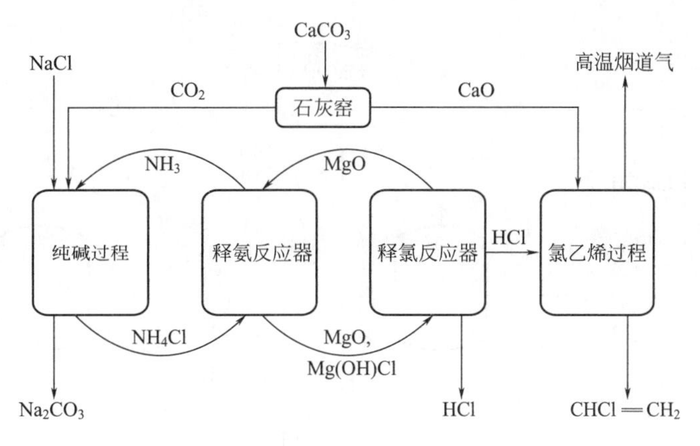

图 7.5 纯碱-氯乙烯工艺的过程集成

用于制备氨盐水，释氯反应器得到的 HCl 送至氯乙烯过程与乙炔反应。基于氧化镁分解氯化铵的化学环工艺，每吸收 0.43t CO_2 可生产 1t 纯碱，联产 0.58t 氯乙烯，并获得 0.68t HCl 产品。纯碱与氯乙烯两大过程集成后，无 CO_2 的排放，同时 CO_2 与氯化铵都可以全部得到资源化利用，电解盐水制氯化氢的过程可完全省去，因此该工艺是一种绿色清洁的新工艺。

释氨步骤可能的化学反应有：

$$NH_4Cl \xrightleftharpoons{350℃} NH_3(g) + HCl(g),\ 163.57kJ/mol \tag{1}$$

$$MgO + HCl(g) \xrightleftharpoons{350℃} Mg(OH)Cl,\ -102.23kJ/mol \tag{2}$$

$$MgO + 2HCl(g) \xrightleftharpoons{350℃} MgCl_2 + H_2O(g),\ -96.94kJ/mol \tag{3}$$

$$MgCl_2 + H_2O(g) \xrightleftharpoons{350℃} Mg(OH)Cl + HCl(g),\ -5.29kJ/mol \tag{4}$$

释氯步骤可能的化学反应有：

$$Mg(OH)Cl \xrightleftharpoons{570℃} MgO + HCl(g),\ 97.50kJ/mol \tag{5}$$

$$Mg(OH)Cl + HCl(g) \xrightleftharpoons{570℃} MgCl_2 + H_2O(g),\ 2.98kJ/mol \tag{6}$$

$$MgCl_2 + H_2O(g) \xrightleftharpoons{570℃} MgO + 2HCl(g),\ 94.61kJ/mol \tag{7}$$

采用氧化镁分解氯化铵的化学环工艺可用图 7.6 来表示，以 MgO 为化学吸附剂，分别在低温释氨反应器和高温释氯反应器中进行吸附-再生化学环，依次释放出 NH_3 和 HCl。在释氨反应器中，MgO 吸收 HCl 生成 Mg(OH)Cl，分离释放出 NH_3，释氨反应所需热量可由高温释氯反应器提供的再生固体和高效的天然气燃烧提供。在释氯反应器中，Mg(OH)Cl 固体在水蒸气气氛中由外部热源加热释放出 HCl，再生的氧化镁吸附剂输送至释氨反应器进行循环使用。图 7.6 中的两个反应器可采用流化床、移动床或回转炉进行粉料输送或气体切换。

(2) 高浓度氯化铵分解生成氨联产固体氯化钙[12]

目前一般采取向 10%左右的氯化铵溶液中加入石灰乳的方法，使氯化铵分解生成氯化钙和氨，然后通过蒸氨工艺将氨蒸出，氨再返回纯碱系统，实现氨循环。但此法会产生大量的浓度约为 10%的氯化钙废液，造成了严重的环境污染和水资源浪费。因此，胡永琪等[12]提出将高浓度氯化铵与粉体氢氧化钙进行反应，在实现氨循环利用的同时，直接副产固体氯化钙，其

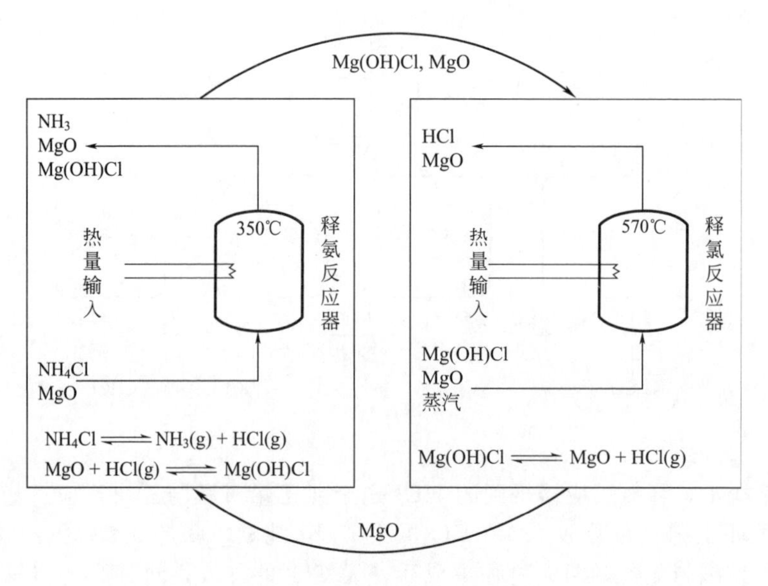

图 7.6　氧化镁分解氯化铵化学环工艺

可以直接作为产品用作融雪剂和其他用途。该方法既可以避免环境污染，又可以实现资源的循环利用，从根本上解决了氨碱法所带来的环境污染问题，并且省去了蒸氨过程，降低了生产成本。对纯碱行业的发展具有重要意义。在氢氧化钙与水的物质的量比为1∶8，温度为 115℃，时间为 40min，氢氧化钙与氯化铵物质的量比为 1.15∶2 时，氯化铵分解率达到 100%。

(3) 利用氢氧化镁热分解氯化铵制氨气工艺[13]

利用氢氧化镁热分解氯化铵制氨气并得到碱式氯化镁的工艺，其反应温度大概在 325～500℃。体系发生的主要反应为：

$$Mg(OH)_2 \longrightarrow MgO + H_2O \tag{1}$$

$$NH_4Cl \longrightarrow NH_3 + HCl \tag{2}$$

$$Mg(OH)_2 + NH_4Cl \longrightarrow Mg(OH)Cl + NH_3 + H_2O \tag{3}$$

$$MgO + 2HCl \longrightarrow MgCl_2 + H_2O \tag{4}$$

$$Mg(OH)_2 + 2HCl \longrightarrow MgCl_2 + 2H_2O \tag{5}$$

$$MgCl_2 + H_2O \rightleftharpoons Mg(OH)Cl + HCl \tag{6}$$

$$MgO + HCl \rightleftharpoons Mg(OH)Cl \tag{7}$$

考虑到氧化镁回收后继续分解氯化铵时的反应活性问题，需要控制所得产物为 Mg(OH)Cl。因为如果得到的是 $MgCl_2$，那么在下一步释放氯化氢的反应中，所得的 MgO 颗粒太细，活性不高，且容易引起粉尘堵塞管道的问题。在这个反应体系当中，最重要的是控制反应（6），使反应不断向右进行。罗弦等[13]对利用氢氧化镁热分解氯化铵制氨气反应体系进行了热力学计算分析，以反应温度、反应物的物质的量比、反应时间为变量，以固体产物中的含氮量、氯收率以及氨气收率等为评价指标，对氢氧化镁热分解氯化铵制氨气的工艺条件进行了研究。在反应温度为 375℃，氢氧化镁与氯化铵的物质的量比为 1∶0.75，反应时间为 50min 时，氯收率和氨气收率均可达到 90%以上，同时氢氧化镁分解氯化铵能够直接生成碱式氯化镁，不需向反应器中通入水蒸气。

(4) 氯化铵分解制氨气和氯化氢工艺[14]

如果将 NH_4Cl 分解成经济价值较高的 NH_3 和 HCl，NH_3 可在纯碱工业中循环利用，HCl 也可以在有机氯化工等诸多领域得到应用。因此 NH_4Cl 分解制 NH_3 和 HCl 是解决纯碱工业瓶颈问题的一个很好的途径。

目前，NH_4Cl 分解技术在世界上还没有大规模工业化应用，只有少量专利和文献对分解 NH_4Cl 的工艺提出了一些设想并进行了初步探索，如，将 NH_4Cl 气体通过熔融态的 NH_4HSO_4，分步得到 HCl 和 NH_3 的方法；利用 MgO 分解 NH_4Cl 的方法；利用有机胺在有机溶剂中分解 NH_4Cl。翟广伟等[14]对硫酸氢铵法和镁氧化物法进行了验证性研究，并对镁氧化物法延伸出的 MgO、$Mg(OH)_2$ 和 Mg(OH)Cl 三种工艺路线进行了系统的实验研究，得到优化的工艺条件。

氯化铵分解原理：NH_4Cl 受热可分解成 NH_3 和 HCl，但同时有大量的 NH_4Cl 升华，而且生成的 NH_3 和 HCl 难以分离，极易重新生成很小的 NH_4Cl 颗粒。为了得到 NH_4Cl 的分解产物 NH_3 和 HCl，一种可行的方法是在反应物 NH_4Cl 中加入可重复使用的酸性（或碱性）物质，加热后使 HCl（或 NH_3）先释放出来，然后在更高的温度下使 NH_3（或 HCl）释放出来。酸性物质可以是 NH_4HSO_4，碱性物质可以是 MgO、$Mg(OH)_2$ 和 Mg(OH)Cl 等镁氧化物。可将它们所对应的 NH_4Cl 分解工艺称之为硫酸氢铵法和镁氧化法，镁氧化物法包括氧化镁法、氢氧化镁法和碱式氯化镁法。

硫酸氢铵法：在 NH_4Cl 中混入酸性物质 NH_4HSO_4，加热并控制温度在 220～270℃，释放出 HCl 气体；继续升温至 330℃以上，$(NH_4)_2SO_4$ 分解成 NH_4HSO_4 和 NH_3，NH_4HSO_4 循环使用。化学反应式为：

$$NH_4HSO_4 + NH_4Cl \xrightarrow{220\sim270℃} (NH_4)_2SO_4 + HCl(g) \tag{1}$$

$$(NH_4)_2SO_4 \xrightarrow{330\sim380℃} NH_4HSO_4 + NH_3(g) \tag{2}$$

镁氧化物法：采用镁氧化物［MgO、$Mg(OH)_2$ 和 Mg(OH)Cl］的 NH_4Cl 分解工艺有 2 个主要阶段：蒸氨过程和水解、分解过程。蒸氨过程有 NH_3 放出，水解、分解过程有 HCl 放出，它们的化学反应式如下：

蒸氨过程：

$$Mg(OH)Cl(s) + NH_4Cl(aq) \longrightarrow NH_3(g) + H_2O(1) + MgCl_2(aq) \tag{3}$$

$$Mg(OH)_2(s) + 2NH_4Cl(aq) \longrightarrow 2NH_3(g) + 2H_2O(1) + MgCl_2(aq) \tag{4}$$

$$MgO(s) + 2NH_4Cl(aq) \longrightarrow 2NH_3(g) + H_2O(1) + MgCl_2(aq) \tag{5}$$

水解、分解过程：

$$MgCl_2 \cdot 6H_2O(s) \xrightarrow{350℃} Mg(OH)Cl(s) + HCl(g) + 5H_2O(g) \tag{6}$$

$$Mg(OH)Cl(s) \xrightarrow{600℃} MgO(s) + HCl(g) \tag{7}$$

$$2Mg(OH)Cl(s) \xrightarrow{水溶液} Mg(OH)_2(s) + MgCl_2(aq) \tag{8}$$

碱式氯化镁工艺是在 NH_4Cl 中加入 Mg(OH)Cl，经反应(3) 释放出 NH_3，并得到 $MgCl_2$；$MgCl_2$ 经反应(6) 释放出 HCl，并得到 Mg(OH)Cl，Mg(OH)Cl 循环使用。氢氧化镁路线是在 NH_4Cl 中加入 $Mg(OH)_2$，经反应(4) 释放出 NH_3，并得到 $MgCl_2$；$MgCl_2$ 经反应(6) 释放出 HCl，并得到 Mg(OH)Cl；Mg(OH)Cl 经反应 (8) 得到 $Mg(OH)_2$ 循环使用。氧化镁路线是在 NH_4Cl 中加入 MgO，经反应 (5) 释放出 NH_3，并得到 $MgCl_2$；$MgCl_2$ 经反应 (6) 和反应 (7) 释放出 HCl，同时得到 MgO，MgO 再循环使用。

他们通过对氯化铵分解制氨和氯化氢工艺进行比较研究，得出如下结论：①从最大收率、生产周期、流程复杂度、能耗方面比较评价，氧化镁法是最优工艺路线；②硫酸氢铵工艺在理论上是可行的，但转化率很低，工业应用价值不大；③氧化镁、氢氧化镁和碱式氯化镁工艺路线在适当的工艺条件下，均可达到 90%以上的氨产率；④与碱式氯化镁工艺和氢氧化镁工艺相比，氧化镁工艺具有流程简单、生产周期短、能耗低等多方面优势，是最具有工业应用价值的工艺路线；⑤氧化镁工艺的蒸氨过程的最佳工艺条件为：MgO：NH_4Cl(物质的量比)＝0.76：1，H_2O：NH_4Cl(物质的量比)＝8.3：1，反应温度 110℃，反应时间 4h，在此条件下，氨产率可达 95%。

(5) ZnO 熔融分解制 NH_3 和 HCl 工艺[15]

利用 ZnO 的两性性质，在高温下 NH_4Cl 气化分解产生 HCl 和 NH_3，与熔融 ZnO 结合，生成含氯中间产物（$(NH_4)_2ZnCl_4$ 并释放出 NH_3。NH_3 回收后将熔融物在高温条件下（大于 307℃）水解释放出 HCl，从而达到分离 NH_3 和 HCl 的目的，并能得到 ZnO 循环使用。该工艺的原料配比 $n(ZnO)/n(NH_4Cl)=0.7$，分解温度为 400℃，但转化率不高，恒温分解 1h，NH_4Cl 转化率不到 90%。

(6) NH_4Cl 与有机胺反应制 NH_3 和 HCl 工艺[15]

NH_4Cl 与有机胺反应制 NH_3 和 HCl 的工艺分为 4 个过程：第 1 步加热含 NH_4Cl 的混合物放出 NH_3，混合物有可溶性有机胺的溶液和有机溶剂；第 2 步将生成的 NH_3 抽出；第 3 步，进行精馏脱除极性溶剂和水得到胺盐；第 4 步加热胺盐混合物，用惰性气如 N_2 将 HCl 带出，用水吸收 HCl，也可用乙烯或乙炔与 HCl 直接混合进行氧氯化或氢氯化反应。该工艺需要精馏除去大量的水和有机溶剂，耗能较大。主要的反应方程式如式（1）、式（2）所示。

$$NH_4Cl + R_3N \xrightarrow[\text{极性溶剂}]{50\sim150℃} R_3N\cdot HCl + NH_3 \tag{1}$$

$$R_3N\cdot HCl \xrightarrow[\text{非极性溶剂}]{100\sim250℃} R_3N + HCl \tag{2}$$

在无水条件下将 NH_4Cl 加入到可重复使用的极性有机溶剂和有机胺中，加热后使 NH_3 释放生成有机胺盐酸盐，而后加入高沸点的非极性有机溶剂蒸出极性溶剂，在更高的温度下加热分解有机胺盐酸盐，释放 HCl。

王健等[16]采用有机胺法在无水条件下分解氯化铵制取氨气和氯化氢，对有机胺的筛选和氯化铵分解工艺进行系统研究，分别考察了释放氨气过程和释放氯化氢过程中各反应条件对反应的影响，通过对多种有机胺［三己胺、三(2-乙基己基)胺、三辛胺和三月桂胺］分解氯化铵的反应进行比较，筛选出最优有机胺用于实现对氨气和氯化氢的高效分离。与其他有机胺相比，三己胺具有反应时间更短、氨气和氯化氢收率更高的优势。释氨过程中当三己胺与氯化铵以及异戊醇与氯化铵的物质的量比分别为 1.4 和 6.84，氮气流量为 140mL/min 时，在 132℃下反应 3.5h，氨气收率可达到 97.5%；释氯化氢过程中当非极性有机溶剂十四烷与三己胺盐酸盐的物质的量比为 11：1，氮气流量为 260mL/min 时，在 223℃下反应 4.5h，氯化氢收率可达 94.65%。

(7) 氯化铵制氯代烃和 NH_3 工艺[15]

氯化铵可与含有羟基、碳碳双键、碳碳三键、氨基、巯基及醚类等有机物发生取代反应生成氯代烷烃。如，在酸性或弱碱性催化剂存在条件下，氯化铵可以与含有活性 O 的有机物如甲醛、乙醛、乙醇、乙醚、酯或含 S、N 的类似物反应，生成相应的有机氯化物，反应温度一般在 250～500℃。

NH_4Cl与低碳醇反应制氯代烃工艺：在催化剂存在条件下，氯化铵可与低碳醇如甲醇、乙醇发生复分解反应，生成氯代烷烃和NH_3。氯化铵与低碳醇反应制备卤代烷一般有2种工艺，第1种工艺是将NH_4Cl升温分解后与低碳醇蒸气混合通过催化剂床层进行反应，生成氯代烷、水和氨气，后经洗气装置和精馏塔依次分离得到氨水、氯代烷和未反应的低碳醇；第2种工艺是将低碳醇的蒸气通入熔融状态下的$ZnCl_2$和NH_4Cl进行反应，得到氯代烷烃与水的混合气，经冷凝分离提纯得到氯代烃产物。

NH_4Cl与甲醇反应：常压下，使用活性Al_2O_3、活性炭或以活性炭为载体的碱金属化合物和锌化物等，氯化铵与甲醇进行复分解反应生成氯甲烷，反应温度为280～450℃。但该反应存在较多的副反应，除生成CH_3Cl外，甲醇还会与NH_3反应生成甲胺类物质以及甲醇发生分子间脱水反应生成二甲醚等。主反应如下式所示。

$$NH_4Cl \longrightarrow NH_3 + HCl$$

$$HCl + CH_3OH \longrightarrow CH_3Cl + H_2O$$

合并上述两个反应即得下式。

$$NH_4Cl + CH_3OH \longrightarrow CH_3Cl + NH_3 + H_2O$$

日本三菱化学公司开发了用于甲醇和氯化铵反应的固定床工艺和流化床工艺，以活性炭为载体浸渍锌化物作催化剂，将固体氯化铵加入固定床或流化床反应器中，甲醇经气化后通入到床层内部接触反应。使用活性Al_2O_3催化剂，在350℃条件下通入氯化铵、甲醇和水蒸气的混合物，物质的量比$NH_4Cl : CH_3OH : H_2O = 1 : 0.85 : 2.5$，空速$15000h^{-1}$，$CH_3Cl$收率为65%，$NH_3$收率为58%，甲胺收率为7%，甲醚收率为3%。使用CAL活性炭（12～18目）作催化剂时，CH_3Cl的选择性提高，副产微量甲胺类和二甲醚[17]。最新的研究以γ-Al_2O_3、高岭土、HZSM-5为载体，负载4%$Co(NO_3)_2$金属活性组分的催化剂条件下，氯化铵和甲醇物质的量比为1∶1.1，反应温度为330～390℃，空速为$0.7s^{-1}$时，效果最佳，甲醇的转化率达到90%以上，氯甲烷收率可达到73.3%[18]。

NH_4Cl与乙炔反应制氯代烃工艺：在250～350℃、常压及催化剂存在条件下，乙炔与氯化铵反应生成氯乙烯和NH_3，已知$HgCl_2$和$BiCl_3$、$PbCl_2$、$BaCl_2$、$LaCl_3$、$MgCl_2$、$ZnCl_2$、$AlCl_3$或$FeCl_3$对该反应有催化活性，载体可以是活性炭、SiO_2、Al_2O_3、硅胶、分子筛中的一种或几种混合物。反应方程式如下式所示。

$$NH_4Cl + HC \equiv CH \longrightarrow C_2H_3Cl + NH_3$$

使用负载$LaCl_3$和$BaCl_2$的活性炭催化剂，将1∶1.2（物质的量比）的乙炔与氯化铵混合气通入装有上述催化剂的反应器中，控制反应温度在340℃，反应时间约120s，反应产物用水吸收NH_3后，剩余气体冷冻压缩即可得到液态氯乙烯产品。以乙炔计，反应的一次转化率在60%以上，氯乙烯的选择性大于95%[19]。

NH_4Cl与乙烯氧氯化反应制氯代烃工艺：在氧氯化催化剂作用下，乙烯与O_2和HCl发生氧氯化反应，主要生成1,2-二氯乙烷，反应温度280～360℃，其中HCl可以是纯HCl，也可以是通过分解NH_4Cl产生的HCl。主反应方程式如下式所示。

$$2NH_4Cl + H_2C = CH_2 + 0.5O_2 \longrightarrow C_2H_4Cl_2 + 2NH_3 + H_2O$$

7.4.3 氯化铵为氮源和氯源合成环己酮肟和有机氯化物安全反应路线

氯化铵为原料制备环己酮肟和氯甲烷的安全反应路线：作者课题组提出了氯化铵为原料（氮源、氯源）制备环己酮肟和氯甲烷的安全反应路线，以此来实现氯化铵中氮和氯元素的高效利用。具体反应式如式(1)～式(3) 所示。

$$\text{环己酮} + NH_4Cl + H_2O_2 + R_nN \longrightarrow \text{环己酮肟(NOH)} + R_nN\cdot HCl + 2H_2O \quad (1)$$

（循环剂）

$$R_nN\cdot HCl + CH_3OH \longrightarrow CH_3Cl + R_nN + H_2O \quad (2)$$

总反应式：

$$\text{环己酮} + NH_4Cl + CH_3OH + H_2O_2 \longrightarrow \text{环己酮肟(NOH)} + CH_3Cl + 3H_2O \quad (3)$$

反应（1）为有机碱（R_nN）存在下，氯化铵与环己酮、双氧水反应合成环己酮肟，同时有机碱转化为有机碱盐酸盐（$R_nN\cdot HCl$）。

反应（2）为有机碱盐酸盐进一步与甲醇反应合成氯甲烷，同时有机碱盐酸盐还原为有机碱，循环到反应（1）。

反应（3）为总反应式。该路线是以有机碱为循环剂，由氯化铵、环己酮、甲醇和双氧水合成环己酮肟和氯甲烷的反应体系。该反应体系同时利用了氯化铵分子中的氮元素和氯元素，原子利用率为75.2%。

新安全反应路线具有如下特点：

① 同时利用氯化铵中氮和氯元素，合成重要基本有机化工原料。

② 不直接使用非安全原料NH_3和HCl，反应过程环境友好且安全性高。

③ 直接合成目的产物，节省了分离单元，工艺流程简单化。

④ 反应条件温和，副产物仅为水，属于低能耗的“零排放”化工过程。

氯化铵的高效利用已成为纯碱工业发展的重要需求。目前的氯化铵分解法需要考虑氨和氯化氢的再利用问题，直接制备氯甲烷法，仅利用了其中的氯元素，并且两种方法均需在高温条件下（有机碱法除外）进行，能耗高。氨和氯化氢的宏观存在，在其利用和储运等环节必然带来安全和环境问题。因此，同时利用氯化铵中的氮和氯元素，并将其直接转化为高附加值的有机化工产品，具有重要的学术价值和应用前景。

7.4.3.1 氢氧化钠存在下氯化铵为氮源合成环己酮肟安全反应路线

作者课题组[20]提出了在氢氧化钠存在下，以氯化铵、环己酮和双氧水为原料直接合成环己酮肟新安全路线。催化剂为钛硅分子筛，生成的氯化钠是生产纯碱的原料，可循环利用。

$$\text{环己酮} + NH_4Cl + H_2O_2 + NaOH \longrightarrow \text{环己酮肟(NOH)} + NaCl + 3H_2O$$

反应性能：考察了氢氧化钠水溶液浓度、氯化铵/环己酮物质的量比、反应温度、时间、双氧水加入量、催化剂TS-1用量等对环己酮肟收率的影响。在H_2O_2/环己酮物质的量比为1.3，70℃、1.5h的优化条件下，环己酮转化率和环己酮肟的收率均接近100%。

反应机理：使用氨作为环己酮氨肟化反应的氮源，一般认为可能的反应机理有两种：一种是氨和过氧化氢在催化剂的Ti活性位上发生催化氧化反应形成羟胺，然后酮和羟胺发生非催化反应生成肟。另一种是先由非催化反应形成中间体亚胺（CHA），然后亚胺在TS-1上催化氧化生成肟。作者课题组采用氯化铵替代氨作为氮源。众所周知，氯化铵与氢氧化钠在水溶液中反应很容易生成氨。下面考察以氯化铵作为氮源的环己酮氨肟化反应机理。

如图 7.7(a) 所示，首先考察了羟胺机理。在之前所述的最适宜反应条件下，不加环己酮，以 TS-1 为催化剂，进行氯化铵、氢氧化钠和过氧化氢的催化氧化反应。反应进行 1.5h 后，以过滤的方式从反应体系中移除 TS-1 催化剂。为了间接确认并且定量测定羟胺的形成，向滤液中加入稍过量的环己酮，继续反应 1h，使肟化反应充分进行。气相色谱分析反应液，的确有环己酮肟（也就是羟胺）生成，环己酮的转化率为 30.9%，环己酮肟的选择性为 99.1%。

此外，如图 7.7(b) 所示，还考察了 CHA 机理。在上述的适宜反应条件下，氯化铵、氢氧化钠和环己酮反应 1h，中间体亚胺可能形成。再将 TS-1 催化剂和过氧化氢加入反应体系中，继续反应 1.5h。气相色谱结果表明，环己酮氨肟化反应几乎没有进行（环己酮的转化率仅为 0.1%）。

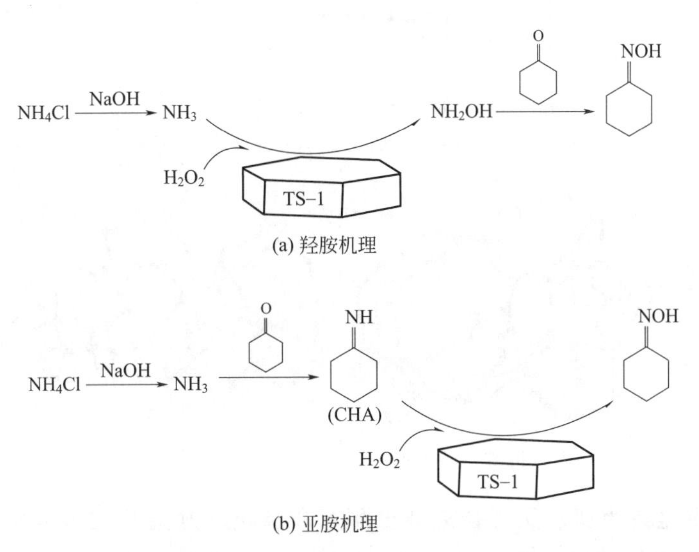

图 7.7　氯化铵为氮源的环己酮氨肟化反应的可能反应机理示意图

采用密度泛函理论计算进一步研究了羟胺机理和 CHA 机理。为了更好地研究 CHA 机理，在扩展的分子筛 41T 模型基础上，建立了一个新的 TS-OH 模型。假设反应的活性中心位于催化剂的表面。结果显示，氯化铵在强碱性水溶液中，易于生成氨气，同时释放能量 26.02kcal/mol。根据羟胺机理，在 TS-1 催化剂孔内进行氨氧化反应时，第一速率控制步骤的能垒为 23.9kcal/mol。如图 7.8 所示，在 TS-OH 外部表面进行的 CHA 氧化反应的能垒更高，为 30.47kcal/mol。能垒更高的原因可能是 CHA 结构中的位阻效应。虚频 $625\mathrm{i\,cm^{-1}}$ 与 N—O 的伸缩振动相关联，这种情况意味着生成了主要中间体 TS-OH _ $C_6H_{11}NO$(Ⅰ)。此外，1-氨基环己醇（ACHL）中间体比环己酮更不稳定，这导致 CHA 和 ACHL 都是痕量的。这也就是为什么在红外谱图上没有发现 CHA 和 ACHL 的特征峰。对比这些能量数据发现，氨的氧化反应比 CHA 的氧化反应更容易进行，自由能垒差大于 6.0kcal/mol。环己酮氨肟化反应主要按照羟胺机理进行（见图 7.9）。无论是在 TS-1 外部或者内部的孔合成环己酮肟，CHA 氧化反应所涉及的 CHA 机理发生的概率都很小。

由上述结果可知，氯化铵作为氮源，以 TS-1 为催化剂，环己酮氨肟化反应按羟胺机理进行，步骤如下［见图 7.7 (a)］：①氯化铵与氢氧化钠反应生成氨气；②在 TS-1 存在下，氨气被过氧化氢催化氧化生成羟胺；③环己酮与羟胺反应生成环己酮肟。

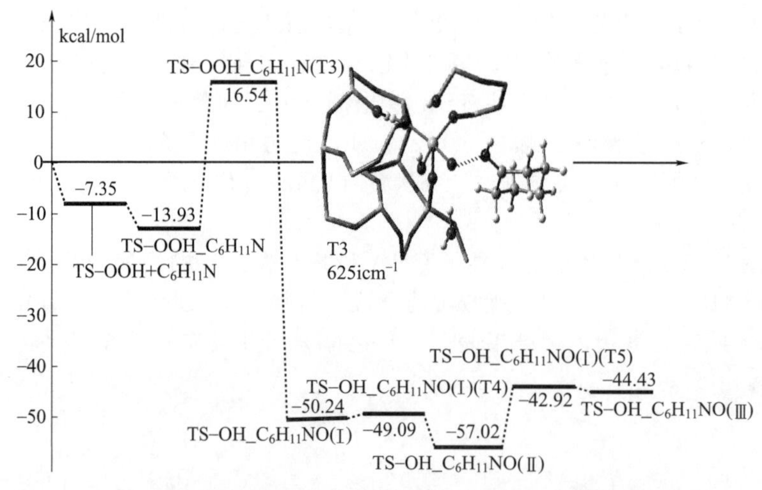

图 7.8 在 TS-OH 模型上环己酮肟合成的反应机理能量图
（以 $C_6H_{11}N$＋TS-OH＋H_2O_2 作为参照标准）

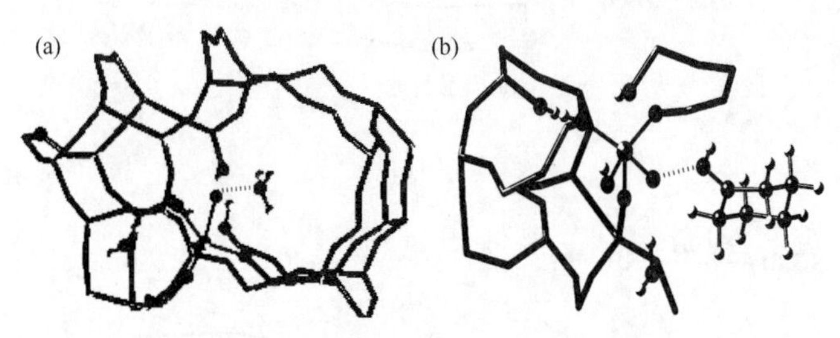

图 7.9 羟胺机理（a）[21] 和亚胺机理（b）的氧化反应过渡态

7.4.3.2 氯化铵为氮、氯源合成环己酮肟和有机胺盐酸盐安全反应路线

如上所述，在无机碱氢氧化钠存在下，可以有效利用氯化铵中的氮元素，合成环己酮肟，但是氯化铵中的氯元素没有有效利用，而是转化成了低价值的氯化钠，尽管它可循环到联碱生产工艺中，但是如能合成高附加值有机氯化物则更加有意义。为此，课题组设计了同时利用氯化铵中的氮和氯合成环己酮肟和有机碱盐酸盐安全反应路线。

Cl元素转化

环己酮（O） $+ NH_4Cl + H_2O_2 + R_nN \longrightarrow$ 环己酮肟（NOH） $+ R_nN \cdot HCl + 2H_2O$

N元素转化

有机胺的筛选：使用氯化铵和有机胺作为环己酮氨肟化反应的原料来合成环己酮肟和有机胺盐酸盐。如表 7.2 所示，将 5 种不同的有机胺作为原料用于环己酮氨肟化反应。结果显示，三乙胺表现出了最高的环己酮转化率（99.8%）和很好的环己酮肟收率（99.4%）。然而，与三乙胺相比，环己胺、二乙胺、乙醇胺和苯胺等有机胺的环己酮肟收率较低。

在线红外测试结果表明，氯化铵与三乙胺、环己胺、二乙胺和乙醇胺反应时均有氨气生成。三乙胺中氨气的生成速率比环己胺、二乙胺和乙醇胺中慢，而环己胺、二乙胺和乙醇胺中的速率几乎相同。产生这种差异的原因主要在于四种有机胺在水中的溶解性不同。三乙胺是微溶于水的，而环己胺、二乙胺和乙醇胺都是易溶于水的。此外，环己胺能很容易地与环己酮反应。以环己胺为原料时，气相色谱-质谱检测到产物 *N*-Cyclohexylcyclohexylideneamine

[1,1′-联(环己烷)-1′-烯-2-胺]（CAS：10468-40-3）的生成。这就解释了为什么以环己胺为原料时，环己酮肟的收率（82.7%）低于以三乙胺为原料时的结果（99.4%）。类似地，气相色谱-质谱还检测到二乙胺和乙醇胺的有机相中存在许多其他副产物，如环己醇和硝基环己烷等。这可能是二乙胺或乙醇胺中环己酮肟的收率明显低于三乙胺和环己胺的原因。在线红外测试结果还表明，苯胺与氯化铵反应不能生成氨气。有机相经气相色谱-质谱分析发现，产物主要为 *N*-环己基苯胺，这就解释了为什么以苯胺为原料时，环己酮的转化率很高，却没有环己酮肟生成。

表 7.2　不同有机胺为原料合成环己酮肟反应性能

有机胺	三乙胺	环己胺	二乙胺	乙醇胺	苯胺
$X_{Cyo}/\%$	99.8	99.4	95.6	91.4	99.4
$Y_{Cyo\text{-}O}/\%$	99.4	82.7	55.6	32.7	痕量

注：反应条件为环己酮 62mmol，TS-1 1.0g，氯化铵：有机胺：水：过氧化氢：环己酮物质的量比 2.42：2.42：17.9：1.58：1、过氧化氢滴加速率 6mL/h，70℃，4h。

$$NH_4Cl + R_nN + \text{环己酮} + H_2O_2 \xrightarrow{TS\text{-}1} \text{环己酮肟} + R_nN \cdot HCl + 2H_2O$$

综上所述，在有机碱三乙胺存在下，可实现同时利用氯化铵中的氮和氯的新催化反应过程。即以氯化铵为原料，通过环己酮氨肟化反应制备得到有机胺盐酸盐和环己酮肟。在适宜的反应条件下，可获得接近 100%的三乙胺盐酸盐收率和接近 99%的环己酮肟收率。此外，TS-1 催化剂可以循环使用 10 次。这个新的催化反应过程开创了工业应用氯化铵的新未来，也提供了一种新的获得高附加值有机胺盐酸盐的方法。

7.4.3.3　氯化铵为原料制备环己酮肟及其水解制备羟胺盐绿色反应过程

作者课题组[22]实现了以氯化铵为氮源进行环己酮氨肟化反应制备环己酮肟的新反应工艺，同时实现了以环己酮肟水解反应制备离子液体型羟胺盐的清洁和安全反应过程。

首先以氯化铵为氮源合成环己酮肟，然后环己酮肟水解得到羟胺，环己酮循环利用，这是一条合成羟胺的清洁路线，如图 7.10 所示。

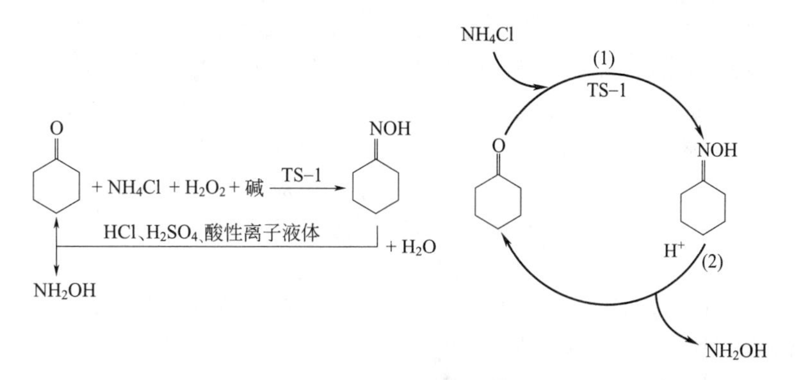

图 7.10　以氯化铵为原料制备羟胺盐的绿色组装过程示意图

目前，羟胺盐的工业合成方法，主要有拉西法、硝酸根离子还原法、NO 催化还原法、硝基烷烃水解法等。除此之外，工业上合成羟胺盐的方法，还有甲乙酮工艺路线、丙酮肟路线、二磺酸铵盐水解法、硝酸电解法等。但是这些传统的工业合成路线大多存在反应步骤多、操作复杂、反应条件苛刻且副产物多、污染严重等缺点。

以环己酮肟为原料，在酸性条件下进行水解反应，也可以生成羟胺产物（另一产物是环己酮）。长久以来，工业上合成环己酮肟，均是由羟胺盐与环己酮反应而得。因而，合成环己酮肟的逆反应，即环己酮肟水解制取羟胺的过程，被“理所当然”地认为是不经济的。然而，随着 TS-1 分子筛的问世及其合成技术不断进步，其参与的氧化反应也不断拓展，以氨水、双氧水、环己酮为原料一步合成环己酮肟的工艺路线，逐渐走向成熟并工业化，环己酮肟的生产成本大幅度降低，即不使用羟胺盐就可以廉价地获得环己酮肟。因此，从该角度来看，由环己酮肟合成方法的逆过程：即将酮肟在酸溶液中水解制取羟胺盐，就具备了经济合理性。

基于上述羟胺盐合成工艺的研究现状，构造如图 7.10 所示的合成羟胺盐的绿色组装过程：简要来说，首先以 TS-1 分子筛为催化剂，氯化铵、双氧水与环己酮一步合成环己酮肟；然后，环己酮肟酸性水解生成羟胺盐及环己酮产物。另外，酸性水解反应生成的环己酮，可作为原料再进入绿色组装过程循环参与反应。与工业上蒽醌法生成双氧水（借助氢蒽醌与蒽醌的相互转化制备双氧水）的工艺类似，该过程实际上是借助环己酮、环己酮肟之间的相互转化，从而构建制备羟胺的工艺方法。该方法突出的特色是羟胺盐产物收率较高，TS-1 固体催化剂可重复使用，环己酮（肟）可循环转化使用，从而节省了生产成本。

(1) 硫酸羟胺盐的制备

以硫酸（98%，质量分数）为环己酮肟水解反应的催化剂，考察了反应时间、反应温度、水的用量、浓硫酸加入量对环己酮肟水解反应的影响。得到适宜的反应条件：水∶无机酸（以 H^+ 物质的量计）∶环己酮肟＝19∶3.8∶1，反应温度为 60℃，反应时间为 1h。在上述反应条件下，环己酮肟的转化率和环己酮的选择性均接近 100%。

在上述适宜的反应条件下，对萃余水相进行除多余硫酸、除水等后续处理，从而得到硫酸羟胺固体。其核心操作是以氢氧化钡水溶液中和多余的硫酸，生成不溶于水的硫酸钡沉淀，离心除去硫酸钡沉淀，上层清液减压蒸馏除水，制得硫酸羟胺 [$(NH_2OH)_2 \cdot H_2SO_4$] 产品，其收率为 41.7%。同时对该固体进行元素分析，N、H 和 S 的实测值与理论值接近。另外，将所制备的固体样品与市售硫酸羟胺产品进行红外分析，两者的红外谱图基本一致。上述测试表明所制备的固体为硫酸羟胺。

(2) 盐酸羟胺盐的制备[22]

以盐酸（36%，质量分数）为环己酮肟水解反应的催化剂，探索了反应时间、反应温度、水的用量、浓盐酸的加入量对环己酮肟水解反应的影响。得到适宜的反应条件为：水∶无机酸（以 H^+ 物质的量计）∶环己酮肟＝56∶4.0∶1，反应温度为 60℃，反应时间为 1h。在上述反应条件下，环己酮肟的转化率和环己酮的选择性均接近 100%。

在上述环己酮肟水解的适宜反应条件下，当水解反应完成后，萃余水相经离心分离除去固体杂质后，直接减压蒸馏除去水和多余的 HCl，制得了略带黄色的盐酸羟胺（$NH_2OH \cdot HCl$）产品，其收率为 64.2%。同时对该固体进行元素分析，N、H 和 O 的实测值与理论值接近。另外，将所制备的固体样品与市售盐酸羟胺产品进行红外分析，两者的红外谱图基本一致。上述测试表明所制备的固体为盐酸羟胺。

(3) 离子液体型羟胺盐制备新反应过程

以 *N*,*N*,*N*-三甲基-*N*-磺丁基硫酸氢铵盐离子液体（[HSO_3-btma][HSO_4]）为催化剂，优化了环己酮肟水解反应的条件：反应温度为 60℃，反应时间为 1h，环己酮肟与去离子水的物质的量比为 1∶61.5，环己酮肟与 *N*,*N*,*N*-三甲基-*N*-磺丁基硫酸氢铵盐离子液体的物质的量比为 1∶5。在上述反应条件下，环己酮肟的转化率和环己酮的选择性均接近 100%。

在上述适宜的反应条件下，对萃余水相进行除多余离子液体、除水等后续处理，从而得到离子液体型羟胺盐固体。其核心操作是以氢氧化钠水溶液中和多余的酸性离子液体，生成不溶于乙醇的硫酸钠，离心除去硫酸钠沉淀，上层清液减压蒸馏除水得到 *N*,*N*,*N*-三甲基-*N*-磺丁基硫酸氢铵盐离子液体型羟胺盐{$(NH_2OH)_2$·[HSO_3-btma][HSO_4]}粗品。

7.5 危险物安全化及转化思考

(1) TDC 为原料制备 TDI 可移动微反应器及组合反应系统

甲苯二异氰酸酯（TDI）属于易燃、有毒危险品，所含的—NCO 基团反应活性高，对湿气非常敏感，属于非安全化学品，在生产、运输、储存、使用等环节存在很大的安全隐患。

TDI 可以通过甲苯二氨基甲酸甲酯（TDC）的热分解或催化分解获得。而 TDC 属于相对安全的化学品且在常温常压下处于固态，易于安全地储存和运输。为了解决 TDI 在各环节存在的严重安全问题，作者基于“使用时易于分解为原非安全物且及时转化反应体系”的方法，考虑建立 TDC 为原料制备 TDI 可移动微反应器及组合反应系统。

采用碳酸二甲酯为原料替代光气的绿色合成技术，直接制备相对安全的化学品 TDC，然后，建立可移动的 TDC 裂解制 TDI 安全微反应装置。并将该微反应装置作为以 TDI 为原料合成聚氨酯等材料的常规反应器的进料，组合成相对安全的微-常规反应器系统。安全性主要体现在：一是 TDC 在微反应器中进行裂解反应，TDC、TDI 体系内存量少；二是与常规反应器构成的组合反应系统中，TDI 实时在线进料，及时反应完全，不需要存储 TDI；三是反应系统由微反应器和常规反应器组成且相对独立，安全性高；四是微反应器体积小，易于移动，可根据合成反应需要现场制备 TDI 并及时转化为安全的产品。

(2) 氯化铵为原料制备同时含氯、氮元素化合物的集成反应系统

氯化铵相对于氨气、氯化氢气体属于安全化学品，而后者是危险化学品，由氯化铵替代他们可实现反应过程的本质安全化。

氯代环己酮肟的合成：该化合物同时含有 N、Cl 元素，可考虑以环己烯酮和氯化铵为原料来合成。首先是氯化铵分解为氨和氯化氢。然后，氨与酮基反应生成肟基，氯化氢与环己烯基发生加成反应生成氯代环己烷基。

氯代环己胺的合成：该化合物同时含有 N、Cl 元素，可考虑以环己烯醇和氯化铵为原料来合成。首先是氯化铵分解为氨和氯化氢。然后，氨与羟基反应生成氨基，氯化氢与环己烯基发生加成反应生成氯代环己烷基。

参 考 文 献

[1] Wicks Jr Z W. Blocked Isocyanates [J]. Progress in Organic Coatings，1975，3 (1)：73-79.

[2] 顾继友，高振华．异氰酸酯的封闭浅谈 [J]. 聚氨酯工业，2002，17 (4)：10-13.

[3] 张学同，罗运军，谭惠民等．封闭异氰酸酯几种反应的动力学 [J]. 化学进展，2002，14(5)：339-346.

[4] 曾念，谢建军，丁出等．对羟基苯甲酸甲酯封端异氰酸酯化合物的合成及性能 [J]. 化工进展，2014，33 (2)：470-474.

[5] 孙帅，梁宁，安华良等．2,4-二氨基甲苯，尿素和甲醇合成甲苯-2,4-二氨基甲酸甲酯反应精馏过程研究 [J]. 高校化学工程学报，2014，28 (6)：1236-1242.

[6] 耿艳楼，方鸿刚，安华良等．尿素法合成甲苯-2,4-二氨基甲酸正丙酯反应 [J]. 石油学报（石油化

工），2013，29(3)：494-500.
[7] 王桂荣，李欣，赵新强等．尿素法合成甲苯-2,4-二氨基甲酸丁酯 [J]. 石油化工，2012，41(9)：1017-1022.
[8] 底同立．关于在新形势下做好氯化铵市场的几个问题 [J]. 纯碱工业，2013，4：3-5.
[9] 王旭东，吴敏．氯化铵转化与资源综合利用 [J]. 化工生产与技术，2008，15 (1)：41-43.
[10] 霍俊丽，何琪．盐酸合成炉火灾爆炸危险性分析 [J]. 广州化工，2009，37 (2)：33-35.
[11] 罗蓓尔，诸奇滨，成有为等．基于化学环分解氯化铵的纯碱和氯乙烯集成清洁工艺 [J]. 化学反应工程与工艺，2015，31 (5)：449-458.
[12] 刘润静，张振昌，胡永琪等．高浓度氯化铵分解生成氨联产固体氯化钙的研究 [J]. 纯碱工业，2014，5：11-14.
[13] 罗弦，曾波．利用氢氧化镁热分解氯化铵制氨气工艺的研究 [J]. 无机盐工业，2011，43 (10)：42-44.
[14] 翟广伟，韩明汉，梁耀彰等．氯化铵分解制氨气和氯化氢工艺 [J]. 过程工程学报，2009，9 (1)：59-62.
[15] 孙明帅，王富民，蔡旺锋等．氯化铵应用研究进展 [J]. 化工进展，2014，33 (4)：999-1005.
[16] 王健，张旭斌，王富民等．有机胺法分解氯化铵的工艺 [J]. 化工进展，2016，35 (5)：1309-1313.
[17] 王之德．氯化铵利用的新方向——制取氯甲烷和氨 [J]. 化工进展，1988，7 (3)：38-39.
[18] 孙玉捧，刘硕，尚建楠等．甲醇氯化铵法反应催化剂的研究 [J]. 化学反应工程与工艺，2011，7 (5)：400-405.
[19] 姜标，钟劲光．一种氯化铵分解制氯乙烯的方法 [P]. CN 101830773A. 2010-09-15.
[20] Xu Y Y，Yang Q S，Li Z H，et al. Ammoximation of cyclohexanone to cyclohexanone oxime using ammonium chloride as nitrogen source [J]. Chemical Engineering Science，2016，152：717-723.
[21] Chu C Q，Zhao H T，Qi Y Y，et al. Density functional theory studies on hydroxylamine mechanism of cyclohexanone ammoximation on titanium silicalite-1 catalyst [J]. Journal of Molecular Modeling，2013，19 (6)：2217-2224.
[22] Xu Y Y，Li Z H，Gao L Y，et al. An integrated process for the synthesis of solid hydroxylamine salt with ammonia and hydrogen peroxide as raw materials [J]. Industrial & Engineering Chemistry Research，2015，54：1068-1073.

第8章 温和条件安全反应过程

高温是导致石油化工生产中物料爆炸的一个重要因素。高温设备和管道表面易引起与之接触的可燃物质着火；处于高温状态的可燃气体混合物，一旦空气抽入系统与之混合并达到爆炸极限时，极易在设备和管道内爆炸；温度达到或超过自燃点的可燃气体，一旦泄漏即能引起燃烧爆炸；高温可加速运转机械中的润滑油的挥发和分解，使油气在管道中积炭、结焦，导致积炭、燃烧和爆炸；高温可使金属材料发生蠕变，改变金属相组织，增强腐蚀性介质的腐蚀性，高温还能增强对金属的氢蚀作用，这均会降低设备的机械强度，导致泄漏，甚至造成火灾爆炸；高温使可燃气体的爆炸极限扩大，如氨在常温下爆炸极限为15.5%～27.0%，而在100℃时则变为14.5%～29.5%，爆炸范围变宽，造成其危险性增大。

高压使可燃气体爆炸极限加宽，如常压下，甲烷的爆炸上限为15.0%，而在12.5MPa时，则扩大到45.7%，使爆炸危险性增加。并且处于高压下的可燃气体一旦发生泄漏，高压气体体积将迅速膨胀，与空气形成可爆性混合气，在气体与设备摩擦产生静电火花的情况下将导致燃烧爆炸。此外，高压操作对设备选材、制造都带来一定难度，给平时的设备维护也增加了困难；同时，易使设备发生疲劳腐蚀，造成设备或管道泄漏。高压能加剧氢气、氮气对钢材的氢蚀作用及渗氮作用，使设备的机械强度减弱，易导致物理爆炸。

方法7：通过催化工程、外场促进和过程强化，实现条件温和的催化反应过程，如图8.1所示。

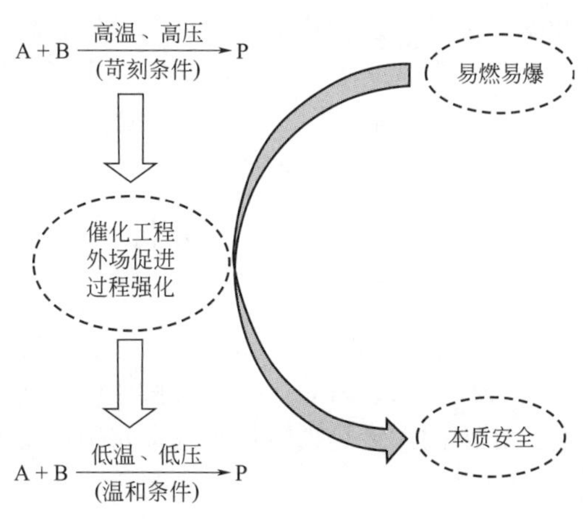

图8.1 温和条件下的本质安全催化反应过程

化工生产过程通常在高温、高压等苛刻条件下进行，这势必增加了发生火灾和爆炸的风险，而且增加了能源消耗。传统的安全措施是采用耐高温、耐高压材料制成的设备和反应器，以防止超温超压产生安全问题。这属于被动防止的方法，不仅不能从源头上解决安全问题，而且增加了设备和反应器成本，对操作的要求更加严格。如果能使反应在温和（低温、低压）的条件下进行，则可从源头上大大减少安全隐患和设备投资及能源消耗。温和条件下操作属于本质安全范畴，其实现方法包括：

① 催化工程。通过新型高效催化剂和工艺过程的开发来降低反应体系的温度和压力，实现温和条件下的高效反应过程。

② 外场促进。将热力学上难以进行或反应条件苛刻的反应在温和的条件下进行，外场通常包括微波、超声波、等离子体、电磁场、可见（紫外）光等。

③ 过程强化。以反应器和设备为对象，采用新的技术和设备，实现化工过程的强化。其中，化工过程强化是实现化工生产过程节能减排、降低能耗的有效手段。强化技术包括超重力技术、微化工技术、离子液体技术、超临界技术、膜催化技术、反应精馏技术、反应萃取技术等。

8.1 合成氨安全反应体系

合成氨是化学工业的支柱，在国民经济中占据重要位置。氨作为氮肥与化学工业的重要基础原料，在制冷、轻工、化肥、制药和交通等行业中广泛使用，氨还可作为一种间接（化学）储氢材料。目前氨的合成在工业上仍采用20世纪初的哈伯法传统工艺，例如以CH_4为原料的传统合成氨，需要先通过CH_4/H_2O重整制得合成气，分离出其中的H_2后，再以Fe为催化剂与N_2在高温（500℃左右）、高压（15～30MPa）下合成氨。然而，这一传统高压合成氨反应存在能耗巨大、操作条件苛刻、工艺及设备复杂、生产过程危险性大等诸多缺点，使得开发新型催化剂来实现常压、低压反应成为合成氨的未来研究方向。

在热力学上，低温、高压有利于合成氨反应。即合成氨需要较低温度和压力下具有较高活性的催化剂。目前，工业催化剂的催化效率在高温下已达90%以上，接近平衡氨浓度(因压力而异)。例如，在15MPa及475℃下，A301催化剂的催化效率接近100%。要提高催化剂的活性，就只有降低反应温度。另外，工业合成氨的单程转化率只有15%～25%，大部分气体需要循环，从而增加了动力消耗。为了提高单程转化率，也只有降低反应温度才有可能。因此，合成氨催化剂研究总的发展趋势，就是开发低温高活性的新型催化剂，降低反应温度，提高氨的平衡转化率和单程转化率或实现低压合成氨。随着英国BP公司钌基催化剂的发明和我国$Fe_{1-x}O$基催化剂体系的创立，标志着合成氨催化剂由唯一的传统Fe_3O_4路线发展为三条技术路线，并各自取得了重大进展。

8.1.1 苛刻条件下合成氨工艺及安全性分析

(1) 传统合成氨工艺

高压法，操作压力为70～100MPa，温度为550～650℃。这种方法能大大提高氨合成效率，并且容易把混合气中的氨分离出来。因此，一系列操作中的流程、设备都较为紧凑。但也存在一定缺陷，过程中释放出来的大量热量容易导致催化剂温度升高而失去活性，使催化剂寿命减短。

中压法，操作压力为20～60MPa，温度为450～550℃，中压法在一定程度上继承了高压法的优点，摒弃了低压法的缺点，技术和经济也较成熟和稳定，介于其两者之间。中压法在国内外都应用广泛。

低压法，操作压力为 10MPa 左右，温度为 400～450℃。由于操作压力和温度都比较低，故对设备要求低，容易管理，且催化剂的活性较高，这是此法的优点。但此法所用催化剂对毒物很敏感，易中毒，使用寿命短，因此对原料气的精制纯度要求严格。又因操作压力低，氨的合成效率低，分离较困难，流程复杂。

(2) 传统合成氨催化剂[1]

在催化过程中，氨的合成是研究最多、最深入的典型过程之一。合成氨工业的进展，很大程度上是由于催化剂质量的提高而取得的。氨合成中的工艺条件也大多取决于所用催化剂的性质。可见，催化剂的作用是十分重要的。

1911 年，Mittasch 成功研究出以铁为活性组分的氨合成催化剂，大量试验研究结果和 100 多年的大规模生产的实践表明，以铁为主体，添加助剂的催化剂效果较好，与其他催化剂相比，有以下优点：在较低温度下有较高的活性，原料来源广，价格低廉，对毒物（如含氧化合物）的敏感性较低，从而得到了广泛应用。

传统铁系催化剂的活性温度一般在 350～550℃，正常使用温度为 450～500℃。根据氨合成工艺的特点，从综合费用方面考虑，合成压力高达 15～30MPa，理论氨转化率为 10%～18%，一般为 11%～14%。

传统熔铁型催化剂主要由磁铁矿组成，再加入不同含量的助剂（如 Al_2O_3、K_2O、CaO、MgO、BaO 等）构成了一系列不同型号的催化剂。20 世纪初，Harber 和 Mittasch 等成功开发了铁基合成氨催化剂之后，人们始终没有停止过对合成氨催化剂的研究与开发，直到今天这种研究还在不断继续。如，纯铁催化剂的活性与氧化度（还原前）的关系，发现 Fe^{2+}/Fe^{3+} 物质的量比接近 0.5，组成接近 Fe_3O_4 相的样品具有最高的活性；Fe_2Co 催化剂，使活性有一定提高；当今世界各国生产的传统氨合成催化剂的母体相组成均为 Fe_3O_4，Fe^{2+}/Fe^{3+} 在 0.4～0.8 范围内，仅在助剂的性质或数量上稍有不同。

A110-1 熔铁型催化剂：A110-1 型催化剂是在 A109 型基础上研制而成。与 A109 型相比，合成塔生产能力可提高，并可降低催化剂床层温度 10～15℃，用于以天然气、轻油、石脑油、渣油、煤、重油为原料的合成氨工艺中，也广泛用于轴径向塔、丹麦 S-100、托普索 S-200、美国凯洛格公司等多种合成塔中。A110-1 熔铁型催化剂的特点是低温活性好，易还原，热稳定性好，价格便宜。但还原后的催化剂遇 CO、CO_2、O_2 和水蒸气会暂时中毒，遇油、磷、砷化合物会永久中毒。

A110-1-H 熔铁型催化剂：将氧化态的 A110-1 型催化剂预先在催化剂生产厂以最佳还原条件还原为活性 α-Fe，再将活性 α-Fe 表面用氧钝化，生成 α-Fe 保护膜。该催化剂具有还原时间短、节能降耗、效益显著等优点。另外，催化剂在运输、保存、装填时安全、方便。其与 A110-1 型的主要区别为 A110-1 型以氧化态供给用户，而 A110-1-H 型是将主要组分 Fe_3O_4 基本还原成 α-Fe，助催化剂与未还原产品相同。使用预还原型催化剂可减少合成塔非生产时间，增加产量，提高还原质量，确保催化剂的本征活性，克服在活化期间由于局部水蒸气量太大，造成催化剂活性损伤和还原过程产生大量稀氨水的缺点。

A110-2 熔铁型催化剂：A110-2 型催化剂是一种黑色、有金属光泽、带磁性、外形不规则或球形的固体颗粒，长期暴露在空气中易受潮，并析出可溶性钾盐，引起活性降低。在合成塔内，用 H_2 和 N_2 混合气将该催化剂还原，使其具有催化活性，还原过的催化剂若暴露在空气中会迅速燃烧，失去活性。

A110-5Q 熔铁型催化剂：郑州大学研制成功的 A110-5Q 型催化剂，机械强度高，催化活性好，易还原，床层阻力小。与同类无定形催化剂相比，使用该催化剂每吨氨节电约

15kW·h，合成氨生产能力提高10%左右。

铁-钴型催化剂：20世纪80年代初，我国开发了第一代具有自主知识产权的铁-钴型双活性组分催化剂，包括A201型、AC型、HA202Q型、NC（ICI）74-1型、NCA型、HA310Q型等。

A201型催化剂：福州大学研制成功的一种低温活性合成氨催化剂。其主要活性组分仍是金属铁，催化剂中铁含量为67%～70%，Fe^{2+}/Fe^{3+}物质的量比为0.45～0.60。催化剂中含1.0%～1.2%的CoO助剂，也含有Al_2O_3、K_2O和CaO等。A201型催化剂易还原，耐热性、抗毒性、机械强度良好，低温活性较高。在相同生产条件下，使用A201型催化剂的氨合成系统生产能力可比A110系列熔铁型催化剂提高5%～10%，是合成氨厂节能降耗、增产节支的有效措施之一。低温活性略好，适用于低压合成工艺。

AC型催化剂：南京化工研究院开发的一种节能型合成氨催化剂。具有易还原、低温活性好、操作压力低等特点。特别适用于低压合成氨工艺，且可为用户提供预还原产品。合成塔生产能力可提高5%～10%，明显缩短了还原时间，操作压力降低2.0～3.0MPa。每吨氨节电20～40kW·h，具有明显经济效益。

稀土型催化剂：在铁基合成氨催化剂中添加稀土元素，稀土氧化物助剂CeO富集于催化剂表面，经还原后与Fe形成Ce-Fe金属化物，其促进Fe向N_2输出电子，加速氮的活性吸附，大大提高催化剂的活性；Ce由界面向基体的迁移速度比K慢，使Ce比K能更长时间保留在界面，发挥其促进活性的作用，保证催化剂具有更长的使用寿命。华南理工大学于20世纪90年代初成功开发并生产出廉价和性能优良的稀土助剂的A203型催化剂。20世纪90年代后期，福州大学开发出以新型稀土元素为助剂的FA401型催化剂。

亚铁型催化剂：人们一直认为熔铁型合成氨催化剂的活性随母体相呈火山形曲线变化，且当母体相为Fe_3O_4时活性最高。因此，对亚铁型催化剂的研究往往局限于Fe_3O_4范围内。到了20世纪80年代中期，浙江工业大学发现在熔铁催化剂中，催化剂的活性与母体相关系的变化呈现为双峰形曲线，具有维氏体（Wustite，$Fe_{1-x}O$，$0.04 \leqslant x \leqslant 0.10$）相结构的氧化亚铁基氨合成催化剂具有最高活性，否定了磁铁矿（Fe_3O_4）相还原得到的催化剂具有最高活性的经典结论。并于20世纪90年代初期批量生产出A301型$Fe_{1-x}O$催化剂。

(3) 安全性分析

氨的合成反应，温度高、压力高、爆炸性气体浓度高，高低压并存，产品氨具有毒性和冷冻作用，易发生火灾、爆炸和急性中毒事故。氢在高温高压下对碳钢设备具有较强的渗透能力，造成“氢脆”，降低了设备的机械强度，而且高温生产条件也对设备材质提出了极为严格的要求。合成系统操作压力，有高压（≥10.0MPa）和低压（0.1～2.0MPa）两种，不同压力系统之间紧密相连，有可能会造成高压串入低压，导致爆炸事故的发生。

合成氨装置主体工艺主要包括：原料气压缩、脱硫单元；蒸汽转化和热回收单元；一氧化碳变换单元；MDEA脱碳单元；变压吸附PSA单元；合成气压缩单元；氨合成单元；氨冷冻单元。合成氨装置的主要易燃、易爆、有毒、有害物料有天然气、CO、氢气和NH_3。合成氨装置的操作温度和压力较高，转化炉的炉膛温度高达1000℃，合成气压缩机出口压力高达13MPa。

8.1.2 温和条件下合成氨安全催化反应体系

Haber-Bosch合成氨工艺过程的开发被认为是20世纪人类最为重要的发明之一。作为目前世界上产量第二大的化学品，氨的主要用途是制造化肥，并由此提供了地球上约50%人口的粮食。但目前的合成氨过程需在高温高压下进行，是一个高能耗和非安全的过程，据估算工业合成氨过程中所消耗能源约占全球能源消耗总量的2%。因而，开发能在低温低压进行的高效合成氨催化剂是降低合成氨工艺能耗和实现本质安全的关键。

8.1.2.1 钌基合成氨催化剂

钌基合成氨催化剂，具有反应条件温和、能耗低、寿命长和活性高的特点，制备工艺简单，性价比高，对原料气要求不高。

(1) 碳负载的Ru基催化剂

被认为是继Fe之后的第二代氨合成催化剂。20世纪90年代初，已在北美部分地区实现了工业化应用。虽然Ru/C基合成氨催化剂的活性较铁基催化剂高，但因其具有易甲烷化、氢吸附太强、机械强度较差和成本太高等缺点，制约了钌基合成氨催化剂的推广。

最早提出负载钌催化剂的是日挥公司，他们用活性炭载10%Ru，并添加20%K助剂，反应在10MPa、350℃及H_2/N_2物质的量比为1∶1条件下可获得氨转化率约20%。英国石油公司（BP）和Kellogg公司共同开发出了KE-1520型催化剂，基本配方为：Ru16.6%（质量分数），K9.6%，载体为含石墨的活性炭，在7.9～9.0MPa和温度370～470℃条件下，转化率达18%～22%，一般可使生产能力提高20%，最高达40%。且在低压、低温下使用能保持高的活性，同时可以在较宽的氢氮比下操作。最适宜$H_2/N_2=2.5$，此催化剂具有较高的耐毒性，对CO、CO_2、H_2O等不敏感，但对氧很敏感。氨合成工艺中钌基催化剂的开发成功，是合成氨工艺中的一个重大进步，它对合成氨工业降低成本、降低消耗都有突破性进展，但钌基催化剂中采用的活性组分钌是铂族元素，属于稀有金属。

操作压力下降：传统的合成氨工艺一般要将气体压缩至20～40MPa。采用的是多级压缩工艺。转化率为10%～20%，一般为11%～14%。钌基催化剂在低压7.9～9.0MPa，就能使转化率达到18%～22%，生产能力提高20%。

反应温度降低：合成氨反应温度存在最适宜值，它取决于反应气体的组成、压力及催化剂的活性，传统的氨合成反应温度一般控制在400～500℃；而钌基催化剂的温度在370～470℃。

(2) 氧化镁负载钌基催化剂

MgO为载体的钌基合成氨催化剂具有潜在的工业应用前景。杨冬丽等[2]制备了5种钌基催化剂Ru/MgO、Ru/γ-Al_2O_3、K-Ru/MgO、Ba-Ru/MgO和K-Ba-Ru/MgO，在$V(N_2)∶V(H_2)=1∶3$，2.0MPa，24000h^{-1}和653～873K反应条件下，评价了它们的合成氨催化活性。Ru/MgO的最高活性约为Ru/γ-Al_2O_3的2倍，且最高活性反应温度还低了20K；Ba组分的添加有利于降低Ru/MgO基催化剂的最高活性温度；K-Ba-Ru/MgO在653K、Ba-Ru/MgO在773K、K-Ru/MgO和Ru/MgO在813K以上使用时，将更有利于催化活性的发挥。因此，对于Ru/MgO基催化剂而言，促进剂的添加应根据拟采用的操作温度来决定。

霍超等[3]以微波技术制备的掺钡纳米氧化镁为载体，以氯化钌为活性前驱体，通过在钌的浸渍液中添加不同种类及浓度的表面活性剂，制得了一系列的Ru/Ba-MgO催化剂。在浸渍过程中添加表面活性剂有利于Ru/Ba-MgO催化剂反应性能的提高，其中添加浓度为0.049%的OP-10制得的Ru/Ba-MgO催化剂活性最好，在10MPa、10000h^{-1}和748K的反应条件下，氨合成反应速率可达50.87mmol·g^{-1}·h^{-1}。

(3) 其他负载型钌基合成氨催化剂

高伟洁等[4]以乙腈为碳源和氮源，采用化学气相沉积法制备了氮掺杂的碳纳米管。样品形貌为中空的多壁纳米管，管腔大小10～15nm，壁厚10～20nm。氮已掺杂到碳纳米管结构中，主要以吡啶型氮和取代型氮存在。随着制备温度的升高，氮掺杂量减少，但纳米管的石墨化程度提高。与未掺杂碳纳米管相比，氮掺杂碳纳米管负载的Ru催化剂上合成氨反应活性增加，于650℃制得的掺氮碳纳米管负载的Ru催化剂活性相对最高，这可能是由于载体中氮掺杂和管壁石墨化的综合作用所致。

Wang等[5]以高比表面积的碱性ZrO_2和ZrO_2-KOH为载体，Ru为活性组分，制备了Ru/ZrO_2和Ru/ZrO_2-KOH催化剂。与Ru/ZrO_2相比，Ru/ZrO_2-KOH具有更高的电子云密度，从而更有利于N_2的解离吸附。因此，Ru/ZrO_2-KOH在低温低压下具有更好的氨合成活性。在698K、3MPa下，Ru/ZrO_2-KOH的最高反应速率为16.91mmol/(g·h)，高于其他载体负载的Ru催化剂。

Fernández等[6]分别以浸渍法、胶体法和微乳液法三种方法制备了平均粒径大小和分布不同的Ru/γ-Al_2O_3催化剂，并考察了他们在温和反应条件，即低温（100℃）、低压（0.4MPa）氨合成反应中的活性。当负载型Ru催化剂满足如下两个条件时，催化活性较高：平均尺寸相对较大；尺寸分布较宽，保证同时存在拥有高活性位的小颗粒，以及能够促进小颗粒反应的大颗粒。这种促进作用来自于小颗粒和大颗粒相互接触过程中的协同作用，还能够保持Ru的高度还原表面。他们认为，在温和条件下，大的Ru粒子能够有效活化和转移H原子，使强吸附的N原子氢化，从而释放活化N_2的活性位，促进氨合成反应。该协同机理如图8.2所示[7]。

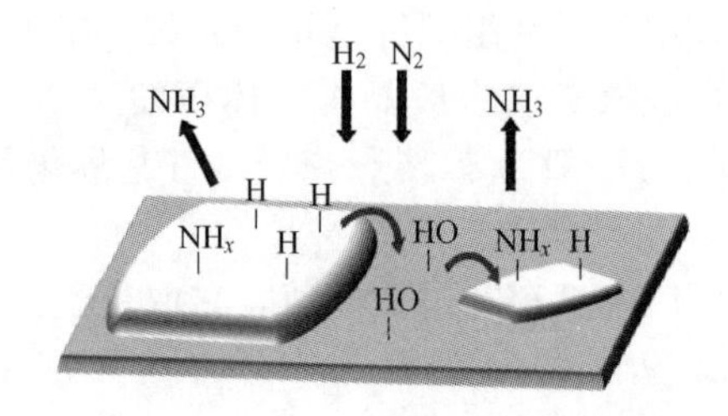

图8.2 温和条件下氨合成反应中大、小Ru粒子之间的协同作用机理

Kanbara等[8]以电子取代$[Ca_{24}Al_{28}O_{64}]^{4+}(O^{2-})_2$晶笼内的$O^{2-}$，目的在于验证Ru/$[Ca_{24}Al_{28}O_{64}]^{4+}(O^{2-})_{2-x}(e^-)_{2x}(0\leqslant x\leqslant 2)$的电子特性和氨合成催化活性的关联。与传统含碱性助剂，如碱或碱性稀土化合物的负载型Ru催化剂相比，当电子浓度(N_e)低于$1\times10^{21}cm^{-3}$时，Ru/$[Ca_{24}Al_{28}O_{64}]^{4+}(O^{2-})_{2-x}(e^-)_{2x}(0\leqslant x\leqslant 2)$的催化性能较低，氨合成的表观活化能（$E_a$）较高。当一半以上的笼内$O^{2-}$被电子取代（$N_e\approx1\times10^{21}cm^{-3}$）时可显著改变氨合成反应机理，催化活性提高一倍，而表观活化能降到原来的一半（见图8.3）。$[Ca_{24}Al_{28}O_{64}]^{4+}(O^{2-})_{2-x}(e^-)_{2x}(0\leqslant x\leqslant 2)$的金属-绝缘体转变发生在$N_e\approx1\times10^{21}cm^{-3}$时。金属-绝缘体转变点正是Ru/$[Ca_{24}Al_{28}O_{64}]^{4+}(O^{2-})_2$和Ru/$[Ca_{24}Al_{28}O_{64}]^{4+}(e^-)_4$催化性能的边界。可见，载体的整体电子性质决定了催化剂的氨合成催化性能。

Aika[9]认为在Ru催化剂表面，电子因素控制N_2的解离，如图8.4所示，在α_1端，由于电子给予的活化作用，N_2容易发生解离。

8.1.2.2 金属氢化物存在下常温常压合成氨催化剂体系

现有的合成氨工业是采用以铁为催化剂的高温高压的过程，转化率低，耗能高。然而自然界的生物都能在常温常压下固定空气中自由氮分子，这为现有合成氨催化剂的研究方向提供了一条新的研究思路。贝浼智等[10]以过渡金属分子氮络合物为模型物，提出采用金属氢

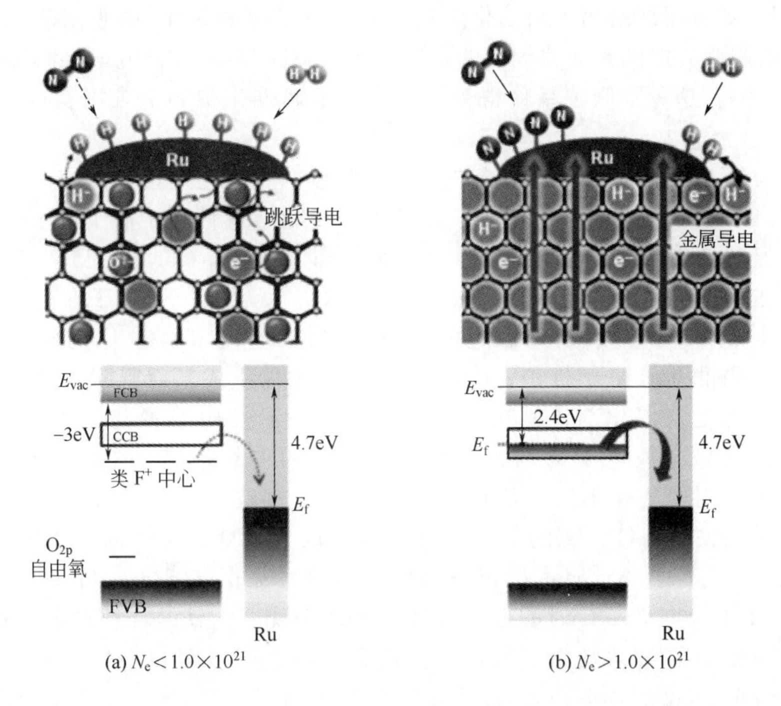

图 8.3　Ru/[$Ca_{24}Al_{28}O_{64}$]$^{4+}$(O^{2-})$_{2-x}$(e^-)$_{2x}$(0 ⩽ x ⩽ 2)上可能的氨合成反应机理

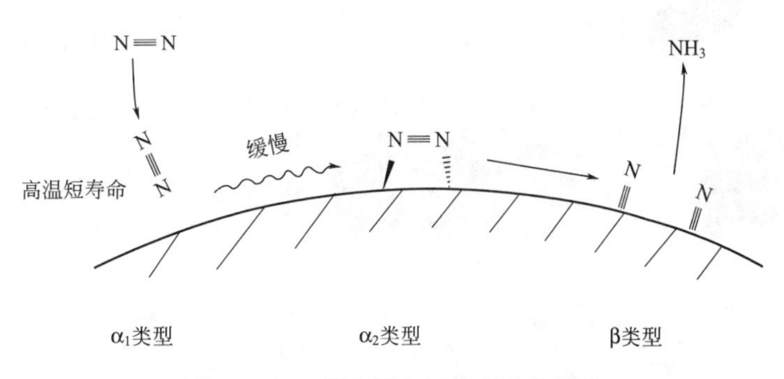

图 8.4　Ru 催化剂上氨合成反应机理

化物作为氢源，最终达到以 H_2 为原料和分子氮络合物构成一个固氮循环的工作模式，模拟在常温常压下生物固氮，探索在温和条件下实现 N_2+H_2 合成氨的过程。

杨德胜等[11]在储氢材料的合成中，发现某些储氢材料在常温、常压下对氨合成有催化活性，在室温和一个大气压下，由氢与氮反应能生成氨。确定了在常压和较低温度下(250℃)具有一定催化活性的合成氨催化剂。

催化剂由 La_2O_3、CaH_2 和 Ni 粉按一定比例混合，经研磨、过筛后，在高温炉中（约1000℃）反应生成 La-Ni 合金、CaO 和 H_2O。La-Ni+CaO 的混合物即为制得的催化剂。以储氢材料为基础的催化剂有可能成为合成氨的新型催化剂。在常压、250℃、流速 45mL/min 的条件下，催化剂的氨产率已达到 2.12×10^{-2} mL/(g・min)。

8.1.2.3　氢化锂参与调控的低温催化合成氨体系

一个理想的低温合成氨催化剂应兼具较低的 N_2 分子解离吸附活化能（$\Delta E>0$）与较弱的表面 NH_x（$x=0$，1，2）物种的吸附的特征。而实际上，在过渡金属表面上，基元反应的反应能垒（如 N_2分子的解离吸附活化能）与反应中间物种 NH_x 的吸附能（E_{NH_x} 值越负表示该物种吸附越强）之间存在着固有的普遍的线性限制关系（Scaling Relations，即 $\Delta E = aE_{NH_x} + b$，$a > 0$）。这种限制关系使得单一的过渡金属催化中心上难以实现氨的低温催化合成[12]。

Wang 等[13]针对氨的合成，提出了“双活性中心”的催化剂设计策略，开发出过渡金属-氢化锂（TM-LiH）复合催化剂体系，避开单一过渡金属催化中心上的 Scaling Relations 限制，实现了温和条件下氨的催化合成。“过渡金属-氢化锂（TM-LiH）”这一双活性中心复合催化剂体系上的氨合成反应机理［见图 8.5(a)］为：①N_2分子在过渡金属（TM）表面解离吸附生成 TM-N 物种；②临近的氢化锂（LiH）与 TM-N 作用使 N 原子转移生成 Li-NH 物种，并再生 TM 活性位；③Li-N-H 物种加氢生成氨后脱附，并再生 LiH 活性位。由此可见，该复合催化剂体系中，LiH 直接作为活性中心参与了催化合成氨过程，显著不同于传统的碱金属电子助剂。该双活性中心的构筑使得 N_2 和 H_2 的活化及 N 和 NH/NH_2物种的吸附发生在不同的活性中心上，从而打破了单一过渡金属上反应能垒与吸附能之间的限制关系，使得氨的低温、低压合成成为可能。LiH 的加入使得 3d 过渡金属或其氮化物（从 V 到 Ni）显示出较高的催化活性，见图 8.5(b) 和 (c)。其中，Cr-、Mn-、Fe-和 Co-LiH，在 350°C 时的催化活性显著优于现有的铁基和钌基催化剂，而且 Fe-LiH 和 Co-LiH 在 150℃即表现出了氨合成催化活性，证明了双中心作用机制下可实现温和条件下氨的合成。

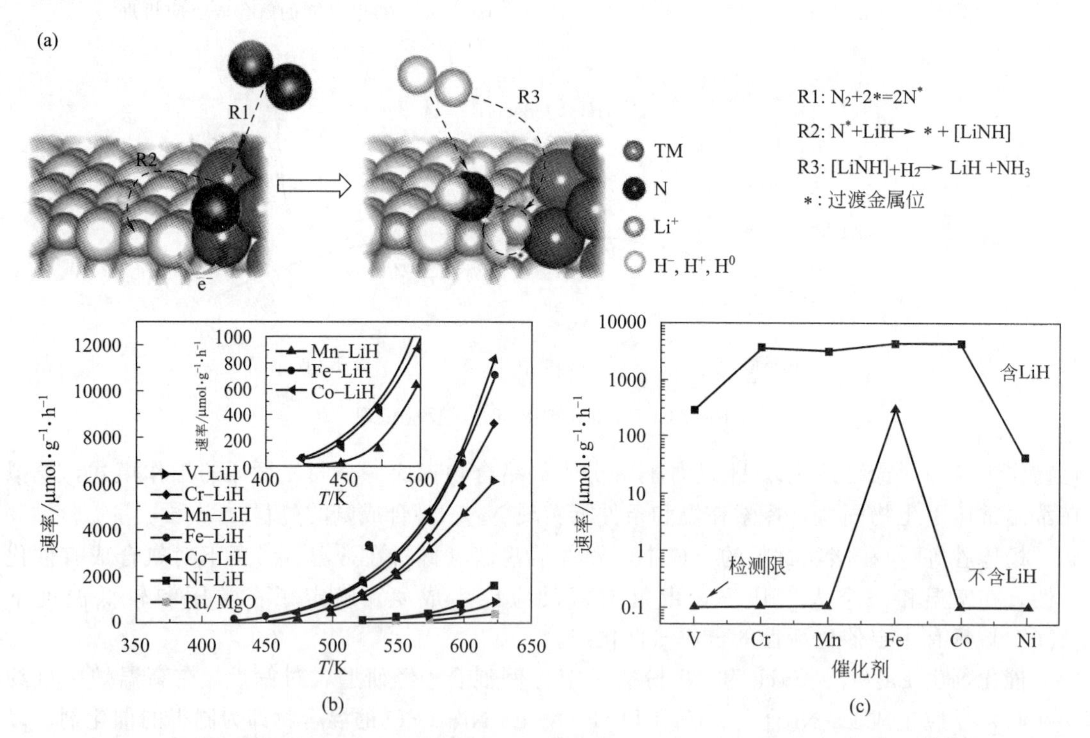

图 8.5 TM-LiH 双中心复合催化剂上合成氨反应机制 (a) 以及催化活性［(b)和(c)］

8.1.2.4 甲烷+氮气常压合成氨反应体系

目前氨的合成在高温（500℃左右）、高压（15～30MPa）下进行，然而，这一传统高压合成氨反应存在能耗巨大、操作条件苛刻、工艺及设备复杂、生产过程危险性大等诸多缺点，使得开发新型催化剂来实现常、低压反应成为合成氨的未来研究方向。如在常压下，以

$(Li,Na,K)_2CO_3$-$Ce_{0.8}Gd_{0.18}Ca_{0.02}O_{2-\delta}$和$CoFe_2O_4$为复合电解质，用$H_2O$和$N_2$电化学合成氨；在常温、常压下用湿空气合成氨，均因为体系导电能力差、规模小、成本高等缺点，不适合工业化生产。

甲烷与氮气直接转化成氨的反应：CH_4先分解释放出氢后再与N_2合成氨。由于该反应可以在一定温度的常压状态下完成，故具有过程能耗低、反应条件温和、设备工艺简单、安全环保等优点。谈薇等[14]采用等体积浸渍法制备了一系列催化剂用于甲烷氮气常压合成氨反应。对SiO_2、γ-Al_2O_3、煤质柱状炭、椰壳活性炭为载体的Fe基催化剂的活性评价结果显示椰壳炭载体最优；通过对Zr、Ce、K等多种助剂的筛选，发现K促进的Fe基催化剂氨生成速率最高。椰壳炭具有规则孔道且孔容大，催化剂还原后有新晶相KFeO生成。在常压、700℃、$V(CH_4):V(N_2)=2:1$、2800mL/h时，催化剂3%K-5%Fe/椰壳炭的氨生成速率最高可达$1.04\times10^{-6}mol\cdot g^{-1}\cdot s^{-1}$。

甲烷氮气合成氨反应的机理：甲烷氮气常压合成氨的反应机理主要有两步：第一步甲烷分解成碳和氢气。甲烷的分解是通过依次破坏4个C—H键，发生表面解离反应后生成碳原子和氢原子；氢原子结合成氢分子，碳原子则以丝状积炭形式出现。具体分解过程如下：

$$CH_4 \longrightarrow CH_3+H;\ CH_3 \longrightarrow CH_2+H;\ CH_2 \longrightarrow CH+H;\ CH \longrightarrow C+H;\ 2H \longrightarrow H_2$$

由此可知，甲烷分解的反应方程式可表示为：

$$CH_4 \longrightarrow C+2H_2;\quad \Delta H^{\ominus}_{298K}=75.6kJ/mol$$

对甲烷分解产物仍有不同意见，如甲烷氮气常压合成氨中能分解成乙烯、乙烷等物质与氢气；甲烷分解机理主要依据氢原子在金属活性位和载体之间迁移决定，甲烷分解产生C_2以上的烃类（含C_2H_6）的概率很小，完全可以忽略。

第二步是将甲烷分解产生的氢与氮气在常压条件下合成氨气，具体反应方程式与传统合成氨相同：

$$N_2 \longrightarrow 2N;\quad N+3H \longrightarrow NH_3$$

氨气合成反应方程式可表示为：

$$N_2+3H_2 \longrightarrow 2NH_3\quad \Delta H^{\ominus}_{298K}=-92.4kJ/mol$$

总反应方程式为：

$$3CH_4+2N_2 \longrightarrow 3C+4NH_3$$

其中第一步甲烷分解产生的氢量将成为第二步常压氨气生成速率的控制步骤。对该反应热力学而言，第一步反应为吸热反应，而第二步反应为放热反应，因此对整体甲烷氮气的常压合成氨反应而言，必然存在最优的催化反应温度。

甲烷分解的固相产物碳易在反应体系中沉积，通常催化剂的积炭主要以两种形式存在，一种是在催化剂表面酸性中心上生成焦油状物质，进一步转化成无定型碳，使得活性位被覆盖，从而导致催化剂失活；另一种是在活性金属粒子上生成石墨态的碳丝，长期累积也会造成催化活性降低。

8.2 合成甲醇安全反应体系

甲醇是一种重要的化工原料，又是一种潜在的车用燃料和燃料电池的燃料。世界上生产甲醇的主要方法是ICI法。ICI法以合成气为原料，CuO-ZnO-Al_2O_3为催化剂，固定床，反应温度270℃左右，反应压力5～10MPa。存在反应温度太高，反应压力不易控制，原料气分离及净化成本高，以及合成气单程转化率仅为6%～12%等问题。

8.2.1 低温液相合成甲醇两步法

针对上述问题，经 20 世纪 70 年代以来的大量研究，已开发出低温（363～534K）、低压（3～5MPa）液相催化合成甲醇的新工艺，在单一反应器中完成甲醇羰基化和甲酸甲酯（MF）氢解制甲醇。美国 BNL 国家实验室开发的镍基催化剂，甲醇的选择性达到 95%，仅有少量甲酸甲酯和二甲醚（DME）副产物。

2 步法合成甲醇的原理：

第一步： $CO + CH_3OH \xrightarrow{80℃,\ 3MPa} HCOOCH_3$

第二步： $HCOOCH_3 + 2H_2 \xrightarrow{180℃,\ 0.6MPa} 2CH_3OH$

2 步反应的净结果为： $CO + 2H_2 \longrightarrow CH_3OH$

2 步法合成甲醇的优点是反应温度和压力均较低，甲醇的选择性高，产品甲醇中不含水，提纯容易，故能耗低，产率高。

甲醇羰基化反应在低温下以甲醇钠为催化剂；甲酸甲酯的加氢反应以 Cu-Cr 或雷诺镍为催化剂，在 373～453K 和 3～6.5MPa 的条件下进行，两个反应可在一个反应器内进行。原料气中的 CO_2 及水会与甲醇钠反应生成惰性的碳酸盐或甲酸盐，因此需加以控制；但这些惰性盐类可由雷诺镍催化部分加氢而复原；合成气中 CO_2 及水含量的要求是分别低于 1% 及 0.3%。

低温低压液相催化合成甲醇工艺的优势可归纳为以下四点：①反应温度可低至 100℃或稍高，单程转化率高达 90%，过程气不用循环，相应降低了投资与能耗；②造气可使用空气，不必建空分装置，且可将氢碳比调节为 2∶1，相应降低了投资与能耗；③合成压力可与造气压力相同，因而不需增压，节省了投资与能耗；④合成气在液相中反应生成甲醇，容易除去反应热，反应器也易实现大型化。

郝立庆等[15,16]用络合共沉淀法制备了 CuCrAl 和 CuCrZr 复合氧化物液相合成甲醇催化剂，其比表面分别达到 $119m^2/g$ 和 $116m^2/g$。在 5.0～5.5MPa 和 383K 条件下，分别用间歇式和流动式反应釜考察了催化剂的活性和稳定性。CuCrAl 和 CuCrZr 的活性均明显高于 CuCr；CuCrAl 的活性略高于 CuCrZr，但甲酸甲酯（MF）的选择性明显低于 CuCrZr；两者在 12h 内未见活性明显下降。甲醇钠在反应过程中部分转化为甲酸钠和 NaOH。CuCrAl 和 CuCrZr 有较高的氢解活性可抑制甲醇钠与 MF 生成甲酸钠。但是，Al_2O_3 和 ZrO_2 的酸性有利于甲醇脱水，引起甲醇钠水解生成 NaOH。溶剂对 CuCr 基催化剂的活性和选择性有明显影响。

一般认为，甲醇液相合成反应 $CO+2H_2 \longrightarrow CH_3OH$ 遵从两步机理，即先由甲醇钠催化甲醇羰基化生成 MF，接着是 CuCr 催化 MF 氢解生成甲醇。氢解反应是速率决定步骤，提高其反应速率会提高甲醇的选择性。否则，过量的中间产物 MF 会进一步生成甲酸钠，引起甲醇钠的额外损失；生成的甲酸钠还会掩盖催化剂表面的活性中心，造成催化剂失活，如下式所示。

$$HCOOCH_3 + CH_3ONa \longrightarrow HCOONa + CH_3OCH_3$$

徐景芳等[17]采用络合沉淀法合成了铜铬催化剂，用于催化低温液相合成甲醇反应过程。以甲醇的时空产率为指标，研究了催化剂合成过程中各工艺参数对其催化性能的影响。催化剂最佳的制备条件为：铜铬物质的量比 1∶1、沉淀和老化温度 40℃、沉淀反应时间 3h、老化时间 3h、干燥温度 120℃、干燥时间 13h、焙烧温度 340℃。在温度 110℃、压力 5.0MPa 反应条件下，二甲苯作溶剂，含甲醇钠的甲醇溶液（26%）作羰化催化剂，铜铬催化剂连续运转 150h 后甲醇时空产率仍然能达到 98g/(L・h)，具有较高的催化活性和稳定性。

王奎铃等[18]用络合共沉淀法制备铜铬硅（Cu-Cr-Si）催化剂，并考察了制备条件对催化剂活性的影响。助剂 Si 的质量分数为 16.7%，沉淀时溶液的 pH 为 6.0，沉淀温度 50℃，老化温度 20℃。在 350℃、$n(Cu)/n(Cr)/n(Si)=1/1/0.4$、$N_2$气氛中焙烧制得的催化剂，在间歇式反应釜中，时空产率可达 185g/(L・h)，且没有甲酸甲酯等副产物生成［在二甲苯作溶剂，甲醇钠的甲醇溶液作助催化剂，合成气为 $n(CO)/n(H_2)=1/2.3$ 的混合气体，110℃、5.0MPa 条件下反应］。

黄利宏等[19]考察了含锆的铜铬硅催化剂低温液相合成甲醇性能。锆作为结构助剂及电子助剂对催化剂在低温液相合成甲醇反应中具有显著的促进作用，反应活性可提高 32.5%。锆助剂能有效提高催化剂的比表面积，促进催化剂中铜铬组分的分散及表面富集。ZrO_2加入在催化剂表面产生的 Cu^+ 与催化活性的改善密切相关，Zr^{4+}、Cr^{3+}、Cu^+ 可形成复合中心，为价态的稳定性提供微环境，在 H_2活化及 C—O 键的断裂等反应步骤中起重要作用。

陈文凯等[20]研究 CuCl 作主催化剂在液相合成甲醇和甲酸甲酯的反应。该反应在低温 363～403K 具有很高的催化活性。363K、5.0MPa，甲醇时空产率可达到 20.8g/(L・h)。甲醇的初始加入量对催化剂反应活性影响很大，最佳值为 2%。二氧六环是很好的反应溶剂，可提高反应活性，助剂的加入可提高催化剂的活性，并降低反应温度，在 343K 时，甲醇的时空产率为 40.3g/(L・h)。催化剂在反应中的活性中心为 Cu^+，反应经过羰化和氢解 2 个过程。

令狐文生等[21]设计了新型低温合成甲醇反应器系统。低温两步法合成甲醇由甲醇羰基化和甲酸甲酯氢解两步反应构成。此过程的优点是两步反应均可在低于目前固定床的温度下进行，所以热力学平衡对总反应的限制小于对目前固定床技术的限制。虽然这两个反应可以分别在单一反应器中进行，实现每步反应的最佳控制，然后集成为一个总的合成系统，但是研究表明，这两个反应也可同时在单一浆态床反应器中进行，从而减少设备投资和操作费用。在单一浆态床反应器中同时进行两步合成反应时，浆态相由甲醇、溶解于甲醇中的均相羰基化催化剂和悬浮在甲醇中的非均相氢解催化剂组成，在一些情况下还包括液体助剂。在浆态床反应器中同时进行两步合成反应具有以下优点：反应器结构紧凑，操作方便；反应在浆态相中进行，传热较好，温度容易控制；两步反应同时进行，具有协同效应，可达到很高的 CO 单程转化率（80%以上）。虽然在单一反应器中同时进行低温两步合成甲醇与双反应器路线相比有很多优点，但是由于反应器结构的制约，也存在以下问题：两步反应的最佳操作温度不同，不能同时在各自最佳温度下进行，造成反应的时空收率较低；反应产物甲醇与均相和非均相催化剂混合在一起，使得产物与催化剂分离困难；氢解催化剂容易失活。其失活的主要原因是 CO 与 H_2在催化剂表面活性位的竞争性吸附。大量高浓度 CO 与氢解催化剂的直接接触易加速催化剂的失活。另外，反应过程中羰基化催化剂失活形成的沉淀也易附积在氢解催化剂表面，以致堵塞活性位而引起催化剂失活。催化剂失活严重影响了反应的连续稳定进行。浆态床反应器存在的以上不足不仅大大地制约了低温两步合成甲醇技术的发展，而且由于这些问题是与反应器的性质相关联的，如不进行反应器的改进，上述问题就不能解决。以解决浆态床反应器两步合成甲醇中的关键问题为目的，结合反应蒸馏反应器的特征，他们设计和建立了一种新型的两段一体化反应器系统，并对其中的低温两步合成甲醇过程进行了研究。该反应器系统可以在较宽的操作范围实现连续稳定运行。与浆态床单反应器两步合成甲醇相比，该反应器具有两步反应可以同时在最佳温度下进行，催化剂与产物自然分离，氢解催化剂中毒减缓，氢解速率较高及反应器液位自动补偿等优点。羰基化阶段为整个过程的控制步骤。相同压力下，在两段一体化反应器中得到了比浆态床反应器中高的甲醇时空收率。两段一体化反应器系统在温和条件下可得到与目前工业合成甲醇 CO 单程转化率相近的转化率。温度、压力及空速对反应具有重要影响。

8.2.2 低温液相合成甲醇一步法

低温液相甲醇合成过程（LPMeOH）是在反应器中加入碳氢化合物的惰性油介质（基本不吸收甲醇和水），把催化剂分散在液相介质中。在反应开始时合成气要溶解并分散在惰性油介质中才能到达催化剂表面，反应后的产物也要经历类似的过程才能移走。这是化学反应工程中典型的气-液-固三相反应。液相合成由于使用了比热容高、热导率大的石蜡类、长链烃类化合物，可以使甲醇的合成反应在等温条件下进行。同时，由于分散在液相介质中的催化剂的比表面积非常大，加速了反应过程，反应温度和压力也下降许多。由于气-液-固三相物料在过程中的流动状态不同，三相反应器主要有滴流床、搅拌釜、浆态床、流化床与携带床 5 种。目前在液相甲醇合成方面，采用最多的是滴流床和浆态床。

LPMeOH 工艺可以处理来自煤气化器的不同浓度的原料气体，可以吸收合成气中 25%～50%的热值，并且不需要传统技术所需的去除原料气中二氧化碳工艺步骤，可以生产出纯度达 99%的甲醇产品。相反，传统的气相工艺需要原料符合理想的碳氧化物和氢气的化学配比，并且通常从反应器中出来的甲醇产品含有 4%～20%的水。

李文泽等[22]以合成气（CO、CO_2、H_2）为原料，Cu-Zn 为催化剂，2-丁醇为溶剂，低温低压（443K、3.0MPa）下合成甲醇。醇溶剂参与反应，但并不被消耗，起到了助催化作用。考察了载体、稀土助剂对催化剂活性的影响，在 ZnO、MgO、Al_2O_3、La_2O_3、Y_2O_3 作为载体制得的催化剂中，Cu/ZnO 在反应中呈现了最高的反应活性；稀土元素作为助剂，能提高 Cu-Zn 基催化剂的活性，Y 质量分数为 7.5%的 Cu/ZnO/Y_2O_3 和 La 质量分数为 10%的 Cu/ZnO/La_2O_3 催化剂在反应中均呈现出最高的反应活性，碳的总转化率比使用 Cu/ZnO 催化剂分别提高了 10%和 17.5%，两者甲醇的产率都比使用 Cu/ZnO 催化剂提高了 17.5%。

李源等[23]采用并流共沉淀法制备了不同 Cu∶(Mg＋Zn) 及 Mg∶Zn 物质的量比的铜基催化剂 Cu/MgO/ZnO，用于低温液相甲醇的合成，并对比了 Cu/ZnO 及 Cu/MgO 催化剂，分析了催化剂中载体 MgO 的作用。MgO 的引入有利于催化剂中 Cu^+ 的生成并均匀分散在载体中，可提高催化剂的催化活性。以合成气 CO＋H_2 为原料，在 443K 和 5.0MPa 条件下，采用液体石蜡作溶剂，考察了催化剂的催化性能。Cu/MgO/ZnO 催化剂的活性优于 Cu/ZnO 和 Cu/MgO 催化剂，且当 Cu∶Mg∶Zn＝2∶1∶1 时催化性能最好，此时合成气中 CO 的转化率为 63.6%，甲醇的选择性为 99.2%，时空收率为 $5.413mol \cdot kg^{-1} \cdot h^{-1}$。分析了 Cu/MgO 催化剂在高温反应条件下的失活现象，认为铜烧结是其失活的主要原因。

8.3 低压烯烃氢甲酰化安全反应体系

氢甲酰化反应是烯烃与合成气在过渡金属络合催化剂作用下，反应生成比原烯烃多一分子的醛或醇的反应过程。由此生产的醛、醇及其衍生物，被大量用作增塑剂、织物添加剂、表面活性剂、溶剂和香料等。这类反应最早是由 Roelen 于 1938 年在德国鲁尔化学公司从事费托合成中发现的，由合成气和乙烯反应得到了丙醛和乙二酮，并很快应用于丙烯制丁辛醇的工艺。此工艺迄今为止仍是均相络合催化工业应用的最成功典范，全世界目前利用氢甲酰化生产醛、醇的能力已超过 700 万吨，我国的生产能力也已达 100 万吨。然而均相络合催化工艺因催化剂分离回收过程复杂困难一直受到限制，近些年来水-有机物两相催化体系和负载型催化体系的研究进展为解决这些问题提供了一条有效途径[24]。

烯烃氢甲酰化反应催化剂——“高压钴法”安全性：自氢甲酰化反应发现之后，20 世纪 50 年代迅速发展起来的第一代氢甲酰化催化工艺都是以羰基钴［$Co_2(CO)_8$］为催化剂。$Co_2(CO)_8$首先溶解在反应液中，在氢甲酰化反应条件下转化成活性物种 $HCo(CO)_4$。但 $HCo(CO)_4$极易分解为 Co 和 CO，为保证催化剂活性物种 $HCo(CO)_4$的稳定性，需要维持高的合成气气压（20～30MPa），因此这种催化反应方法又称“高压钴法”。在这种情况下，必须在较高温度下才能保证适当的反应速率，致使工业生产条件异常苛刻，同时生成的产物醛中正构醛所占比例较低（正构醛更具工业应用价值）。

(1) 相对安全的“低压法”

针对“高压钴法”，低压法是研究者追求的目标。为提高催化剂活性物种稳定性和催化选择性，改进的主要方向是改变中心原子和配体。

配体：壳牌公司的 Slaugh 和 Mullineaux 通过用膦化合物取代 CO，提出了经典钴催化剂的配体改性途径。通过膦或相似性质的物质部分替代 CO 配体，以 NR_3、PR_3、$P(OR)_3$、AsR_3、SbR_3等来部分替代 $HCo(CO)_4$中的 CO，产生了改性羰基钴催化剂。膦配体可使催化剂的稳定性增加但使活性降低，这主要是由于 PR_3与 CO 相比是一个较强的 d 给电子配体和较弱的 π 受体配体，能增加中心金属的电子密度，从而增强了中心金属的反馈电子能力，使 Co—CO 键变牢固，使得催化循环中 CO 的插入反应变得更加容易，因此该体系可以在较低的 CO 分压下进行氢甲酰化反应。以叔膦改性羰基钴 $HCo(CO)_3(PR_3)$ 为催化剂，其典型的催化条件为反应温度 160～200℃，合成气总压 5～10MPa。如以 $HCo(CO)_3(PPh_3)$ 为催化剂时，反应可在 160℃，7MPa 下进行，与“高压钴法”相比，温度和压力大幅降低[25]。

配位中心金属：铑是比钴更具氢甲酰化反应活性的金属，最早认识到金属铑催化剂在氢甲酰化反应中所展现的远超钴催化剂的优异性能是在 20 世纪 50 年代中期。铑催化剂可以有效地在更温和的温度和压力下操作，从而逐渐取代钴，成为氢甲酰化工艺生产中的主要催化剂。

在 20 世纪 60 年代初期，斯勒福和穆里尼奥克斯在 Emeryville 实验室研究发现用叔膦和叔砷配位的铑配合物催化剂作为烯烃氢甲酰化反应催化剂时，具有优良的反应性能。并发现在 H_2和 CO 气氛下，$RhCl(PPh_3)_3$在苯溶液中形成的催化体系可在常温和常压下使 1-戊烯或 1-己烯发生氢甲酰化反应，这种改性的铑催化剂的真正的催化剂前驱体为 $HRh(CO)(PPh_3)_3$，其稳定性比 $HCo(CO)_4$高。后来人们又从反应速度、选择性及价格方面对不同种类的叔膦配体进行研究，最后认为三苯膦性价比为最佳。

在 20 世纪 70 年代中期，以 $HRh(CO)(PPh_3)_3$为催化剂的氢甲酰化反应由美国联合碳化物公司（Union Carbide Corporation，UCC）实现工业化应用，因其反应条件温和，故称“低压铑法”。此工艺对醛和正构醛的高选择性，使其很快在丙烯氢甲酰化生产中取代传统“高压钴法”而居于主要地位。但由于铑的价格远远高于钴的价格，因此催化剂损失必须限制到最低程度，由此产生的铑催化剂回收分离、回收、再生及其重复利用成为氢甲酰化反应工艺新的难点。

Mukhopadhyay 等[26]以分子筛 Na-Y、MCM-41 和 MCM-48 封装的 $HRh(CO)(PPh_3)_3$（缩写为 Wk-Y、Wk-M41 和 Wk-M48）为多相催化剂，于 373K、4.08MPa 下实现了不同烯烃的氢甲酰化反应（见图 8.6）。并与 Na-Y 和 MCM-48 负载的 $HRh(CO)(PPh_3)_3$（缩写为 Wk-Y-S 和 Wk-M48-S）催化剂进行了对比，其中以 MCM-48 封装的 $HRh(CO)(PPh_3)_3$（Wk-M48）活性最好。当以苯乙烯为原料，4.08MPa、373K 反应时，苯乙烯转化率和苯乙

烯醛选择性分别为100%和99.1%（见表8.1）。当原料为1-己烯、1-辛烯、1-癸烯和1-十二烯时，原料转化率和产物选择性分别在99.0%和98.6%以上。与均相 $HRh(CO)(PPh_3)_3$ 相比，多相催化剂表现出很好的活性和稳定性以及催化剂的易分离性。

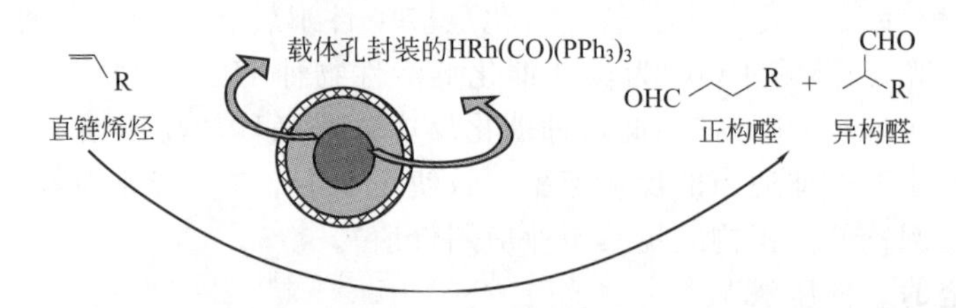

图8.6　多孔载体封装的 HRh（CO）（PPh_3）$_3$ 催化烯烃氢甲酰化反应

注：甲苯，373K，4.08MPa H_2+CO（1∶1）

表8.1　不同催化剂上苯乙烯氢甲酰化活性和选择性

序号	催化剂	转化率/%	选择性/%	正/异	Rh含量(质量分数)/%	Rh流失/%	TON	TOF/h^{-1}	时间/h
1	Wk-Y	100	98.1	0.67	1.130	0.053①	780	173	4.5
2	Wk-Y-S	99	98.5	0.44	0.567	约27.0	1700	567	3.0
3	Wk-M41	100	99.1	0.43	0.747	0.054①	1200	279	4.3
4	Wk-M48	100	99.1	0.43	0.690	0.043①	1300	325	4.0
5	Wk-M48-S	99	99.0	0.41	0.630	约6.0①	1750	583	3.0
6	$HRh(CO)(PPh_3)_3$	98	98.9	0.33	11.21		2675	2876	0.93

① 循环6次后总体的Rh流失率，其他为单次循环后的数据。

注：反应条件为催化剂：1～5行8kg·m^{-3}，6行0.96kg·m^{-3}；底物：1～5行0.698kmol·m^{-3}，6行3.49kmol·m^{-3}；p_{CO}、p_{H_2}：2.04MPa，搅拌速度：16.67Hz；温度：373K；溶剂：甲苯。

（2）温和条件下烯烃氢甲酰化反应工艺

鲁尔化学公司工艺，氢甲酰化反应来生产2-乙基己醇和丁醇的工艺过程。钴催化剂[$Co_2(CO)_8$]，在100～160℃和20～30MPa下催化氢甲酰化反应进行。为保持体系中有一定量的催化活性成分四羰基氢钴[$HCo(CO)_4$]，必须采用很高的合成气压力，为保持较高的反应效率必须采用较高的温度。巴斯夫公司工艺，钴催化剂（甲酸钴和醋酸钴），在27～30MPa和140～180℃下进行氢甲酰化反应。三菱化成公司工艺，钴催化剂（环烷酸钴、硬脂酸等），在100～150℃及15～30MPa下进行反应。

针对上述高压法烯烃氢甲酰化反应工艺，为了节约能源和操作安全，人们开发出了相对安全的低压法工艺。

壳牌公司低压工艺：氢甲酰化反应来生产2-乙基己醇和丁醇的工艺过程。其中，丙烯氢甲酰化过程为：与传统氢甲酰化工艺有所不同，它的催化剂并不是单纯的羰基钴，而是用三烷基膦和羰基钴配位的催化剂，活性组分为 $HCo(CO)_3PR_3$。这种改性催化剂具有稳定性高、操作压力低、加氢活性高、产品中正构醇含量高、高沸点副产物生成量少等优点。该工艺将丙烯、合成气（H_2∶CO=2∶1）、羰基钴三丁基膦配合物催化剂和助剂一起加入反应器中，在160～200℃和2.0～5.0MPa的条件下反应直接生成醇，在操作条件稳定时丙烯转化率可达95%。再经过催化剂分离和精馏后得到最终产品正丁醇和2-乙基己醇。工艺中所采用的这种催化剂具有较高的加氢活性，因而在催化氢甲酰化反应生成相应醛的同时也将生成的醛催化加氢转变为醇。这就将传统工艺氢甲酰化反应和催化加氢两步反应合二为一，仅仅用一步操作工序就可实现反应，这大大简化了工艺过程，节约了设备投资和运行费用。

UCC低压工艺：氢甲酰化反应来生产2-乙基己醇和丁醇的工艺过程。其中，丙烯氢甲酰化过程为：原料丙烯和合成气通过净化后送入氢甲酰化反应釜，反应釜内装有溶于低聚醛中的铑膦催化剂和三苯基膦配体（铑浓度为250～400μL/L，三苯基膦浓度为5%～15%），在85～120℃，1.7～2.0MPa的条件下进行氢甲酰化反应。粗产物再经过分离、蒸馏即得产品正丙醛。使用铑膦催化体系可使反应在较为温和的条件下进行，操作压力大大降低是UCC工艺的显著特点，因此，此法又称“低压铑法”。较低的反应压力使得合成气不需经过压缩机压缩就可进入反应釜，既节省设备投资和维护费用又降低能耗和操作费用。该工艺在控制适当单程转化率的前提下采用较大的气体流量将产品带出，使其从催化反应体系中分离出来。同时，较低的反应温度，提高了产物醛的正异比，控制了副反应，提高了原料的利用率。催化剂活性高，用量少，反应液中铑浓度为ppm（μL/L）级，较为节约催化剂。

8.4 渣油低压加氢安全反应体系

世界各国炼油厂工业应用的渣油加工技术有以下5种：一是焦化，约占32%；二是减黏裂化，约占30%；三是催化裂化，约占19%；四是固定床和沸腾床加氢，约占15%；五是溶剂脱沥青，约占4%。焦化和减黏裂化约占渣油总加工能力的2/3，其他3种加工技术约占1/3。

渣油加氢处理技术是在高温、高压和催化剂存在的条件下，使渣油和氢气进行催化反应，渣油分子中硫、氮和金属等有害杂质，分别与氢和硫化氢发生反应，生成硫化氢、氨和金属硫化物，同时，渣油中部分较大的分子裂解并加氢，变成分子较小的理想组分，反应生成金属的硫化物沉积在催化剂上，硫化氢和氨可回收利用，而不排放到大气中，故对环境不造成污染。加氢处理后的渣油质量得到明显改善，可直接用催化、裂化工艺，将其全部转化成市场急需的汽油和柴油，从而做到了吃干榨尽，提高了资源的利用率和经济效益。操作条件为10～15MPa，400℃左右。

目前的加氢裂化工艺绝大多数都采用固定床反应器，根据原料性质、产品要求和处理量的大小，加氢裂化装置一般按照两种流程操作：一段加氢裂化和两段加氢裂化。除固定床加氢裂化外，还有沸腾床加氢裂化和悬浮床加氢裂化等工艺。

固定床一段加氢裂化工艺：一段加氢裂化主要用于由粗汽油生产液化气、由减压蜡油和脱沥青油生产航空煤油和柴油等。一段加氢裂化只有一个反应器，原料油的加氢精制和加氢裂化在同一个反应器内进行，反应器上部为精制段，下部为裂化段。

固定床两段加氢裂化工艺：两段加氢裂化装置中有两个反应器，分别装有不同性能的催化剂。第一个反应器主要进行原料油的精制，使用活性高的催化剂对原料油进行预处理；第二个反应器主要进行加氢裂化反应，在裂化活性较高的催化剂上进行裂化反应和异构化反应，最大限度地生产汽油和中间馏分油。

固定床串联加氢裂化工艺：固定床串联加氢裂化装置是将两个反应器进行串联，并且在反应器中填装不同的催化剂，第一个反应器装入脱硫脱氮活性好的加氢催化剂，第二个反应器装入抗氨、抗硫化氢的分子筛加氢裂化催化剂。其他部分与一段加氢裂化流程相同。同一段加氢裂化流程相比，串联流程的优点在于只要通过改变操作条件，就可以最大限度地生产汽油或航空煤油和柴油。

沸腾床加氢裂化：沸腾床加氢裂化工艺是借助于流体流速带动一定颗粒粒度的催化剂运动，形成气、液、固三相床层，从而使氢气、原料油和催化剂充分接触而完成加氢裂化反应。该工艺可以处理金属含量和残炭值较高的原料（如减压渣油），并可使重油深度转化。

悬浮床加氢裂化工艺：该技术的核心是悬浮床反应器。减压渣油于悬浮床反应器中在钼基催化剂存在和缓和的操作条件（温度 400～425℃，压力 16MPa）下进行加氢裂化，转化为轻产品。

固定床加氢处理，工艺成熟，用于渣油改质，转化率通常只有 15%～20%。渣油加氢裂化技术主要分为沸腾床和悬浮床两种，用于劣质渣油转化生产动力燃料。沸腾床加氢裂化技术可用来加工高残碳、高金属含量的劣质渣油，兼有裂化和精制双重功能，转化率（60%～80%）和精制深度高；但氢压较高（>15MPa），对催化剂也有特殊要求。渣油悬浮床加氢裂化技术首要标志就是转化率高、排出的尾油量少。相比于沸腾床加氢裂化，悬浮床加氢裂化的转化率普遍可达到 90%以上，体现出明显的优势。

8.4.1 石油炼化行业加氢过程安全性分析

石油炼化行业具有高温高压、易燃易爆、有毒有害、连续作业等特点，具有很高的危险性，具体可归纳为：物料多元化。炼化生产使用的原料、半成品、产品种类繁多，绝大部分是易燃易爆、有毒有害的化学危险品。对这些危险品的储存、运输和使用都提出了特殊的要求，工艺条件要求苛刻。在石油炼制过程中有些反应需在高温高压下进行，有些则需要在低温、真空下进行。满足这些条件的生产设备在极端的状态下工作，需要在设计和使用中采取专门的安全保障措施；装置规模大型化。采用大型装置可以明显降低单位产品的生产投资与生产技术，提高劳动生产能力，减少能耗。但装置越大危险程度越高，这就要求加大对安全装置的投资，实现装置的连续化与自动化。石油炼制工艺高度自动化连续化并且控制操作集中。

加氢装置加工处理的都是可燃物料，并处在高温、高压、临氢的条件下，在生产过程中会由于各种不同的原因而发生介质的泄漏，当加氢装置高温高压部位发生泄漏时，往往会因泄漏介质温度高于其自燃点而发生着火，在临氢条件下引发爆炸。加氢装置中高浓度硫化氢泄漏会造成装置操作人员及周边人员伤亡，装置必须进行紧急停工处理。对于加氢反应，不同的反应过程中采用不同的反应压力，当选择高压进行反应时，对于低压反应而言，又增加了潜在超压的危害。

相对其他馏分油加氢工艺，渣油加氢反应条件非常苛刻，操作安全性要求更高，所以渣油加氢装置设计方面特别重视装置安全操作的保障条件，从工艺技术、设备选型以及材质等级等多方面选择最合理方案进行设计，从根本上保证装置操作安全性。

飞温：加氢工艺上采用大量循环氢来携带反应热，限制绝热温升。循环氢的用量是化学反应所需氢量的 10 倍左右。若氢循环发生故障，循环氢突然减少，会导致反应器内热量积累，造成飞温。反应器进口温度是敏感的操作参数，进料量突然减少或中断，加热炉操作失灵，都很可能导致入口温度异常上升。液相进料突然减少，床层喷淋密度下降，必然影响到床层催化剂表面浸润率，气固催化加氢往往导致深度加氢反应而引起飞温。

憋压：渣油加氢装置反应操作压力一般应该在 15.0～20.0MPa，分馏部分操作压力较低，在 1.0MPa 左右，但不论高压和低压，如果发生憋压很容易造成设备炸裂或抽瘪，后果都非常严重。

泄漏：发生泄漏是炼油化工装置最常见的事故现象，甚至一些小的“跑冒滴漏”难以避免。但是严重的介质泄漏将会造成火灾、爆炸以及人员中毒等恶劣生产事故甚至灾难。

窜压：反应部分高压至低压部分减压阀失控导致减压阀失去减压功能后管线设备法兰超压引起泄漏爆炸。

腐蚀：由于反应部分处在装置的高温高压的操作条件下，处理的介质为易燃易爆的氢气和烃类化合物，其中还含有对金属腐蚀作用的氢、硫化氢。氢能破坏金属的晶格，有很强的渗透能力，使金属产生裂纹、鼓包、氢脆等现象；硫化氢、氯离子可使金属产生应力腐蚀，生成的金属硫化物在流体的冲刷下脱落，结果会造成金属开裂、减薄甚至穿孔。高压设备或管道如果出现裂口、穿孔等情况很有可能引发喷射式泄漏性火灾、容器爆炸、蒸汽云爆炸等严重的后果。

8.4.2 低压下渣油加氢裂化安全反应体系

如前所述，渣油加氢裂化通常在15.0～20.0MPa，400～450℃条件下进行，属于高温高压操作，必然带来严重的安全隐患，根本的解决办法就是在温和（低压、低温）的条件下进行渣油加氢裂化反应，实现此目的的方法就是开发高效催化剂和采取强化措施等。

潘蓓蓓等[27]以克拉玛依某炼厂减压渣油为研究对象，在高温高压反应釜中，以廉价Fe_2O_3为催化剂，采用单因素实验方法，考察了反应温度、氢初压和反应时间等对其加氢轻质化的影响。该油样具备良好的加工性能；降低反应温度、升高氢初压和缩短反应时间，均可降低生焦率；氢初压5MPa为折点。当氢初压超过5MPa后，若通过增大氢初压的方式来降低生焦率，是不经济的；反应时间超过75min，生焦率迅速增大，初步判定反应时间超过75min即为超过其生焦诱导期。以Fe_2O_3为催化剂，该油样加氢轻质化的适宜条件为反应温度445℃，氢初压5MPa，反应时间55min，此时，$\eta(\leqslant 330℃)=64.4\%$，生焦率6.03%。

利用催化剂的形态和分散性，提高其催化活性，而降低对反应条件的要求。渣油悬浮床加氢催化剂分为固体粉末和“均相”两大类。固体催化剂具有较好的载焦性能，但存在加入量大，对过程设备磨损严重等不足，并给尾油的分离利用带来难度。“均相”催化剂主要有水溶性、油溶性催化剂及有机金属化合物等几种，该类催化剂不仅克服了固体催化剂的不足，还具有分散性较好、可选用高加氢活性金属组分等优势。水溶性催化剂以磷钼酸和钼酸铵为代表，价格相对较低，加入量少。FRIPP开发的水溶性催化剂以钼、镍双金属或多金属为活性组分，具有较好的加氢活性及抑焦性能。油溶性催化剂易与渣油互溶，分散性能更好，有利于充分利用催化剂活性。

张忠清等[28]针对悬浮床加氢法处理渣油具有空速大，转化率及脱金属率高，原料适应性强等特点，对多种渣油进行了评价。在连续运转和较大空速及缓和压力（8～14MPa）下，催化剂加入量为300μg/g时，得到的小于500℃馏分油收率为60%～91%。将悬浮床加氢与其他工艺过程组合处理渣油可进一步提高该技术的工业化可行性。

利用微波选择性加热的功能降低渣油加氢反应压力。微波加热与常规加热方式不同，是从物质内部开始加热，再由内部传到外部。与传统加热相比，由于微波加热直接作用于物质的分子或离子，引起分子或离子的振动产生热量，而不是通过传统方式传热，因此它具有更快的加热效率。微波照射不同材料会产生反射、吸收和（或）穿透现象。产生何种现象取决于材料本身的介电常数、介电损耗系数、比热容、形状和含水量等。现象的不同决定了微波加热的效果不同，即微波具有选择性加热的特性。

刘文洁等[29]利用微波选择性加热的特性，在制备过程中加入微波敏化剂制得2种微波辅助双功能渣油加氢催化剂C-Fe和C-Si。对比微波辅助双功能加氢催化剂与相同活性金属含量的商业催化剂，分析了催化剂的物相结构、孔结构、酸性质和酸强度分布、还原性、微观形貌等。在相同的微波反应条件下进行微波辅助渣油加氢反应。C-Si的微波辅助脱硫性能与商业催化剂相当，C-Fe的微波辅助加氢脱硫性能较好。微波辅助渣油加氢催化反应与普通渣油加氢催化反应不同，前者使用的双功能加氢催化剂未经过硫化处理，且反应在常压下进行。

加入十氢萘，在同样反应条件下显著抑制结焦和提高轻质油收率。沥青质是渣油的重要组成部分之一，主要以胶体体系“胶核”的形式存在于渣油中，是油品加工过程中的主要生焦前躯物。沥青质在渣油加氢过程中的转化方向对产物分布具有重要影响。渣油中的沥青质主要以分子聚集体的形式存在，聚合度对沥青质在催化剂微孔中的扩散以及转化都有重要影响。以十氢萘为溶剂，在研究沥青质的加氢反应过程中发现，在室温下，十氢萘对沥青质的溶解度有限，未溶解的部分沥青质由于吸附性较强，很容易吸附在粉末状的催化剂上，造成焦炭产率的增加。

孙昱东等[30]以十氢萘为溶剂，通过增加升温过程中的低温搅拌，强化十氢萘对沥青质的解聚和分散作用，提高沥青质加氢过程中在催化剂微孔中的扩散性能。在 373K 时恒温搅拌 1h，可以使沥青质加氢反应的转化率提高 14.97%，焦炭产率降低 2.68%；残渣油收率降低 3.01%，四组分组成发生明显变化，饱和分、芳香分和胶质的含量均增加；硫、氮脱除率也有不同程度的提高。低温搅拌过程改变了沥青质的存在状态，有利于沥青质的加氢转化反应。

在对渣油进行深度转化过程中，结焦成为其致命缺点。为改善浆态床渣油加氢过程的结焦，科研工作者开展了一系列的研究工作，抑焦措施主要有使用加氢活性较高的催化剂和(或）使用供氢剂。

童凤丫等[31]在高压釜中研究了负载型催化剂存在下的渣油加氢反应，通过对比分析添加供氢剂十氢萘前后产品分布的特点，得出供氢剂对渣油加氢产品分布的影响。供氢剂的存在不能改变渣油的转化率，但气体收率和焦炭产率减少，并且气体中甲烷含量减少，同时添加供氢剂能够改善产品分布，使 350～500℃馏分更多地转化成 180～350℃馏分。

8.5 外场强化安全反应体系

8.5.1 微波强化技术

微波是一种波长极短、频率极高的电磁波（波长 1mm～1m，频率 300MHz～300GHz)，位于红外光和无线电波之间，用于加热的微波频率一般为 2450MHz 或 915MHz。微波加热是在外加交变电磁场作用下，物料内极性分子极化并随外加交变电磁场极性变更而频繁转向摩擦，使电磁能转化为热能，具有加热速率快、均匀、能量利用率高和绿色环保等特点。

微波加热法由于反应速率快，可以使反应在几分钟、甚至几秒之内完成，从而引起了广泛关注。图 8.7 显示了微波加热与常规加热温度的变化曲线，也对比了微波加热与常规油浴加热的区别。可以看出，油浴加热传递能量的效率比较低，它取决于对流以及各种材料的热导率等［见图 8.7(a)］。与之相反，微波加热通过将微波能量与反应混合物中的分子直接耦合产生了非常有效的内部加热［核容积加热，见图 8.7(c)］，因此，微波辐照可以提高整个体系的温度，而传统油浴加热中，与容器壁接触的反应混合物首先被加热。相对于传统加热而言，微波加热具有如下优势：显著降低反应时间，并且提高反应收率；在反应混合物核心加热，没有墙或热扩散效应；能量源和化学反应物之间没有直接接触；选择性加热；直接分子加热和倒置温度梯度等[32]。

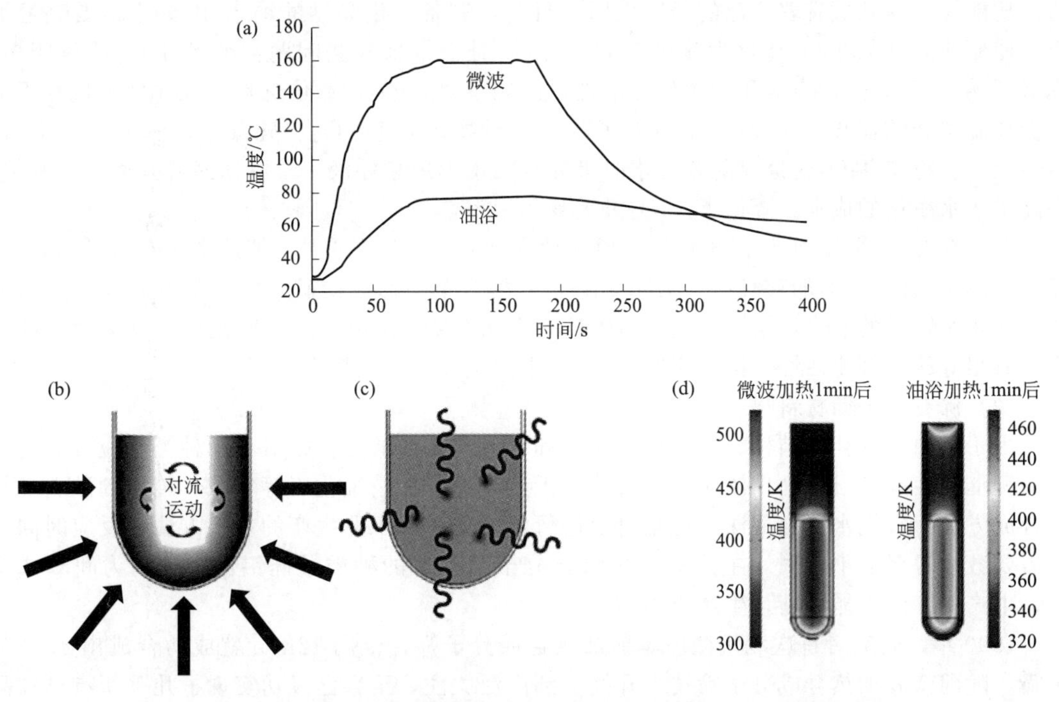

图 8.7 微波加热与常规加热的温度曲线（a）和传统加热（b）、微波加热（c）、微波和传统油浴加热的倒置温度梯度（d）图

8.5.1.1 合成多孔材料

利用微波可以合成新型纳米多孔材料，缩短合成时间，降低能耗。而合成时间的缩短，使实现连续化生产、取代目前的间歇式生产成为可能。微波技术在多种常规沸石分子筛、纳米沸石分子筛以及分子筛膜合成过程中得到应用。

（1）金属有机骨架（MOFs）材料

MOFs 材料被称为第 3 代多孔材料中最具代表性的材料之一，是一种由含有氧、氮元素的有机配体和过渡金属离子连接而成的周期性多维网状骨架材料，是一种微孔或中孔材料。金属有机骨架 MOF-5 晶体是由 4 个 Zn^{2+} 和 1 个 O^{2-} 形成的无机基团 $[Zn_4O]^{6+}$，与 1,4-对苯二甲酸二甲酯以八面体络合成立体骨架材料。目前，国内外主要采用溶剂热法合成金属有机骨架材料 MOF-5 晶体，与其相比，微波辅助合成法具有以下优点：加热速度快，只需要传统方法的十分之一甚至是几十分之一的时间就可实现整个加热过程；热能利用率提高，对环境危害小，可以改善劳动条件；反应灵敏度高。

梁淑君等[33]以六水合硝酸锌和对苯二甲酸为原料，*N*,*N*-二甲基甲酰胺（DMF）为溶剂，通过微波辅助合成的方法制备了金属有机骨架 MOF-5 晶体。合成工艺条件：反应温度为 130℃，反应时间为 60min，微波辐射功率为 100W，此时合成的 MOF-5 晶体为规则的立方体结构，粒径均匀，大小在 20～40μm。反应温度升高或降低均不利于合成规则形态的晶体；反应时间太短，晶体产率太低，延长反应时间对晶体的结构与性能影响不大，但会使产率提高；微波辐射功率对晶体的表面形貌、结构和性能有较大影响。常规水热合成法需要将反应液置于水热反应釜中，在 130℃静置晶化 18h[34]。可见，与常规合成方法相比，微波合成法加热速度快，只需要水热合成法 1/18 的时间即可以得到目标产物。

纳米 TiO_2 晶体作为一种能带适中的宽禁带半导体材料，在污水处理、空气净化、自清洁、功能涂料等领域有着广泛的研究应用。目前，制备一定晶型的纳米 TiO_2 常需要高温煅烧，使原非晶型的 TiO_2 转化为晶体 TiO_2，但同时也带来一些问题：纳米 TiO_2 严重团聚，降低了纳米 TiO_2 的比表面积和光催化活性；限制了对 TiO_2 的载体选择，大多数有机物不能承受高温煅烧的温度。TiO_2 载体绝大多数是无机物，如 Fe_2O_3、硅藻土、海泡石、沸石、活性炭等。粉体 TiO_2 光催化降解污水时极易与污水形成悬浮液，给后期固液分离带来麻烦，提高了污水净化的成本，降低了 TiO_2 可重复利用率。

翟友存等[35]采用微波-液相水解法成功地在100℃左右的低温下把纳米 TiO_2 负载到磺化煤上，纳米晶体 TiO_2 的粒径平均为4.5nm，晶型为单一的锐钛矿。一次微波时间、水浴时间、液相水解时的 pH 对晶体的生长和成核有不同程度的影响。经5次光催化反应后，样品仍具有很好的光催化活性，同时说明 TiO_2 已牢固负载于磺化煤上。

(2) 沸石分子筛材料[36]

由于其独特的孔道结构、大的比表面积和可调的表面酸性，针对不同种类反应具有优异的择型催化性能，目前已广泛应用于石油与天然气加工和精细化工等领域。传统的沸石分子筛合成方法为常规水热合成法，也是目前进行沸石分子筛工业生产的主要方法，反应时间一般需要数小时至数十小时，主要取决于沸石分子筛晶体的种类及硅铝比，且均为间歇式生产，生产效率低，能耗高，生产成本高。

1990年，研究者首次利用微波辐射加热合成分子筛，仅用12min就成功合成出A型分子筛。随即微波加热合成分子筛技术开始受到广泛关注，至今已成功实现了几乎所有已知品种分子筛晶体的合成。微波技术在沸石分子筛合成中的应用，大大缩短了合成时间，降低了能耗，而且合成的产品具有独特的物化性能。

A型沸石分子筛：常规水热合成A型分子筛一般过程为原料经过陈化后，控制反应温度约100℃，反应时间约2h。微波加热法，使用家用微波炉加热反应物至120℃，维持90s，调整反应温度至100℃，维持5min，成功合成出A型分子筛。

实现了A型分子筛连续化生产的工艺流程，反应原料在经过一段时间陈化后，通过泵进入聚四氟乙烯材质的以微波加热的蛇形盘管反应器，控制微波输出功率和空速，成功合成出A型分子筛晶体。

X型与Y型沸石分子筛：常规水热合成X型及Y型分子筛反应温度一般约100℃，反应时间超过48h。微波条件下，控制反应温度为90～130℃，微波加热处理15～240min，合成纯相X型分子筛。

ZSM-5分子筛：微波下60℃处理60min后即可得到。而常规加热72h才可得到纯相分子筛晶体，而且试验对投料比有较严格的限制。

β沸石：微波法合成β沸石分子筛，在晶化时间、结晶纯度、转晶速度和微观结构等方面均优于传统水浴方法，如转晶时间从60h缩短为10h左右，温度从170℃降至140℃，甚至更低。

微波促进技术与常规水热合成分子筛相比具有以下特点：缩短反应时间。尤其是对于常规水热合成时间较长的分子筛（Y型分子筛、ZSM-5分子筛和β分子筛等），微波合成更具有实际应用意义。微波辐射主要是缩短了成核时间，可以通过添加晶种和氟离子等矿化物进一步加快晶化反应；微波加热更倾向于得到小晶粒的分子筛产品，对提高催化反应速率有利，但失活较快，综合考虑小晶粒分子筛更适合应用于伴随催化剂再生的反应系统。也可以利用微波搭配常规两段式加热，以实现快速成核和晶体稳定生长的目的，实现快速合成的同时，可以得到高结晶度、大晶粒的分子筛；较强的反应选择性，不易生成杂晶。

目前，微波加热合成分子筛需解决以下技术难题：微波场的均匀性设计。由于微波的作用特性，不均匀微波辐射可以导致较大的温度差异，从而影响反应进行，必须尽可能保证物料受到均匀辐射；大型反应器装置的设计。微波穿透能力有限，而传统反应器中搅拌桨的设计对微波场形成较大影响，为了使反应顺利进行，必须保证反应原料的传质传热效果；进一步优化合成原料配比。

微波辐射为沸石分子筛材料的合成提供了一条新途径，可以大大缩短反应时间，提高生产效率，使分子筛的连续化生产成为可能，具有很大的应用价值。

(3) 碳化硅

具有熔点高、硬度高、高温强度大、抗蠕变性能好、热膨胀系数小及热导率高等优点，因而在陶瓷、复合材料、耐磨材料及催化等领域有着广泛的应用前景。碳化硅的工业制备方法主要采用艾奇逊法，该法以石英砂和石油焦为主要原料，具有原料来源广、成本低等优点。但是，该方法存在反应温度高（约 2400℃），反应时间长，产物粒径大，需要通过研磨等工艺进行二次处理等缺点。微波加热技术已经广泛用于高温反应制备陶瓷粉体。与传统的加热技术相比，微波加热可以大幅降低加热温度、减少反应时间；在分子水平上实现均匀加热；加热时能量作用在整个被加热体上，内外同时受热，对热扩散依赖小，快速、高效、节能、省时、无污染。如，以单质硅粉和酚醛树脂为原料，采用微波加热工艺，经 1300～1400℃反应 0.5～2h 后合成了碳化硅纳米线；以正硅酸乙酯和蔗糖为原料，采用溶胶-凝胶、微波碳热还原法，经 1300℃反应 1h 得到纯相的碳化硅；以乙炔炭黑和硅粉为原料，采用微波加热工艺，经 1100℃反应 30min 或 1200℃反应 15min 后制备了纯相的碳化硅粉体。引入催化剂可以显著促进碳化硅的合成并改变其形貌。

王军凯等[37]以硅粉和酚醛树脂为原料，硝酸镍为催化剂前驱体，采用微波加热催化反应法，在流通氩气气氛中，1150℃、0.5h 反应后合成了 β-SiC 粉体。微波加热条件下，无催化剂存在时，β-SiC 的完全合成温度为 1250℃；而添加 1.0%（质量分数）的 Ni 作催化剂时，1150℃、0.5h 反应后即可合成纯相的 β-SiC。他们[38]还以硝酸钴为助剂，在 Ar 中合成了 β-SiC 粉体。其中 Co 含量为 1.0%～2.0%（质量分数），反应温度和时间分别为 1150℃和 0.5h。所合成的试样中都存在着颗粒状和晶须状两种 SiC，加入催化剂后会使试样中 β-SiC 晶须的长径比变大。密度泛函理论计算表明，Ni-Si 合金纳米颗粒的形成使 Si 原子之间的键长拉长，弱化了 Si 原子之间的结合强度，进而促进了 Si 粉在低温下的碳化反应。

8.5.1.2 木质素改性

木质素是自然界中储量最丰富的可再生高分子聚合物，在制浆造纸过程中，每年大约有 1 亿吨的木质素作为副产物产生。由于木质素的分子结构复杂，活性位点如羟基含量较低，导致反应活性低，难以被利用。因此木质素大部分被作为燃料烧掉，只有少量作为工业原料用于酚醛树脂、聚氨酯和橡胶等树脂与材料的制备。与工业木质素相比，从纤维素乙醇副产物中提纯的木质素含有的灰分和糖分较低，且木质素分子结构中有较多的酚羟基和醇羟基，但是作为聚合原料使用时，其反应活性仍然不高。为提高其聚合反应活性，学者对木质素进行了大量的改性研究，主要有氧化降解、羟甲基化、酚化和脱甲基化等。在脱甲基化过程中，不仅减少了甲氧基的含量，而且甲氧基转化成酚羟基后，可以有效提高木质素的反应活性位点。当前脱甲基化反应均是在高温高压条件下进行，反应条件比较苛刻。

近年来，微波加热技术凭借其传热效率高、升温速度快、加热均匀、无滞后性等优点已被广泛应用于产物的提取和合成。在有机化合物的合成中，微波还可以降低反应活化能，改变反应动力学，从而提高反应速率。目前，一些学者把微波辅助加热技术应用于生物质的提纯与降解方面。如，微波辅助加热能够在低氧化剂用量、低温和短时间内，制备得到高反应活性的氧化降解木质素。

夏成龙等[39]为提高木质素的反应活性，采用微波辅助加热方式，在 HBr/十六烷基三正丁基溴化磷（HBr/TBHDPB）体系下对木质素进行脱甲基化改性。考察了 HBr 用量、反应温度、反应时间和催化剂用量对木质素改性反应的影响。木质素在微波辅助加热条件下，HBr 用量为 20mmol/g，催化剂 TBHDPB 用量为木质素质量的 2%，95℃反应 1h，制备的改性木质素含酚羟基 4.95%，相比原料木质素提高了 32.71%，甲氧基为 6.11%，相比原料木质素降低了 20.4%。与甲醛反应的活性提高了 18.2%，氨基侧链增加了 7.54%。改性木质素的酚羟基含量增加，甲氧基含量降低。

8.5.1.3 有机合成

1986 年，加拿大的 Gedye 和 Giguere 首次用商用微波炉分别对苯甲酸和醇的酯化反应和蒽与马来酸二甲酯的 Diels-Alder 环加成反应进行了研究，这一发现给化学注入了新的思想，揭示了微波以其独特的方式在促进有机反应方面所具有的潜在价值，因此，微波促进有机反应的研究已发展成为一个引人注目的全新领域——MORE 化学（Microwave-Introduced Organic Reaction Enhancement Chemistry）。由于微波辐射下的有机合成反应具有反应速度快、产率高、产品易纯化等特点，同时反应又可节约能源，节省劳动力，易实现原子经济性合成和生态友好绿色合成，受到有机化学工作者的普遍关注。

微波技术可以加速在溶剂中进行的有机反应。在有溶剂的情况下进行的有机反应，如果使用微波技术则能够在很短的时间内进行加热，若反应的溶剂是极性溶剂如水、醇等，更能够与微波有效的耦合。但是，如果反应的溶剂是非极性溶剂如苯、石油醚、乙醚等，就很难与微波技术进行有效的耦合，在微波技术下也难以进行加热，因此有时会加入少量的盐来加快反应加热的速度。早年就有用微波技术促进芳香族的应用，在化学合成反应的过程中，加入一定的催化剂促进反应的发生，使得乙醇和对氯硝基苯在微波技术下进行反应，就可以得到相应的对乙氧基硝基苯。

微波技术可以加速没有溶剂进行的有机反应。一般在没有溶剂的有机化学反应当中，使用微波技术可以使得许多的固体迅速的吸收微波辐射进的能量而达到一定的高温，根据这一反应的特点，可以将一种化学反应物与某种固体混合起来，然后使用微波技术进行化学反应，由于有的物质不能够影响微波能量的传导。因此，大量吸附在无机载体表面的有机物会充分地吸收微波的能量，这些有机物在吸收微波能量之后会被活化，而活化后的有机物会提高反应的速率，这就使得整个有机反应速率大大提高。在对微波技术的研究中，人们发现使用微波辐射去掉酚羟基上的保护基之后可以加快化学反应的速率，而选用传统的方法想要达到同样的效果，则需要耗费过长的时间。

(1) 辛酸癸酸甘油三酯

郑成等[40]以对甲苯磺酸为催化剂，在微波环境下合成辛酸癸酸甘油三酯，并利用响应面法优化辛酸癸酸甘油三酯的合成过程条件。首先，通过单因素灵敏度分析法对催化剂的选择、酸/醇物质的量比、反应温度、微波功率、催化剂用量、反应时间 6 个因素进行实验考察，确定了酸/醇物质的量比、反应温度、催化剂用量 3 个关键因素的优化值及取值范围。采用中心组合设计原则对 3 个关键因素进行实验设计。以产品羟值为响应值，基于响应实验结果，利用响应面法对实验结果进行了方程回归，得到三个关键因素与响应值的二次关联模型。通过方差分析和平行实验，证明该模型准确可用。确定了中碳链甘油三酯（MCTs）最佳合成条件为：酸/醇物质的量比为 3.33：1，反应温度为 190℃，催化剂用量为甘油质量的 4.30%，微波功率为 500W，反应时间为 3h，得到产品羟值为 1.12mg KOH·g^{-1}，酯化率高达 99.7%，与理论预测值基本相符。与传统加热方式对比，微波辅助合成 MCT 大大缩短了反应时间。测定了精制提纯后 MCT 产品的各项物化性能指标，均已达到企业标准。通过红外光谱表征和 GC/MS 进一步表征产物结构和混合物油脂的组成，甘油三酯收率达到 95.7%。

(2) 钯催化 Suzuki-Miyaura 交叉偶联反应

钯催化的 Suzuki-Miyaura 交叉偶联反应提供了一种合成各种联芳烃的温和方法，具有较好的选择性，受到了合成化学家的广泛关注。文献[41]综述了微波技术在钯催化的 Suzuki-Miyaura 交叉偶联反应中的应用研究进展，包括多种反应体系，并对其在天然产物和生物活性分子合成中的应用作简要概述。

在许多的天然产物、药物、染料及功能材料中都含有联芳烃结构单元，因此，分子中联芳烃键的构建是现代有机合成最重要的手段之一。过渡金属催化的 Suzuki-Miyaura 交叉偶联反应是构建联芳烃键的最有效方法之一。该反应具有反应条件温和、试剂毒性小、底物普适性大、反应后处理简单、高度的区域选择性和立体选择性等优点，特别是可以有效合成不对称的联苯类化合物。通常情况下，Suzuki-Miyaura 交叉偶联反应大多使用常规的加热方式进行，一般需要几小时到几十小时才能完成反应。将微波加热方式应用于有机合成，使得常规有机合成反应时间大大缩短，受到了合成化学家的青睐。

(3) 查尔酮类

赵岩等[42]采用三种不同方法合成甲氧查尔酮类化合物，筛选和优化合成工艺。采用酸催化高温法、羟基保护法和微波辅助碱催化法进行羟醛缩合反应，制备目标化合物，并以反应产率为指标筛选合成方法，优化反应条件。用三种方法所得到的目标化合物产率分别为 8.9%、9.27%和 57.6%。微波辅助碱催化反应的最佳条件：设定微波功率 150W、反应时间 100s，温度 80℃。微波辅助碱催化方法具有产率高、反应时间短、节能和环保等特点，是绿色合成甲氧查尔酮类化合物的有效方法之一。

(4) CH_4/CO_2重整制备合成气

CH_4/CO_2重整制备合成气是天然气利用领域的研究热点，主要基于该反应制备的合成气具有较低的氢碳比，可以作为合成二甲醚、甲醇等化学产品的基础原料。CH_4/CO_2重整高温反应性和选择性受热力学限制，通过催化剂的高效作用强化反应进行是重要的技术手段。目前，CH_4/CO_2重整反应使用的催化剂主要集中在贵金属和过渡金属。贵金属催化剂受制备成本和资源有限等因素的制约，而过渡金属作催化剂，其活性位容易被积炭覆盖而出现活性降低甚至失活现象。为此，研究人员利用炭材料如活性炭、煤焦及生物半焦等作用于 CH_4/CO_2重整。炭材料具有低成本和高活性的优势。同时基于炭材料对微波的良好吸收特性，研究者通过微波辐射炭材料诱导 CH_4/CO_2重整反应进行。微波加热环境不仅利于重整反应的进行，而且对改善产物选择性及积炭脱除也有一定效果。

李龙之等[43]在微波加热综合实验系统上使用生物质微波热解初生半焦进行 CH_4/CO_2重整的实验研究。通过实验结果的比较和统计分析方法的验证，筛选出合适的重整反应动力学模型，进而利用该模型开展动力学特征值的计算与结果分析。计算得到微波加热和常规加热方式下重整反应的活化能分别为 29.40kJ/mol 和 54.97kJ/mol。相比于传统方式下的重整反应，微波辐照半焦诱导重整反应的活化能降幅达到 46.5%。认为微波辐射下“热点效应”是降低重整反应活化能的主要原因。

(5) 新咪唑偶氮类

Mahmoodi 等[44]以相应的偶氮染料（2a～2h）、苯偶酰和醋酸铵为原料，在微波辐照下合成了新的光致变色偶氮咪唑（1a～1h），合成路线见图 8.8。微波合成具有反应时间短、后处理过程简单、反应所用溶剂价格低廉等优点。

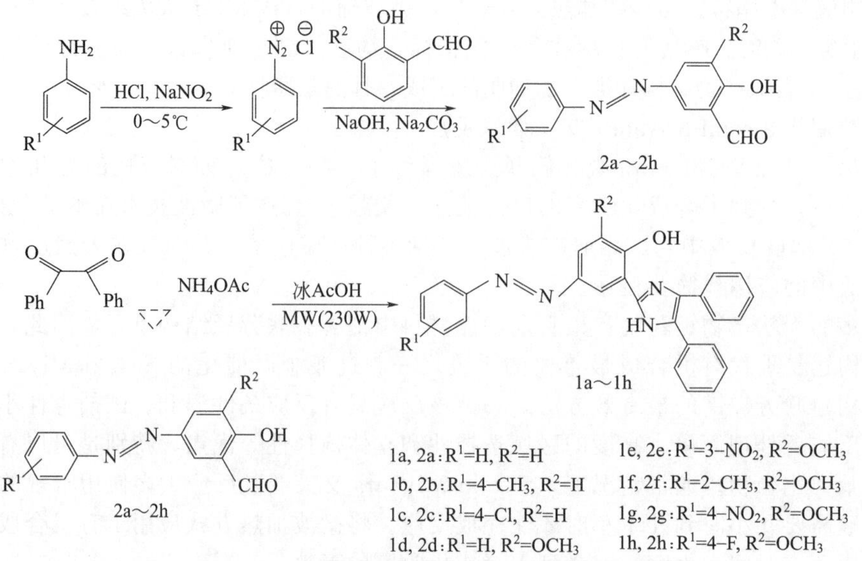
NH₂
HCl, NaNO₂
0～5℃
N₂ Cl
R¹
OH
R²
CHO
NaOH, Na₂CO₃
2a～2h
Ph
O
NH₄OAc
冰AcOH
MW(230W)
HN
N
1a～1h
2a～2h
1a, 2a: R¹=H, R²=H
1b, 2b: R¹=4–CH₃, R²=H
1c, 2c: R¹=4–Cl, R²=H
1d, 2d: R¹=H, R²=OCH₃
1e, 2e: R¹=3–NO₂, R²=OCH₃
1f, 2f: R¹=2–CH₃, R²=OCH₃
1g, 2g: R¹=4–NO₂, R²=OCH₃
1h, 2h: R¹=4–F, R²=OCH₃

图 8.8 偶氮类染料一般合成路线

8.5.1.4 渣油加氢

微波作为一种新的技术手段以其独有的特点被广泛应用于多个领域。微波加热是通过微波能量与被加热介质的相互作用而实现内外一起被加热。因微波作用是介质内外同时吸收微波能量，可快速将热量传递给原油介质，这种加热不同于一般的外部热源由表及里的传导式加热，相对于导热性较差的材料加热，其优势明显。所以微波加热所独有的优势越来越多地引起广大石油工作者的关注。将微波技术应用于渣油加氢，在催化剂的协同作用下，充分发挥微波加热效率高、速度快、清洁无污染，以及具有非热效应的独特优势，不仅降低了原料油的黏度，而且可以脱除部分硫、氮及杂质金属钒，具有良好的经济效益和社会效益。

张庆军等[45]采用在微波条件下加氢催化的工艺方法对渣油进行改质，选用商业渣油加氢催化剂 C-I，考察各物质在微波辐射条件下的温度情况，确定微波辐射温度范围，进行加氢催化反应。微波条件下加氢催化过程可以降低渣油的黏度和密度，可有效脱除渣油中部分硫、氮和金属钒，并具有较好的沥青质转化能力。在微波辐射温度 250℃的条件下，硫的脱除率可达 8.2%，氮的脱除率达到 15.8%，钒的脱除率高达 42.2%，沥青质转化效果显著。微波与油品之间相互作用同时具有热效应和非热效应。热效应即微波加热具有选择性，出现局部过热产生热裂解，非热效应是由于在微波的作用下降低了分子键的活化能，使得化学键容易断裂。

8.5.2 低温等离子体强化技术

等离子体活化是非常有效的活化技术，等离子体空间内富含离子、电子、激发态的原子、分子及自由基等活性粒子，高能电子能使反应分子激发、电离，形成高活性状态的反应物质，在温和条件下有效地实现甲烷转化，易于实现甲烷反应的定向控制，因此近年来非热等离子体在甲烷直接转化领域被广泛研究。

低温等离子体技术可以突破热力学平衡的限制，突破常规化学反应需高温高压的反应条件，为实现甲烷的直接转化提供新的技术途径。

8.5.2.1 催化 CH_4 直接转化

天然气消费超过煤炭成为世界第二大能源。与石油相比，天然气燃烧更为清洁，同时储量丰富且为可再生能源，具有较大的开发前景。但是天然气在远距离输送以及储存方面成本较高，越来越多的天然气资源被考虑就地转化为乙醇、乙烯、乙炔等高附加值化工产品来利用。CH_4 直接转化的关键在于 C—H 键的选择性活化与自由基反应过程控制。由于 CH_4 惰性很强，所以在传统化学催化法中存在反应温度高（700～900℃）、工艺能耗大、工艺复杂、催化剂易失活等问题，极大限制了 CH_4 的直接转化利用。用于甲烷转化的非常规方法引起人们的重视，其中等离子体技术以其优越的反应条件为甲烷转化提供了新的研究和探索方向。

低温等离子体作为一种有效的活化手段在 CH_4 转化方面已经被越来越多的科研人员所关注。在低温等离子体中存在多种化学活性很强的活性粒子，例如各种激发态的分子和原子、正负离子、高能电子、自由基等。低温等离子体中电子能量一般在 3eV 左右，大量高能电子能量可达 6eV 以上，可以有效解离 C—H 键，其离解能约为 4.5eV，等离子体中产生的其他活性物种及大量低能电子也能够有效地活化 CH_4 分子，使其参与 CH_4 重整化学反应。在具有较高电子温度的同时，等离子体中背景气体的温度保持在 300～500K，让 CH_4 避免了在高温下转化，有效地降低了设备成本。因此低温等离子体技术在天然气直接利用领域的研究日益受到国内外科研工作者广泛关注。同时由于低温等离子体易于实现大规模连续化的工业运行，低温等离子体技术已被广泛应用于臭氧生成、材料改性和环境保护等工业领域。

介质阻挡放电（Dielectric Barrier Discharge，DBD）是一种有绝缘介质插入放电空间的气体放电形式，贯穿两电极的放电通道被气隙中的绝缘介质阻挡，从而在通道中产生较均匀的高能量密度、大面积低温非平衡等离子体。影响介质阻挡放电特性的因素很多，采用不同的电源、介质材料、金属电极材质、反应气体种类等，都能对介质阻挡放电过程及产生的等离子体有明显的影响[46]。

Snoeckx 等[47]研究了高频高压交流电源激励的 DBD 环境下 CH_4 和 CO_2 的干重整反应，发现改变频率或停留时间只对产物浓度有轻微影响，对产物分布并无明显影响；CO_2 在反应物中所占比例越大，CH_4 的转化率和整个反应所需要的能量越高。Wang 等[48]研究了高频高压交流电源作用下微型介质阻挡放电反应器中的 CH_4 转化反应，发现产物主要由 C_2 烃、C_3 烃和 H_2 构成。提高电源输入功率可以有效提高 CH_4 的转化率但对产物选择性并无太大影响；整个实验过程中的反应器功率在 15W 以上。Tu 等[49]研究了同轴 DBD 反应器中催化剂和等离子体之间的协同催化作用对 CH_4 和 CO_2 干重整反应过程的影响。他们研究了全部填充、单侧填充和底部平板填充三种催化剂填充方式对实验的影响，单侧填充和底部平板填充比全部填充具有更好的 CH_4 转化效果，同时使用金属镍负载量为 10%的负载型催化剂可以达到该实验条件下最好的催化效果，而催化剂部分填充时 CH_4 转化率和 H_2 产率比全部填充时翻倍。

高远等[46]研究了微秒脉冲和纳秒脉冲介质阻挡放电等离子体 CH_4 转化过程。对比了两种脉冲电源激励的 CH_4 介质阻挡放电等离子体特性，考察了不同脉冲电源激励时重复频率、流速和输入功率对 CH_4 转化效率及气态产物分布的影响，并对不同实验条件下 CH_4 转化反应路径的选择进行了分析。CH_4 转化气态产物均以 H_2、C_2H_6 为主，CH_4 转化率和 H_2 产率随着重复频率的上升而下降，但随流速的增大而减小。相同重复频率和流速条件下，微秒脉冲电源激励时 CH_4 转化率和 H_2 产率较高，而纳秒脉冲电源激励时具有能量利用率高的优势。在高重复频率、低流速条件下，在石英管内壁和金属电极上会产生更多的积炭和液态烃，因此导致反应的碳氢平衡降低。微秒脉冲电源激励时，随着输入功率的升高，氢气和乙烷选择性下降，纳秒脉冲电源激励时呈现出相反的趋势。

Kado 等[50,51]在常温常压下采用针-针脉冲电晕反应器对甲烷直接转化进行了研究。在纯甲烷中甲烷转化率从 4%增至 53%，乙炔选择性可高达 95%。考察了 Ar、He、H_2、CO_2、O_2等添加气对甲烷转化产物的影响。$n(CH_4)/n(H_2)$为 0.5 时，乙炔的选择性保持稳定，但 C_2收率从 44%增大至 57%。$n(CH_4)/n(H_2)$为 0.25 时达到稳定状态。氧气的添加会促使 CH_x 转化成 CO，$n(CH_4)/n(H_2)$为 1 时，甲烷部分氧化生成 CO 的选择性可达 80%。他们考察了非热等离子体 CH_4 转化的机理，研究指出转化率取决于系统内电子与各分子的非弹性碰撞，产物的选择性则取决于分子的激发态和基态相互之间的非弹性碰撞。

王保伟等[52]在常温常压下，利用介质阻挡放电等离子体对天然气偶联制取 C_2烃。C_2烃和 C_3烃主要通过自由基和分子反应生成。在 H_2/CH_4为 0.25，电源频率为 20kHz，甲烷的转化率最高可达 45%，C_2烃和 C_3烃的总选择性接近 100%，且连续反应 100h 无积炭。

8.5.2.2 重油加工[53]

重油的特征是 H/C 比值很低，一般 H/C<1.4，这是限制其有效或高效利用的最根本原因之一，并且其含有硫、氮以及微量金属等杂质。为了更好的利用重油，一般要通过一定的工艺，使其 H/C 比值达到 1.6～2.0。脱碳和加氢是目前加工重油所采用的主要工艺，前者主要包括焦化和溶剂脱沥青等工艺过程；后者根据反应器类型主要分固定床、沸腾床、浆态床和悬浮床四种。

等离子体作为一种新型分子活化方式，被认为是新型清洁能源技术。与传统有催化剂参与的化学反应不同，等离子体技术能够提供各种在理论上可以直接与重油分子进行反应的高活性粒子（如激发态粒子和自由基），有利于提高化学反应速率、降低反应能耗以及简化反应设备，因此有望在重油加氢技术的发展中探索出一条新途径。

传统重油加氢技术正面临新的挑战。与传统工艺相比，非平衡等离子体技术处理的原料范围广、所需要的温度低、受杂质影响小，因此，低温等离子体作为一种新兴技术，将其用于重油的加工和改性，具有科学意义和应用前景；目前等离子体重油加工主要研究裂解重油制备低碳烯烃和氢气，大多数集中于反应器结构参数、激励方式以及改变放电反应媒介气体等方面，将氩气作为主要工作气体，且将重油与气体共同置于电场之中。由于氩分子的亚稳态能量较高且由于电场的作用，很容易将重油过度裂解进而发生严重结焦。进行重油加工的工作气体必须富氢，尽管氢气可以直接作为工作气体，但是制氢成本高且碳排放高，所以甲烷应是理想的工作气体；纳秒脉冲放电等离子体有望在甲烷等离子体重油加工中发挥重要作用；如果能够利用等离子体技术将“富氢”的低碳烷烃，特别是将甲烷气体加工成等离子体，利用这些高化学活性粒子的催化作用加强重油加氢过程中活化氢的供给能力，不仅有望克服固定床加氢工艺所固有的催化剂容易结焦、失活快、原料适应性差以及运转周期短等技术缺陷，成为实现重油高效加氢转化行之有效的途径，而且还可以充分利用诸如 CH_3、CH_2、CH 等粒子之间发生自由基链式反应获得高附加值的低碳烯烃副产物。

8.5.2.3 CO_2和甲醇合成碳酸二甲酯

CO_2的有效固定和利用引起越来越多研究者的关注，其中之一就是以 CO_2 为原料合成 DMC 的研究。目前，CO_2和甲醇直接合成 DMC 还未达到工业化应用的程度，其主要原因是 CO_2是热力学上非常稳定的分子，将 CO_2作为碳资源转化为易活化的分子，所需要的能耗很高。CO_2分子中 C═O 键的活化制约着合成反应的进行，要使其有效活化，最佳途径是向其输入电子，而使用的催化剂应具备亲电、亲核双重功能：既能向 CO_2 的空轨道提供电子，又能提供空穴接受氧原子的孤对电子。

崔艳宏等[54]采用等体积浸渍法制备了 Al_2O_3 负载 Cu 催化剂，用于低温氢等离子体法研究 CO_2 和甲醇在石英管反应器中的催化反应性能。Cu/Al_2O_3 中均匀分散 Cu 的晶体表面可以解离吸附 CO_2，将电子传递到 CO_2 分子中，生成了活化态 CO_2-物种。CO_2 和甲醇在 Cu/Al_2O_3 表面上反应的产物有二甲醚、乙醛、丙酮、甲醇、乙醇、1,1-二甲氧基乙醇、碳酸二甲酯（DMC）、乙酸等物质，其生成 DMC 的转化率达 9.2%。

8.5.2.4 甲醇脱氢偶联一步合成乙二醇

乙二醇（EG）是最简单的二元醇，用途十分广泛，目前，普遍采用环氧乙烷直接水合法生产。然而，随着石油资源的日益枯竭，近年来煤制乙二醇技术广受关注。煤制乙二醇须由合成气制草酸二酯中间体，其工艺过程包括合成气氧化脱氢、氧化酯化、CO 偶联和草酸二酯加氢等单元。

Zhang 等[55]开发了新的合成方法：在 H_2 存在下，采用甲醇介质阻挡放电一步合成乙二醇，常压条件下，甲醇转化率和乙二醇选择性分别达 15.8% 和 71.5%。该方法的基本原理是：甲醇分子在介质阻挡放电产生的非平衡等离子体的作用下解离一个 C—H 键，生成羟甲基自由基（CH_2OH）和氢原子；两个羟甲基自由基（CH_2OH）偶联生成乙二醇，同时两个氢原子复合生成 H_2。由于 H_2 也是高附加值产物，所以上述甲醇脱氢偶联合成乙二醇反应在理论上原子经济性可达 100%，因而在应用上更具吸引力。不仅如此，由于常规催化法在选择性活化甲醇分子的 C—H 键方面难度很大（键能顺序：O—H>C—H>C—O），因此非平衡等离子体所表现出的选择性解离甲醇 C—H 键现象，对于化学键的定向活化研究会有启发作用。

他们利用原位发射光谱表征和在线色谱分析，研究了甲醇介质阻挡放电脱氢偶联一步合成乙二醇反应中氢气的催化作用，考察了放电频率、甲醇和氢气进料量以及反应压力的影响。在介质阻挡放电产生的非平衡等离子体中，H_2 不但能显著提高甲醇转化率，而且能显著提高乙二醇的选择性。在 300°C，0.1MPa，反应器注入功率为 11W，放电频率为 12.0kHz，甲醇气体进料量为 11.1mL/min，氢气进料量为 80～180mL/min 的条件下，甲醇转化率接近 30%，乙二醇选择性大于 75%。乙二醇收率与激发态氢原子的 Hα 谱线强度之间存在同增同减关系。由此推测，氢原子是起催化作用的活性氢物种。活性氢物种的生成途径是：基态氢分子通过与电子碰撞变成激发态，激发态氢分子通过第一激发态氢自动解离为基态氢原子。放电反应条件通过影响氢分子解离来影响氢气的催化作用。氢气在非平衡等离子体中显示的催化作用有可能为开辟新的化学合成途径提供重要机遇，图 8.9 给出了介质阻挡放电甲醇/H_2 一步合成乙二醇反应中氢气的催化循环机理。

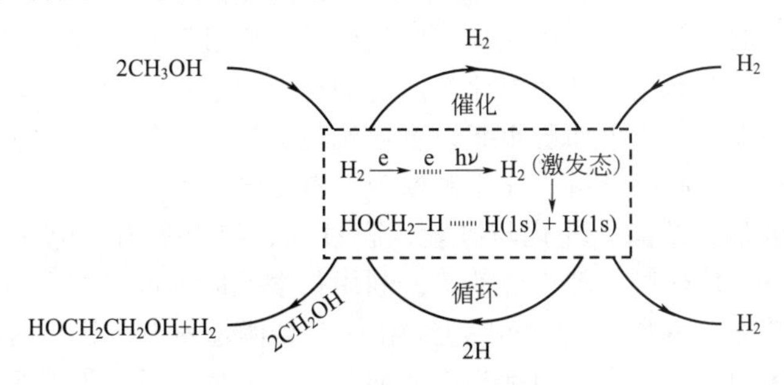

图 8.9 介质阻挡放电甲醇/H_2 一步合成乙二醇反应中氢气的催化循环机理

8.5.2.5 CO_2转化反应

Mei 等[56]在圆柱形介质阻挡放电反应器中研究了常压、低温下 CO_2 直接转化为 CO 和 O_2的反应。考察了等离子体参数（如放电频率、CO_2流速、放电功率、放电长度、放电间隙以及介电材料厚度等）对 CO_2转化率以及能量效率的影响。反应的主要产物是 CO 和 O_2，说明实现了 CO_2的化学计量转化。在恒定的放电功率下，放电频率对 CO_2转化率影响不大。在其他参数不变时，增加放电功率或者降低 CO_2流速可以增加 CO_2转化率，但是降低了能量效率。此外，降低放电间隙和介电材料的厚度，或增大放电长度，可同时增加 CO_2转化率和过程效率。CO_2流速和放电功率对 CO_2转化率影响较大，而能量效率主要受放电功率影响。在 DBD 系统中使用不同的内外电极对等离子体的设计进行了探索，与其他电极形式相比，用不锈钢（SS）螺杆式内电极组合铝箔外电极强化了 CO_2转化率和能量效率，分别为 27.2%和 10.4%。

8.5.2.6 H_2O_2合成

过氧化氢（H_2O_2）是介质阻挡放电等离子体中的关键反应物种之一。Tang 等[57]研究了双极性脉冲电源驱动的 DBD 颗粒活性炭（GAC）再生过程中 H_2O_2的生成情况。考察了不同条件，包括脉冲电压、空气支撑率和 GAC 水含量等对颗粒活性炭上 H_2O_2的生成的影响。计算了 H_2O_2的速率常数和能量效率。GAC 中 H_2O 的含量适宜值为 20%。当脉冲电压为 28kV，空气流量为 1.2L/min，GAC 含水量为 20%时，H_2O_2的最高量为 297.8μmol/kg GAC。

8.5.3 超声波强化技术

超声波在化工、冶金、材料、食品、环境等各个行业广泛应用。超声波是指频率范围在 20～105kHz 的机械波，波速一般约为 1500m/s，波长在 0.001～10cm。超声波波长的上限远大于分子尺寸，说明该频率的超声波本身不能直接对分子起作用，而是通过周围环境的物理作用转而影响分子，所以超声波的作用与其所处的环境密切相关。超声波对化工过程的强化给化工制（微）粒过程、提取过程、化学反应（催化）过程等以及很多类似的其他过程以强大的推动力，产生奇妙而又富有成效的作用。它不仅加快化工过程的速度，而且也可能改变过程的方向。化工过程中的流体力学过程、热量传递和质量传递过程，在超声场的作用下，都可得到有效的加强，因此，超声波技术是一门很有发展潜力的学科，超声场下作用的微观机理的研究一旦取得突破性进展，必将给化工生产带来新的更强大的生机和活力。

超声波由一系列疏密相间的纵波构成，并通过液体介质向四周传播。在超声作用下，液体会发生空化，每个空化气泡都是一个“热点”，其寿命约为 0.1μs，它在爆炸时可产生大约 4000K 和 100MPa 的局部高温高压环境，从而产生出非同寻常的能量效应，并产生速度约为 110m/s 的微射流。微射流作用会在界面之间形成强烈的机械搅拌效应，而且这种效应可以突破层流边界层的限制，从而强化界面间的化学反应过程和传递过程。超声波在化学和化工过程中的应用，主要利用了超声空化时产生的机械效应和化学效应，但前者主要表现在非均相反应界面的增大，反应界面的更新以及涡流效应产生的传质和传热过程强化，后者主要是由于在空化气泡内的高温分解、化学键断裂、自由基的产生及相关反应。利用机械效应的过程包括萃取、吸附、结晶、乳化与破乳、膜过程、超声阻垢、电化学、非均相化学反应、过滤、悬浮分离、传热以及超声清洗等。利用化学效应的过程主要包括有机物降解、高分子化学反应以及其他自由基反应。实际上，在一个具体过程中往往是两种效应都起作用。

影响超声波效率的因素很多，包括超声波的强度、频率，反应器类型，溶解气体，溶液的温度、表面张力、黏度以及 pH 值等。

8.5.3.1 催化剂制备[58]

超声波在催化剂的制备、活化和再生中显示出独特的优势。在催化剂制备过程中，利用超声产生的空化现象及附加效应，可以改善催化剂的表面形态和表面组成，提高催化活性组分在载体上的分散性，从而明显改善催化剂的催化性能等。Dantsin 等[59]使用超声化学法制备了 Mo_2C/ZSM-5 双功能催化剂，该催化剂在甲烷脱氢芳构化制芳烃反应中表现出很高的催化活性。Bianchi 等[60]采用超声浸渍法制备了高度分散的 Pd/C 催化剂，并将其用于 1-己烯、4,4-二甲基-1-戊烯、苯丙酮和苯乙酮的加氢反应，反应达到 90%转化率所需的时间比普通浸渍法制备的催化剂明显缩短。杨永辉等[61]以球形 γ-Al_2O_3 和 θ-Al_2O_3 为载体，分别采用超声浸渍和普通浸渍法制备了 Pd 含量为 0.3%的负载型催化剂，并将其用于蒽醌加氢反应。与普通浸渍法相比，超声浸渍法制备的负载型 Pd 催化剂金属分散度明显提高，因而对蒽醌加氢反应表现出较高的催化活性。霍超等[62]采用超声技术制备掺钡纳米氧化镁，并以其为载体，以 $Ru_3(CO)_{12}$ 为前驱体，采用浸渍法制备了一系列钌基氨合成催化剂并评价了其催化活性。以超声技术制备的掺钡纳米氧化镁有较大的比表面积和规则的孔道结构，并增强了钡、镁之间的相互作用，使钡更均匀地分散于载体中，极大地提高了钡的促进作用，从而使其负载的钌基催化剂的活性大幅度提高。孙振宇等[63]通过高能量超声作用下发生的还原反应，使原位生成的贵金属或双金属纳米颗粒负载于各种载体的表面，制备了一系列石墨烯基-、碳纳米管基-、金属氧化物（二氧化铈、α-三氧化二铁、二氧化钛）基-负载型贵金属纳米催化材料。贵金属纳米颗粒在载体的表面均匀分布，颗粒的尺寸较小，分布较窄；颗粒的尺寸可以通过金属在载体中的负载量、金属前驱体的浓度和超声强度进行调控。这种方法为负载型贵金属纳米催化剂的制备提供了一种有效的途径。

8.5.3.2 催化反应

超声波对系统化学反应的影响，第一是对催化剂的影响；第二是对化学反应（动力学）的影响；第三是对溶剂的影响，从而产生对化学反应的连带效应。催化剂在超声场的作用下，不仅能大幅度地加快化学反应速率，而且能有效地改变化学反应历程，提高目的产物的选择性。超声波对催化反应的主要作用是：超声空化所产生的湍动作用、微孔作用、界面作用和聚能作用能够不断清洗剥除催化剂表面吸附的反应物、杂质和表面钝化层，露出新的催化活性表面，强化内扩散传质速率，并有效地保持催化剂的活性；超声空化能够改善催化剂的分散性，不仅能够增加催化剂的表面积，而且还能使催化剂更有效地分布在表面上，充分发挥催化剂在反应中的作用；超声催化还能在微观尺度内模拟反应器内的高温高压条件，从而能在常温常压下完成原来需要在数百度高温、数百个大气压下才能进行的反应，能保护那些热敏物质不受损害。此外超声还能够使溶剂渗入到固体内部，产生夹杂反应，有利于制备出更高活性的催化剂。如，在超声波辐射下，用杂多酸催化过氧化氢氧化乳酸乙酯制备丙酮酸乙酯，在 55℃超声辐射 30min，丙酮酸乙酯的产率达 59.2%，可以缩短反应时间，提高产率。此法操作简单，无废物排放[64]。

超声的空化作用以及在溶液中形成的冲击波和微射流，可以快速活化反应中的催化剂，并大幅度地提高其活化反应性能。在超声波处理污水的时候，加入催化剂会促进水体中憎水性、难挥发性污染物的降解，如酚类、氯代苯、硝基苯、甲基蓝等。常用的催化剂有 SnO_2、TiO_2、SiO_2、MnO_2、H_2O_2、$CuSO_4$、NaCl、Fenton 试剂等。如，采用超声-Fenton 工艺处理炼油碱渣废水，最佳工艺条件下酚和 COD 的去除率分别达到 87.4%和 42.2%。此法的处理效果明显优于单一超声法和单一 Fenton 法。再如，超声波-光催化降解汽油添加剂甲基叔丁基醚（MTBE）时发现，在间歇搅拌条件下经过 148min，MTBE 降解率达到了 90%，大大高于单独光催化和单独超声波降解。超声作为过程强化技术应用于酯交换反应制备生物柴油也有较多报道。如，对超声强化 NaOH 和 KOH 催化酯交换反应制备生物柴油进行了研究，超声可以缩短反应时间，降低催化剂用量，并且反应条件温和。采用 40kHz 功率超声强化 KOH 催化甘油三油酸酯与甲醇酯交换反应，并与传统方法进行对比，超声作用下，在醇油物质的量比为 6∶1 时，催化剂用量由 1.5%降低到 1.0%，反应时间也由 4h 缩短为 30min。KF/CaO 固体碱催化剂在超声辅助条件下催化大豆油与甲醇酯交换反应制生物柴油，生物柴油的收率提高[58]。

超声波对均相和非均相反应体系一般都有强化效果，如提高转化率、强化选择性、增加收率等，这缘于超声波的空穴效应和机械效应。如，应用超声波技术，在超声波辐射下，合成了若干吡喃糖溴化物及偕双卤代吡喃糖。超声波频率和功率对反应收率、速率及选择性均有很大影响。在功率不变时，随着频率的增大，反应速率加快，收率和选择性增加；在频率不变时，随着功率的增大，反应收率和选择性均增加。有人研究了 NaOH 作为相转移催化剂时，苯乙腈和 2-溴乙烷的烷基化反应。不同频率、强度的超声波都能提高反应速率，但最佳的频率和强度分别是 25kHz 和 60W[65]。

均相催化反应作为有机均相反应中的一种重要形式，将超声波技术应用在其中，这样超声空化气泡在破裂时会产生大量的能量，致使有机物键发生断裂现象，促进溶剂结构的改变以及自由基的产生，在一定程度上影响反应速率。例如进行 $Fe(CO)_5$ 催化戊烯异构反应时，在超声的前提条件下，反应速率会明显增加，催化有机金属化合物，并且外力作用会导致配位体与金属的结合键发生断裂，有效促进化学反应。

超声技术被广泛应用在多相反应中，如氧化还原反应、取代反应和加成反应。

8.5.3.3 量子点合成

Chen 等[66]采用超声技术合成了高亮度钙钛矿量子点（QDS），并与传统方法制备的 QDS 在结构、离子大小以及形貌等方面进行了对比。采用超声技术合成的 QDS 粒子尺寸较小，并且粒径分布均匀。

Yang 等[67]采用超声法在不同温度和时间下快速合成了绿光发射 ZnO 量子点（见图 8.10），并测量了其光致发光性能。超声温度和时间均会影响氧化锌量子点的缺陷种类和数量。随着超声温度和时间的增加，氧化锌量子点的缺陷总数降低。氧化锌量子点的尺寸由超声温度和时间控制。随着超声温度和时间的增加，氧化锌量子点的尺寸先减小后增大。

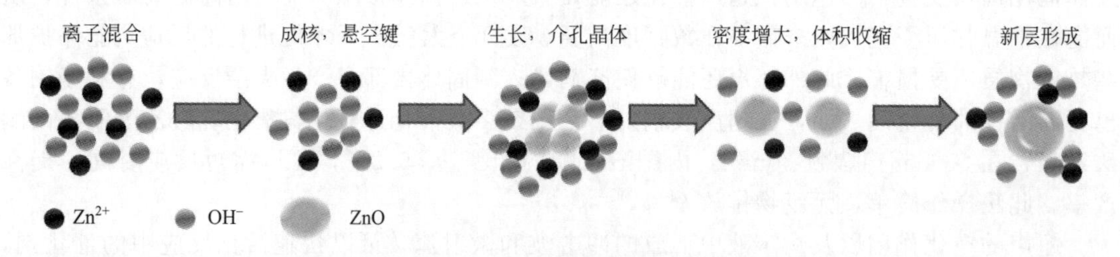

图 8.10　乙醇溶液中超声法合成 ZnO 量子点过程

Yang 等[68]对 ZnO 量子点的合成方法进行了改进，在超声波微反应器中实现了高量子产率氧化锌量子点的合成。流速、超声功率和温度会影响 ZnO 量子点缺陷的类型和数量，同时也会影响 ZnO 的粒径。在超声微反应器中合成的 ZnO 量子点的量子产率可以达到 64.7%，高于只在超声波辐射下或者只在微反应器中的结果。

Mahdavi 等[69]考察了超声辐射功率和超声辐射时间对 ZnO 纳米粒子的结构、形貌以及光催化活性的影响。随着辐射功率和时间的增加，ZnO 的纯度增加。超声辐射不仅能够使样品的结构和形貌统一，而且能够降低颗粒的大小，减少颗粒聚集。

8.6 过程强化安全反应体系

20 世纪 80 年代以来，传统化学工业已悄然发生了重大的变化，新过程、新设备和新技术使新建化工厂具有紧凑、安全、低耗和环境友好等特征。化工过程强化是指在生产能力不变的情况下，生产过程极大地减少设备体积、提高设备生产能力，显著地提高能量利用效率，大幅地减少废物排放。化工过程强化已逐步成为实现化工过程高效、安全、环境友好、密集生产的新兴技术。

过程强化技术包括设备强化和过程集成两个方面[70]。

设备强化：微反应技术、超重力技术、超临界技术、膜分离技术等。

过程集成：反应-膜分离耦合技术、反应-精馏耦合技术、反应-反应耦合技术等。

8.6.1 微反应技术与反应过程安全性

微反应技术使化学反应过程更安全、更绿色、更经济，是实现本质安全和绿色化工的重要技术之一。作为新型的化工反应技术与装备，微反应技术与微反应器能够强化反应过程，降低过程的能耗、物耗，提高生产效率和安全性，具有广泛的应用前景[71,72]。

微反应技术的基本理念是调整设备去适应化学反应过程而不是调整化学反应条件去适应设备。微反应技术对化工过程的强化体现在：①反应器体积缩小：微反应器的体积只有传统间歇反应釜的 1/100 甚至 1/1000。传统间歇反应釜体积为：1000～10000L，而微反应器体积为 1μL～10L。②反应停留时间缩短：微反应器是由一组并联的微通道组成，是一个理想的平推流反应器。传统间歇反应釜一般反应停留时间为 1～48h，而微反应器一般反应停留时间为 1～300s。③传质传热效率极大提高：传统间歇反应釜比表面积为 $1\sim4m^2/m^3$，而微反应器比表面积为 $1000\sim10000m^2/m^3$。

(1) 传热、传质效率极大

传热、传质的强化一方面缩短了反应所需的时间，直接降低了风险；另一方面显著提高了体系温度和浓度的均一性及可控性，极大缓解了局部过热或反应物浓度过大的问题，提升了反应的安全性。

对于快速放热反应来说，传统方法一般采用缓慢加入原料、稀释原料、剧烈搅拌等方法避免热量积累。由于传热速率与表面积成正比，而反应放热量与反应器体积成正比，所以随着反应器体积的增加移热变得愈发困难。与传统反应器相比，微反应器的热导率可由 $2kW/(m^2\cdot K)$ 升至 $20kW/(m^2\cdot K)$。其优良的传热性能能够提升产率、提高选择性、增加催化剂寿命，甚至使一些曾经难以实现的反应成为可能。尤其是对于放热量大的快反应，将反应产生的热量迅速移除，可以避免局部温度过热，减少副反应的发生，更能够防止由于热量积聚而产生飞温现象，降低反应失控风险。

传质的强化是微反应技术的另一优势。扩散距离的缩短减小了扩散时间，从而降低了反应停留时间，也减少了可能的副反应。反应时间的缩短和装置自动化程度的提高，降低了反应的危险性。在微通道内，流体以微米级厚度的薄层相互接触，传质过程主要是分子间扩散，传质速率得到强化，缩短反应所需时间，可大幅提高对产物的选择性。

(2) 苛刻操作条件的实现

为了在保证选择性的前提下提高反应速率，通常需要采取高温高压等苛刻的操作条件。

在常规工业应用中，由于反应器体积大，设备材质和自动化水平的限制导致高温高压不易实现，人们往往宁可延长反应时间，也不愿面对苛刻的操作条件带来的巨大风险。微反应器的温度和压力耐受性高，可以实现苛刻操作条件。反应器是密闭的，有高效换热器，可实现精确的温度控制，采用各种高强度耐腐蚀材料，可用于条件比较苛刻的高温、高压、强放热、有毒物料、快速反应等。

(3) 微化工系统中的反应物数量小

与传统间歇反应釜不同，微反应器采用连续流反应，因此在反应器中停留的化学品数量总是很少的，即使失控，危害程度也非常有限，可以实现本质安全。而且能减少昂贵、有毒、有害反应物的用量，反应过程中产生的环境污染物也极少。由于反应物总量少，传热快，适用于异常激烈的合成反应，并且避免了爆炸的危险。

(4) 改变了爆炸极限的限制

在微通道反应器中采用连续流动的方式进行反应，对于反应速度很快的化学反应，可以通过调节反应物流速和微通道的长度，精确控制它们在微通道反应器中的反应时间。微通道反应器宽度一般为几十或几百微米，远小于氢气和氧气自由基的淬火距离，也就是说如果要在微通道内发生爆炸则需要更高的温度和压力，因此在微通道内反应时可以提高氢气的浓度，氢气和氧气的物质的量比不再受传统的爆炸极限限制。由于氢气浓度的提高，不需要提高压力来满足反应的高速进行，使反应条件变得更温和，因此也就不需要应用昂贵的耐高压反应设备。此外，微通道反应器可以平行操作，轻便易携，因此可以将微通道反应器在线安装到客户需要的地方，从而降低了运输过程中的危险性。

8.6.2 微反应技术在化工安全生产中的应用

现代化工的发展对工艺过程的安全性提出了更高的要求，也为在反应安全性上具有独特优势的微化工技术提供了机遇。孙冰等[72]从微通道内流体流动特点出发，解释了特征尺度微型化导致的通道内传递效率、流动行为的变化，同时选取有代表性实例，分析了微化工技术在提升工艺本质安全性方面的作用，并将其归纳为 3 个方面：传热传质的强化能够迅速移除反应放热并保证物料浓度的均匀分布；对危险物料的约束作用能够减少有毒、不稳定物质的暴露风险和易燃物质的燃爆风险；对苛刻条件的耐受性能够保证反应在高温高压条件下安全进行。

无论是基于改进的混合效果还是强化的传递过程，微反应器的应用提高了很多化工过程的本质安全性。

(1) 传热传质的强化

大部分微反应器本身就具有迅速移除热量的功能，已经被用于多种反应，如芳香族化合物的硝化反应、异丁烯加氢反应、二甲醚部分氧化、合成气制备等反应。

Halder 等[73]将微反应器浸没在恒温水浴中，成功实现了甲苯硝化反应这一大量放热的快反应（一段硝化反应热为 125kJ/mol）。与传统反应器相比，该微反应器极大地提高了反应速率，且避免了副反应的发生。

Schonfeldh[74]等将一种担载了固相催化剂的微反应器用于离子交换反应和肉桂醛还原反应，极大缩短了反应时间。

(2) 苛刻操作条件的实现

以邻苯二胺与乙酸的缩合反应为例，室温下反应完全需要 9 周，但如将反应温度提升至 100℃则只需要 5h，若将温度进一步提升至 200℃只需要 3min。将此反应在一个 SiC 微反应器中以 313℃、5MPa 的条件实现，则停留时间只需要 6s。微反应器的采用，极大缩短了反应时间，提高了反应效率，也降低了长时间操作可能引起安全事故的可能性。

Borukhova等[75]利用连续流式微反应器将苄基叠氮化合物与3-甲氧基丙烯酸甲酯反应，反应采用了一条无溶剂、无催化剂的绿色路径和高于产物熔点的反应温度（210℃），将反应时间从小时级缩短至分钟级别，停留时间控制为10min时，产率高于86%。

Marre等[76]在300～400℃和20～25MPa条件下的微反应器中，实现了过氧化氢对甲醇和苯酚的部分氧化。在超临界区间，过氧化氢生成的氧气直接溶解于液体中，与反应物形成了单一流体，大大提高了反应转化率。同样地，在MeCN的超临界流体中，羧酸能够在350℃、6.5MPa的条件下转化为腈，停留时间采用25min。利用CO_2超临界流体，衣康酸二甲酯加氢反应得以在40℃、12MPa的条件下顺利进行。

(3) 约束效应

当工艺流程中涉及有毒有害、腐蚀性、不稳定物质时，一旦容器泄漏，造成的危害将是巨大的，限制了此类工艺的进一步发展。微反应单元是相对密闭的操作系统，且自动化程度较高，这就约束了危险物质的时空分布，可以安全实现此类常规情况下难以实现或风险极高的反应，因而被用作有毒有害、不稳定、爆炸性物质的生产工具。微反应器的应用为含有此类物质的化工过程提供了一条本质安全化的流程再造方法，也使一些传统工业难以实现的生产过程成为可能。

爆炸性物质：气体的燃烧爆炸是自由基传递的过程，当微通道的特征尺度小于可燃气体燃爆的临界直径时，自由基在传播过程中会与管壁不断碰撞而淬灭，火焰无法传递。因此，即使在可燃气体的爆炸极限浓度范围内，微反应器的使用可以降低甚至消除燃爆风险，这就使得一些难以实现的危险工艺成为了可能。

过氧化氢是一种重要的化工产品。出于安全考虑，过氧化氢产品的运输范围一般不超过300km，对其应用造成了极大限制。目前的主流工艺蒽醌法过程复杂、环境污染严重、产品纯度低；与之相对应，氢气氧气直接合成法简单、绿色、经济，副产物仅为水，产品纯度高，成为人们关注的焦点工艺。但是，氢氧混合气体极易燃爆，生产风险过高，一直得不到工业化推广。使用通道特征尺度小于氢气燃爆临界直径的微反应器能够抑制氢氧混合气体的燃爆，安全地实现过氧化氢的直接合成。此外，微反应装置占地小，能够方便地安装在使用场所，消除了运输带来的风险。与此类似，乙烯与氧气反应制备环氧乙烷等高危过程也可以用微反应器进行流程再造。

有毒物质：将有毒的原料约束在反应器中避免与操作人员直接接触，能够降低整个工艺的危险性。

以氟化反应为例，含氟化合物凭借其化学惰性在众多工业领域得到了应用，但将反应原料氟化的过程往往风险很高。微反应器已经在亲核氟化、亲电氟化和三氟甲基化反应中得到了应用。如，采用镍或铜质微反应器，进行了β-二酮类化合物的氟化反应，并进一步将反应产物在原位与肼继续反应，成功减少了氟的暴露风险，并获得了较高产率；再如，利用微反应器，仅在0.5s停留时间内，就完成了氨基酸、三光气和DIPEA制备妥尔油酰氯的反应。

作为化工合成的基础小分子，一氧化碳在工业化规模合成醛、酮、羧酸及其衍生物中起到非常重要的作用，但由于其毒性，实验室中和精细化工行业一般采用更加安全方便的固态一氧化碳前体作为碳源。微反应器能够精确控制气液混合过程，传质高效且能够耐受高压，可以用于实现一氧化碳气体参与的反应。如，在高压条件下将一氧化碳溶解在离子液体中，利用微反应器的高传质和封闭性，成功实现了钯催化下的Sonogashira偶联反应。

不稳定物质：如何避免不稳定活性中间体的分解是诸多工艺过程面临的挑战，利用微反应器缩短操作步骤之间的转换时间，消除物料转移的必要，能够克服这一难题。诸如过甲酸或过乙酸一类的化合物在较高的温度下或杂质存在的情况下极易分解。将其合成过程转移至微反应器中实现，强化了传热过程，缩短了反应时间，提高了工艺过程安全性。如不稳定物质重氮甲烷的合成，利用 PDMS 双通道微反应器实现了 CH_2N_2 在芯片内的合成、分离和使用，极大减少了重氮甲烷的扩散和分解风险。

8.6.3 微反应技术应用实例

(1) 微反应器技术在 Fischer-Tropsch 合成中的应用[77]

微反应器可以通过改善传质和传热而强化反应过程，为 Fischer-Tropsch 合成技术的发展提供了新的机遇。Fischer-Tropsch 合成微反应器结构经历了从单通道、多通道、复合通道结构的研究过程，催化剂也开发有填充型和涂覆型两类。与传统催化剂相比，微通道催化剂的活性可以达到固定床的 8～10 倍。

Fischer-Tropsch 合成技术是将石油以外的资源如煤、天然气、生物质转化为清洁燃料和化工品的重要过程。传质和传热问题始终是需要解决的关键问题之一。

费托合成反应的特点之一是反应放热量大，平均每生成一个亚甲基（$—CH_2—$）可释放出 165kJ 的热量。反应过程中产生的热量容易引发催化剂局部过热，导致选择性变差和反应恶化，引起催化剂失活，并可能损坏反应器，因此反应过程中床层温度的控制对保持催化剂的活性、选择性及稳定性非常重要。费托合成的另一个特点是反应受到扩散传质的影响，一方面，由于 CO 和 H_2 在催化剂表面的扩散速率不同，造成实际反应的氢碳比例与理想比例不符，使反应选择性变差；另一方面，生成的重质烃产品会覆盖在催化剂表面，影响原料吸附和产品脱附。所以降低传质阻力是费托合成催化剂设计和工艺研究的重要内容。目前已经实现工业化的反应器形式有 3 种：固定床反应器、浆态床反应器和流化床反应器。固定床反应器采用管壳式结构，催化剂装填在反应管中，反应器壳层流动取热介质。由于反应器的压降限制，只能使用尺寸在毫米级别的催化剂。其缺点是反应受到传热和传质的限制，优点是结构和操作简单，没有催化剂和产品分离问题。浆态床反应器是将微米级别的催化剂混合在液体介质中，合成气以鼓泡的形式通过反应器，其优点是传热效果好，催化剂可在线更换，缺点是催化剂与重质烃的分离困难。流化床反应器主要用于高温费托合成。

微反应器技术的进步为费托合成的发展提供了新的机遇，不仅使微米级高性能费托合成催化剂可以在接近等温的条件下使用，而且解决了传统反应器的弊端，强化反应过程，拥有非常广阔的应用前景。从微通道催化剂的应用形式可以分为填充式和涂覆式，填充式是将粉末状催化剂填充到反应通道中，催化剂制备灵活性高、容易更换，但存在反应器压降大的问题；涂覆式是将催化剂涂覆在微通道内壁上，特点是反应器压降小，但催化剂涂覆和性质较难控制。

美国 Battelle Memorial Institute 较早开展了微通道费托合成技术的研究，其公开的专利中描述了一种微通道结构，反应通道的尺寸为长度 35.6mm，高度 1.5mm，宽度 8mm，采用 $Co-Ru/Al_2O_3$ 催化剂颗粒在微通道反应器中进行评价，反应条件为：264℃、2.3MPa、原料气停留时间为 1s，实现 CO 转化率 50%，甲烷选择性 22%[78]。美国太平洋西北国家实验室（PNNL）的 Cao 等[79]设计了具有“三明治”形式的微通道反应器，可以通过流动的介质加热或者冷却反应通道，反应区域尺寸为长 17.8mm，宽 12.7mm，高 1.27mm，采用多通道的形式可以快速筛选催化剂，他们的 $Co-Re/Al_2O_3$ 催化剂在 240℃、1.5MPa、空速 $12200h^{-1}$ 时，CO 转化率接近 70%，甲烷选择性约 10%。

Almeida 等[80]对比了不同结构金属载体催化剂的费托反应性能，包括具有 40 目孔的金属泡沫、每平方英寸350孔的蜂巢型独石结构、每平方英寸1180孔的微独石结构和微通道反应器。采用了20%Co-0.5%Re/Al_2O_3催化剂。不同结构金属载体催化剂和涂覆于微通道的催化剂，均获得了比常规催化剂高的活性和C_{5+}选择性，基于微通道出色的控温能力，涂覆于微通道的催化剂性能最佳。对于Almeida的微通道反应器，催化剂涂层的厚度增加，甲烷选择性也明显增加，C_{5+}选择性和产品烯烷比也与催化剂涂层的厚度有关[81]。

(2) 微反应器技术在连续聚合工艺中的应用[82]

连续聚合是典型的自由基放热反应，常规聚合方法，往往通过降低聚合转化率或者加入溶剂等方法有效控制聚合过程的传质、传热等问题，实现稳定连续的反应过程。以聚甲基丙烯酸甲酯（PMMA）为例，聚合反应器有多种组合方式，单釜或釜-釜串联、釜-管串联和环管-直管串联等。其中，单釜或釜-釜串联聚合工艺，为了过程稳定，都采用低转化率技术，控制转化率和聚合放热过程，或利用添加溶剂蒸发潜热来撤热。管式反应器利用内部指型构件，以及分段构件中的传热介质，实现热量供给与撤出，因此具有更好的传质传热效率和窄的停留时间分布，聚合体系物料流动趋于活塞流，聚合过程的聚合转化率得以提高，产品分子量和分子量分布均可得到改善。釜-管串联、环-直管串联组合均能有效改善高黏度流体的传质、传热效率，稳定过程控制和产品质量。所有PMMA反应器和反应器组合流程的设计，都是为了适应PMMA聚合特点，不断改进提高传质传热效率。而微反应器由微通道组成，是一个连续流体的理想平推流反应器。微反应器是使化学反应速率接近其动力学极限，通过改变设备来适应聚合反应动力学条件，而不是人为的为了实现过程控制，来降低动力学速率，因此，传质传热效率高，返混概率小，产品更加纯净稳定，这对光学性能要求较高的PMMA有着更大的意义。

利用微反应器连续制备聚合物，在调控产物分子量、分子量分布、共聚组成以及优化反应条件等方面表现出明显的优势。2000年德国Bayer等[83]利用10个德国微技术研究所制造的交叉微混合器，含有36个25μm微通道，后反应在微型管式反应器中进行，进行PMMA自由基聚合，由于采用了微型混合器，单体MMA和引发剂以薄层流入，得到分子量分布均匀的聚合物。日本Iwasaki等[84]在一个T型微反应器中分别进行了多种单体的自由基聚合，依次为丙烯酸丁酯、丙烯酸甲酯和苯乙烯。同时对比分析了普通反应器所得聚合物性质，分子量分布均优于普通反应器产物。得益于微反应器的引发剂、终止剂、抗氧剂、光稳定剂等多种助剂快速混合和高效撤热特点，微反应器技术为聚合物的连续反应制备带来了有效强化。而且，反应放热越大的聚合过程，在微反应器中其聚合产物分子量分布越窄。

(3) 微反应器技术在过氧化氢合成中的应用[85]

Voloshin等[86]在微通道范围内并且在爆炸极限范围内进行了直接合成过氧化氢过程的研究。他们发现在微通道内，反应是动力学控制，反应产物中过氧化氢的质量分数达到1.3%。考虑到要实现直接合成过程的工业化必须进一步提高过氧化氢的生产能力，人们对微通道反应器的结构进行了不断的改进。Inoue等[87]设计了一种玻璃微通道反应器，在这种微通道反应器内不仅得到了良好的气-液分布，而且过氧化氢的生产能力得到了较大的提高，产物中过氧化氢的质量分数高于3%。UOP公司[88]在微通道反应器内对过氧化氢的直接合成进行了深入的研究，并且达到了中试阶段，在甲醇溶剂中，温度为50℃、压力为30bar的反应条件下，年产量高达15万吨，并且生成过氧化氢的选择性高达85%，其中氧气和氢气的物质的量比为1.5～3.0，较好地解决了过氧化氢合成过程中的爆炸问题。虽然微通道反应器能够很好地提高反应过程中的安全性，并且过氧化氢的生产能力得到了一定的提高，但是微反应器处理量小仍是这一技术迅速得到工业化的限制因素。

(4) 连续流反应技术在化学制药危险工艺中的应用[89]

目前，化学制药过程仍然存在许多极易导致泄漏、火灾、爆炸、中毒的工艺——危险工艺。如光气及光气化、氯化、硝化、氟化、加氢、重氮化、氧化、过氧化、氨基化、磺化、烷基化、偶氮化等工艺，这些工艺的危险性主要体现在：所用原料或试剂剧毒，在使用、储运过程中安全隐患大；反应原料、介质或产物具有燃爆危险性；反应速度快，放热量大，若移热不及时，不但会影响反应结果，还可能引起超温超压，引发爆炸事故；介质或产物腐蚀性强，容易造成设备泄漏，使人员发生中毒事故。

传统间歇釜式生产方式往往存在反应器传质传热效率低的问题，容易造成温度、浓度不均匀，导致收率低、生产效率低、间歇操作产品质量稳定性差等缺点，尤其在处理危险工艺时，釜式反应过程安全隐患大。而受限于反应原子经济性和过程实用性等因素，这些危险工艺的替代方法往往成本高昂且路线更长，因此开发安全高效的反应技术替代传统间歇釜式反应技术迫在眉睫。连续流化学（Continuous-Flow Chemistry）或称为流动化学（Flow Chemistry），是指通过泵输送物料并以连续流动模式进行化学反应的技术[90~94]。连续流技术的出现为解决化学制药工艺中存在的安全问题提供了有效方法。

连续流反应技术的特点：反应器尺寸小，传质传热迅速，易实现过程强化；参数控制精确，反应选择性好，尤其适合于抑制串联副反应；在线物料量少，微小通道固有阻燃性能，小结构增强装置防爆性能，连续流工艺本质安全；连续化操作，时空效率高；容易实现自动化控制，增强操作的安全性，节约劳动力资源。利用连续流反应技术的优势，解决传统釜式工艺存在的问题，能使“危险工艺”在安全高效的模式下运作。

光气及光气化工艺危险特点：光气为剧毒气体，在储运、使用过程中发生泄漏后，易造成大面积污染、中毒事故；反应介质具有燃爆危险；副产物氯化氢具有腐蚀性，容易造成设备和管线泄漏，使人员发生中毒事故。

Ajmera 等[95,96]在硅材质微型反应器内以 CO 和 Cl_2 为原料，在活性炭的催化下制备光气，随后直接通入溶有环己胺的甲苯溶液，生成环己基异氰酸酯（见图 8.11）。该工艺实现了现场按需制备光气，不存在光气的储存以及运输问题，同时该反应所用的硅基表面有一层氧化膜，可以防止腐蚀性气体（生成的 HCl）的腐蚀，起到保护作用。氯气和环己胺在该反应器中完全转化为产物。该技术可以很好地实现光气及光气化工艺的安全生产。

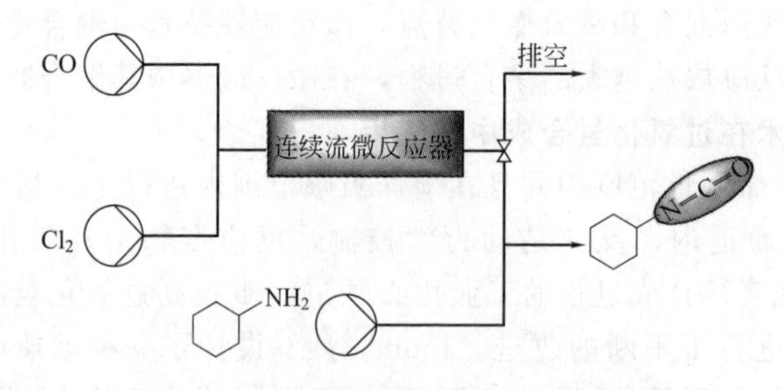

图 8.11 环己基异氰酸酯的连续流制备工艺

氯化工艺危险特点：氯化反应是化合物分子中引入氯原子的反应。主要包括氯化取代、加成氯化、氧氯化等。氯化反应是一个放热过程，尤其在较高温度下进行氯化，反应更为剧烈，速度快，放热量较大；所用的原料大多具有燃爆危险性；常用的氯化剂氯气本身为剧毒化学品，氧化性强，储存压力较高，多数氯化工艺采用液氯生产，先汽化再氯化，一旦泄漏危险性较大；氯气中的杂质，如氧气、三氯化氮等，在使用中易发生危险，特别是三氯化氮积累后，容易引发爆炸危险；生成的氯化氢气体遇水后腐蚀性强；氯化反应尾气可形成爆炸性混合物。

Reichart 等[97]以 30%盐酸为氯化剂，代替传统的二氯亚砜、三氯化磷、五氯化磷等环境不友好氯化试剂，利用连续流反应器，在较高温度和压力条件下将正丁醇等烷基醇氯化为烷基氯化物。Borukhova 等[98]以氯化氢气体为氯化剂，把烷基醇经连续流工艺转化成烷基氯化物。该法所用氯化试剂与传统氯化试剂相比更安全环保，连续流反应技术的使用，使氯化工艺更安全高效。

硝化工艺危险特点：硝化反应是有机化合物分子中引入硝基的反应。硝化工艺广泛应用于医药、农药、活性中间体、染料和爆炸物等领域。反应速度快，放热量大；反应物料具有燃爆危险性；硝化剂具有强腐蚀性、强氧化性，与油脂、有机化合物（尤其是不饱和有机化合物）接触能引起燃烧或爆炸；硝化产物、副产物均具有爆炸危险性。

Yu 等[99]报道了连续流硝化合成 1,4-二氟-2-硝基苯的方法（见图 8.12）。装置包含三部分，前两部分的停留时间均为 1min，第三部分的停留时间为 0.3min。每一部分反应器都被保持在不同的温度下，最后一部分的反应器用于淬灭反应。通过这种程序控温的连续流硝化，有效避免了多硝化等副反应的发生。

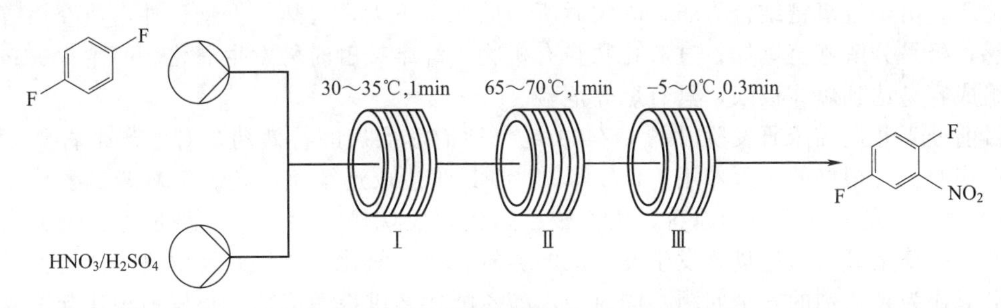

图 8.12　1,4-二氟-2-硝基苯的连续流制备工艺

氟化工艺危险特点：氟化是在化合物的分子中引入氟原子的反应。反应物料具有燃爆危险性；氟化反应为强放热反应，不及时排出反应热量，易导致超高温高压，引发设备爆炸事故；多数氟化试剂具有强腐蚀性和剧毒性，在生产、贮存、运输、使用等过程中容易因泄漏、操作不当以及其他意外而造成危险。以氟单质为氟源是最直接的氟化手段，原子经济性好，但反应十分剧烈并伴随大量放热，故难以在传统釜式反应器中进行操作。

Chambers 等[100]对氟气氟化芳香化合物进行了研究，采用镍制薄膜微反应器，试验了一系列 1,4-二取代和 1,3-二取代芳香化合物的氟化反应，得到了较好的选择性。Lang 等[101]报道了连续流氟气氟化碳酸亚乙酯得到单氟代碳酸亚乙酯的工艺，也是采用镍和铜为材料的微通道反应器，气液两相在反应器内形成弹状流进行反应。

加氢工艺危险特点：加氢是在有机化合物分子中加入氢原子的反应。反应物料具有高燃爆危险特性；加氢为强放热反应，氢气在高温高压下与钢材接触，钢材内的碳分子易与氢气发生反应生成碳氢化合物，使钢制设备强度降低，发生氢脆；催化剂再生和活化过程中易引发爆炸；加氢反应尾气中含有未完全反应的氢气和其他杂质，在排放时易引发火灾或爆炸。

O'Brien 等[102]在 tube-in-tube 连续流反应器内，以 Crabtree's 催化剂进行烯烃的均相催化氢化反应，反应压力为 1.7MPa。该法可以对氢气浓度进行高精度控制。

重氮化工艺危险特点：胺与亚硝酸在低温下作用，生成重氮盐的反应为重氮化反应。重氮盐在温度稍高或光照的作用下，特别是含有硝基的重氮盐极易分解，有的甚至在室温时亦能分解。在干燥状态下，有些重氮盐不稳定，活性强，受热或摩擦、撞击等作用能发生分解甚至爆炸；重氮化生产过程所使用的亚硝酸钠是无机氧化物，175℃时能发生分解，与有机物反应可导致火灾或爆炸；反应原料具有燃爆危险性。

Yu 等[103]采用连续流多步反应工艺，以 2-乙基苯胺为起始原料，经重氮化-还原反应制备 2-乙基苯肼盐酸盐。避免重氮盐及重氮磺酸盐等不稳定中间体的积累，有效抑制了重氮盐分解、偶合等副反应的发生。

氧化及过氧化工艺危险特点：氧化为有电子转移的化学反应中失电子的过程，即氧化数升高的过程。反应原料及产品具有燃爆危险性；反应气相组成容易达到爆炸极限，具有闪爆危险；部分氧化剂具有燃爆危险性，如氯酸钾、高锰酸钾、铬酸酐等都属于氧化剂，如遇高温或受撞击、摩擦以及与有机物、酸类接触，皆能引起火灾或爆炸；产物中易生成过氧化物，化学稳定性差，受高温、摩擦或撞击作用易分解、燃烧或爆炸。

苯甲醇氧化法放热非常大（$\Delta H^{\ominus}=-183.7\mathrm{kJ/mol}$）。Bavykin 等[104]在连续流反应器内以氧气为氧化剂进行选择性氧化苯甲醇制备苯甲醛。

Shang 等[105]以环己烯为原料、双氧水为氧化剂，在连续流反应器中合成己二酸。

过氧化工艺危险特点：向有机化合物分子中引入过氧基（—O—O—）的反应称为过氧化反应，得到的产物为过氧化物的工艺过程为过氧化工艺。过氧化物都含有—O—O—，属含能物质，由于过氧键结合力弱，断裂时所需的能量不大，对热、振动、冲击或摩擦等都极为敏感，极易分解甚至爆炸；过氧化物与有机物、纤维接触时易发生氧化、产生火灾；反应气相组成容易达到爆炸极限，具有燃爆危险。

目前处于Ⅱ期临床研发阶段的 OZ439 是一种治疗疟疾的特效药，对已产生青蒿素抗药性的疟疾原虫有很好的杀灭作用。Lau 等[106]将其改造成连续流工艺。以对苯二酚代替昂贵的 4-(4-羟基苯基）环己酮为原料，用乙酸乙酯代替戊烷作为溶剂。一路是肟和酮的乙酸乙酯溶液，一路是氧气通过臭氧发生器生成的臭氧。整个氧化工艺很好地解决了传统釜式工艺采用臭氧作为氧化剂的安全问题。同时用乙酸乙酯代替戊烷做溶剂，很好地构建起三氧杂环戊烷基团，极大地提高了整个反应的收率。

氨基化工艺危险特点：氨基化是向分子中引入氨基（R_2N—）的反应，包括 R—CH_3 烃类化合物（R：氢、烷基、芳基），在催化剂存在下，与氨和空气的混合物进行高温氧化反应，生成腈类等化合物的反应。反应介质具有燃爆危险性；氨气的爆炸极限会随着温度、压力的升高而增大；氨具有强腐蚀性，氨水会与铜、银、锡、锌及其合金发生化学作用。金属催化胺化反应虽然能让反应的条件更加温和，但是所用的试剂都比较昂贵且原子经济性差。相比金属催化胺化反应，传统的胺化反应虽然所用的试剂比较廉价，但是在釜式条件下所需的高温和高压也给安全生产带来一个极大的隐患。

Kohl 等[107]利用连续流反应来完成卤代芳烃和酯类的亲核取代氨基化反应。连续流工艺不仅极大地减少了反应时间，而且提高了反应的转化率和收率。

磺化工艺危险特点：磺化反应是将磺酸基（—SO_3H）引入有机物分子中的反应。原料具有燃爆危险性；磺化剂具有氧化性、强腐蚀性；如果投料顺序颠倒、投料速度过快、搅拌不良、冷却效果不佳等，都有可能造成反应温度异常升高，使磺化反应变为燃烧反应，引起火灾或爆炸事故；氧化硫易冷凝堵管，泄漏后易形成酸雾，危害较大。常用磺化试剂主要有氯磺酸、硫酸和 SO_3。氯磺酸、硫酸法磺化反应会产生大量的废酸，而 SO_3 磺化可以实现无废酸排放，达到化学计量反应，但 SO_3 的活性高，反应剧烈，容易发生多磺化副反应。

陈彦全等[108]利用微反应器传质、传热能力强的优点，对快速放热特性的甲苯液相 SO_3 磺化反应进行了研究。用 1,2-二氯乙烷溶解 SO_3 达到稀释的作用，随后与甲苯进行磺化反应。

烷基化工艺危险特点：把烷基引入有机化合物分子中的碳、氮、氧等原子上的反应称为烷基化反应。反应介质具有燃爆危险性；烷基化催化剂具有自燃危险性，遇水剧烈反应，放出大量热量；烷基化反应在加热条件下进行，原料、催化剂、烷基化剂等加料次序颠倒、加料速度过快或者搅拌不够充分等异常现象都容易引起局部剧烈反应，引发安全事故。

Neumann 等[109]利用连续流技术完成醛的烷基化，以手性咪唑烷酮作为催化剂。同时，验证了适当提高管径、流速可以实现较大规模的制备。

偶氮化工艺危险特点：合成通式为 R—N ═N—R 的偶氮化合物的反应为偶氮化反应，式中 R 为脂烃基或芳烃基。脂肪族偶氮化合物由相应的肼经过氧化或脱氢反应制取；芳香族偶氮化合物一般由重氮化合物的偶联反应制备得到。部分偶氮化合物极不稳定，活性强，受热或摩擦、撞击等作用能发生分解甚至爆炸；偶氮化生产过程所使用的肼类化合物具有高度腐蚀性，易发生分解爆炸，遇氧化剂能自燃；反应原料具有燃爆危险性。

Wootton 等[110]在连续流微反应器中使用活泼的重氮盐与酚偶联得到偶氮产物苏丹红Ⅰ。工艺中使用的 H_2O/DMF 混合液作溶剂可以避免重氮盐中间体累积而发生爆炸分解，同时也避免了偶氮化合物析出而堵塞装置。

8.6.4 撞击流技术在化工过程强化中的应用

撞击流技术是一种新型的过程强化技术，其极高的相间相对速度能极大的强化相间传递过程[111]。撞击流技术独特的加速、碰撞、粉碎、振荡、再粉碎特点能够强化化学工程中的许多单元操作。撞击流技术已经在生物柴油制备、轻馏分油氧化脱硫脱臭过程、甲醇乳化柴油等获得工业应用，尤其是在对含 SO_2 和 NO_x 等工业废气处理中成效显著。

(1) 撞击流技术原理

图 8.13 为撞击流技术原理示意图。由图可以看出，两股等量速度高达 20m/s 的气体，充分加速固体颗粒后形成气-固同轴两相流，并在两加速管的中间（撞击面上）相互撞击。两股流体的高速撞击能极大程度上强化相间动量、质量和热量的传递。

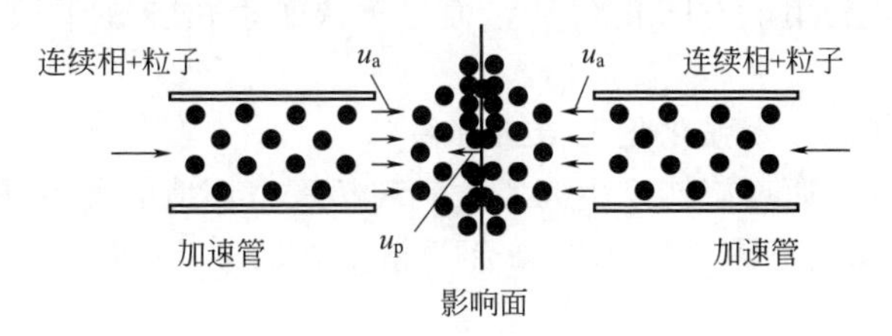

图 8.13 撞击流原理示意图

注：$u_r = u_p - (-u_a) = u_p + u_a$

u_a为连续相速度；u_p为粒子轴向速度；u_r为相对速度。

撞击流理论是 1962 年前苏联学者首次提出的，经历了三个阶段。第一阶段发现撞击流相对极高的相对速度和往复渗透振荡模式能极大地强化相间传递过程；第二阶段是撞击流的理论深化阶段，认为化学工程中几乎任何一种过程，都可以用撞击流来实现。且撞击流技术很可能比传统方法效率更高且能耗更低；第三阶段是撞击流的多元开发阶段。其应用由最早的气-固两相撞击流发展到气-液、液-液、液-固两相撞击流和气-液-固多相撞击流。而且撞击流技术的研究重点由气体连续相撞击流（GIS）向液体连续相撞击流（LIS）转移[112]，LIS 能显著地强化微观混合且具有强烈的压力波动是这一阶段最重要的研究进展。

(2) 撞击流技术在化学工程领域中的应用

目前撞击流技术已成功应用于工业废气脱硫脱硝、燃烧、干燥、结晶、纳米材料制备和物料粉碎等化工领域。如，撞击流脱硫脱硝、新型水煤浆气化炉已实现工业化。

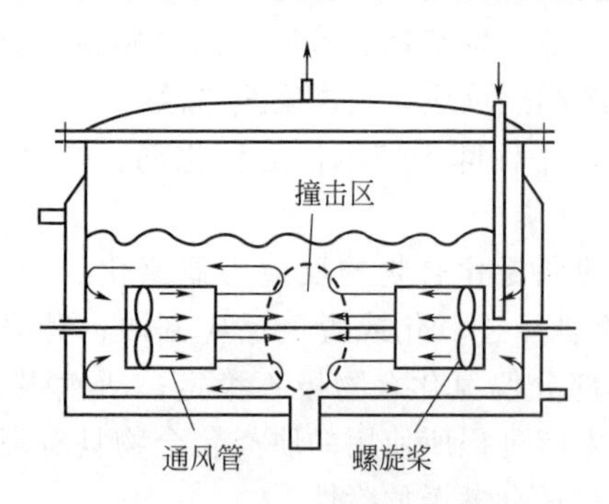

图 8.14 浸没式撞击流反应器结构示意图

超细粉体制备技术：强化微观混合和强烈的压力波动是 LIS 相比 GIS 所特有的性质。伍沅等[113~116]基于 LIS 研发出立式撞击流反应器、撞击流结晶器（ISC）、浸没循环撞击流反应器（SCISR）。图 8.14 为浸没式撞击流反应器结构示意图。此类设备以推进式搅拌器为液体连续相提供动能，因搅拌功率与搅拌器直径 5 次方成正比，故此类设备在工业放大应用中存在能耗过大的弊端。

循环撞击流结晶技术：基于浸没式撞击流反应器开发的 ISC 同样充分应用了 LIS 强烈微观混合和显著压力波动的特性。ISC 能为结晶过程创造适当均匀的过饱和度环境，为晶核生成和晶体生长提供推动力。

循环撞击流水合物快速生成技术：天然气水合物资源具有分布广、储量大、能量密度高、绿色清洁等优点。郑州大学基于 LIS 开发出了水合物快速生成反应器[117]。该反应器由两层组成，其中，内层反应器应用了撞击流技术，经推进式螺旋桨加速的气-液-固三相流，在撞击区内激烈碰撞，促进水合物的生成与成长；外层反应器则根据水合物的特性实现了“长大”的水合物连续排出与收集，保证了水合反应的循环进行。撞击区内激烈的碰撞和挤压对水合物晶体产生的强大剪切力、强烈的微观混合和显著的压力波动均有助于水合物的生成，其碰撞-粉碎-振荡-再粉碎的特点打破了水合物成长的“铠甲效应”，有利于反应器内气-液-固三相界面快速更新、快速移除水合热，缩短了水合物生成的诱导时间，进而促进水合物的快速生成，提高了水合物的产率。

循环撞击流干燥设备和过程：干燥是典型的热质传递过程，基于 GIS 开发出的循环撞击流干燥设备不仅充分利用了 GIS 的优势，而且解决了撞击流在干燥过程中平均停留时间短的缺陷。

(3) 撞击流耦合其他技术强化化工传递过程

超重力撞击流技术：通过旋转产生离心力实现超重力环境的设备被称为超重力机（又称为旋转填料床）。撞击流与超重力技术的结合开拓了新的液-液接触机制与技术-撞击流旋转填料床。

超临界撞击流技术：将超临界流体技术与撞击流技术相结合，形成了超临界撞击流技术（SFIT）。应用此技术可成功实现微胶囊的包覆且效果良好。SFIT 可在充分发挥超临界流体技术（SCF）优势的同时，增加其传热、传质效果，避免了 SCF 制备微胶囊过程中出现的黏结、团聚等问题。同时增加壁材和芯材的碰撞概率，增强微胶囊化效果。

超高压撞击流技术：超高压撞击流技术经常被用于固体颗粒的细化。微纳米细化颗粒能改善物质宏观性能。超高压撞击流技术对于实现液态物质的细化、分散具有重大意义。

8.6.5 其他过程强化的安全反应体系

超重力技术用于强化化学反应：1976 年，Colin Ramshow 等在研究多相流动力学时，发现在微重力下传质过程得到削弱，相反在超重力下，液体在巨大剪切力下，被撕裂成纳米级的膜、丝和滴，增大了不同相间接触面积，微观混合和传质过程得到了极大强化，因此提高了传质速率，同时也提高了气液逆流操作的泛点气速，对分离和操作都有利。超重力技术在石油工业中有着广泛的应用，可用于原油采集、石油脱蜡、油品脱硫、废液处理以及强化化学反应等[118]。Motil 等[119]在 NASA KC-135 飞行器上研究了微重力（重力加速度小于 $0.01m/s^2$）环境下滴流床的流体力学。结果表明，微重力条件下脉冲流区的范围更宽，床层压降因相间相互作用的增强而提高 300%，脉冲频率较低。因此，微重力环境的相间接触效率和质量传递速率都比较高，有利于化学反应的进行。

超临界技术用于制备具有特殊性质的催化剂载体或催化剂：超临界流体技术，作为一种新兴的化工过程强化技术，已展现了强大的生命力，广泛应用于萃取、反应、造粒、色谱、清洗等单元过程，在化工、医药、食品、环保、材料等领域被广泛地应用[120,121]。其中，超临界技术在催化研究中的应用如下：①制备具有特殊性质的催化剂载体或催化剂。如超临界流体的快速膨胀法制备纳米材料，通过超临界流体溶解待制备纳米材料的溶质，之后溶液降压，从而快速膨胀，导致溶液在极短的时间内达到高度过饱和状态，从而使溶质以颗粒形态析出，在此过程中，通过对溶剂种类、性能的控制，从而实现对成核速率和尺寸的控制，进而控制产品的微观尺寸和形态。②用于因结焦、结垢和中毒而失活的催化剂的再生，在苯甲酸加氢过程中，Pd/C 催化剂会因有机物的吸附而烧结失去活性，因此系统需连续地补充新鲜的催化剂。张晓昕等[122]通过超临界 CO_2 萃取再生 Pd/C 催化剂，并进行相应的工业试验，发现超临界 CO_2 萃取可用于再生失活的苯甲酸加氢催化剂 Pd/C，可使得失活催化剂的活性能够恢复到新鲜 Pd/C 催化剂的 80%。

膜分离技术用于分离芳烃和烷烃：自 20 世纪 60 年代问世以来，膜分离技术就以低能耗、无污染、无相变和操作简单等特点，被广泛地应用于化学工程行业和石油炼制行业中[123]。在石油生产清洁燃料的过程中，需进行芳烃和烷烃等有机组分的分离，传统的分离技术，例如精馏、萃取技术，设备的投资费用会很高。学者们针对芳香烃/烷烃、芳香烃/醇、醇/醚、环己烷/环己醇等体系进行了系统的研究，王保国等[124]认为利用渗透汽化技术分离芳烃-烷烃混合物，从而降低汽油中的芳烃含量，此技术能够替代传统的高投资高耗能的工艺，是石化领域中最有发展前景的技术之一。

反应-膜分离耦合技术用于环已酮肟生产过程：膜分离技术是多学科交叉结合、相互渗透的产物，特别适合于现代工业对节能、低品位原材料再利用和消除环境污染的需要，成为实现经济可持续发展战略的重要组成部分。近年来，膜及膜技术的研究推动了膜过程耦合技术的发展，如将膜分离技术与反应过程结合起来，形成新的膜耦合过程，已经成为膜分离技术的发展方向之一。基于膜材料的设计与制备、膜反应器的开发、膜过程的模型与实验研究等方面的研究，目前我国已成功开发出成套的反应-膜分离耦合系统，并在化工与石油化工、生物化工等领域得到了推广应用[125]。徐南平等[126]采用陶瓷膜截留钛硅分子筛催化剂，构成反应-膜分离耦合系统。针对耦合过程较多的调控参数，通过流体力学和反应动力学的研究，构建了膜反应器的设计方程，优化过程参数；研究了超细催化剂颗粒在反应器内的吸附机理及抑制方法，提出了膜污染清洗方法，有效地解决了催化剂的循环利用问题，缩短了工艺流程，实现了生产过程的连续化[127,128]。

高度集成的乙酸甲酯生产过程：Eastman 公司开发的高度集成的乙酸甲酯生产过程。采用乙酸甲酯复合塔，把精馏、萃取精馏和反应精馏等过程耦合在一个塔中，大大简化了流程，减少了设备数目，降低了成本[129]。

合成气的自热转化过程：过程耦合的另一种类型是多个或分步反应的耦合——复合反应，即将有多个反应或需要多步完成的反应、在对催化剂进行合理调配的基础上在一个反应器内同时达到所需反应结果的过程耦合技术。典型的例子有合成气的自热转化过程，它是将放热反应与吸热反应进行耦合从而充分利用化学能，由合成气一步法生产二甲醚是将两步反应一步完成从而达到节能降耗的目的等[70]。

8.7 CO_2温和条件转化思考

CO_2具有热力学稳定性及动力学惰性，其分子中的碳原子为其最高氧化价态（正四价），整个分子处于最低能量状态，标准吉布斯自由能（$\Delta G_{298K}^{\ominus}$）为－394.38kJ/mol，所需转化的大多数含碳化合物的自由能均比其自由能大，故将CO_2转化成其他含碳化合物非常困难。所以CO_2的活化是有效利用CO_2并将其转化成高附加值化学品的前提。

8.7.1 CO_2活化方法[130]

目前，活化CO_2的方法主要有化学吸附活化法，生物活化法，以及外场促进的光化学、电化学及等离子体活化法等。

化学吸附活化法：是以吸附理论为依据的一种活化CO_2的方式。根据CO_2分子的结构特征，通过金属与CO_2进行配位或成键从而实现CO_2活化的方法，是目前活化CO_2最主要和最有效的方法，用于CO_2活化的金属有Cu、Zn、Al、Ti、W、Ni等。从结构上看，CO_2是典型的直线型对称分子，结构非常稳定，金属与CO_2之间通过配位或插入成键两种相互作用方式，导致CO_2分子线性程度降低，即可将CO_2活化。CO_2与单一过渡金属间常见的配位方式为线式（Ⅰ）、双齿式（Ⅱ）、桥式（Ⅲ）和单齿式（Ⅳ），如下式所示。

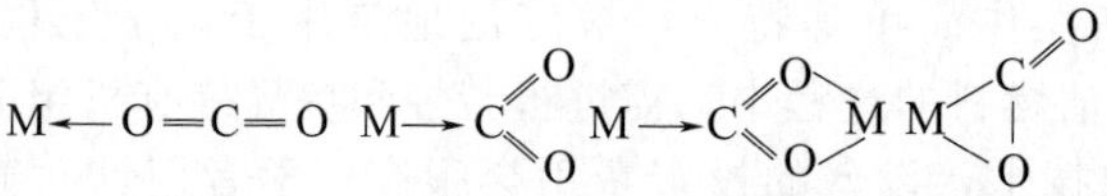

$$\underset{\text{I}}{\text{M}\leftarrow\text{O}=\text{C}=\text{O}}\quad \underset{\text{II}}{\text{M}\rightarrow\text{C}(\text{O})_2}\quad \underset{\text{III}}{\text{M}\rightarrow\text{C}(\text{O})_2\text{M}}\quad \underset{\text{IV}}{\text{M}\text{—C(=O)—O}}$$

CO_2分子中缺电子的碳原子可作为电子受体接受金属提供的电子进行配位，CO_2分子中氧原子的孤对电子可作为弱电子给予体与金属原子进行配位，CO_2分子中的C＝O键含有的π电子也可以和过渡金属d轨道上的电子以Dewar-Chatt-Duncanson的方式配位。CO_2可通过两种方式插入金属键中，如下式所示：“正常”方式（1），CO_2的碳原子与富电子端（M）成键形成类似M—O—C＝O的羧酸酯；“反常”方式（2），CO_2的碳与贫电子端（X）连接，形成M—C键且含有羧酸的络合物。

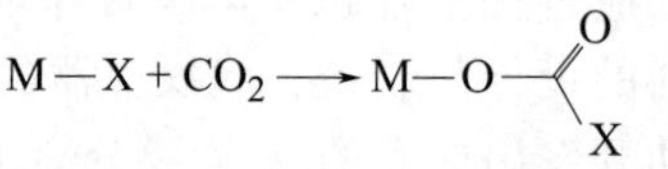

$$\text{M—X}+CO_2\longrightarrow\text{M—O—C(=O)—X}\tag{1}$$

$$\text{M—X}+CO_2\longrightarrow\text{X—O—C(=O)—M}\tag{2}$$

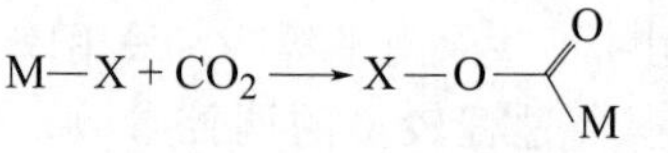

生物活化法：是生物体经光合作用完成的。植物的光合作用是典型的光催化还原CO_2的反应，生物体的叶绿素或生物酶等光催化体系在光照下可将CO_2活化转化成为可再利用的碳水化合物或有机物。虽然生物活化法能利用廉价的光能资源、成本低，但由于植物光合作用活化能力较弱、效率较低。也可采用酶催化CO_2活化。

光化学、电化学活化法：是利用光能、电能活化CO_2的方法，CO_2的光化学活化法利用太阳能激发半导体光催化材料产生光生电子-空穴，以诱发氧化-还原反应实现CO_2活化和转化。CO_2的电化学活化法将CO_2置于电解池中，阴极提供电子将CO_2电离并转化成其他化合物。现有的半导体光催化材料的光响应范围窄，CO_2在溶液中的溶解度不高，因此限制了光化学和电化学对CO_2的活化。

等离子体活化技术：主要利用外加电场将大量能量输入到反应体系中，既能让稳定的CO_2小分子通过与高能电子碰撞得以激活，使反应活性分子数增多，又能同时活化催化剂，从而降低反应活化能，是促进 CO_2 活化转化的新技术。

8.7.2 载体分子反应活化 CO_2 概念

由于 CO_2 具有很高的稳定性，将其直接转化为高值化学品，需要大量的能量输入。不仅耗能高，而且也带来了高温高压产生的安全问题。因此，高效活化是有效利用 CO_2 的必要条件。目前的化学吸附活化法还不能高度活化 CO_2，仍需要在高温高压的苛刻条件下进行转化。

为此，作者在归纳总结文献的基础上，给出了“载体分子反应活化 CO_2”概念，不同于吸附在催化剂活性位上形成的强度较弱的化学吸附键，而是相对容易与某种载体分子反应，并在其结构中形成强度较强的化学键。如，CO_2 与丙二醇（环氧丙烷）、苯胺等分子的反应是相对容易进行的，分别生成碳酸丙烯酯、*N*-甲酰苯胺。处于该类载体分子中的“类 CO_2”较单独存在的 CO_2 具有很高的活泼性，更容易进一步转化为高值化学品。

“载体分子”反应活化 CO_2 与“载体分子”再生转化 CO_2 循环过程如图 8.15 所示。以丙二醇或苯胺为活化 CO_2 的载体分子，首先与 CO_2 反应生成碳酸丙烯酯或 *N*-甲酰苯胺，然后他们再与氢气反应生成甲醇并再生为丙二醇或苯胺，在理论上讲，丙二醇或苯胺不消耗，仅起“运载”CO_2 的作用，总体上实现低能量输入（条件温和）的二氧化碳加氢合成甲醇的目标。

载体分子要具备下列条件：

① 在低温低压下容易与独立的 CO_2 反应，即所需能量低；

② 反应生成物具有高反应性，尤其是分子中的“类 CO_2”基团较独立 CO_2 具有高反应性，即载体分子通过形成的化学键对 CO_2 具有高效的活化作用；

③ 载体分子与 CO_2 反应的生成物（即载有“类 CO_2”基团的分子）在进一步转化为高值化学品的同时再生为原载体分子且反应活化能要低，即相对于独立 CO_2 转化反应，是在低温低压下进行的。

对于温和条件下，独立 CO_2 参与的化学反应已有文献报道。

① CO_2 与丙二醇（PG）反应合成碳酸丙烯酯（PC）：$FeCl_3$ 为催化剂，乙腈为溶剂和除水剂，10MPa、160℃、15h，PC 收率为 26.5%，PG 转化率为 42.5%[131]；碳酸钾为催化剂、2.0MPa、150℃、12h，PC 收率为 12. 6%，PG 转化率为 23.8%[132]；无水乙酸锌为催化剂，10MPa、170℃、12h，PC 产率 24.2%，PG 转化率为 38.9%[133]；以及负载型乙酸锌和负载型碳酸钾作催化剂[134,135]。

② CO_2 与环氧丙烷（PO）反应合成 PC：通过混合氯球固载化的离子液体（PS-Mim）制备多相固体催化剂，在固定床反应器上，120℃、2MPa、$1h^{-1}$、CO_2/PO 进料比为 2∶1 时，PC 收率 96%，选择性在 99.5%左右[136]；硅胶负载聚醚离子液体催化剂（Si-[HO-PECH-MIM]Cl），90℃、1.5MPa，PO 转化率为 100%，PC 选择性为 98.1%[137]。

③ CO_2 通过 *N*-甲酰化反应合成系列甲酰胺类衍生物：Zhang 等[138]在不添加任何助催化剂的条件下，季膦盐型双功能金属 Salen 配合物不仅能够以有机胺、含氢硅烷和二氧化碳为原料，在温和条件下通过 *N*-甲酰化反应实现系列甲酰胺类衍生物的高效合成，而且能够催化二氧化碳和环氧化合物的环加成反应，从而实现环状碳酸酯的宏量制备。该双功能催化剂通过金属活性中心和卤素阴离子之间的分子内协同催化作用，既可利用高活性锌氢键调控含氢硅烷中的硅氢键，又能通过高活性铝氧键激活环氧化物的三元环，进而导致二氧化碳的方便插入及高效活化。譬如：当使用 1.0%（摩尔分数）锌催化剂时，仅加入 1 倍当量的苯硅烷，在 25℃和 0.5MPa 的条件下，反应 6h 后 *N*-甲酰苯胺收率高达 99%；而当使用 0.5%

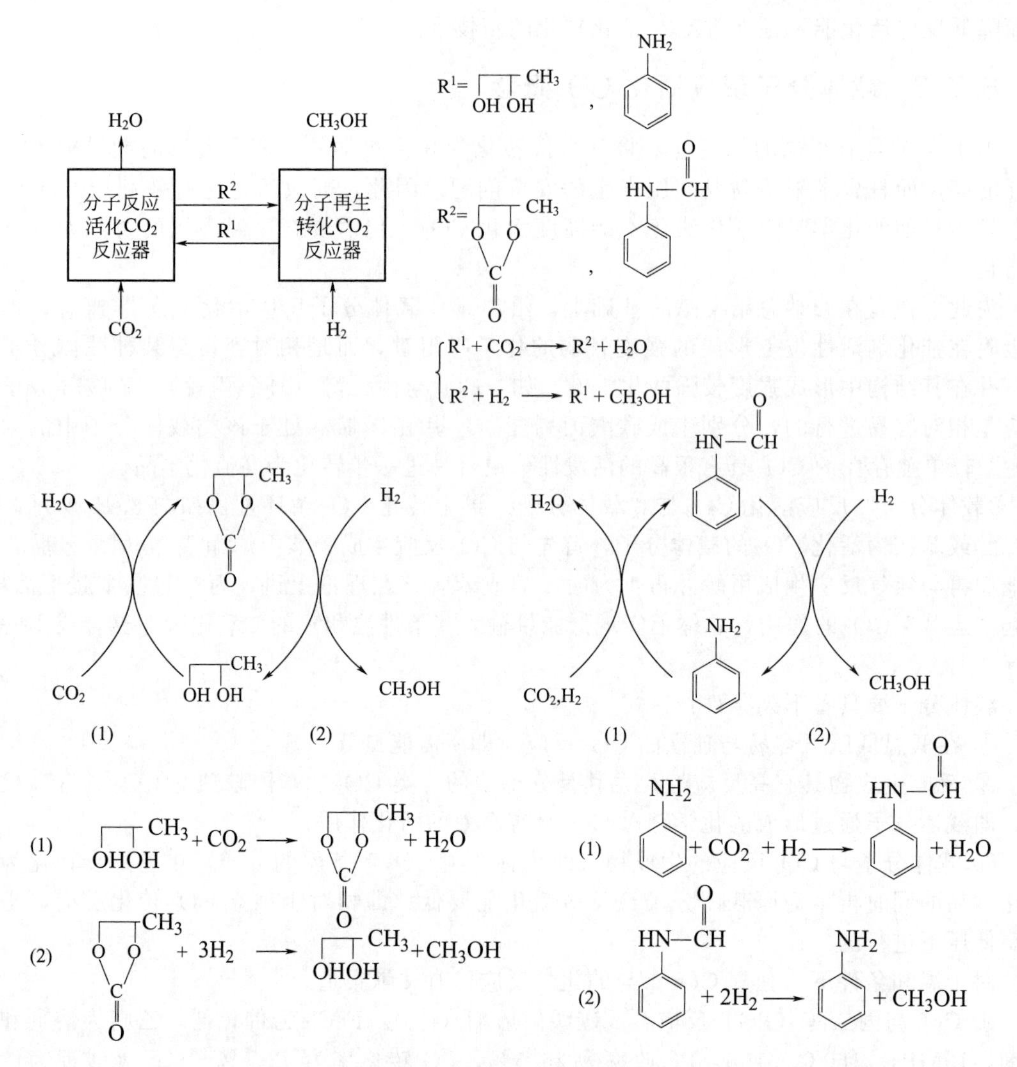

图 8.15 载体分子反应活化 CO_2 与载体分子再生转化 CO_2 循环过程示意图

（摩尔分数）铝催化剂时，在 100℃ 和 2.0MPa 的条件下反应 2h，环加成反应转化率接近 100%，环状碳酸酯选择性为 99%。

Luo 等[139]基于仿生催化 CO_2 分子活化的基本理论，借鉴强极性的有机溶剂可有效活化硅氢键的性质，创新性地将廉价易得的酞菁锌（ZnPc）作为类酶催化剂，并以化学计量的 N,N-二甲基甲酰胺（DMF）为添加剂，构成组分新颖并高效绿色的类酶协同催化体系，实现了温和反应条件下高效高选择性地合成甲酰胺类衍生物。以苯硅烷作为还原剂，当加入 0.5%（摩尔分数）ZnPc 和 2mmol DMF，在 25℃ 和 0.5MPa 下仅需反应 6h，可得到收率为 99%的 N-甲基甲酰苯胺。更值得注意的是，当以更易得的聚甲基氢硅烷（PMHS）为还原剂时，加入 5%（摩尔分数）ZnPc 和 1mL DMF，在 80℃ 和 1MPa 下反应 8h，N-甲基甲酰苯胺的收率也高达 99%。通过有机胺 N-甲酰化反应，实现了以 CO_2 和含氢硅烷为原料在温和条件下甲酰胺类衍生物的绿色高效合成。

对于温和条件下，载有“类 CO_2”基团的分子转化反应也已有报道。Han 等[140]使用 CO_2 衍生物碳酸乙烯酯为原料，以易于合成且结构稳定的金属有机钌配合物为催化剂，在低于 140℃、小于 5MPa 压力下获得高收率的甲醇和乙二醇。和直接催化相比，间接催化反应温度低，压力小，原子经济性好，缺点是CO_2先要预制成CO_2衍生物才行，增加了CO_2的处理工序。

参考文献

[1] 张宝军，王斯晗，曲家波等．我国合成氨催化剂的研究进展 [J]. 精细石油化工进展，2002，3(9)：14-17.

[2] 杨冬丽，林敬东，黄桂玉等．Ru/MgO基合成氨催化剂 [J]. 厦门大学学报：自然科学版，2009，48 (5)：699-703.

[3] 霍超，范青明，邵红等．添加表面活性剂对掺钡纳米氧化镁负载钌基氨合成催化剂性能的影响 [J]. 高校化学工程学报，2008，22 (3)：418-422.

[4] 高伟洁，郭淑静，张洪波等．氮掺杂碳纳米管对其负载的Ru催化剂上合成氨的促进作用 [J]. 催化学报，2011，32 (8)：1418-1423.

[5] Wang Z Q，Ma Y C，Lin J X. Ruthenium catalyst supported on high-surface-area basic ZrO_2 for ammonia synthesis [J]. Journal of Molecular Catalysis A：Chemical，2013，378：307-313.

[6] Fernández C，Sassoye C，Debecker D P，et al. Effect of the size and distribution of supported Ru nanoparticles on their activity in ammonia synthesis under mild reaction conditions [J]. Applied Catalysis A：General，2014，474：194-202.

[7] Fernández C，Pezzotta C，Gaigneaux E M，et al. Disclosing the synergistic mechanism in the catalytic activity of different-sized Ru nanoparticles for ammonia synthesis at mild reaction conditions [J]. Catalysis Today，2015，251：88-95.

[8] Kanbara S，Kitano M，Inoue Y，et al. Mechanism switching of ammonia synthesis over Ru-loaded electride catalyst at metal-insulator transition [J]. Journal of the American Chemical Society，2015，137：14517-14524.

[9] Aika K I. Role of alkali promoter in ammonia synthesis over ruthenium catalysts—Effect on reaction mechanism [J]. Catalysis Today，2017，286：14-20.

[10] 贝逸智，袁伦利，郭和夫．常温常压N_2+H_2合成氨探索研究 [J]. 自然杂志，1987，10 (8)：634-635.

[11] 杨德胜，吴素林，郭国霖等．低温常压合成氨催化剂 [J]. 化学通报，1991，1：37-38.

[12] 陈明树．氢化锂参与调控的催化合成氨新策略 [J]. 物理化学学报，2016，32 (10)：2388-2389.

[13] Wang P K，Chang F，Gao W B，et al. Breaking scaling relations to achieve low-temperature ammonia synthesis through LiH-mediated nitrogen transfer and hydrogenation [J]. Nature Chemistry，2017，9 (1)：64-70.

[14] 谈薇，王玉琪，王金艳等．K促进的Fe/椰壳炭催化剂对甲烷氮气常压合成氨性能的影响 [J]. 分子催化，2015，29 (6)：513-524.

[15] 郝立庆，单绍纯，田瑞芬等．CuCrAl和CuCrZr低温液相合成甲醇催化剂的研究 [J]. 催化学报，2003，24 (9)：711-715.

[16] 田瑞芬，单绍纯，高峰等．锆对低温液相合成甲醇Cu-Cr催化剂性能的影响 [J]. 化学物理学报，2005，18 (2)：279-283.

[17] 徐景芳，杨向平，苟国强等．低温液相合成甲醇催化剂制备条件对催化性能的影响 [J]. 石油炼制与化工，2010，41 (1)：45-48.

[18] 王奎铃，储伟，何川华等．低温液相合成甲醇高活性铜铬硅催化剂Ⅰ．制备条件对催化剂反应活性的影响 [J]. 石油化工，2001，30 (9)：686-688.

[19] 黄利宏，储伟，龙毅等．锆助剂对低温液相合成甲醇用铜铬硅催化剂性能的影响 [J]. 燃料化学学报，2005，33 (5)：597-601.

[20] 陈文凯，刘兴泉，梁国华等．羰化-氢解法低温合成甲醇的研究Ⅲ．氯化亚铜催化剂体系 [J]. 天然气化工，2000，25 (5)：10-13.

[21] 令狐文生，刘振宇，钟炳等．新型低温合成甲醇反应器系统的设计与研究 [J]. 燃料化学学报，1999，27 (增刊)：172-178.

[22] 李文泽，张宝砚，肖林久等．$CO/CO_2/H_2$低温合成甲醇新工艺及催化剂研究 [J]. 东北大学学报：自然科学版，2009，30 (1)：113-116.

[23] 李源，张香平，王蕾等．用于低温液相合成甲醇的Cu/MgO/ZnO催化剂 [J]. 过程工程学报，2010，

10 (4)：781-787.
［24］ 李靖，刁琰琰，闫瑞一等．烯烃氢甲酰化反应研究进展［J］. 工程研究-跨学科视野中的工程，2011，3 (2)：113-121.
［25］ 吴丹．温控相转移钴配合物催化水有机两相高碳烯烃氢甲酰化反应研究［D］. 大连：大连理工大学，2013.
［26］ Mukhopadhyay K，Mandale A B，Chaudhari R V. Encapsulated HRh (CO) $(PPh_3)_3$ in microporous and mesoporous supports：novel heterogeneous catalysts for hydroformylation［J］. Chemistry of Materials，2003，15：1766-1777.
［27］ 潘蓓蓓，马凤云，刘学蛟等．减压渣油低压催化加氢轻质化研究［J］. 化学工程，2014，42(5)：13-17.
［28］ 张忠清，贾丽，韩崇仁．渣油悬浮床加氢技术方案的探索［J］. 石油炼制与化工，2002，33(8)：18-21.
［29］ 刘文洁，张庆军，隋宝宽等．微波辅助双功能渣油加氢催化剂的研究［J］. 石油炼制与化工，2016，47(9)：57-61.
［30］ 孙昱东，杨朝合，方丽等．十氢萘分散作用对沥青质加氢反应的影响［J］. 石油炼制与化工，2014，45 (3)：11-13.
［31］ 童凤丫，杨清河，戴立顺等．供氢剂对渣油加氢产品分布的影响［J］. 石油炼制与化工，2015，46 (3)：1-4.
［32］ Mirzaei A，Neri G. Microwave-assisted synthesis of metal oxide nanostructures for gas sensing application：A review［J］. Sensors and Actuators B，2016，237：749-775.
［33］ 梁淑君，韩海军，翟燕等．微波辅助合成法制备金属有机骨架材料 MOF-5 的研究［J］. 现代化工，2017，37 (3)：137-140.
［34］ 张晓东，李红欣，侯扶林等．金属有机骨架材料 MOF-5 的制备及其吸附 CO_2 性能研究［J］. 功能材料，2016，47 (8)：08178-08181.
［35］ 翟友存，宁晓宇，张欣等．微波辅助纳米二氧化钛的低温负载［J］. 现代化工，2016，36(5)：53-56.
［36］ 崔岩，郭成玉，王晓化等．微波技术在沸石分子筛材料合成中的应用研究进展［J］. 工业催化，2016，24 (3)：1-9.
［37］ 王军凯，张远卓，李俊怡等．微波加热催化反应低温制备 β-SiC 粉体［J］. 无机材料学报，2017，32 (7)：725-730.
［38］ Wang J K，Zhang Y Z，Li J Y，et al. Catalytic effect of cobalt on microwave synthesis of β-SiC powder［J］. Powder Technology，2017，317：209-215.
［39］ 夏成龙，许玉芝，刘晓欢等．微波辅助木质素脱甲基化改性及结构表征［J］. 林产化学与工业，2016，36 (2)：57-63.
［40］ 凌慧，郑成，毛桃嫣等．响应面法优化微波辅助合成中碳链甘油三酯工艺［J］. 化工学报，2016，62 (S2)：231-244.
［41］ 李清寒，丁勇，张刚等．微波技术在钯催化 Suzuki-Miyaura 交叉偶联反应中的应用研究进展［J］. 有机化学，2016，36 (1)：83-104.
［42］ 赵岩，马尔霍夫·木合布力，伊克山·亚力坤等．微波辅助固相合成法制备查尔酮类的工艺研究［J］. 广州化工，2016，44 (5)：97-99.
［43］ 李龙之，宋占龙，马春元等．生物质半焦微波诱导 CH_4/CO_2 重整反应动力学研究［J］. 煤炭学报，2015，40 (6)：1457-1462.
［44］ Mahmoodi N O，Rahimi S，Nadamani M P. Microwave-assisted synthesis and photochromic properties of new azo-imidazoles［J］. Dyes and Pigments，2017，143：387-392.
［45］ 张庆军，刘文洁，隋宝宽等．微波在渣油加氢催化中的应用［J］. 炼油技术与工程，2016，46 (9)：12-16.
［46］ 高远，张帅，刘峰等．脉冲介质阻挡放电等离子体催化 CH_4 直接转化［J］. 电工技术学报，2017，32 (2)：61-69.
［47］ Snoeckx R，Zeng Y X，Tu X，et al. Plasma-based dry reforming：improving the conversion and energy efficiency in a dielectric barrier discharge［J］. RSC Advances，2015，5：29799-29808.
［48］ Wang B W，Yan W J，Ge W J，et al. Methane conversion into higher hydrocarbons with dielectric barrier discharge micro-plasma reactor［J］. Journal of Energy Chemistry，2013，22 (6)：876-882.

[49] Tu X，Whitehead J C. Plasma-catalytic dry reforming of methane in an atmospheric dielectric barrier discharge：understanding the synergistic effect at low temperature [J]. Applied Catalysis B：Environmental，2012，125 (33)：439-448.
[50] Kado S，Urasaki K，Sekine Y，et al. Direct conversion of methane to acetylene or syngas at room temperature using non-equilibrium pulsed discharge [J]. Fuel，2003，82 (11)：1377-1385.
[51] Kado S，Urasaki K，Sekine Y，et al. Reaction mechanism of methane activation using non-equilibrium pulsed discharge at room temperature [J]. Fuel，2003，82 (18)：2291-2297.
[52] 王保伟，许根慧．介质阻挡放电等离子体催化天然气偶联制 C_2 烃 [J]. 中国科学（B 辑化学），2002，32 (2)：140-147.
[53] 张凯，王瑞雪，韩伟等．等离子体重油加工技术研究进展 [J]. 电工技术学报，2016，31 (24)：1-15.
[54] 崔艳宏，王超，王安杰等．二氧化碳和甲醇氢等离子体催化反应合成碳酸二甲酯 [J]. 天然气化工（C1 化学与化工），2016，41 (3)：48-51.
[55] Zhang J，Li T，Wang D J，et al. The catalytic effect of H_2 in the dehydrogenation coupling production of ethylene glycol from methanol using a dielectric barrier discharge [J]. Chinese Journal of Catalysis，2015，36 (3)：274-282.
[56] Mei D H，Tu X. Conversion of CO_2 in a cylindrical dielectric barrier discharge reactor：Effects of plasma processing parameters and reactor design [J]. Journal of CO_2 Utilization，2017，19：68-78.
[57] Tang S F，Yuan D L，Li N，et al. Hydrogen peroxide generation during regeneration of granular activated carbon by bipolar pulse dielectric barrier discharge plasma [J]. Journal of the Taiwan Institute of Chemical Engineers，2017，78：178-184.
[58] 杨永辉．超声强化在催化剂制备及催化反应中的应用 [J]. 化工技术与开发，2012，41 (11)：32-34.
[59] Dantsin G，Suslick K S. Sonochemical preparation of a nanostructured bifunctional catalyst [J]. Journal of the American Chemical Society，2000，122 (21)：5214-5215.
[60] Bianchi C L，Gotti E，Toscano L，et al. Preparation of Pd/C catalysts via ultrasound：a study of the metal distribution [J]. Ultrasonics Sonochemistry，1997，4 (4)：317-320.
[61] 杨永辉，林彦军，冯俊婷等．超声浸渍法制备 Pd/Al_2O_3 催化剂及其催化蒽醌加氢性能 [J]. 催化学报，2006，27 (4)：304-308.
[62] 霍超，晏刚，郑遗凡等．超声法制备掺钡纳米氧化镁及其负载钌基氨合成催化剂的催化性能 [J]. 催化学报，2007，28 (5)：484-488.
[63] 孙振宇，陈莎，黄长靓等．高能量超声辅助制备负载型贵金属纳米催化材料 [J]. 中国科学：化学，2011，41 (8)：1366-1371.
[64] 李敬生，沈琴，昌庆等．超声波对化工过程的强化作用 [J]. 西安建筑科技大学学报：自然科学版，2007，39 (4)：563-568.
[65] 李英，赵德智，袁秋菊．超声波在石油化工中的应用及研究进展 [J]. 石油化工，2005，34 (2)：176-180.
[66] Chen L C，Tseng Z L，Chen S Y，et al. An ultrasonic synthesis method for high-luminance perovskite quantum dots [J]. Ceramics International，2017，43 (17).
[67] Yang W M，Zhang B，Ding N，et al. Fast synthesize ZnO quantum dots via ultrasonic method [J]. Ultrasonics Sonochemistry，2016，30：103-112.
[68] Yang W M，Yang H F，Ding W H，et al. High quantum yield ZnO quantum dots synthesizing via an ultrasonication microreactor method [J]. Ultrasonics Sonochemistry，2016，33：106-117.
[69] Mahdavi R，Talesh S S A. The effect of ultrasonic irradiation on the structure，morphology and photocatalytic performance of ZnO nanoparticles by sol-gel method [J]. Ultrasonics Sonochemistry，2017，39：504-510.
[70] 方向晨，黎元生，刘全杰．化工过程强化技术是节能降耗的有效手段 [J]. 当代化工，2008，37 (1)：1-4.
[71] 吴霞，李雨霖．通过微反应技术实现化工过程的强化 [J]. 化工设计，2014，24 (3)：8-11.
[72] 孙冰，朱红伟，姜杰等．微混合与微反应技术在提升化工安全中的应用 [J]. 化工进展，2017，36 (8)：2756-2763.
[73] Halder R，Lawal A，Damavarapu R. Nitration of toluene in a microreactor [J]. Catalysis Today，

2007，125（1）：74-80.
[74] Schonfeldh，Hunger K，Cecilia R，et al. Enhanced mass transfer using a novel polymer/carrier microreactor [J]. Chemical Engineering Journal，2004，101（1）：455-463.
[75] Borukhova S，Noel T，Metten B，et al. Solvent and catalyst-free huisgen cycloaddition to rufinamide in flow with a greener，less expensive dipolarophile [J]. ChemSusChem，2013，6（12）：2220-2225.
[76] Marre S，Adamo A，Basak S，et al. Design and packaging ofmicroreactors for high pressure and high temperature applications [J]. Industrial & Engineering Chemistry Research，2010，49（22）：11310-11320.
[77] 徐润，胡志海，聂红. 微反应器技术在 Fischer-Tropsch 合成中的应用进展 [J]. 化工进展，2016，35（3）：685-691.
[78] Wang Y，Vanderwiel D P，Tonkovich A L Y，et al. Catalyst structure and method of Fischer-Tropsch synthesis [P]. US 6451864 B1. 2002-09-17.
[79] Cao C S，Palo D R，Tonkovich A L Y，et al. Catalyst screening and kinetic studies using microchannel reactors [J]. Catalysis Today，2007，125：29-33.
[80] Almeida L C，Echav F J，Montes M，et al. Fischer-Tropsch synthesis in microchannels [J]. Chemical Engineering Journal，2011，167：536-544.
[81] Almeida L C，Sanz O，D'olhaberriague J，et al. Microchannel reactor for Fischer-Tropsch synthesis：adaptation of a commercial unit for testing microchannel blocks [J]. Fuel，2013，110：171-177.
[82] 陈光岩，李牧松，王英. 过程强化技术在连续聚合工艺中的应用进展 [J]. 化工科技，2017，25（2）：76-80.
[83] Bayer T，Pysall D，et al. Micro mixing effects in continuous radical polymerization [J]. Microreaction Technology，2000，3：165-170.
[84] Iwasaki T，Yoshida J. Radical polymerization in microreactors significant improvement in molecular weight distribution control [J]. Macromolecules，2005，38（4）：1159-1163.
[85] 管永川，李韦华，张金利. 过氧化氢绿色合成工艺研究进展 [J]. 化工进展，2012，31（8）：1641-1655.
[86] Voloshin Y，Halder R，Lawal A. Kinetics of hydrogen peroxide synthesis by direct combination of H_2 and O_2 in a microreactor [J]. Catalysis Today，2007，125（1-2）：40-47.
[87] Inoue T，Kikutani Y，Hamakawa S，et al. Reactor design optimization for direct synthesis of hydrogen peroxide [J]. Chemical Engineering Journal，2010，160（3）：909-914.
[88] The institut für mikrotechnik in mainz stands for successful research & development in microsystem [EB/OL]. www. imm-mainz. de.
[89] 苏为科，余志群. 连续流反应技术开发及其在制药危险工艺中的应用 [J]. 中国医药工业杂志，2017，48（4）：469-482.
[90] 赵东波. 流动化学在药物合成中的最新进展 [J]. 有机化学，2013，33（2）：389-405.
[91] Baraldi P T，Hessel V. Micro reactor and flow chemistry for industrial applications in drug discovery and development [J]. Green Processing and Synthesis，2012，1（2）：149-167.
[92] Baumann M，Baxendale I R. The synthesis of active pharmaceutical ingredients（APIs）using continuous flow chemistry [J]. Beilstein Journal of Organic Chemistry，2015，11（12）：1194-1219.
[93] Movsisyan M，Delbeke E I，Berton J K，et al. Taming hazardous chemistry by continuous flow technology [J]. Chemical Society Reviews，2016，45（18）：4892-4928.
[94] Porta R，Benaglia M，Puglisi A. Flow chemistry：recent developments in the synthesis of pharmaceutical products [J]. Organic Process Research & Development，2016，20（1）：2-25.
[95] Ajmera S K，Losey M W，Jensen K F，et al. Microfabricated packed-bed reactor for phosgene synthesis [J]. AIChE Journal，2001，47（7）：1639-1647.
[96] Fuse S，Mifune Y，Takahashi T. Efficient amide bond formation through a rapid and strong activation of carboxylic acids in a microflow reactor [J]. Angewandte Chemie International Edition，2014，53（3）：851-855.
[97] Reichart B，Tekautz G，Kappe C O. Continuous flow synthesis of *n*-alkyl chlorides in a high-temperature microreactor environment [J]. Organic Process Research & Development，2013，17（1）：152-157.
[98] Borukhova S，Noël T，Hessel V. Hydrogen chloride gas in solvent-free continuous conversion of alco-

hols to chlorides in microflow [J]. Organic Process Research & Development, 2016, 20 (2): 568-573.
[99] Yu Z, Lv Y, Yu C, et al. A high-output, continuous selective and heterogeneous nitration of *p*-difluorobenzene [J]. Organic Process Research & Development, 2016, 17 (3): 438-442.
[100] Chambers R D, Fox M A, Sandford G, et al. Elemental fluorine [J]. Journal of Fluorine Chemistry, 2007, 128 (1): 29-33.
[101] Lang P, Hill M, Krossing I, et al. Multiphase minireactor system for direct fluorination of ethylene carbonate [J]. Chemical Engineering Journal, 2012, 179 (4): 330-337.
[102] O'Brien M, Taylor N, Polyzos A, et al. Hydrogenation in flow: homogeneous and heterogeneous catalysis using Teflon AF-2400 to effect gas-liquid contact at elevated pressure [J]. Chemical Science, 2011, 2 (7): 1250-1257.
[103] Yu Z, Tong G, Xie X, et al. Continuous-flow process for the synthesis of 2-ethylphenylhydrazine hydrochloride [J]. Organic Process Research & Development, 2015, 19 (7): 892-896.
[104] Bavykin D V, Lapkin A A, Kolaczkowski S T, et al. Selective oxidation of alcohols in a continuous multifunctional reactor: ruthenium oxide catalysed oxidation of benzyl alcohol [J]. Applied Catalysis A: General, 2005, 288 (1-2): 175-184.
[105] Shang M, Noël T, Wang Q, et al. Packed-bed microreactor for continuous-flow adipic acid synthesis from cyclohexene and hydrogen peroxide [J]. Chemical Engineering & Technology, 2013, 36 (6): 1001-1009.
[106] Lau S H, Galvan A, Merchant R R, et al. Machines vs Malaria: a flow-based preparation of the drug candidate OZ439 [J]. Organic Letters, 2015, 17 (13): 3218-3221.
[107] Kohl T M, Hornung C H, Tsanaktsidis J. Amination of aryl halides and esters using intensified continuous flow processing [J]. Molecules, 2015, 20 (10): 17860-17871.
[108] 陈彦全，韩梅，焦凤军等．微反应器中甲苯液相 SO_3 磺化工艺研究 [J]. 化学反应工程与工艺，2013，29 (3)：253-259.
[109] Neumann M, Zeitler K. Application of microflow conditions to visible light photoredox catalysis [J]. Organic Letters, 2012, 14 (11): 2658-2661.
[110] Wootton R C, Fortt R, de Mello A J. On-chip generation and reaction of unstable intermediates-monolithic nanoreactors for diazonium chemistry: azo dyes [J]. Lab on a Chip, 2002, 2 (1): 5-7.
[111] 梁腾波，白净，张璐等．撞击流技术在化学工程领域的研究与应用进展 [J]. 石油化工，2016，45 (3)：360-367.
[112] 伍沅．撞击流中连续相研究重点的转移 [J]. 化工进展，2003，22 (10)：1066-1071.
[113] 伍沅，周玉新，郭嘉等．液体连续相撞击流强化过程特性及相关技术装备的研发和应用 [J]. 化工进展，2011，30 (3)：463-472.
[114] 伍沅．撞击流蒸发结晶器 [P]．CN201692685U. 2011-01-05.
[115] 伍沅，肖杨，陈煜．浸没式循环撞击流反应器 [J]. 武汉工程大学学报，2003，25 (2)：1-5.
[116] 伍沅．无旋立式循环撞击流反应器 [P]．CN201046396Y. 2008-04-16.
[117] 白净，梁德青，李栋梁等．天然气水合物反应器的研究进展 [J]. 石油化工，2008，37 (10)：1083-1088.
[118] 王厚朋，王少兵，毛俊义．过程强化技术在石油工业中的应用 [J]. 山东化工，2017，46 (9)：88-91.
[119] Motil B J, Balakotaiah V, Kamotani Y. Gas-liquid two-phase flow through packed beds in microgravity [J]. AIChE Journal, 2003, 49 (3): 557-565.
[120] Brunner G. Applications of supercritical fluids [J]. Annual Review of Chemical and Biomolecular Engineering, 2010, 1: 321-342.
[121] Herrero M, Mendiola J A, Cifuentes A, et al. Supercritical fluid extraction: Recent advances and applications [J]. Journal of Chromatography A, 2010, 1217 (16): 2495-2511.
[122] 张晓昕，宗保宁，孟祥堃等．超临界 CO_2 萃取再生失活 Pd/C 催化剂 [J]. 石油化工，2006，35 (2)：161-164.
[123] 王少兵，王厚朋．膜分离技术在化学工业中的应用 [J]. 当代石油石化，2016，24 (5)：26-31.
[124] 王保国，吕宏凌，杨毅．膜分离技术在石油化工领域的应用进展 [J]. 石油化工，2006，35 (8)：705-710.

[125] 孙宏伟，陈建峰．我国化工过程强化技术理论与应用研究进展［J］. 化工进展，2011，30（1）：1-14.

[126] 徐南平，陈日志，邢卫红．非均相悬浮态纳米催化反应的催化剂膜分离方法［P］. CN 1394672A. 2003-02-05.

[127] Zhong Z X，Xing W H，Liu X，et al. Fouling and regeneration of ceramic membranes used in recovering titanium silicalite-1 catalysts［J］. Journal of Membrane Science，2007，301：67-75.

[128] Zhong Z X，Liu X，Chen R Z，et al. Adding microsized silica particles to the catalysis/ultrafiltration system：Catalyst dissolution inhibition and flux enhancement［J］. Industrial & Engineering Chemistry Research，2009，48：4933-4938.

[129] 费维扬．过程强化的若干新进展［J］. 世界科技研究与发展，2004，26（5）：1-4.

[130] 秦祖赠，刘瑞雯，纪红兵等．二氧化碳的活化及其催化加氢制二甲醚的研究进展［J］. 化工进展，2015，34（1）：119-126.

[131] 黄世勇，马珺，赵宁等．氯化铁催化 CO_2 和 1,2-丙二醇合成碳酸丙烯酯［J］. 石油化工，2007，36（3）：248-251.

[132] 陈鸿，赵新强，王延吉．碳酸钾催化剂上二氧化碳与 1,2-丙二醇合成碳酸丙烯酯［J］. 石油化工，2005，34（11）：1037-1040.

[133] 黄世勇，刘水刚，李军平等．乙酸盐上二氧化碳和二醇合成环状碳酸酯［J］. 燃料化学学报，2007，35（6）：701-705.

[134] 陈鸿，赵新强，王延吉．负载型碳酸钾催化剂上二氧化碳与 1,2-丙二醇合成碳酸丙烯酯反应研究［J］. 高校化学工程学报，2006，20（5）：734-739.

[135] 孙娜，崔一强，邸青等．负载型乙酸锌催化 1,2-丙二醇与二氧化碳合成碳酸丙烯酯反应性能［J］. 精细石油化工，2014，31（4）：26-30.

[136] 张建，张志智，孙潇磊等．CO_2 与环氧丙烷合成碳酸丙烯酯的多相催化剂研究［J］. 天然气化工（C1 化学与化工），2015，40（3）：41-44.

[137] 郭立颖，邓莉莉，马秀云等．硅胶负载聚醚离子液体的制备及其催化环氧丙烷和二氧化碳合成碳酸丙烯酯性能［J］. 天然气化工（C1 化学与化工），2017，42（4）：1-5.

[138] Zhang W Y，Luo R C，Xu Q H，et al. Transformation of carbon dioxide into valuable chemicals over bifunctional metallosalen catalysts bearing quaternary phosphonium salts［J］. Chinese Journal of Catalysis，2017，38（4）：736-744.

[139] Luo R C，Lin X W，Lu J，et al. Zinc phthalocyanine as an efficient catalyst for halogen-free synthesis of formamides from amines via carbon dioxide hydrosilylation under mild conditions［J］. Chinese Journal of Catalysis，2017，38（8）：1382-1389.

[140] Han Z B，Rong L C，Wu J，et al. Catalytic hydrogenation of cyclic carbonates：A practical approach from CO_2 and epoxides to methanol and diols［J］. Angewandte Chemie International Edition，2012，51：13041-13045.